“十三五”国家重点出版物出版规划项目
“十二五”普通高等教育本科国家级规划教材
普通高等教育精品教材
普通高等教育“十一五”国家级规划教材

先进制造系统

第2版

戴庆辉 等编著
张根保 主审

机械工业出版社

本书是在国家级精品教材《先进制造系统》的基础上修订的，以“制造概论-制造系统-制造模式-制造技术”为框架来介绍当代制造业的新系统、新模式和新技术，力图融技术与管理为一体，提供“制造学”的架构。全书分为5篇18章，依次介绍了制造业的概念和发展；先进制造系统、先进制造模式和先进制造技术的基本概念；产品、客户、企业、产业、技术和系统的6个生命周期理论和产品生命周期管理；制造系统的组成、性能、决策、建模、设计和运行6项基本原理；22种先进制造模式的发展、原理与应用；17项先进设计技术；9类制造系统的典型装备；16项先进制造工艺技术；电子制造，增材制造，微纳制造，生物制造，物联网，云制造，大数据，预测制造，赛博物理系统，工业互联网，工业4.0，基于互联网的制造业，共享制造。

本书可作为工业工程、机械工程、管理工程、质量工程、物流工程等与制造相关专业的教材或参考书。对于辛勤工作在制造企业第一线的技术骨干与管理骨干来说，本书是一本领略当代制造学科全貌的超值读物。

图书在版编目（CIP）数据

先进制造系统/戴庆辉等编著．—2版．—北京：机械工业出版社，2018.2（2025.1重印）

“十三五”国家重点出版物出版规划项目　“十二五”普通高等教育本科国家级规划教材

ISBN 978-7-111-58186-4

Ⅰ．①先…　Ⅱ．①戴…　Ⅲ．①机械制造工艺—高等学校—教材　Ⅳ．①TH16

中国版本图书馆CIP数据核字（2017）第239080号

机械工业出版社（北京市百万庄大街22号　邮政编码100037）
策划编辑：裴　泱　责任编辑：裴　泱
责任校对：潘　蕊　封面设计：张　静
责任印制：常天培
固安县铭成印刷有限公司印刷
2025年1月第2版第6次印刷
184mm×260mm · 27.5印张 · 751千字
标准书号：ISBN 978-7-111-58186-4
定价：68.00元

电话服务	网络服务
客服电话：010-88361066	机　工　官　网：www.cmpbook.com
010-88379833	机　工　官　博：weibo.com/cmp1952
010-68326294	金　　书　　网：www.golden-book.com
封底无防伪标均为盗版	机工教育服务网：www.cmpedu.com

序

制造业是国民经济的主体，是立国之本、兴国之器、强国之基。得益于改革开放，中国的制造业得到快速发展，到 2010 年中国制造业的占比已达到全世界的 19.8%，首次超越美国，成为全球第一的制造大国，并一直保持至今。但中国制造还具有大而不强的特点，表现在中低端产品多、资源消耗大、环境污染严重，随着劳动力成本的提高，制造业已呈现向劳动力成本更低的国家转移的趋势。为了解决这一问题，国务院于 2015 年颁布了《中国制造 2025》战略规划纲要，力争通过“三步走”战略到 2045 年实现制造强国的战略目标。其宗旨是实现中国制造向中国创造的转变，中国速度向中国质量的转变，中国产品向中国品牌的转变，完成中国制造由大变强的战略任务。

《中国制造 2025》的基本方针是“创新驱动、质量为先、绿色发展、结构优化、人才为本”。人才是建设制造强国的根本。教材是保证人才培养质量的基本要素。受本书主编邀请，我通读了本书书稿，可以归纳为以下三点感想：

（1）新版教材结构体系完整、内容新，系统地反映了近年来国际制造工程领域出现的比较成熟的新概念和新技术，能够适应制造业技术变革和发展对教材的要求。

（2）新版教材对原版进行了较大革新，在内容编排上独具匠心。新版以“制造系统　制造模式　制造技术”为框架，为开展研究型教学和主动型学习活动提供了大量基本素材。全书图文并茂，正文主要介绍“原理”，将“发展”和“应用”以及延伸的知识，放入“链接”和“案例”中。利用二维码技术的方式，既减少了教材篇幅，也能满足学生拓展阅读的需要。

（3）新版教材提供了大量的链接、案例、点评和课后思考题，全书通俗易懂，重点突出，难点清晰，举例丰富，启发有术。

本书不仅适合作为高等院校相关专业（特别是工业工程专业）的教材，也适合制造企业技术骨干、管理人员、或政府主管部门掌握先进制造知识和新一轮工业革命的趋势，为产业政策的制定提供决策的参考读物。相信本书能够为我国制造业培养高素质专业人才队伍发挥积极作用。

最后，本书的优点是体系完整，但同时也带来内容繁多、结构庞大的问题，在有限的课时内难于全部讲完，建议各校根据自己的实际情况，结合课时和实验条件灵活安排教学计划，既要照顾到体系的完整性，也要突出重点内容。

中国工程院院士
中国机械工程学会副理事长
浙江大学机械工程学院教授

前　言

本书第 1 版自 2006 年 1 月出版，同年获评普通高等教育“十一五”国家级规划教材，2007 年获评普通高等教育国家级精品教材，2012 年又获评“十二五”普通高等教育本科国家级规划教材，2016 年获评“十三五”国家重点出版物出版规划项目。这表明本书得到了领域专家、高校教师和广大读者的普遍认可，取得了较好的社会效益。

先进制造系统是包含多项先进制造技术和多种先进制造模式的一个整体概念。先进制造业的基本特点是：广泛应用先进制造技术、采用先进制造模式。先进制造业主要表现在三方面：技术先进性、管理先进性、产业先进性。制造业是由一个个制造企业组成的。我们可以把每个制造企业都视为一个制造系统。本书介绍了先进制造系统的组成、性能、建模和设计；论述了先进制造模式的三方面：人性化、效益化和智能化；详述了先进制造技术，主要有两部分：一是主体技术，包括先进设计技术、先进制造装备及工艺、电子制造技术等；二是前沿技术，包括微纳制造、增材制造、生物制造、云制造和共享制造等。

本书以“新质生产力”为理论指导，面向制造业建立制造学知识基础，提供先进制造系统的理论、技术和方法。2024 年是新质生产力的元年。先进制造业是“新质生产力”的战略性新兴产业。“发展新质生产力是推动高质量发展的内在要求和重要着力点。”新质生产力的特点是创新，关键在质优。新质生产力的新有“三新”：新动力，指原创性、颠覆性科技创新；新产业，指具有知识技术密集、物质资源消耗少、成长潜力大、综合效益好等特点的先进产业；新模式，指以市场需求为中心，将互联网与产业创新融合，形成高效并具有独特竞争力的商业运行模式。新质生产力的质有“三质”：新质生产力的“本质”是具有高科技、高效能、高质量特征的先进生产力；新质生产力的“质量”是从“有没有”转为“好不好”来解决产品和服务问题，客观上要求国民经济高质量发展；新质生产力的“品质”是以科技赋能来提升人民生活品质，以高质量发展带来高品质生活，顺应人民对高品质生活期待的有效途径。

为了适应制造业变革和制造学教学改革的新形势，本书进行了第 2 版修订。修订工作本着教材应以“学生好学、教师好用”为宗旨，坚持科学性、适用性和先进性的原则。全书保留原版的体例：总体框架结构为“系统—模式—技术”；知识体系的安排思路为“发展—原理—应用”；每个知识点的认知顺序为“概括—重点—案例”。

与第 1 版相比，第 2 版做了大幅修改，其特色主要体现在以下三个方面：

（1）教材结构的调整。考虑教学特点，以“制造概论—制造系统—制造模式—制造技术”为框架，将全书分为 5 篇 18 章，各篇明确体现本课程的知识体系，每章对应一个教学单元，能够灵活适应 32 ~ 64 学时，可为应用成果导向教育（Outcome-based Education，OBE）理念，开展研究性教学和主动性学习活动提供更加丰富的教学素材。

（2）教材内容的增删。原版保留的内容不足 20%。删减的内容：原版第 7 ~ 9 章；改写的内容包括：制造学的内涵外延、AMS 的基本概念、人性化制造、效益化制造、智能化制造、电子制造，增材制造，微纳制造，生物制造；新增的内容包括：我国制造业的机遇、挑战、优势、劣势、目标、路径、任务和对策（中国制造 2025），生命周期理论，ERP、MES 与 MOM，绿色制造，服务型制造，六西格玛，协同制造，数字化制造，广义智能制造，五轴机床，智能机床，光刻机，绿色加工，高效加工，物联网，云制造，大数据，预测制造，赛博物理系统，工业互联网，工业4.0，共享制造等。

（3）教材内容的选用。书中以标题方式给出122个“案例”，可上网查阅，也可通过PPT文件获取。书中用“*”表示的章节是课程的必讲内容。

（4）教材对OBE的配合。学习成果的思政目标清单：①树立正确的世界观、人生观和价值观，积极践行社会主义核心价值观；②学会运用逻辑思维、系统思维和辩证思维方式；③具有强烈的社会责任感、民族自豪感和专业使命感；④培养求真务实的工作态度、实事求是的工作作风、精益求精的工匠精神和敬业精业的奉献精神；⑤强化创新意识，培养创新精神。

（5）教材对课程思政的支持。“思政”之意就是育人。课程思政就是通过课程的教与学的活动来实现全方位的育人。依照课程思政的本质、理念、方法和思维，就是坚持立德树人、协同育人、显隐结合、科学创新，实现知识传授、能力提升和价值塑造的多元统一。本书着力让专业课上出“思政味道”，让立德树人“润物无声”。本书以服务于“建设智造强国”为主线，把理论和实践充分结合起来，书中的专业知识和实际案例蕴含了丰富的思政元素。建议教师组织学生观看央视纪录片《大国工匠》（2015）、《创新之路》（2016）、《超级工程》（2014、2016、2017）、《大国重器》（2013、2018）等视频，以激励学生为把我国从“制造大国”建设为“制造强国”作出自己的贡献。

随着社会的发展和技术的进步，先进制造的新系统、新模式和新技术的精彩纷呈，先进制造知识的日新月异，既为本书信息收集带来了丰富的资源，又给全书篇幅缩减造成了很大的困难。此次修订，历经五年，伏案匠心，禅精竭虑。为了使读者能够以最低的成本获得最大的收益，付出超常的时间和精力，也是值得欣慰的。

第2版由戴庆辉教授担任总撰稿人。参加本次修订工作的还有：华北电力大学的花广如、慈铁军、叶锋、李东、李亚斌、于海龙、杜必强、张文建，唐山学院的郭彩玲博士，温州大学的周宏明教授，以及东莞理工学院的王卫平教授。沈阳工业大学的张新敏教授参加了第2版修订大纲的制订和部分内容的撰写。还有主编作者的研究生们也参与了本书的资料整理工作。在修订过程中，参考了许多学者和专家的文献，在此感谢本书所有参考文献著作者的学术贡献。

本书承蒙浙江大学谭建荣院士和重庆大学张根保教授的支持并担任主审。两位专家给出了宝贵的修改意见。特此向两位尊敬的主审致以衷心的谢意！ 同时对第1版主审清华大学罗振壁教授表达深切的怀念。

本书可作为机械类、管理科学与工程类、工业工程类、物流管理与工程类等与制造相关专业高年级本科生或研究生的教材或参考书。也可作为制造企业技术骨干与管理骨干领略当代制造学科全貌的参考书。

特别感谢读者、专家和领导给予本书持续多年的厚爱。尽管力求第2版版质量比第1版有所提高，但由于作者水平有限，书中仍不免存在不足甚至谬误。对一些教学内容的整合、拆分和调整是作者对知识体系和教学设计理解的一种尝试，有待于实践检验和反馈，恳请读者不吝指正。

作　者

目　录

序
前　言

第1篇　制造概论

第1章　制造业…… 2
1.1　制造与制造业的概念* …… 2
1.1.1　制造的内涵及辨析 …… 2
1.1.2　制造业的行业类别 …… 4
1.1.3　制造业的产品类型 …… 5
1.2　世界制造业的发展 …… 6
1.2.1　制造业的发展 …… 6
1.2.2　制造业的作用 …… 9
1.2.3　世界工厂的迁移 …… 9
1.3　我国制造业的发展* …… 11
1.3.1　机遇与挑战 …… 11
1.3.2　优势与劣势 …… 12
1.3.3　目标与路径 …… 14
1.3.4　任务与对策 …… 17
复习思考题 …… 18
第2章　先进制造 …… 19
2.1　制造的系统、模式和技术* …… 19
2.1.1　系统的定义与特性 …… 19
2.1.2　制造系统的定义与演化* …… 20
2.1.3　制造模式的定义与演化* …… 21
2.1.4　制造技术的定义与演化* …… 24
2.2　制造学的概念与研究对象 …… 25
2.2.1　制造学的内涵 …… 25
2.2.2　制造学的外延 …… 27
2.2.3　制造工程的结构* …… 27
2.3　先进制造的概念* …… 29
2.3.1　先进制造系统的概念 …… 29
2.3.2　先进制造模式的概念 …… 32
2.3.3　先进制造技术的概念 …… 35
复习思考题 …… 37
第3章　生命周期理论 …… 38
3.1　产品与客户的生命周期* …… 38
3.1.1　产品生命周期* …… 38
3.1.2　客户生命周期 …… 42
3.2　企业与产业的生命周期 …… 44
3.2.1　企业生命周期 …… 44
3.2.2　制造业生命周期 …… 48
3.3　技术与系统的生命周期* …… 49
3.3.1　技术生命周期* …… 49
3.3.2　系统与制造系统生命周期 …… 52
3.4　产品生命周期管理 …… 54
3.4.1　产品生命周期管理的原理* …… 54
3.4.2　产品生命周期管理的应用 …… 58
复习思考题 …… 60

第2篇　制造系统

第4章　制造系统的组成与性能 ………… 62

4.1　制造系统的组成原理* ………… 62

4.1.1　制造系统的基本要素 ………… 62

4.1.2　制造系统的结构组成 ………… 63

4.1.3　制造系统的过程组成 ………… 65

4.2　制造系统的性能原理* ………… 68

4.2.1　制造系统的基本特性 ………… 68

4.2.2　制造系统的性能指标 ………… 68

4.2.3　制造系统的指标关系* ………… 70

4.3　集成制造系统 ………… 71

4.3.1　集成制造系统的发展 ………… 71

4.3.2　集成制造系统的原理* ………… 71

4.3.3　集成制造系统的应用 ………… 74

复习思考题 ………… 75

第5章　制造系统的建模与决策 ………… 76

5.1　制造系统的建模原理 ………… 76

5.1.1　模型的概念与类型 ………… 76

5.1.2　制造系统的模型分类* ………… 77

5.1.3　制造系统建模的目的与方法 ………… 79

5.1.4　Petri网的原理 ………… 80

5.2　制造系统的决策原理* ………… 82

5.2.1　制造系统的决策模型* ………… 82

5.2.2　环境与生态文明 ………… 83

5.2.3　质量与质量管理 ………… 84

5.2.4　服务与客户满意度 ………… 87

5.2.5　时间与生产率 ………… 89

5.2.6　成本与经济性 ………… 90

复习思考题 ………… 93

第6章　制造系统的设计与运行 ………… 94

6.1　制造系统的设计原理* ………… 94

6.1.1　制造系统设计的过程和类型* ………… 94

6.1.2　制造系统设计的方法 ………… 97

6.2　制造系统的运行原理 ………… 100

6.2.1　运行功能 ………… 100

6.2.2　生产计划 ………… 101

6.2.3　生产控制 ………… 103

6.2.4　演进路径* ………… 106

复习思考题 ………… 108

第3篇　制造模式

第7章　人性化制造模式 ………… 110

7.1　绿色制造* ………… 111

7.1.1　绿色制造与绿色产品 ………… 111

7.1.2　绿色制造的原理* ………… 115

7.1.3　清洁生产 ………… 118

7.1.4　绿色再制造 ………… 120

7.1.5　低碳制造 ………… 124

7.1.6　生态工业园 ………… 127

7.2　服务型制造 ………… 131

7.2.1　服务型制造的发展 ………… 131

7.2.2　服务型制造的原理* ………… 131

7.2.3　服务型制造的应用 ………… 135

7.3　大量定制 ………… 136

7.3.1　大量定制的发展 ………… 136

7.3.2　大量定制的原理* ………… 137

7.3.3　大量定制的应用 ………… 140

复习思考题 ………… 141

第8章　效益化制造模式 ………… 143

8.1　敏捷制造 ………… 143

8.1.1　敏捷制造的发展 ………… 143

8.1.2　敏捷制造的原理* ………… 144

8.1.3　敏捷制造的应用 ………… 145

8.2　协同制造 ………… 146

8.2.1　协同制造的发展 ………… 146

8.2.2　协同制造的原理* ………… 146

8.2.3　协同制造的应用 ………… 154

8.3　精益生产* ………… 155

8.3.1　精益生产的发展 ………… 155

8.3.2　精益生产的原理* ………… 155

8.3.3 精益生产的应用 …… 163
8.4 六西格玛 …… 164
8.4.1 6σ的发展 …… 164
8.4.2 6σ的原理 …… 164
8.4.3 6σ的应用 …… 171
8.4.4 精益六西格玛 …… 173
复习思考题 …… 175
第9章 智能化制造模式 …… 177
9.1 数字化制造 …… 177
9.1.1 数字化制造的原理* …… 178
9.1.2 数字化制造的应用 …… 179
9.2 虚拟制造 …… 181
9.2.1 虚拟制造的原理* …… 181
9.2.2 虚拟制造的应用 …… 183
9.3 网络化制造 …… 184
9.3.1 网络化制造的原理* …… 184
9.3.2 网络化制造的应用 …… 185
9.4 智能制造* …… 186
9.4.1 智能制造的原理* …… 186
9.4.2 智能制造的应用 …… 192
9.4.3 广义智能制造 …… 193
复习思考题 …… 197

第4篇 主体技术

第10章 先进设计技术 …… 200
10.1 先进设计技术基础 …… 200
10.1.1 先进设计技术概述 …… 200
10.1.2 CAX与DFX …… 201
10.2 绿色设计* …… 202
10.2.1 绿色设计的内涵* …… 202
10.2.2 绿色选材 …… 204
10.2.3 面向回收设计 …… 205
10.2.4 面向拆卸设计 …… 207
10.3 保质设计 …… 209
10.3.1 保质设计概述 …… 209
10.3.2 质量功能展开* …… 210
10.3.3 六西格玛设计 …… 212
10.3.4 保质设计的应用 …… 213
10.4 快速设计 …… 213
10.4.1 模块化设计* …… 214
10.4.2 可重构设计 …… 220
10.4.3 云设计 …… 221
复习思考题 …… 224
第11章 先进制造装备 …… 226
11.1 数控机床* …… 227
11.1.1 数控机床的原理与特点 …… 227
11.1.2 数控加工原理与编程* …… 231
11.2 加工中心 …… 235
11.2.1 加工中心概述 …… 235
11.2.2 五轴联动机床 …… 236
11.2.3 并联机床 …… 239
11.3 智能机床 …… 241
11.3.1 智能机床的原理* …… 241
11.3.2 智能机床的应用 …… 242
11.4 工业机器人 …… 245
11.4.1 工业机器人的原理 …… 245
11.4.2 工业机器人的应用 …… 248
11.5 自动导引车 …… 249
11.5.1 自动导引车的原理* …… 249
11.5.2 自动导引车的应用 …… 253
11.6 质量检测设备 …… 253
11.6.1 自动检测与监控技术 …… 253
11.6.2 坐标测量机 …… 255
11.7 装配线及其平衡 …… 257
11.7.1 装配线的原理与类型 …… 257
11.7.2 装配线的平衡方法 …… 259
11.8 柔性制造系统* …… 260
11.8.1 柔性制造系统的概念与类型 …… 260
11.8.2 柔性制造系统的组成与原理* …… 261
复习思考题 …… 263
第12章 先进制造工艺 …… 264
12.1 先进制造工艺概述 …… 264

12.1.1 机械制造工艺基础 …… 264
12.1.2 先进制造工艺内涵 …… 267
12.2 绿色加工* …… 269
12.2.1 干式切削加工 …… 269
12.2.2 准干式切削加工* …… 273
12.2.3 低温切削加工 …… 274
12.3 高效切削加工* …… 276
12.3.1 高效切削加工的原理* …… 276
12.3.2 高效切削加工的应用 …… 278
12.4 高效磨削加工 …… 278
12.4.1 高效磨削加工概述 …… 278
12.4.2 砂轮磨削加工 …… 278
12.4.3 砂带磨削加工 …… 280
12.5 高能束加工 …… 281
12.5.1 激光加工 …… 281
12.5.2 电子束加工 …… 283
12.5.3 离子束加工 …… 285
12.6 精细加工 …… 287
12.6.1 超精密加工 …… 287
12.6.2 微细加工 …… 290
复习思考题 …… 291
第13章 电子制造技术 …… 293
13.1 芯片的设计与制造 …… 293
13.1.1 芯片的结构与制造流程* …… 293
13.1.2 集成电路的设计 …… 295
13.1.3 硅片的制造工艺 …… 296
13.2 微电子加工工艺及设备* …… 302
13.2.1 蚀刻与光刻* …… 303
13.2.2 光刻机 …… 306
13.2.3 LIGA及准LIGA …… 310
13.2.4 电子束光刻 …… 312
13.3 计算机典型部件制造 …… 313
13.3.1 印制电路板制造 …… 313
13.3.2 CPU制造 …… 317
13.3.3 硬盘制造 …… 319
复习思考题 …… 319

第5篇 前沿技术

第14章 微纳制造 …… 322
14.1 微纳制造概述 …… 322
14.1.1 微纳系统的概念 …… 322
14.1.2 微纳制造的体系 …… 323
14.1.3 微纳制造的过程 …… 324
14.2 纳米加工技术* …… 325
14.2.1 平面工艺* …… 325
14.2.2 探针工艺 …… 326
14.2.3 模型工艺 …… 328
14.3 纳米压印技术 …… 329
14.3.1 纳米压印概述 …… 329
14.3.2 纳米压印的原理* …… 330
14.3.3 硅片完整压印光刻 …… 333
14.3.4 纳米压印的设备 …… 334
复习思考题 …… 334
第15章 增材制造 …… 336
15.1 增材制造的发展 …… 336
15.1.1 国外增材制造的发展 …… 336
15.1.2 国内增材制造的发展 …… 338
15.1.3 增材制造的发展趋势 …… 338
15.2 增材制造的原理* …… 340
15.2.1 增材制造的概念 …… 340
15.2.2 基本型工艺原理 …… 344
15.2.3 工业型工艺原理 …… 346
15.2.4 消费型工艺原理 …… 349
15.3 增材制造的应用 …… 353
15.3.1 增材制造的关键技术 …… 353
15.3.2 增材制造的应用现状 …… 353
15.3.3 增材制造的应用实例 …… 356
15.3.4 增材制造的未来 …… 357
复习思考题 …… 358
第16章 生物制造 …… 360
16.1 生物制造的原理 …… 360
16.1.1 生物制造的概念 …… 360
16.1.2 生物制造的技术体系 …… 361

16.2 生物制造的应用* …… 364
16.2.1 在医学工程中的应用 …… 364
16.2.2 在制造工程中的应用 …… 366
16.3 生物3DP技术 …… 370
复习思考题 …… 373
第17章 制造信息通信技术 …… 374
17.1 物联网 …… 374
17.1.1 物联网的原理 …… 375
17.1.2 物联网的应用 …… 377
17.2 云制造* …… 378
17.2.1 云制造的发展 …… 379
17.2.2 云制造的原理 …… 379
17.2.3 云制造的应用 …… 381
17.3 大数据 …… 382
17.3.1 大数据的发展 …… 382
17.3.2 大数据的原理 …… 383
17.3.3 大数据的应用 …… 388
17.3.4 预测制造* …… 391
17.4 赛博物理系统* …… 393
17.4.1 赛博物理系统的发展 …… 393
17.4.2 赛博物理系统的原理 …… 394
17.4.3 赛博物理系统的应用 …… 396
复习思考题 …… 396
第18章 基于互联网的制造业 …… 397
18.1 工业互联网* …… 397
18.1.1 工业互联网的提出 …… 397
18.1.2 工业互联网的内涵 …… 398
18.1.3 工业互联网的应用 …… 400
18.2 工业4.0 …… 401
18.2.1 工业4.0的提出 …… 401
18.2.2 工业4.0的内涵 …… 402
18.2.3 工业4.0的实施 …… 406
18.3 制造战略对比 …… 407
18.3.1 几个新概念的关系 …… 407
18.3.2 美德制造战略比较 …… 409
18.3.3 中美德制造战略比较 …… 410
18.4 共享经济与共享制造 …… 411
18.4.1 共享经济 …… 411
18.4.2 共享制造* …… 415
18.4.3 互联网+制造业 …… 418
复习思考题 …… 421
附录 …… 422
附录A 缩略语英汉对照表 …… 422
附录B 数控加工编程代码及实例 …… 422
参考文献 …… 426

第1篇

制造概论

篇首导语

本篇为全书内容提供制造业与制造学的基础知识。制造业是根据市场要求通过生产将资源转化为产品和服务的行业。制造业包括所有与制造有关的企业生产机构。制造学是关于造物活动从信息表达到实物产品的学问。制造学包括制造科学和制造工程：制造科学是制造工程的理论基础；制造工程的研究对象是制造系统。每个制造企业都是一个制造系统，制造系统是制造业的基本组成实体。制造系统是制造业与制造学的纽带。先进制造系统是由常规制造系统发展而来的新系统。

本篇我们将了解制造业的基本知识；认识制造系统、制造模式和制造技术；概览制造学的学科内涵和外延；掌握先进制造系统（Advanced Manufacturing System，AMS）、先进制造模式（Advanced Manufacturing Mode，AMM）、先进制造技术（Advanced Manufacturing Technology，AMT）的定义、特点、类型和演化。概念演化既是一种社会现象，又是一种自然现象，还是人类心智演变的结果。本篇还将介绍生命周期理论，以从更大的时空运用制造业的发展规律。

本篇分为以下3章：

第1章　制造业

第2章　先进制造

第3章　生命周期理论

第1章 制造业

本章主要初步认识制造业与制造学。理清制造与制造业的概念；阐述世界制造业的发展，世界工厂的迁移，我国制造业的机遇、挑战、优势和劣势，我国制造业的发展战略。本章提供了制造业的基础知识。

1.1 制造与制造业的概念*

1.1.1 制造的内涵及辨析

制造的英文为Manufacturing。该词起源于拉丁文的词根manu（手）和facere（做）。这说明几百年来人们把制造理解为用手来做。随着社会的进步和制造活动的发展，制造的概念也在不断地演化。

1. 制造的含义

从“制造过程”上来看，制造的含义有狭义与广义之分。

（1）**狭义制造** 狭义制造又称为“小制造”，是指产品的制作过程。或者说，制造是使原材料（农产品和采掘业的产品）在物理性质和化学性质上发生变化而转化为产品的过程。

传统上把制造理解为产品的机械工艺过程或机械加工与装配过程，如图1-1所示。例如，“机械制造基础”主要介绍热加工和冷加工方法；“机械制造工艺学”主要介绍机械零件加工技术和产品装配技术。英文词典对制造（Manufacturing）解释为“通过体力劳动或机器制作物品，特别是适用于大批量”。

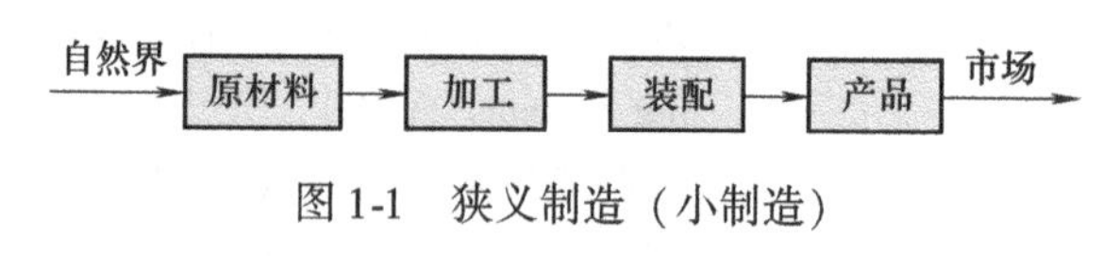

图1-1 狭义制造（小制造）

（2）**广义制造** 广义制造又称为“大制造”，或“现代制造”，是指产品的全生命周期过程。1990年国际生产工程学会（CIRP）给出了定义：制造是一个涉及制造工业中产品设计、物料选择、生产计划、生产过程、质量保证、经营管理、市场销售和服务的一系列相关活动和工作的总称。目前人们对广义制造的理解如图1-2所示。

广义制造包含了四个过程：①产品概念过程（产品设计、物料选择、工艺设计、生产计划等）；②物理转换过程（加工、检测、装配、试验、包装等）；③物质转移过程（销售、运输、安装、消费、使用、维护等）；④报废处理过程（产品报废、回收、拆卸、再利用、再制造、再生循环和废物极小化等）。

广义制造有四个特点：①**全过程**。从产品生命来看，制造不仅包括毛坯到成品的加工制造过

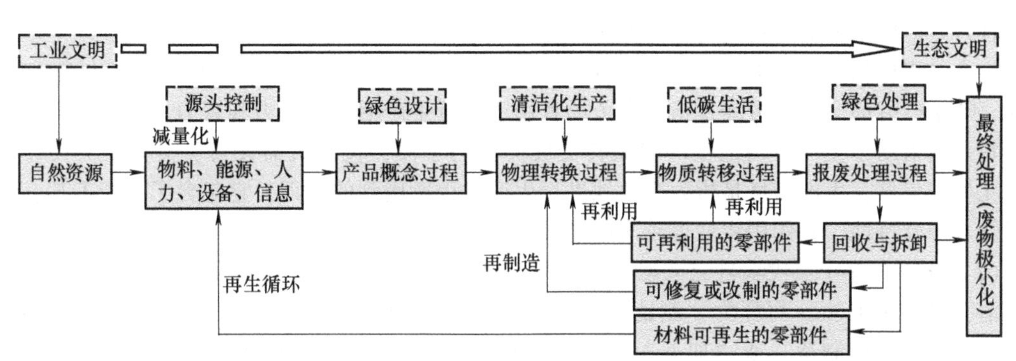

图1-2　广义制造（大制造）

程，还包括产品的市场信息分析，产品决策，产品的设计、加工和制造过程，产品销售和售后服务，报废产品的绿色处理，以及产品全生命周期的设计、制造和管理。②**大范围**。从产品类别来看，制造不只是机械产品的制造，还有光机电产品的制造、工业流程型材料的制备等。③**高技术**。从技术方法来看，制造不仅包括机械加工技术，而且包括高能束加工技术、微纳米加工技术、电化学加工技术、生物制造技术等，还包括现代信息技术，特别是计算机技术与网络技术等。大制造与高技术是“你中有我、我中有你”的关系。④**绿色化**。从生态文明来看，制造是一种综合考虑环境影响和资源消耗的绿色制造模式。目前大力提倡的循环经济模式是追求更少资源消耗、更低环境污染、更大经济效益和更多劳动就业的一种先进经济模式。为适应循环经济和保持社会可持续发展的要求，绿色制造的目标是使产品从设计、制造、包装、使用到报废处理的整个生命周期中，对环境负面影响小、资源利用率高、综合效益高，使企业经济效益与社会效益得到协调优化。

从词义上理解，制造概念的内涵目前在过程、范围、层次和生态四个方面拓展了。从本质特征上认识，制造是一种将原有资源（如物料、能量、资金、人员、信息等）按照社会需求转变为有更高实用价值的新资源（如有形的产品和无形的软件、服务）的过程。

2. 制造与加工辨析

（1）**制造**（Manufacturing）　制造原指通过人工或机器使原材料变为可供使用的物品，例如，制造机器、制造化肥；现指产品的全生命周期过程的全部活动，包括市场分析、产品开发、生产技术准备（含产品设计、编制产品工艺、设计和制造工艺装备等），到产品的生产（指产品的加工和装配）、生产组织与计划管理（含物流控制和仓储）、质量保证、包装和发送以及报废后的回收和再制造等。

（2）**加工**（Machining）　加工是把原材料变换成产品的物理转换过程。它通过改变原材料（或毛坯，或半成品）的形状、性质或表面状态，来达到设计所规定的技术要求。

（3）**制造与加工比较**　加工只是制造中的关键活动之一。加工系统是制造系统中一个主要的子系统。“制造”不只是“加工”。“制造”的内涵包含四点：加工前的构思与设计，加工中的加工、检测、装配和包装，加工后的营销、服务、使用、回收与再制造，管理与经营也自然应含于制造之中。由于长期以来人们并未规范“制造”和“加工”的含义，致使常有混淆不清的时候。要理解“制造”术语含义，需要根据特定的场合去判断。有时把“制造加工”罗列在一起使用。有时不得不沿袭习惯的用法，如“柔性制造系统”，其实称之为“柔性加工系统”或“柔性装配系统”更为确切。既已习惯，只好顺其自然。

3. 制造与生产辨析

（1）**生产**（Production）　生产原指人们使用工具来创造各种生产资料和生活资料的活动；现

指把各种生产要素的输入转变为产品和服务的输出过程。

生产过程包括四个要素：①生产对象。生产对象是指完成生产活动所使用的原材料和辅助材料。②生产劳动。生产劳动是指每个劳动者用于进行生产活动的体力和智力。③生产资料。生产资料是指借助于生产劳动把生产对象转变成产品的手段，包括机器设备、夹具、工具等硬特性。④生产信息。生产信息是指为有效地进行生产过程所用到的知识，它包含了生产工艺、生产技术管理等软特性，其作用将变得越来越重要。

（2）**比较** 鉴于当代学科交叉融合的缘故，制造与生产一直没有明确的界定；中英译文含混不清，对 Manufacture 可译为“制造”或“生产”；有的认为生产是加工、制造的同义词；也有的罗列为“生产制造”或“加工生产”来使用。现试从两个方面来加以区别。

从过程来看，根据前述国际生产工程学会给出的定义，制造包含了生产。制造系统的基本活动是供应、生产、销售，且以销售为目标，以生产为主线，以供应为保证。产品设计属于对生产的信息供应。生产过程是制造过程中的一个环节。生产系统是制造系统中的一个子系统。但是，当采用狭义制造的概念时，制造系统是生产系统的一个组成部分，是一个生产单元，这里的制造实际上是指加工与装配。

从范围来看，制造是工程学中的一个常用术语；生产是经济学中的一个常用术语。生产是指以一定生产关系联系起来的人们利用劳动工具改变生产对象以满足需求的过程。社会再生产过程包括四个环节：生产、交换、分配和消费。生产是决定性环节。广义的生产通常包括物质财富、精神财富和劳动力的生产。工业工程作为交叉学科，从系统的角度来看，制造系统是生产系统的典型代表；生产系统包括制造系统。制造系统是相对于制造企业而言的；生产系统则是相对于所有企业来说的，包括制造业和服务业。因此，生产系统在使用范围上比制造系统大。

总之，制造与生产的区别是：制造一般仅指有形产出，即实物产品的生产，较多地用于工程技术领域；而生产通常包含有形和无形两种产出，更多地用于经济管理领域。一般应根据具体场合判断“制造”与“生产”的含义。

1.1.2 制造业的行业类别

1. 制造业的内涵

（1）**定义** 制造业是指按市场要求通过生产将资源转化为产品和服务的所有企业的总称。制造的资源包括物料、能源、设备、工具、资金、技术、信息和人力等。如今的制造业，既包括汽车、机车、家电等离散型制造业，也包括钢铁、化工、建材等连续型制造业。先进制造业的范畴已进一步扩大到材料制造（新材料）、生物制造等。

（2）**分类** 制造企业的划分方法见表1-1。通常，物质企业一般被组织在供应链之中，许多以供应商的身份出现于市场。产品企业要求有众多的物质企业支持，在供应链支持下完成最终产品的制造与装配。

表1-1 制造业的划分方法

分法	类型	说明
按提供产品的用途分	民用制造业	提供生产和生活产品的行业
	军工制造业	提供军事装备的国防工业
按提供产品的形态分	物质企业	把原材料和毛坯件转变成分立的半成品和最终物件的企业，如钢铁厂、化工厂等
	产品企业	把分立的半成品和物件转变成整机产品的企业，如电机厂、汽车厂等

（3）**占比** 据国家统计局发布的数据，2016年，全年国内生产总值744128亿元，其中，

第一产业增加值63671亿元；第二产业增加值296236亿元；第三产业增加值384221亿元。第二产业增加值占国内生产总值的占比为39.8%（见图1-3）。全年全部工业增加值247860亿元，工业在第二产业中的占比为83.7%。全年规模以上工业企业实现利润68803亿元，其中，制造业62398亿元，占比为90.7%；采矿业占比为2.6%；电热气水业（电力、热力、燃气及水生产和供应业）占比为6.7%。于是，制造业在第二产业中的占比为75.9%（见图1-4），由此可知制造业在国民经济中的占比为30.2%。

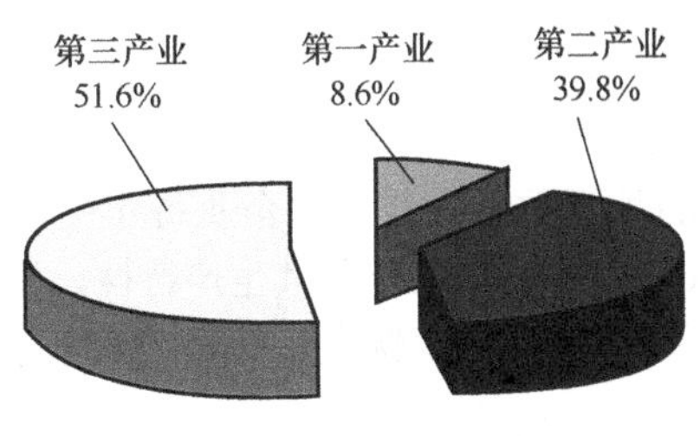

图1-3 我国三种产业增加值的占比

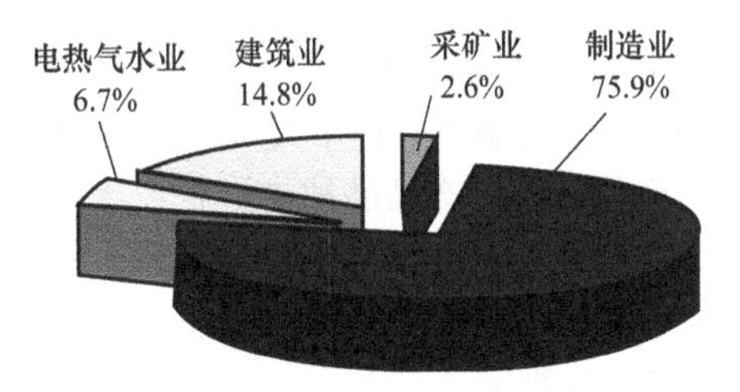

图1-4 我国制造业在第二产业中的占比

2. 制造业的结构

21世纪以来，我国制造业的结构包括产业结构、资本结构和组织结构。产业结构指标是指轻工业与重工业的比重，以及高技术产业增加值的比重；资本结构指标是指国有及国有控股企业、民营工业企业和“三资”企业（外商投资和我国港、澳、台商投资工业企业）的比重；组织结构指标是指大中型企业的数量。

3. 装备制造业

当今，学术界流行着制造业“二分法”。将制造业分为装备制造业和最终消费品制造业。最终消费品制造业是提供生产消费资料的企业的总称。

（1）**概念** 装备制造业是为国民经济和国家安全提供装备的企业的总称。目前，装备制造业的概念可谓是我国所独有。世界其他国家包括国际组织并没有提出这个概念。它的正式出现见之于1998年中央经济工作会议明确提出的“要大力发展装备制造业”。

（2）**构成** 装备制造业是机械电子制造业八个大类中扣除了有关消费类产品制造小类后的大部分行业。它主要包括金属制品业，通用设备制造业，专用设备制造业，交通运输设备（汽车、铁路、船舶、航空航天等）制造业，电气机械和器材制造业，计算机、通信和其他电子设备制造业，仪器仪表制造业，武器弹药制造业等。

我国界定“装备制造业”的范围主要是指国际产业分类标准ISIC（联合国、世界银行、国际货币基金组织、经济合作与发展组织、欧盟等共同编制“国际经济核算体系”）中的38大类，即ISIC38，包括金属产品，机器与设备制造。它相当于欧洲国家所指的“资本货物制造业”，即常说的“生产生产资料的行业”。

（3）**作用** 装备制造业是“生产机器的机器制造业”，是国民经济发展特别是工业发展的基础。它的技术水平决定了相关产业的质量、效益和竞争力的高低。它带动性强，涉及面广，在工业部门中占有中心地位。因此，装备制造业是制造业的核心。

1.1.3 制造业的产品类型

制造业包含多种门类和多层中间供应商，为全社会提供大量的整机产品和零件产品。

1. 制造业的产品分类

制造业的产品分类见表1-2。限于篇幅，本书主要讨论离散性产品的制造系统。

表1-2 制造业的产品类型

分 法	类 型	说 明	举 例
按产品的宏观用途分	生产资料（装备）	由企业购买用于生产过程的产品	机床、工业机器人、集成电路
	生活资料（消费品）	直接由消费者购买的产品	运动鞋、微波炉
按产品的构成形态分	离散性产品（装配性产品）	由离散的零件组成、可装拆的产品	机电产品
	连续性产品（流程性产品）	不是由零件组成的、不能拆卸的产品	钢铁、纺织品、化工产品
	混合性产品	兼有离散性和连续性两种特点的产品	药品、食品、饮料和烟酒

2. 产品的品种和批量

这两个特性对制造过程中人员、设备和工艺组织有重要影响。

（1）**产品品种** 产品品种是指企业生产不同产品的种类数量。若一个企业每年生产很多种产品，则被认为是多品种生产。每个企业的产品品种在一定程度上决定了其生产特性。制造业的产品品种很多，如汽车、飞机、机床、仪表、模具等。机床可细分为铣床、磨床、钻床等，其每一种还可进一步细分。

（2）**产品批量** 产品批量是指企业在单位时间里成批生产的产品数量，其分类见表1-3。

表1-3 产品批量的分类

类型	批量/(件/年)			举例	特 点
	重型件	中型件	小型件		
小量生产	≤5	≤20	≤100	电厂汽轮机	产品的品种繁多而生产量少。为保证最大柔性，生产设备通常是通用的，设备一般按工艺专业化原则进行布置，通常要求工人有较高的技巧，柔性高，生产率低
成批生产	>5～1000	>20～5000	>100～50000	机床	分两种情况：①不同产品之间有“硬”差异，按批量组织生产和装调工具，设备按工艺专业化原则布置；②不同产品之间只有“软”差异，应用成组技术组织生产，设备按零件族布置，每一组设备都能完成一种零件族的生产，从而使设备能适应具有“软”差异的产品
大量生产	>1000	>5000	>50000	汽车	常按流水线方式组织生产；产品的预期市场需求量非常大，产品可以长期连续生产，生产率高，柔性低

调查表明，产品的品种和批量之间成反比。当一个企业生产较多品种的产品时，其产品批量往往较小；而企业从事单一产品的制造时，其产品批量通常较大。

3. 装备制造业产品的分类

按装备功能和重要性，装备制造业产品分为三大类。

（1）**重要的基础机械** 重要的基础机械即制造装备的装备，主要包括数控机床、工业机器人、大规模集成电路及电子制造设备等。

（2）**重要的机械、电子基础件** 重要的机械、电子基础件主要包括先进的液压、气动、轴承、密封、模具、刀具、低压电器、微电子和电力电子器件、仪器仪表及自动化控制系统等。

（3）**重大成套技术装备** 重大成套技术装备主要包括能源、交通、化工、金属冶炼轧制、汽车、飞机、医疗卫生、环保、军事等装备。

1.2 世界制造业的发展

1.2.1 制造业的发展

制造业的发展可以分为三个时代：古代、近代和现代。

1. 古代制造业的发展

古代没有清楚分类的制造业，也没有较为系统的制造业发展史料。恩格斯在《自然辩证法》中讲道："直立和劳动创造了人类，而劳动是从制造工具开始的"。大约600万年前人与猿分离，是由于人学会了双足行走和用手制造并使用工具，这是人类进化的关键一步。动物所做到的最多是搜集，而人则从事生产。人类最初制造的工具是石刀、石斧和石锤。

原始的工具制造是人类社会制造业的最早萌芽。随着狩猎和采集技术的改进，人们制造的工具日趋精细，种类越来越多，出现了有组织的石料开采和加工，形成了原始制造业。在1万年前新石器时代，人类从采集和狩猎转向耕作和畜牧。到了5000年前青铜器和之后的铁器时代，自然经济以农业为主，为了满足需要，制造以手工作坊的形式出现，主要是利用人力进行纺织、冶炼、铸造各种农耕器具等原始制造活动。图1-5所示弓形钻是公元前3000年以前（史前期）的重要工具。它由燧石钻头、钻杆、窝座和弓弦等组成，可用来钻孔、扩孔和取火。弓形钻后来又发展成为弓弦钻床（见图1-6）和弓弦车床（见图1-7）。

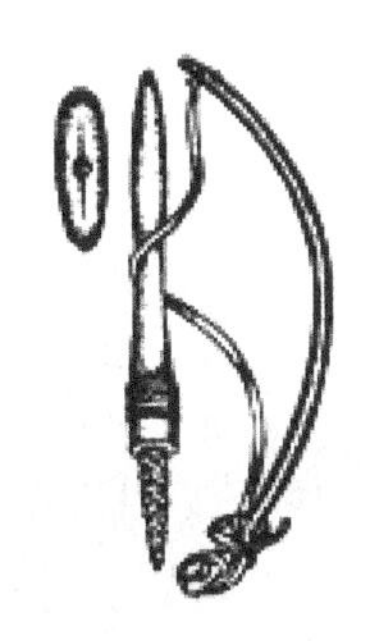

图1-5 弓形钻

图1-6 弓弦钻床

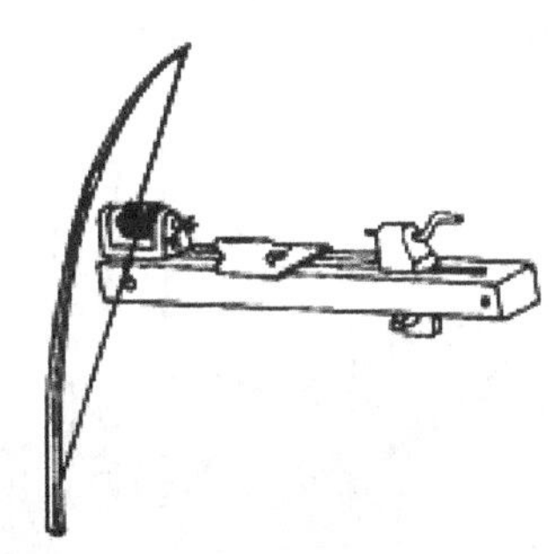

图1-7 弓弦车床

2. 近代制造业的发展

18世纪蒸汽机的发明给制造业提供了动力，制造了满足不同行业需求的各种机器，初步形成了传统的大机器制造系统。到19世纪，工业革命继续发展，生产规模逐渐扩大，产品需求对制造材料的质量要求提高，使早期的传统制造系统与社会发展和需求产生矛盾。19世纪发明和完善了新型冶炼技术、内燃机技术、电气技术。近代中国规模最大的制造系统是江南制造局（见图1-8），从1865年成立到1891年已拥有13个工厂，它制造了中国第一艘近代兵轮，炼出中国第一炉钢液，最早引进国外先进技术。

图1-8 江南制造局的机器厂（1865年）

在20世纪上半叶，源于兵器工业和汽车工业的大量生产方式，以流水线为典型，显著提高了生产率，创造了制造业的辉煌。20世纪20～30年代的制造系统是机群式生产线，即按工序特征组织生产。20世纪40～50年代，制造系统以能量驱动型的刚性生产线为代表，其特点是高生产率、刚性结构，很难适应产品的品种变化。以机电自动化为基础的制造自动化在该时期达到了较高水平。市场需求、科技和生产力发展水平，决定了近代制造业的发展重点主要是以机床、工艺、刀具和检测为主体的机械制造技术。由于在这种生产方式中把人和机器等同地发挥效能，也引发出新的矛盾。

3. 现代制造业的发展

第二次世界大战后，市场需求模式发生重大变化，制造模式和制造技术必然随之发生变化。1948年电子计算机融入制造领域。1952年美国推出了数控机床并很快得到工业应用。世界开始迈进了数字化制造时代。20世纪60年代是计算机技术和制造技术扩大融合的年代。20世纪70年代，随着市场竞争的加剧，大量生产方式开始逐步向多品种、中小批量生产方式转变。大规模集成电路的出现，各种工艺技术及装备的进步以及自动化技术的发展，为多品种、中小批量的生产方式提供了技术支持和装备支持。20世纪80年代基于先进的计算机技术和自动化技术，发展了各种先进的单元制造技术。图1-9和图1-10所示为我国1985年引进的首条柔性制造系统，可加工直流伺服电动机的四大类（轴、盘、壳、架）14种零件。20世纪90年代计算机和网络技术的飞速发展及与制造技术融合，数字化制造日益成为主流制造技术，制造工程开始了向制造工程与科学的过渡，更新与扩大了制造系统的学科基础。自20世纪以来，制造业发展的总趋势是走向制造服务一体化的和谐制造。

图1-9 我国引进的首条柔性制造系统（1985年）

图1-10 柔性制造系统中的两台加工中心

4. 制造业在社会历史中的发展特征

从历史发展的大阶段来看，人类已经走过了原始社会、农业社会、工业社会等几大社会阶段，正在迈向信息社会的新阶段，如图1-11所示。纵观历史，制造业经历了工具化、机械化、电气化、自动化、信息化、网络化和智能化。“化”意是转化，质或状态的变化。

当前我国制造业是工业化进程中的主体。工业化主要是指工业（特别是其中的制造业）在国民经济中成为经济主体的过程。简单地说就是传统的农业社会向现代化工业社会转变的过程。我国的工业化总体上处于后期阶段，2020年左右基本实现工业化（见表1-4）。

表1-4 发达国家与中国的工业化时间表

国家	耗时/年	工业化初期	工业化中期	工业化后期
英国	200	1750～1870年	1870～1914年	1914～1950年
美国	135	1820～1900年	1900～1948年	1948～1955年
日本	65	1955～1960年	1960～1965年	1965～1973年
韩国	33	1970～1985年	1985～1990年	1990～1995年
中国	70	1950～1980年	1980～2010年	2010～2020年

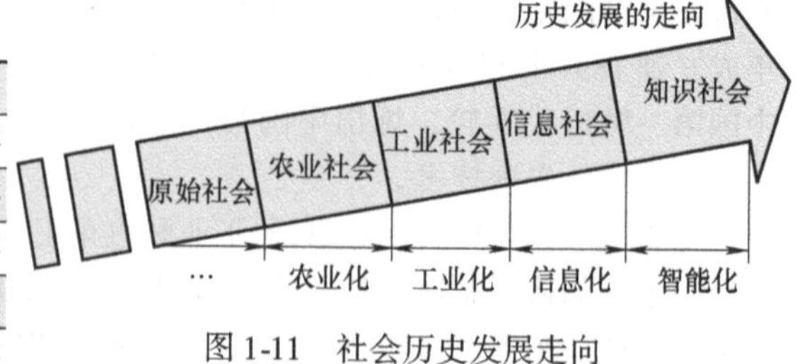

图1-11 社会历史发展走向

现在我国提出了新型工业化的概念。所谓新型工业化，就是坚持以信息化带动工业化，以工业化促进信息化，就是科技含量高、经济效益好、资源消耗低、环境污染少、人力资源优势得到

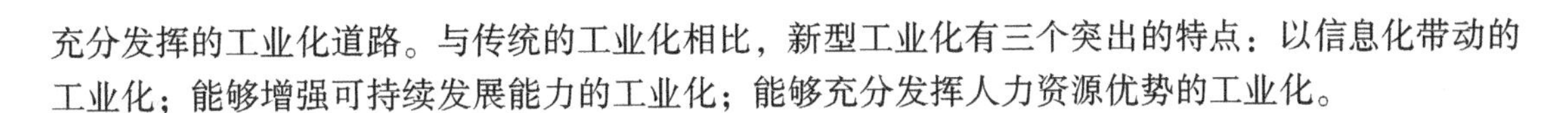

充分发挥的工业化道路。与传统的工业化相比，新型工业化有三个突出的特点：以信息化带动的工业化；能够增强可持续发展能力的工业化；能够充分发挥人力资源优势的工业化。

1.2.2 制造业的作用

制造业是立国之本、兴国之器、强国之基。18世纪中叶开启工业文明以来，世界强国的兴衰史一再证明，没有强大的制造业，就没有国家和民族的强盛。打造具有国际竞争力的制造业，是我国提升综合国力、保障国家安全、建设世界强国的必由之路。

1. 制造业是创造人类文明的根本

人类社会的四大物质文明支柱是材料、能源、信息和制造。没有制造就谈不上人类文明，制造是人类文明的基本手段。按照西方学者的观点，中国古代有四大发明：火药、指南针、印刷术、造纸。冶炼是金属制品的前提。中国科学院院士柯俊认为，冶炼是我国的第五大发明。我国出土的三角石犁铧可追溯到公元前5000年。铁犁始于战国时代（公元前476年~前221年）。如今的中国制造在世界各地比比皆是。

2. 制造业是承载国民经济的基石

制造业过去、现在和将来都是国民经济强大的基础。美国麻省理工学院（MIT）在《美国制造业的衰退及对策——夺回生产优势》的报告中有一句名言："一个国家要想生活好，必须生产好"，这句话精辟地概括了发展制造业的重要性。当今我国制造业占整个工业生产产值的4/5，为国家财政提供1/3以上的收入，贡献出口总额的90%，制造业从业人员占全国工业从业人员总数的90%。过去60年的经济统计数据表明，制造业始终是带动我国经济高速增长的"发动机"。我国制造业的增长率高出GDP增长率约3~8个百分点。例如，2002~2012年，我国GDP年均增长率为10.7%，2003~2011年，我国规模以上工业增加值年均增长率为15.4%。

3. 制造业是发展高新技术的源头

从技术角度来看，制造业是使技术转化为生产力的基础。从处于技术领先地位的美国来看，制造业几乎囊括了美国产业的全部研究和开发，提供了制造业内外所用的大部分技术创新，使美国长期经济增长的大部分技术进步都来源于制造业。纵观工业化的历史，众多的科技成果都孕育于制造业的发展之中。制造业也是科研手段的提供者，科技与制造业相伴成长。20世纪相继问世的集成电路、计算机、移动通信设备、国际互联网、智能机器人、核电站、航天飞机等产品，无一不是通过制造业的发展而产生的，并由此形成了制造业中的高新技术产业。一个国家经济的强大在很大程度上体现在制造业的技术水平上：高端技术产品、关键设备能够自己提供，而不依赖进口。

4. 制造业是保障国家安全的盾牌

没有强大的高端装备制造业，就没有精良的武器装备，国家安全就将受到巨大威胁。失去制造就失去未来，一个国家如不重视发展制造业，就必然要落后、挨打。现代武器装备是先进制造技术的载体，尖端制造技术和装备一直是西方国家技术封锁和限制的重点。

综上所述，制造业是人类文明的巨斧，是国民经济的基石，是技术进步的源头，是国防安全的盾牌。高度发达的制造业，对内是加速实现现代化的必备条件；对外是衡量国家竞争力的重要标志。

1.2.3 世界工厂的迁移

1. 世界工厂的产生

第一次工业革命时期，英格兰东北部的蓝开夏（Lancashire）郡被誉为"世界工场/车间"（Workshop of the World），继而英国成为公认的"世界工场"。这是相对于当时普遍的"世界农业”而称的。1760~1850年，英国制造业从占世界总量的1.9%上升到19.9%。同年，英国生产了全世界53%的铁，50%的煤。这就是著名的第一次产业革命，标志着“世界工厂”（Factory of the World）的产生。随着工业化在全球的推进，“世界农业”已不复存在，“世界工场”的意义已被“世界工厂”逐渐取代。世界工厂，就是为世界市场大规模提供工业品的生产制造基地。它又被称为“世界制造中心”，即“世界经济增长的重心”。

2. 世界工厂的四次迁移

世界工厂的迁移是在产业革命中形成的。到目前为止，世界工厂已经历过四次迁移。历史上，英国、德国、美国、日本这四国可以被称为“世界工厂”。

（1）**第一次迁移，由英国到德国**　英国作为世界工厂的地位一直保持到19世纪后期。1851~1900年，由于德国的哲学革命给德国的科学革命开辟了道路，1830年德国出现了科学革命的高潮，使人类进入合成化学的人工制品时代。到1896年，德国的各个产业都超过了英国，仅用40年时间就完成了英国100年的事业，实现了工业化。从此，德国成为世界工厂。

（2）**第二次迁移，由德国到美国**　1879~1930年，发生在美国的第二次技术革命——电力技术革命，使美国建立和完善了钢铁、化工和电力三大产业，并利用和发挥石油开采技术优势，成为石油化工技术王国。在电力和石油工业的促进下，美国大力发展汽车工业，以制造流程创新承接全球制造业迁移，1920年前后美国制造业完全站在世界之巅，1927年汽车总产量占世界市场的80%。从此，美国成为世界工厂。

（3）**第三次迁移，由美国到日本**　第二次世界大战后，日本从战争废墟上开始经济复兴，于20世纪60年代实现了重化学工业化。20世纪70年代日本成为世界第二大经济体，GDP占世界总额的15%。20世纪80年代，“日本制造”风靡世界，半导体芯片要使用光刻机制造，而全球70%的光刻机由日本制造。日本以协作体系创新承接全球制造业迁移，获得世界工厂的桂冠。在全球500强企业中，日本占比达29%。日本GDP的49%来自制造业。日本工业生产率曾为世界第一。

（4）**第四次迁移，由日本到中国**　20世纪90年代初日本经济不景气，中国和韩国一些产业的发展水平直逼日本。中国台湾精于代工，富士康组装了几乎所有的iPhone和iPad，台积电、联发科则是芯片制造领域的世界级巨头。中国台湾占到全球芯片制造环节一半以上的市场份额。2000年之后，中国大陆以体系实力承接全球制造业转移。2001年，日本通产省发表的白皮书首次提出，中国已成为“世界工厂”。目前，广为人知的BAT（百度、阿里、腾讯），以及硬件制造相关的海尔、联想、华为、中兴、小米、富士康等厂商和品牌逐步成熟。

3. 世界工厂的类型

按照在国际分工中的地位，世界工厂可以分为三类，见表1-5。

表1-5　世界工厂的类型

类　型	说　明
第一类	既具有研发能力和名牌，也控制着国际市场的销售网络；既在本土进行加工制造，也在全球范围内进行采购，以实现资源的最优配置；能够获得生产价值链的最大经济利益
第二类	原材料的采购和零部件的制造实行以本土化为主，跨国公司控制着研发和市场销售网络
第三类	来料加工型，跨国公司用以作为工业品的生产车间，在国际分工生产价值链中处于最低端

只有成为第一类世界工厂，才能真正成为对世界经济有重要影响的经济体。从世界工厂的四次迁移可见：①世界工厂迁移呈现加速的趋势。保持世界工厂的时间跨度：英国、德国、美国、日本依次为70年、50年、40年、20年。②世界工厂迁移并不总伴随世界科技中心的迁移。

第二次世界大战后，美国牢牢地抓住以信息技术为主导的高技术群，继续成为世界科技中心，而日本则通过技术引进、吸收和加强企业管理等措施，取代美国成为世界工厂，但没有成为世界科技中心。③要保持世界制造强国的地位，首先要保持世界制造业科技的领先地位，否则世界工厂的地位很难保住。④世界工厂的迁移使一些国家经济实现了跨越式发展，成为世界经济强国，人均 GDP 翻一番的用时，美国、德国、日本依次为 47 年、43 年、34 年。

案例 1-1　中国这家“世界工厂”到底有多大？

1.3　我国制造业的发展*

1.3.1　机遇与挑战

我国制造业发展面临巨大的机遇和挑战，我国政府和制造企业正在牢牢把握新一轮科技革命和产业变革与我国加快转变经济发展方式的机遇，坚持推进结构调整和转型升级。

1. 我国制造业发展面临的机遇

(1) **技术融合引起产业变革**　新一代信息技术与制造技术融合，正在引发影响深远的产业变革，形成新的生产方式、产业形态、商业模式和经济增长点，见表 1-6。

表 1-6　我国产业变革的特征

特　征	说　明
新产业	信息技术、新能源、新材料生物技术等重要领域的突破和交叉融合，正在引发新一轮产业变革
新战略	互联网、物联网、云计算、大数据等泛在信息促进定制化生产逐步取代流水线大量生产
新优势	网络众包、异地协同设计、大量个性化定制、精益供应链管理等正在构建企业新的竞争优势
新体系	虚拟技术、三维（3D）打印、工业互联网、大数据等技术将重构制造业技术体系
新模式	基于赛博物理系统的智能装备、智能工厂等智能制造正在引领制造模式变革
新价值	产品生命周期管理、总集成总承包、互联网金融、电子商务等加速重构产业链新体系
新领域	可穿戴智能产品、智能家电、智能汽车等智能终端产品不断拓展制造业新领域

(2) **国家战略提供发展动力**　我国政府做出一系列重大战略部署，内需潜力和改革红利不断释放，为制造业发展开辟广阔空间：①城乡一体化将成为拉动制造业内需增长的主要动力；②农业现代化将拉动制造业的发展；③“一带一路”（丝绸之路经济带和 21 世纪海上丝绸之路）、京津冀协同发展、长江经济带等重大区域发展战略的推动；④产业部门新的装备需求、人民群众新的消费需求、社会治理服务新的能力需求、国际竞争和国防建设新的安全需求对制造业提出了新要求；⑤全面深化改革的战略部署使制造业发展获得新动力。

2. 我国制造业发展面临的挑战

全球制造业格局面临重大调整。2012 年我国制造业增加值为 2.08 万亿美元，占全球制造业 20%，与美国相当，但整体上却大而不强。近年来我国经济进入新常态。原先以出口和投资为导向的经济增长方式将转向以内需消费为主；以第二产业为主的经济结构要向以第三产业为主的“服务化时代”过渡。我国在新一轮发展中面临以下两个方面的挑战。

(1) **发达国家和新兴经济体的双向挤压**　高端制造回流与中低端制造分流的双向挤压日益严峻。我国制造业，前有发达国家抢占高端制造业，我国与欧美等发达国家相比仍有差距；后有新兴国家承接低端制造业，我国存在产能过剩问题，现在竞争不过东南亚。我国外贸出口量大幅度下降，2012 年首次出现负增长。

1）**发达国家的“再工业化”**。2008年世界金融危机之后，制造业再次成为各国竞争的焦点。发达国家提出“再工业化”，出台了一些回归制造业的重大举措。例如，2011年德国政府发布“高技术战略2020”，2013年发布“德国工业4.0战略”。2012年美国推出“美国制造业复兴计划”。2013年英国政府发布“英国制造2050”。据估计，2016年中国相对美国的工厂制造业成本优势已经减弱到5%以下。这点利润率的背后恰恰是中国强大的工业体系和市场体系。

2）**新兴经济体的“承接转移”**。随着我国周边新兴经济体的崛起，它们开始成为“承接转移”的生力军，对传统中国制造形成“同质竞争”。我国制造业综合成本已超过一些新兴发展中国家。应对这种“同质竞争”，传统比较优势难以为继。全球贸易保护主义强化与国际贸易规则重构相交织，我国制造业发展还面临低成本优势和新竞争优势尚未形成的两难局面。

（2）**资源环境和要素成本约束日益趋紧**　全球资源与环保形势日益严峻，过去我国经济增长主要依赖于高投入、高能耗和高污染产业的发展，资源利用不可持续；能源消耗强度偏高；污染物排放量超过环境容量；我国人口红利消失，要素成本全面上升。经济发展环境发生重大变化，我国经济发展进入新常态。

1.3.2　优势与劣势

我国制造业已具有世界制造大国的规模、水平和实力。2010年我国GDP超过日本，成为世界第二经济主体。美国制造业在世界第一的宝座上一直盘踞了110多年（1895～2009年），到2010年，我国制造业的产值首次超越美国，荣登制造业世界第一的宝座。2012年，我国制造业增加值为2.08万亿美元，在全球制造业中占比约为20%，成为世界制造大国，如图1-12所示。自2010年以来，我国已连续多年保持国际制造业第一大国的地位。

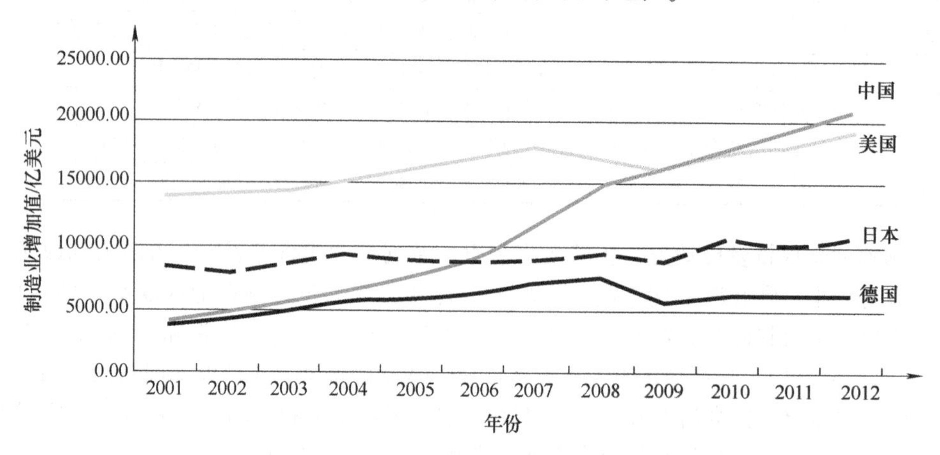

图1-12　2001～2012年世界各国制造业增加值变化示意图

1. 我国制造业发展的优势

我国制造业的发展拥有五大竞争优势：完整齐全的工业体系、自主创新的成就辉煌、全球最大的消费市场、中高端人力资源丰富和强大的产业组织能力。

（1）**完整齐全的工业体系**　我国制造业规模跃居世界第一。我国是世界上唯一拥有联合国产业分类中全部工业门类（39个工业大类、191个中类、525个小类）的国家，形成了“门类齐全、独立完整”的工业体系。中国制造遍布世界各地。小到螺栓、螺母，大至火箭、高铁，这个完整的产业链依托众多企业的集聚效应，具备了强大产业基础和高度灵活性。

（2）**自主创新的成就辉煌**　制造业是技术创新的主战场。近年来，我国已形成了一批具有国际竞争力的优势产业和骨干企业，如华为的麒麟芯片、阿里的云计算、联想的 PC、小米的智能手机、华大的基因、大疆的无人机等创新引领企业及其产品举世瞩目。我国一批高端装备实现重大突破，大型客机（C919）成功下线，北斗导航系统用户突破千万级，我国神威 · 太湖之光十亿亿次超级计算机、飞腾 1000 八核 CPU、万米深海石油钻机、长征五号火箭、载人航天、量子卫星、歼 20 战机、2000 预警机等关键技术水平已跃居世界前列。下海（图 1-13 载人深潜）、上天（图 1-14 探月工程）、入地（400t 世界最大盾构机）发电（百万千瓦级超超临界发电装备）、输电（特高压输变电装备）等都显示出我国制造业巨大的创新力量。高铁和核电（“华龙一号”百万千瓦级）实现了“走出去”的国家战略。

图 1-13　2012 年 6 月 24 日，中国载人潜水器“蛟龙”号创下了 7062 米的世界下潜纪录

图 1-14　2013 年 12 月 15 日 23 时，由嫦娥三号着陆器和玉兔号月球车顺利实现互拍

（3）**全球最大的消费市场**　需求是最强大的发展动力。伴随我国城镇化的快速推进，居民收入增加带动消费水平的提升，内需的扩大将进一步凸显超大规模国家的市场优势，从而为工业升级提供强有力的市场支撑。世界工厂和最大市场的双重角色将使国内消费与生产产生更为强劲的互动，促进社会经济发展，有助于抵御世界经济波动的冲击。近 10 年，中国制造大力推进创业创新，采用先进模式和先进技术，与互联网创新相得益彰。从家电、计算机到手机等，中国品牌不但占领国内市场，而且在海外市场风头强劲。由图 1-15 可见，我国的“财富世界 500 强”数量超日赶美。

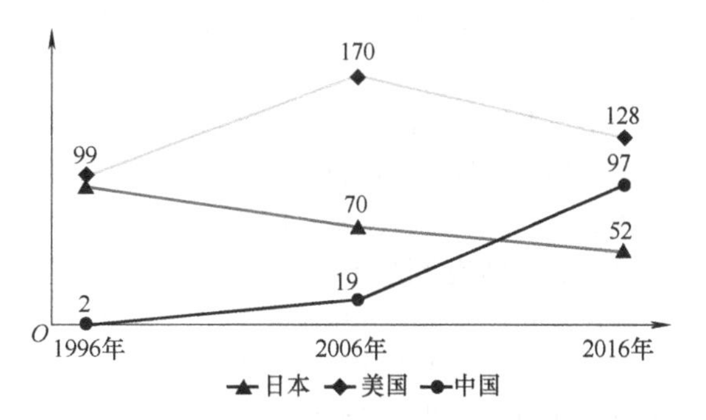

图 1-15　中、美、日“财富世界 500 强”数量变化趋势

（4）**中高端人力资源丰富**　知识型员工需求的大幅上升，将成为工业智能化的可持续性支撑，而中国显然是此类中高端人力资源的“富矿”。据统计，2012 年我国科技人力资源总量已达 3850 万人，研发人员总数达 109 万人，分别居世界第一位和第二位，且每年还有大约 700 万大学毕业生。我国一名工程师每年的综合成本（3 万美元）仅为美国的 1/10。我国正在丧失的只是低端人力资源成本优势，而中高端人力资源的数量和成本优势会持续释放。

（5）**强大的产业组织能力**　我国政府强大的组织能力也是不可忽视的一个独特优势。产业规模大，技术基础强，便于在重点领域集中力量办大事。目前我国政府进行了顶层设计，从《装备制造业调整和振兴规划》到《中国制造 2025》强国规划纲要，谋划了制造业的美好前景。

我国一直坚持信息化与工业化融合发展，在制造业数字化、网络化、智能化方面掌握了核心关键技术，通过使中国装备价格优势叠加性能优势、质量优势，为国际产能合作拓展更大空间，在优进优出中实现中国制造迈向中高端水平。近年来以高铁、核电、通信技术等为代表的中国企业正以高技术、低价格的优势赢得国际认可。

总之，我国制造业已形成体系优势、产业优势、市场优势、人才优势和组织优势。在规模、水平和实力上，我国已具备了建设制造强国的基础和条件，能够实现由大到强的根本转变。

2. 我国制造业发展的劣势

现在，我国是“制造大国”，不是“制造强国”，严格地讲，不但不是“制造强国”，也不是严格意义上的“制造大国”，只是“加工大国”而已。当今我国制造业面临三大现实：①高端制造业得到国家政策倾斜，依托工业基础，后劲十足，成长迅速。②中端制造业立足自身优势，避开短板，通过高效资源整合，从竞争中突围。③低端制造业缺乏技术、品牌和市场地位，在竞争中随波逐流，艰难求生。如此看来，似乎只是低端制造业的问题，其实不然。我国整体上仍处于工业化进程中，大而不强的问题依然突出，与先进国家相比还有较大差距，我国建设制造强国任务艰巨而紧迫。具体体现在：

（1）**创新能力不强** 目前，我国创新能力指数（GII）及全球竞争力指数（GC1）在世界上仅处在25～30名的位置。我国创新能力不强，实际上是价值链不赚钱，这导致外汇消耗大。我国许多企业以跟踪模仿为主，关键装备大多依赖进口，技术引进后消化吸收很不够，造成“引进-落后-再引进”这种反复引进的现象长期存在。

（2）**产品质量不高** 目前，我国制造业在产品质量方面的问题是：缺乏世界知名品牌，品牌和质量意识薄弱；产品附加价值不高，过分依赖低端竞争产品；工业基础相对滞后，质量监管体制机制不完善。必须看到，改变低质低价的现象，事关中国制造的国家形象。

（3）**产业结构不够合理** 其主要问题表现在以下三个方面：①高技术产业占比过小；②组织结构的集中度低；③产业国际化程度不高。

（4）**资源、环境压力较大** 资源利用效率是指资源既定情况下，如何获得尽可能多的产出品种和数量，给社会提供尽可能多的效用。资源利用效率的衡量指标一般是看社会的创新成果和生产率。多年来我国制造业过度依赖于资源和资金的大规模投入，发展方式粗放。我国资源相对不足，环境承载能力较弱；长期积累的环境矛盾正集中显现。面临的资源、环境约束越来越强烈。既需要节能减排，又要实现持续发展，如何处理好这其中的关系是一个突出问题。

（5）**人才结构不适应** 我国制造业的劳动生产率低是公认的事实，呈现出制造业人才结构过剩和短缺并存、企业“用工荒”与毕业生“就业难”并存的局面。

总之，我国制造业存在的劣势：①创新能力不够强大，以企业为主体的创新体系不完善，还缺少对创新的持续投入和创新引领发展的理念；②产品质量问题不少，质量保证体系不完善，缺乏世界知名品牌，缺少高附加值产品；③产业结构不够合理，高端装备制造业和生产性服务业发展滞后，信息化与工业化融合深度不够，企业全球化经营能力不足；④资源环境压力较大，资源利用效率低，能源消耗大，环境污染问题较为突出；⑤缺少高水平的领军型人才和工匠型人才。目前我国要形成经济增长新动力，塑造国际竞争新优势，重点在制造业，难点在制造业，出路也在制造业。我国的战略目标是，到2050年左右实现工业现代化。

案例1-2 张忠谋是一个让对手发抖的人。

1.3.3 目标与路径

制造业的兴衰，是关系国家核心竞争力和国家安全的大事。面对日益严重的资源环境约束

和国际市场的严峻挑战，我国制造业必须放眼全球，明确目标、规划路径。

2015年5月国务院颁布的《中国制造2025》，由工业和信息化部与国家发展和改革委员会、科学技术部、财政部、质量监督检验检疫总局、中国工程院等20多个国务院有关部门，组织50多名院士、100多位专家联合编制。《中国制造2025》是我国实施制造强国战略第一个10年规划，是我国制造业从工业2.0发展到工业4.0的一个纲领性文件。从制造到“智造”的升级，如图1-16所示。

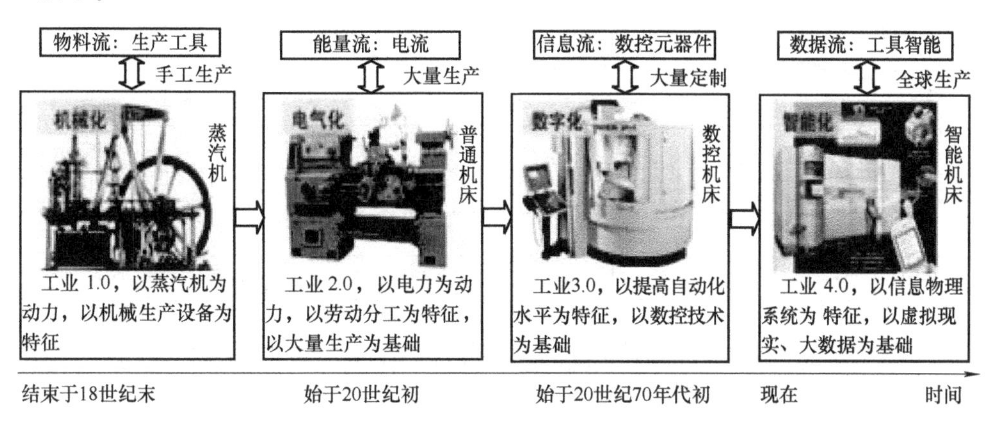

图1-16 从制造到“智造”的升级

1. 中国制造的总目标

中国制造的总目标就是“实现中国制造向中国创造的转变，中国速度向中国质量的转变，中国产品向中国品牌的转变，完成中国制造由大变强的战略任务”。

（1）**中国创造** 在《中国制造2025》中，一个亟须实现的转变是从“中国制造”到“中国创造”。中国创造的一个具体体现就是技术创新。技术不断创新发展，不仅会带动传统制造领域的生产率提高和产品性能提升，还会带来战略性新兴产业数量众多的新材料、新能源、新生物产品、新设备的出现。与强国相比，我国产业创新能力弱，技术对外依存度高。因此，我国必须走创新驱动发展的道路，提高关键环节和重点领域创新能力，把创新摆在制造业全局的核心位置。

（2）**中国质量** 《中国制造2025》提出，坚持把质量作为建设制造强国的生命线，强化企业质量主体责任，加强质量技术攻关，建设法规标准体系、质量监管体系、先进质量文化，营造诚信经营的市场环境，走以质取胜的发展道路。中国制造亟须突破质量瓶颈。改变低水平、低附加值的制造业状况，必须从质量入手。在生活性消费领域，数量消费正向质量消费过渡。重构关键共性技术研究体系是我们的必过之坎。

（3）**中国品牌** 实现中国产品向中国品牌的转变，是《中国制造2025》提出的又一个重要目标。“贴牌”和品牌的差别直接体现在利润上。“中国制造”必须要有自己的国际名牌。伴随中国企业“走出去”步伐加快，越来越多的中国品牌跃上国际舞台。据世界品牌实验室（World Brand Lab）独家编制的2016年度世界品牌500强排行榜，我国入选的品牌共有36个，其中入围百强的品牌有国家电网、工商银行、腾讯、CCTV、海尔、中国移动、华为、联想。制造企业仅有海尔、华为和联想。

（4）**制造强国** 制造强国的基本内涵包括：①规模和效益并举；②具有较高的国际分工地位；③具有较好的发展潜力。制造强国应具备四个主要特征：①雄厚的产业规模；②优化的产业结构；③良好的质量效益；④持续的发展能力，特别是自主创新能力。《中国制造2025》专家组按这四个特征构建了由4项一级指标、18项二级指标构成的制造业综合指数评价体系。以美国、德国、日本、英国、法国和韩国等主要工业化国家为参考，计算出其历年来的制造业综合指数，如图1-17所示，以表征一个国家制造业综合竞争力在世界的地位。

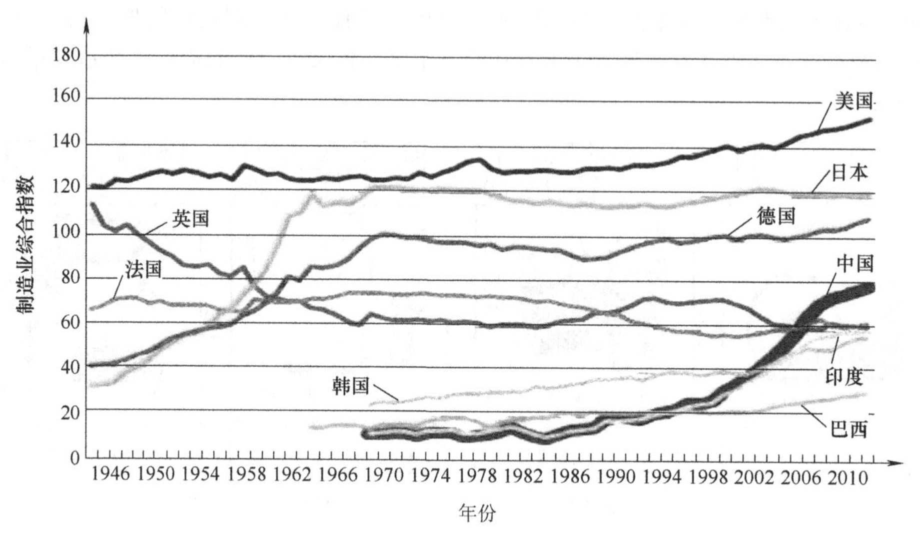

图1-17 世界各国制造业综合指数变化示意图

2012年，主要工业化国家的制造业综合指数分布中，美国处于第一方阵，德国、日本处于第二方阵；中国、英国、法国、韩国处于第三方阵。中国与第一、第二方阵国家的差距主要是：全员劳动生产率低、增加值率低、创新能力薄弱、知名品牌缺乏。

《中国制造2025》的全部内涵，用一个词形容就是“由大变强”。目前我国制造业的现状是“大而不强”。如何实现制造强国？首先要用信息化带动整个制造业发展，让中国制造包含更多中国创造因素。同时推进智能制造、绿色制造，促进生产性服务业与制造业融合发展，提升制造业层次和核心竞争力。

《中国制造2025》明确提出了我国制造业通过“三步走”的战略部署实现制造强国，如图1-18所示。我国战略进程可分为三步走，每一步是10年：第一步：到2025年我国制造业力争进入世界第二方阵，迈入制造强国行列；第二步：到2035年我国制造业将位居第二方阵前列，整体达到世界制造强国阵营的中间位置；第三步：到2045年我国制造业可望进入第一方阵，处于世界制造强国的领先地位。当新中国成立100年时，我国整体上进入世界制造强国前列。

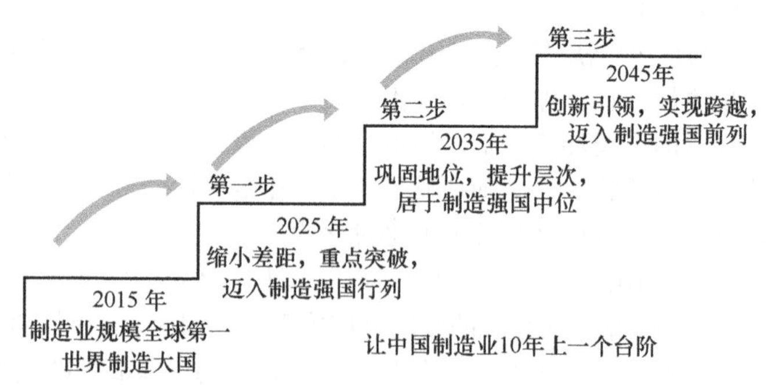

图1-18 我国实现制造强国“三步走”的战略部署

提出制造强国的“三步走”战略的主要依据：①基于对我国制造业发展现状的基本认识；②基于对世界制造强国发展水平的总体研判；③基于对我国制造强国进程的前瞻预测。制订我国制造业未来30年发展设计路线图，要立足国情，立足现实。

2. 中国制造的战略举措

为了实现上述目标，《中国制造2025》制订了战略方针：坚持“以加快新一代信息技术与制造业深度融合为主线，以推进智能制造为主攻方向”的指导思想；坚持“创新驱动、质量为先、绿色发展、结构优化、人才为本”的五项基本方针；坚持“市场主导、政府引导，立足当前、着眼长远，整体推进、重点突破，自主发展、开放合作”的四项基本原则。

（1）**指导思想** 全面贯彻党的经济工作路线，坚持走中国特色新型工业化道路，以促进制造业创新发展为主题，以提质增效为中心，以加快新一代信息技术与制造业深度融合为主线，以推进智能制造为主攻方向，以满足经济社会发展和国防建设对重大技术装备的需求为目标，强化工业基础能力，提高综合集成水平，完善多层次多类型人才培养体系，促进产业转型升级，培育有中国特色的制造文化，实现制造业由大变强的历史跨越。

（2）**五项方针** ①**创新驱动**。坚持把创新摆在制造业发展全局的核心位置，走创新驱动的发展道路。②**质量为先**。坚持把质量作为建设制造强国的生命线，走以质取胜的发展道路。③**绿色发展**。坚持把可持续发展作为建设制造强国的重要着力点，走生态文明的发展道路。④**结构优化**。坚持把结构调整作为建设制造强国的关键环节，走提质增效的发展道路。⑤**人才为本**。坚持把人才作为建设制造强国的根本，走人才引领的发展道路。新一轮发展就是按照这五个方针来逐渐展开，以解决目前存在的劣势或短板。

（3）**四项原则** ①**市场主导，政府引导**。充分发挥市场在资源配置中的决定性作用，强化企业主体地位，积极转变政府职能。②**立足当前，着眼长远**。加快转型升级和提质增效，切实提高制造业的核心竞争力和可持续发展能力，在未来竞争中占据制高点。③**整体推进，重点突破**。统筹规划，合理布局，整合资源，实施若干重大工程，实现率先突破。④**自主发展，开放合作**。在关系国计民生和产业安全的基础性、战略性、全局性领域，着力掌握关键核心技术，加强产业全球布局和国际交流合作。

（4）**主要目标** 《中国制造2025》确定了我国制造业未来10年的主要指标。指标分为4大类：创新能力、质量效益、两化融合、绿色发展，共包括12项指标。

到2020年，基本实现工业化，制造大国地位进一步巩固，制造业信息化水平大幅提升。掌握一批重点领域关键核心技术，优势领域竞争力进一步增强，产品质量有较大提高。制造业数字化、网络化、智能化取得明显进展。重点行业单位工业增加值能耗、物耗及污染物排放明显下降。到2025年，制造业整体素质大幅提升，创新能力显著增强，全员劳动生产率明显提高，两化融合迈上新台阶。重点行业单位工业增加值能耗、物耗及污染物排放达到世界先进水平。形成一批具有较强国际竞争力的跨国公司和产业集群，在全球产业分工和价值链中的地位明显提升。

1.3.4 任务与对策

1. 任务

《中国制造2025》提出了四大转变、五大工程、九项任务和十个重点。

（1）**重点实现的四大转变** 《中国制造2025》提出实现：①由要素驱动向创新驱动转变。②由低成本竞争优势向质量效益竞争优势转变。③由资源消耗大、污染物排放多的粗放制造向绿色制造转变。④由生产型制造向服务型制造转变。

（2）**重点实施的五大工程** 它包括：①制造业创新中心建设工程。②智能制造工程。③工业强基工程。④绿色制造工程。⑤高端装备创新工程。

（3）**制造战略的九项任务** 中国制造战略的九项任务包括：①提高国家制造业创新能力。②推进信息化与工业化深度融合。③强化工业基础能力。④加强质量品牌建设。⑤全面推行绿色制造。⑥大力推动重点领域突破发展。⑦深入推进制造业结构调整。⑧积极发展服务型制造和生产性服务业。⑨提高制造业国际化发展水平。

其中，第六项任务中确定了**十个重点领域**：①新一代信息技术产业。②高档数控机床和工业机器人。③航空航天装备。④海洋工程装备及高技术船舶。⑤先进轨道交通装备。⑥节能与新能源汽车。⑦电力装备。⑧农机装备。⑨新材料。⑩生物医药及高性能医疗器械。

2. 对策

如何实现目标，完成任务？根据《中国制造2025》的规划，遵循四项原则和五条方针，通过政府引导、整合资源，实施国家制造业创新中心建设、智能制造、工业强基、绿色制造、高端装备创新五项重大工程，突破关键共性技术。完成九项任务，在十个重点领域寻求技术和产业化上的突破。

《中国制造2025》给出了战略实施的组织、政策和过程的三大保障措施：

（1）**加强组织实施保障** 成立由国务院领导同志担任组长的国家制造强国建设领导小组，统筹推进《中国制造2025》各项任务；设立制造强国建设战略咨询委员会，为规划实施提供高水平决策咨询。

（2）**完善政策支持体系** 包括：①深化体制机制改革。②营造公平竞争市场环境。③完善金融扶持政策。④加大财税政策支持力度。⑤健全多层次人才培养体系。⑥完善中小微企业政策。⑦扩大制造业对外开放。

（3）**加强过程监测评估** 建立《中国制造2025》第三方评价机制，利用社会智库、企业智库等第三方机构，定期发布《中国制造2025》实施进展，推动公民广泛参与实施和监督。

总之，《中国制造2025》为制造业确定了10年规划和30年战略，其总体内容可以概括为“一二三四五五十”。“一”是**一个目标**：我们要从制造大国向制造强国转变，最终实现制造强国。“二”是**两化融合**：通过信息化和工业化的深度融合来引领和带动整个制造业的发展，这也是我国制造业所要占据的一个制高点。“三”是通过**“三步走”战略**：每一步用10年左右的时间来实现我国从制造大国向制造强国转变的目标。“四”是**四项原则**。“五五”是实行**五条方针**和**五大工程**。“十”是**十个重点**领域。目前在十个重点领域都有一些新的突破点或增长点，每一个领域都在孕育和培养当中。例如，我国的超级计算机、北斗系统、激波风洞和智能机床等。

复习思考题

1. 如何理解制造的概念？
2. 简述制造业的发展历程。
3. 我国制造业面临的机遇、挑战、优势和劣势是什么？
4. 简述我国制造业发展的基本目标和基本路径。
5. 装备制造业的产品与作用是什么？
6. 为什么一个制造企业产品的品种和批量之间成反比？
7. 《中国制造2025》的主要内容是什么？如何利用“互联网+”改变传统产业？
8. 针对“中国制造”，从文化的视角阐述：

①“make”与“manufacturing”的差异；②“China made”与“Made in china”的差异。

9. 试说明你对制造业人才的个人观点。

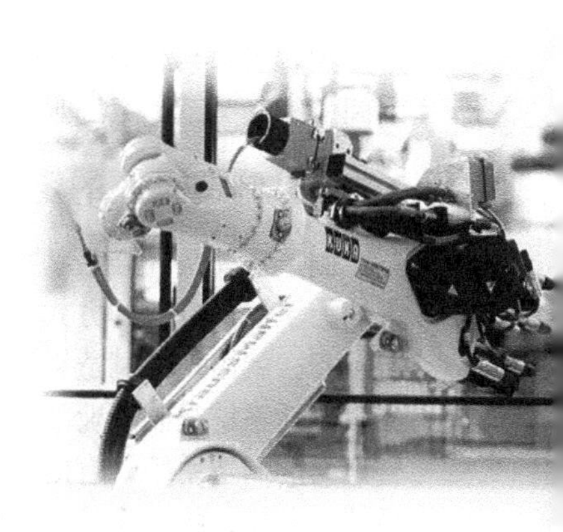

第 2 章
先 进 制 造

本章定义制造系统、制造模式和制造技术的概念；分析制造系统与制造模式的演化；确立制造学与制造工程学的体系结构；阐述先进制造系统、先进制造模式和先进制造技术的概念、特点和类型。本章提供了制造系统与先进制造系统的基础知识。

2.1 制造的系统、模式和技术*

2.1.1 系统的定义与特性

1. 定义

系统（System），是由若干相互联系、相互作用的要素组成的，具有一定的结构和功能，并处在一定环境下的有机整体。系统无所不在。系统的概念应用很广泛。例如，机床、夹具、刀具、工件和操作人员组成一个机械加工系统，其功能是改变工件形状和尺寸。

2. 特性

每个系统都具有一些基本特性，见表 2-1。

表 2-1 系统的特性

特性	说 明	举 例
集合性	系统由两个或两个以上的要素（组分）构成。系统及其要素可实可虚，既可以是有形实体，也可以是无形事物。管理信息系统是无形的	一台机床可分解为许多部件、组件和零件等
层次性	系统要素是系统存在的基础。要素之间都是有层次的组合。系统及其要素可大可小，一个系统又是它从属的更大系统的要素（组分）	车间是工厂系统的一个要素；加工中心是工厂的要素
有界性	系统具有与外界环境联系的边界。通过这边界，系统与环境产生联系，环境对系统施加影响。系统与环境的边界是随研究目的的变化而变化的	对于工厂系统，可将订货视为环境对生产产生的影响
相关性	为保持系统的整体最优化，系统内部各部分之间按一定的关系互相联系和制约。集合性确定了系统的组成要素，而相关性说明了这些组成要素的关系	零件加工系统中的机床、夹具、刀具、工件和操作人员
整体性	系统的各要素组成一个整体，对外体现综合性。如果系统的整体性受到破坏，则不再成为系统。系统不是各要素功能的线性叠加，整体大于部分之和	计算机系统的各硬件和软件通过配置而实现整体功能
目的性	功能是系统存在的目的。系统内的要素组织在一起是为了完成某些确定的功能，并且在运行过程中总是力求使某些性能指标最优	工厂系统是使原材料转变成产品，以达到增值的目的
适应性	每个系统的发展过程是有序与无序两种状态的交替转变过程。为了适应环境变化，系统必与环境发生物质、能量和信息的交换，进行新陈代谢	要使产品适销对路，工厂应据客户反馈，来改进产品
生物性	每个系统都有一个从孕育、出生和成长，经过成熟和衰老，直到死亡的生命周期。虽然系统生命周期是不可逆的，但它可实现生命周期的循环	老产品可更新换代；报废的产品可再制造；产业可兴衰

理解表中系统的八个特性，有助于把握系统定义的内涵。系统研究主要是为了处理各部分之间的相互关系。系统观念强调局部之间的联系，使人们全面分析与综合各种事物。

2.1.2　制造系统的定义与演化*

制造活动是社会最基本的活动。制造中的各种活动是相互关联的，它们处于一个系统之中。人们为了以最有效的方式，实现从原材料到产品的转换，必须用系统论的观点来分析和研究制造过程，就出现了制造系统的概念。

制造系统是制造业的基本组成实体。一般来说，每个制造企业（公司、工厂）都是一个完整意义的制造系统。有的文献把企业生产中的物流系统（如加工系统、装配系统等）称为制造系统。其实，物流系统只是制造系统的子系统之一。

1. 定义

关于制造系统的定义，至今尚未统一。

（1）**原定义**　国际生产工程学会（CIRP）于1990年公布的制造系统的定义是：制造系统是制造业中形成制造生产（简称生产）的有机整体。在机电工程产业中，制造系统具有设计、生产、发运和销售的一体化功能。

中国工程院院士李培根教授于1998年给出的制造系统定义为：制造系统是一个复杂的、可辨别的动态实体。它由为"把原材料变换成所需的有用产品"这一目的而进行不同特征活动的一些相互关联、相互依赖的子系统所组成。其整体活动（生产活动）能保持稳定性，并能适应市场变化等外界影响。

（2）**新定义**　**制造系统**（Manufacturing System），是由制造过程所涉及的人员、硬件和软件等构成，通过资源转换以最大生产率而增值，经历产品全生命周期的一个有机整体。

可以从三个方面来理解这一定义：

1）**在功能上**。制造系统是一个通过资源转换以最大生产率而使资源增值的输入输出系统。它为生产和生活提供产品和服务，具有鲜明的经济性。人起核心作用。

2）**在结构上**。制造系统是由制造模式和制造技术两要素构成的有机整体，如图2-1所示。模式是形式；技术是内容。两者是辩证统一的。内容决定形式；形式影响内容。人是系统结构中的有机组成部分。

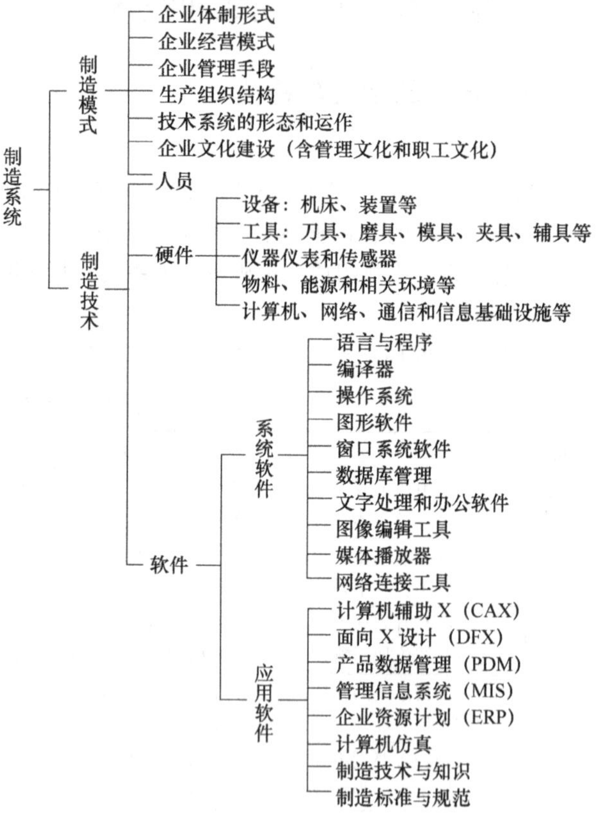

- 制造系统
  - 制造模式
    - 企业体制形式
    - 企业经营模式
    - 企业管理手段
    - 生产组织结构
    - 技术系统的形态和运作
    - 企业文化建设（含管理文化和职工文化）
  - 制造技术
    - 人员
    - 硬件
      - 设备：机床、装置等
      - 工具：刀具、磨具、模具、夹具、辅具等
      - 仪器仪表和传感器
      - 物料、能源和相关环境等
      - 计算机、网络、通信和信息基础设施等
    - 软件
      - 系统软件
        - 语言与程序
        - 编译器
        - 操作系统
        - 图形软件
        - 窗口系统软件
        - 数据库管理
        - 文字处理和办公软件
        - 图像编辑工具
        - 媒体播放器
        - 网络连接工具
      - 应用软件
        - 计算机辅助X（CAX）
        - 面向X设计（DFX）
        - 产品数据管理（PDM）
        - 管理信息系统（MIS）
        - 企业资源计划（ERP）
        - 计算机仿真
        - 制造技术与知识
        - 制造标准与规范

图2-1　制造系统的结构

3）**在过程上**。制造系统是制造活动所经历的产品全生命周期。制造过程的主要环节包括：市场分析、产品设计、工艺设计、加工装配、检验包装、销售服务和报废处理等，如图2-2

所示。

2. 要素

综合对制造系统在功能、结构与过程上的认识，可把组成制造系统的基本要素看成是各种制造单元。**制造单元**是指具有某一制造功能的单元。它可分为装配、加工、储存、传输、检测、控制等，其结构和功能具有独立性、灵活性和并行性。在制造系统中，强调各制造单元具有独立运行、并行决策、综合功能、分布控制、快速响应和适应调整等特点。制造系统通过信息流来协调各制造单元间的协调工作，以取得整体效益为目标。

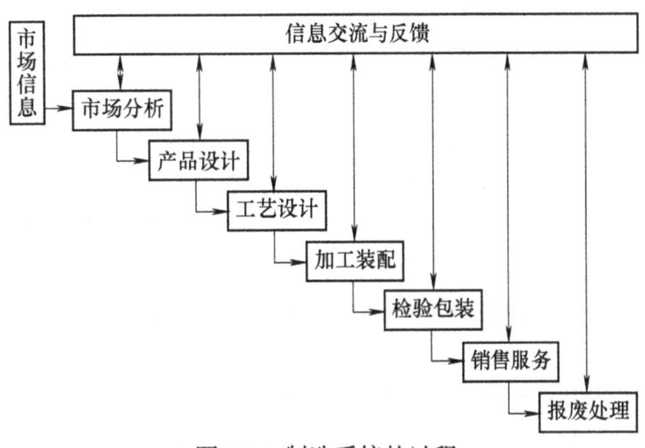

图 2-2 制造系统的过程

3. 演化

在20世纪50~60年代，人们关注机械加工工艺的研究，制造系统的范围只限于机械加工系统，它由机床、夹具、刀具、工件、操作者、加工工艺等组成。20世纪70年代，人们把注意力集中在设备的柔性化，关心车间的自动化和柔性化。20世纪80年代转向计算机集成制造，提出系统和集成的概念，将信息技术全面引入制造企业，综合提高企业的技术和管理柔性。20世纪90年代初，推行精益生产，强调管理和人的因素在生产中的作用；提出敏捷制造，其意义在于把制造活动从一个企业扩展到社会，通过信息高速公路建立虚拟企业，借助快速重组能力，响应市场需求。21世纪的制造系统要同时具有更广泛的技术、管理、人员、组织和市场经营的柔性，以及超越传统概念的全球化活动空间。

在全球化制造系统中，企业的所有成员可以根据市场需要和产品特点，通过各种不同网络连接，同时相互交错组合成若干个企业联盟。由于全球化制造系统的主要支撑技术之一是宽带数字通信网、互联网、企业内部网和企业外联网，实现了信息流的自动化，所以它的运作空间就可以从一家企业（不论是否是跨国公司）根据生产需要扩展到全社会的联盟，甚至是跨国界的和全球性的动态联盟。

表2-2列出了制造系统在运作空间、技术应用与柔性范畴的演化过程。

表 2-2 制造系统的演化过程

发展时间	制造系统	运作空间	技术应用	柔性范畴
20世纪50年代	机械加工系统	设备	继电器控制、组合机床	技术与设备
20世纪60年代	刚性制造系统	单元	数控机床、加工中心	技术与管理
20世纪70年代	柔性制造系统	车间	柔性制造系统	
20世纪80年代	计算机集成制造系统	工厂/公司	企业内部网（局域网）	技术、管理、人员、组织
20世纪90年代	精益敏捷制造系统	社会	信息高速公路	技术、管理、人员、组织、市场
21世纪	全球化制造、云制造系统	全球	互联网+企业内部网+企业外联网	

2.1.3 制造模式的定义与演化*

目前有些文献把“制造模式”称作“系统管理技术”。实际上，制造模式的内涵不只限于系统管理技术，还有非技术的内容。

1. 制造模式的概念

（1）**模式的含义**　模式（Mode）是某种事物的标准形式或使人可以照着做的标准样式。作为术语，它在不同的学科有不同的含义。在社会学中，它是研究社会现象的理论图式和解释方案，也是一种思想体系和思维方式。例如，进化模式、冲突模式等。在心理学中，模式是信息加工的过程，或适应环境的行为方式。

系统和模式是密切相关的。所谓模式就是系统的标准形式或方式，尤其是指典型的式样或样板。因为模式是众多同类系统模仿的“典范”，所以它应反映系统的各个方面。

（2）**制造模式的定义**　**制造模式**（Manufacturing Mode），是指企业体制、经营、管理、生产组织和技术系统的形态和运作的模式。

制造模式可以理解为“制造系统满足需求的生产方式”。制造模式是制造企业经营管理方法的模型，是提供关于制造系统通用的和全局的“样板”。

2. 制造模式的模型

从历史的角度来看，制造模式是因需求拉动和技术推动而使制造企业产生突破性变化的一种生产方式。制造业大约在两个世纪之前就诞生了。导致工业革命的原因是：①新的市场与经济形势。②由消费者驱动的新的社会需求。③新技术/产品在企业的推广应用。每一次工业革命都会促进一种新的制造模式的诞生。

每一种新的制造模式的驱动力都是市场和社会需求的变化与新技术的应用。对产品的需求至少有3个来源：①为满足个人品位的个性化产品。②为扩大市场份额的低价格产品。③为满足环保要求的绿色产品。企业通过开发新的生产系统来生产产品，以及新的商业模式来销售产品以响应这些需求。于是，生产系统、商业模式和产品结构的集成就产生了一种制造模式，其中的生产系统是制造系统中的一个子系统。

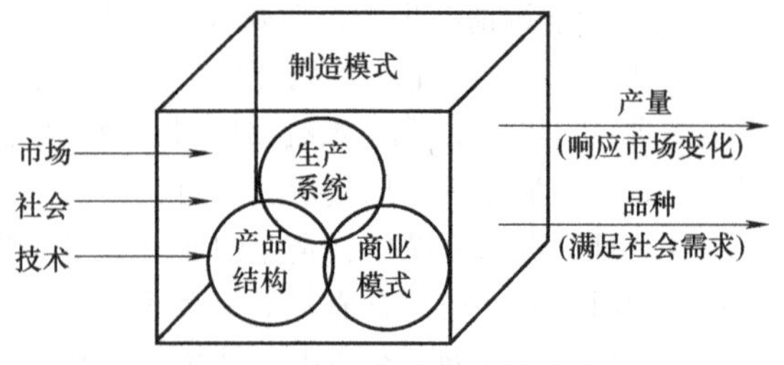

图2-3　制造模式的一般模型

图2-3所示为制造模式的一般模型。每一制造模式的目标都是由市场行情、社会需求的变化和新技术（如计算机、IT）的引入来驱动的。

每一种制造模式的变化都会导致产品结构的改变。制造业的职责就是设计具有多种功能的更复杂的产品，并以有竞争力的价格来制造产品。随着产品种类的进一步扩展产品结构越来越模块化。例如，大量定制模式的出现是由社会对扩展产品种类的需求所驱使的。随着人们更加富裕，人们的需求也在变化。例如，从产品的基本功能（电风扇用于降温，电话机用来通话）到增加宜人性的扩展功能（用空调来调温，用手机来收发短信等）。因此，柔性制造系统（FMS）的发明使大量定制模式成为可能。FMS的技术使能器是20世纪70年代的计算机数控装置与工业机器人。

每一种制造模式都有它所对应的生产系统。每一种生产系统也都有它所对应的制造技术。制造技术常常是为了解决生产系统中出现的新需求而产生的，而制造技术的应用则必须在与之相适应的制造模式下才能收到实效。例如，社会对降低汽车成本存在需求，装配流水线的发明，使汽车生产系统于1914年得以实现，这种装配流水线与零件可互换技术的结合，使大量生产的模式成为可能。

每一种制造模式都有它自己的商业模式来与相应的制造模式特性相适应，并满足社会需求和（或）市场行情。商业模式的主要原理：由最初源于手工生产模式中的纯拉动式，转化为后

来大量生产中的纯推动式，继而是大量定制的推拉式。个性化产品的引入预示着与全球制造模式相适应的商业模式的转换将经历一整个循环，回归到纯拉动式。

综上所述，制造模式涉及三个基本要素，如图2-4所示。①设计。设计产品及其功能以满足特定的社会需求。②生产。通过能够快速响应市场需求和商机的工艺和生产系统来生产产品。③销售。向客户（Customer，含顾客和消费者）销售目标明确有针对性的产品来使企业获利。每一种制造模式的商业模式都是唯一的，这一商业模式决定着设计、生产和销售三者的顺序。

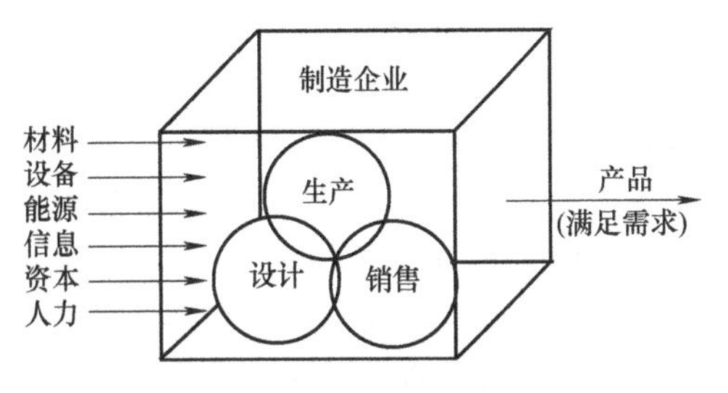

图2-4 制造模式的基本要素

3. 制造模式的演化

（1）**演化的过程** 从20世纪90年代初，人们已开始将制造技术本身的发展与新材料、信息技术和现代管理技术相结合，逐步形成了先进制造技术和先进制造系统的概念。每个制造企业都是一个制造系统，制造系统是制造业的基本组成实体。20世纪90年代中期，人们从众多的国内外制造企业实施计算机集成制造系统的实践中，认识到了制造模式的重要性，形成了先进制造模式的概念。采用“高新技术”改造传统制造企业，实际上是同时采用先进制造技术和先进制造模式。

制造系统的发展历史，就是制造模式的更新过程，如图2-5所示。制造模式的更新，主要围绕着改进制造系统的柔性和生产率进行。柔性是制造系统对市场变化的快速响应能力，即灵活的可变性。生产率是单位时间内生产的产品数量。

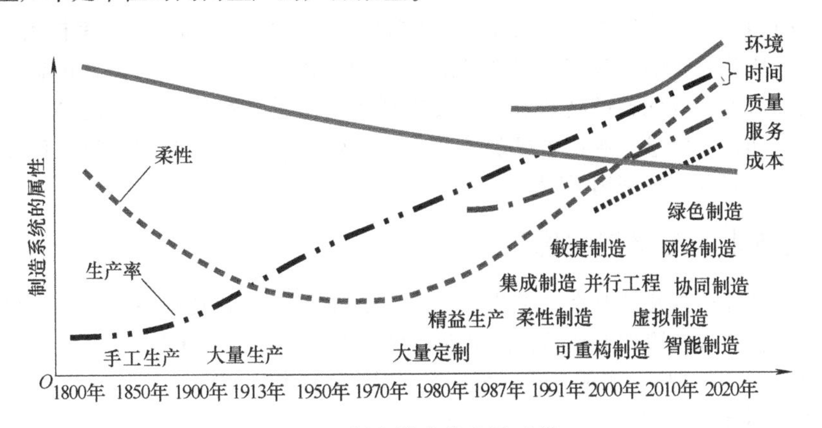

图2-5 制造模式的发展过程

在农业社会阶段，制造模式是手工作坊的生产。其实现产品的过程基本上都由个人完成，这种制造模式柔性好，但生产率低，难以完成大批量产品的生产。在19世纪中叶到20世纪中叶的工业社会阶段，制造模式是刚性的大量生产，流水生产线和泰勒工作制得到广泛应用，在机械化和电气化技术支撑下，大大提高了劳动生产率，降低了产品成本。20世纪后半叶，市场需求朝多样化方向发展且竞争加剧，迫使产品生产向多品种、小批量、短周期的方向演进，大量生产模式逐渐被柔性制造模式所替代。

（2）**演化的特点** 演化的特点为：①动态性。它是不断发展更新的。②继承性。新的制造模式是在旧模式的基础上发展形成的。③多样性。在同一历史时期可能会存在多种制造模式。④重叠性。同期并存的各种制造模式具备许多相似的概念、原理和技术。

4. 制造模式的作用

(1) **增强制造系统的市场竞争力** 从零件制造过程的时间分配可以清楚看出制造模式对提高系统效益的作用。据统计，在一般多品种小批量生产中，工件在系统中的通过时间（Lead Time）主要由四部分构成：加工准备时间（Set-up Time）、加工时间（Process Time）、排队时间（Queuing Time）和传送时间（Transfer Time），如图2-6所示，只有总时间的1.5%用于切削加工。因此，一味提高切削速度，缩短加工时间并非上策。工件在系统中大量无效的通过时间是导致在制品库存增加，从而引起系统效益降低的根本原因之一。因此，采取缩短加工辅助时间、改变制造模式、改进组织管理等措施，更容易取得成效，增强市场竞争力。

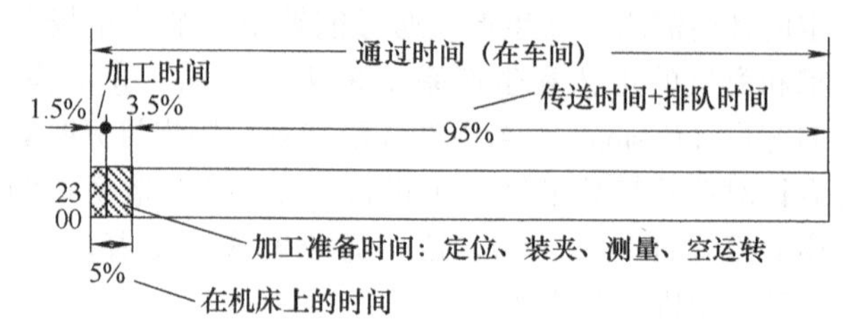

图2-6 传统小批量生产中零件制造过程的时间分配

(2) **提高制造技术的有效性** 从制造模式与制造技术的关系中也可以看出制造模式的重要作用。例如，一个企业要采用CAD/CAM并获得实效，就需要对企业现有的生产组织和运作方式进行调整，而实践证明这是不容易的，需要较长时间才能获得进展。CAD和CAM属于制造系统的单元技术，是为了解决制造系统中出现的技术需求而产生的。而单元技术必须在信息集成的环境中才能发挥更大的效益。因此，出现了集成制造模式，形成了计算机集成制造系统。总之，为获取企业投入的优化增值，制造技术与制造模式需要互相匹配。

(3) **拓宽企业资源增值的途径** 从资源增值来认识制造模式的作用。**刚性制造**主要是利用人力、物力和财力资源；**柔性制造**还能够较大规模地开发利用信息资源；**可重构制造**是实现社会资源与企业资源优化配置的新模式；**精益制造**是要彻底挖掘资源潜力；**信息化制造**是通过利用信息资源来更加快速有效地转换制造资源；**集成制造**是通过物料流和信息流的集成来全面开发利用企业内部的知识和信息资源；**敏捷制造**是基于柔性技术的全球资源共享与优化配置；智能制造追求实现智力资源全球利用无障碍。

2.1.4 制造技术的定义与演化*

世界各国的制造业都是从制造工艺发展到制造技术，又发展到制造科学的。科学是了解客观规律；技术是将客观规律加上经验；而工程是将技术加以实施。科学、技术与工程的研究焦点分别在于理论原理（发现）、实现方法（发明）和实际经验（应用）。

1. 制造技术的定义

制造技术（Manufacturing Technology），是根据人们的需求，使原材料成为产品所运用的一系列技术的总称，是制造业赖以生存和进步的主体技术。制造技术有狭义与广义之分。

(1) **狭义制造技术** 它是指把原材料经济有效地加工成最终产品的手段。它主要是工艺方法和加工设备。它包括物料流转变过程中采用的各种加工成形技术、材质处理技术、装配技术、物料搬运技术、包装技术、储存技术及必要的辅助技术。制造技术常以各种工艺装备的硬件形式体现，这些装备的自动化程度和先进性在很大程度上决定着企业的生产能力、产品质量、生产率及对市场的应变能力。硬件对生产率的影响是很大的。但是制造技术的功能发挥不仅仅取决于硬件的先进程度，更多地取决于企业本身的经济实力与活力、人员的素质、新产品的设计开发能力以及工业工程技术的应用水平。

(2) **广义制造技术** 它是完成制造活动所需的一切手段的总和。它涉及的领域十分广泛，

不仅重视工艺方法和设备，还强调设计方法、生产组织模式、制造与环境和谐统一、制造的可持续性以及制造技术与其他科学技术的交叉和融合，甚至还涉及制造技术与制造全球化、贸易自由化、军备竞争等。

2. 制造技术的演化

制造技术的涉及面较广，机械、电子、冶金、建筑、水利、信息、农业和交通运输等各个行业都需要制造业的支持，制造业是一个支柱产业，不同时期发展重点不同，但需要制造技术的支持是永恒的。制造技术不仅具有普遍性和基础性，也具有特殊性和专业性。

制造技术的演化经历了工匠手艺、设计工艺到制造系统三个不同阶段。这是由常规制造技术到先进制造技术的一个过程。以往，我国一般意义上的制造技术，是指机械制造技术，以机械制造工艺为主，包括工程材料的成形技术（热加工）与机械加工的工艺技术（冷加工）。前者包括金属材料的铸造成形、锻压成形、焊接成形，以及常用的非金属材料的成形。后者包括金属切削加工技术、金属切削机床、金属切削原理与刀具、机床夹具设计、机械加工工艺规程编制，以及机械装配工艺等技术。

在市场需求瞬息万变的形势拉动下，制造业生产规模的发展特征是：小批量→少品种大批量→多品种变批量；在高科技迅速发展的推动下，制造业资源配置的变化特征是：劳动密集→设备密集→信息密集→知识密集。与此相适应，制造业生产方式的发展路径是：手工→机械化→单机自动化→刚性自动化→柔性自动化→集成化制造→智能化制造。

2.2 制造学的概念与研究对象

任何一个概念都有它的内涵和外延。内涵是指概念的含义，反映事物的质的规定性。外延是指概念的适用范围，反映事物的量的规定性。例如，“人”这个概念的内涵是有语言、能思维、会制造和使用工具的高等动物，而外延是古今中外各色各样的人。

制造业的发展离不开制造学。那么，制造学的内涵和外延是什么？

2.2.1 制造学的内涵

制造学（Manufacture Study）是工程学的一个研究分支。根据造物活动的虚实特征不同，可以把工学简化分为设计学、制造学两大分支。**设计学**是关于造物活动从需求构思到信息表达的学问。**制造学**是关于造物活动从信息表达到实物产品的学问。

根据科学与技术的关系，本书将制造学的研究内容划分为制造科学与制造工程两大分支。**制造科学**（Manufacturing Science），是研究制造系统的基础性理论问题的应用基础学科。制造科学是制造工程的理论基础。**制造工程**（Manufacturing Engineering），是研究如何将制造科学和制造技术科学转化为产品生产技术、工程技术和工艺流程与方法的应用学科。

根据当代制造学具有综合、交叉的特点，当代制造学的学科体系如图2-7所示。

制造科学主要研究制造哲理、制造策略、制造系统体系结构、各种基础性的理论与方法，从学术理论方面确定制造系统的基本内涵和外延。新发展的制造系统学、制造信息学、计算制造学、制造智能学，加上传统制造科学中的制造动力学、机械设计学、制造工艺学，构成了现代制造科学的基本内容。

制造工程主要研究制造系统中的制造技术和制造模式的实际问题。**制造技术**包括产品设计技术、加工技术、装配技术、控制技术、信息技术、纳米技术等专业技术。**制造模式**包括集成制造、并行工程、精益生产、敏捷制造、虚拟制造、智能制造、可重构制造、生物制造、微纳制造

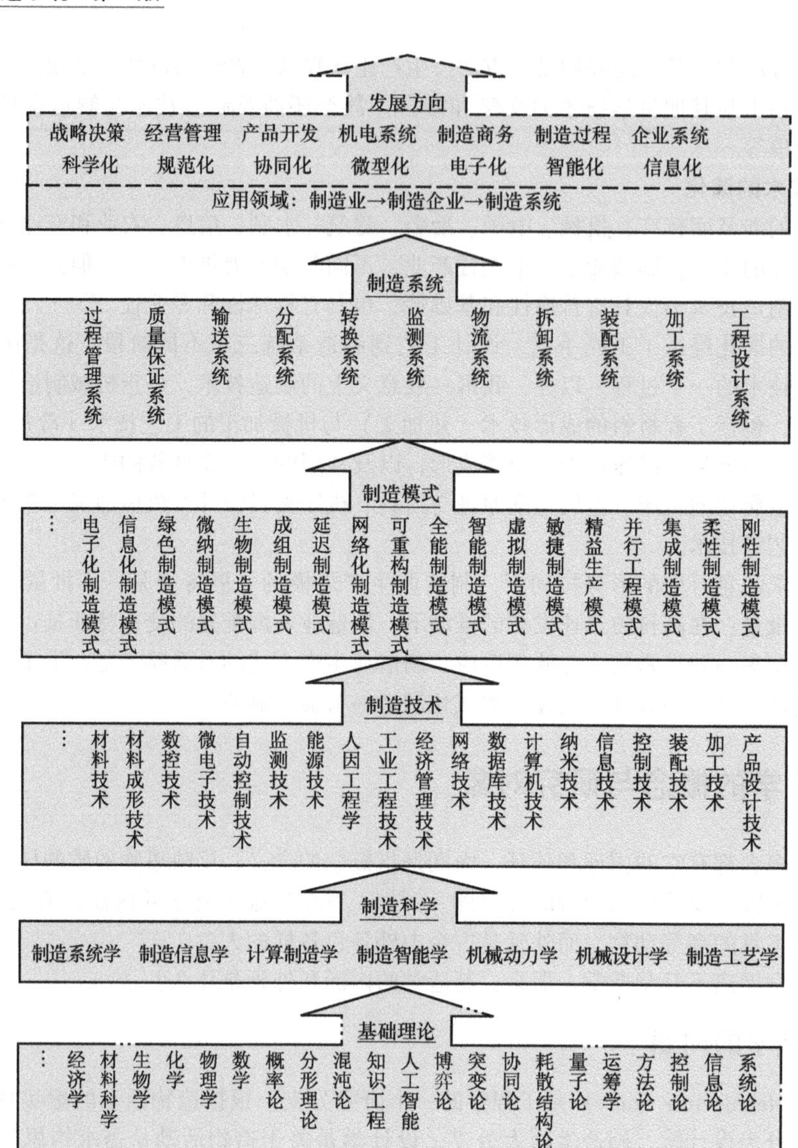

图 2-7 当代制造学的学科体系

和绿色制造等多种新模式。制造技术是制造系统的产品实现之法，制造模式则是制造系统的高效经营之道。

制造学的发展离不开相应历史发展阶段的**基础理论**的支撑。在大批量自动化生产阶段，基础理论是力学和统计学；多品种小批量生产方式下，其基础理论发展是以离散事件动态系统为代表的系统控制论；在以计算机集成制造系统、敏捷制造、智能制造为代表的制造模式中，基础理论则发展成为系统论、人工智能、知识工程等。制造学的进一步向前发展，越来越多地依赖于基础科学的深化，越来越多地吸收数学、物理、化学、生物、材料、信息、计算机、系统论、信息论、控制论等诸多学科的基本理论和最新成果。

目前，可以将制造领域的学术研究与工程实践的**发展方向**归纳为：战略决策科学化、经营管理规范化、产品开发协同化、机电系统微型化、制造商务电子化、制造过程智能化、企业系统信息化等。

2.2.2 制造学的外延

目前，制造学、制造科学和制造工程尚不是我国国标中的学科门类。信息技术的发展及制造技术的引入，使制造技术产生了革命性变化，出现了制造系统和制造科学，从此制造就以系统的新概念问世。制造科学、制造工程和制造系统都是制造学这个概念的外延。

王先逵教授认为，制造技术与系统论、信息论、控制论、方法论相结合形成新的制造学科，即制造系统工程。1979 年日本学者出版了《制造系统工程》。1996 年我国学者顾新建教授出版了《机械制造系统工程学》，1999 年罗振璧教授等人出版了《现代制造系统》，2000 年刘飞教授等人出版了《制造系统工程》，2001 年郑力教授等人出版了《制造系统》。可以确认，制造系统是对制造企业的科学描述。制造工程的研究对象是制造系统。目前我国对制造工程还没有一个公认的定义。下面引用 1978 年美国制造工程师学会的定义：

定义：制造工程是工程专业的一个分支。它要求具有了解、应用和控制制造过程中各个工程程序和工业产品的生产方法所必需的教育和经验；还要求具有设计制造流程的能力，研究和开发新的工具、机器和设备的能力，研究和开发新的工艺过程的能力，并且将它们综合成为一个系统，以达到用最少的费用生产出高质量的产品的目的。

该定义说明了制造工程的功能，该功能有一个发展演变过程。最初仅限于使用工具制造物品，逐渐地将制造过程同与其有关的因素作为一个整体来考虑。随着科技的进步，制造工程的概念有了新的含义，除了设计和生产以外，还包括使用和服务。在当代制造工程的四点内涵中，服务是设计、生产、使用之间的信息联系，本质上是管理。正如工业工程专家的认识，制造工程可以被定义为对产品的生产过程进行设计。制造工程包括与生产过程有关的一切需要考虑的事项。

定义：制造学是以制造科学为理论基础，以制造工程为研究对象，由制造模式和制造技术构成的，对制造资源和制造信息进行加工处理的一门综合学科。

传统的制造学以机械工程为主，当代的制造学横跨多门学科，涉及电子工程、化学工程、动力工程、计算机工程、航天工程等领域。它正在逐渐形成一个应用高端技术的高度复杂的工程领域。它是机械工程与系统工程、计算机技术、数控技术、信息技术、控制科学等学科相结合的产物。

2.2.3 制造工程的结构*

1. 制造学的发展简况

制造学发展到今天已成为面向整个制造业、涵盖产品生命周期各个环节的一门综合性学科。先进制造系统具有三大显著特点：涉及国民经济很多行业的“大范围”；涵盖产品生命周期的“全过程”；综合多门学科前沿的“高技术”。

20 世纪上半叶，制造仅仅是指机械制造。电子计算机使制造从 20 世纪 50 年代开始发生质的变化。20 世纪下半叶制造的发展过程，是由传统制造向数字化制造过渡的过程。也是由机械制造向广义制造过渡的过程。计算机和网络技术加速与制造技术融合，数字化制造日益成为主流制造技术。

特别是 20 世纪 90 年代以来，发达国家为提高企业竞争力，提出了先进制造技术的概念。随着制造领域研究的深入，学者们建立了先进制造系统的理论。在制造工程实践的基础上，人们对先进制造模式的重要作用达成了共识。目前的制造领域正致力于研究与应用制造的新系统、新模式和新技术。

2. 制造工程的层次

本书从当代制造工程发展的特点出发，根据工业工程人才培养目标的要求，按“**制造系**

统一制造模式一制造技术”三个层次来组织制造工程的内容，如图2-8所示。

制造业是由一个个制造企业组成的。按照制造系统的定义，可以把每个制造企业看作是一个制造系统。制造业的实践表明，制造技术必须在与之相匹配的制造模式里运作才能发挥作用（见图2-9）。以“制造系统一制造模式一制造技术”为本书结构框架，使教学内容既符合制造系统演化的内在规律，又体现工业工程的技术与管理相融合的特点。

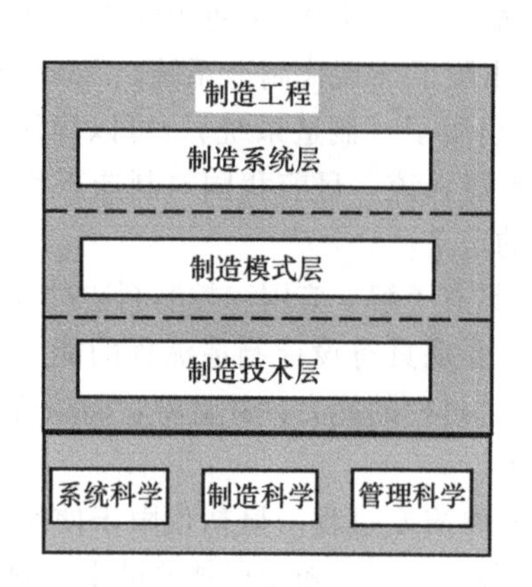

图2-8　制造工程的层次结构

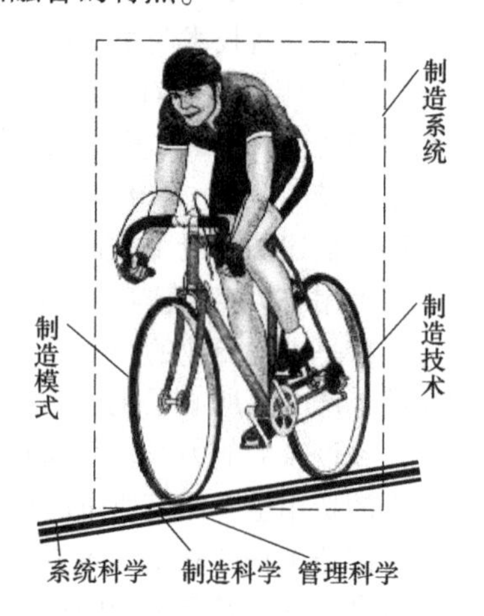

图2-9　制造工程结构示意图

3. 制造系统、制造模式和制造技术的关系

表2-3列出了制造系统、制造模式与制造技术在不同时期的对应关系。

表2-3　制造系统、制造模式与制造技术的关系

发展年代	制造系统	制造模式	制造技术（举例）
20世纪50年代	刚性制造系统	刚性制造模式	◎专用自动线；◎流水线；◎标准化；◎继电器逻辑控制（RC）；◎可编程逻辑控制（PLC）；◎组合机床；◎统计过程控制（SPC）
20世纪60年代	柔性制造单元	单机柔性制造模式	◎数控机床；◎加工中心；◎微电子技术/数字电路；◎在线检测技术；◎自动编程技术
20世纪70年代	柔性制造系统	柔性制造模式	◎工业机器人；◎计算机辅助设计；◎计算机辅助工艺设计；◎物料储运自动化技术；◎企业资源计划（ERP）
20世纪80年代	计算机集成制造系统	计算机集成制造模式	◎信息集成技术，CAD/CAPP/NCP或CAD/CAM集成；◎质量保证技术；◎产品数据管理；◎柔性自动化加工系统；◎仿真技术与车间动态调度
20世纪90年代	智能制造系统	智能制造模式	◎系统集成技术，CAD/CAE/CAM/CAPP/PLM/ERP；◎专家系统；◎遗传算法；◎人工神经网络；◎决策支持系统；◎制造智能
	敏捷制造系统	可重构、并行、敏捷、精益、虚拟、绿色等	◎过程集成技术；◎准时生产；◎企业资源规划；◎计算机仿真技术；◎数据库与网络通信技术；◎现代集成制造系统
21世纪	全球制造系统	21世纪制造模式	◎准时化生产技术；◎数字化设计与制造技术；◎知识管理；◎虚拟企业；◎清洁生产；◎物联网技术；◎云计算技术

（1）**制造系统与制造模式**　制造模式是制造系统的组成部分，有战略决策的作用和地位；制造系统是制造模式的物理实现，是一种人造的开放式系统，体现了人类的意志、原则和规律。在制造系统的规划、设计、运行和发展过程中，制造模式决定着制造系统的结构和运行

方式。

(2) **制造系统与制造技术** 制造技术是制造系统的组成部分，制造系统是制造技术的应用对象。制造技术因制造系统需求而产生。发挥制造技术的作用，需要调整制造系统结构和变革管理方式。

(3) **制造模式与制造技术** 制造技术是形成制造模式的基础，制造模式是适应制造技术的必要条件。这是因为制造模式因制造技术拉动而代旧为新。制造模式与制造技术相互依存，不可分离。制造模式是制造技术发挥作用的形式，制造技术是制造模式具体运用的内容。任何制造技术，只能在与之相适应的制造模式下收到实效；任何制造模式，都必须以制造技术为支柱。国内外制造业的经验证明，一种制造模式是需要多种不同的技术来支撑的。实施企业改造工程，必须解决技术与管理的有机融合问题。因为技术的应用离不开技术运作的模式。

2.3 先进制造的概念*

2.3.1 先进制造系统的概念

1. 形成

运用系统的观点研究制造业，国外源于20世纪70年代末期，国内源于20世纪90年代末期。将制造业区分为“常规”与“先进”，国外源于20世纪80年代末，国内源于20世纪90年代中期。20世纪80年代末期美国首先提出了“先进制造技术（AMT）”的概念。美国根据本国制造业面临的挑战和机遇，对其制造业存在的问题进行深刻反省，为了增强其制造业竞争力和促进国民经济增长而制订了“AMT计划”和“制造技术中心（MTC）计划”。1992年美国政府提出AMT为国家关键技术。

随后各国纷纷响应，制订了多种支持与发展AMT计划：日本提出并由多国参加的“智能制造系统”（IMS）。欧洲共同体在其ESPRI计划中以及BRITE-EURAM计划中也将发展先进制造技术作为主要内容。德国提出“德国制造2000”。1999年日本政府起草了《振兴制造业基础技术基本法》。2012年美国国家科技委员会（National Science and Technology Council，NSTC）发布了《美国先进制造业国家战略计划》。2013年德国发布了《德国工业4.0战略》。2013年英国发布了《英国制造2050》。

先进制造是制造业的发展方向（见图2-10）。由上一章可知，我国十分重视先进制造的发展。20世纪90年代以来我国启动了先进制造基础重大自然科学基金项目。党的十八大明确指出：要推动战略性新兴产业、先进制造业健康发展。制造业的转型升级是我国当前经济发展的主旋律。

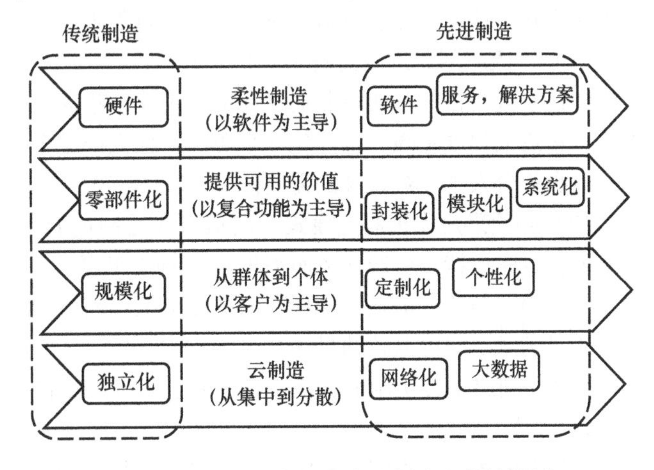

图2-10 发达国家推进先进制造业的关键词

2. 定义

不同的社会生产力水平，市场需求和社会需求，使得制造系统的目标与具体实现技术不尽相同。因此，制造系统并没有一个固定模式。为了指导制造工程实践，人们把制造系统分为先进的和传统的两大类（见图2-11）。“先进”是相对于“传统”而言的，从这个意义上讲，每个发展阶段都有各自的先进制造系统。

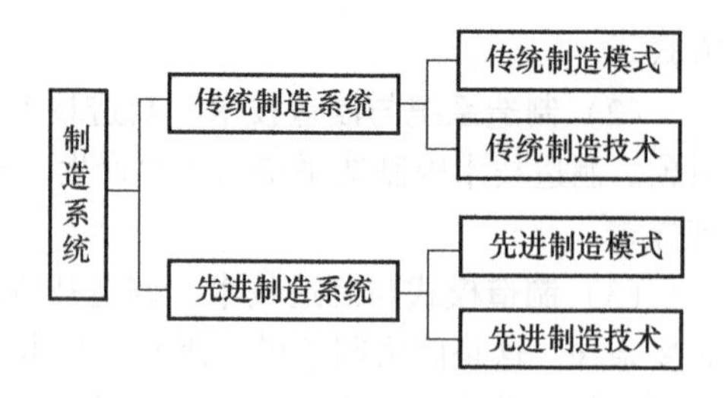

图2-11 制造系统的层次

定义：先进制造系统（Advanced Manufacturing System，AMS）是指在时间、质量、成本、服务和环境诸方面，能够很好地满足市场需求，采用了先进制造技术和先进制造模式，协调运行，获取系统资源投入的最大增值，具有良好社会效益，达到整体最优的制造系统。

先进制造系统的先进性是相对的，它会随着时代与科技的发展而变化。先进制造系统中的“先进”两字，可以从下述三个方面来认识：①产业先进性。在世界生产体系中处于高端，具备较高的附加值和技术含量，通常指高技术产业或新兴产业。②技术先进性。“只有夕阳技术，没有夕阳产业”。从这个观点看，先进制造基地并非高新技术产业专属，传统产业只要通过运用高新技术或先进适用技术改造，在制造技术和研发方面保持先进水平，同样可以成为先进制造基地。③管理先进性。无论哪种类型的制造基地，只要冠以“先进”两字，在管理水平方面必须是先进的。显然，落后的管理难以发展先进的产业和先进的技术。

先进制造系统是包含多项先进制造技术和多种先进制造模式的一个整体概念。有的文献把先进制造模式称为制造系统集成技术，或整体制造技术，这表明没有把“模式”从“技术”的概念中分离出来。当代信息技术和自动化技术为企业提供了改变传统制造模式的机遇，只有打破传统制造模式的框框而产生出先进制造模式，才能发挥先进制造技术的作用，从而形成先进制造系统，真正提高企业的综合竞争力。因此，先进制造系统是任何单一的技术或模式都难以替代的。

3. 特点

目前，在我国仍存在将制造技术与制造模式不加区别的情况。原因在于对先进制造系统的基本特点缺乏认识。先进制造系统的基本特点如下：

（1）**广泛应用先进制造技术** 信息技术与制造技术相融合，驾驭生产过程中的物质流、能量流和信息流，目标是实现制造过程的系统化、集成化和智能化。具体体现有：技术的分布范围更广，集成化程度更强，智能化水平更高，提供产品全生命周期内的质量担保；以人为本，使技术发展更符合人类社会发展的需要。

（2）**必须采用先进制造模式** 制造模式是制造业为提高产品质量、市场竞争力、生产规模和速度，以完成特定生产任务而采取的一种有效的生产方式和生产组织形式。通过实现数字化设计、自动化制造、信息化管理、扁平化组织、网络化经营，实现以人为本、高度集成、响应快速、质量满意、绿色低碳的目标。

表2-4列出了传统制造系统与先进制造系统的比较。

4. 类型

制造实践表明，不同的特定任务需要不同类型的制造系统。通常按照产品类型、生产批量、生产计划、层次结构、制造技术和制造模式的不同进行分类。表2-5列出了制造系统的分类。先进制造系统侧重于研究全球级制造、大型制造、柔性制造、集成制造、敏捷制造、智能制造、绿色制造和超常制造等系统。

表 2-4　传统制造系统与先进制造系统的比较

	传统制造系统	先进制造系统
生产规模	单件小批，少品种大批量	多品种变批量
生产方式	劳动密集型，设备密集型；金字塔式组织	信息密集型，知识密集型；扁平式组织，人机一体化
技术结构	制造技术的界限分明及其专业的相互独立	技术集成，从单机到自动生产线等不同档次的自动化技术
制造装备	手工→机械化→单机自动化→刚性自动线	自动化→柔性化→智能化
资源运用	重视技术，制造技术和生产管理分离	强调技术集成，把技术、管理、人员、组织和市场结合在一起
生产过程	制造技术主要是生产准备和加工装配的工艺方法	覆盖产品生命周期全过程，从市场分析到报废回收
生产控制	制造技术只能控制生产过程的物料流和能量流	能控制五种运动流：物流、能量流、信息流、资金流和劳务流
竞争要素	成本（C）和质量（Q）	环境（E）、质量（Q）、服务（S）、时间（T）、成本（C）

表 2-5　制造系统的分类

划分依据	类　型	说　明
产品类型	装配性制造系统	产品是可拆卸、能再装配的，如汽车生产线
	流程性制造系统	产品是不能拆卸的，如化工厂
	混合性制造系统	兼有装配性和流程性两种生产特点，如饮料厂
生产批量	大量制造系统	年产量大，采用专用设备，产品的预期市场需求量非常大
	成批制造系统	年产量较大，设备按零件族或工艺专业化原则布置
	小量制造系统	年产量小，采用通用设备，按工艺专业化原则布置
生产计划	备货式制造系统	Make-to-stock，即自主式。按库存量来制订生产计划，适用于大量生产
	订货式制造系统	Make-to-order，即订单式。按客户订货下达生产计划，可分设计、加工和装配
层次结构	单元级制造系统	其功能是实现给定生产任务的优化分批，高效益地完成给定的全部生产任务
	车间级制造系统	两类功能：一是直接完成物料处理；二是车间生产的管理、调度和控制
	企业级制造系统	在全厂范围内基于网络实现生产管理过程、机械加工过程和物料储运过程的全盘自动化
	全球级制造系统	通过全球互联网络进行资源和信息的共享，制造厂和销售服务遍布于世界客户身边
制造技术	常规制造系统	采用在常态条件下制造技术，如普通热加工、冷加工和精密加工等传统制造
	超常制造系统	采用在非常态条件下制造技术，如超精密制造、超高速制造、微纳制造等新型制造
制造模式	刚性制造系统	其功能要求是固定的集合，如组合机床制造系统，专用生产线
	柔性制造系统	其功能要求是可变的集合，如数控机床制造系统，加工中心制造系统
	集成制造系统	强调利用企业内部的制造资源，实现过程集成和信息集成，动态发展
	敏捷制造系统	强调利用企业之间的制造资源，实现合作共赢，快速响应市场变化
	绿色制造系统	以节能、降耗、减污为目标，对生产过程和产品实施无公害或少公害
	智能制造系统	强调利用全球范围的制造资源，实现知识集成和信息集成，建智能工厂
系统功能实现难易程度	大型制造系统	在运行时间上同时满足的功能要求大于 10 个。如汽车制造系统
	小型制造系统	在运行时间上同时满足的功能要求不大于 10 个。如机床、机器人

下面说明按层次结构划分的四级制造系统，如图 2-12 所示。这四级彼此可通过通信网络进

行信息交换。其中单元级和车间级是目前最普遍的传统制造系统，而随着计算机和通信技术的发展，企业级和全球制造系统也将得到发展。

（1）**单元级制造系统**　它是组成更高效制造系统的基础，产品的物理转换都是由单元级制造系统来实现的。单元级制造系统对不同的硬件环境需有空间开放性，其内涵是：①在功能结构上具有柔性，是指对不同的生产任务能够灵活地分割及组合，提供不同的服务，并能方便地修改或增加开发的新功能。②在应用与实施过程中具有适应性，是指适应各种生产环境，在异构计算机环境中能方便地从一种操作系统转换到另一种。

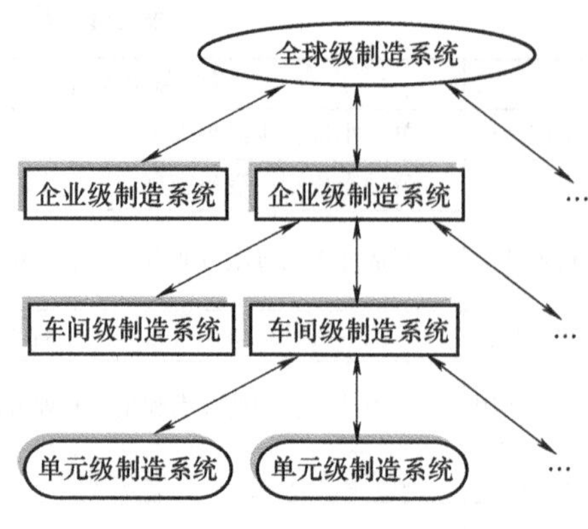

图2-12　制造系统的层次结构

（2）**车间级制造系统**　它通过生产计划将上层输入的加工订单分解为可执行的工序计划。当执行情况与计划出现偏差时，采用相应的控制手段使偏差缩小，完成生产调度和控制的功能。它采用的方法根据商业模式而定。

（3）**企业级制造系统**　它又称为工厂级制造系统。它把制造范围从车间扩大到全厂。企业级制造系统的分布式多级计算机系统，必须包括制订计划和日生产进度计划的生产管理级的主计算机，以其作为最高一级计算机，与CAD/CAM系统相连。物料储运系统必须包括自动仓库，以满足存取大量的工件和刀具。系统可以自动地加工各种形状、尺寸和材料的工件。全部刀具可以自动输送与更换，自动测量刀具和工件位置，并按照来自计算机的指令自动地补偿位置。工厂可以从自动仓库提取所需的坯料并以最有效的途径进行物料传送与加工。

（4）**全球级制造系统**（Global Manufacturing System，GMS）　全球级制造系统简称全球制造。世界经济的全球化（Globalization），使得产品全生命周期的各个环节，都可以分别由处在不同地域的企业，通过某种契约进行互利合作。它可以利用异地的资源来制造市场所需产品。

按照公司的经营策略和环境状况，全球级制造系统大致可分为表2-6所列出的六种不同层次的形式：这六种形式之间并没有严格的界限，甚至可以相互转换。

表2-6　全球级制造系统的形式

形　式	说　明
分散网络式	高度分散和流动，通过网络组织产品的研产销
多国制造式	采取技术转移，在当地制造和销售的策略
区域制造式	如香港在内地设厂，其产品在东南亚销售
全球出口式	在本土或原料产地制造，向全球出口
多国出口式	在本土或原料产地制造，向多国出口
区域出口式	在本土制造，向邻近地区出口

成功的全球级制造系统依据的基本原理是：①**产品开发**。为全球市场和国内个性化市场开发创新性产品。②**制造系统**。利用可重构制造系统快速生产新产品以适应市场需求。③**商业模式**。快速响应客户和全球市场非线性变化的商务战略。④**三者集成**。产品开发、制造系统和商业模式间的紧密集成。

2.3.2　先进制造模式的概念

1. 定义

先进制造模式（Advanced Manufacturing Mode，AMM）是应用先进制造技术的生产组织和技术系统的形态和运作的方式。或说，先进制造模式是指作用于制造系统的有相似特点的一类先进方式方法的总称。

先进制造模式的核心在于它所反映的哲理。它以获取生产有效性为首要目标，以制造资源快速有效集成为基本原则，以人、组织、市场、管理和技术五者结合为实施途径，使制造系统获得精益、敏捷、优质与高效的特征，以适应市场变化对环境、时间、质量、服务、成本（EQSTC）的新要求。

2. 特点

先进制造模式具有如下特点：

（1）**获取生产有效性** 先进制造模式的首要目标是：快速响应不可预测的市场变化，以满足企业的生产有效性。当今复杂多变的市场环境，特别是消费者需求的主体化与多样化倾向使得生产有效性的问题突现出来。先进制造模式不得不将生产有效性置于首位，由此导致制造的价值取向（从面向产品到面向客户）、战略重点（从成本、质量到时间）、基本原则（从分工到集成）、指导思想（以技术为中心到以人为中心）等出现一系列的变化。企业既有竞争又有合作，注重环保。

（2）**资源快速有效集成** 先进制造模式的基本原则是：在更大的空间范围与更深的层次上快速有效地集成资源，通过增强制造系统的一致性和灵活性来提高企业的应变能力。制造是一种多人协作的生产过程，这就决定了“分工”与“集成”是一对相互依存的组织制造的基本形式。制造分工与专业化可大大提高生产率，但同时却造成了制造资源（技术、组织和人）的严重割裂。实施制造资源快速有效集成的原则，体现了先进制造模式追求经济性的目标。具体方法包括：充分运用制造技术；优化利用各种资源，减少各种形式的浪费；发挥人的积极性；简化过程和组织实体；用分散决策代替集中控制，用协商机制代替递阶管理；缩短供货时间；最大限度地满足客户需求，提高客户满意程度等。

（3）**人、组织、市场、管理和技术三结合** 先进制造模式的指导思想是：以人为中心，先进制造模式的实施途径是五要素相互结合，以保证生产的有效性。人、组织和技术是制造的三大必备资源。人是制造活动的主体，组织反映制造活动中人与人的相互关系，管理和技术则是实现制造的基本手段。市场是社会分工和商品生产的产物，联结着产、供、销各方面的利益。制造技术和管理方法的效用有赖于人的主动性，人的行为又受所在组织的影响，所以人因的发挥在很大程度上取决于组织的作用。因此，先进制造模式强调人因和组织的作用，这是抓住了问题的关键。

3. 类型

有关目前引起关注的若干先进制造模式的背景、原理和案例等内容，将在本章后续各节介绍。下面仅从不同的角度简介制造模式的几种类型。

（1）**按制造模式发展方向划分** 系统是世界物质的普遍存在形式。系统观是指以系统的观点看世界。基于系统观来考察制造模式的发展趋势，既要看到研究对象与人的关系（他在），又要看到研究对象自身的状态（自在）。由此归纳制造模式发展的主要方向有三个：人性化制造、效益化制造和智能化制造。“三化”的内涵如下所述：

1）人性化制造。它是指制造者的劳动强度不断减轻，用户的需求不断满足，对制造系统的一切参与者的潜力开发不断改进，即以人为本，注重人因。人性化直接服务于产品相关参与者的身心需要，与生态系统和服务系统直接有关，如绿色制造、服务型制造。

2）效益化制造。它是指制造系统的生产率、产品质量和盈利能力不断提高，快速响应市场，快速重组生产，参与者的工作效率和资源利用率不断提高，即人尽其用，物尽其利。效益化直接服务于产品制造的全过程，与提高制造过程的生产率有关，如精益生产、敏捷制造。

3）智能化制造。它是指使对象具备灵敏准确的感知功能、正确的思维与判断功能以及行之有效的执行功能而进行的工作，以知识处理为主，生产率不断提高，即人尽其智，机尽其能。智能化以计算机网络和数据库为基础，利用计算机技术、网络技术、控制技术、行业技术、人工智能技术和全球的智力资源，将企业的全部制造活动集成为一个综合优化的整体，通过信息集成和知识集成来响应某一领域的深入应用。智能化制造模式强调全球范围和信息驱动。数字化、网络化是智能化制造的前提。

智能化制造是服务的理想境界。效益化制造直接服务产品过程，人性化制造则致力于服务参加者的身心需要，而且人性化制造是主要的。制造模式的发展趋势是人性化越来越重要。三者的关系见表2-7。

表2-7 三大类制造模式的关系

关 系	说 明
人性化制造与效益化制造	两者的对立统一，反映科技双刃剑的作用。效益化制造与人性化制造既彼此矛盾又相互促进。过分地追求效益会导致与人际关系不和谐（恶化劳动现场、强化劳动强度、加剧社会矛盾等），与自然环境不和谐（环境污染、生态失衡、资源浪费等），将导致经济、社会、环境和资源均不可持续发展。绿色制造模式强调不污染、少耗能、高效益，正是体现着人性化制造的同时体现着效益化制造
人性化制造与智能化制造	两者的相辅相成，反映制造模式的不断进化（之字形演进）。人的智能与机器的智能可以互补，可以综合，从而实现人机一体化。智能化制造是人性化制造的延伸
效益化制造与智能化制造	两者的相互作用，反映制造模式的不断升华（螺旋形上升）。从人对制造模式的认知来看，效益化制造反映认知变化的广度，智能化制造反映认知变化的深度。智能化制造是效益化制造的深入

（2）**按制造过程可变性划分** 过程可变性是指制造工艺过程的变化能力。制造模式按制造过程可变性分为三种：①刚性制造模式（Dedicated Manufacturing Mode，DMM）的过程可变性几乎没有。②柔性制造模式（Flexible Manufacturing Mode，FMM）的过程可变性较小。③可重构制造模式（Reconfigurable Manufacturing Mode，RMM）的过程可变性较大。刚性制造模式包括物流设备和相对固定的加工工艺。只要其产品销售产生的效益大于生产线的投资就可以盈利。刚性制造模式属于传统制造模式。

（3）**按商业模式划分** 商业模式是企业在提升消费者产品价值的同时利用自身竞争优势来创造经济价值的一种战略方法。制造模式按商业模式分为3种：①推动式（Push Mode）。信息流与物流同向运动（见图2-13a）。②拉动式（Pull Mode）。信息流与物流反向运动（见图2-13b）。③推拉式（Push-Pull Mode）。它是指推动式和拉动式的结合。其原理见表2-8。

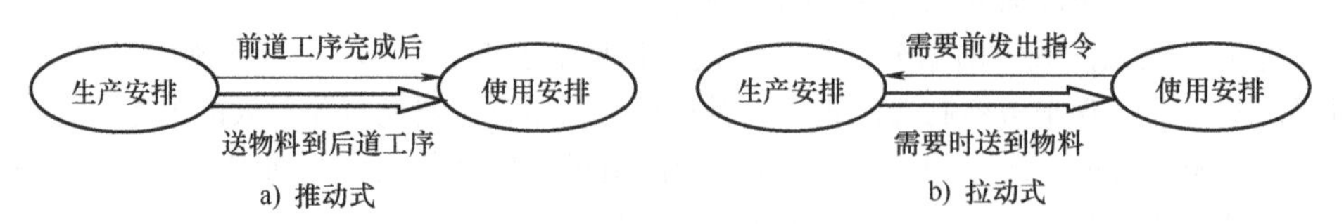

图2-13 推动式与拉动式的特征

表2-8 制造模式按商业模式分类

制造模式	商业模式的原理	商业模式的顺序
手工生产	技术工人使用通用机床精准地制造客户所支付的产品，一次生产一件产品	拉动式：销售→设计→生产
大量生产	产品品种有限而产量巨大的生产方式，降低了生产成本，从而使产品价格下降，客户受益。产品价格的降低增加了客户的需求和销售	推动式：设计→生产→销售

（续）

制造模式	商业模式的原理	商业模式的顺序
大量定制	以大量生产的成本，生产广泛变型的定制产品，吸引更多的消费者，增加销售	推拉式：设计→销售→生产
精益生产	按需生产，通过价值流动图以及根除无价值操作等活动，实现低浪费的连续过程流；用减少一切浪费、建立质量小组职责的方法，降低成本，提高质量	拉动式：销售→设计→生产
个性化生产	以接近大量生产的成本，从给定模块中选取组件，及时地按订单生产定制产品，通过完全符合消费者对产品的需求来增加销售量	推拉式：设计（R）→销售→设计（P）→生产

注：设计（R）为可重构设计（Reconfigurable Design）；设计（P）为个性化设计（Personalized Design）。

2.3.3 先进制造技术的概念

1996年重庆大学张根保教授给出了先进制造技术的定义。2001年清华大学王先逵教授指出，先进制造技术即现代制造技术，前者强调先进（Advanced），后者强调现代（Modern），时代感强，在一定程度上也体现了先进，认为还是称现代制造技术为好。目前，两个名称并存于国内文献中。本书认为，“先进”通常指进步较快，水平较高。“现代”有强调“新的”的含义，而“先进”则有“更新的、有优势的”的含义。因此，本书采用“先进制造”。

1. 定义

先进制造技术（Advanced Manufacturing Technology，AMT），是根据市场需求，使原材料成为产品所运用的一系列先进技术的总称。先进制造技术是当代制造业赖以生存和发展的主体技术。

先进制造技术的**形成过程**是传统制造技术不断吸收机械、电子、信息、材料、能源及现代管理等方面的成果；其**应用范围**是产品全生命周期；其**应用效果**是实现优质、高效、低耗、清洁、灵活生产。先进制造技术是以提高综合效益为目的的高新技术载体。

在形成先进制造技术概念的初期，从人们认识上看，它包含了先进制造模式的内容。实际上，先进制造技术是制造技术与信息技术、管理科学等有关科学技术交融而形成的新技术。它是一个以人为主体、以计算机技术为支柱的综合制造技术群。

2. 特点

先进制造技术的特点见表2-9。

表2-9 先进制造技术的特点

特点	说明
先进性	强调新一代信息通信技术和现代系统管理技术在产品设计、制造和生产组织管理等制造过程各方面的应用
广泛性	不是分割在制造过程的独立部分，而是被综合用于从产品设计和生产到维修服务和再制造的整个制造过程
实用性	不是以追求技术的高新度为目的，而是以提高企业竞争力为目标；其发展有明确的需求导向或制造对象
系统性	不是一项具体技术，而是一个集成的技术族。它能驾驭信息生成、采集、传递、反馈、调整的信息流动过程
集成性	是从传统的制造工艺发展起来的，强调设计与工艺的集成。它随着学科融合而使行业技术的界限逐渐模糊
动态性	不是一成不变的，而是一门动态技术。在不同时期和不同地区，具有其自身不同的特点、目标和内容等
人文性	强调技术与人、社会和环境的和谐，要求产品低碳化，生产清洁化。技术与工程连接，工程有人的关怀

3. 类型

关于先进制造技术的类型，可以按制造业技术系统的功能要素和构成要素来划分。依据近十年的技术发展情况，现将先进制造技术的内容划分为三部分，如图2-14所示。

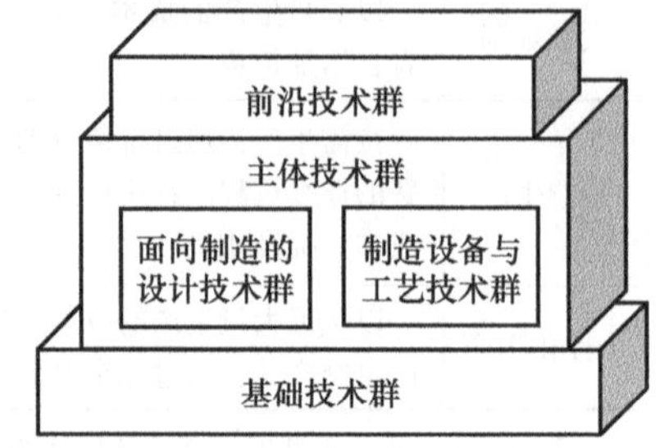

图2-14　先进制造技术的组成

(1) **基础技术群**　它是基础工艺经过优化而形成的优质、高效、低耗、少无污染基础制造技术。铸造、锻压、焊接、热处理、表面保护、机械加工等基础工艺至今仍是广泛应用的技术。许多新的基础制造技术已逐渐推广应用。例如，精密成形、毛坯强韧化、少无氧化热处理、气体保护焊及埋弧焊、功能性防护涂层、质量与可靠性等技术。技术标准(如数据标准、产品定义标准、工艺标准、检验标准、接口框架等)，是支持主体技术取得进步和实效的相关技术。

(2) **主体技术群**　它是制造技术的核心技术，包括如下两大技术群。一是**面向制造的设计技术群**。它包括：①产品、过程和工厂设计（例如，计算机辅助设计、面向X设计、优化设计和组合化设计等)。②协同设计。③产品生命周期管理。④其他技术。二是**制造设备与工艺技术群**。它包括机械制造、电子制造、电气制造、轻工纺织制造、资源加工制造等。机械制造包括：①机床和工具技术。②材料生产工艺。③加工工艺（含特种加工、高能束加工、极限加工等)。④连接与装配。⑤测试和检测（如精密测量、虚拟仪器)。⑥环保技术（如清洁生产、再制造)。⑦维修技术。⑧其他技术。

(3) **前沿技术群**　前沿技术是指高技术领域中具有前瞻性、交叉性和探索性的跨学科的技术。前沿技术群包括：①信息通信技术，智能制造；②微纳制造；③增材制造（3D打印)；④生物制造；⑤绿色制造；⑥传感器和控制技术；⑦系统集成技术；⑧其他新技术。

前沿技术是未来高技术更新换代和新兴产业发展的重要基础，是国家高技术创新能力的综合体现。前沿技术往往处于两个不同的领域之间，即“跨界”。早在1921年，爱因斯坦关于“光的波粒二象性”的成就是跨界科学的典范。在当今时代，技术不跨界是不可能的。一站式的领域服务平台注定就是跨界的。腾讯的微信就是抓到了一个跨互联网和通信之界的点。一个产业已经做久了，就会形成一片红海，我们现在看到，两个产业的跨界部分往往是最有机会诞生创新的机会，那可能是一片蓝海。全球汽车业的发展，正在进入一个以电动化、智能化、电商化和共享化为契机，重新抢占制高点的关键时刻，更加显著地聚焦在自动驾驶、虚拟现实、智能网联、显示技术上，自动驾驶技术便是跨界技术的代表。

4. 构成

如果我们把制造业赖以生存和进步的一系列技术看作是一个系统，那么这一系统的构成分为六部分（见图2-15)：制造工艺技术、制造装备技术、材料技术、设计技术、工业工程技术和知识员工的知识结构。其中前三项是制造企业直接从事生产的物化手段，后三项是决定整个技术系统素质的基础。依此，先进制造技术的研究对象可归纳为五个方面：先进设计技术、先进制造装备技术、先进制造工艺技术、新材料生产及应用技术、现代工业工程技术。其中设计、装备和工艺将在本书分章详细介绍。

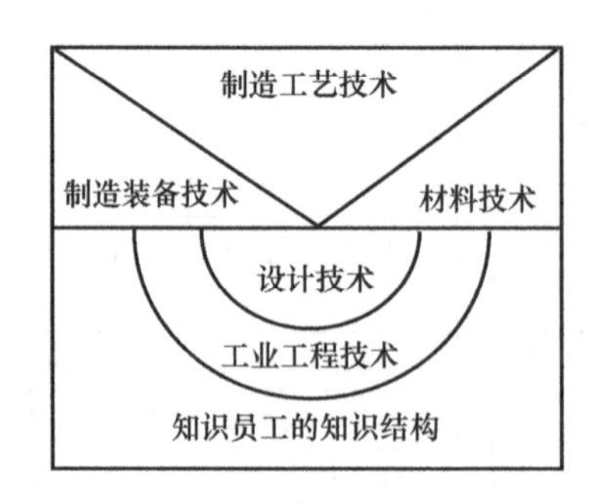

图2-15　制造业技术系统构成

材料技术有两个方面：①材料生产技术。它包括新材料

的研究与开发。②材料应用技术。它是指正确选择和合理使用材料，充分发挥材料潜力和功能的技术。按应用领域还可分为多种类别：信息材料、能源材料、建筑材料、生物材料、航空材料等。按材料用途可分为两大类：①结构材料。通常指工程上对硬度、强度、塑性、耐磨性等力学性能有一定要求的材料，主要包括金属材料、陶瓷材料、塑料、复合材料等。②功能材料。它是指具有光、电、磁、热、声等功能和效应的材料，包括半导体材料、磁性材料、光学材料、电介质材料、超导体材料、非晶和微晶材料、形状记忆合金等。人们将新材料与信息技术和能源作为现代文明的三大支柱。以塑料为例，2007 年英国谢菲尔德大学的科学家研制了一种用塑料分子制成的新型人造血，可以用于急救；2013 年墨西哥的一个科研小组研制了一种新型防弹塑料，它可用来制作防弹玻璃和防弹服，质量只有传统材料的 1/6 左右。由此可见，材料技术水平在很大程度上决定了制造业的生产技术水平，而材料的供应能力则直接影响着制造业的生产率。

工业工程技术是将人员、设备、物料、信息和环境等生产系统要素进行优化配置，对生产过程进行系统规划、设计、评价和创新，从而提高生产率和综合效益的综合技术。它包括：实现方法改进和工作测定的企业微观诊断技术；解决人机关系系统问题的人因工程技术；解决物流系统问题的设施规划与物流系统分析技术；解决生产计划与控制问题的生产系统设计技术；实现质量保证的质量管理与质量工程技术；发挥企业现有资源潜力的成本控制技术；企业人力资源管理与开发的技术等。

先进制造技术与先进制造模式是制造系统中两个不同的概念。过去的教科书和文献之所以没有明确区别，是因为两者具有十分密切的相关性，有的把先进制造模式归为先进制造技术的系统管理技术。事实上，先进制造技术是实现先进制造模式的基础。先进制造技术强调功能的发挥，形成了技术群；先进制造模式强调制造哲理的体现，偏重于管理，强调环境、战略的协同。

案例 2-1　工厂产业微笑曲线。

复习思考题

1. 什么是系统？系统有哪些基本特性？
2. 什么是制造系统？它有哪些组成要素？
3. 什么是制造模式？简述制造模式的演化特点。它与管理有何区别？
4. 什么是制造技术？它与制造科学有何区别？
5. 试述制造系统、制造模式和制造技术三者的联系与区别。
6. 什么是先进制造系统？它有哪些主要特点和基本类型？
7. 什么是先进制造模式？它有哪些主要特点和基本类型？
8. 什么是先进制造技术？它有哪些主要特点和基本类型？
9. 你认为制造业的工业工程师与机械工程师在职责方面有何主要区别？

第3章 生命周期理论

生命周期（Lifecycle），又称为寿命周期，原是生物学的概念，是指生物体从出生、成长、成熟、到老化直至死亡的整个过程。只要是生物体就有“生命周期”的现象。生物体的行为模式是可以随着生命周期的变化而预知的。生命周期的概念不只适用于生物体，而且也适用于产品、企业、行业、技术等事物。生命周期的含义引申为事物“从摇篮到坟墓”的整个过程。自20世纪50年代后，生命周期概念被引入政治、经济、技术、社会和管理等领域，生命周期理论被广泛应用。本章将介绍产品生命周期、客户生命周期、企业生命周期、产业生命周期、技术生命周期和系统生命周期的概念，制造系统生命周期的效应，产品生命周期管理及产品数据管理。正常情况下，90%的人的生命可以超过60年，但90%的企业的生命不超过10年。

3.1 产品与客户的生命周期*

3.1.1 产品生命周期*

产品是制造系统的输出。产品生命周期（Product Lifecycle，PL）有两层含义：一是面向市场的产品生命周期；二是面向资源的产品生命周期。

1. 面向市场的产品生命周期

（1）**概念　面向市场的产品生命周期**是指一个产品从进入市场到退出市场的过程。1957年，美国的波兹（Booz）、阿伦（Allen）、汉密尔顿（Hamilton）管理咨询公司在《新产品管理》一书中，研究了新产品开发和销售规律，依据产品进入市场后不同时期销售的变化，提出产品生命周期可分为导入期、成长期、成熟期和退化期。

1966年，美国哈佛大学教授雷蒙德·弗农（Raymond Vernon）在《产品周期中的国际投资与国际贸易》一文中，提出了产品生命周期理论。他认为，从市场销售来看，产品生命周期包括五个阶段：新生期、成长期、成熟期、下降期和让与期；从产品开发来看，产品生命周期分为三个阶段：新产品阶段、成熟产品阶段和标准化产品阶段；从国际贸易来看，产品生命周期分为五个阶段：产品导入期、成长期、成长替代期、成熟期及饱和期，如图3-1所示。而这个周期在技术水平不同的国家内，发生的时间存在较大的时差，正是这一时差，表现为不同国家在技术上的差距，它反映了同一产品在不同国家市场上的竞争地位的差异，从而决定了国际贸易和国际投资的变化。

为了便于区分，弗农把这些国家依次分成创新国家（最发达国家）、一般发达国家、发展中国家。图中t_3～t_4为美国出口逐渐被欧洲替代；t_4～t_5为发展中国家开始生产；饱和期以发展中国

家出口为主。

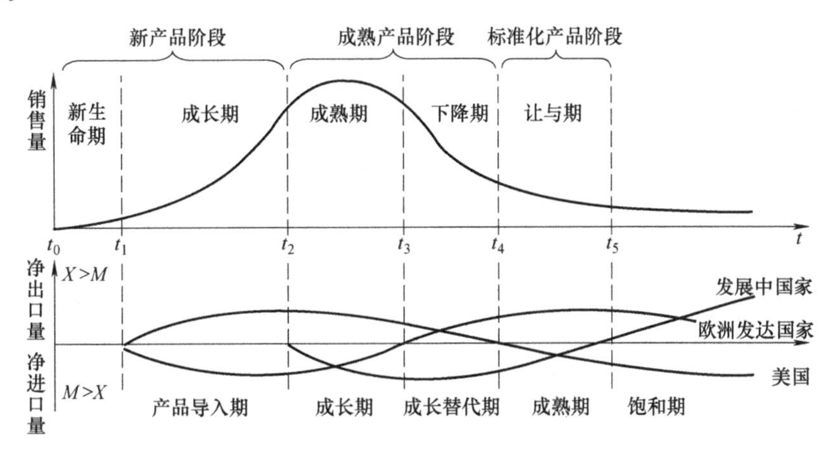

图 3-1 弗农的产品生命周期理论

一般说来，面向市场的产品生命周期分为四个阶段，即导入期、成长期、成熟期、退化期，如图 3-2 所示。事实上这是对所有产品生命周期的一种笼统划分。图 3-2 表明了产品销售额和利润在整个市场生命周期内的变化情况。

（2）**特征** 在面向市场的产品生命周期的不同阶段中，销售量、利润、客户、竞争者等都有不同的特征，见表 3-1。

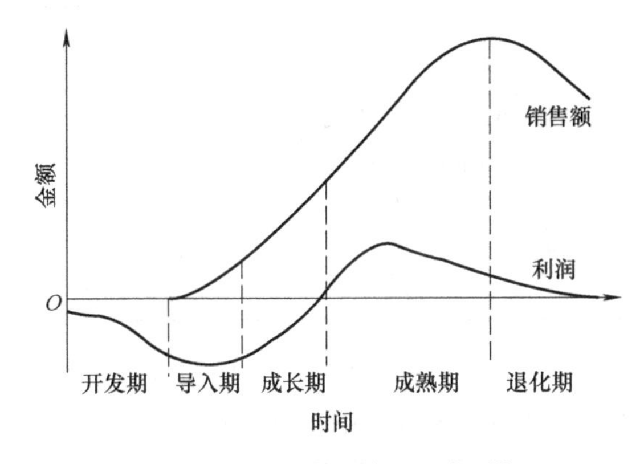

图 3-2 面向市场的产品生命周期

表 3-1 面向市场的产品生命周期各阶段的主要特征

阶段	导入期	成长期	成熟期	退化期
销售量	很小、缓增	快速增长	最大、缓降	下降
成本	高	降低	低	回升
价格	高	回落	稳定	低
利润	微小或负	上升	最大、渐降	低或无
客户	领先、量少	早期、量增	大众、量稳	落伍、量少
竞争者	很少	渐多、加剧	最多、激烈	渐少、减弱

（3）**类型** 面向市场的产品生命周期，除了上述一般的“钟形”曲线之外，还有四种特殊的类型（见表 3-2）：风格型、时尚型、热潮型和扇贝型，如图 3-3 所示，其中 S 表示销售额，t 表示时间。

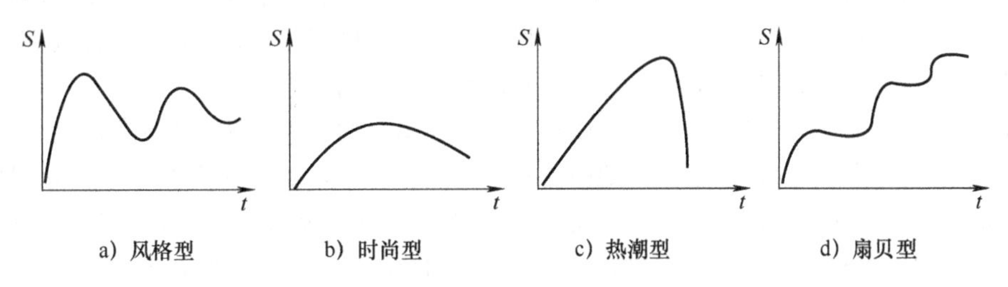

图 3-3 面向市场的产品生命周期的特殊类型

(4) **策略**　产品所处生命周期阶段的不同，产品利润有高有低。根据不同阶段的特点，可以采用不同的策略，见表3-3。

表3-2　面向市场的产品生命周期的特殊类型

名　称	特　征	举　例
风格型(Style)	风格是指产品在人类生活中特色鲜明的一种表现形式。风格一旦产生，可能会延续数代，根据人们对风格的兴趣而呈现出一种反复循环的模式。又称为循环型	日用品到成熟期后就大增促销投资，以防进入退化期
时尚型(Fashion)	时尚是指在某一领域里目前广受欢迎的风格。刚上市时很少有人接纳，即独特阶段，后经模仿阶段、大流行阶段、缓慢退化阶段，消费者关注新风格。又称为稳定型	贝尔固定电话，1876年发明至今仍在用
热潮型(Fad)	热潮是指来势汹汹且很快就吸引大众注意的一种时尚。先快速成长，后快速退化，因为它只满足一时好奇或寻求刺激的人，仅吸引少数标新立异的人。俗称时髦	曾流行的呼啦圈、红茶菌等
扇贝型(Scallop)	扇贝是指产品生命周期不断地延伸再延伸，这往往是因为产品创新或不时发现新的用途，容易根据企业战略使产品脱离成熟期。别称波动型	尼龙，总是能挖掘出新的产品：服装、地毯和装饰品等

表3-3　面向市场的产品生命周期各阶段的主要策略

阶　段	导入期	成长期	成熟期	退化期
营销目的	扩张市场，产品知晓	渗透市场，品牌偏好	保持市场品牌忠诚度	维持品牌忠诚度
营销支出	高	较高	较低	低
产品策略	以基本型产品为主	改功能，提质量，增服务	品牌差异化，扩品种，降成本	剔除疲软产品项目
价格策略	成本加成法价格	市场渗透性价格	击败竞争者的价格	削价
分销方式	选择性分销	密集式分销	广泛密集式的分销	逐步淘汰不良渠道
广告投放	对经销商提高知名度	在大众市场大量营销	形成品牌差异及利益	减少开支
促销追踪	大力促销及试用	适当减少促销	鼓励品牌转换	减少开支至最低

(5) **应用**　产品生命周期理论的主要优点是：简单易懂，产品销售经历不同的阶段，只考虑销售额和时间两个变量；居安思危，根据不同阶段的特点，提供了相应的营销策略；掌握先机，可以分析判断产品处于哪一阶段，预测产品今后发展的趋势；不断创新，产品生命周期揭示了任何产品的生命都是有限的，也是可以延长的，要开发新产品。

产品生命周期理论的主要缺点是：界限模糊，各阶段的起止点划分标准不易确认；理论抽象，无法确定是适合单一产品项目层次还是一个产品集合层次。

如何判断具体的产品生命周期？即我们怎样才能知道具体产品处于生命周期的哪个阶段，以及它的发展演变规律？可考虑三个方面：①根据行业生命周期研究判断产品生命周期；②从行业内竞争环境看产品生命周期；③从企业本身看产品生命周期。

根据这些特征，判断产品处于导入、成长、成熟和退化期较为容易。不易判断的，并对市场决策起至关重要作用的，是产品生命周期中的三个拐点，即导入期与成长期之间、成长期与成熟期之间、成熟期与退化期之间的三点。若能提前判定三个拐点所处的时间段，市场决策的正确性、有效性必然大大提高。另外，不要局限于常态的四个阶段。例如，跳过成熟期，从成长期直入退化期的VCD行业；跳过导入期，直接进入成长期的纯净水行业。

2. 面向资源的产品生命周期

(1) **概念** **面向资源的产品生命周期**是指一个产品从自然中来到自然中去的全过程。它又称为**产品自然生命周期、产品环境生命周期、产品全生命周期**。

从资源的角度来看，产品生命周期包括从产品构思和原材料开采制备，到产品使用生命终止的全部过程。它可分为六个阶段，即产品的计划、设计、生产、销售、使用和报废（含废弃物处理与再制造等）。图3-4所示为面向资源的产品生命周期的各阶段。通常，产品开发包括计划、设计和生产。产品营销包括销售、使用和报废。产品生命周期各阶段与自然环境和社会环境都发生交互作用。

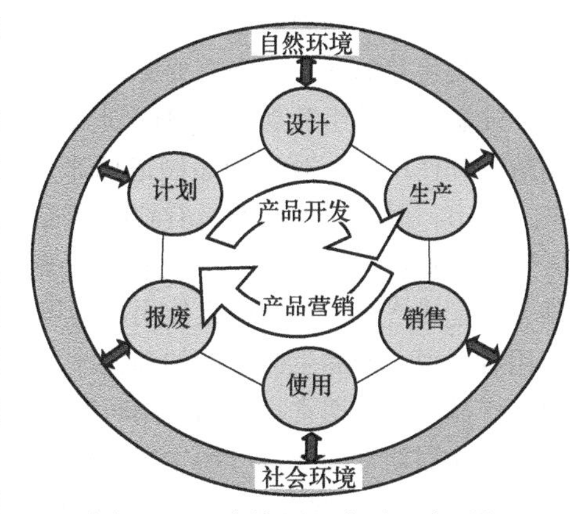

图3-4 面向资源的产品生命周期

(2) 特征 表3-4列出了面向资源的产品生命周期各阶段的内容与特征。

表3-4 面向资源的产品生命周期各阶段的内容与特征

阶段	内 容	特 征
计划	市场调研，或需求分析。完成产品概念的设想及所期望的产品特性的系统配置，描述产品特性模型	给出可行性报告、设计任务书
设计	包括产品的构思、造型、计算、布局、总装和加工规划等，通过CAD和CAPP过程集成来实现	提供产品的装配图、零件图和工艺方案
生产	产品的加工和装配，将虚拟制造转为物质制造，实现CAM	采用生产计划、生产控制和生产技术
销售	确定销售机构的类型、数量、形式以及销售方法或途径，供货时间、供货质量、包装、安装、保养、检查、维修和回收等	建立销售渠道，落实营销服务内容
使用	保障产品使用寿命，要求产品具有功能好、效率高、可靠性高、使用成本低和服务一流	提供实现功能的产品，满足可靠的产品性能要求
报废	评价产品的使用价值或可应用性以及它的维修费用和保养费用，决策报废处理	减少产品对自然环境的污染和破坏，实现再循环、再利用或再制造

(3) **类型** 对于品种（手机）、形式（彩屏手机）、品牌（小米手机），产品生命周期的适用程度有显著差异。这三种生命周期的历程比较如下：

1) **产品品种的生命周期最长**。许多产品品种如汽车、冰箱、计算机的销售阶段可以长期地延续下去，其生命周期的变化与人口增长率成正比例关系。

2) **产品形式的生命周期居中**。比品种能够更准确地体现产品全生命周期的典型历程，即逐次通过计划、设计、生产、销售、使用和报废六个阶段。例如，模拟手机（俗称大哥大）在经历了产品全生命周期的前五个产品阶段之后，由于数字手机的问世，便很快进入报废阶段。模拟手机和数字手机的区别在于信号的编码和传输技术，模拟手机由于占用网络资源大、保密性差等原因而被技术更先进、网络资源利用率高的数字手机所替代。

3) **产品品牌的生命周期最短**。一般品牌的平均生命周期大约为3~5年，其发展趋势是逐渐缩短。品牌生命周期的显著特点是不规则性。这是因为品牌随着市场需求的变动、竞争品牌的加入和竞争者策略的改变而大起大落。例如，中国的同仁堂、美国的可口可乐、德国的西门子等品牌，其生命周期超越了产品形式的生命周期；英国和法国联合研制的世界顶级超音速“协和”客机，于1976年开始投入营运，其中法航有5架、英航有7架，2000年7月25日升空时发生爆炸，到2003年退役。

(4) 应用 面向市场的产品生命周期以产品的销量变化来划分阶段，是一种以商品经济的市场作为首要驱动力的理念；而面向资源的产品生命周期以物质的循环特征来划分阶段，是一种以人类生存的环境作为首要驱动力的理念。

注意：产品生命周期阶段的划分不是唯一的。比如，面向管理的产品生命周期，至少要考虑制造商和使用者。对于产品制造商来说，产品生命周期分为五个阶段：构思、定义、实现、支持、退市；而产品使用者所看到的产品生命周期五个阶段是：构思、定义、实现、使用（或运转）、处理（或再生）。即首先产生一辆汽车的想象，再对汽车进行准确的描述，接着生产零部件并装配成汽车，然后被人使用或为谋利而运转，最后汽车报废被处理或再制造。对于制造商和使用者来说，产品生命周期的前三个阶段是相同的，但是后两个阶段是不同的。对于使用者来说，产品生命周期常指产品使用时间的长短。例如，我的汽车有10年的生命。对于制造商来说，产品生命周期常指特定产品生产的周期，此后出现替代产品。例如，福特的T型汽车的产品生命周期为18年，A型汽车的产品生命周期为4年。

3.1.2 客户生命周期

客户生命周期有两层含义：一是客户关系生命周期，简称客户生命周期；二是客户需求生命周期，简称需求生命周期。

1. 概念

客户关系生命周期（Customer Relationship Lifecycle，CRL），是指从企业与客户建立业务关系到完全终止关系的全过程。它描述了客户关系从一种状态（一个阶段）向另一种状态（另一阶段）运动的总体特征。用它可以清晰地洞察客户关系的动态特征：客户关系的发展是分阶段的，不同的阶段客户的行为特征和为公司（泛指供应商）创造的利润不同；不同阶段驱动客户关系发展的因素不同，同一因素在不同阶段其内涵不同。

客户生命周期分为四个阶段：考察期、形成期、稳定期和退化期。考察期是客户关系的探索和试验阶段，形成期是客户关系的快速发展与形成阶段，稳定期是客户关系的稳定期和理想阶段，退化期是客户关系水平发生逆转的阶段。如图3-5所示，横坐标t为时间，纵坐标S为交易额，F为利润。

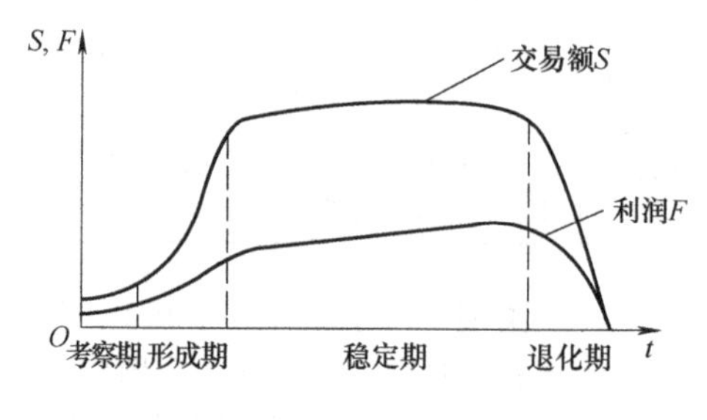

图3-5 一般的客户生命周期

2. 特征

供应商与客户作为两个经济实体，两者之间关系水平的差异最终都要反映在双方交易的经济结果上。从供应商的角度来看，一般用来表征客户关系水平的变量有两个：①交易额，是指供应商与客户在单位时间内的交易量；②利润，是指在单位时间内客户为公司创造的利润。这两个表征侧重点不同：交易额着重反映交易规模；利润着重反映客户对供应商的价值大小。绘制客户生命周期曲线的基础是交易额和利润变化趋势的分析。

交易额和利润变化趋势，是指在整个客户生命周期内，单位时间交易额和利润随生命周期的变化规律。设在某时间段内某客户与公司的交易额为S，给公司带来的利润为F，则有

$$S = VP \tag{3-1}$$

$$F = S - C + B \tag{3-2}$$

式中 V是客户与公司的交易量；P是客户愿意支付的价格；C是公司消耗的成本（包括产品成

本、服务成本、营销成本和交易成本）；B 是客户给公司带来的间接收益，它是公司因忠诚客户的“口碑效应”而获得新客户的效益。

由式（3-1）和式（3-2）可见，影响交易额 S 的因素有两个：交易量和价格；影响利润 F 的因素共有四个：交易量、价格、成本和间接收益。四个影响因素在客户生命周期各阶段的主要特征见表 3-5。

表 3-5　客户生命周期各阶段的主要特征

阶段	考　察　期	形　成　期	稳　定　期	退　化　期
交易量	很小	快速增长，后期接近最高水平	最大，持续稳定在高水平上	下降，但客户总业务量未下降
价格	较低	有上升趋势，后期变得明显	继续上升，取决于公司增值能力	开始下降
成本	最大	明显降低	继续降低至一个低限	回升，但一般低于考察期
利润	最小，甚至为负	快速上升	最大，升势减缓稳定在高水平上	快速下降
间接效益	没有	后期开始有扩大趋势	明显，且继续扩大	缩小，若客户口碑坏则为负

交易量与客户关系水平成正比。客户关系水平随着时间的推移，从考察期到稳定期直至退化期依次增高，稳定期是理想阶段，而且客户关系的发展具有不可跳跃性。

3. 类型

根据客户关系退出所处的阶段不同，将客户生命周期模式划分成早期流产型、中途夭折型、提前退出型、长久保持型四种类型，如图 3-6 所示，在任何一阶段关系都可能发生退化。不同类型有不同的成因，也代表了不同的客户质量。成熟期的长度可以充分反映出一个企业的盈利能力。因此，“一次交易，终身客户”成为许多企业的观念。客户生命周期的分类为企业诊断客户质量提供了一个有力的分析工具，根据诊断的结果，企业可以更有针对性地制订客户关系管理的战略目标和实施方案。

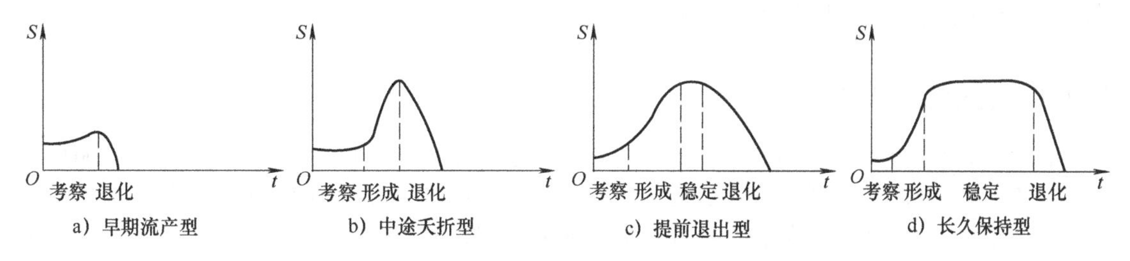

图 3-6　客户生命周期模式的类型

4. 策略

客户生命周期理论揭示了“客户利润随生命周期阶段发展而不断提高”的变化规律，对客户关系管理实践具有重要的指导意义：客户保持的目标不只是延长客户关系的持续时间，更重要的是要提高关系的水平，在高水平上持续客户关系对公司才更有价值。客户生命周期各阶段的主要策略见表 3-6。为使企业获得更多的客户价值，在成熟期设置客户退出壁垒。经济壁垒是指结束客户关系会给客户带来经济上的损失——经济转移成本。技术专利壁垒使客户对企业产生依赖性。契约壁垒是通过与客户签订购销合同，产生一定的法律效应，造成了客户的退出壁垒。

表3-6　客户生命周期各阶段的主要策略

阶段	双方关系	策略重点	策略说明
考察期	不确定性大	客户信任	积极、有效的沟通，快速提供服务，降低不确定性
形成期	信任加深，风险承受意愿增加	客户满意	尽快了解并满足客户个性化的需求，加强与客户的有效沟通
稳定期	关系稳定，保证持续长期关系	客户保持	从经济、技术专利和契约三方面设置客户退出壁垒；降低交易成本
退化期	考虑结束关系或寻找候选关系伙伴	预警机制	建立长效机制以预防客户流失；对关系危机的客户，须尽快纠正和提供补偿

5. 应用

处于不同生命周期阶段的客户在企业的发展中有着各自不同的作用，而且因其是不断变化的，相互间存在着转变的可能。从成长性和收益性来分析（见图3-7），对那些低成长性和低收益性的客户，企业要主动放弃，而对高成长性和高收益性的客户，企业则要追加投资，对处于两者之间的客户企业可以采取保持策略。

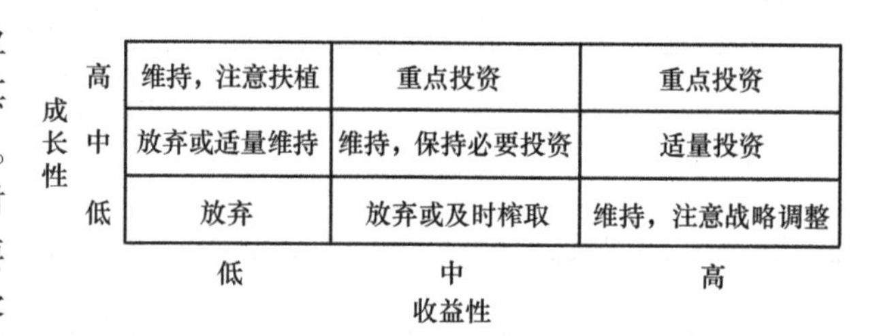

图3-7　客户的成长性和收益性

为了实现不同生命周期阶段的客户均衡，企业必须拥有足够的客户来源才能保证将来有充足的成熟型客户来支持企业的发展。企业也不可避免地保留一小部分退化型客户。一般来说，在成长性上，企业对客户应保持着一个6：3：1的比例，即成长型、成熟型和退化型客户在数量上所占的比例分别为60%、30%和10%；在收益性上，则应保持一个3：6：1的比例关系，即成长型、成熟型和退化型客户贡献的利润所占的比例分别为30%、60%和10%。

3.2　企业与产业的生命周期

3.2.1　企业生命周期

日本《日经实业》的调查显示，日本企业平均寿命为30年。据美国《财富》杂志2003年报道，美国大约62%的企业生命不超过5年，只有2%的企业存活达到50年，中小企业平均寿命不到7年，大企业平均寿命不足40年，世界500强企业平均寿命为41年。2012年，美国《福布斯》杂志做了一项研究发现：欧美企业的平均寿命为12.5年；中国企业的平均寿命只有2.9年。据中国《科学投资》杂志2000年报道，美国每年倒闭的企业约10万家，而中国有100万家。我国注册资本在50万元以下的民营企业平均寿命只有1.8年。

企业生命周期有两种划分，一种是自然生命周期，另一种是法定生命周期。法定生命周期来源于各个国家对不同企业形式在工商登记时对企业有效期限的限制。自然生命周期是下面讨论的范畴。马森·海尔瑞（MasonHaire）于1959年首先提出了可以用生物学中的“生命周期”观点来看待企业，认为企业的发展也符合生物学中的成长曲线。

1. 概念

企业生命周期（Corporate Lifecycle，CL），是指企业从出现到完全退出市场所经历的时间过程。为了简便，本书以企业的组织规模（以销售额计）为标准，将企业分为四个不同的阶段：

创业期、成长期、成熟期和退化期，如图 3-8 所示。

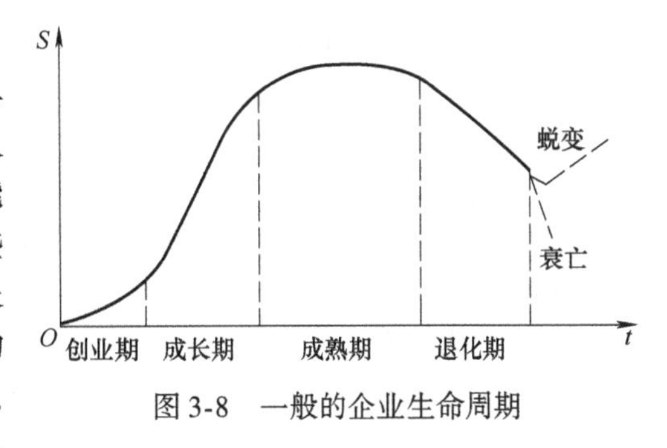

图 3-8 一般的企业生命周期

企业生命周期描述了企业发展的一般路径，具有一般性。但是，个别企业可能在创业期就拥有人才、资金和战略，直接进入成熟期；有的企业可能在进入退化期后因为蜕变又成功进入成长期；有些企业可能长期处于成熟期；更多的企业可能在成长阶段就夭折了，事实上我们观测到的能够取得成功的企业的背后，是大量在建立之初就消亡的企业，成功的企业总是少数，即失败是常态，成功是例外。企业生命周期的意义在于：通过描述企业存续时间及其存续时间内各个发展阶段所表现出来的特征，反映企业的发展过程，诊断企业发展中的问题，制订科学的发展战略，进而促进企业健康发展。

2. 特征

企业生命周期由企业的规模和年龄共同决定。企业规模的变化反映了企业的量变，企业年龄的演进反映了企业的质变。企业年龄不只是表现为具体时间，而是通过应变性和可控性这两大因素之间的关系来表现的。应变性即灵活性，是指企业对企业外部环境和企业内部环境变化的反应速度。可控性是指企业对企业外部环境和企业内部环境的控制能力。表 3-7 列出了企业生命周期各阶段的主要特征。企业与环境的关系是非线性的动态关系。

表 3-7 企业生命周期各阶段的主要特征

阶段	创业期	成长期	成熟期	退化期
销售额（S）	小	增大	最大	减小
组织规模	大多数是小型	增大或基本不变	大多数是大型	萎缩或不稳定至死亡
应变性（N）	最大	减小	持续减小	减至最小
可控性（C）	最小	增加	最大	减至最小
企业管理	不规范	逐步建立规范管理系统	由集权模式向分权发展	运行效率降低，趋于保守
产品	产品方向不稳定	形成了自己的主导产品	产品向多样化方向发展	产品老化
创新重点	根本性创新，专业率高	渐近性创新	过程、组织、市场创新	破坏性创新
企业形象	缺乏	上升	良好，达到巅峰状态	下降至消失
产业背景	技术和市场有不确定性	产业需求规模迅速上涨	产业内部的价格竞争	新产业产生替代效应
企业与环境的关系	企业自身要素简单，并随环境相机而变	企业没有改变环境的能力，只能被动适应环境	企业根据环境变化可调整自己，也可改变环境	企业对环境的变化反应迟钝或无反应，改变环境有心无力

3. 类型

企业本身是个复杂的组织，学者从生物学、系统学、管理学等不同的角度进行了研究，产生了不同的企业生命周期理论，如源于生物学的仿生论、引自系统学的阶段论、基于管理学的对策论。下面将从划分、变化与特殊这三个方面来介绍企业生命周期的类型。

（1）**划分类型** 企业生命周期有不同的划分依据、阶段数量与划分方法。一个企业兴衰的影响因素有很多，各企业生命周期理论划分阶段的依据也不同。划分依据采用的指标有1~8个。例如，组织结构复杂性、管理风格、组织规模或销售额、应变性、可控性、经营战略、产品/技术生命周期、创新精神、收入增长率、总资产等。由于研究角度不同，所以不同企业生命周期理论划分的阶段数量不同。阶段数量从3~10个阶段不等。20世纪80年代，据一些研究发现，企业生命周期阶段划分以4阶段最为常见、最合适、更具有预测能力。目前企业生命周期的划分方法有30余种。

（2）**变化类型**　企业生命周期变化的一般规律是以3年为一个阶段、以12年为周期的循环。该规律的行业特征不太明显，适用于各种行业，甚至大部分商业现象，见表3-8。

表3-8　企业生命周期的变化类型

类型	周期运行顺序	占比	主要特征	对企业决策者提示
普通型	上升期→高峰期→平稳期→低潮期	60%	4个阶段的运行相对比较稳定，没有大起大落	即使经营业绩平平，但只要在低潮期不出现大的投资失误，一般都能比较顺利地通过4个阶段的循环
起落型	上升期→高峰期→低潮期→平稳期	20%	4个阶段的运行大起大落，突发剧变，不易掌握	决策者大多会被眼前辉煌所迷惑，错估形势，拼命扩大投资，准备大干一场。这种失误可导致前功尽弃或全军覆没
晦暗型	下落期→低潮期→高峰期→平稳期	20%	运转周期减少一个上升期，多出一个下落期，发展机会少	易产生两种心态：一是悲观失望，破罐破摔；二是孤注一掷，急功近利。不景气时间长，可着眼于中长期目标的投资

（3）**特殊类型**　影响企业生命周期的因素是多方面的，企业生命周期不是简单的时间序列。企业生命周期的表象是非常复杂的，一般性的规律并不能代表所有的企业，不同的行业，企业生命周期的特点也不一样。企业生命周期实际上还有四种其他形态（见图3-9、表3-9）。

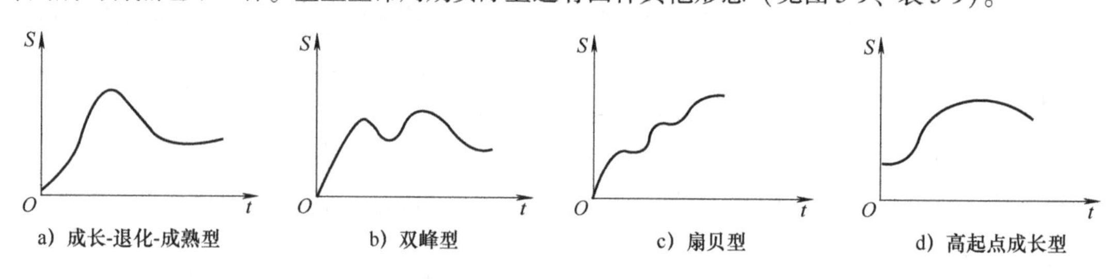

图3-9　特殊的企业生命周期

表3-9　企业生命周期的特殊类型

类型	主要特征	举例
成长-退化-成熟型	企业经过较短的初生期后迅速成长，不久进入成熟期，接着销售额大幅下降，此后又保持在一个较稳定的销售额水平，再次进入成熟期	我国某保健品公司，在20世纪80年代初推出一种生物保健品，通过产品促销，销售额迅速升至10亿元。此后新竞争者纷纷进入市场，但该企业过早实行多样化经营而分散了资源，使销售额持续大幅下降，进入退化期。此后因主导产品仍得到部分消费者喜爱，销售额持续几年保持2亿多元，企业再度进入成熟期
双峰型	销售额到达一个高峰后下降，在第一个退化期企业又推出新产品，销售额再度上升，又形成一个高峰。这种过程还可出现多峰型	福特公司20世纪20年代推出T型车，产品销售额持续上升，成为美国最大的汽车公司。此后市场需求发生变化，消费者转而购买通用的新产品，导致福特销售额大幅下降，陷入困境后小福特担任总裁，组织开发新产品，于是福特再度崛起，连续多年隐居全美第二大汽车公司的地位

（续）

类型	主要特征	举　例
扇贝型	企业进入第一个成熟期时，通过开发新产品或拓展新市场，可多次进入成长期，销售额呈阶跃式增长	某超声印刷制板公司实地考察后发现，该公司根据市场需求变化先后三次引进新技术并扩大生产规模，每一次都使销售额呈阶跃式增长
高起点成长型	企业的起始规模大，产品一进入市场就创出较大的销售额，此后企业进入成熟期	某抽水蓄能电厂建成投产，第一期工程的规模就达120万kW，是当时亚洲最大的抽水蓄能电力企业

（4）**策略**　企业是由进行生产经营活动的各种要素组合而成的经济实体，虽然它有活动能力和生命形态，但它本身并不是生物体。如果机械地套用生物学理论，就会产生“宿命论”的观点，限制了企业创造力的发挥。企业生命周期理论有助于认识企业发展过程的规律。针对不同的阶段应采取不同的策略（见表3-10），从而使企业的总体战略更具前瞻性、目标性和可操作性。

表3-10　企业生命周期各阶段的主要策略

特征	创　业　期	成　长　期	成　熟　期	退　化　期
制约因素	市场	权利－政治行为	企业文化	市场与技术
变革焦点	企业目标，管理风格，所有权与经营权分离	授权与控制，企业文化，职业经理人	企业协调，自满与创新，企业文化	复苏企业
变革层次	企业层次和业务层次，被动式变革	企业层次，预测变革	企业层次和业务层次，预测变革	企业层次和业务层次，被动变革与预测变革
总体战略	降低投资风险，利用新技术和工艺快速响应满足新的市场需求	发展型战略，又称为进攻型战略。挖掘企业擅长的技术，提高效率，实现规模经济	稳定型战略，又称为防御型战略。保持经营战略起点的范围和水平。探索新技术	紧缩型战略，又称为退却型战略。重点发展和挖掘在成熟阶段发展的新技术
战略分解方法	以目标管理方法为主线	以关键绩效指标法结合目标管理法	以平衡计分卡法为主线	技术更新，转型产品和工艺
成本策略	控制产品开发成本；降低变动生产成本	采取成本避免策略和成本拓展战略	采取纵向整合成本战略和规模经济成本战略	采取快速退出成本战略和替代产品成本战略

（5）**应用**　企业发展阶段与管理决策的匹配，会对企业决策产生较大的影响。健康长寿型企业并不是简单地逃离企业生命周期的循环，而恰恰是根据企业生命周期的规律，采取相应对策，避开各个阶段危及企业生存和发展的各种误区或陷阱；以变应变，突破企业各个时期成长极限，不断给企业注入新的营养、激发新的活力，从而实现企业生命的持续成长。

图3-10所示为企业的其他要素不变的情况下的总体企业生命周期。它是企业技术生命周期、需求生命周期、产品生命周期和团队生命周期的加总。横轴表示时间的加总，纵轴则表示企业综合要素下的质量。显然，改进企业四要素：技术、需求、产品和团队员工素质，将延长企业的寿命。不同的企业通过改进其中一项或几项将获取竞争优势，改进企业生命周期，使企业保持可持续发展。

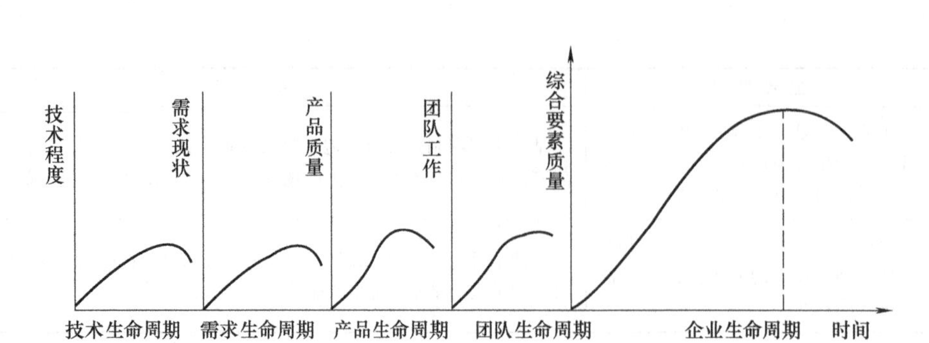

图3-10　企业生命周期（总体模型）

案例3-1　世界最长寿的企业金刚组。

3.2.2　制造业生命周期

作为产业的一个分支，制造业发展也要经历形成期、成长期、成熟期和退化期。

1. 形成期

形成期是制造业产业发展的初始阶段。在这个阶段，制造业的技术创新可以分为两类：一类是技术的自主创新；另一类是技术的引进和吸收。

（1）**技术的自主创新**　走技术自主创新道路的国家，需要具备三大要素：①相关领域内基础研究的重大突破；②现有或潜在的市场需求；③完备的相关基础条件。例如，电力产业的形成起源于爱迪生用电力照明取代了煤气照明。在爱迪生之前已经有斯塔尔、斯旺等人发明了碳丝灯。爱迪生的过人之处在于他首先想到了仅仅发明灯泡是不够的，需要建造一套包括发电、输电，以及开关、电表等在内的照明系统，且该系统的建造和维护成本与当时美国的煤气照明系统相比要有竞争力。为此，爱迪生于1882年在纽约市创建了世界上第一座商业电站，专门为该市的白炽灯供应直流电。这一事例说明基础技术发明的应用与产业化要系统地解决。

（2）**技术的引进和吸收**　在这个阶段，大部分发展中国家都是从引进和吸收国外技术开始的，因而也称为导入期。该阶段的制造业技术创新主要解决两个问题：①根据本国的资源及科技状况，确定导入技术的种类与水平；②为制造业的发展创造必要的条件，包括发展相关产业、相关技术，培训技术人员和管理人才，建立生产基地等。这一阶段导入国制造业的技术创新的重点是发挥后发优势，缩短制造业的形成期。

形成期是制造业发展最困难的时期。这个时期内，制造业及相关产业问题和矛盾都很多，需要政府制定保护政策和扶持措施，各方面协调配合，并不懈努力才能解决和克服。在形成期，走自主创新道路的国家，制造业的形成期较长。例如，汽车制造业，欧美等国经历了约30年的形成期，日本因战争延至半个多世纪。而走引进和吸收技术道路的国家，可以借鉴自主创新国家的成功经验，制造业的形成期一般较短，比如韩国、巴西等国汽车产业的发展。

2. 成长期

制造业成长期是指制造业不断壮大自身的过程。它包含两个方面：①内涵上的成长，如管理素质的提高、工艺水平的进步、产品的升级换代等；②外延上的成长，如同一产业内同一产品的企业数量的增加、规模的扩大、区域的延伸等。

对于率先进行产品创新的国家，在制造业成长中，市场需求量增大，需要大量生产体系，从而要求设备大型化、生产专业化。大量生产刺激了工艺创新活动。反之，工艺创新又使产品的生

产迅速实现标准化，聚集资源，形成规模优势。对于以引进吸收技术为主开展制造业的国家，在制造业成长期的技术创新，必须在消化吸收导入技术的基础上，培养自主创新能力，针对市场需求，不断寻求新的技术突破点。对于成长期的制造企业，还必须重视扩大创新扩散。在产业成长中，技术创新扩散比任何其他因素的作用都明显。

3. 成熟期

制造业成长过程中，随着产业产量的扩大，各单位产品的边际成本和平均成本都是递减的，从而总成本增加的幅度小于产量增长的幅度。但是，当边际成本开始递减，平均成本不再下降，而总成本开始与产量同步增长，甚至超过总产量的增长幅度时，制造业就进入成熟期。制造业在成熟阶段，不仅规模达到空前最大，而且大多已在国民经济体系和经济生活中起着举足轻重的作用。

在成熟期内，制造业必须进行产品性能、质量等方面的改进。只有这样，才能降低生产成本，提高劳动生产率，扩大生存空间。当然，制造业成熟时，由于产品、工艺、组织等逐步成熟，其技术创新空间日益缩小，对制造业的发展作用逐步弱化，这一阶段的产品创新、工艺创新等都是渐进性的。这期间，技术创新要求不再追加太多的资产投入，在现有条件下产出产品，获得较高而且稳定的收益。制造企业应注重采取技术改进更新措施。

4. 退化期

一般而言，制造业退化期具有两个显著特征：①生产能力大量过剩，并伴随大批产品的老化。②制造业退化往往是一个漫长的过程，退化时间较长。退化期是一个无尽头的阶段，并非到了退化期创新就停止了。这期间制造技术向高新科技方向发展，通过引进新技术使制造业步入下一个技术创新循环。世界制造业的发展历程就是这样一个过程。比如在西方发达国家，由于第二次世界大战后原子能、电子、宇航等新兴工业部门的迅速崛起，钢铁、汽车、家电、食品、纺织等诸多传统制造业相对衰落，被称为“夕阳工业”。例如，汽车产业虽然是传统产业，但是在传统制造业退化的过程中，汽车产业不断吸收高新技术进行自我改造，并通过信息技术、电子技术、新材料技术和新能源技术的应用，推动了汽车产业新一轮的技术创新，使汽车产业重新焕发了青春。

案例 3-2 目前我国不同行业的生命周期。

3.3 技术与系统的生命周期*

3.3.1 技术生命周期*

技术是人类在优化世界的实践过程中所采用的手段和方法。几个世纪以来，每一次技术革命都将人类历史推向一个崭新的阶段。技术有“生”有“死”。

1. 概念

技术生命周期（Technology Lifecycle，TL），是指技术从导入到退出市场被新的技术所替代的全过程。技术生命周期分为四个阶段，即导入期、成长期、成熟期、退化期，如图 3-11 所示。t 代表时间；R 代表技术性能特征，即技术性能满足市场需求的程度，可以通过技术对经济效益增长的贡献率来进行反映。

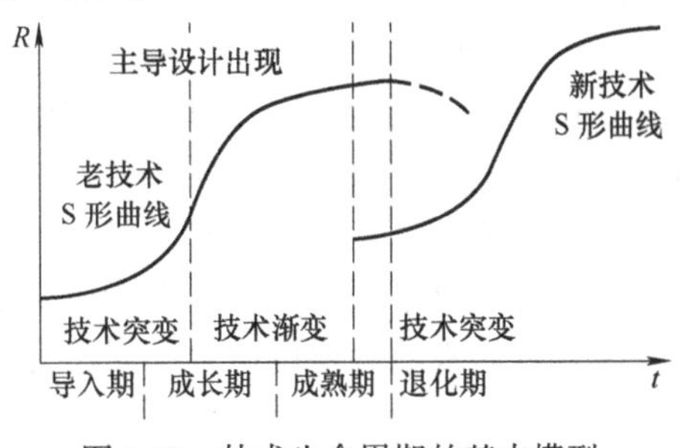

图 3-11 技术生命周期的基本模型

技术生命周期的概念有三层含义：①任何技术都呈现出阶段性。微观上某些企业具体的应用技术可划分为相应的生命周期阶段。②新技术的出现往往加速原有技术的退化。例如，电视机显像管技术已被LED液晶替代。③技术发展的轨迹是新技术不断打破平衡取代旧技术的过程。宏观上整个技术体系自身的发展轨迹呈S形曲线，在成熟期出现技术与环境或生产不适应时会产生新技术革命，继续呈S形曲线成长。这也是渐变与突变的辩证统一过程。

2. 特征

技术在生命周期的不同阶段以不同的形式表现于企业的运作之中。技术从渐变到突变都属于科技经济一体化的创新过程。创新（Innovation），是指“新的或变更的对象实现或重新分配价值”的活动。创新也是技术、市场和其他制度因素交互选择的结果。在制造业中，技术创新是一个从产生新产品或新工艺的设想到市场应用的完整过程。技术创新的类型按活动的结果分为产品创新和过程创新（工艺创新）。产品创新旨在使产品功能满足消费者要求；过程创新旨在降低生产成本和提高产品质量。在技术生命的不同阶段，生产方式和企业组织也在发生变化，见表3-11。

表3-11 技术生命周期的变化特征

变化特征	早期（主导设计出现前）	后期（主导设计出现后）
创新重点	原始创新在于产品技术	原始创新在于过程技术
	模仿创新在于过程技术	模仿创新在于产品技术
	面对挑战是模仿者、专利和成功的产品突破	面对挑战是更有效的制造商和更优质的替代品
生产方式	异样产品，多为客户定制	多数情况下为标准产品
	采用普通设备，要求熟练工人的手工操作	采用专用设备，要求操作、监控和维护机器的技能
	灵活生产，效率不高	严格组织下的生产，大部分自动化，生产率高
	投资密度低，生产过程改进易实现	投资密度高，改变生产过程花费很高
企业组织	企业组织规模小，接近用户或创新源	多为大企业，对特种产品建有高度专业化部门
	非正式的、灵活运作的企业	高度组织化的企业，有确定的企业目标和运作规程
	开始时竞争厂家数量不多，竞争对手逐渐增加	竞争厂家逐渐减少，最后剩下几家寡头长期占据市场

3. 类型

目前，学者们已提出了两种技术生命周期理论：A-U模型、W-X模型。

（1）**A-U模型** A-U模型是基于美国“一次创新”的经验，由美国哈佛大学的阿伯纳西（N. Abernathy）和麻省理工学院的厄特拜克（Jame M. Utterback）于1976年概括出来的（见图3-12）。它适用于发达国家自主创新的过程与管理模式。

（2）**W-X模型** W-X模型是基于中国“二次创新”（模仿创新，再创新）的经验，由浙江大学的两位学者吴晓波和许庆瑞于1991年提出的（见图3-13）。它适用于发展中国家处于创新被动跟随者地位的企业创新过程与管理模式。对于原创新，技术生命周期A-U模型各阶段的主要特征见表3-12。对于再创新，技术生命周期W-X模型各阶段的主要特征见表3-13。

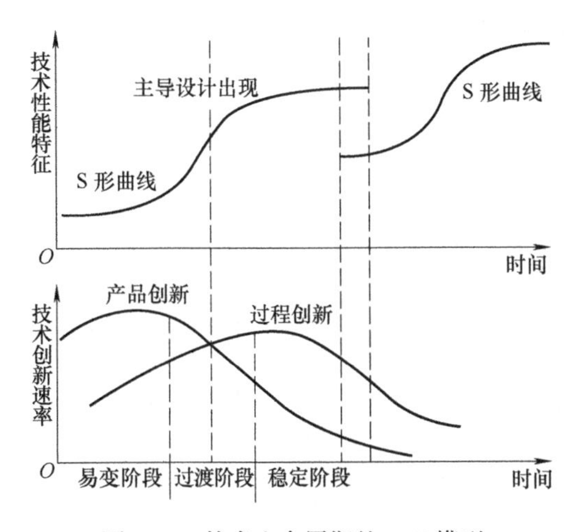

图 3-12　技术生命周期的 A-U 模型

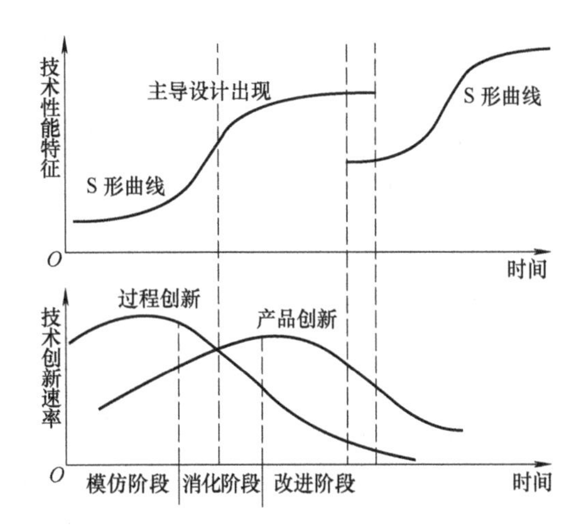

图 3-13　技术生命周期的 W-X 模型

表 3-12　技术生命周期 A-U 模型各阶段的主要特征

阶　段	易变阶段（Fluid Phase）	过渡阶段（Transition Phase）	稳定阶段（Specific Phase）
创新类型	主要产品频繁变化	需求的增长使主要工艺发生变化	产品、质量和效率渐进改进
创新源	产业先驱，产品用户	制造商，用户	通常是供应商
产品设计	多样化设计，通常是定做的	稳定一种产品设计，使产量足够	大部分是无差异的标准产品
生产过程	灵活但效率不高，易于适应大的改变，工艺改进的成本低	更加稳定，仅改进主要工艺，工艺改进的成本中等	固定、高效、资本密集；工艺改进的成本高
组织管理	企业家式、非正式	项目组或工作组	强调组织的结构、规划和目标
竞争焦点	产品功能和性能	产品多样化和适应性	产品的价格
主导战略	密集型成长战略，扩大市场	集中于特定产品，占据市场	特种产品标准化，垄断市场

表 3-13　技术生命周期 W-X 模型各阶段的主要特征

阶　段	模仿阶段（Imitation Phase）	消化阶段（Digestion Phase）	改进阶段（Improvement Phase）
创新类型	过程创新	过程创新，产品衍变	改进型产品创新
创新源	内部技术“瓶颈”	社会需求，内部技术“瓶颈”	新市场需求
产品设计	产品种类单一	标准产品系列化	产品多样化
生产过程	向预定方式跃迁	适应性调整	高效，稳定
组织管理	强调目标与规则	标准化，专业化	发挥企业家作用
竞争焦点	产品质量	降低成本	改进产品性能
主导战略	尽早打入市场	低成本，高质量，扩大市场	多样化，开拓新市场

4. 策略

根据技术生命周期基本模型四个不同阶段的特点，可采用不同策略，见表 3-14。

表 3-14　技术生命周期各阶段的主要策略

阶段	导　入　期	成　长　期	成　熟　期	退　化　期
策略重点	更快地开发新技术，实现产品的定型设计	完成主导设计，建立产品的技术标准和管理标准	增加产品品种，构成产品的技术群	实现突变性创新，重新规划产品、市场和战略
策略说明	对新产品应用新技术，使设计具有可操作性；提供特殊的工具、设备，学会协调生产，减少操作中的瓶颈，建立一种可行的设计和生产过程	保证比竞争对手更快地开发技术，并在产品和过程中探索新技术，因而主要解决技术开发的质量问题，建立全面质量管理体系和完善的标准体系	企业竞争的焦点转向成本、价格和质量。通过控制资金、设备、人力等来控制成本、降低价格，通过加强信息管理掌握市场动态和产品的客户满意度	企业应关注两个关键过程：一是生产要素的重新组合，二是企业内部分工各方的协调一致和密切协作。关注协调新老技术不同的规则和模式的组织问题

5. 应用

技术生命周期是关于技术、市场、工业结构、企业组织和生产方式动态地相互作用和演变的理论。技术生命周期的S形曲线上出现两个拐点：过第一个拐点后，S形曲线趋向于一条直线；经过一段时间，直线状增长发生第二个拐点，这时增长速度又趋于“零”。如果能推测出这两个拐点，就可以对技术发展趋势做大致预测。

（1）**S形曲线的适用范围**　一种技术的S形曲线是对该技术的主要性能参数随时间而变化的渐进过程模式的类比。即S形曲线只是一种历史的类比模型，因此只可用来推测技术变革的一般势态（轨迹）。如果技术进步发生在另一种不同的基本物理过程上，那么技术进步的轨迹将从原来的S形曲线跃变到另一条S形曲线上。因为一种S形曲线是以这种特定的物理过程（自然现象）为基础的。

（2）**两种模型的适用范围**　虽然A-U模型的观察基础（20世纪前期的美国经验）已经发生了很大变化，它的动态的视角和形成的概念术语仍然是重要的。A-U模型主要反映了以大量生产为基础的技术创新的方向和机制。经过近30年的实证研究，A-U模型更适用于大量生产的标准化产品，且产品消费者在偏好上具有同质性。A-U模型是以某类产品为出发点，分析众多企业的创新行为及其结果，而不是单个企业的创新行为。A-U模型适用于装配型的工业产品。

从A-U模型的角度来看，后进者要么不可能进入现代技术的竞争，要么通过政府的干预，动员大量资源，以克服资金和技术壁垒。因为后进者没有开发原创性技术的能力，它们只能进入成熟技术。而成熟技术是高度精细化的，其中已经凝结了密集的资金。亚洲四小龙（新加坡、中国香港、中国台湾、韩国）在20世纪90年代前的时间里大体上也走了这样一条路。

对于那些不具有规模经济和学习效应的细分市场，A-U模型的解释力较弱。许多工业部门的技术创新仍然符合这个理论的预期，也有许多工业部门的技术创新不符合，一个重要原因是技术变得越来越复杂了。基于复杂技术和网络结构，发展中国家可能的发展战略和技术选择就是W-X模型。

案例3-3　美国名人谈美国的骄傲与耻辱。

3.3.2　系统与制造系统生命周期

1. 系统生命周期

前文所述的产品、客户、企业、产业、技术都是系统。系统是任何相互依存的整体暂时的互动部分。对系统概念的这一描述，既归纳了系统的一般特征，又引入了时空与动态观念。“部

分”又是由系统本身和其他部分所组成的，这个系统又同时是构成其他系统的部分或“子系统”。系统无所不在。任何系统都不是永恒的，它是暂时的、动态的。系统具有多元性（由若干部分组成）、相关性（有一定的结构）、目的性（有一定的功能）和生物性（有生命周期）等特点。

（1）**定义**　**系统生命周期**（System Lifecycle，SL），是指系统从孕育、出生和成长，经过成熟到衰亡的全过程。

（2）**特征**　系统生命周期有三个特征：①生命周期是一个有限的时间过程；②生命周期具有阶段性；③任何一个系统，在整个生命周期过程中都会与外界环境进行物质、能量或信息的交换，可以实现生命周期的循环。例如，管理信息系统。

2. 制造系统生命周期

制造系统是一个比产品更大的人造物理系统。它是在制造单元、单项技术和有关方法的基础上产生的，它反映了人们对制造活动的新认识和新需求。研究制造系统生命周期的目的是：使制造系统像生物体一样，有良好的发展过程。合理确定制造系统生命周期，把握各阶段的特性，使之适应市场的需求。

（1）**定义**　**制造系统生命周期**，是从提出建立或改进制造系统开始，到它脱离运行并被新系统替代而结束所经历的时间。

（2）**阶段**　制造系统生命周期的阶段划分，见表3-15。可行性研究、总体设计、详细设计、系统实施、系统运行和系统更新这六个阶段，对应于生物系统生命周期的六个阶段：孕育、生成、成熟、饱和、老化和衰亡。

表3-15　制造系统生命周期的阶段划分

<table>
<tr><th></th><th>主体</th><th colspan="2">主体的功能</th><th>主体活动的内容</th></tr>
<tr><td rowspan="9">制造系统生命周期</td><td>客户</td><td colspan="2">需求辨识</td><td>变化对系统需求影响的研究结果</td></tr>
<tr><td rowspan="6">生产厂家</td><td colspan="2">① 可行性研究（系统分析）</td><td>市场营销分析，系统的规划，目标的探索研究、设计、生产、评价计划，系统使用与支持，规划的申报或建议，基础研究，应用研究，对系统设计与开发的研究</td></tr>
<tr><td colspan="2">② 总体设计</td><td>设计技术要求、概念设计、系统的初步设计</td></tr>
<tr><td colspan="2">③ 详细设计</td><td>系统的详细设计、设计支持、工程模型与原型系统开发、从设计到制造生产的转换</td></tr>
<tr><td rowspan="2">④ 系统实施</td><td>系统建立</td><td>生产与建造要求，工程运作分析与优化（工业工程、制造工程、方法工程、生产控制），质量工程与控制，生产运作与管理</td></tr>
<tr><td>系统测试</td><td>评价要求，试验、测试与评价的分类，试验准备（规划、资源需求等），正式试验与评价，数据采集、分析、识别、报告和修正活动，重复试验</td></tr>
<tr><td rowspan="2">客户</td><td colspan="2">⑤ 系统运行</td><td>系统配置和使用运行，后勤保障与寿命期维护支持</td></tr>
<tr><td colspan="2">⑥ 系统更新</td><td>系统的评价与修改，系统退役与处理，系统再设计与利用</td></tr>
</table>

由于系统的多样性，不是所有的制造系统（或子系统）都必须经历六个阶段。例如，基于适用和/或标准模块的物流设备系统，只要按客户需求完成物流设备系统的可行性研究和总体布置设计，即可由制造厂家按布置图进行制造和到现场安装调试，并交付客户使用。

（3）**效应**　生命周期概念为复杂、大型制造系统的设计和可重构提供了方向性的指导作用。它对制造系统决策的时间属性具有战略意义。研究表明，制造系统生命周期的各阶段有各自的效应，如图3-14所示。导入阶段往往表现为鸟尾效应，生成阶段出现斜升效应，成熟和饱和阶段呈现随机效应，老化和衰亡阶段则表现出劣化效应，在各阶段还存在突变效应（△）。

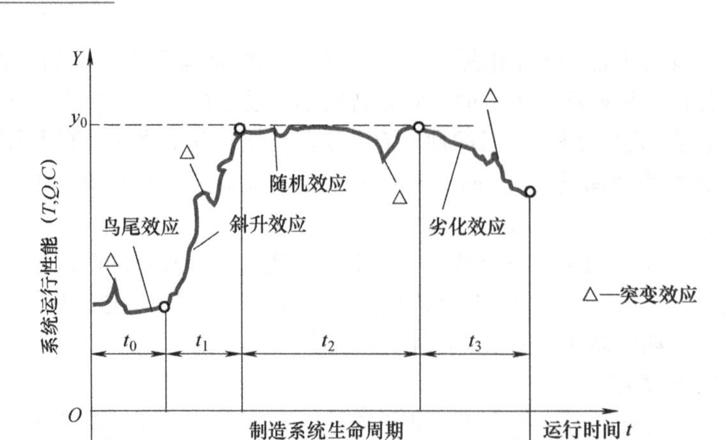

图3-14　制造系统生命周期过程中的效应

鸟尾效应（Rump Effect），是指制造系统实际运行性能偏离设计要求性能的现象。斜升效应（Ramp-up Effect），是指制造系统因发生达不到设计要求的下偏离而出现性能提升的现象。随机效应（Random Effect），是制造过程中多种随机因素对制造系统性能影响的现象。劣化效应（Retrograde Effect），是指因老化、失效和磨损等因素使制造系统性能下降的现象。突变效应（Catastrophic Effect），是指在某些突发因素的激发下引起制造系统性能发生突然变坏的现象。

为了消除不良效应，需努力改进制造系统。例如，尽量缩短斜升时间；利用统计过程控制（SPC）来控制随机效应；强化维护保养，减缓劣化效应；尽早发现突变征兆，消除突变效应。

3.4　产品生命周期管理

3.4.1　产品生命周期管理的原理*

1. 基本概念

产品生命周期管理（Product Lifecycle Management，PLM）是企业生产方式发生改变后对支撑技术环境所提出的一种需求。随着并行工程、协同制造等工作方式的成熟，动态联盟和虚拟企业成为企业运行模式的发展趋势，这要求企业内部、企业之间能够围绕产品进行信息系统的构造和配置。

（1）**产品生命周期管理的概念演化**　伴随着产品生命周期管理概念的产生，还出现了许多其他术语，如产品数据管理（PDM）、工业信息化战略措施（Continuous Acquisition and Life-cycle Support，CALS，即持续采办和全寿命支持）、协同产品商务（CPC）、协同产品定义管理（CPDM）等。图3-15从产品、商务、协同三个方面概括了产品生命周期管理的概念经历的一个演化过程。在产品开发方面，从计算机CAX辅助X技术（CAX）、面向X设计技术（DFX）、容器内光聚合（VP）、PDM发展到CPDM；在商务

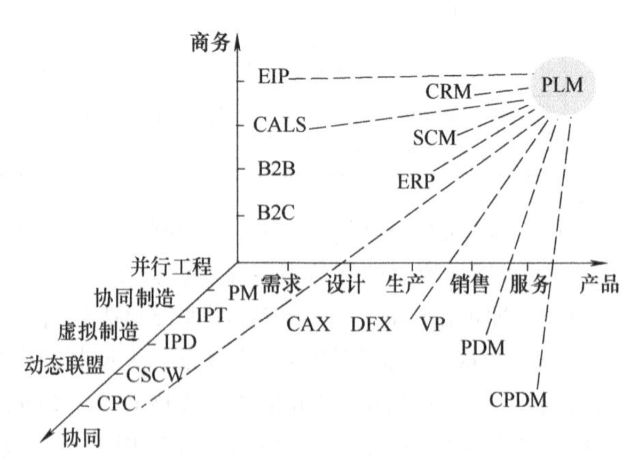

图3-15　产品生命周期管理的概念演化

执行手段上，电子商务（B2C、B2B）、CALS已在实际中得到具体应用。在企业协同方面，集成化产品开发团队（IPT）、集成化产品开发（IPD）、计算机支持协同工作（CSCW）等理念和工作方式成为指导企业进行产品开发的标准规范，并进一步发展到综合产品各项活动的CPC。

对比以上概念，产品生命周期管理以产品全生命周期过程为主线，在PDM和CPDM的基础上，融合CPC中的协同工作模式和协同工具，并有效集成CAX/DFX、企业资源计划（ERP）/供应链管理（SCM）/客户关系管理（CRM）等应用系统，从而成为支持企业运行的统一的集成平台。在此平台上，PLM提供企业间的应用集成方法，通过企业信息门户（EIP）支持企业间信息交互和电子商务活动的开展。

（2）**定义**

1）**产品生命周期**（PL）是指从人们对产品的需求开始，到产品报废的全部生命过程。企业需要建立起一个信息基础框架和一批工具技术来支持产品生命周期。

2）**产品生命周期管理**（PLM）是指通过建立信息基础框架，来描述和规定产品生命周期全部过程中产品信息的创建、管理、分发和使用，集成和管理相关的技术与应用系统，使用户可以在产品生命周期过程中协同地开发、制造和管理产品的一门技术。

3）**产品生命周期管理系统**（Product Lifecycle Management System，PLMS）是支持企业实施PLM技术的计算机软件系统。PLMS的技术定位是为不同的企业应用系统提供统一的基础信息表示和操作，是连接企业各个业务部门和扩展企业的所有部门的信息平台，以支持企业业务过程的协同运作。显然，PL是PLM的对象，PLMS是PLM的手段。

（3）**内涵** 实质上，PLM是与产品创新有关的信息技术的总称。PLM与我国文献提出的C4P（CAD/CAPP/CAM/CAE/PDM），或技术信息化，基本上指的是同样的领域。

CIMdata认为，任何工业企业的产品生命周期都是由产品定义、产品生产和运作支持这三个阶段交织在一起的。①**产品定义**始于最初的客户需求和产品概念，终于产品报废和现场服务支持。②**产品生产**主要是发布产品，包括与生产和销售产品相关的活动。③**运作支持**主要是对企业运作所需的基础设施、人力、财务和（制造）资源等进行统一监控和调配。

（4）**特征** 产品生命周期管理的主要特征，见表3-16。

表3-16 产品生命周期管理的主要特征

属性与特征	说 明
信息集成技术	对所有与产品相关的数据在其整个生命周期内进行管理，使各种有限资源发挥出最大效益
产品创新的软件	PLM包含三类工具软件：CAX、CPDM和CRM等相关的咨询服务
重构管理的模式	将企业的扩展和经营与管理贯穿产品生命周期中的每一个操作过程中的信息紧密联系在一起
企业信息化战略	以产品为核心，从地域上横跨整个供应链，从时间上覆盖PL的整个过程，是企业信息化必由之路
总功能	对工具软件所产生的所有产品信息进行获取、处理、传递和存储
业务范围	跨越所有业务，整合当下的、未来的技术和方法，从产品概念产生到产品回收的所有阶段
管理对象	产品信息，包括产品生命周期的定义数据，描述了产品是如何被设计、生产和服务的数据
实现途径	需要一批工具和技术支持，并需要企业建立起一个信息基础框架来支持其实施和运行

2. PLM与PDM

（1）**PDM的概念** 国内企业实施信息化的过程一般是PDM在先，PLM在后。PDM有狭义与广义之分。狭义PDM仅指管理与工程设计相关的领域内的信息；而广义PDM可以覆盖整个企业中的产品全生命周期中的信息。

定义：PDM是以软件为基础，管理所有与产品相关的信息（包括电子文档、数字化文件、数据库记录等）和所有与产品相关的过程（包括工作流程和更改流程）的一门技术。

PDM的基本思想是设计数据的有序、设计过程的优化和资源的共享。PDM面向制造企业，以产品为核心，以数据、过程和资源为管理信息的三大要素。PDM进行信息管理的两条主线是静态的产品结构和动态的产品设计流程，所有的信息组织和资源管理都是围绕产品展开的，这也是PDM系统与其他信息管理系统（如MIS、ERP等）的主要区别。

PDM系统中数据、过程、资源和产品之间的关系如图3-16所示。从过程来看，PDM系统可协调组织整个产品生命周期内诸如设计审查、批准、变更、工作流优化以及产品发布等过程事件。从产品来看，PDM系统可帮助组织产品设计，完善产品结构修改，跟踪流程中的设计概念，及时方便地找出存档数据以及相关产品信息。从软件来看，PDM是介于基础信息结构软件和应用软件之间的一种框架软件系统。

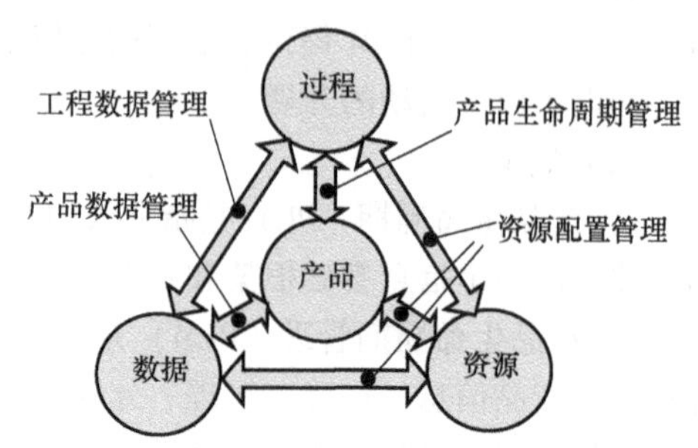

图3-16　数据、过程、资源和产品的关系

（2）**两者关系**　由于PLM与PDM的渊源关系，实际上几乎没有一个以“全新”面貌出现的PLM厂商。大多数PLM厂商来自PDM厂商。在PLM理念产生之前，PDM主要是针对产品研发过程的数据和过程的管理。PLM是PDM的继承与发展，PDM功能是PLM中的一个关键子集。PDM仅局限于产品设计及设计流程上，而PLM不仅完全包含了PDM的全部内容，而且侧重于对产品生命周期内跨越供应链的所有业务流程信息进行管理和利用，这是与PDM的本质区别。因此，PLM是一种以产品设计为核心的、优化所有业务流程的管理思想。

3. 系统结构

PLM系统的目的就是对这些过程、信息、系统和人员进行协调和管理，将企业知识财富（产品定义）通过企业生产与运作支持转变为企业的物理资本（产品）。PLM功能总体上可分成三类：支持并行设计和协同开发的CPDM；协同产品商务支撑平台及辅助工具CPC；实现电子商务功能的使能器和门户。在每一大类中包含若干相对独立的功能单元，这些单元可能表现为一种工具，如可视化，也可能表现为相对独立的子系统，如项目管理和工作流管理。PLM系统的结构大致有三种。

（1）**客户机/服务器**（Client/Server，C/S）**结构**　它由表示层、业务层和数据层组成，只限于在单个企业局域网范围内应用，无法快速实施部署PLM解决方案。

（2）**浏览器/服务器**（Browser/Server，B/S）**结构**　它采用Web技术以及COM或者CORBA规范构建的分布式结构。组件对象模型（Component Object Model，COM）是开放的组件标准。通用对象请求代理体系结构（Common Object Request Broker Architecture，CORBA）是由OMG组织制订的一种标准的面向对象应用程序体系规范。COM和CORBA开发技术都和平台相关；不同平台供应商之间的系统难以集成；所有页面内容都以HTML形式传递，不适于客户端在Web上进行应用开发。

（3）**基于J2EE/XML的多层B/S结构**　它由客户层、中间层和企业信息层组成，中间层又分为Web服务器层、应用层和对象封装层。J2EE（Java 2 Platform，Enterprise Edition）是基于多层分布式结构而定义的企业版的一个开发平台，其核心采用了组件技术。XML，是互联网联合组织（W3C）于1998年发布的一组可扩展标记语言的规范。J2EE用来保证系统的异构环境处理和

PLMS各应用功能的实现，XML技术用于系统中数据和信息的描述和交换、Web数据显示和面向消息的分布式计算。

为了使PLM具有更好的开放性和集成性，采用Web Services、XML等技术，增加统一数据模型处理的内容，要重点解决两方面的问题：一是企业信息模型的表示，二是信息模型的交换。图3-17所示为基于统一数据模型的PLM体系结构。支持PLM的统一数据模型表示需要解决的关键问题有：具有规范语义的元模型、图形化建模环境、存储模型信息的知识库、对知识库的访问和管理、通用模型与应用系统数据模型的映射等。其中，知识库及相应的元模型是统一数据模型的核心。

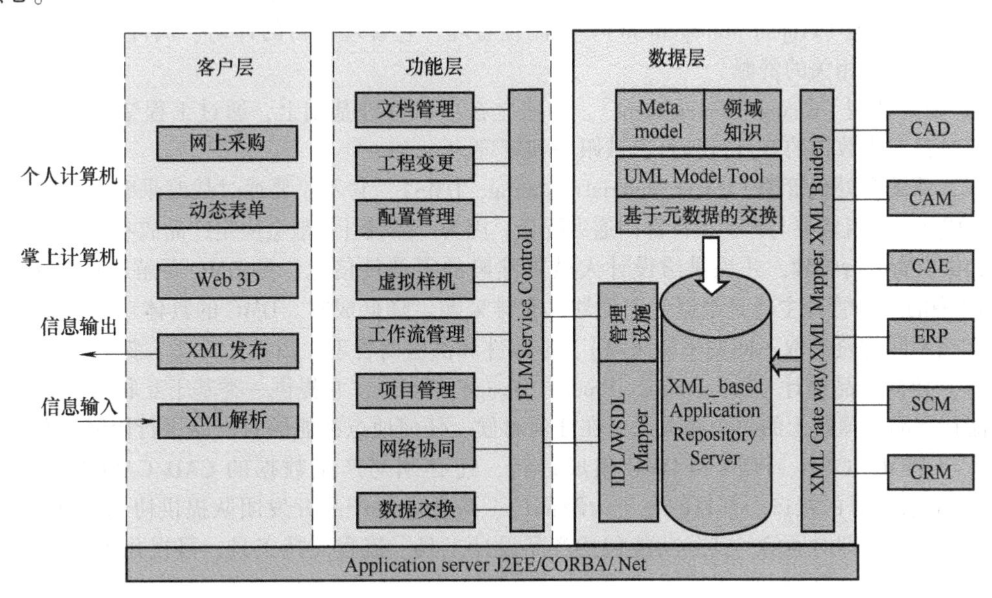

图3-17　基于统一数据模型的PLM体系结构

4. 基本功能

PLM软件产品种类繁多，不同软件商提供的PLMS，在功能上均有一定的差异。其基本功能是：产品配置管理、客户需求管理、产品数据管理、采购和外包管理、协同产品设计和系统集成，每个基本功能又包括一些分功能。

（1）**产品配置管理**（Product Portfolio Management，PPM）　它是一套工具集，有三个部分：用于日常工作任务协调的项目管理；用于一次处理多个项目的纲要管理；用于理解产品如何共存于市场的配置管理。分功能包括：新产品开发投资决策、研发规划管理、研发项目管理、相关报告报表生成等。PPM与ERP的集成是重要的。

（2）**客户需求管理**（Customer Needs Management，CNM）　它是一个获取销售数据和市场反馈意见，并且把它们集成到产品设计和研发过程之中的分析软件，可以帮助制造商开发基于客户需求、适销对路的产品。准确捕获、描述和分析客户需求，是CNM要解决的核心问题。分功能包括：需求管理、客户偏好分析、对于ETO（Engineer to Order，按订单设计）/BTO（Build to Order，按订单生产）/ATO（Assemble to Order，按订单装配）模式的支持。

（3）**产品数据管理**（PDM）　它起着中心数据仓库的作用，它保存了产品定义的所有信息，如物料清单（BOM）。PDM与CAX、ERP、SCM和CRM的集成是重要的。它提供了产品数据的创建、组织、存储、控制、发布等功能，是PLM应用较多的功能，其分功能一般包括：

1）**产品结构管理**（Product Structure Management）。它以物料清单（BOM）为其组织核心，把定义最终产品的所有工程数据和文档联系起来，实现产品数据的组织、管理和控制。

2）**配置管理**（Configuration Management）。它建立在产品结构管理功能之上，使产品配置信息可以被创建、记录和修改，允许产品按照特殊要求被建造，记录某个变型被用来形成产品的结构，也为产品生命周期中不同领域提供不同的产品结构表示。

3）**文档管理**（Document Management）。它提供图档、文档、实体模型安全存取，版本发布，自动迁移，归档，签审过程中的格式转换、浏览、圈阅和标注，以及全文检索、打印、邮戳管理、网络发布等一套完整的管理方案，并提供多语言和多媒体的支持。

4）**项目管理**（Project Management）。即流程管理，它管理项目的计划、执行和控制等活动，以及与这些活动相关的资源。

5）**变更管理**（Change Management）。它建立在项目管理基础上，通过工程变更流程控制整个变更过程，使数据的修订过程可以被跟踪和管理。

（4）**采购和外包管理**（Direct Material Sourcing，DMS） 它不仅要通过战略采购策略降低产品的生产成本，而且需要与产品设计部门通力配合。因为产品设计一般会决定产品成本的70%，对零部件和供应商进行管理，并提供给设计人员更准确的零部件信息，是DMC要解决的核心问题。而ERP中的采购管理主要是根据生产计划，安排采购，降低成本。DMC的具体功能包括：战略采购（按不同物资采取不同的采购策略）、零部件和供应商管理、招投标管理、变更管理等。

（5）**协同产品设计**（Collaborative Product Design，CPD） 它提供一类基于互联网的软件和服务，能让产品价值链上的每个相关人员在任何时候、任何地点都能够对产品进行协同工作。CPD要保证与PPM、CNM、PDM和DMC集成运行，还必须与产生数据的CAD/CAPP/CAM/ERP/SCM/CRM有良好的接口。其目的在于为跨部门、跨企业的产品开发团队提供协同工作的工具，可进行多用户的即时通信。其分功能包括产品设计工具、流程支持工具、可视化工具以及CAX集成工具。

（6）**系统集成**（System Integration） 它将各个分离的终端设备、功能和信息等集成到相互关联、统一协调的系统之中，使系统达到充分共享，实现集中、高效、便利的管理。系统集成应采用功能集成、网络集成、软件集成等多种集成技术，其实现的关键在于解决系统间的互联和互操作问题。例如，重要的是要实现DMC与ERP和CRM的集成；还要保证CPD与PPM、CNM、PDM和DMC集成。

3.4.2 产品生命周期管理的应用

1. 技术体系

PLM关键技术直接与底层的操作系统和运行环境打交道，将用户从复杂的底层系统操作中解脱出来。用户可以针对需求和环境对关键技术进行选择。PLM主要关键技术包括：①数据转换技术。实现数据格式的自动转换，使用户能够访问到正确的数据格式。②数据迁移技术。实现数据从一个地方转移到另一个地方，或从应用到应用的数据迁移。③系统管理技术。负责系统运行参数的配置及运行状态的监控，具体功能包括数据库和网络设置、权限管理、用户授权、数据备份和安全以及数据存档等。④通信/通知技术。实现关键事件的在线和自动化通知，使相关人员可以得知项目和计划的当前状态，得知什么时候产品定义信息可以被处理和使用，以及哪些数据是最新的。⑤可视化技术。提供对产品定义数据的浏览和处理，标准的可视化功能包括对文档、二维/三维模型的查看和标注，及产品模型的虚拟装配和拆卸。⑥协同技术。协同技术允许团队共同进行实时和非实时的协作和交流，消除环境、地域和异构软件所带来的沟通障碍。⑦企业应用集成。企业应用

集成（EAI）将商业活动所涉及的大量数据、应用和过程集成起来。综合利用应用服务器、中间件技术、远程进程调用和分布式对象等先进的计算机技术来实现，如图 3-18 所示。

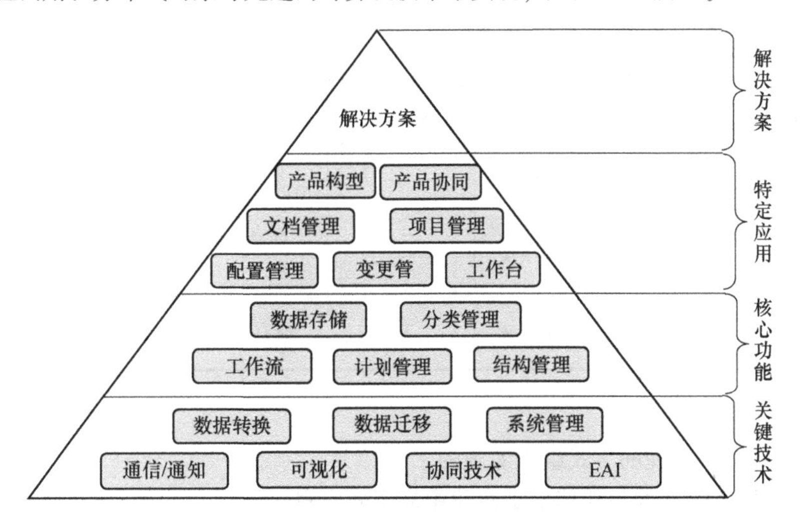

图 3-18　PLM 的技术体系

2. 优势

PLM 的实施给企业带来的优势表现在以下几方面。

（1）**促进产品创新**　PLM 有助于企业经理们掌握产品竞争的核心，可以促进公司及时进行产品创新。PLM 的最大优势在于 PLM 是唯一面向产品创新、最具互操作性的系统。

（2）**加快企业信息化**　PLM 的基础是 CAD、CAE、CAM、PDM、ERP、SCM、CRM 和知识库等信息平台。PLM 提供了系统集成的软件，它是解决信息孤岛的根本路径。

（3）**提高企业效率**　通过互联网实现三维数据的可视化协同浏览，异地团队成员无须第三方工具即可访问、评审同一个三维模型设计，及时反馈问题，加快上市进程。

（4）**确保产品设计质量**　从产品规划到设计制造，可实现完整的产品设计周期的可视化管理，帮助客户高效掌控产品生命周期，确保产品演化的所有步骤都有据可依，有源可溯。

PLM 打破了限制产品设计者、产品制造者、销售者、使用者之间进行沟通的技术桎梏。表 3-17 列出了实施 PLM 前后企业思路的比较。

表 3-17　实施 PLM 前后企业思路的比较

实施 PLM 之前	实施 PLM 之后	实施 PLM 之前	实施 PLM 之后
把 PLM 当成技术问题	把 PLM 视为高级管理问题	考虑利润	考虑利润和环保
以孤立分散方式考虑 PLM	以相关整体方式考虑 PLM	考虑产品开发	考虑产品生命周期
向前单向思考	向后双向思考	考虑产品制造	考虑产品生命周期
倾听客户的声音	倾听关于产品的声音	考虑产品组合和项目组合	考虑集成组合
考虑客户调查	考虑客户参与	考虑自己的过程	考虑标准的过程
以客户为中心	先以产品后以客户为中心	考虑自己的数据	考虑标准的信息
纵向考虑企业	横向考虑企业	考虑自己的系统	考虑标准的系统
考虑公司功能	考虑产品生命周期	以零件为起点，自底向上	以平台为起点，自顶向下
考虑公司单一活动	考虑多个活动		

3. 软件公司

国外：参数技术公司（PTC）、达索公司（Dassault Systemes）、西门子 PLM、SAP、甲骨文

(Oracle Agile)、欧特克（Autodesk, Inc.）等。国内：思普软件（SIPM)、汉均、浙大联科(ZDLINK)、开目、北京数码大方（CAXA)、三品软件（SPLM)、鼎捷、金蝶（KINGDEE)、用友（UFIDA）等。表3-18列出了PLM在云设计移动端的部分应用软件。

表3-18 用于制造流程和协同管理的主流应用软件

软件名称	开发商	功能评级	iOS（PAD)	主要适用行业	付费方式
Autodesk PLM 360	Mobile Autodesk	★★★☆	√	仅适用于PLM 360用户	免费安装，需配用PLM 360
Teamcenter Mobility	西门子PLM	★★★	×	仅适用于Teamcenter用户	免费安装，需Teamcenter许可证
用友应用中心	用友（UFIDA)	★★★	√	所有用友产品的用户	免费，但内部部分App需付费

4. 实施

PLM是按照项目管理的方式组织实施的。

案例3-4 PLMS在风电机组制造企业中的实施应用。

复习思考题

1. 产品生命周期的两个概念有何不同？各有何应用意义？
2. 客户关系生命周期与客户需求生命周期的概念有何不同？各有何应用意义？
3. 企业生命周期有哪些类型？各有何应用意义？
4. 企业生命周期与产品生命周期和客户生命周期有何联系？
5. 产业生命周期与企业生命周期的区别是什么？
6. 从国际视野来看，全球制造业是“夕阳产业”吗？为什么？
7. 试用产业生命周期理论阐述我国制造业的发展规律。
8. 何谓技术生命周期的A-U模型和W-X模型？各有何适用范围？
9. 另别简述技术生命周期与产品生命周期、企业生命周期、技术生命周期与产业生命周期的关系。
10. 试说明系统生命周期的概念对当前企业信息化有何应用。
11. 何谓制造系统生命周期？
12. 制造系统生命周期的各阶段有何效应？
13. 什么是PLM？什么是PDM？PLM与PDM有何联系与区别？
14. PLMS的基本功能和体系结构是什么？
15. PDM实现产品结构管理的主要内容是什么？
16. PLM的关键技术与实施步骤是什么？

第2篇

制造系统

篇首导语

制造系统是先进制造系统的基础。制造系统是联系工商界与学术界的一个中介概念。制造系统的两个基本要素是制造模式和制造技术，两者软硬兼施，相得益彰，使先进制造系统绽放异彩。

本篇介绍制造系统的六大原理：组成原理、性能原理、建模原理、决策原理、设计原理和运行原理。

本篇分为以下3章：

第4章　制造系统的组成与性能
第5章　制造系统的建模与决策
第6章　制造系统的设计与运行

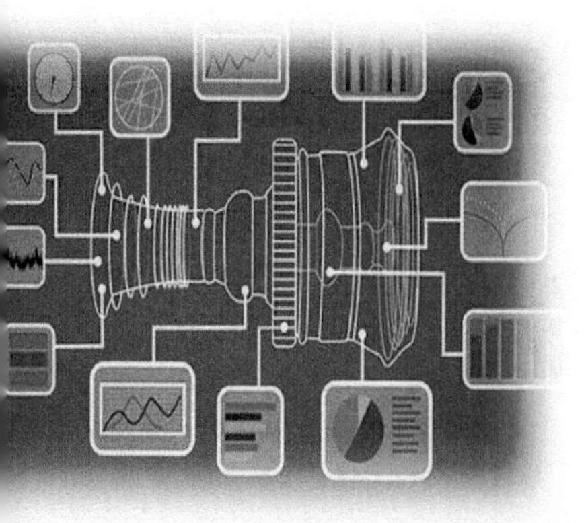

第4章 制造系统的组成与性能

本章论述了制造系统的组成原理和性能原理；阐述了制造系统的制造过程，分析了多种运动流；说明了制造系统的生产率、制造能力、生产能力、集成度、柔性、可靠性和复杂性等重要概念；总结了制造系统重要指标关系的五条定律；介绍了柔性制造系统的基本概念、基本组成和工作原理。柔性制造系统是典型的先进制造系统，柔性制造模式也是典型的先进制造模式。

4.1 制造系统的组成原理*

本节将在了解制造系统基本要素的基础上，分别从结构和过程两方面来讨论其组成。结构是指制造系统在空间上所具有的构造形态，一般在综合的基础上对系统结构进行分析。过程是指制造系统在产品全生命周期中随时间变化的序列，一般在对产品的设计、工艺、加工、装配、检测等各环节分析的基础上对系统过程进行综合。制造系统是结构与过程的统一，因此制造系统理论应该实现静态结构分析与动态过程分析的统一。

4.1.1 制造系统的基本要素

企业级制造系统的模型如图4-1所示。制造系统的基本要素是输入、输出、转换、机制、约束和反馈。

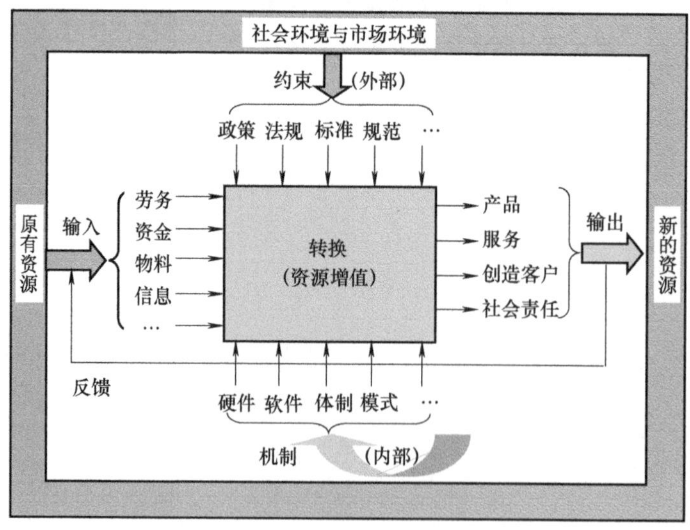

图4-1 企业级制造系统的模型

1. 输入

输入是实现转换功能的前提条件。输入的资源包括劳务、资金、物料（包含材料、设备、能源等）和信息（包含智力、技术和市场需求等）等。

2. 输出

输出是制造系统存在的前提条件。制造系统对社会环境的输出包含以下四种类型：

1）**产品**。它包括硬件产品、软件产品和无形产品（如决策咨询、战略规划）等。

2）**服务**。它是指从一般的售前售后服务到高级的技术输出、人员培训、咨询服务等。

3）**创造客户**。拥有客户是企业生存的基础。如何留住老客户、创造新客户，是制造系统的一项基本任务，也是它的重要业绩。

4）**社会责任**。制造系统的发展受所在社区环境的支撑，必须对社区和整个社会承担责任，如环境保护、公共建设和维护良好的人文环境等。

3. 转换

制造系统的总功能是实现资源增值转换。总功能由一系列分功能所组成。每一分功能又由企业中的不同资源通过不同形式的联系和相互作用来实现。例如，设计功能是通过设计者和计算机交互作用而实现的；加工功能是通过操作者、机床和零件的联系来实现的；决策功能是管理者以会议的形式联系和相互作用而实现的。实现加工功能的方法主要是依据物理、化学或生物学原理。衡量转换优劣的指标是是否时间短、质量优、成本低、服务好和环境美。为此，制造系统必须在管理体制、运行机制、产品结构、技术结构和组织结构等方面进行不断创新。

4. 机制

它是制造系统实现资源转换的内部运行条件与运行原理。它包括生产设施、设计系统、试验系统、信息网络基础设施、计算机软件、生产模式、规章制度、经营目标与策略、知识管理系统和企业文化建设等。

5. 约束

它是指制造系统的外部约束，如国家的方针政策、法律法规、规范标准、资源、时间、成本、质量、环境保护和社区要求等方面的要求。

6. 反馈

制造系统在整个运行过程中，其输出状态（如制造资源利用状况、产品质量反馈和客户反馈）的信息总是不断反馈到制造过程的各个环节中，从而实现产品全生命周期中的不断调节、改进和优化。

4.1.2　制造系统的结构组成

1. 资源结构

制造资源是为完成特定的制造任务而需要的要素体系。

（1）资源的分类　按要素可分为两类：

1）**有形资源**。有形资源又称为**基础资源**。它包括设备（机器、生产线等）、土地、厂房、工具、物料（原材料、坯料和半成品等）、能源（电能、燃料等）、人力（体力型）以及其他物质资源。图 4-2 所示为一个制造系统的基础资源布局图。

2）**无形资源**。无形资源又称为**活性资源**。它包括人力（知识型）、技术、信息、文化、资金、管理、知识、组织、时间、企业形象、产品品牌、客户关系、市场份额和政府政策等。其中，知识型人力和技术是关键性资源，信息和文化为协调性资源，资金是交换性资源，组织是集成化资源，时间、企业形象、产品品牌、客户关系、市场份额和政府政策都是环境资源。

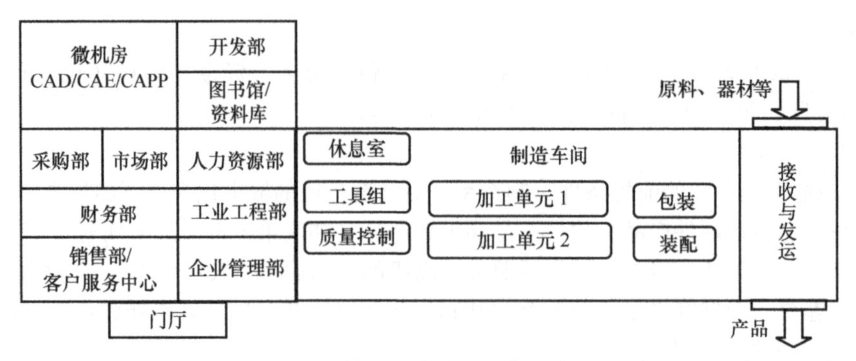

图4-2 制造系统的基础资源布局

（2）资源的影响 制造全过程的主要环节都直接或间接影响制造系统的资源消耗。市场分析和市场信息将直接决定企业制造产品的种类和数量，产品设计将决定产品的具体形态和特性。产品的种类、数量、形态和特性直接影响消耗资源的种类、数量和资源利用率。市场采购的原材料的规格大小不同以及物料存储也同样影响资源消耗量。制造过程是资源直接转化和资源直接消耗的主要环节，生产同样的产品，不同的制造加工设备、工艺方案和工艺路线，将会消耗不同的物料和能源。另外，产品包装方式、运输状况、销售和服务状况（如是否回收客户消费后的产品废弃物）都影响资源消耗状况。

2. 功能结构

制造功能是对发生在制造系统中由人或机器执行的各种行动的描述。在一个制造系统中存在多种性质不同的活动。如前所述，这些活动的执行一般是由不同的职能部门来完成的。图4-3较为细致地描述了一种制造系统的功能，它主要分为四个功能块：研究与开发、生产控制、市场营销和财务管理。

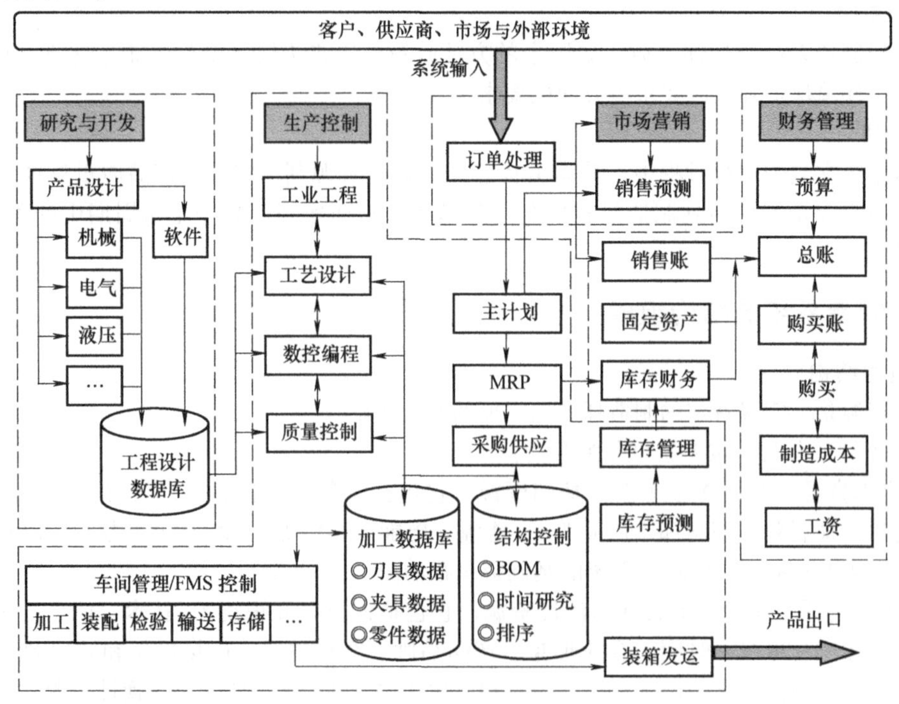

图4-3 制造系统的功能结构

3. 组织结构

它反映责任人和工作的联系，反映制造系统的多层次性。流程—人—技术—资金是制造系统运行管理中的四个基本方面，具体包括：项目管理、人力资源管理、技术资源管理和财务管理，每一个制造功能的运行都需要这四个方面的密切合作。图 4-4 给出了一个制造系统的组织结构。

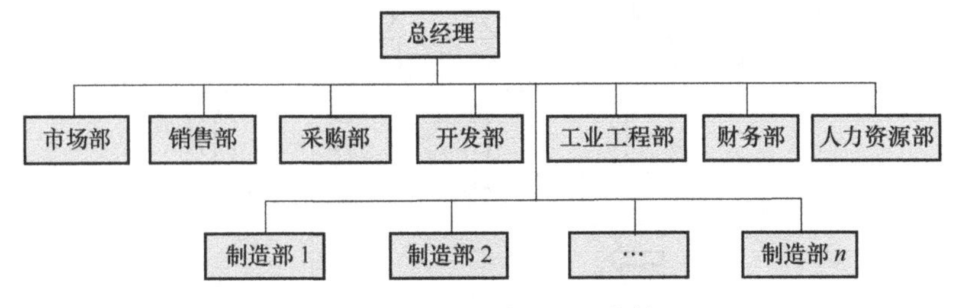

图 4-4　制造系统的组织结构

制造系统的组织结构中每个组织的作用如下：

（1）市场部　工作包括产品市场分析、销售预测、广告和客户关系等。

（2）销售部　工作重点是产品销售，包括合同管理、售后服务和产品定价。

（3）采购部　工作包括原材料、外购件和设备的采购。

（4）开发部　工作重点是新产品的研究与开发，包括小批量的试制、产品文档的产生，有时也包括新生产车间的设计。

（5）制造部　工作重点是产生一个物理输出（零件）。工作包括完成各种制造工序、设备维护等。通常一个企业内有多个制造部（完成不同的工艺）。也称为分厂或车间。

（6）工业工程部　安排生产计划，控制生产过程。工作包括库存控制、生产能力计划、生产计划、生产控制和质量保证等。

（7）财务部　工作重点是企业资金管理，包括预算审查、投资评估和成本核算。

（8）人力资源部　管理企业中的人员，包括招聘与解雇、工资与福利、工会关系等。

4.1.3　制造系统的过程组成

对于各种不同层次的制造系统，人们提出了关于制造系统的运动流不同的理论。不同层次的制造系统，由运动流构成的子系统功能也不同。下面将分别讨论单元级和企业级制造系统的运动流及其相应的子系统。

1. 单元级制造系统的运动流及其子系统

（1）**运动流**　对于机械加工的单元级制造系统，存在物料流、信息流和能量流三种运动，如图 4-5 所示。流即流动，是混沌学描述过程动态性的一种概念和方法，常用于描述过程运动的变化，替代状态这一概念。

1）**物料流**。它是在整个加工过程中（包括加工准备阶段）物料的输入和输出的运动过程。机械加工系统输入原材料或坯料（有时也包括半成品）及相应的刀具、量具、夹具、润滑油、切削液和其他辅助物料等，经过输送、装夹、加工和检验等过程，最后输出半成品或产品（一般还伴随着切屑的输出）。

2）**能量流**。它是机械加工过程中所有能量的运动过程。来自机械加工系统外部的能量（一般是电能），多数转变为机械能。在信息流的监视、控制和管理下，一部分机械能用以维持系统中的物料流，另一部分到达机械加工的切削区域，转变为分离金属的动能、势能和热能。能量损

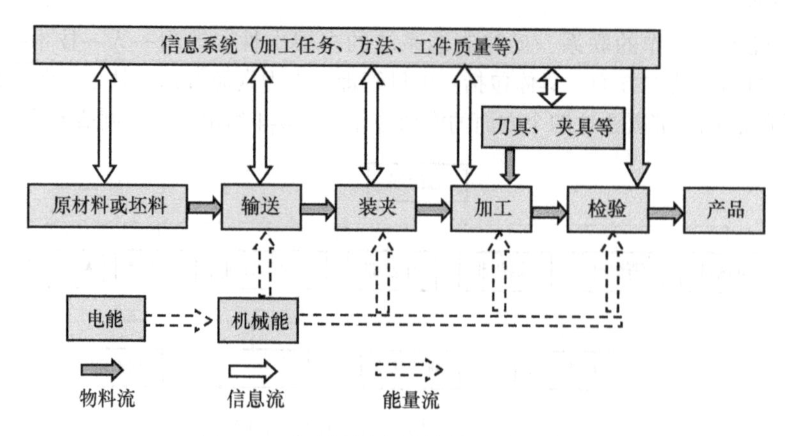

图4-5 单元级制造系统的三种运动流

耗形式有摩擦生热扩散、电磁辐射、电子与声发射等。

3）**信息流**。它是信息在机械加工系统中的运动过程。为保证机械加工过程的正常进行，必须集成各方面信息，主要包括加工任务、加工工序、加工方法、刀具状态、工件要求、质量指标、切削参数等。上述信息又可分为静态信息（如工件尺寸要求、公差大小等）和动态信息（如刀具磨损程度、机床故障状态等）。

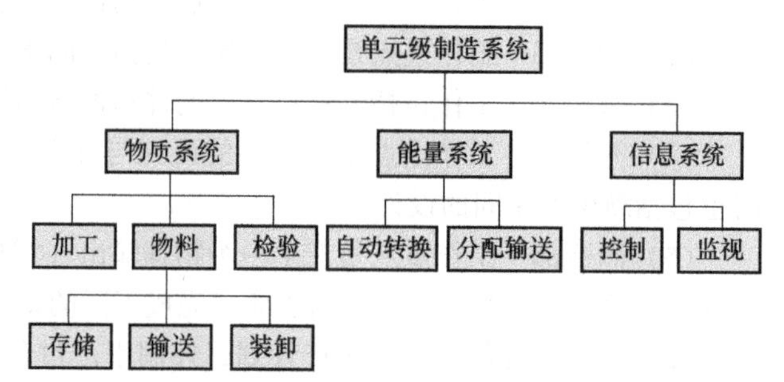

图4-6 单元级制造系统的子系统

（2）**子系统** 机械加工的单元级制造系统由三个子系统所组成，如图4-6所示。

1）**物质系统**。它可分为：①**加工系统**。由机床、刀具、夹具、工件所构成，它直接改变工件的形状、尺寸和性质。②**物料系统**。完成加工系统的各个组成部分的存储、输送和装卸等。③**检验系统**。检测加工质量。

2）**能量系统**。它提供整个制造系统所需的能量，并进行能量的自动转换和分配输送。

3）**信息系统**。它由所有信息及其交换和处理的过程所构成。它控制和监视整个机械加工过程，以保证机械加工的效率和产品质量。

2. 企业级制造系统的运动流及其子系统

（1）**运动流** 在企业级制造系统的运行过程中有四种运动流：物料流、信息流、资金流和劳务流。

1）**物料流**（Material Flow）。物料流简称物流。它是制造系统内部的物料流，通常是指原材料、工件、工（夹）具、水、电、燃料等物质的流动。这里仅讨论狭义物流。企业级制造系统的物料流包含了单元级制造系统的物料流和能量流。

物料流是一个输入制造资源（原材料、能源等）通过制造过程而输出产品（或半成品），并产生废弃物的动态过程，同时可能造成环境污染。企业级制造系统物料流如图4-7所示。企业从环境取得原材料，坯件和配套供应的零件、器件、组件、部件，经过制造活动把其转换为产品与/或废品、切屑等，再送回环境中。产品以商品的形式销售给客户并提供售后服务。物料从供方开始，沿着各个环节向需要方移动。

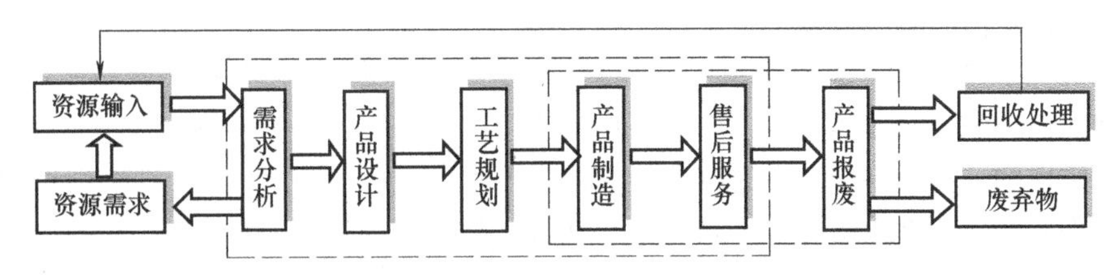

图 4-7　企业级制造系统的物料流

2）**信息流**（Information Flow）。它是指制造系统与环境和系统内部各单元间传递与交换各种数据、情报和知识的运动过程。它不像物流那样直观，但是制造系统中的信息流仍是随处可知的，工厂的经营活动离不开对市场信息的把握，生产计划调度离不开对车间生产状态信息的准确了解，零件的加工和装配离不开图样中的信息。物料和资金都是以信息的形式向人们反映。

按供应链构成将信息分为需求信息和供给信息。需求信息从需方向供方流动，这时还没有物料流动，但它引发物流，如客户订单、生产计划、采购合同等。而供给信息与物料一起从供方向需方流动，如入库单、完工报告单、库存记录、提货单等。信息流表明制造过程中的信息采集、特征提取、信息组织、交换、传递等特性。企业中有些职能部门的主要目的就是产生、转换和传递信息。例如，设计部门根据市场信息产生产品信息，生产计划部门根据产品信息、市场信息以及生产状态信息产生指导车间生产的计划信息。

3）**资金流**（Bankroll Flow）。制造系统的经济学本质是资金的不断消耗或物化，并创造附加价值的过程。这种创造附加价值和消耗资金的过程称为资金流。它以货币形态存在于制造系统之中。物料是有价值的，物料的流动引发资金的流动（见图 4-8）。制造系统的各项业务活动都会因消耗资源而导致资金流出。只有当消耗资源生产出产品出售给客户后，资金才会重新流回制造系统，并产生利润。一个商品的经营生产周期，是以接到客户订单开始到真正收回货款为止。为合理使用资金，加快资金周转，必须通过企业的财务成本控制系统来控制各个环节上的各项经营生产活动；通过资金的流动来控制物料的流动；通过资金周转率的快慢体现企业系统的经营效益。也可以把资金流称为价值流。

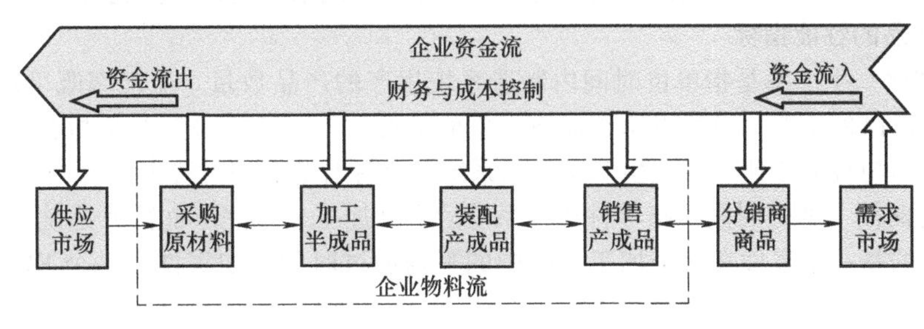

图 4-8　企业级制造系统中的资金流与物料流

4）**劳务流**（Labour Flow）。它又称为工作流，是指制造系统中有关人员的安排、技术的组织与分布等业务活动。信息、物料、资金都不会自己流动。劳务流决定了各种流的流速和流量，制造系统的体制组织必须保证劳务流畅通，对瞬息万变的环境做出响应，加快各种流的流速（生产率），在此基础上增加流量（产量），为企业系统谋求更大的效益。

（2）**子系统**　企业级制造系统的四个运动流之间相互联系、相互影响，形成一个不可分割的有机整体。为了分析方便，把制造系统分为如图 4-9 所示的四个子系统。

1）**物流系统**。它代表制造系统的物料流。它以资源利用率最高或废弃物产生最小作为目标，充分考虑优化产品生产周期过程中影响资源消耗的各个环节，实现适度的自动化生产。它是由材料、设备和能源等资源构成的系统。影响物流系统的因素是系统性的，包括制造系统的结构（如设备构成、车间布局等）、产品设计、工艺方案、制造过程、产品出厂及使用后的处理等。

2）**信息系统**。它代表制造系统的信息流，实现信息流的集成及信息处理的最佳化。

3）**财务系统**。它代表制造系统的资金流，供、产、销是资金运动的三个阶段，实现资金运动的最大效益。

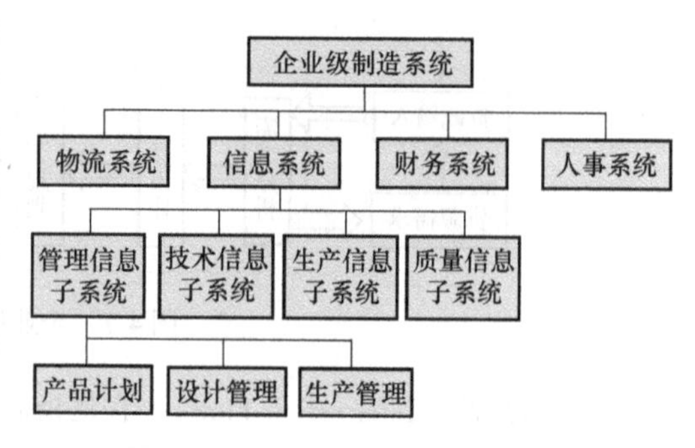

图4-9　企业级制造系统的子系统

4）**人事系统**。它代表制造系统的劳务流，实现企业人力资源的有效管理与开发。

4.2　制造系统的性能原理*

4.2.1　制造系统的基本特性

由于制造系统是人力资源与其他多种资源组合而成的人造系统，并受到物流和信息流的约束，所以它除了具有一般系统的多种特性之外，还具有如下特性：转换性、分解性、集成性、动态性、进化性、开放性、随机性、复杂性。

4.2.2　制造系统的性能指标

制造系统的性能描述可分为三种情况：①**定性表示**。用词语描述，如易操作性、易维修性等。②**直接定量表示**。如在制品数、生产率等。③**经过分析可定量表示**。如柔性、可靠性、集成度等。

下面将从产品、设备、复杂性和制造能力等方面介绍制造系统的性能指标：

1. 关于产品的性能指标

（1）**生产率**　生产率是指单位时间内制造系统生产的产品数量。生产率既可以表示某一台设备生产某种产品的情况，也可以用于描述一个车间或工厂生产某些产品的情况。经济学上，狭义生产率是产出与投入之比。广义生产率是指系统对资源有效利用的程度。

（2）**通过时间**　通过时间是指零件进入系统后直到加工处理完毕而离开系统所历经的时间。一般需要知道的是一个零件在某个加工系统中的平均通过时间，如零件在一个FMS内的平均通过时间。

（3）**等待队长**　等待队长是指在某一时刻在进入某加工系统进行加工之前等待加工的工件数。通常它是一个随机变量，需要求得平均等待队长。

（4）**等待时间**　等待时间是指工件在等待接受加工服务的队列中所逗留的时间。通常它也是一个随机变量，也需要求得平均等待时间。

（5）**在制品数**　在制品数是指投放到车间进行生产但尚未完成的零件数。在制品数多，不仅增加存储费用及输送费用，而且增加磕碰损坏的可能性，也给生产管理带来了困难，因此通常希望压缩在制品数。

2. 关于设备的性能指标

（1）**设备利用率**　设备利用率是指设备的实际开动时间占制度工作时间的百分比。制度工

作时间是指在规定的工作制度下，设备可工作的时间数。

（2）**设备有效利用率**　设备有效利用率可用下式表示：

$$\eta = \frac{T_w}{T_w + T_D}$$

式中　η 是设备有效利用率；T_W是有效工作时间；T_D是设备故障时间。

（3）**设备完好率**　设备完好率是指无故障设备数在特定范围（如车间）内的全部设备数中所占的百分比。而设备利用率和设备有效利用率均是针对某台设备的。

（4）**设备可维修性**　设备可维修性是指某台设备易于维修的程度。设备是否易于维修，在很大程度上取决于设备的设计，此性能指标难以用数量表示，通常只能定性地表达。

（5）**使用方便性**　使用方便性是指一台设备或一个加工系统的调整准备工作及运行时操作的方便程度。实际中也只是定性地表达该性能。

3. 关于复杂性的性能指标

与复杂性相关的性能指标是一些直观上不易度量的、具有不确定性和模糊性的性能，也是制造系统的重要性能。

（1）**柔性**　柔性是指制造系统适应环境和过程改变的能力。柔性本质上是和变化及不确定性联系在一起的。企业级制造系统的柔性是指对市场变化做出快速有效响应的能力。它有内外之分。外部柔性来自市场的要求，内部柔性来自工艺过程的技术革新。从不同的角度、不同的层面去审视制造系统适应某种变化的能力，就有了柔性的分类（见表 4-1）。

表 4-1　柔性的分类

名　　称	含　　义	时　　间
机器柔性（Machine Flexibility）	机器完成多种加工或操作的能力，以及在变换加工对象时机器调整的难易程度	特短期和短期
流程柔性（Routing Flexibility）	制造系统以可替代的机器或以可替代的工作顺序或以可替代的资源，去完成某些加工或操作的能力	特短期
加工柔性（Process Flexibility）	系统能同时生产多种产品或零件的能力	短期
产品柔性（Product Flexibility）	系统快速而经济地生产新产品的能力	短期
批量柔性（Volume Flexibility）	系统按不同批量均可经济地进行生产的能力	短期
扩展柔性（Expansion Flexibility）	根据需要对系统做进一步扩展的容易程度	中期或长期
生产柔性（Production Flexibility）	在现有设备和主要资源条件下系统能生产的产品的范围	中期
工序柔性（Operation Flexibility）	系统改变零件加工或零件工步的顺序的能力	特短期

注：特短期为几小时以内或几天以内，短期为几个月以内，中期为六个月到两年，长期为两年以上。

（2）**可靠性**　可靠性是指制造系统随时间变化保持自身工作能力的性能。工作能力是在保证给定参数处于技术文件规定范围以内完成规定功能的能力。可靠性是产品或系统的主要质量特性，它是与寿命或工作时间联系在一起的。设备的可靠性与其设计、制造及使用均有关系，因为设计奠定了设备可靠性的基础；制造中的工艺水平、加工质量、装配质量等都对设备可靠性有直接的影响；而设备使用过程中的操作方法、使用条件、维护保养等对于保持设备可靠性无疑也是很重要的。

（3）**集成度**　集成度是指制造系统的子系统之间功能交互、信息共享及数据传递畅通的程度。集成的主要对象是信息。一个很自然的问题是如何评判集成的程度，目前人们大多以定性的语义去表述集成的程度。对系统集成度的评判本质上是模糊的。要用一个量化的指标来描述集成的程度，请参考文献（李培根著《制造系统性能分析建模——理论与方法》，1998）。

（4）**生产均衡性** 生产均衡性是指制造系统各子系统所承担任务的松紧程度。它要求制造系统的投料、生产及产出都能有计划有节奏地进行。均衡体现在三个方面：①时间方面。在合理的时间间隔内完成相应的生产任务。②空间方面。产品中各种零件的投料、生产应均衡。③设备方面，任务分派也应该均衡。生产均衡性是衡量制造系统生产管理水平的重要标志，暂时没有量化指标。

4. 关于制造能力的性能指标

制造能力是指企业或工厂在时间上、技术上和物理上的限制。通常包括以下三个方面。

（1）**生产能力** 生产能力是指某一层次（如工厂、车间、加工单元、设备）的制造系统在合理的条件下单位时间能够生产产品的最大数量。对于单一产品，可以用件/月或t/周等来表示，而对于多元产品往往用可用的劳力数来表示。

制造系统的生产能力可分为设计能力、查定能力和计划能力三种。设计能力是指企业基本建设设计任务书和技术文件中所规定的生产能力；查定能力是指企业经过重新调查核实后被认可的生产能力；计划能力是指企业在某计划年度内实际可能达到的生产能力。

计算生产能力时不考虑某些偶然因素（如物质供应中断、生产计划波动、劳动力变化等）的影响。如单台设备的生产能力为

$$e = T_e / t$$

式中 T_e是单台设备计划期（如年）内有效工作时间（小时）；t是产品的工序时间定额（台时）。

车间生产能力的确定，建立在其设备生产能力的基础上。企业的生产能力在各车间生产能力综合平衡的基础上确定。

注意：生产能力只反映企业在产品批量上的活动特征；制造能力反映企业在产品品种和产品批量上的活动特征。制造能力包含生产能力。

（2）**工艺能力** 工艺能力是指企业拥有的制造工艺的集合。它与被加工的材料、物理工艺和完成工艺所需的经验有关。例如，有的企业从事切削加工，有的从事压力加工，还有的从事整机装配。

（3）**物理限制** 物理限制是指制造设备、车间大小和物流系统对产品物理特性的限制。企业的硬件设施本身会限制产品的几何尺寸和重量。例如，大型产品需要专门的厂房，重量大的产品车间需要天车，大量生产的小件产品通常需要传输带。

4.2.3 制造系统的指标关系*

在制造系统中存在着一些普遍适用的基本原理。现归纳为以下五条定律。

1. 生产率定律

（1）**利特尔（Little）定律 制造系统的在制品数等于生产率与零件通过时间之积**，即

$$N = PT$$

式中 N是系统在制品数的平均值（个）；P是系统的生产率（个/min）；T是零件通过时间的平均值（min）。

对定律解释如下：某种零件的加工有N道工序，需要在某系统的N台机床上进行，系统的生产率为P。平均每$1/P$时间，一个新毛坯到达系统，同时已在系统中的零件（在制品）进入下道工序或者离开系统（对于最后一道工序的零件）。若某个特定的零件从进入系统到离开系统所花的时间（通过时间）的期望值为$T=(1/P)N$，则$N=PT$。

该定律揭示了在制品数与生产率和通过时间之间的关系。显然缩短通过时间将导致在制品

数量的减少。该定律适用于制造系统的各个层次，如设备、加工单元、车间、工厂，唯一的假设条件是系统处于稳态。

（2）**柔性与生产率定律　制造系统的柔性越高，生产率越低。**以零件加工为例，生产率是单位时间内加工的零件数量，柔性是系统能同时生产多种零件的能力。如同品种和批量之间的关系一样，柔性与生产率存在反比关系。一般来说，普通数控机床的柔性比柔性制造系统的柔性高，普通机床的柔性比数控机床的柔性高，而普通机床的生产率最低。

2. 关于复杂性的定律

（1）**复杂性与子系统数定律　制造系统复杂性随子系统（或元件数）的增加而呈指数增长。**如果一个系统有 M 个子系统，每个子系统有 N 个状态，则整个系统存在 N^M 个可能的状态，在系统设计时尤其应注意这一点。

（2）**可靠性与成本定律　制造系统的可靠性越高，其成本越大。**为了提高系统的可靠性，可以通过提高子系统或零部件的质量或者借助特别的结构（如冗余结构）。但提高可靠性的措施均会使成本增加。

（3）**可靠性与集成度定律　若零部件的可靠性是一定的，则制造系统的集成度越高，参与工作的零部件数越多，系统可靠性越低。**这里提到的“参与工作”，是考虑到冗余结构的情况，冗余结构是增加系统可靠性的措施之一，假设在某工作站有两个 FMS，其区别是：其中一个 FMS 无冗余结构，另一个则有在 n 中取 k 的冗余结构（例如，两台完全相同的机床，两者取一）。显然，有冗余结构的 FMS 更大些，但其可靠性却高，似乎与该原理相悖。但是，可以认为前述两个 FMS 参与工作的子系统是一样的。即对于 n 中取 k 的冗余结构，其中 $n-k$ 个子系统未参与工作。

总之，无论是对于制造系统的设计还是运行，牢记上述定律都是非常必要的。有些性能指标之间是相互矛盾的，有时难以兼得制造系统各方面的性能。例如，在通过时间不变的情况下、提高生产率却会使在制品数增加。还有柔性与生产率之间、集成度与可靠性之间都存在着矛盾。当关注于提高系统某方面性能时，不要忘记对其他性能的影响。

4.3　集成制造系统

4.3.1　集成制造系统的发展

当今世界已步入信息时代，并迈向知识经济时代，以信息技术为主导的高技术也为制造技术的发展提供了极大的支持。这两种力量推动制造业发生了深刻的变革，20 世纪 70 年代初，计算机集成制造系统（Computer Integrated Manufacturing Systems，CIMS）应运而生。CIMS 的制造哲理是计算机集成制造（Computer Integrated Manufacturing，CIM），CIM 是一种理想状态。CIM 包括四个观点：过程集成、信息集成、以人为本、动态发展。

1998 年，结合国际上先进制造系统的发展，基于上万名人员十余年的实践，我国 863/CIMS 专家组提出了中国特色的“现代集成制造系统”（Contemporary Integrated Manufacturing Systems）的理念，在广度上和深度上拓宽了传统 CIMS 的内涵。

4.3.2　集成制造系统的原理*

关于集成制造系统（Integrated Manufacturing System，IMS）的原理，下面主要介绍其概念、构成和类型。

1. 集成、集成化和集成制造

（1）**集成**（Integration） 集成是指将一些独立的事物合成一体的过程。例如，神舟飞船集成了约20万个配套的系统。集成含有综合、融合之意。综合是把分析过的对象的各个部分合成一体，其原意源于纺织机中综丝对经线的提放操作。融合是指将不同的事物融化而合成一体，其原意是指不同的固体受热熔化而合成一体。在方法上，综合与分析相对，融合与分离相对，而集成与分解相对。

（2）**集成化**（Integrated） 集成化是指知识表现形式的共享与优化。例如，系统集成是一种新兴的信息服务方式，其目标是整体性能最优。一个计算机网络系统的集成，包括计算机软件、硬件、操作系统技术、数据库技术、网络通信技术等。

（3）**集成制造**（Integrated Manufacturing） 集成制造是指在制造系统中使制造技术、信息技术、管理技术与各种制造资源实现协调、共享和优化利用的融合过程。

集成制造的核心是信息集成，本质是知识集成。集成不是简单的连接，是经过统一规划设计，分析原单元系统的作用和相互关系并进行优化重组而实现的。集成的作用是将原来独立运行的多个单元系统集成为一个能协调工作的、功能更强的新系统。

集成制造系统包括两个概念：“计算机集成制造系统”和“现代集成制造系统”。

2. 计算机集成制造系统

（1）定义 计算机集成制造系统（CIMS）是在信息技术、自动化技术与制造技术的基础上，通过计算机技术把分散在产品设计制造过程中各种孤立的自动化子系统有机地集成起来，形成适用于多品种、小批量生产，实现整体效益的集成化和智能化的一种制造系统。

CIMS是约瑟夫·哈林顿最早针对企业所面临的激烈市场竞争形势而提出来的组织企业生产的一种哲理。其要点是：①制造过程是一个整体。企业生产的各个环节，即从市场调研、产品规划、产品设计、加工制造、经营管理到售后服务的全部生产活动都是一个不可分割的整体，需要统一考虑。②制造信息必须集成。整个制造过程是一个数据采集、传递和加工处理的过程，最终形成的产品可以视为信息的物质表现。这两个观点至今仍是CIMS的核心，而且重点是集成。

CIMS是信息技术与制造技术综合应用的系统。其目的是提高制造系统的生产率和响应市场的能力。也可以说，CIMS是各种计算机辅助技术（CAX）和企业管理信息系统（MIS、MRPⅡ或ERP）等在更高水平上的集成。

（2）构成 从系统的功能角度出发，一般认为CIMS由管理信息分系统、工程分析与设计分系统、制造自动化分系统和质量信息分系统四个功能应用分系统以及计算机网络和数据库两个支撑分系统组成，如图4-10所示。各个分系统的主要功能分述如下。

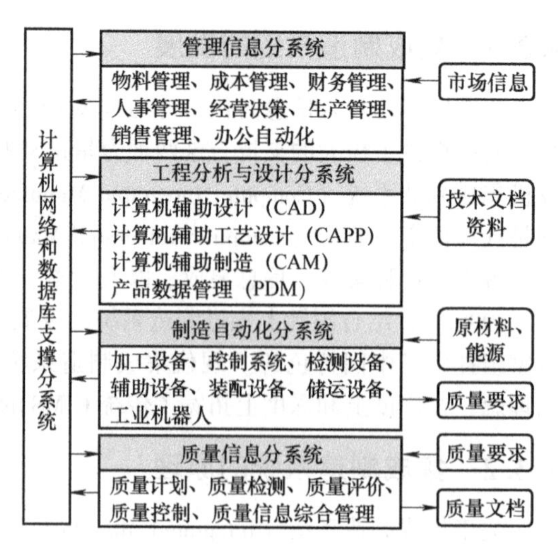

图4-10 CIMS的组成

1）**管理信息分系统**。它是CIMS的神经中枢，用于收集、整理及分析各种管理数据，向企业和组织的管理人员提供所需要的各种管理及决策信息，必要时还可以提供决策支持。它包括预测、经营决策、各级生产计划、生产技术准备、销售、供应、财务、成本、设备、工具、人力资源等各项管理信息功能。其核心为制造资源计划（MRPⅡ）或企业资源计划

(ERP)。

2）**工程分析与设计分系统**。它是CIMS中的主要信息源，根据管理信息系统下达的产品开发要求，通过计算机技术来完成产品的概念设计、工程与结构分析、详细设计、工艺设计以及数控编程等一系列工作，并通过工程数据库和产品数据库PDM实现内外部的信息集成。其核心为CAD/CAPP/CAM的3C一体化。CAD系统的功能包括计算机绘图、有限元分析、产品造型、图像分析处理、优化设计与仿真、物料清单的生成等。CAPP的功能包括毛坯设计、加工方法选择、工艺路线制订、工时定额计算、加工余量分配、切削用量选择、工序图生成以及机床、刀具和夹具的选择等。CAM系统的功能包括刀具路径的确定、刀位文件的生成、刀具轨迹仿真以及NC代码的生成等工作。

3）**制造自动化分系统**。它是CIMS中信息流与物流的结合点，是CIMS最终产生经济效益的所在。它将能源、原材料、配套件和技术信息作为输入，在计算机控制和调度下完成加工和装配。通常由数控机床、加工中心、清洗机、测量机、自动导向车、立体仓库、多级分布式控制计算机等设备及相应的支持软件组成。自动化是集成制造发展的前提条件。

4）**质量信息分系统**。其功能包括质量计划、质量检测、质量评价、质量控制和质量信息综合管理。在产品的生命周期中，有许多与质量有关的活动，产生大量的质量信息，这些质量信息在各阶段内部和各阶段之间都有信息传送和反馈。而且企业内部各个部门之间也有大量的质量信息需要交换。所以，只有从系统工程学的观点去分析所有活动和信息，使全部质量活动构成一个有机的整体，质量系统才能有效地发挥效能。质量信息系统的功能包括质量决策、质量检测与数据采集、质量评价、质量控制跟踪等。

5）**计算机网络分系统**。它是CIMS各个分系统重要的信息集成工具。在网络软、硬件的支持下，将物理上分布的CIMS各个功能分系统的信息联系起来，实现各个工作站之间、各个分系统之间的相互通信，以实现信息的共享和集成。计算机网络系统应满足4R（Right）要求，即在正确的时间，将正确的信息，以正确的方式，传递给正确的对象。

6）**数据库管理分系统**。它是CIMS信息集成的关键之一，用于存储和管理企业生产经营活动的各种信息，通常采用集成和分布相结合的体系结构来保证数据存储的准确一致性、及时性、安全性、完整性，以及使用和维护的方便性。集成的核心是信息共享，对信息共享的最基本要求是数据存储及使用格式的一致性。

3. 现代集成制造系统

（1）**定义　现代集成制造系统**是将信息技术、现代管理技术和制造技术相结合，并应用于企业产品全生命周期（从市场需求分析到最终报废处理）的各阶段，通过信息集成、过程优化及资源优化，实现人/组织、经营管理和技术三要素的集成，信息流、物流和价值流的集成和优化运行，达到环境清洁、质量高、服务好、上市快、成本低（EQSTC）的目标，进而提高企业的市场应变能力的一种制造系统。

（2）**内涵**　与计算机集成制造系统比较，“现代集成制造系统”定义有如下新意：既突出了信息技术的重要作用，又表述了其技术具有综合性；强调了系统的观点，拓展了系统集成优化的内容，包括信息集成、过程集成和企业间集成优化，企业活动中三要素和三运动流的集成优化，以及现代集成制造系统相关技术和各类人员的集成优化；突出了管理与技术的结合，以及人在系统中的主导作用；拓展了传统“计算机集成制造系统”的要点，细化了现代市场竞争的内容(EQSTC)。

现代集成制造系统的内涵被归纳为以下六项：①企业生产的各个环节是一个不可分割的相互关联的整体，要从系统的观点进行协调、控制、集成与优化。②它渗透着一个组织、管理与运行企业新的制造模式。③它强调人在现代企业生产中的主导作用，重视企业生产过程的三要素——人/组织、技术和经营管理的集成。④它重视现代企业中价值流的管理、运行、集成和优化。以价值流为目标，实现价值流、信息流和物流之间的集成。⑤它推动了传统制造技术的变革，使制造业成为集制造技术、信息技术、计算机技术、管理技术、自动化技术和系统工程技术为一体的综合性技术。⑥它不仅适用于离散式制造业，也适用于流程式、混合式制造业。它的主要特点是数字化、信息化、智能化、集成化和绿色化。

4. 集成制造系统的集成形式

集成包含了多种事物的综合与交叉。集成制造系统的集成形式有四种：技术集成，管理集成，技术与管理集成，技术、管理与人的集成。

（1）**技术集成** 技术集成分为八种：①设计技术与信息技术的集成，如数码相机是机电一体化技术的产品。②工艺技术与信息技术的集成，如3D打印技术。③工艺技术与工艺技术的集成，如激光加工技术是特种加工技术。④机械技术与新材料的集成，如波音787客机的机身80%由碳纤维复合材料和铁合金材料制造。⑤机械技术与生物技术的集成，如生物制造。⑥机械技术与纳米技术的集成，如纳米制造的光电子器件。⑦单元技术与系统技术的集成，如FMS。⑧机械技术与文化情感的集成，如苹果智能手机。

（2）**管理集成** 企业集成是管理集成的典型，它包括生产信息、生产功能和生产过程的集成，产品全生命周期过程的集成；也包括企业内部的集成、企业外部的集成。计算机集成制造和敏捷制造等都是管理集成的典型表现。

（3）**技术与管理集成** 本质上是技术与服务的集成（如电子商务、ERP等）。例如，机械产品服务系统技术的开发，是将实物产品和服务集成为整体解决方案销售给客户；又如，包括机械设备操作运行服务、维护维修服务、设备再循环使用等服务技术的集成，将满足客户更高的需求。

（4）**技术、管理与人的集成** 集成化的目的是实现制造企业的功能集成，功能集成要借助计算机技术、自动化技术、信息技术和现代管理技术来实现技术集成，同时还要强调人的集成，由于系统中不可能没有人，系统运行的效果与企业经营思想、运行机制、管理模式都与人有关，因此在技术上集成的同时，还应强调管理与人的集成。

4.3.3 集成制造系统的应用

1. 关键技术

1998年美国集成制造技术计划提出了四项关键技术：①制造业的信息系统；②建模与仿真；③制造工艺与装备；④企业集成技术。总之，集成技术是关键。

2. 信息集成的目标、内容和方法

（1）**目标** 五个“正确”（5R）的实现，即在正确的时间，将正确的信息，以正确的方式，传送给正确的人（或机器），以做出正确的决策或操作。

（2）**内容** ①企业建模、系统设计方法、软件工具和规范。企业建模解决了一个制造企业的物流、信息流、资金流、决策流的关系，这是企业信息集成的基础；②异构环境下的信息集成；异构信息集成主要解决三个问题：不同通信协议的共存及向国际标准化组织/开放系统互连（International Standards Organization/Open System Interconnection，ISO/OSI）的过渡、不同数据库的相互访问、不同商业应用软件之间的接口。

（3）**方法** ①用专用接口实现数据交互；②用共享信息库实现信息共享；③用集成平台支持的中间件的方式进行信息共享。

案例 4-1　东方电机的 CIMS。

复习思考题

1. 制造系统有哪些基本要素？

2. 分别从资源、功能、组织上说明制造系统的结构组成。

3. 制造系统的制造过程有哪几种运动流？为什么单元级和企业级的制造系统的制造过程有不同的运动流？

4. 制造系统的特性有哪些？举出一个制造系统的具体实例，说明其主要特性。

5. 解释：制造能力、生产能力、集成度、柔性。

6. 利特尔定律有何应用意义？

7. 如何理解制造系统的可靠性与复杂性？

8. 集成制造系统的基本概念是什么？重点是什么？

9. CIMS 与 CIM 有何区别？为什么？

10. 具有中国特色的现代集成制造系统的核心思想是什么？

11. 叙述集成制造系统的组成及各部分的主要功能？

12. 集成制造系统的实现包含哪些关键技术？

第5章 制造系统的建模与决策

本章论述了制造系统的建模和设计原理；介绍了模型的概念、分类与作用；阐述了制造系统建模的目的与方法；介绍了Petri网的定义、原理和特点；分析了制造系统的环境、质量、服务、时间和成本等五个决策要素。

5.1 制造系统的建模原理

5.1.1 模型的概念与类型

模型引例 身份证号码是我国公民身份的模型，由18位数字组成。前6位为行政区划分代码，表示公民地址，第7～14位为出生日期码，第15～17位为顺序码，第18位为校验码。

1. 概念

模型是集中反映系统信息的整体。

（1）**定义** 模型是利用适宜的方式对实际系统有用的真实状态和特征的抽象化。

模型既要清晰明确地表达系统的“现实”，但又不能比“现实”更复杂。抽象化的形式可以多种多样，所以模型的形式也有多种。模型形式的简单程度取决于对系统抽象的程度，抽象程度越高，模型可能越简单。而一个模型的抽象程度又取决于这个模型的应用目的。

例如，一个机械零件的成组（Group Technology，GT）编码，是该零件的一种模型。此模型可以仅由十几个字母或数字组成，表达了零件类别、材料尺寸范围等基本信息，适用于制造中的生产计划和工艺设计等较高层次上，但不适用于制造中的加工这一低层次活动。而工程图也是一种零件模型。它作为加工的依据，需要详细地描述零件的每一个尺寸、公差、表面粗糙度等。

（2）**特点** 其特点有：①它是客观事物的模仿或抽象。②它由与分析问题有关的因素构成。③它体现了有关因素之间的联系。

（3）**作用** 制造系统模型在系统的设计和运行过程中起着极为重要的作用。包括：

1）**为定量分析提供依据**。在制造系统设计阶段，模型可为决策者确定以下内容：机床的类型和数量、物料传输设备的类型和数量、缓冲站的数量、托盘库的大小、夹具的数量、最优的现场布局、刀库的容量、系统结构的选择、加工零件类型的选择、机床的组合、批量以及调度方针等。但是，模型不能直接作为生产中的控制或计划。模型都做了一些假设或简化，不完全符合生产实际。若认为生产中的大量问题可通过模型去解决，过分依赖模型则是错误的。

2）**有助于决定一些基本的设计方法**。通过一个真实反映制造系统性能特征的模型可使设计者和制造者更深入地了解系统，从而有助于设计更好的控制策略。例如，是集中存储还是局部存

储，是推动式生产还是拉动式生产，是共享资源还是分布资源等。对于正在发展之中的、尚处于研究中的制造系统建模问题，现有的模型有利于它们自身的不断完善，对探索制造系统的规律很有参考价值。认为靠实际经验知识就可以解决生产中的各种问题，是忽视了理论作用。

3）**有利于对实际生产进行定性分析**。虽然模型不能准确地反映实际生产问题，但可作为定性分析的手段。若认为模型在实际生产中没什么作用则也是片面的。在制造系统运行阶段，性能模型可以帮助在突发故障时寻找最优路径，预测增加、删除资源和零件的效果，在意外事件发生时获得最优调度策略，以避免死锁（Deadlock）。

2. 分类

根据模型描述实际系统的方法，可将模型分为四类，见表 5-1。

表 5-1　模型的分类

一级分类	说　明	二级分类	说　明	举　例
图解模型	利用各种图表的形式来描述系统或部件	视图模型	二维或三维投影视图	机械制图
		概念模型	以一般的框图或特殊规定的图表示	生产流程图、控制系统框图、各种特性曲线图
分析模型	用于对实际系统或系统某一个方面问题的分析	数学模型	以一定的数学表达式去描述系统的科学本质和规律	微分方程、状态方程，由此可知系统的某些基本特征
		仿真模型	用计算机程序来模拟实际系统的事件或活动	用于描述系统的逻辑流程图、活动循环图。动画仿真更显得直观
		启发式模型	基于一定的规则和步骤去求解问题。一般不追求最优解	在求解过程中故意忽略一些信息，常与数学模型或仿真模型一起组成混合模型
物理模型	以某种代用材料按一定的比例缩小或放大做成的实体模型		机床床身模型 含机床、小车、微型电动机、托板等的柔性制造系统模型	
知识模型	建立在某种知识表示（如规则、框架）和一定推理机制基础上的模型		工艺规划问题需凭借一些经验知识去求解，已应用于系统设计、系统控制、系统诊断等方面，也常与其他模型混合使用	

5.1.2　制造系统的模型分类*

对制造系统模型没有公认的分类方法，可以从不同的角度进行分类。

1. 按描述对象划分

按描述对象划分，制造系统模型可分为三种：

（1）**物流模型**　物流包含材料流、工件流和工具流。生产计划调度模型、工艺过程模型、设备配置模型、质量控制模型都与物流有关。有些模型尽管形式上是信息的，如某知识模型，但解决问题的对象仍是针对物流的。

（2）**资源模型**　如设备故障诊断模型。

（3）**产品模型**　如产品设计模型、零件加工精度控制模型等。

2. 按描述过程划分

按描述过程划分，制造系统模型可分为四种：

（1）**设计过程模型**　设计过程模型又分为两种：①**一般设计过程模型**。它是对一般设计过程的解剖。②**特定设计过程模型**。它是针对某类产品的，如可以建立用于减速器设计的特定模型。

（2）**生产过程模型**　生产过程模型是对产品的生产活动（加工、装配、输送及其调度控制）的描述。

（3）**工艺过程模型**　工艺过程模型是对零件加工活动及所需资源的规划。

（4）**加工过程模型**　这是对加工（如切削）动态的描述。

3. 按建模方法划分

制造系统是一类复杂的离散事件动态系统（Discrete Event Dynamic System，DEDS）。DEDS是指离散事件按照一定的运动规则相互作用来导致状态演化的一类动态系统。可以将DEDS模型分为功能模型和性能模型两类。

（1）**功能模型**　功能模型又称为**定性模型**。它主要抓住系统变化逻辑方面，如可控制性、稳定性、系统操作是否存在死锁等。它主要描述集合顺序、数据结构等方面的特征，描述一个数据集合向另一个数据集合的转换、转换与数据集之间的输入输出关系、执行一个转换的时间、在故障环境下执行一个转换的可靠性和可行性。最常用的功能模型有：有限状态机模型、功能层次模型和Petri网模型等。

1）**有限状态机模型**。它是表示有限个状态以及在这些状态之间的转移和动作等行为的数学模型。它是由有限个状态组成的机器，简称状态机。例如，人就是一个状态机，能感知冷、饿、困三种状态。天冷了加衣服；中午12点饿了吃饭；晚上12点困了睡觉。这里的冷了、饿了、困了是三种不同的状态，并根据这三个状态的转变驱动了不同动作（加衣服、吃饭和睡觉）的产生。可见，动作的产生和状态的改变都是由某种条件的成立而出现的。状态反映从系统开始到现在时刻的输入变化，即存储关于过去的信息。转移是指从一个状态切换到另一个状态。动作是在给定时刻要进行的活动的描述。常见的计算机就是用状态机作为计算模型的；状态机也被广泛用于游戏设计中。状态机在本质上是串行的。在处理复杂问题时，状态机的描述非常琐碎、庞大和难以理解。

2）**功能层次模型**。在制造系统设计中主要用于功能需求分析。例如，集成化计算机辅助制造定义方法（Integrated Computer Aided Manufacturing Definition Method，IDEF）模型，它是美国空军于1981年提出的一种结构化系统分析与设计方法。IDEF模型是一种图解模型，其特点是：先标识出系统功能、所有可能的输入和所有可能的输出数据，然后将系统功能分解为一个相互作用的功能集合，每个功能块都有它的输入/输出关系。该模型既可以作为一个描述工具，又可以作为一个分析工具，适合于对复杂系统的描述；还可以与数据流图结合使用。但它只能表示数据流，不能表示控制流，而且对系统的描述不够精确。

3）**Petri网模型**。Petri网模型提供了对制造活动之间关系的精确描述。Petri网可用于精确地定义顺序选择、并发、同步的概念，可用来分析是否产生正确的结果，是否存在死锁。Petri网是图示概念与数学解析相结合的混合模型。它等效于有限状态机，而描述能力则超过有限状态机。Petri网本身只描述了控制流；而通过对Petri网进行扩展，可使Petri网容纳大量制造系统的数据，同时也能描述数据的转换过程。

（2）**性能模型**　性能模型又称为**定量模型**。它强调系统性能的量化值，如产量、交货周期等。它包括两类。

1）**仿真模型**。仿真模型是具有轨迹和结构行为或其中之一的模型。常见的制造系统仿真模型有：离散事件仿真、加工过程仿真和Petri网仿真等。

2）**分析模型**。分析模型与仿真模型不同，不可能抓住制造系统的每个细节，建立一个分析模型的关键是决定该模型应包括多少细节，细节太多会使得模型难以求解，太少又使得模型太

脱离实际。分析模型的研究始于 20 世纪 70 年代，大多数工作是基于排队论的。典型的方法有马尔可夫（Markov）链、排队网络模型和随机 Petri 网模型。马尔可夫链构成离散事件系统最基本的随机过程模型，因此，也可以构成制造系统的最基本的随机过程模型。排队网络模型和随机 Petri 网模型都是基于马尔可夫链的高级描述。

5.1.3　制造系统建模的目的与方法

在制造系统的研究、开发和应用中，有两大重要课题：一是分析与综合，二是管理与控制。制造系统的分析是指对已有的或处于设计阶段的制造系统进行分析，以判断该系统的某些性能指标的过程。一般人们所关心的性能特征包括制造周期、在制品量、产量、机床利用率、容量、生产质量等。评价这些性能一般有两种方法：一是测量法，用于现有的制造系统，对一些关键变量进行监视，通过频繁的数据采集和分析作为管理信息系统报告的一部分；二是建模法，建模过程是对制造系统进行分析的过程。

1. 目的、要求与步骤

（1）**建模的目的**　制造系统建模的目的包括五个方面：优化、预测、控制、识别、证实，见表 5-2。

表 5-2　制造系统建模的目的

目的	说　明	实　例
优化	寻求最佳的决策或控制变量 在制造系统建模中经常遇到优化问题	① 在生产计划中决定零件的最佳批量分配 ② 设计物流系统决定最佳配置，使物料输送成本最低
预测	对制造系统非（正）常工作状态的潜在性能或敏感因素的分析。仿真是非常状态预测的常用的手段	① 若某一机床因故障而停机，生产任务将会如何 ② 敏感因素分析是这种非常状态预测所需要的
控制	选择合适的控制规则或变量。由于某些不确定因素影响的运行状态，因此控制是必需的	① 加工精度控制，生产质量控制 ② 要根据最新的生产反馈信息，调整生产计划的内容
识别	便于更深入地了解系统和发现问题 制造系统中常会出现各种问题	当人们搞不清楚问题的原因时，模型可以作为问题诊断的工具
证实	支持对系统性能的证实。分析模型适合于解决问题，仿真模型则适合于证实系统的性能或求解的正确性	带有动画的仿真，对于推销产品是至关重要的

（2）**建模的要求**　①应该能反映原系统在某一方面的基本属性，要抓住主要因素。②要求模型比较简洁，对无关大局的次要因素要适当处置，使模型易于理解，易于分析计算。③要求模型与其他模型易于衔接，模型的详尽程度与数据来源、数据精度能够匹配。

（3）**建模的步骤**　①明确系统的目的与功能。②选择变量与参量。③建立粗模型。④将系统化分为子系统。⑤建立子系统模型。⑥建立衔接与关联部分模型。⑦归纳并建立系统总体的细模型。⑧通过仿真等手段进行实验，发现问题再重复进行上述步骤，直到满意为止。所以，建模也是一个带反馈的过程。

2. 方法

建模是 DEDS 研究中一个最基本的问题。因此，要研究制造系统的管理和控制也必然要从建模方法开始。制造系统的建模方法主要是 DEDS 的建模方法。从不同视角和用不同数学工具来描述 DEDS，形成了研究 DEDS 的多种方法体系。

（1）**排队网络分析法**　**排队网络模型**是较早用于 DEDS 研究的，其目的是研究服务台与客户之间的效益问题，希望服务台效益高，而客户的等待时间又相对短。其理论基础为排队论，又称为随机服务理论。系统中的每个客户都要经过到达、排队等待和服务过程。

该方法的优点是：能考虑随机因素、阻塞状态，且能够很好地描述系统的复杂关系。

将该方法应用于FMS时，系统中的加工中心为服务台，流动的工件为客户。

在该模型基础上，人们提出了多种系统分析方法，如随机分析法、运行分析法、平均值分析法、近似分析法、扰动分析法和仿真分析法。这些方法往往是以一些假设（如稳态、独立性等）为前提的，因此不能保证结论的正确性。这些方法对系统的动态过程只做了统计运算，不能用于实际的动态调度和控制研究，也导致了其应用上的局限性。

（2）**离散事件仿真分析法**　仿真是制造系统分析的重要工具。在制造系统的设计阶段，通过仿真可以选择系统的最佳结构和配置方案，可以检查单元控制器的计划调度系统的设计是否合理；在制造系统建成以后，通过仿真试验可以预测系统在不同调度策略下的性能，为系统运行控制选择高效的作业调度方案，以充分发挥制造系统的生产能力。

为了使仿真模型能成为计算机所接受的形式，需要对描述真实系统的模型进行一定的算法处理。例如，将数值积分变为迭代运算，用事件表来表示离散事件发生的先后顺序和过程。在仿真模型中，给定一个人为的随机输入，仿真模型产生一个对应的输出，将这些输出样本采集起来进行统计分析。仿真模型可以详细地表达可能的零件混合、机器状态、任务路线、流程控制和排队规则。

利用仿真模型研究制造系统的主要问题有：①确定系统的布局和设备、人员配置。②性能分析。它包括：生产率分析；制造周期分析；产品混合比变化对生产率的影响；瓶颈、阻塞及设备负荷平衡分析。③调度与作业过程的评价。它包括：评估较优的调度策略；评估较优的作业计划；评估部件或毛坯的库存量；评估质量控制法则；可靠性分析。

（3）**基于DEDS理论的扰动分析法　扰动分析法**（Perturbation Analysis，PA）只需要进行一次仿真，然后在标称样本路径上构造扰动路径，并计算扰动后的性能指标。它的目的是从样本偏导数求得性能指标的灵敏度的估计值，从而进行系统优化。由于PA法只是从某一特殊的样本路径获得结果，用来预报其他的样本，仅具有统计平均的意义。其内容包括三个方面：①扰动的产生规则；②扰动的传播规则；③系统性能指标对参数变化的灵敏度估计。

PA法的特点有：①对模型未加任何限制，适用于各种形式的DEDS。②兼有仿真法和理论分析法的优点，大大减少了计算工作量。③PA法的效果完全取决于从标称样本路径所构造的扰动样本路径是否符合实际。④PA法对于多参数的扰动或较大扰动难以处理，因为此时很难用事件序列图或状态方程表示。⑤当扰动较大时，PA法近似程度较差。PA法在随机相似性、统计线性性质和稳健性等方面，还需进一步研究和完善。

5.1.4　Petri网的原理

Petri网的概念是由德国卡尔·亚当·佩特里（Carl Adam Petri）博士于1960年提出的。Petri网是对离散并行系统的数学表示。Petri网被认为是所有流程定义语言之母。

系统模型是对实际应用系统的抽象。网系统以研究系统的组织结构和动态行为为目标。着眼于系统中可能发生的各种变化以及变化间的关系。网论并不关心变化发生的物理或化学性质，只关心变化发生的条件及发生后对系统状态的影响。

1. Petri网的概念

（1）术语

1）**资源**。资源是系统发生变化所涉及的与系统状态有关的因素。它包括：原料、部件、产

品（成品或半成品）、人员、工具、设备、数据及信息。

2）**状态元素**。资源按其在系统中的作用分类，每一类存放一处，则这里抽象为一个相应的状态元素（State Element），又称为S元素。每类资源的状态由对应元素的状态来表示。

3）**位**（Place）。位不仅表示一个场所，而且表示在该场所存放了一定的资源。位又称为库所。

4）**转移**（Transition）。转移是资源的消耗、使用及产生对应于状态元素的变化。转移又称为变迁，还称为T元素（Transition Element）。

5）**条件**。若一个位只有两种状态，即有**令牌**（Token）和无令牌，则该位称为条件。

6）**事件**。事件是涉及条件的转移。

7）**容量**。容量是位对储存资源的数量限制。

（2）Petri网的定义　一个动态系统的Petri网模型主要包括两部分：①网结构。即一个权值的，由两部分组成的有向图，它表示系统的静态部分。②标记（Marking）。它表示系统的总的分布状态。

对于一个离散事件动态系统建模，需要考虑系统的状态和状态转移。一个Petri网正是包含了两种集合：一个是位，另一个是转移。两者分别以圆圈和短直线段表示。两者之间以加权流动关系（Weighted Flow Relation）联系。

定义：一个Petri网是一个四元组（P,T,F,W），其中：

① $P=\{p_1,p_2,\cdots,p_n\}$是位的集合。

② $T=\{t_1,t_2,\cdots,t_m\}$是转移的集合。

③ $P\cup T\neq\varnothing$。

④ $P\cap T=\varnothing$，即位和转移是分离的集合。

⑤ $F\subset(P\times T)\cup(T\times P)$为流动关系（有向弧的集合）。

⑥ W表示弧的权，权值为正整数。

图5-1所示为一个简单的Petri网图形。其中，p_1，p_2，…，p_5表示位，t_1，t_2，t_3，t_4表示转移，弧的权可以表示诸如零件或客户的个数。对于某一个位来说，零件或客户在某一时刻，若不以成批的方式到达或服务，则弧的权$W=1$。实际上绝大多数情况如此。因此，规定凡是未标记的弧，其权值均为1。在图5-1中，除了弧（p_3，t_3）的权值为2外，其余均为1。若一个弧连接t_j与p_i且指向p_i，则位p_i是t_j的一个输出；若指向t_j，则位p_i是t_j的一个输入。图5-1中p_3、p_5是t_3的输入，p_2、p_4是t_1的输出。

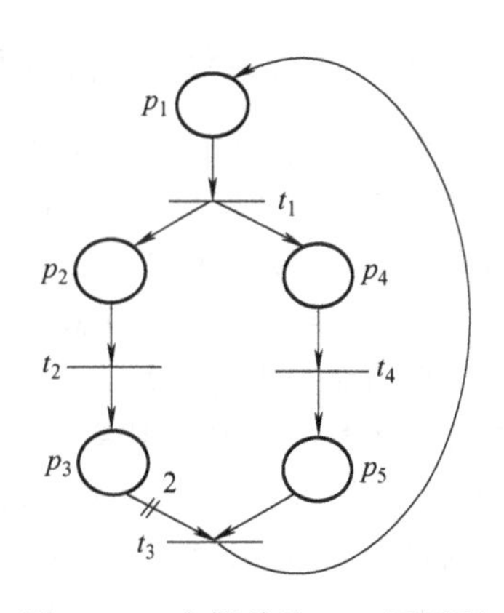

图5-1　一个简单的Petri网图形

2. Petri网的特点

（1）**优点**　Petri网的诸多优点使其在很多领域成为被优先选择的建模工具。Petri网有以下优点：

1）它可方便地描述制造系统的框架及系统随机过程。它以图形方式描述系统，使复杂系统形象化，有利于理解。具有较严密的数学解析理论，可方便地分析制造系统的各种运行特性。

2）它可描述一些非系统固有的形式特征，如优先度、同步、阻塞、分流等。Petri网采用转移发生的形式，可以描述系统内部并发性、竞争性等离散制造过程的重要特征。

3）它不仅可作逻辑分析模型，而且可作随机量的分析模型。它可分层次建立Petri网图，适合于描述制造系统的分布式递阶结构。

4）它已有现成的软件工具帮助分析。Petri 网既可描述制造系统内部的数据流，又可描述制造系统内部的物流，不仅由于其本身的特点能准确地描述制造过程的动态特征，而且能容纳所有制造系统的原始数据和中间数据，可以和面向对象技术完美地结合在一起。

（2）**缺点** 作为一种建模工具，经典的 Petri 网也存在着局限性。主要问题是：

1）模型容易变得很庞大。Petri 网存在状态空间组合爆炸。对于较复杂的制造系统，用该模型描述系统时，会产生较多的图形符号，使模型过于繁杂，增加了解析分析和编程处理的难度。

2）Petri 网对性能分析有一定作用，但对于系统的优化设计、优化调度等，显得无能为力。当然，用 Petri 网与其他形式模型结合就可解决很多问题。

3）Petri 网的模型不能反映时间方面的内容。

通过使每一个令牌拥有一个时间戳，或增加时序逻辑的定义，已研究出了高级 Petri 网，可以解决经典 Petri 网存在的问题。

3. Petri 网的应用

Petri 网的应用非常广泛。它已成为具有严密数学基础，多种抽象层次的通用网论，并在自动控制及计算机科学上得到了广泛的应用。它能对系统的动态性（有界性、可达性、可逆性等）进行分析，已被用于 FMS 的设计、分析和仿真中。它可对网络协议、软件以及硬件结构、数据库、作业调度进行分析、仿真并生成相应的控制程序。Petri 网常见的应用有：软件设计，并行程序设计；工作流管理，工作流模式；数据分析与故障诊断；协议验证等。

案例 5-1 FMS 的 Petri 网模型的构建。

5.2 制造系统的决策原理*

5.2.1 制造系统的决策模型*

制造系统的输入是产品设计，输出是送到市场上的产品。设计和运行制造系统需要工程和管理多方面的知识和经验。制造系统涉及产品生命周期的全过程。在这一过程中将遇到大量决策问题。决策是一种选择行为，也是管理的核心。决策过程是从两个或多个可行方案中，选取一个符合目标要求、最优或满意解的过程。

随着制造业的发展，更多的国家参与到全球经济发展中，市场竞争越来越激烈，客户的要求也越来越高。"以客户为中心"已成为制造系统决策者的共识。在制造系统的规划与设计中，影响决策的要素通常有五个：环境（Environment）、质量（Quality）、服务（Service）、时间（Time）和成本（Cost）。由这五个要素组成的 EQSTC 五角形决策模型（见图 5-2），反映了制造系统决策时所追求的目标。而 EQSTC 之间的连线则反映了目标之间的相互关系，它们构成了一个制造系统决策目标的有机体系。要使一个制造系统的五个要素同时达到最优是非常困难的，一般不得不折中选择。

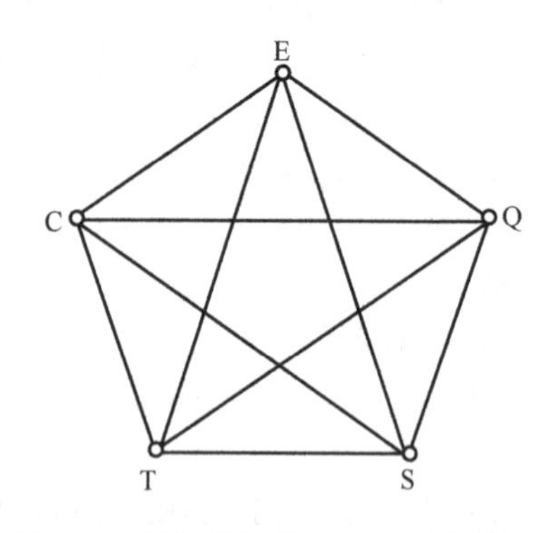

图 5-2 制造系统的 EQSTC 决策模型

这里，E 的含义是制造系统应该有利于充分利用资源，减少废弃物和环境污染，有利于实现生态文明。Q 的含义是提高和保证产品质量。S 有两方面的含义：①更好地为外部客户服务，做好市场工作；②直接为内部客户服务，替代或减轻制造人员的体力和脑力劳动。T 有三方面的含

义：①缩短产品制造周期；②提高生产率；③合理确定制造系统的生命周期。C的含义是有效地降低成本，提高经济性。

一个制造企业的竞争力可以从很多方面去度量，如管理水平、员工素质、企业文化、对新技术的掌握、把握市场机会等方面。但是，归根结底都要反映在企业的产品对客户要求的适应程度上。客户对产品的要求可以归结为上述要素（EQSTC），体现制造企业竞争力的这些要素也是企业管理的战略重点。下面我们将逐一分析这五个要素。

5.2.2　环境与生态文明

1. 环境

制造系统的决策应把环境影响作为首要的要素来考虑。这里的环境影响是广义的，既包括生态环境影响，也包括资源消耗对人类可持续发展的影响。制造系统的环境要素又称为绿色要素，是指制造系统要求生产及其产品对资源的消耗、对环境的污染、对人体的危害、对生态系统的影响都是最小甚至为零。

传统制造系统为了追求最大的经济效益，有时甚至不惜牺牲环境效益。生态文明要求产品必须全生命周期无污染、资源低耗和可回收；要求制造系统既要考虑经济效益，更要考虑社会效益和环境效益。为此，在产品生命周期的基础上，人们提出了“产品多生命周期”的概念，它不仅包括本代产品生命周期的全部时间，还包括本代产品报废或停止使用后，产品或其零部件在换代（多次）后的产品中再利用（或循环利用）的时间。

制造系统的决策目标应该是：在产品多生命周期内，使产品再利用的时间最长，对环境的负影响最小，资源综合利用率最高。

2. 生态文明

（1）**生态文明的概念**　生态文明（Ecological Civilization，EC），是指人类在发展物质文明过程中保护和改善生态环境的成果。生态文明是中国特色的工业文明。

1）**内涵**。①生态文明的理念是尊重自然、顺应自然、保护自然。②生态文明建设的实质是要建设以资源环境承载力为基础、以自然规律为准则、以可持续发展为目标的资源节约型、环境友好型社会。③生态文明建设的基本方式是着力推进绿色发展、循环发展、低碳发展。绿色发展强调环境保护，循环发展突出资源优化，低碳发展侧重节能减排。

2）**外延**。①从要素上来看，人是文明的主体，体现为改造自然、反省自身、安定社会和尊重自然。生态文明强调人的自觉与自律，既追求人与生态的和谐，又追求人与人的和谐，而且人与人的和谐是人与自然和谐的前提。②从历史上来看，石器时代的原始文明为时上百万年，铁器时代的农业文明为时一万年，工业革命后工业文明为时三百年，21世纪的人类历史长河要奔入生态文明。生态文明有狭义与广义之分。狭义的生态文明，是社会文明继物质文明、精神文明、政治文明之后的第四种文明。广义的生态文明，是人类文明继原始文明、农业文明、工业文明之后的第四个阶段。

宏观上，我国经济发展模式必然以提升人格文明、工业文明、生态文明为发展方向。工业文明重视满足人类需求的生产活动过程，生态文明更强调人与自然的和谐。如果农业文明是“黄色文明”，工业文明是“黑色文明”，那么生态文明就是“绿色文明”。

（2）**生态文明中的制造业**　要建设生态文明，制造业应考察两个方面，处理四个关系。

1）**考察两个方面**。①装备制造业能否为诸多工业部门提供符合生态文明要求的装备，是否能支撑国民经济转变增长方式的需要。很多产品生产过程并没有按照节能、节材、环保的要求进行，一些对环境有害的生产工艺，还没有完全淘汰。例如，电镀和稀土材料的废水排放，锻造、铸造、热处理的粉尘等有害物的处理。②制造业本身在工业中占有很大比重，它所走的道路是否符合生态文明的要求。虽然制造业的发展速度很快，但还没有实现经济增长方式的根本性转变。例如，相当多的企业生产工艺和管理水平都还比较落后，与生态文明要求相差很远。

2）**处理四个关系**。①量的增长与质的提高的关系。②引进技术、缩短差距与自主创新、增强实力的关系。③发展非公有制制造业企业与振兴制造业装备业的国有排头兵企业的关系。④抓住并利用世界产业迁移机遇与强化经济安全意识的关系。总之，依据我国的国情，工业化、工业现代化、工业文明和生态文明是构建我国制造业发展目标体系的“参照系”。

5.2.3　质量与质量管理

1. 质量

质量是制造系统规划、设计和运行中重要的基础要素。质量是企业的生命线。质量是效益的基础。提高质量是一个企业永恒的主题。质量从市场竞争角度反映出国家整体实力。

人们对产品质量态度的变化说明了不同时代对制造系统要求的差别，也反映了人们对质量概念的认识，如图5-3所示。

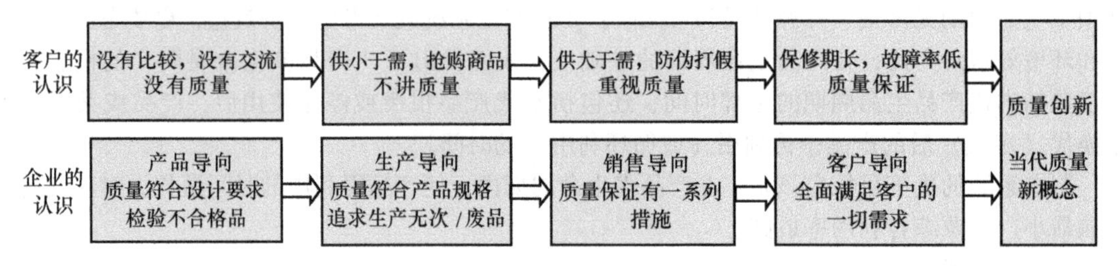

图5-3　对质量概念的认识

表5-3列出了ISO 9000：2015标准定义的质量及其相关术语。

表5-3　ISO 9000：2015标准定义的质量及其相关的术语

术语	定　义	说　明
质量 Quality	对象的一组固有特性满足要求的程度	质量可使用形容词。例如，差、好或优秀来修饰；“固有的”（其反义是“赋予的”）意味着存在于对象内（意指事物本来就有的，尤其是那种永久的特性）
对象 Object	可感知或想象的任何事物	对象可能是物质的（一台发动机），非物质的（一个项目计划）或想象的（组织未来的状态）。例如，产品、服务、过程、系统或体系、组织、人、资源
特性 Characteristic	可区分的特征	特性可以是固有的或赋予的，也可以是定性的或定量的；有各种类别的特性，如物理的（如电的）、感官的（如听觉）、行为的（如礼貌）、时间的（如准时性）、人因的（如生理的或有关人身安全的）、功能的（如飞机的最高速度）
要求 Requirement	明示的、通常隐含的或必须履行的需求或期望	“通常隐含”是指组织和相关方的惯例或一般做法，所考虑的需求或期望是不言而喻的；规定要求是经明示的要求，如在形成文件中阐明；特定要求可使用限定词表示，如产品要求、质量管理要求、客户要求、质量要求；要求可由不同的相关方或组织自己提出；为实现较高的客户满意，可能有必要满足客户既没有明示，也不是通常隐含或必须履行的期望

当代质量的概念已超越了技术范畴，它包含软实力和硬实力两层含义，见表5-4。质量的概念有大小之分：小质量＝物理（技术层面）；大质量＝人理＋事理＋物理。

表 5-4　质量概念的实力特性

实力	层面	理论	主要体现	特　征	关注点
软实力	管理	人理	文化、意识、价值观	质量管理 QM	关注做事先做人，强调质量意识、质量培训、质量氛围和质量文化
	关系	事理	法律、制度、规章	质量保证 QA	关注上升到体系、流程、程序、标准等
硬实力	技术	物理	功能、外观、合格率	质量检验 QC	关注产品的理化属性、指标、检查、SPC、可靠性等（属于收敛性的质量管理）

质量是一个封闭的回路，始点与终点都是客户。质量形成始于识别客户的需要，终于满足客户的需要。可以说，产品质量，首先是客户提出来的（或是通过“市场研究”“需求识别”分析出来的），其次是设计出来的，再次才是生产、检验出来的。

表 5-5 列出了质量具有不确定性的原因。

表 5-5　质量具有不确定性的原因

原因	说　明
差异性	对不同技术含量的产品有不同的质量水平要求，有时差异甚大。产品技术含量越高，质量也会要求越高
时变性	同一产品，在不同时期质量要求不尽相同。产品从刚上市到成熟期和饱和期，质量要求一般逐步变严
竞争性	客户的质量要求与竞争激烈化成正比。产品刚上市，交货时间最重要。竞争企业增多，质量要求上升
多样性	随着客户素质和经济承受力的提高，不同人群对质量有不同的要求

目前，虽然我国工业增加值总量已位居世界第一，但我国出口的很多工业产品质量指标仍位于世界中低端。未来 10 年，提高工业质量，应该摆在经济工作的首要地位。中国科学院发布的《中国现代化报告 2015》中提出：坚持“质量优先、创新驱动、环境友好”三个原则，通过实施“中国质量十年议程、工业创新议程、绿色工业议程”三个议程，中国工业的世界声誉要实现三次跃进：从中国制造到中国质量，到中国标准，再到中国设计。

2. 质量管理

（1）**质量管理的体系、原则与目标**　质量管理是在质量方面指挥和控制组织的协调的活动。这些活动包括：建立实现质量目标的质量管理体系；制订质量方针和质量目标；开展质量策划、质量控制、质量保证和质量改进的活动。**质量策划**致力于制订质量要求的目标，并规定必要的运行过程和相关资源以实现质量目标。**质量保证**致力于提供质量要求会得到满足的信任。**质量控制**致力于满足质量要求。**质量改进**致力于增强满足质量要求的能力。图 5-4 所示为基于过程的质量管理体系。体系是指相互关联或相互作用的一组要素。“体系”在英语中等同于系统，均为 System。

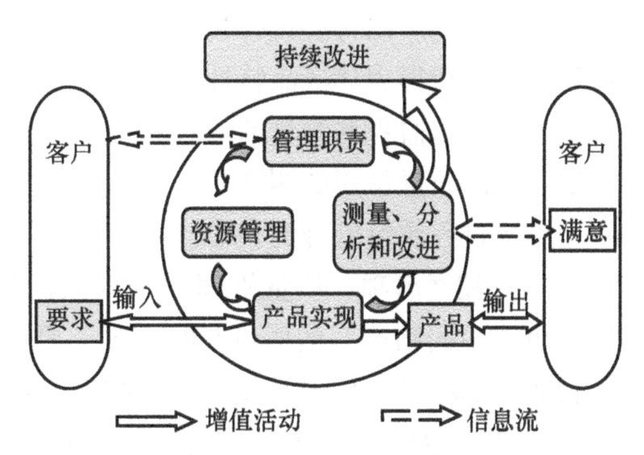

图 5-4　基于过程的质量管理体系

制造系统的质量管理应遵循 ISO 9001：2015《质量管理体系　要求》提出的七项原则：①以客户为关注焦点。②领导作用。③全员参与。④过程方法。⑤改进。⑥基于事实的决策方法。⑦关系管理。实施 ISO 9001：2015 标准的要点是：“说到，做到，有效”，即有文件，有记录，有效果。有效性是完成质量策划活动和达到策划结果的程度。

制造系统的质量管理的目标是：①实现并保持其产品与服务的质量能不断满足需方明确规定的或隐含的需要。②使管理者确信正在实现并能保持所期望的质量。③使需方相信供方的产品能达到所期望的质量。由合同所协议的质量保证要求，能得到满意的证实。

（2）**产品生命周期的质量保证**　制造系统的质量管理要渗透到产品生命周期全过程中。为了保证产品“生命周期质量（Lifecycle Quality，LQ）”，应关注产品实现的四个过程。

1）**与客户有关的过程**。它的质量管理的基本内容包括：①客户要求的识别。②产品要求的评审。③与客户的沟通。产品在客户使用过程中的实际质量特性称为使用质量，它是设计质量、生产质量完善程度的综合反映。

2）**设计和开发**。它是指将考虑对象的要求转换为对该对象更详细的要求的一组过程。这里的对象可以是产品、服务、过程或系统等。在英语中，单词“设计”和“开发”与术语“设计和开发”有时是同义的，有时用于确定整个设计和开发的不同阶段。在质量管理体系中，将“设计和开发”看成一个术语。设计和开发，它是产品正式投产之前的全部技术准备过程，包括产品设计、工艺设计、试制、试验与鉴定等。产品质量的好坏取决于设计质量。设计质量是指设计结果“反映客户要求”的完善程度。设计质量是以后生产质量必须遵循的标准和依据。产品设计和开发的质量管理活动通常包括：设计和开发的策划、输入、输出、评审、验证、确认和更改的控制。

3）**采购与资源保障**。采购过程通常包括：对采购需求的识别；确定采购总成本；询价、报价和招标；对供方能力的确认；订货；对采购产品的验证；对供方的质量控制等。采购的产品质量要求越高，采购过程也就越复杂。采购过程质量管理的原则是：既不能随意地简化，也不能人为地复杂化；既要与供方通力合作，又要严格控制采购。资源保障，一般包括物资供应、工具供应、动力供应、设备维修、运输服务、仓库保管等环节。其目的是保障制造过程的正常进行。设备维修是个重要问题，自动化程度越高，对质量要求越高，重要性越大。进行资源保障的质量管理，强调这些部门的工作质量，要明确制订每个员工的工作目标和责任，并对员工进行经常性的质量教育和培训。

4）**生产和服务提供**。它是制造系统生存的意义所在。生产过程应以经济的方法，按质、按量、按期地生产出符合设计规范的产品，并保持过程的稳定受控状态。生产和服务提供的质量控制环节有：获得表述产品特性的信息；获得必要的作业指导书；使用适宜的设备；使用监视和测量装置，实施监视和测量活动；放行、交付和交付后活动的实施。生产质量是指产品符合设计的程度。生产质量常用的测度有：废品率、保修期成本、质量损失函数和表面质量等。工序质量控制是生产过程质量管理的核心。

（3）**注意事项**　质量管理工作与人的素质、企业管理水平和技术条件都有着密切的关系。为了使“中国制造”的质量与时俱进，要根据具体情况，综合运用现代质量管理的理论与方法。在制造系统质量管理中，要特别注意下述几个方面。

1）**以人为本**。人因是影响产品质量的首要因素。信任员工、自主管理和员工参与都是人本原则的具体体现。这一切都依赖于对员工的质量培训与质量教育。未来的企业一定要靠质量取胜。

2）**系统管理**。只有实施系统管理，才能使质量管理有效。质量信息系统能够通过企业内、外的信息网络，将各系统、各部门与市场等联系起来。要依据实际的环境条件，建立、实施和有效地利用质量信息系统。

3）**过程监控**。质量管理目标要通过对过程监控来实现，只有识别、建立和协调各质量过程

网络及其接口，才能提供稳定的质量。这就是过程监控原则。质量管理的着眼点必须从产品转移到过程本身，以过程质量确保产品质量。表 5-6 列出了过程的设计和开发的质量管理活动内容。

表 5-6　过程的设计和开发的质量管理活动内容

序号	活动内容	序号	活动内容
1	实施产品设计的工艺性审查	7	策划、安排产品检验、试验与验证活动
2	开展工艺试验和工艺验证活动	8	调配、培训有关生产、检验人员
3	制订工艺方案、工艺路线并进行评审	9	制订材料、工时、动力和工具材料消耗定额
4	策划工序质量控制活动，分析工序因素	10	策划材料、毛坯、在制品、配套装置以及产品的搬运、储存、包装事宜
5	制订工艺文件和质量控制文件		
6	选配所用的设备、工装、工具和工位器具	11	准备作业现场、公共设施、作业环境等条件

4）**重视标准**。有高标准才会有高质量。标准是为了在一定范围内获得最佳秩序，经协商一致制定并由公认机构批准，共同使用的和重复使用的一种规范性文件。标准文件对重复性的事物和概念做出了统一规定。标准化是指在经济、技术、科学和管理等社会实践中，通过制订、发布和实施标准达到统一，以获得最佳秩序和社会效益。标准化是组织现代化生产的重要手段和必要条件，也是科研、生产、使用三者之间的桥梁。标准化脱胎于制造业，标准最早就是规范工业化生产的。现在标准延伸到了第一、第三产业。我国现在有 31000 多项国家标准，制造业占 70%。标准化原理是指统一原理、简化原理、协调原理和最优化原理。标准由主要靠摸索和模仿形式产生变为有意识地制定。标准化是总结的结果。在标准管理和标准制定的过程中要采用全球化的视角。

5.2.4　服务与客户满意度

1. 服务

面对工业化，要重视产品，更要重视产品的延伸——服务。服务是在供方和客户接触面上至少需要完成一项活动的结果。服务即“服务于”（我为他服务）和“被服务”（他为我服务）。服务本质上一直贯穿于制造发展中。在这个竞争日益激烈的社会，仅靠有形产品的质量已经难以留住客户的心，服务成为提高竞争力的法宝。服务是附加在产品上的一种特殊形式，也是制造系统的一个相对独立的属性。目前，制造企业正在由生产型制造转向服务型制造，“以产品为主”转向“以服务为主”，产品成为服务的载体。

表 5-7 列出了 ISO 9000：2015 标准定义的服务及其相关的术语。

表 5-7　ISO 9000：2015 标准定义的服务及其相关的术语

术语	定义	说明
产品 Product	在组织和客户之间未发生任何交易的情况下，组织生产的输出	在供方和客户之间未发生任何必然交易的情况下，可以实现产品的生产。当产品交付给客户时，通常包含服务因素。通常产品的主要特征是有形的。硬件是有计数特性的有形产品，如轮胎；流程性材料是有连续特性的有形产品，如润滑油；软件是由信息组成的无形产品，其传递介质如程序、字典、手册、驾照
服务 Service	至少有一项活动必须在组织和客户之间进行的输出	通常，服务的主要特征是无形的；服务包含与客户在接触面的活动，以确定客户的要求；服务的提供可能涉及在客户提供的产品上所完成的活动（如修汽车），或无形产品的交付（如培训），或为客户创造氛围（如在酒店）；服务由客户体验

（续）

术语	定　义	说　明
过程 Process	利用输入提供预期结果的相互关联或相互作用的一组活动	预期结果究竟称为输出、产品或服务，随相关语境而定；一个过程的输入（或输出）通常是其他过程的输出或输入；多个相互作用的连续过程也可属于一个过程；组织的过程在可控条件下进行策划和执行，以增加价值；不易验证其输出是否合格的过程，通常称之为特殊过程
客户 Custumer	能够或实际接受本人或本组织所需要或所要求的产品或服务的个人或组织	可以是组织内部的或外部的，如消费者、委托人、最终使用者、零售商、内部过程的产品或服务的接受人、受益者和采购方
组织 Organization	为实现其目标而有自身职能、职责、权限和相关的人	其概念包括，但不限于代理商、公司、集团、商行、企事业单位、社团、各种机构，无论是否为法人组织，公有的或私有的

我国的制造业仍然处于以生产制造为主体的时代。按照“微笑曲线”，生产制造环节处于产品生产价值链最低端，而为生产制造提供的售前和售后服务都处于价值链的高端。如果在同一坐标中再做出资源消耗和环境影响的曲线，那么就可以明显地看出发展处于生产制造前端和后端的现代制造服务业的重要性（见图5-5）。

服务质量是制造系统满足或超过客户期望的能力。服务质量也属于质量的范畴。客户感觉到的服务质量包括两个方面：①技术性质量。它是服务的结果满足客户要求的程度。②功能性质量。它是服务运作的过程满足客户要求的程度。为客户服务应体现在满足客户多层次的需求上。服务者要考虑到地区、人群、产品的工作站层次用途档次和水平，为客户提供最受客户欢迎的适用产品。

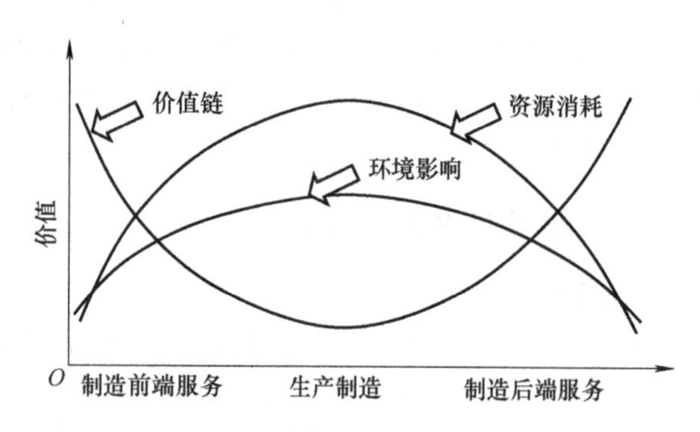

图5-5　全生命周期价值链、资源消耗和环境影响曲线

2. 客户满意度

市场竞争变得日趋激烈，只有最先满足客户需求的产品才能实现市场销售。因此，为把握市场，赢得市场竞争，制造系统不得不从过去的“产品导向”转变为“客户导向”。生产方式不得不由少品种大批量让位于多品种小批量。制造系统取得市场竞争优势最重要的手段不再是成本而是技术的持续创新，最重要的指标也从“成本”和“利润”转变为“客户满意度”。

ISO 9000：2015标准将“客户满意”（Consumer Satisfaction）定义为“客户对其要求已被满足程度的感受”。“满意”是心理学术语，是指人的一种肯定性的心理状态。这种状态是由于外界的某种物质或信息对人的输入（刺激）而使人感到愉悦。

客户满意度（Consumer Satisfactional Research，CSR），是客户满意状况的测评指标，是组织质量管理体系的最主要业绩。即使规定的客户要求符合客户的愿望并得到满足，也不一定确保客户很满意。客户的满意体现在产品能够在功能上满足需求，价格合理，外观“赏心悦目”，符合人因学原理，交货及时，运行耗费少，维修及时，报废处理及时。不同的客户，不同的使用条件，对产品的质量要求是不同的。例如，对于精密加工机械，精度高和精度保持性好将是首要的

质量特性；对于汽车、电动机等产品，安全性高和能耗低将是至关重要的。因此在确定质量指标时，应确定“关键质量”，以在制造过程中重点控制。

3. 提高客户满意度

为了提高客户满意度，应做到完整掌握客户信息，准确把握客户需求，快速响应个性化需求，提供便捷的购买渠道、良好的售后服务与牢固的客户关系。

提高客户满意度的措施有：①树立“客户永远是对的”和“客户至上”的观念，认真对待客户的每一项要求和问题。②加强对销售人员和售后服务人员业务素质和敬业精神的培训和教育，使他们成为企业的形象。③与客户建立良好的合作关系，让客户参与到产品的设计过程中，将客户的意图真正贯穿于产品设计中。④多设销售和维修网点，使客户能够就近得到服务。⑤替客户着想，向客户提供全程服务，直至产品生命终结。⑥利用客户关系管理（CRM），采用数据挖掘、数据仓库、呼叫中心、基于浏览器的个性化服务系统等技术。

CRM 就是企业利用信息技术，通过对客户的跟踪、管理和服务，留住老客户、吸引新客户的手段和方法。CRM 最关键的起点就是终端客户。目前国内制造业对终端客户主要集中在售后的客户服务上，而这也是呼叫中心受到欢迎的原因。在制造业的运行中，分销商和代理商才是真正的客户，对渠道的管理才是最重要的。

5.2.5　时间与生产率

1. 时间

在制造系统中，时间要素通常表达为一个产品能以多快的速度被生产出来。

响应能力（Responsiveness）是制造系统的一种属性，也是制造系统时间要素的主要指标。响应能力是指企业实现不断变化的商业目标和生产新产品的速度。它使制造系统快速有效地对下列情形做出反应：①市场变化。它包括产品需求的变化（有时甚至在生产已启动后）。②产品变化。它包括目前产品的变化和新产品的引进。③政府规章（安全和环境）。④系统不运转（即使设备出故障还能保持产量增加）。响应速度是制造企业新的前沿。在全球动荡的经济环境中，它提供了重要的竞争优势。一个具有响应能力的制造系统是一个产能可以随产品需求波动可调节的系统，它的功能与新产品是相适应的。

交付期是制造系统的另一个常用指标。交付期（Lead-time）是指从订单发出到客户收到产品所需的整个时间跨度。这里，“订单”可以指最终客户的订货单，也可以指生产部门的“工作单”（Work Order）；“客户”可以指最终客户，也可以指下道工序。也就是说，“交付期”的概念可以运用于整个产品的生产过程，也可以运用于某一道工序。交付期短，意味着买方所购得的产品可以更快地投入使用，因而使投资能更快地发挥效益和更快地回收。如今，许多买方对产品的交付期特别看重。在日常生活中常常遇到为得到“立等可取”的服务而愿以高价付费。谁能够以最快的速度拿出客户要求的产品，谁就会赢得主动。特别是随着产品生命周期的缩短，客户对售前交付期的要求就越来越严格。缩短交付期可以从管理、设计和物流等方面去着手。

2. 提高生产率

生产率反映了制造系统的时间要素。生产率对其他几个要素有着重要影响。例如，生产率高往往导致成本低和质量差，质量差的产品增加了客户服务的难度，如果只满足生产率高的要求，又意味着缺乏环境友善性。

对于制造系统的加工/装配单元，理论生产率是单位时间里系统输出的产品件数。对于机床，常用机器周期表示理论生产率。机器周期是加工每个零件所用的时间。由于制造系统的种种随

机性（如机床故障），实际的生产率只能接近于理论生产率。实际生产率主要取决于系统内设备的可靠性和系统的结构。

例如，一条串联的流水线，如果每台机床的机器周期是20s，可靠性是0.8，且机床间无缓冲区，那么单台机床的生产率是（3600/20）件/h×0.8＝144件/h，2台机床组成的生产线的线生产率是144件/h×0.8＝115件/h，5台机床组成的生产线的线生产率是144件/h×0.8^4＝59件/h，而10台机床组成的生产线的线生产率是144件/h×0.8^9＝19件/h。

同样，如果每台机床的可靠性提高到0.9，则单台机床的生产率是162件/h，2台、5台或10台机床组成的生产线的线生产率分别是146件/h、106件/h、63件/h；若在流水线中每两台机床间增加足够缓存，则线生产率将等于单台机床的生产率。

响应能力高和交付期短是提高生产率的两个重要的指标体现。对于制造系统的非加工/装配单元，可以用效率或有效性来反映制造系统的时间属性。效率（Efficiency）是活动结果与所用资源之间的关系。有效性（Effectiveness）是完成活动和达到预期结果的程度。

5.2.6 成本与经济性

1. 产品生命周期成本的构成

成本要素要求制造系统必须降低成本，提高经济性。从产品生命周期来看，产品成本发生在产品生命周期的每一阶段。**生命周期成本**（Lifecycle Cost，LC），是产品从计划、设计、生产和使用直至报废的整个生命周期内所花费用的总和。制造系统应以产品生命周期成本最低作为成本管理的目标。产品生命周期成本的构成如图5-6所示。它包含以下三部分。

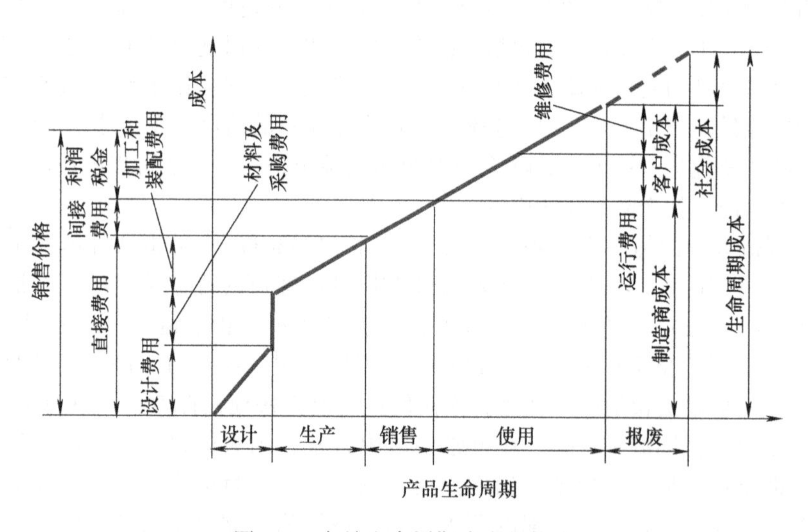

图5-6 产品生命周期成本的构成

（1）**制造商成本** 它是企业为生产一定种类、一定数量的产品所支出的直接费用和间接费用之和，简称制造成本或生产成本。费用是企业在生产经营过程中发生的各种耗费，包括直接费用、间接费用和期间费用。表5-8列出了制造商成本的分类，也说明了费用与产品成本的关系。由于期间费用与会计期产品产量无直接关系，因而不计入产品成本，而列作当期营业费用，在当期营业收益中予以扣除。

表 5-8　制造商成本的分类

依据	一级分类	费用与产品成本的关系	二级分类	举　例
按费用计入成本方式不同分	直接费用	生产商品和提供劳务等发生的各项费用。直接计入产品成本	直接人工	运行/操作、维护、设计、开发和管理人员的工资
			直接材料	原材料、毛坯件
			商品进价	辅助材料（如切削液）
			其他直接费用	直接耗费的燃料、动力、外部加工费、专用工具
	间接费用	管理上不能直接计入产品成本的共同性费用。通过分摊计入产品成本	间接人工	培训和支持企业管理、商务活动、制造系统运行的费用
			间接材料	水电费
			其他间接费用	维修费、厂房和设备折旧费，投资的还贷和付利息
	期间费用	与该会计期的管理、经营和销售等活动相关的费用。不计入产品成本，而直接计入当期损益	管理费用	管理人员工资、办公经费、工会经费、职工教育经费、董事会费、保险费、税金、土地使用费、技术转让费
			财务费用	利息支出、汇兑净损失、金融机构手续费
			销售费用	销售时负担运输费、装卸费、包装费、保险费、委托代销手续费、广告费、展览费、租赁费、销售机构经费
按费用与业务量关系分	变动费用	其费用总额的增减与业务量成正比例变动。计入产品成本	直接费用	在装配线上的工人，家具厂的油漆工，汽车的钢板
			间接费用	车间清洁工、机修工、领班、管理人员工资，燃料费
			其他费用	取暖费、照明费、动力费、广告费、办公费、退休金
	固定费用	其费用总额在相关范围内不随业务量的变化而变动。计入产品成本		房租、保险费以及固定资产的折旧费

（2）**客户成本**　它又称为**使用成本**，是客户使用该产品过程中的支出费用。客户成本等于运行费用与维修费用之和。**运行费用**包括使用该设备的动力消耗费、消耗性材料费、工资及工资附加费等。**维修费用**是指排除设备故障和预防失效的费用。对于生命周期较长的耐用消费品，其客户成本常可超出购置费用。因此，提高经济性必须以产品生命周期成本最低为目标，既考虑制造商的经济性，又考虑客户的经济性，这既是增加产品市场竞争力、赢得客户的需要，也是节约社会劳动，提高社会经济效益的需要。

（3）**社会成本**　它是社会为保护生态环境对产品从生产到报废的全部支出费用。表 5-9 较为详细地说明了产品生命周期成本是如何形成的。由表 5-9 可见，社会成本可以通过法令和政策的规定，逐步地转为制造商成本或客户成本。

表 5-9　产品生命周期成本的形成

阶　段	制造商成本	客 户 成 本	社 会 成 本
计划与设计	市场调研、产品开发		
生产	物料、能源、装备、人工、投资		垃圾处理、污染治理、健康损伤补救
销售与使用	包装、存储、运输、损坏、保修服务	运输、存储、能源、材料、维护	垃圾处理、污染治理、健康损伤补救
报废		垃圾处理或回收	垃圾处理、污染治理、健康损伤补救

2. 制造系统成本管理的环节

成本管理工作是由成本预测、成本计划、成本核算和成本控制等环节组成的。

（1）**成本预测**　它是指根据成本的特点和有关的数据资料，综合经济发展前景和趋势，采用科学的方法，对一定时期的一定产品或某个项目、方案的成本水平与成本目标进行预计和测算。成本预测可以为企业挖掘降低成本的潜力指明方向和途径。

（2）**成本计划**　它是指以货币形式预先规定企业计划期内的生产消耗水平和应达到的成本目标以及各种产品成本水平。它是企业对生产耗费进行监督、控制和考评的重要依据。

（3）**成本核算**　它是指将生产过程中的各种耗费按经济用途进行划分，通过一系列的归集和分配，最终计算出每种完工产品的实际总成本和单位成本的工作过程。成本核算能正确反映生产过程中的实际消耗水平，为成本管理的其他环节提供可靠的依据。

（4）**成本控制**　它是指在成本形成过程中，对各项成本形成的具体活动及其费用开支，进行引导、限制、监督，使其符合有关政策法规和控制标准，以实现不断降低成本目的的工作。成本控制必须根据以最少的资源耗费获得最大的经济效益的原则，从企业的人力、物力和财力等的使用情况以及各项工作的效果来衡量和考核各项费用的支出。

3. 提高制造系统的经济性

（1）**制造系统的多重属性与经济属性**　制造系统是商品经济的产物。人们对制造系统的认识是逐步深化的。早期人们对它的认识是“赚钱的机器”；后来，人们从经济学意义上认识到它的基本功能是“资源增值的转换”；随着现代经济的发展，人们又认识到它是“国民经济的细胞”；随着企业经营方式从以产品为中心向以客户为中心的转移，人们进一步认识到制造系统是“社会发展的基本单元”。

由前述制造系统的四个运动流可知，企业级制造系统具有工程、生物和经济等多重属性。

1）从工程角度来看，它是一个由硬件、软件和人员构成的动态技术系统。它通过物料（含能量）流和信息流，改变原材料的形状、性质或与别的零件结合而转变成产品。

2）从生物角度来看，它是多种制造单元组成的人造系统，它通过劳务流，改变处理对象使产品和制造系统的生命周期连续循环。

3）从经济角度来看，它是一个由固定资产、流动资产和无形资产构成的动态经济系统，它通过资金流使资产增值并获得收益。即物料通过作用在它身上的制造操作而增加价值，如塑料因变成椅子而增值。

图5-7所示的经济模型描述了制造系统的经济属性。在市场经济条件下，其工程性和生物性服从于经济性的要求。对于一个从经济属性来看是亏损的制造系统，不论它处于生命周期的有利环节上，还是它的技术性能好，都绝不是一个好的制造系统。制造系统运营的主要形式是实现资金与产品的相互转化。通过这种相互转化，使其他属性与经济属性紧密联系起来。其运营的根本目标是在各种约束条件下，持续地、更快更多地获得利润。

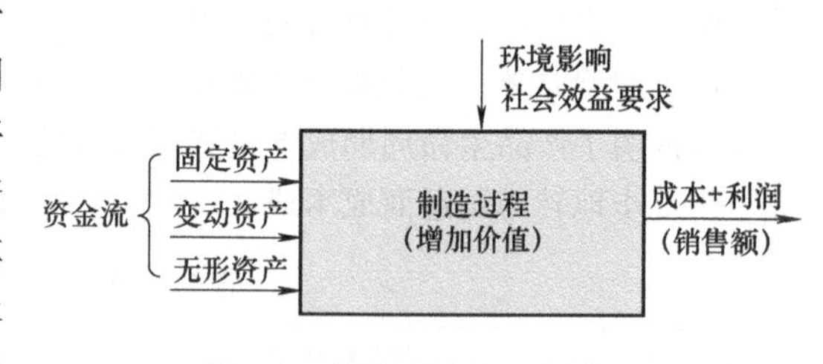

图5-7　制造系统的经济模型

（2）**降低产品生命周期成本**　降低产品生命周期成本必须兼顾生产者、使用者的经济效益和社会效益。

1）**降低制造商成本**。这可以通过成本管理的方法来实现。例如：①通过减少加工时间、提高工作效率、降低技术工人的等级（不影响加工质量）来降低人工费用。②采取一切措施减少各种库存，生产、采购及检验等各部门严格控制物料的数量、进价和质量等，降低物料费用；通过优化设计减小零件的体积；通过优化方法确定切削用量来降低刀具费用。③通过精简职员、优化经营管理方式、提高设备利用率来降低间接费用。④广泛深入持久地开展技术创新，设计、改良及创新产品，改进生产方法和生产技术。⑤慎重编制成本预算，严格执行成本控制，就能有效

地将生产成本控制在最低水平。

2）**降低客户成本**。这可以从下述几个方面来考虑：①**提高产品的效率**。例如，机电产品的效率主要取决于传动的结构形式和执行机构的类型及参数。②**合理确定产品的经济寿命**。**经济寿命**是指设备从开始使用至继续使用其经济效益变差所经历的时间。单纯追求产品的使用寿命长是不恰当的。使用寿命越长，系统的性能下降越多，效率越低，相应的使用费用越多，使用经济性越低。设备更新的最佳时间应由其经济寿命确定。③**提高维修的经济性**。维修能延长设备的使用寿命，但必须付出一定的维修费用。以尽可能少的维修费用换取尽可能多的使用寿命，是设备维修的原则。对于不同价值的产品，应采用不同的维修方式，如定期、按需、免修等方式。

3）**降低社会成本**。这可以通过制定法令、政策，大力推广绿色制造模式等措施来实现。

以产品生命周期成本最低为目标，就要兼顾产品受益者（Stakeholder）和受害者（Casualty）双方的经济性。由此可见，产品生命周期成本是环境、质量、服务、时间和成本五个属性辩证统一的基础。

案例 5-2　圆珠笔之问。

复习思考题

1. 什么是模型？它在研究制造系统中起何作用？
2. 制造系统的模型如何按描述对象分类？如何按描述过程分类？
3. 功能模型和性能模型有何区别？
4. 制造系统建模的目的、要求与步骤是什么？你认为哪种建模方法对制造系统更有效？
5. Petri 网有哪些优缺点？
6. 制造系统的决策要素有哪些？制造系统的决策目标是什么？
7. 制造系统的质量系统包括哪些子系统？
8. 如何理解和处理制造系统的环境（生态文明）与成本（经济性）的关系？
9. 何谓客户满意度？如何提高客户满意度？没有投诉是否一定表明客户很满意？
10. 运用制造系统的决策要素，分析我国圆珠笔制造技术的瓶颈现象。

第6章 制造系统的设计与运行

本章介绍了制造系统的设计和运行原理。定义了制造系统生命周期的概念；阐述了制造系统的设计目标、设计约束、设计特点、设计内容、设计方法和设计步骤；说明了制造系统的运行功能、生产计划和生产控制，制造系统对控制性能的要求，以及常用的控制方式；分析了制造系统的演进路径。

6.1 制造系统的设计原理*

6.1.1 制造系统设计的过程和类型*

1. 设计过程

（1）目标与约束

1）**目标**。制造系统设计的目标，就是制造系统决策时所追求的五个目标：尽可能快的市场响应，尽可能高的产品质量，尽可能低的制造成本，尽可能好的客户服务和尽可能小的环境影响，即对环境 E、质量 Q、服务 S、时间 T、成本 C 进行综合优化。五个要素之间存在密切联系，不可偏废。而同时达到五个目标的优化很困难，应针对不同制造系统的实际情况，尽可能满足制造系统具体的设计要求。

2）**约束**。在设计制造系统时，需要充分考虑和认识到围绕制造系统的各种环境因素，这些因素构成了制造系统的约束条件。一般来说，制造系统总会受到来自自然、社会、国际、劳动、技术五个方面的环境影响，如图6-1所示。

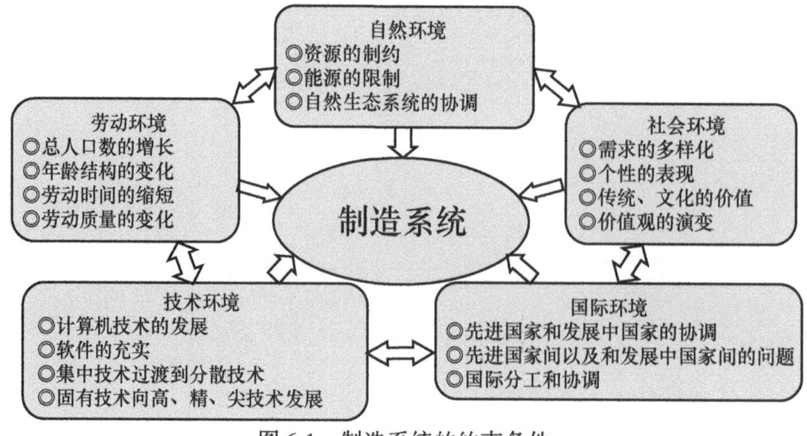

图6-1 制造系统的约束条件

约束条件的影响程度是随着时间变化而变化的。例如，以技术环境来说，计算机、多媒体、网络和人工智能等技术对制造系统有直接的重大的影响。又如，在社会环境中，需求的多样化使企业向小批量生产类型发展，并鼓励客户参与制造系统的开发，这些变化对制造系统有很大的影响。因此，充分认识周围环境因素变化及其对制造系统影响的程度，对制造系统的设计和改进是相当重要的。

（2）**过程与特点**

1）**过程**。制造系统设计就是对制造系统的综合。它是一个从需求出发，逐步细化，最终满足要求的过程。有时它要经过综合→分析→再综合→再分析→……多次反复才可能满足设计要求。制造系统设计是一项复杂的系统工程，其过程如图 6-2 所示。它是指设计组在有关参考模型、相关数据库、方法库和约束条件的支持下，采用一套科学而实用的理论、方法与工具，将系统规划或原系统转换成新系统以适应环境的需求。

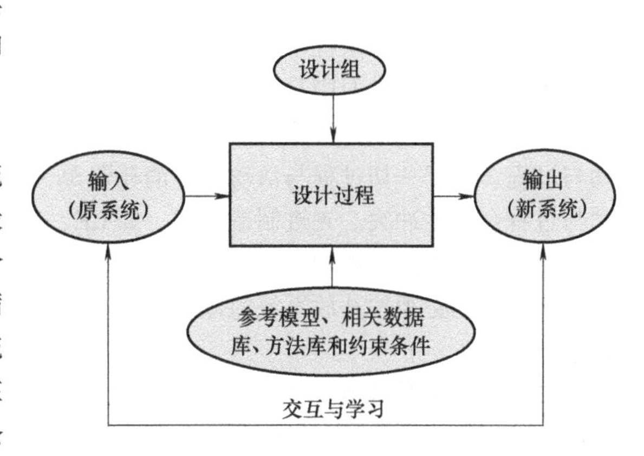

图 6-2　制造系统的设计过程

制造系统设计采取的设计方法与步骤对于系统的成功实施至关重要。据估计，系统分析与规划阶段造成的失误在后续阶段可能要花费该阶段的 2 倍时间才能找到，而纠正需要花费该阶段的 5 倍时间。因此，进行制造系统的设计必须采用正确的方法与合理的步骤。

2）**特点**。制造系统的设计不同于一般产品的设计，其主要特点见表 6-1。

表 6-1　制造系统设计的特点

特　点	说　明
面向全局	覆盖整个企业的活动，包括设计、生产、经营、管理等环节，甚至扩展到供应链，追求总体优化
系统集成	由多个子系统构成，既有自动化系统、半自动化系统和人工系统的集成，又有异构软硬件的集成
学科综合	科技在制造系统设计中的应用具有交叉性、先进性、工程性、综合性的特点，需要多学科人员参与
动态发展	新的制造理念、模式和技术不断涌现，制造系统设计应具有开放性和不断进化，以保证系统适应环境变化
持续建设	因为企业发展无止境，所以其建设项目是有起点无终点的；基本原则是总体规划、分步实施、滚动发展

2. 设计类型

制造系统一般包括产品系统、工艺系统、组织系统、物流系统和信息系统。制造系统设计的类型可分为以下五种。

（1）**产品系统设计**　产品是制造系统设计的依据，制造系统围绕产品运行。产品的 EQSTC 是否符合市场需求，产品的结构、工艺是否合理，直接关系到制造系统的经济效益和社会效益。因此，产品是制造系统中的一个最关键的子系统。

产品系统设计主要根据产品的市场需求，确定兼有适用性和先进性的功能，选择合理的设计方案，计算和确定产品的尺寸参数，绘制产品图样并生成技术文件和电子文档。由于产品系统因不同行业而存在很大差异，所以产品系统设计在功能与结构上具有相对的独立性，在学术界已形成了庞大的研究领域，在工业界也被设置为一个工程技术或产品开发部门。

（2）**工艺系统设计**　制造系统应具有合理的运行过程。企业生产、经营过程的优化，对企业现有经营过程进行重组，以及企业间动态合作的产品开发与生产过程，都属于工艺系统设计。工艺系统设计很大程度上决定了制造系统整体的运行效率和综合效益。制造工艺系统是制造系统中最基本的子系统。其工艺过程设计主要根据产品的设计结果制订产品的工艺流程，使所设计的产品在现有生产条件下，用最有效和最经济的工艺方法进行加工、测试和装配。

工艺系统设计的原则是使一切具有增值的过程与活动能在物流层中连续、畅通、及时地进行。这里首先要区别有价值的活动与无价值的活动，然后消除一切对最终产品不增加价值的活动与过程。由于一切过程与活动都要消耗资源，而资源总是有限的，若没有合适的方法，某些活动与过程会发生冲突。先进制造模式，如CE、JIT、LP就是为了解决这些冲突而提出的方法。

在设计制造过程的功能时，不仅要考虑目前的需求，还要看到未来的需求，避免造成未来的瓶颈。因此，必须按开放系统的概念来设计与构造具有适应环境变化，重构制造系统功能的功能体系结构。

（3）**组织系统设计**　人是制造系统中的重要组成因素。计算机难以取代人在制造系统中的作用，特别是系统中的非结构化部分更是离不了有经验的人。人所发挥的作用通过组织实现。如何保证系统中的人为同一目标而协同工作，是成功设计制造系统的前提条件。

组织系统设计主要包括制造系统的组织结构和组织方式的设计。传统制造系统的组织结构和组织方式相对静态、稳定，而制造系统的组织结构和组织方式是通过先进制造模式实现的。例如，并行工程（CE）是在企业内采用工作组的组织方式；敏捷制造（AM）是在企业之间建立动态联盟的组织方式。

组织是制造系统内各要素相互联系的一种方式。这种联系对外表现为系统的功能，对内表现为组织结构，即全体人员为实现共同目标而进行分工协作，在职务、责任方面所形成的结构体系，也称为权责结构。

组织结构的特征包含两项内容：①**管理层次**。它是组织结构的纵向复杂程度。②**管理幅度**。它是一名上级直接领导的下级人数。两者通常成反比关系。

组织结构的形成与组织所处的内、外部环境密切相关，这些因素称为权变因素，也即权宜变化之意。根据权变组织理论，不存在一个普遍适用的、“最佳的”组织结构模式，组织结构应根据即时、即地进行设计。

组织系统设计是一个动态的工作过程，组织系统设计分为全新设计、业务重组及局部调整等，组织系统设计的程序和内容见表6-2。

表6-2　组织系统设计的程序和内容

程　序	工作内容
① 设计原则的确定	根据企业的目标和特点，确定组织设计的方针、原则和主要参数
② 职能分析和设计	确定管理职能及其结构，层层分解到各项管理业务和工作中，进行管理业务的总体设计
③ 结构框架的设计	设计各管理层次、部门、岗位及其责任、权力，绘制组织系统图
④ 联系方式的设计	进行控制、信息交流、综合、协调等方式和制度的设计
⑤ 管理规范的设计	设计管理工作程序、管理工作标准和管理工作方法，作为管理人员的行为规范
⑥ 人员配备和训练	根据结构设计，定质、定量地配备各级管理人员
⑦ 运行制度的设计	设计管理部门和人员的绩效考核制度，精神鼓励和工资奖励制度，管理人员的培训制度
⑧ 反馈和修正	将运行过程中的信息反馈回去，定期或不定期地对上述各项设计进行必要的修正

（4）**物流系统设计**　物流系统一般由生产设备、辅助设备、动力设备等组成。它是实现制

造系统中的各种过程与功能的物质保证，又称为物理系统。该系统的主要任务是保证物料流的正确流动，确定人与机器的分工。全部手动与全部自动是两种极端的情况，一般是在两者之间进行比较与选择。物流系统设计应根据各种设计原则，利用系统工程的方法使各种物理设备处于一种优化状态。

物流系统设计的常用方法有两类：分解优化法和基于经验的试错法。

1）**分解优化法**。它把物流系统的设计问题分解成一系列较为简单的子问题，然后针对各个子问题，研究解决它们的方法。通常将物流系统设计分解成四类子问题，见表 6-3。

表 6-3　物流系统设计的类型

类　型	说　明	目　标
资源需求问题	确定每种生产资源的合适数量（如机床、工夹量具）	基于成本的（如最大投资效益），或基于时间的（如最大生产率）
资源布局问题	设计一个有限空间（如车间）中的生产资源的布局	物料传送费用、传送时间或资源重组成本最小
物料传送问题	确定物流系统的结构	系统的柔性、成本、生产率和可靠性
缓存容量问题	确定物流系统中工件缓存器的位置和容量	使生产率最大化和库存成本最小化这两个冲突目标达成平衡

2）**基于经验的试错法**。它首先推测一下可能的设计方案，然后评估生产的性能，满意则结束，不满意则开始新一轮的设计周期。常用的设计步骤为：①定义系统目标。不同企业有不同的目标，最常见的有：投资回报率、资源有效利用率和柔性。②产生详细的物流系统要求和限制。决定完成特定零件族加工的机床，生产面积限制等。③基于②产生的限制，产生一组物流系统方案，然后根据预先定义的物流方案，评估这组物流系统方案。物流方案是基于公司的长期商业计划，其中预测了在这个物流系统中所需要生产的零件族。

因为新工艺的不断出现，新产品需求的提出，都会导致对公司长期商业计划的修改，从而大大影响对物流系统的要求。所以实际的设计远比这个过程复杂。

（5）**信息系统设计**　信息在制造系统中的作用同物质与能量一样，它是企业赖以生存与发展的资源。随着信息技术与先进制造技术的不断融合，信息系统在整个系统中所占的比例和所发挥的作用越来越大。信息系统的运行可以达到对制造系统的信息驱动和控制。信息系统的任务是保证在正确的时间，将正确的信息，以正确的方式，传送到正确的设备与人，从而在制造系统中形成一条畅通的信息流。

信息系统设计的内容包括：实现制造信息管理的应用系统设计，以及由数据库系统、网络系统组成的支撑系统设计。信息系统中的应用系统一般包括技术信息、生产信息、质量信息和管理信息四个子系统。

从制造系统的结构上看，信息系统设计包括以计算机和网络为基础的硬件设计和与各项制造技术相关的软件设计。硬件的控制方式有集中式与分布式两种，分布式将是发展的方向。目前硬件发展极为迅速，应以开放、适用与经济为其设计原则。

案例 6-1　网络/数据库支持下的 AMS 信息系统。

6.1.2　制造系统设计的方法

1. 生命周期法

建立新系统的过程，称为系统开发。下列方法最初都是国内外较流行的信息系统开发方法。

(1) **基本思路** 系统开发相当于生物的孕育阶段，一个旧系统的死亡往往伴随着另一个新系统的诞生，形成周期性循环。

系统开发可粗分为系统设计和系统实施两大阶段。系统设计是自上向下逐步分解、不断细化的过程；系统实施则是由下向上逐步集成的过程。

自上向下的方法，强调由全面到局部，从研究系统总体功能出发，设计出各子系统，各个子系统及模块设计都要建立在全局优化的原则指导下。

自下向上的方法，是从现行系统的业务现状出发，先实现一个个具体的功能，逐步地由低到高、自下而上地实现系统的总目标。

(2) **阶段任务** 一般将系统开发过程划分为五个阶段：系统规划、系统分析、系统设计、系统实施、系统运维。系统开发过程的15步如图6-3所示。下面将说明采用生命周期法进行系统开发时的阶段任务。

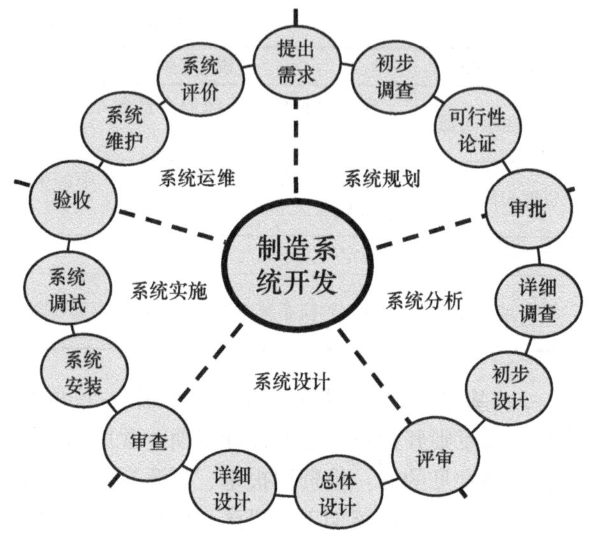

图6-3 系统开发的生命周期法

1) **系统规划**。系统规划的目的是对企业内外相关资源进行统一规划。其主要任务是了解制造系统的战略目标及内外现实环境，确定统一的总体目标和主要功能，拟订初步的总体方案和实施路线，从技术、经济和社会条件等方面论证总体方案的可行性，制订投资规划和初步开发计划，编写可行性论证报告。根据实践经验，系统规划工作应在企业系统咨询诊断的基础上进行，由企业的主管人员与高水平的专家合作完成。

2) **系统分析**。系统分析通常称为需求分析，目的是对问题域和系统关系进行分析和理解。其主要任务是确定系统需求，建立目标系统的功能模型和初步的信息模型，提出系统的总体结构方案，提出系统集成的各种接口要求，确定关键技术并提供解决途径，拟订实施计划，完成系统软硬件选型工作，制订系统测试计划大纲，提出投资预算，进行技术、经济和社会效益分析，编写初步设计报告，提出详细设计任务书等。一般将初步设计文件当作整个系统开发的“法律性文件”。

3) **系统设计**。系统设计的目的是设计一个能够满足客户需求的技术解决方案。其主要任务是细化和完善初步设计得出的系统和分系统方案，完善业务流程重组和工作流设计，完成信息分类编码系统设计，完成系统功能界面、信息界面、资源界面和组织界面的设计，完成数据库逻辑设计、数据安全与保密设计、计算机网络的逻辑设计和物理设计，完成系统内外接口的集成，即系统的集成设计，制订系统测试计划和质量保证措施，编写详细设计报告及附件，提出实施任务书。信息分类编码关系到全局的信息集成，必须及早完成。

4) **系统实施**。系统实施的目的是构造信息系统的技术部件并使其投入运行。其工作任务是按照已确定的总体方案进行环境建设、子系统和分系统的实施，由下而上地逐级开发、测试和集成。系统实施的工作内容是：信息基础环境的建立及制造设备的安装调试；应用软件的安装、测试和试运行；企业调整包括运作模式的转换，组织机构的调整，确定岗位操作规范，完成人员定岗与培训。根据经验，这个阶段主要抓好四个落实：领导落实、队伍落实、经费落实和时间进度落实。

5）**系统运维**。系统运维的目的是使系统能够正常工作。其任务是将已开发建成的系统投入运行，在运行过程中进行相应的修改完善。在此基础上实现正常运行，实现系统目标。运行阶段的工作内容有：数据准备和录入；系统试运行；修改完善；运行。从试运行到正式运行可能要经历多次反复的过程。系统的维护是广义的，既包括系统软硬件装置的修改完善，又包括企业运行机制、运行程序、组织结构和人员职能等多方面的调整和改进。

（3）**特点** 生命周期法的优点、缺点和应用范围见表6-4。

表6-4 生命周期法的优点、缺点和应用范围

优点	① 强调开发的全局性。自上向下，从时间角度把软件开发和维护分解为若干阶段，每个阶段相对独立 ② 降低开发的复杂性。对每个阶段进行审批，提高了可操作性，发现问题及时纠正，降低了系统开发的风险 ③ 有利于决策。将每一阶段的终点作为检测点，提供了对大型项目做出重大决策的时机
缺点	① 开发周期较长，因为开发顺序是线性的，各个阶段的工作不能同时进行 ② 更正错误的代价较大，因为前一阶段所犯的错误必然带入后一阶段，而且越是前面的错误，改正工作量就越大 ③ 不支持反复开发，在功能经常要变化的情况下，难以适应变化要求
应用	生命周期法是结构化系统开发方法，适合于开发复杂的大系统

2. 层次化设计法

层次化设计法主张按不同功能子系统层次排列的结构设计整个系统。其系统的层次结构如图6-4所示。从图6-4可知，执行层P是在多层（级）系统C_0、$C_{ij}(i=1.2,\cdots,n;j=1.2,\cdots,m)$的支持下实现输入至输出的变换。$C_0$代表高层管理系统，$C_{ij}$代表第$i$层（级）第$j$个中、低层次的管理系统。目前的FMS或CIMS系统只有3或4级（即$n=3$或$n=4$）。层次化设计法的本质是系统分解。

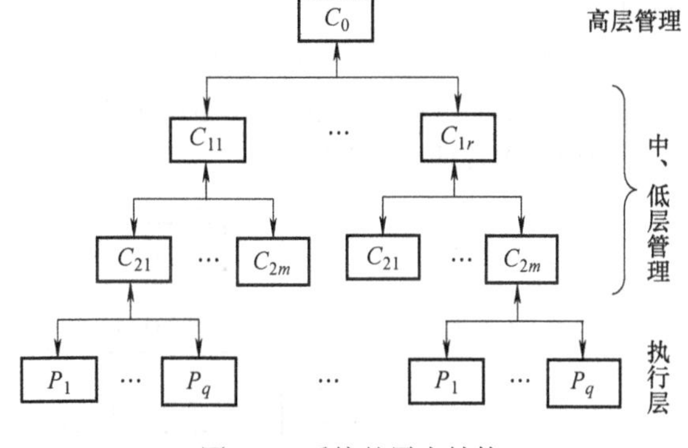

图6-4 系统的层次结构

3. 模块化设计法

首先把大系统分解为彼此尽可能独立的几个功能子系统，然后对各功能子系统进行设计和优化，最后把所有子系统协调集成，并进行整体优化。该方法的具体内容请参见“先进设计技术”。

4. 原型法

原型法是一种从基本需求入手，快速构筑系统的原型，通过原型确认需求以及对原型进行改进，最终达到建立系统的目的的方法。其步骤是：①确定用户的基本要求；②快速构造初始原型构架；③交给用户运行和评价原型；④修改和完善原型，最终形成适用的系统。原型法适用于简单的小型系统。

5. IDEF

IDEF是用于描述企业内部运作的一套建模方法。其含义是集成计算机辅助制造（Integrated Computer Aided Manufacturing，ICAM）定义（DEFinition）。IDEF是由美国空军于1981年发明的，现在则根据知识基础系统开发。它本来只运用在制造业上，经过改造后用途变广了，适用于一般的软件开发。

6.2　制造系统的运行原理

6.2.1　运行功能

制造系统的运行问题主要是管理与控制问题。制造系统管理与控制的主要目标是合理计划、调度与控制物流，减少制造系统中的“空闲时间”，提高制造设备的利用率，以达到提高生产率的目的。

制造系统的运行包含两个方面：一是生产计划，它决定什么时候生产、生产多少以及生产什么产品，它还计划为完成生产所需要的资源；二是生产控制，它决定进行生产所需要的资源是否已被提供，如果没有则采取必要的行动。制造系统的运行有时还包含库存控制功能，这个功能主要用于决定合适的原材料、在制品和成品的库存水平。

制造系统运行问题的求解取决于制造系统的类型。例如，对于多品种小批量生产类型的制造系统，生产的产品通常是复杂的并包含许多部件，每个部件都需要多个工步才能完成。有效地运行这类制造系统需要详细的生产计划，排序和协调大量不同的生产部件。而对于大量生产的制造系统，往往采用流水线布局，这类制造系统的运行问题相对简单，只要保证正确的部件在正确的时间到达正确的工位即可。但是一旦不能进行正确的控制，则会造成整条线停止的严重后果。一般来说，多品种小批量生产的运行着重考虑生产计划问题，而大量生产则着重考虑生产控制问题。

图6-5给出了制造系统运行所需的功能模块和它们之间的关系。整个运行功能可从计划和控制两个角度来划分层次。划分层次的目的有两个：一是体现生产管理由粗到细的深化过程；二是为了明确不同管理层的责任。

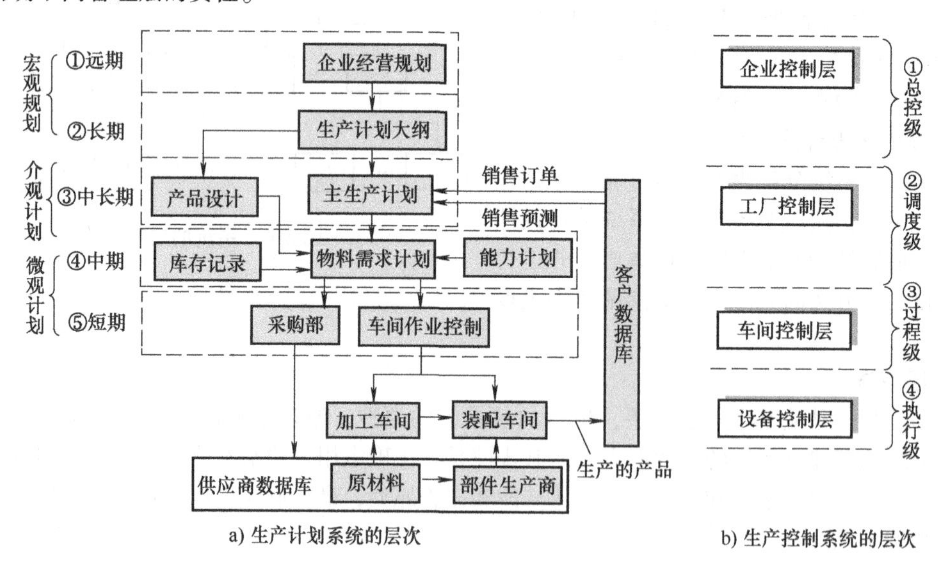

图6-5　制造系统的运行功能图

（1）**生产计划系统的层次**　一个企业的生产计划系统一般分为五个层次，如图6-5a所示。它的最上层是企业经营规划（计划期为3～7年），接着是生产计划大纲（又称为销售与生产规

划，计划期为1~3年)、主生产计划（计划期为3~18周)、物料需求计划（计划期为3~18周）和最下层的车间作业控制（计划期为1周)，每一层计划都是对上一层计划的进一步细化和补充。这些计划分别反映了企业远长期、中长期、中期和短期的行为，并由相应的计划管理人员负责。其中，主生产计划是粗略的生产计划，物料需求计划则是详细的生产计划。

（2）**生产控制系统的层次**　制造系统生产控制的任务一般分为总控级、调度级、过程级和执行级四级，如图6-5b所示。根据主生产计划，一般离线进行加工计划的制订。总控级根据加工计划实现工艺控制和工况数据处理。总控级是整个生产控制系统的心脏。总控级的任务有：①工艺控制。如NC程序管理和分配。②工况数据处理。它包括工况、机床和状态数据的采集与处理，显示、文档及控制功能处理，系统图形显示等。③监控与诊断。如根据工作负荷检查NC程序、刀具、托板、工件是否具备要求的条件，检查故障的情况与原因等。调度级完成调度控制，如根据任务单进行内部调度，产生工件和刀具流的控制数据。过程级则直接控制加工设备、传送系统、仓库等执行级。

生产控制系统硬件的主体是计算机系统。各层的计算机系统一般采用多客户机/服务器结构形式，并在分布式数据库支持下，通过网络传递数据和信息。较高层的计算机主要进行大量的信息管理与控制工作，数据量大，其结构复杂，并具有多任务并发处理的要求。企业控制层计算机主要完成经营管理、战略决策任务和全局信息的管理、分析及集成管理。工厂控制层由多台计算机构成的子系统组成，承担制造系统的生产管理、技术工程和工厂的信息处理任务，要求一定的实时处理能力。车间控制层由担任各种车间管理和实时监控的工作站和微机子系统组成，要求具有实时处理能力。设备控制层的计算机直接置入制造加工设备，完成设备控制功能。

6.2.2　生产计划

1. 生产计划大纲

（1）**定义**　生产计划大纲（Production Planning，PP)，是企业根据经营计划的市场目标制订的一个长期生产计划。它是对企业经营计划的细化。PP也称为综合计划、生产大纲。

（2）**原理**　PP的作用有两个：协调满足经营计划所需求的产量与可用资源之间的差距，即在经营与生产之间架起一座桥梁；最终定稿生产计划大纲作为下一层计划的编制依据，即为主生产计划提供一个框架。

PP的内容：每一产品类的月生产量；所有产品类的月汇总量；每一产品类的年汇总量；所有产品类的年汇总量。计划展望期一般为1~3年，计划周期一般为1~3个月。

（3）**应用**　PP必须要回答以下问题：①每类产品（不只是指某最终产品）在计划展望期内需要制造多少；②需要哪些资源来制造这些产品；③有哪些可用资源；④采取哪些措施来协调总资源需求和可用资源之间的差距。

PP的编制步骤：①搜集资料；②编制PP的初稿；③确定资源需求；④PP的确定与批准。

2. 主生产计划

（1）**定义**　主生产计划（Master Production Schedule，MPS)，是确定每一具体的最终产品在每一具体时间段内生产数量的计划。有时也可能先考虑组件，最后再下达最终装配计划。MPS是预先建立的一份计划，由主生产计划员负责维护。

MPS反映了生产对需求的一种承诺，是对生产计划大纲内容的进一步细化。

（2）**原理**　MPS的主要任务是说明企业在各计划时间段内需求什么、需求多少和什么时候需求，并且其汇总结果等于生产计划大纲的总量。MPS的实质是保证销售规划和生产规划对规定的需求与所使用的资源取得一致。MPS考虑了经营规划和销售规划，使生产规划同它们相协调。

它着眼于销售什么和能够生产什么，并且以粗能力数据调整这个计划，直到负荷平衡。主生产计划必须考虑客户订单和预测、未完成订单、可用物料的数量、现有能力、管理方针和目标等。

（3）**应用** MPS作为物料需求计划的主要依据，起到了从综合计划向具体计划过渡的承上启下的作用。编制主生产计划的主要信息来源有：生产计划大纲、预计的需求、可用的资源、项目的资源使用定额、制造提前期。

在制订主生产计划时，必须首先清楚地了解两个约束条件：一是主生产计划所确定的生产总量必须等于总体计划确定的生产总量；二是在决定产品批量和生产时间时必须考虑资源的约束。与生产量有关的资源约束有若干种，如设备能力、人员能力、仓储空间的大小、流动资金总量等。根据产品的轻重缓急来分配资源，将关键资源用于关键产品。

3. 物料需求计划

（1）**定义** 物料需求计划（Material Requirement Planning，MRP），又称为物资需求计划。MRP是指根据产品结构各层次物品的从属和数量关系，以每个物品为计划对象，以完工时期为时间基准倒排计划，按提前期长短区别各个物品下达计划时间的先后顺序，是一种工业制造企业内物资计划管理模式。

在MRP系统中，“物料”是一个广义的概念，泛指生产主产品所需的原材料、在制品、外购件以及产品。主产品就是企业用以供应市场需求的产成品。例如，汽车制造厂生产的汽车，电视机厂生产的电视机，都是各自企业的主产品。

当主产品结构复杂、零部件数量特别多时，MRP的计算工作量非常庞大，必须通过计算机计算所需物料。因此，MRP也是确定材料的加工进度和订货日程的一种实用技术。

（2）**原理** MRP系统原理图如图6-6所示。MRP要根据主产品的主生产计划、产品结构文件、库存文件、生产时间和采购时间，把主产品的所有零部件的需求量、需求时间和先后关系等准确计算出来。其中，零部件由企业内部生产的，需要根据各自的生产时间长短来提前安排投产时间，形成零部件投产计划；零部件需要从企业外部采购的，则要根据各自的订货提前期来确定提前发出各自订货的时间、采购的数量，形成采购计划。确实按照这些投产计划进行生产和按照采购计划进行采购，就可以实现所有零部件的生产计划，这样不仅能保证产品的交货期，而且还能降低原材料的库存，减少流动资金的占用。

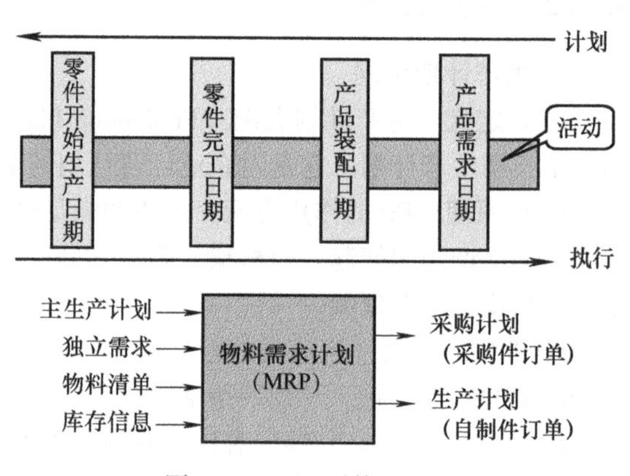

图6-6 MRP系统原理图

MRP系统的基本结构如图6-7所示。由图6-7可见，MRP是根据MPS、主产品的物料清单（BOM）和库存文件而形成的。MRP主要内容包括客户需求管理、产品生产计划、原材料计划以及库存记录。

（3）**应用** MRP主要用于生产“组装”型产品的制造业。制订MRP前就必须具备以下四项数据：①MPS。它指明在某一计划时间段内应生产出的各种产品和备件。②BOM。它指明物料之间的结构关系，以及每种物料需求的数量。③库存记录。它把每个物料品目的现

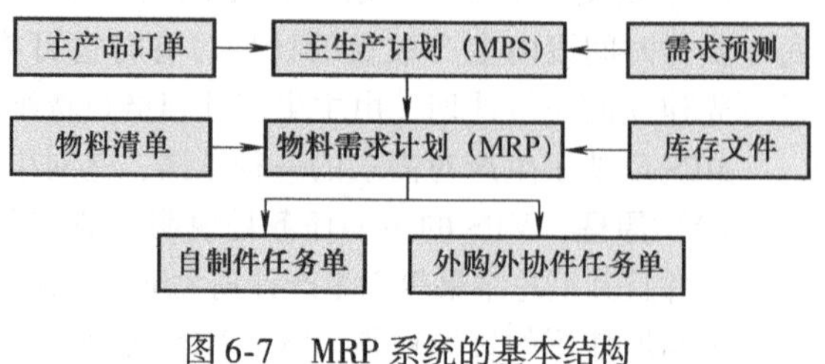

图6-7 MRP系统的基本结构

有库存量和计划接受量的实际状态反映出来。④提前期。它决定着每种物料何时开工、何时完工。这四项数据是缺一不可的。

在实施 MRP 时，与市场需求相适应的销售计划是 MRP 成功的最基本的要素。MRP 也存在局限性，即资源仅仅局限于企业内部和决策结构化的倾向明显。

4. 车间作业计划

（1）**定义**　车间作业计划（Shop Floor Planning，SFP）是一种工作日或工作班范围的零件加工工序进度计划，处于生产计划的最底层，它又称为车间作业控制（Shop Floor Control，SFC）。SFP 的任务是为加工单元编制作业顺序计划。

通过车间作业计划应实现的目标有：①合理利用各种资源，按品种、质量、产量和交货期等要求制订可实施的生产计划。②建立良好的生产秩序，保证生产过程的平滑性。③使制造系统的生产率最高，缩短产品的制造周期，减少在制品数量，加速资金周转，提高系统整体经济效益等。

（2）**原理**　车间作业计划的具体功能包括以下三个方面。

1）**生产任务的最优分组**（Lot-Size Analysis）。它是将旬或周生产作业计划分解成日或班次计划，将生产任务（如被加工的工件）进行最优分组，以缩短系统的准备调整时间（Set-up Time），并均衡地提高系统内各种资源的综合利用率。

2）**生产任务的最优负荷平衡**（Optimal Load Balance）。其目标是在同一组生产任务中使各主要设备的工作时间之差最小。在生产任务分组以后，为了优化利用资源，应使系统的各主要加工或装配设备尽可能地同时完成生产任务。因此，必须平衡各设备上的负荷。负荷是指每台设备所承担的加工或装配工作量。

3）**生成系统资源需求计划**。上述生产任务最优分组和负荷平衡的主要目标是考虑在满期的前提下，最优利用主要加工或装配设备。事实上，为了完成加工任务，必须在考虑上述问题的同时制订出系统内其他资源的最优需求计划，如刀具的需求计划及最优调度策略等，并且将这种资源需求同上述生产任务的作业计划相协调。

（3）**应用**　在月、旬或周生产作业计划的基础上，根据系统各种资源的实时状态数据，制订系统具体的（工序级）作业计划，计划编制与调度应兼顾交货期、设备利用率和系统生产率。该计划将确定规定的计划期间内各种制造设施的具体使用状况，每日/班内加工的工件种类和数量等。计划与管理的软件系统要编制出作业计划、刀具需求计划，并进行作业的静态调度和刀具预调。

实际制定生产任务最优分组策略的标准有：①生产任务的交货期（Due-Date）限制。②按工艺相似性使生产任务分组后的组数应尽可能少。③为每组生产任务实现最优均衡负荷分配提供条件。④以系统内其他辅助资源需求限制（如夹具、托盘）作为约束条件。

6.2.3　生产控制

1. 生产系统调度

生产系统调度是一种运行控制。它动态地根据下级传送的反馈信息和实际的系统状态数据，决定下一步执行哪一道工序。调度自动化是指根据多种优化目标，采用计算机的各种算法自动地完成调度的任务。调度一般应解决加工工序的最优化和加工工艺路线的自动优化，以及各类设备的利用率等问题。

一般生产任务的调度问题分解为静态调度和动态调度两个子问题。

（1）**静态调度**（Static Scheduling）　它是指在系统运行之前预先确定每个任务（工件）进入

系统的先后顺序。由于任务进入系统的先后顺序严重影响它在系统内的“通过时间”，因此生产任务静态调度的优化目标是使系统的工作时间（Make Span）最小。工作时间是指从第一个任务进入系统开始加工到最后一个任务完毕离开系统所经历的时间。

（2）**动态调度**（Dynamic Scheduling）　它是指系统处于运行过程中，对系统内的加工任务实时再调度的功能。例如，改变加工顺序或工艺路径的环节。

当FMS处于运行状态时，在一个加工中心的托盘交换站前，有多个被加工的工件处于等待状态，等待的工件集合称为等待队列。这种等待队列虽然经过静态调度的优化（如使工作时间最小），但在系统运行过程中会出现一些不可预见的扰动（如被加工工件交货期的改变而导致零件优先级的改变，由于系统内某些设备的故障而延误了正常加工任务等），这些扰动会使原已优化的静态调度变成非优化的调度，有时甚至会影响生产任务负荷平衡的结果。因此在系统运行过程中，必须有一个根据系统的实时状态改变生产任务的动态调度。

2. 生产过程控制

制造系统运行的实际状态与生产计划的期望状态之间总会产生偏差。其原因是：①对未来生产活动的预测方法不完善；②生产计划是按照不准确的预测值制订的；③按标准值制订的工艺规划、日程计划与实际情况有差别；④在计划实施过程中，可能出现随机扰动，如关键加工设备故障、操作者缺勤等；⑤原材料或其他生产要素短缺；⑥操作错误出现不合格品等。

生产过程控制的功能和具体任务见表6-5。

表6-5　生产过程控制的功能和具体任务

功　能	具体任务
执行调度控制级发出的调度命令，控制物流系统、加工系统等子系统的协调运行	① 控制零件数控程序的分发 ② 刀具管理和输送控制 ③ 监测机床状态并控制其运行 ④ 监测物料输送系统的状态并控制其运行 ⑤ 监测装卸站的状态并控制其活动
应用反馈控制原理校正系统状态的偏差，使系统运行的实际状态尽量与生产计划和调度的期望状态相吻合	① 系统实时状态数据采集 ② 数据分析 ③ 为减小实际状态与期望状态之间的偏差而进行控制决策

3. 制造系统对控制性能的要求

目前，制造系统所面临的内外部环境都发生了很大变化。控制结构的合理性将直接影响系统中控制信息和监视信息的流动及生产活动的相互作用。为了对制造系统进行有效控制，使其对市场需求进行敏捷响应，必须对制造系统的控制性能提出如下要求：

（1）**可靠性**（Reliability）　它是指系统按照规定指标无故障连续运行的度量。

（2）**扩展性**（Extensibility）　它是指扩展系统功能时，加入新控制单元的可行性。

（3）**适应性**（Adaptability）　它是指控制系统对制造环境迅速变化的适应性能力。

4. 制造系统的控制方式

为了便于对控制系统进行研究，人们把一个复杂的控制系统分为若干控制单元。控制方式描述了控制系统中各控制单元的决策职责和权限及各控制单元之间的协调关系。为了实现对生产活动的有效控制，适应组织管理方式的发展，制造系统的控制方式经历的过程是：①19世纪后期的集中式控制；②早期CIMS广泛应用的递阶式控制；③随着人工智能和信息技术发展的分布式控制。

（1）**三种控制方式的比较**　图 6-8 所示为集中式、递阶式和分布式三种控制方式的结构。

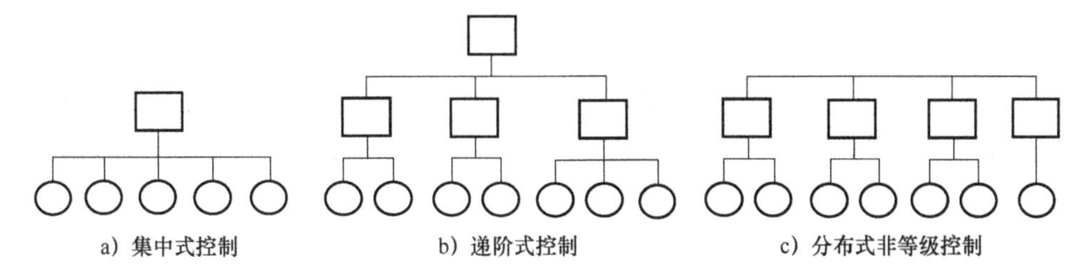

图 6-8　制造系统的三种控制方式结构示意图

□—控制单元　○—被控制的制造实体（如 CNC 机床、自动小车）　□与○之间的连接线—控制关系

表 6-6 列出了集中式控制、递阶式控制和分布式控制三种控制的特点。

目前制造系统中已采用各种现代设备和先进制造技术，车间的智能化设备也日益增多，智能设备间通过网络连接已成为制造系统的新特点。分布式控制还需研究：①异构系统间的兼容性问题；②单元自主性与系统整体性能优化的矛盾。

表 6-6　制造系统控制方式的特点

方式	特　征	优　点	缺　点
集中式	① 集中控制单元由一台计算机构成 ② 所有控制决策功能由集中控制单元承担 ③ 全局数据库记录系统的全部活动	① 全局信息统一处理并共享 ② 可全局优化 ③ 唯一的系统状态信息源	① 响应速度慢且不一致 ② 可靠性差，控制任务的完成依赖于唯一的集中控制单元 ③ 可扩展性差，控制软件难以更改
递阶式	① 从上到下逐步细化，异型多种计算机构成系统 ② 采用主从式分层控制策略，决策层之间维持刚性的上下级关系 ③ 上层监督和协调下层的所有活动 ④ 各层有各自特定功能和集中的数据库	① 可逐步实现，降低了控制难度 ② 可用冗余的计算机资源来增强系统容错能力 ③ 可利用状态反馈信息 ④ 简化各控制模块的规模和复杂性 ⑤ 利于处理各种动态和静态的数据及决策需求	① 上层故障会造成下层控制整体瘫痪 ② 改变设备布置会影响整个控制系统，柔性很差 ③ 通信延迟使上层决策滞后于下层变化，动态适应性差 ④ 局部控制器计算能力有限 ⑤ 增加信息传递环节，降低通信可靠性
分布式	① 同型或异型计算机构成系统 ② 单元间按协议协商解决问题 ③ 完整的局部自治，不存在监控单元，各单元均为自治的实体 ④ 只有局部数据库	① 降低了系统的复杂性 ② 模块化结构更具柔性，也易于扩展 ③ 降低了监视过程对实时控制的延迟 ④ 容错能力强 ⑤ 真正权力下放使工作者责任感增强	① 异型计算机及其通信协议难以协调 ② 难以实现完全的分布式 ③ 尚无支持全部功能的硬件和软件 ④ 存在数据重复和数据冲突的趋势 ⑤ 存在死锁的可能性

（2）**非等级控制常用的策略**

1）**排队**。当一项新任务进入系统时，系统按照预约的原则把它分配到一个单元，这种原则可以是最短排队长度原则或最先可用单元原则。

2）**任务投标**。当一项新任务进入投标系统时，各单元把任务的处理要求及规范与自己的能力进行比较，有能力完成该任务的单元参加投标。按照预约的判据，投标值最高或最低的单元将获得该项任务。

3）**协商**。当一项新任务进入协商系统时，有能力完成该项任务的单元与另一试图承担该项任务的单元协商。每个单元内均包含该单元的所有信息，包括它能加工的零件族、可用的排队场地等。每个单元仅试图获得自己能完成的任务。它总是试图按照自己的能力和当前的负荷状况，估计自己完成该任务的效率来获得这项任务。

4）**协作**。各单元为系统任务更好地分配而协作。协作策略可采取资源共享和任务交换等形式。协作在原理上与协商不同。协商是各单元为获得任务而竞争。

（3）**混杂控制方式** 常见的混杂控制结构如图6-9所示。

1）**改进型递阶控制**，强调了各平级子层之间的直接通信和协调关系。

2）**半非等级控制**，由若干改进型递阶控制结构组成，其各顶层形成平等的通信和协调关系。

3）**寡头控制**，是各控制单元之间关系最为复杂的一种结构，它要求包括顶层在内的各控制层内保持平等的直接通信和协调关系，同时还要求各上层与其下层保持明确的上下级关系。

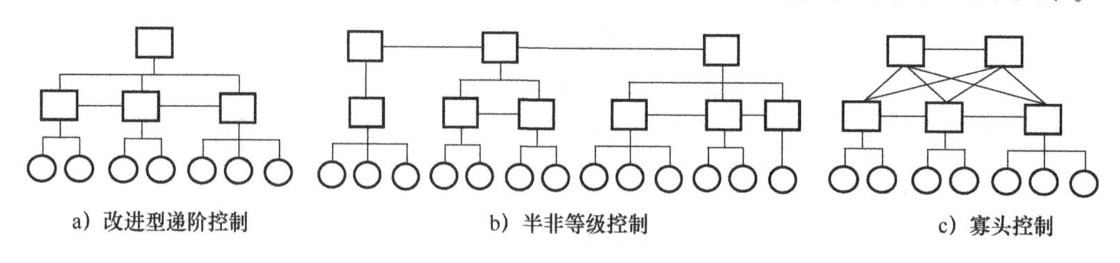

图6-9 常见的混杂控制方式

总之，混杂控制结构兼有递阶控制和非等级控制的特点，层与层之间为上下级关系，同一层各控制单元为平等关系。由于各控制单元间的关系较为复杂，不像递阶控制或非等级控制中各控制单元之间具有一致的上下级或平等关系，实现时要对各控制单元间的关系进行仔细的设计。

6.2.4 演进路径*

制造系统的运行，除了关注生产计划和生产控制，还要从整体上掌控制造模式和制造技术。从全球制造业发展的角度来分析，先进制造系统的演进路径见表6-7。

表6-7 先进制造系统的演进路径

先进制造系统	先进制造模式的主要特征		先进制造技术的关键技术		
	战略重点	竞争策略	基础技术	使能技术	综合技术
集成制造	Q、C、T	人、技术、管理和信息流、物流、资金流的有机集成	CNC、CAD	CIM、CAPP、CAM	PDM、MRPⅡ、ERP
并行工程	T、Q、C	以空间换时间，协同工作，整体最优	DFX	CAD、CAM	PDM、PLM
精益生产	C、Q、T、S	消除一切浪费，持续改善，零废品、零库存、零故障，低成本，高品质，多品种	TQM	JIT和自动化	成组技术、并行工程
虚拟制造	T、C、Q、S、E	产品开发周期和成本的最小化，产品设计质量的最优化，生产效率的最高化	建模技术群	仿真技术群	控制技术群

（续）

先进制造系统	先进制造模式的主要特征		先进制造技术的关键技术		
	战略重点	竞争策略	基础技术	使能技术	综合技术
敏捷制造	T、Q、S、C	快速响应市场，快速调整自身结构，快速集成资源，实现资源共享	网络技术、标准化技术	CIM、建模与仿真、工作流管理	工业工程、并行工程、人机工程
共享制造	T、Q、C、S、E	借助互联网或移动互联网平台，以租代买，充分利用社会制造资源，形成广域甚至全球性的生产经营网络，从而提升资源利用效率和企业全球竞争力	标准化技术、产品建模技术、知识管理技术	CAD、CAM、CAE、CAPP、CRM、SRM、ERP、MES、SCM	PDM、PLM、协同产品管理、大量定制、工业工程和并行工程
智能制造	C、E、T、Q、S	将人工智能引入制造系统，在大范围内具有自适应、自学习和自组织的能力	人工智能技术、信息网络技术	虚拟制造技术、自组织、超柔性	工业工程、并行工程、人机一体化

1. 先进制造模式的主要特征

从企业管理的两个方面来分析：战略重点和竞争策略。

（1）**战略重点的演进**　从制造业发展史来看，制造企业间激烈竞争的核心是产品。产品间的竞争要素随着时代的变迁而不断演变。从制造企业关注的战略重点来看，早期是成本C，20世纪70年代增加了质量Q，20世纪80年代增加了交货期T，20世纪90年代初增加了服务S，21世纪初又增加了环境E。50多年来，信息通信技术发生了巨大变化，并在制造业中得到了广泛的应用，出现了多种新的制造模式。当今先进制造系统的战略重点已从关注单要素演变为五个要素（环境E、质量Q、服务S、时间T和成本C）都要能够很好地满足需求，以获取系统的最大增值和良好的综合效益。

（2）**竞争策略的演进**　从先进制造模式演进来看，竞争策略也在逐步升级。现在企业的竞争已不仅仅集中在质量Q、成本C、服务S，更多的应该是基于时间T的竞争，即在更短的时间内，设计、制造、销售客户所需要的产品与服务，或者说更加注重市场的快速响应；同时，更加注重竞争策略的持续改善，先进制造模式越来越体现继承与发展，竞争策略的持续优化已经成为先进制造模式发展的一个重要趋势；更加注重基于集成、信息和网络技术的广域竞争，如敏捷制造、虚拟制造、智能制造，已经实现了不同地域企业间的资源共享、优化组合和异地制造，而共享制造，在制造领域采用以租代买的方式，实现了生产能力的在线发布、协同和交易，企业和个人通过互联网平台，能够将遍布世界的生产工厂和销售服务点连成一体，能够在任何时刻与世界任何一个角落的客户或供应商打交道，形成了广域甚至全球性的生产经营网络，从而提升了资源利用效率和企业全球竞争力。未来的先进制造模式针对市场机会，将以最短的时间、最低的成本、最少的投资向市场推出高附加值产品。

2. 先进制造技术的关键技术

从三个方面来分析：基础技术、使能技术和综合技术。

（1）**基础技术的演进**　从现代制造业的发展史可知，先进制造的基础技术出现了清晰的演进路径，如越来越重视加工前后处理等必不可少的辅助工序；越来越重视工艺装备。制造技术已经成为集工艺方法、工艺装备和工艺材料为一体的成套技术。

（2）**使能技术的演进**　不断吸收计算机、信息、网络、自动化和人工智能等高新技术成果，应用CAD、CAM、CAPP、CAT、CAE、NC、CNC、MIS、FMS、CIMS、IMT、IMS、MES等一系列先进制造技术，并实现上述技术的局部或者系统集成，形成从单机到自动生产线等不同档次的自动化、信息化、网络化和智能化制造技术。

（3）**综合技术的演进**　越来越重视物流、检验、包装及储藏，制造技术已经成为覆盖全加工过程的综合技术，且优质高效的工艺及加工方法不断涌现，以取代落后技术和工艺；引入并运用工业工程和并行工程概念，强调系统化及其技术和管理集成，将技术和管理有机地结合在一起，引入并应用先进制造模式，借助互联网平台，使制造技术及制造过程成为覆盖整个产品生命周期，包含物质流、能量流和信息流的系统工程。

复习思考题

1. 简述制造系统的设计特点、设计约束、设计目标和设计内容。
2. 制造系统设计有哪些常用的方法？
3. 生命周期法的一般步骤是什么？
4. 物流系统设计的常用方法是什么？
5. 制造系统生命周期法的原理是什么？
6. 制造系统的运行功能是什么？
7. 何谓生产系统的静态调度与动态调度？
8. 目前制造系统常用的控制方式是什么？为什么采用它？
9. 试说明先进制造模式的战略重点的演进路径。
10. 试说明先进制造使能技术的演进路径。

第 3 篇

制造模式

篇首导语

制造模式是整个制造系统的组织形式和运作方式。先进制造模式是全书的重点内容。每一种制造模式都从属于相应的制造系统，并与相关的制造技术相互交织和相互作用。如果把制造技术比作制造系统的骨骼（硬件）和肌肉（软件），那么，制造模式就是制造系统的灵魂（哲理的反映）和神经（运行的规律）。第 1 篇第 1 章阐述了制造模式的定义、演化和作用，第 2 章给出了先进制造模式的定义、特点和类型，第 4 章中的集成制造系统也能让人感受到蕴涵其中的集成制造模式。本篇中的一些制造既是模式，又是系统，也是技术，如绿色制造、协同制造和智能制造等。本篇将着重从模式的角度，介绍目前比较典型的先进制造模式。基于第 2 章划分的制造模式类型，本篇分为以下 3 章：

第 7 章　人性化制造模式，反映制造系统的生态性。主要包括：绿色制造、服务型制造、大量定制。

第 8 章　效益化制造模式，反映制造系统的经济性。主要包括：敏捷制造、协同制造、精益生产、六西格玛。

第 9 章　智能化制造模式，反映制造系统的深刻性。主要包括：数字化制造、虚拟制造、网络化制造、智能制造。

此外，还有七种重要的先进制造模式，如柔性制造、微纳制造、增材制造、生物制造、云制造、预测制造和共享制造，将分散在后文“主体技术”和“前沿技术”中介绍。

第7章 人性化制造模式

人性（Human Nature），即人类天然具备的本质属性。人有四种基本属性：存在性、生命性、社会性和精神性。这些属性决定了人有四种本能：生命本能、社会认同本能、自我认同本能和解脱本能。这些本能对应了人生的四个目标：健康、成功、幸福、智慧。人性的构造有三层：在生理层面考虑行为后果，总是要求拥有快乐；在心理层面考虑人生价值，总是要求得到尊重；在心灵层面考虑长远目标，总是希望实现目标。

人性化（Humanization），是指让技术和人的关系协调，即让技术的发展围绕人的需求展开。这是一种尊重人性、以人为本的理念，也是科技中的人文关怀。人性化已成为当今制造系统的一大主题。人在制造系统中的作用是不可替代的。这是因为人是技术的创造者和使用者，技术永远不能代替人；人的工作态度影响制造系统的生产效益；人的消费观念影响和决定着制造系统的产品。因为人对制造系统的作用和影响较大，所以在制造过程中人性化是必然的。人有两个弱点，一是懒惰（好逸恶劳），二是贪婪（欲无止境）。这两点仿佛是社会发展的两个轮子。制造系统只有围绕这两点，才能做到真正意义上的人性化。不管制造系统如何变化和发展，其中有两个不变的因素：一是如何满足人的各种需求；二是离不开人的管理。所以，考虑制造系统的问题必须以人为本，人性化地管理制造系统，并制造人性化的产品。

人性化制造（Humanization Manufacturing，HM），是指在制造系统中为满足人的需求，统筹生产、生活和生态，调整制造系统的管理制度、生产技术和产品等，使其创造出轻松的工作和生活环境，从而实现最优的经济效益、社会效益和生态效益。

人性化制造的理论源于生态经济学、人因工程、工业设计和人性化管理等。人性化制造的实践体现于产业模式。当前的产业模式正在从以产品为中心向以用户为中心转变。

人性化制造的内容包括四个方面：①制造产品的人性化，即人性化设计是如何最大限度地满足人的各种需求，如人因工程中的设计与制造；与氢能、太阳能、风能等新能源的利用和资源的循环利用相关的装备与产品设计。②制造过程的人性化，如可重构制造、清洁生产与人本管理，即人本管理是如何最大限度地发挥人的创造价值的能力。③制造环境的人性化，即绿色制造是如何最大限度地保护环境，建设生态文明，如产品回收、再制造。④制造服务的人性化，包括服务型制造和人性化服务，前者是如何最大限度地实现制造价值链中各利益相关者的价值增值，后者是如何最大限度地提高客户满意度，如大量定制和可重构制造。人性化涵盖了生态化、服务化、个性化的基本思想。

限于篇幅，本章主要讨论绿色制造、服务型制造和大量定制。

7.1　绿色制造*

绿色是一种令人感到清洁、轻松和欢快的颜色。从“盼温饱”到“盼环保”，从“求生存”到“求生态”，绿色正在装点当代中国人的新梦想。如今，人们以“绿色”来指代绿色革命。绿色革命伴随着绿色制造（Green Manufacturing，GM）、绿色产品、绿色技术、绿色设计、绿色能源、绿色住宅、绿色消费、绿色经济和绿色发展等，也就是要实现全球经济活动过程和结果的绿色化。绿色化是建设制造强国的内在要求。这里将要讨论的绿色制造包括绿色设计、清洁生产、绿色再制造、低碳制造和生态工业园建设。

案例 7-1　环境污染成为中国制造之痛。

7.1.1　绿色制造与绿色产品

1. 绿色制造的发展

绿色制造是绿色经济在制造系统发展中的集中体现。绿色经济的本质是将传统的“资源—产品—废物”的线性物质流动方式改造为“资源—产品—再生资源”的物质循环模式。基于我国人口多、资源相对较少和环境日益严峻的境况，绿色制造模式具有特别重要的现实意义。构建绿色制造模式，改造传统产业，发展新兴产业，如节能产业、环保产业、新能源产业、资源综合利用产业等绿色产业，不仅是国际社会追求的长远目标，也是我国生态文明建设的必然选择。

在我国，人们的环境意识随着绿色制造的发展经历了四个时期：末端治理时期（1950—1990）；清洁生产时期（1991—2002）；循环经济时期（1998—2006）；生态经济时期（2007 至今）。2007 年党的十七大报告首次提出“建设生态文明”。生态经济的本质，就是把经济发展建立在生态环境可承受的基础之上，建立经济、社会、自然良性循环的复合型生态系统。

目前，绿色制造已呈现全球化、社会化和产业化的趋势。绿色经济在制造业中有多种发展途径：绿色设计、清洁生产、绿色再制造、生态工业园和低碳制造等。它们既有共同点，又有不同点。绿色设计关注新产品的环境性；清洁生产关注生产的环境性；绿色再制造关注废旧产品的环境性；低碳制造关注大气碳排放；生态工业园关注资源与环境的关系。

2. 绿色产品

（1）**定义**　**绿色产品**是指在产品生命周期全过程中，能符合特定环境的要求，对生态环境无害或危害很少，而生产中资源利用率最高，能源消耗最低的产品。

绿色产品是采用绿色材料，通过绿色设计、绿色制造、绿色包装而生产的一种节能、降耗、减污的环境友好型产品。

（2）**特点**　一般认为，绿色产品需要具有五个特点：①节省能源。不仅在生产过程中能耗低，而且在使用过程中能耗低。②节省材料。资源消耗少，耐用性高。③减少环境影响。无毒无害，对生态环境不污染或少污染，减少有毒化学物质。④便于回收利用。回收率高，再利用率高，当产品报废后可以分解拆卸，其零部件经再制造后可以重新使用或安全废置。⑤使用方便舒适，符合人因工程学，减少对使用者的影响。

（3）**标志**　在今天，一些产品除注有厂家的注册商标外，还附注有环境标志。环境标志（又称为绿色标志）是一种经过严格检查、检测、综合评定并经国家专门机构批准使用的标志。实施环境标志认证，实质上是对产品从设计、生产、使用到废弃处理处置全过程的环境行为进行控制。环境标志就像一张“绿色通行证”，为企业产品打开销路、参与国际市场竞争提供了条件。例如，德国水溶油漆自 1981 年被授予环境标志以来，其贸易额已增加 20%。

图7-1展示了一些环境标志图案。1978年德国率先提出“蓝天天使”（Blue Angel）计划，推出“环境标志”。目前德国的环境标志产品已超过1万种。从1988年开始，日本、美国、加拿大、法国等国家相继建立了自己的环境标志认证制度。1989年，北欧国家（瑞典、冰岛、挪威、丹麦、芬兰）便开始实行国家之间统一的北欧环境标志（白天鹅）。欧盟于1992年3月颁布了生态标识（花）计划。中国环境标志诞生于1993年（青山、绿水、太阳、十环），从1994年5月开始由“中国环境标志产品认证委员会”实施绿色标志认证制度，已有3万多种产品获得认证。目前全球绿色产品比例大约为10%，在未来10年内绿色产品将成为世界商品市场的主导产品。

图7-1　环境标志图案

环境标志的主要特点是：①证明性。即向消费者表明该产品或服务不仅质量符合标准，而且对生态系统和人类健康无危害或危害极小。②权威性。即由政府有关管理部门制定，得到政府的承认和保护。③专证性。即某产品获得环境标志认证后，并不意味着该厂商生产的其他产品也符合该种环境标志认证。④时限性。各国的环境标志一般规定3~5年内有效，一旦过期则必须重新申请才能获得。

许多国家或地区相继推出了自己的环境标志制度。ISO 14020~ISO 14029系列是环境标志实施的国际标准。中国环境标志立足于整体推进ISO 14000国际环境管理系列标准，把生命周期评价的理论和方法、环境管理的现代意识和清洁生产技术融入产品环境标志认证，推动环境友好产品发展，坚持以人为本的现代理念，开拓生态工业和循环经济。目前，我国与国际环境标志工作接轨，与国际上实施环境标志认证制度的国家或地区进行交流，相互认可，尽量打破一些贸易保护壁垒。

3. 绿色产品的评价

下面将在国际环境管理系列标准ISO 14000的基础上，介绍绿色产品评价和生命周期评价。

绿色产品的绿色程度具有相对性，因而用新产品与参照产品的对比来评价产品的绿色程度。参照产品分为两类：①功能参照产品。它是现有产品与待评产品具有相同功能的产品。②技术参照产品。它是代表新产品技术内容的一个产品集合。

（1）**评价目的**　它分为两种情形：①为了判断所设计的新产品相对原产品在绿色程度上是否有改进。此时可将原产品作为功能参照产品，将新产品与原产品的各项指标进行比较，最后判断出新产品的绿色程度是否高于原产品。②为了对产品的绿色程度进行环境标志认证。此时可依据国家、行业的环境标准或规范，拟定一个标准的绿色产品作为技术参照产品，将新产品与参照产品的各项指标进行比较，对产品的绿色程度进行认证。

（2）**评价方法**　它包括：成本效益法、价值分析法、加权评分法、层次分析法、专家咨询法、经济分析法和基于生命周期的绿色产品模糊评价法等。

（3）**评价指标体系**　目前尚无统一的绿色产品评价指标体系。其制定原则包括：综合性、科学性、系统性、层次性、不相容性、可操作性、动态指标与静态指标相结合、定性与定量指标相结合等。表7-1所列为按照上述原则制定的绿色产品评价指标体系。

表 7-1　绿色产品的评价指标体系

一级指标	二级指标	三级指标
技术指标	产品质量保证	实用性、可靠性、可维护性
	技术可行性	技术先进性、适应性、可制造性、可装配性、可拆卸性、可回收性、互换通用性、包装运输性
宜人指标	人机交互性	设计尺度符合人因工程学；人机界面友好，避免误操作；操作舒适、高效、方便
	安全性	生产的安全性、使用的安全性
	审美性	外形美观、造型表面装饰适度、色彩协调、造型的独创性和时代性
经济指标	生产成本	设计成本、资源成本、制造成本、储运成本、营销成本、服务成本
	客户成本	使用成本、维护成本、修复再利用成本、职业保健成本
	社会成本	回收处理成本、污染防治成本、废弃处置成本
	市场潜力	价格、市场需求
资源指标	物料消耗	材料的种类数量、材料利用率、材料回收利用率、稀少材料使用量、有毒有害材料使用量
	设备消耗	设备利用率、先进高效设备使用率、重大设备使用率
	能源消耗	能源的种类、单产品能耗、能源利用率、能源回收率、再生能源利用率、清洁能源利用率
环境指标	大气污染	二氧化硫、氮氧化物、氟化氢、颗粒物
	水体污染	第一类污染物①、第二类污染物②
	固体污染	制造过程中的固体废弃物、使用过程中的固体废弃物、不可回收的产品零部件
	噪声污染	生产噪声、使用噪声等
	人体危害	急性中毒反应、发炎、过敏反应、神经毒性、生殖毒性、致畸性、致癌性
	其他污染	振动；高温；光、电、磁辐射

① 第一类污染物：能在环境或植物体内蓄积，并对人体健康产生长远不良影响的污染物一律在车间或处理设施排放口取样。

② 第二类污染物：其长远影响小于第一类的污染物，在排污单位排放口取样。

案例 7-2　长虹“掘金”废弃电子产品处理。

4. 生命周期评价

生命周期评价起源于 1969 年美国中西部研究所受可口可乐委托对饮料容器从原材料采掘到废弃物最终处理的全过程进行的跟踪与定量分析。生命周期评价的标准完成于 1997 年，并编制在 ISO 14040 中。生命周期评价把环境分析和产品设计联系了起来，已成为国际上环境管理和产品设计的一个重要支持工具。生命周期评价的类别有：材料生命周期评价、社会生命周期评价和企业生命周期评价。

（1）**定义**　生命周期评价（Lifecycle Assessment，LA），是用于评价与产品或服务相关的环境因素及其整个生命周期潜在环境影响的一种方法。

生命周期评价也称为生命周期分析（Lifecycle Analysis）。它主要应用在通过确定与定量化研究能量和物质利用及废弃物的环境排放来评估一种产品、工序和生产活动所造成的环境负载；它是评价能源材料利用和废弃物排放的影响以及评价环境改善的方法。

产品的生命周期评价，是对一个产品系统的生命周期中输入、输出及其潜在环境影响的汇编和评价。它是一种用于评估产品在其整个生命周期中的环境协调性的技术和方法。产品的生命周期包括：材料制备、设计开发、制造、包装、发运、安装、使用、最终处理及回收再生。产品的环境协调性包括：能源、资源的消耗，产品对生态环境和人体健康的影响。

（2）**体系结构**　生命周期评价包括技术框架、内容体系和基础技术三部分，如图 7-2 所示。依据条文标准，生命周期评价的技术框架包括以下四个步骤。

1）**目的与范围的确定**（Goal and Scope Definition）。生命周期评价的目标，取决于进行生命周期评价的动机。通常进行生命周期评价的动机有四种：①建立某类产品的参考标准；②识别某类产品的改进潜力；③用于概念设计时的方案比较；④用于详细设计时的方案比较。利用生命周期评价方法，寻找详细设计方案的优缺点，并做出综合评判，从中寻求最优方案，并对方案进行改进。

2）**清单分析**（Inventory Analysis）。它是生命周期评价的核心。它包括数据的收集和处理，当产品生命周期评价的目标和范围确定以后，就可以模拟（对产品设计分析）或追踪（对产品性能评估）产品生命周期，详细列出各个阶段的各种输入和输出清单，并进行分析，从而为下一阶段进行各种因素对目标性能的影响评价做准备。生命周期评价清单分析的基本过程如图 7-3 所示。

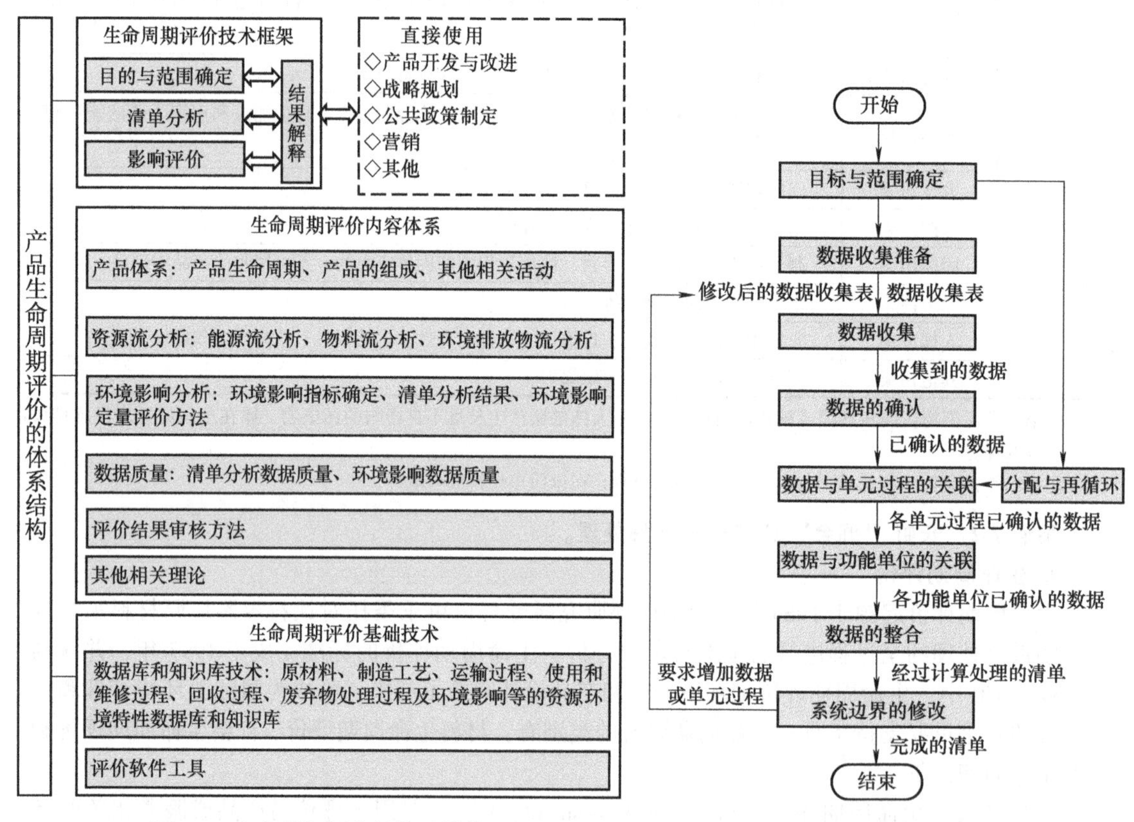

图 7-2　生命周期评价的体系结构　　　图 7-3　生命周期评价清单分析的基本过程

3）**影响评价**（Impact Assessment）。它是根据清单中的信息，定性或定量分析其对生态系统、人体健康、自然资源及能源消耗等产生的影响。然而，绿色产品的评价指标众多，其中既有定量指标又有定性指标，必须对这些指标进行综合评价。目前有关影响评价的方法很多，主要分为定性分析法和定量分析法两大类。

4）**结果解释**（Interpretation）。它是根据清单分析和影响评价的结果找出产品生命周期中的重大问题，并对结果进行评估，包括完整性、敏感性和一致性检查，进而给出结论、局限和建议。

在不考虑产品制造时，所有工业生命周期评价项目都具有一些共同特征。生命周期评价的方法通常都涉及三步过程：清单分析、影响评价、改进评价。

目前国际上已出现一些生命周期评价评价工具，如荷兰Pre咨询机构的SimaPro7、瑞典CITEkoloSik的LAiT4、德国斯图加特大学IKP研究所的GaBi4、丹麦工业大学的产品开发研究所的绿色产品生命周期评价评价工具等，这些软件已商业化并在大型企业如Procter&Gamble、AT&T、3M等公司得到了应用。

案例7-3　根据LA评价结果对电冰箱的改进。

7.1.2　绿色制造的原理*

1. 绿色制造的概念

美国制造工程师学会（ASME）撰写的《绿色制造蓝皮书》，认为对绿色做出明确的定义是绿色制造发展中的一个难点和障碍。原理是具有普遍意义的道理。原理既能作为指导实践的基本规律，又必须由实践检验其正确性。据统计，造成环境污染的排放物中，70%以上来自制造业，它们每年产出大约55亿t无害废物和7亿t有害废物。由于制造业量大面广，因而其资源消耗和废弃物对环境的总体影响很大。因此，绿色制造的根本途径是优化制造资源的流动过程，使得资源利用率尽可能高，废弃物尽可能少。

（1）**定义**　绿色制造是一种综合考虑人类需求、环境影响、资源消耗、社会效益和企业效益，具有良心、社会责任感和处事底线，可持续发展的先进制造模式。

由定义可知，绿色制造涉及的问题领域包括三部分：①制造领域，它包括产品生命周期全过程；②环境领域，人类的生存环境如何实现零污染；③资源领域，人类有限的资源如何最有效地利用。绿色制造是这三大领域的集成（见图7-4）。

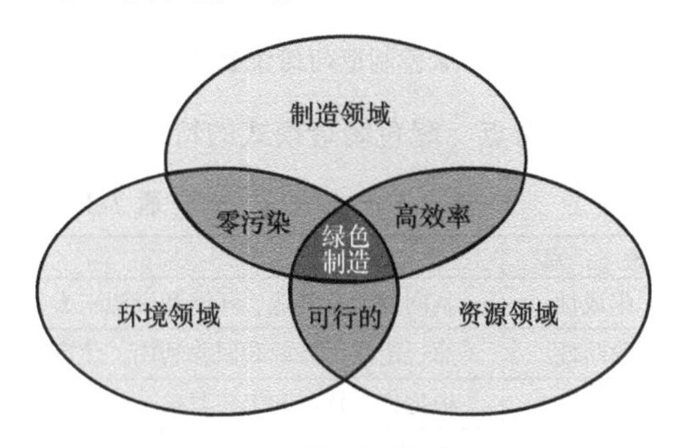

图7-4　绿色制造的集成

（2）**目标**　在产品全生命周期中，使产品对自然环境的负面影响最低，对自然生态无害或危害极小，使资源利用率最高，能源消耗降到最低。简言之，绿色制造的目标是：使综合效益最优。

综合效益是指企业同时考虑生态效益、社会效益和经济效益的有机统一。①生态效益。它是指企业在生产中使自然生物系统对人类的生产条件、生活条件和环境条件产生的有益影响和有利效果，它关系到人类生存发展的根本利益和长远利益。生态效益的基础是生态平衡和生态系统的良性、高效循环。②社会效益。它是指企业活动对社会发展所起的积极作用或产生的有益效果。③经济效益。它是指企业的生产总值（有用成果）同生产成本之间的比较。

绿色制造的生态效益在于：追求减少废弃物和污染物的生成及排放，使其对环境负面影响最小。其社会效益在于：使企业具有更好的社会形象，为企业增添无形资产。虽然它本身需要一定的投入而增加企业的成本，但是，其经济效益在于：通过资源综合利用和循环使用、短缺资源的代用以及节能降耗等措施实现资源利用率最高，可直接降低成本；可减少或避免因环境问题引起的罚款；可改善员工的健康状况和提高工作安全性，减少不必要的开支；可使员工心情舒畅，有助于提高员工的工作积极性，创造出更大的利润。

（3）**过程**　传统制造的产品全生命周期，是一个从“摇篮到坟墓”（Cradle to Grave）的过程，即从产品使用到报废，其物流是一个开环系统，如图7-5a所示；而绿色制造的产品生命周期可以分为三个循环，分别为循环Ⅰ、Ⅱ和Ⅲ，与之对应的是产品再使用、再制造和再循环，其物流是一个闭环系统，如图7-5b所示，可有效防止污染。或者说，理想的绿色产品生命周期是“产品多生命周期”的观点，是一个从“摇篮到摇篮”（Cradle to Cradle）的过程（见图7-6）。

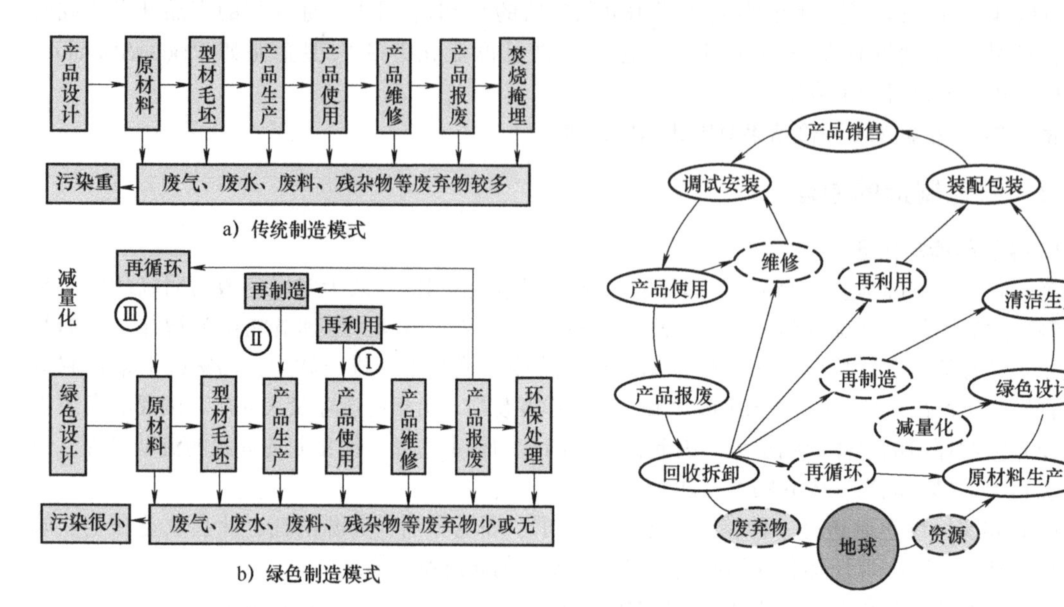

图7-5　绿色制造与传统制造的比较

图7-6　绿色制造模式下产品多生命周期

（4）**特点**　绿色制造模式的特点见表7-2。

表7-2　绿色制造模式的特点

特　点	说　明
集成性	其问题涉及制造、环境和资源三大领域，强调综合效益，兼顾生态效益、社会效益和经济效益
预防性	通过削减污染源和回收利用，使废弃物最小化或消失，其实质是在整个工业领域预防污染
适宜性	根据产品特点和工艺要求，使目标符合区域发展需要，又不损害生态环境和保持自然资源的潜力
经济性	通过生产绿色产品，可节能降耗，降低成本；对废物的回收利用，既可减少污染，又可创造财富
持续性	基于产品多生命周期，从末端治理转向对生产过程的连续控制，是无穷循环的过程，没有终极目标

（5）**本质**　与传统制造相比，绿色制造的本质是：在保证产品功能、质量和成本的同时，综合考虑产品在整个生命周期中对环境的影响和资源利用率，最终实现生态效益、社会效益和经济效益的协调优化。图7-7所示为绿色制造形成生态化企业模型。

（6）**比较**　绿色制造模式与传统制造模式在管理行为上存在很大的差异，见表7-3。

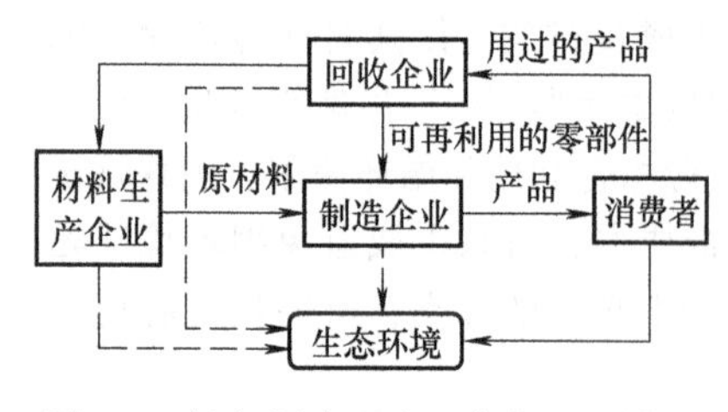

图7-7　绿色制造形成生态化企业模型

表7-3　绿色制造模式与传统制造模式的区别

对比要素	传统制造模式	绿色制造模式
管理目的	利润最大化导向	经济目标和社会责任相结合
管理边界	企业自身	企业自身与生态自然的统一
管理方式	粗放式、末端治理	集约化和循环型
管理效果	企业经济效益最大化	实现经济效益、社会效益和生态效益的共赢

2. 绿色制造的技术体系

作为一种先进制造模式，绿色制造强调在产品生命周期全过程中采用绿色技术，从而尽可能地减少产品对环境和人体健康的负面影响，提高资源和能源的利用率。

绿色制造的技术体系如图 7-8 所示。它包括绿色设计、绿色材料、清洁生产、绿色包装、绿色运输、绿色能源、再资源化技术及企业环境管理等。其主要内容见表 7-4。

表 7-4　绿色制造的技术体系

绿色设计	绿色材料	清洁生产	绿色包装
① 绿色产品的描述与建模 ② 绿色设计的材料选择与管理 ③ 产品可拆卸性设计 ④ 产品可回收性设计 ⑤ 绿色产品成本分析及数据库	① 可降解材料开发 ② 材料轻量化设计 ③ 材料长寿命设计 ④ 绿色材料生命周期评价 ⑤ 绿色材料数据库开发	① 生产过程能源优化利用 ② 生产过程资源优化利用 ③ 生产过程环境状况检测	① 包装材料的选择 ② 包装结构 ③ 包装的清洁生产 ④ 包装物的再资源化技术
绿色运输	**绿色能源**	**再资源化**	**环境管理**
① 最佳运输路线及其方案设计 ② 物料、仓储的优化设计 ③ 安装调试过程的节能 ④ 安装调试中的节省资源	① 可再生能源的应用 ② 新能源的开发 ③ 传统能源的清洁使用 ④ 能源的生命周期评价 ⑤ 绿色能源数据库开发	① 废物管理系统 ② 废物无公害处理 ③ 废物循环利用 ④ 报废产品拆卸及分类 ⑤ 报废产品及零件再制造	① 企业可持续发展策略 ② ISO 14000 环境管理系列标准认证 ③ 环境信息统计分析及管理 ④ 企业环境管理内审 ⑤ 产品生命周期的废物管理 ⑥ 可回收件标志和管理

再资源化常用的技术还有：①粉碎技术。粉碎的方法包括常温机械粉碎、低温冷冻粉碎、半湿式粉碎、湿式粉碎等物理粉碎方法，以及爆破粉碎等化学粉碎方法。②分选技术。根据物料不同组分之间的物理及化学性质差异，对破碎后的物料进行分选。分选方法有重力分选、磁力分选、静电分选、浮游分选、摩擦与弹跳分选、拣选等。③热分解。又称为热裂解，是利用有机物的热不稳定性，在缺氧条件下加热使相对分子质量大的有机物产生热裂解，转化为相对分子质量小的燃料气、液体（油或油脂）及残渣等。热分解与焚烧不同，焚烧只能回收热能，而热分解可从废物中回收可以储存、输送的能源（油或燃气）。

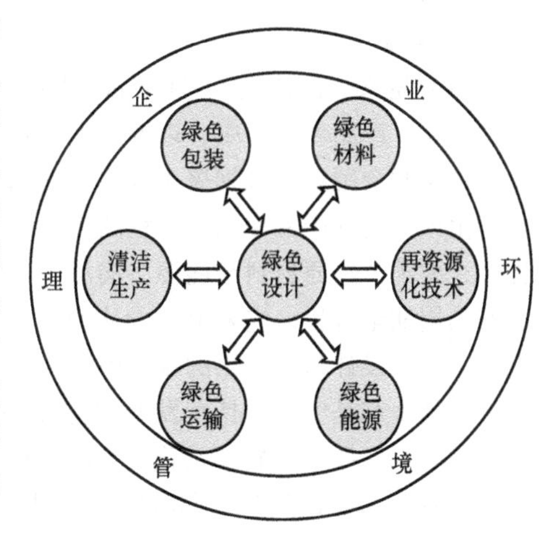

图 7-8　绿色制造的技术体系

我们可以将绿色制造的技术总结为“五绿”：绿色设计、绿色材料（选择）、绿色工艺（规划）、绿色包装、绿色处理（再资源化）。其中，绿色设计、绿色材料和绿色包装归于第 10 章第 2 节“绿色设计”，绿色工艺纳入“清洁生产”，绿色处理纳入“绿色再制造”和“生态工业园”。

3. 绿色制造的应用

绿色制造涉及的范围几乎覆盖整个工业领域，包括机械、电子、食品、钢铁、矿产、建材、化工、军工等。绿色制造的实现途径有许多，但关键的有三条。

（1）**加大绿色新产品的开发力度**　绿色新产品的使用可能会给人们的生活习惯、消费方式和环境状况带来很大影响。例如，LED发光二极管照明灯，具有节能、环保、安全、寿命长、高亮度、易调光、维护简便等特点，被称为第四代光源。它避免了汞、铅等重金属对环境的污染，解决蚊虫聚集光源影响卫生环境的问题。白炽灯、荧光灯和LED灯的电光转化效率依次为10%、30%和60%；寿命依次为1000h、3000h（反复开关缩短寿命）、10万h。荧光灯不可调亮度，危害环境（含汞等有害元素，约3.5～5mg/只）

（2）**加大绿色新工艺的开发力度**　绿色新工艺的主要特点是节能、节材。例如，以连铸连轧为核心技术的制钢新工艺，使每吨钢材能耗从过去的3000kg标煤降到了600～700kg，流程大大缩短，环境大幅改善。

（3）**形成爱护环境抵制奢侈的社会氛围**　不断完善绿色制造的社会法律金融体系，使绿色消费的思想深入人心。通过立法迫使和引导企业强化源头治理，支持通过技术进步从源头减少污染物的产生。强化绿色GDP的考核和试行绿色金融会计制度，创收绿色税收政策，通过经济手段引导企业实施绿色制造。建立严格的环境管理标准体系、职业健康和安全标准等。增强人们的环境意识，培育有环境素养的人，营造崇尚节俭的生活风气，这是推进绿色制造的社会基础。

案例7-4　海尔的绿色制造。

7.1.3　清洁生产

1. 发展

清洁生产源于1960年美国化学行业的污染预防审计。而清洁生产概念的出现，最早可追溯到1976年的欧共体。1989年5月，联合国环境署制定了《清洁生产计划》，在全球范围内推进。我国于2002年制定了《清洁生产促进法》，并于2012年加以修正。

2. 内涵

（1）**定义**　清洁生产（Cleaner Production，CP），是一种将整体预防的环境战略持续应用于生产过程、产品和服务中，以增加生态效率和减少人类及环境风险的思想。

这是联合国环境规划署工业与环境规划中心（UNEP IE/PAC）给出的定义。它表征了从原料、生产工艺到产品使用全过程的广义的污染防治途径。它包含了两个清洁过程控制：①生产过程。它要求节约原材料与能源，淘汰有毒原材料，尽可能不用或减少所有废弃物的数量与毒性；②产品周期全过程。它要求减少从原材料提炼到产品最终处置过程中的不利影响，并要求将环境因素纳入设计与所提供的服务中。

清洁生产是实施可持续发展的重要手段。在不同的发展阶段或者不同的国家，清洁生产有不同的名称，如“废物减量化”“无废工艺”等。“废物最小量化”是美国对清洁生产的初期表述，后用“污染预防”一词所代替。但其基本内涵是一致的，即对产品和产品的生产过程、产品及服务采取预防污染的策略来减少污染物的产生。

（2）**本质**　清洁生产的本质是对生产过程与产品采取整体预防的环境策略，减少或消除废物和污染物对环境的危害，充分满足人类需要，使综合效益最大化的一种生产模式。

要解决环境污染问题，清洁生产是一种标本兼治的策略。清洁生产的思想与传统生产不同之处在于：传统生产考虑对环境的影响时，把注意力集中在污染物产生之后如何处理，以减小对环境的危害，而清洁生产则要求把污染物消除在它产生之前。

清洁生产的思想主要包括四项内容：清洁材料选择、清洁能源利用、清洁生产过程、清洁产品。清洁生产系统的模型见表7-5。清洁产品以不危害人体健康和生态环境为主导因素。

表 7-5　清洁生产系统的模型

目标	①资源综合利用，节能、降耗、节水，减缓资源的耗竭；②环境保护，减少废物和污染物的排放，降低工业对环境的风险	
内容	清洁材料选择	①优先选用可再生的材料；②尽量选用低能耗、少污染的材料；③尽可能不用或少用有毒、有害和有辐射特性的材料；④尽量选用易于回收、再利用、再制造或易于降解的材料
	清洁能源利用	①尽可能开发利用再生能源；②开发节能技术，合理利用常规能源；③环境保护性能好
	清洁生产过程	①生态化设计；②清洁工艺技术；③清洁生产设备；④清洁包装；⑤清洁管理；⑥清洁营销
	清洁产品	①环境友好；②节省能源；③易于回收利用；④便于处理；⑤符合人因工程
途径	①教育途径：改变观念，加强立法、宣传和教育；②管理途径；③技术途径	

3. 应用

清洁生产的应用具体包括清洁材料、清洁工艺、清洁包装、产品使用、用后处置等。清洁生产的关键技术包括如下三大类。

（1）**环境友好技术**（见表 7-6）

表 7-6　环境友好技术

技　术	说　明
干加工技术	干切（如车、钻、铣）削加工，准干式切削，干滚切加工，干磨削加工和绿色切削液
无铅化技术	由于铅对环境和人体健康具有很大的危害，无铅化已经成为机电行业的发展趋势
无铬工艺	六价铬及其化合物对人体的皮肤、黏膜和呼吸系统有很大的刺激性和腐蚀性，对中枢神经系统有毒害作用，有强致癌性，毒性是三价铬的 100 倍。欧盟的 RoHS/WEEE 指令和我国《电子信息产品生产污染防治管理法》明确规定，禁止使用包括六价铬等有害物质

（2）**节省材料技术**（见表 7-7）

表 7-7　节省材料技术

技　术	途　径	方　法
提高构件承载能力	提高构件的静态强度	①合理设计构件的截面形状；②对于轴类零件，应采用空心环形截面；③采用等强度梁；④改善构件的受力状况；⑤对构件进行弹塑性强化，抵消部分工作应力
	提高构件的疲劳强度	①降低应力集中；②提高表面质量；③进行表面处理
	提高构件的抗冲击能力	①减小构件刚度，增大静变形；②设计缓冲结构；③合理选择材料
	提高构件的刚度	①合理设计零部件的形状结构；②施加预变形；③提高接触刚度
	提高构件的稳定性	①合理的截面形状；②改善杆端支承状况，减小支座系数；③等稳定性结构；④增加中间支承；⑤改进结构，降低压杆受力
改进机械运动设计方案	按节材原则设计传动系统	①推广应用标准化、系列化和通用化的零部件；②采用新型传动形式，如同步带、谐波齿轮传动等；③合理地改进结构布置，可有效地减小外廓尺寸
	按照节材原则设计执行机构	①根据工作条件选配原动机和传动装置；②自行设计执行机构
机械装置的轻量化设计	改善装置中零件的受力状况	①合理地布置零件位置；②合理设计零件的卸载及均载结构；③减小零件的附加载荷
	限制机械系统的受力	设置安全联轴器或缓冲器等
	提高传统装置承载能力	①选择和开发新型传动装置；②采用强化工艺提高传动零件的承载能力
	合理设计机械装置的结构	①提高零部件疲劳强度的结构设计；②减轻机架重量的结构设计

（3）**节约能源技术**（见表7-8）

表7-8 节约能源技术

技 术	途 径	方 法
机械传动节能技术	运动部件轻量化	①选择高强度钢；②选择轻质材料；③改进结构设计
	减少运动副之间的摩擦	①摩擦副采用互溶性小的材料，以减小摩擦系数；②选择合适的摩擦副表面粗糙度值，减小摩擦系数；③将滑动摩擦副改为滚动摩擦副或流体摩擦副；④改善摩擦副的润滑
	改进传动系统，提高传动效率	①缩短传动链；②采用新型高效传动机构；③加强传动系统的润滑
机电传动节能技术	采用节能控制	①采用变频技术；②采用模糊控制
	适度自动化	①适当采用手动机构；②避免过度自动化
	提高能量的转换效率	尽可能地提高产品使用过程中的能量转换效率
	减少能量储备	尽量避免产品功率不匹配，合理确定设备的电动机容量

案例7-5 清洁生产在大型拖拉机底盘涂装中的应用。

7.1.4 绿色再制造

1. 发展

绿色再制造简称再制造，它是指废旧产品高技术维修的产业化。在国外，再制造有超过半个世纪的发展历史。20世纪90年代，美国从产业角度建立了3R体系（Reuse，Recycle，Remanufacture），即再利用、再循环、再制造。2005年，美国专业再制造公司超过10万家。美国制定了再制造中长期规划：2020年，再制造业基本实现了零浪费。1996年，德国从环保的角度建立了其3R体系（Reduce，Reuse，Recycle），即减量化、再利用、再循环。

在我国，再制造的发展经历了产业萌生、科学论证和政府推进三个主要阶段。我国在综合美国和德国经验的基础上，于1999年提出了具有中国特色的4R体系（Reduce，Reuse，Recycle，Remanufacture），即减量化、再利用、再循环、再制造。2009年1月，我国的《循环经济促进法》正式生效。2014年9月，国家发改委等部门组织制定了《再制造产品“以旧换再”产品编码规则》等具体的政策法规。现在，中国已成为世界再制造中心之一。据估计，对于工程机械、汽车、煤矿机械、机床、家用电器这五大类产品，我国再制造的产业空间高达1000亿元。再制造的未来发展趋势是：探索再制造的科学基础，创新再制造的关键技术，制定再制造的行业标准。

2. 内涵

下面给出绿色再制造的定义，并加以说明。

（1）**定义。绿色再制造**（Green Remanufacture，GR），简称再制造。它是指对废旧产品进行专业化修复或升级改造，使其质量特性达到或优于原有新品水平的制造过程。

这是国家标准《再制造 术语》（GB/T 28619—2012）对“再制造”给出的定义。

这里，“废旧产品”是研究对象。“质量特性”是关注焦点。①“质量特性”。它包括产品功能、技术性能、绿色性、安全性、经济性等。②“废旧产品”。它是广义的，既可以是设备、系统、设施，也可以是其零部件；既包括硬件也包括软件。再制造是以废旧产品零部件作为毛坯，变废为宝。产品的报废是指其寿命的终结。产品的寿命可分为物质寿命、技术寿命和经济寿命。物质寿命是指从产品开始使用到实体报废所经历的时间。技术寿命是从产品开始使用到因技术落后被淘汰所经历的时间。经济寿命是从产品开始使用到继续使用经济效益变差所经历的时间。

（2）**思想**　再制造是绿色制造的一个组成部分，其概念也是以产品多生命周期为思想基础的（参见图 7-6）。传统的产品全生命周期是“研制—使用—报废”，其物流是开环系统；而再制造产品的全生命周期是“研制—使用—报废—再生”，其物流是闭环系统。再制造更新了产品全生命周期的内涵，使得产品在全生命周期的末端，即报废阶段，不再成为固体垃圾。因此，再制造赋予了废旧产品新的生命，形成了产品的多生命周期循环。

（3）**目标**　废旧产品经分解鉴定后可分为四类零部件：①可继续使用的。②通过再制造加工可修复或改进的。③因目前无法修复或经济上不合算而通过再循环变成原材料的。④目前只能做环保处理的。再制造的目标是要尽量加大废旧零部件的回用次数和回用率，尽量减少再循环和环保处理部分的比例，以便最大限度地利用废旧产品中可利用的资源，最大限度地减少对环境的污染。再制造确保的目标是提升废旧产品性能。

（4）**特征**　再制造产品的质量特性达到或超过原有新品，成本却只是原型新品的 50%，节能 60%，节材 70%，大气污染物排放量降低 80% 以上。具体如下：

1）再制造以尺寸恢复和性能提升为目标。这是中国特色的再制造模式，因为我国再制造是在维修工程和表面工程基础上发展起来的，提升废旧产品性能是再制造确保实现的目标。例如，我国斯太尔发动机的再制造率（指再制造旧件占再制造产品的重量比）比国外高 10%。

2）再制造以产品生命周期理论为指导。再制造的产品生命周期管理的过程不是到报废就截止，而是扩展到报废后的再生利用。再制造赋予了废旧产品新的生命，形成了产品多生命周期循环。再制造是废弃物资源化最主要的方法，是循环经济中再利用原则的具体体现。因此，再制造是建设资源节约型、环境友好型社会的有效抓手，更是推进绿色发展、循环发展、低碳发展，促进生态文明建设的重要载体。

3）再制造以实现企业综合效益协调优化为准则。再制造在优先考虑产品的可回收性、可拆解性、可再制造性和可维护性等属性的同时，还保证产品的优质、高效、节能、节材等基本要求，从而使退役产品在生态效益、社会效益和经济效益可协调优化的情况下重新达到最佳性能。

3. 再制造与其他环节的比较

再制造不同于制造，不同于维修，也不同于再循环。

（1）**与制造的比较**（见表 7-9）　制造是把原材料加工成适用的产品；再制造是把使用寿命到期的产品通过修复和技术改造使其达到甚至超过原型产品性能的加工过程。

与制造相比，再制造需要独立解决更多的科技基础问题：①加工对象更苛刻；②前期处理更烦琐；③质量控制更困难；④工艺标准更严格。

表 7-9　再制造与制造的区别

对比项	制造	再制造
加工对象	经加工的新毛坯，性能均质、单一	旧毛坯具有尺寸超差、残余应力、内部裂纹和表面变形等缺陷
前期处理	毛坯是基本清洁的，很少需要前期处理	毛坯必须去除油污、水垢、锈蚀层及硬化层
质量控制	质量控制已趋成熟	因毛坯损伤的复杂性和特殊性而使质量控制非常困难
工艺标准	制造过程非常规范	再制造过程中废旧零件的尺寸变形和表面损伤程度存在较大差异

（2）**与维修的比较**（见表 7-10）　再制造的本质是维修，但它不是简单的维修，而是维修发展的高级阶段。①加工规模更大。再制造是一种产业化的修复。②技术难度更难。再制造是一种高科技含量的修复术。③修复效果更好。再制造产品的质量不低于新品。

表7-10　再制造与维修的区别

对比项	维修	再制造
加工规模	针对小批量零件，以手工为主	针对大批量零件，以产业化为主
技术难度	要求单机作业效能高，高技术含量较低	既要求单机作业效能高，又要求适应自动线作业
修复效果	修复效果达不到新品技术指标，具有随机性	再制造产品的质量和性能不低于或超过原有新品

1983年Lund教授最早明确将再制造的维修技术与传统的修复操作和回收利用区分开来，“将不能使用的零部件通过再制造技术进行修复，使得修复以后的零部件的性能与寿命期望值具有或者高于原来的零部件”。若要确保再制造产品的质量高于新品，则需按标准生产。

（3）**与再循环的比较**　如果将产品的形成价值划分为材料值与附加值，材料本身的价值远小于产品的附加值（包括加工费用、劳动力等）。再制造能够充分利用并提取产品的附加值，而再循环只是提取了材料本身的价值。

4. 再制造的应用

（1）**再制造的实现过程**　再制造的实现过程如图7-9所示，实施步骤主要包括：废旧产品的拆解、清洗、检测评估及分类、再制造成形与加工、装配、质量检测与性能考核等。

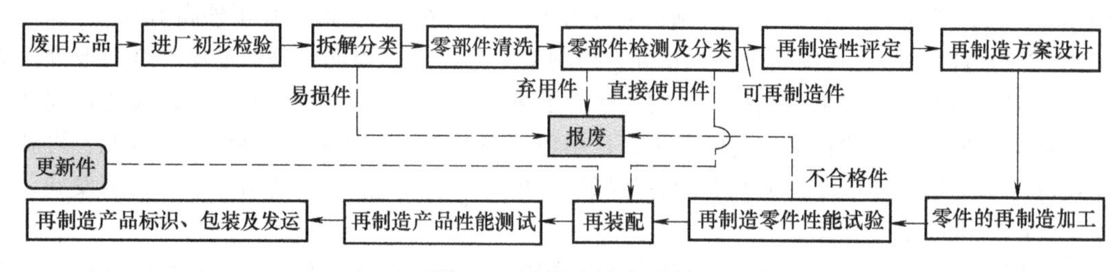

图7-9　再制造的流程图

废旧产品的回收，要采用面向回收设计技术。现有产品的分销系统可转化为“双行道”，并建立回收产品的途径，建立再售产品渠道，还要消除消费者对再制造产品的偏见。

（2）**再制造的关键技术**　在再制造过程中使用的关键技术包括以下几个方面。

1）**再制造性设计与评价技术**。它是指在对废旧产品再制造之前，设计并评价其再制造性，确定其能否及如何进行再制造的技术与方法。产业门槛与产品标准见表7-11，再制造的产业门槛（考虑因素）有三项要求，可再制造产品有七条标准。这是Lund等人在1998年提出的。

表7-11　再制造的产业门槛与产品标准

产业门槛	再制造产品的经济性	再制造产品的技术可行性	再制造产品的生产条件
产品标准	① 剩余附加值较高产品 ② 获得失效产品的费用低于产品的残余增值 ③ 耐用产品	① 生产技术稳定产品 ② 功能失效产品 ③ 再制造产品生成后，满足消费者要求	① 可标准化的产品 ② 具有互换性的产品

再制造考虑的经济性问题：确定产品在不同生命周期的成本和利益；确定哪种产品进行再制造；分析不完善的市场，考虑较快的产品降价；以合理的价格获得核心部件；哪种零件需进行翻新；从毛坯再制造开始，按产品生命周期成本，确定产品的价格以获利最大。

再制造产品开发的策略包括：改进材料质量、减少材料消耗、优化工艺流程、优化流通渠道、延长生命周期、减少环境负担、优化废物处理及优化系统功能等。预测和响应市场，更多关注消费者的意愿，提供优质服务。

进行再制造设计时，应考虑产品毛坯材料的选择、零部件可拆卸性和可再制造性等要求。再制造的设计强调无损拆卸，而有损拆卸一般适用于简单的材料回收。因此选择有损或无损过程将导致不同的产品设计。

2）**再制造拆解技术**。它是指对废旧产品进行拆解的方法与工艺。根据拆解产品的几何形状、损坏性质和工艺特性的共同性来分类。

3）**再制造清洗技术**。清洗的目的是清除产品尘土、油污、泥沙等脏物，以便发现问题。

4）**再制造零部件损伤检测与寿命评估技术**。检测的内容有：几何形状精度、表面位置精度、表面质量、内部缺陷、力学物理性能、称重与平衡。寿命评估主要是评估零部件的剩余寿命。按技术标准分析出可直接利用件、可再制造恢复件和废弃件。

5）**再制造成形与加工技术**。表面工程技术和快速成形技术是再制造的关键技术，而这些与失效分析、故障诊断检测和寿命评估等技术密切相关。再制造成形与加工技术，主要包括喷涂、粘修、焊修、电镀、熔敷、塑性变形和冷加工修理法等（见图7-10）。

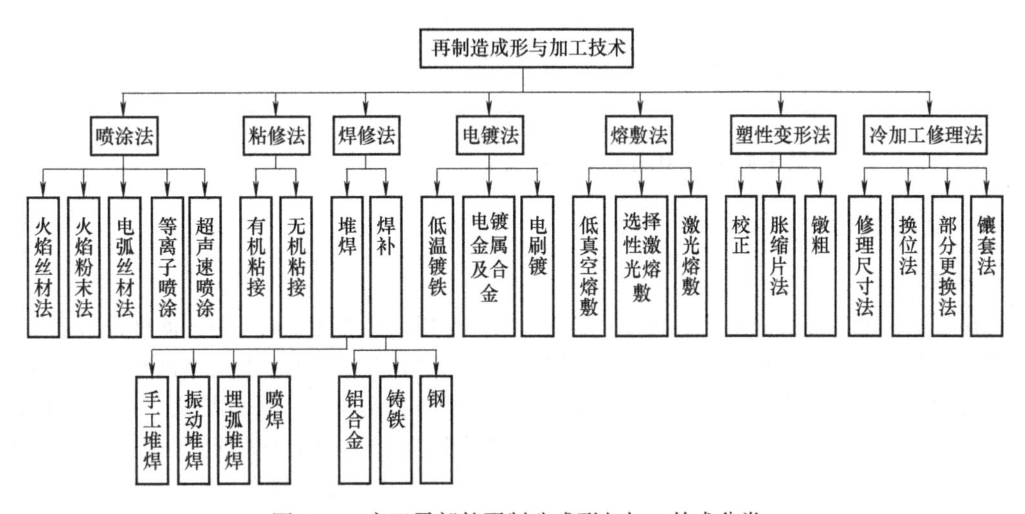

图7-10 废旧零部件再制造成形与加工技术分类

6）**再制造产品装配技术**。它是指在再制造装配过程中，为保证再制造装配质量和装配精度而采取的技术措施。一旦发现装配中出现不匹配等现象，还需进行二次优化。

7）**再制造产品性能检测与试验技术**。对再制造产品进行性能检测与试验的目的在于：发现缺陷，及时排除；调整配合关系，改善质量，避免早期故障。

8）**再制造产品涂装技术**。它是指对合格的再制造产品进行涂漆和包装的工艺技术。

9）**再制造智能升级技术**。它是指运用信息技术和控制技术实施再制造产品的生产与管理的技术和手段。它包括柔性再制造技术、虚拟再制造技术、智能化再制造技术等。

（3）**再制造的系统结构** 从系统角度来看，再制造系统一般包含再制造设计系统、再制造生产系统、管理信息系统、质量控制系统、物料资源系统、环境影响评估系统等。产业生态学为产业转型、企业重组、产品再制造提供了一个集成系统的方法。例如，地毯制造商的产品废料可以被轿车公司用来制造隔音材料；从轿车座椅上回收的聚氨酯泡沫，被处理用于地毯的衬底材料。这样如同在生物生态系统中一样，地毯制造商、轿车公司和回收公司存在一个共生的关系。再制造的内容存在于产品全生命周期中的每一个阶段，见表7-12。

表7-12 再制造在产品全生命周期各阶段的内容

阶段	再制造的内容
产品计划	确定产品的再制造性。再制造性是指废旧产品所具有的恢复或超过原产品性能的能力
产品设计	将产品的再制造性考虑进产品设计中，以使产品有利于再制造。该阶段决定了产品再制造性的2/3
产品生产	①保证产品再制造性的实现；②对产品加工和装配过程中出现的超差或损坏零件通过表面工程等再制造技术，恢复到零件的设计标准后使用；③利用产品末端再制造获得的零部件参与新产品的装配
产品销售	建立销售、维修与回收一体化的循环管理系统，确保再制造工程的连续性
产品使用	①落后产品的再制造升级，以恢复或提高产品的性能；②再制造的零件用于产品维修
产品报废	①对产品整体再制造，直接投入使用；②对零部件再制造，再制造的零部件用于新产品或产品维修

（4）**再制造的应用形式** 再制造应用的四种形式，见表7-13。

表7-13 再制造在产品全生命周期各阶段的应用

形式	再制造的应用
产品修复（Repair）	通过测试、拆修、换件、局部加工等，恢复产品的规定状态或完成规定功能
产品改装（Refitting）	通过局部修改产品设计或连接、局部制造等，使产品适合于不同的使用环境或条件
产品变性（Modification）	通过局部修改和制造或引进新技术，使产品使用与技术性能得到提高，延长使用寿命
回收利用（Recycling）	通过对废旧产品进行测试、分类、拆卸、加工等使产品或其零部件、原材料得到再利用

案例7-6 卡特彼勒再制造给中国带来了什么？

7.1.5 低碳制造

1. 发展

低碳制造是低碳经济的重要组成部分。低碳经济是指以低能耗、低污染、低排放为基础的经济模式。低碳经济的实质是通过能源高效利用、清洁能源开发，实现企业的绿色发展。低碳经济产业包括四类：环保、节能、减排、清洁能源,。在国外，低碳经济最早见之于政府文件是在2003年的英国能源白皮书《我们能源的未来：创建低碳经济》。而系统地谈论低碳经济，则可追溯至1992年的《联合国气候变化框架公约》和1997年的《京都协议书》。美国于1990年实施《清洁空气法》，2005年通过《能源政策法》，2007年美国参议院提出了《低碳经济法案》。丹麦在太阳能加热、风力发电、秸秆发电、超临界锅炉等可再生能源和清洁高效能源技术方面开创了独特的范例。如今，已有近200个缔约方签署了《联合国气候变化框架公约》，我国于1992年6月11日签署该公约。向低碳经济转型已成为世界经济发展的大趋势。

我国于1998年1月1日开始实施《中华人民共和国节约能源法》；2000年4月29日颁布《中华人民共和国大气污染防治法》；2002年10月28日颁布《中华人民共和国环境影响评价法》。自2003年以来，我国先后发布了《节能中长期专项规划》《关于节能工作的决定》等一系列政策性文件。2013年9月10日，国务院发布了《大气污染防治行动计划》。2015年11月30日，在巴黎出席气候变化大会时，习近平主席代表中国政府做出承诺：中国将于2030年左右使碳排放达到峰值，并争取尽早实现，2030年单位GDP碳排放比2005年下降60%～65%，非化石能源占一次能源消费比重达到20%左右。低碳制造的发展趋势是定量化、集成化、标准化、产业化。

2. 原理

（1）**定义** **低碳制造**（Low Carbon Manufacturing，LCM），是指降低来自制造过程和制造系统碳源的二氧化碳排放，提高资源和能源利用率，以及提高废物利用率。

低碳制造的过程，是从系统资源和生产过程中释放低浓度二氧化碳的过程。本质上，低碳制

造是基于低碳经济的一种先进制造模式。低碳经济以低能耗、低排放、低污染为特征。

低碳制造的目的是实现制造企业碳排放的减量化，实现企业生态效益、社会效益和经济效益的统一。低碳制造的目标是：①提高资源利用率。②提高能源利用率。③减少废弃资源。

（2）**结构**　作为一种全新的可持续制造模式，低碳制造可以被描述为从系统资源和生产过程中释放低浓度 CO_2 的过程。低碳制造系统的结构包含三个层次：资源低碳开发，产品低碳设计，生产低碳过程，见表 7-14。

产品低碳设计，是指以“设计”为出发点来降低产品整个生命周期（设计、生产、储运、销售、使用和回收等）各个方面的能源消耗和温室气体的排放。

表 7-14　低碳制造系统的结构

<table>
<tr><th colspan="2">层次类别</th><th>说　明</th></tr>
<tr><td rowspan="2">资源低碳开发</td><td>低碳原材料</td><td>开发可循环利用绿色材料，如绿色建材（乳胶漆、石膏板）、防辐射涂料</td></tr>
<tr><td>清洁能源</td><td>应用太阳能、水能、风能、沼气能等发电技术，降低化石能源比例，如电动汽车</td></tr>
<tr><td rowspan="3">产品低碳设计</td><td>轻量化设计</td><td>确保产品使用性能的前提下，尽可能减轻产品重量，如采用复合材料</td></tr>
<tr><td>模块化设计</td><td>将产品分为功能模块，通过模块选择和组合来满足产品的功能属性和环境属性</td></tr>
<tr><td>生态化设计</td><td>将环境友好的要求纳入设计中，充分考虑材料能源可循环利用及产品对环境的影响</td></tr>
<tr><td rowspan="7">生产低碳过程</td><td rowspan="2">加工设备</td><td>部件性能优化：电动机及主轴驱动、液压等系统性能优化</td></tr>
<tr><td>辅助部件节能控制：润滑、照明、气动等部件节能控制</td></tr>
<tr><td rowspan="3">加工工艺</td><td>先进切削技术及刀具：干切削、微量润滑、节能刀具，以实际生产过程为重点</td></tr>
<tr><td>高效工艺优化：加工策略、路径优化、参数优化，以流程、模型及方法为切入点</td></tr>
<tr><td>低碳再制造：加工设备回收与再造、节能再造及功能扩展，循环利用废弃物</td></tr>
<tr><td rowspan="2">生产管理</td><td>高效生产模式：大量定制，时间紧凑型</td></tr>
<tr><td>生产调度优化：多目标综合调度优化模型</td></tr>
</table>

（3）**特征**　低碳制造的特征包括以下五项。

1）**生产源的碳排放**。现代工业设备以电力驱动为主，而电能大多源于煤炭，因此，设备在耗能的同时也排放了大量的二氧化碳。若用更节能的设备将使碳排放得到有效控制。

2）**制造过程的碳排放**。制造业的生产过程将耗费大量电能，除了设备能源利用外，生产环节需要的水、气等也耗费大量电能。同时生产辅助过程也要耗费大量电能。

3）**资源的利用**。它是指在制造生产过程中的原材料的利用状况、生产的排队和等候时间、生产过程中有效规则的建立等，如最优的生产排产能够有效减少碳排放。

4）**浪费最小化**。它是指在生产加工环境，尽量减少不必要的物料、能源和加工时间的浪费，因为浪费会增加碳排放。先进制造管理方法会减少生产过程的无效操作。

5）**能源利用率**。它是在加工过程中能源的输出量与其输入量之比。低碳制造的企业要将这一比值列入生产的考核指标，在保证产量指标的同时，更要考虑能源利用效率。

3. 应用

面向产品全生命周期过程，低碳制造的关键技术主要包括：①低碳材料选择；②低碳设计；③低碳加工技术与装备；④低碳装配及包装；⑤节能低碳产品开发；⑥绿色回收及再制造。评估低碳制造的综合指标是：资源利用率、单位能耗和碳排放与碳足迹等。

（1）**资源利用率**　它是指一定量的资源所能创造的价值的数量。提高资源利用率的措施是：资源重复利用，直到不能利用；在生产和生活中节约能源；提高科技在实际应用中的地位；在有限的物质资源上产出尽可能大的回报。

（2）**单位能耗** 它是指每产生万元GDP（国内生产总值）所消耗掉的能源。它是反映一个国家经济活动中能源利用效率和节能降耗状况的主要指标。

（3）**碳排放与碳足迹** 碳排放（Carbon）是低碳制造的重要指标。由于数据的可用性和完整性，专家认为碳足迹（Carbon Footprint）仅计算碳排放是符合实际的。

1）**碳排放的来源**。制造业碳排放具有多源性，主要包括物料碳、能源碳及制造工艺过程中所产生的直接碳排放，制造企业的碳排放构成如图7-11所示。制造业主要以间接碳排放为主。制造业实施低碳制造的途径是从物料流、能量流方面来实现制造企业全生命周期过程碳排放量的极小化。制造企业的供应链一般包括了采购、生产、仓储和运输，其中仓储和运输会产生大量的二氧化碳（CO_2）。

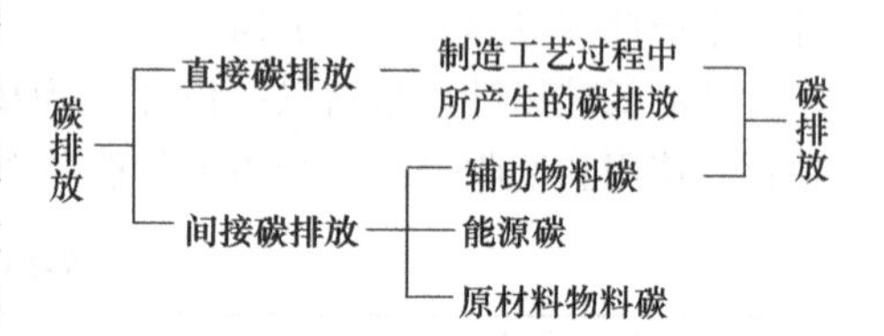

图7-11 制造企业碳排放来源构成

2）**碳排放测度的方法**。国外碳排放测度的方法主要分为：实测法、物料平衡法和排放系数法三种。实测法是通过监测手段或相关部门认定的连续计量设施，测量排放气体（CO_2）的流速、流量和浓度等测量数据（该数据一般经环保部门认可）来计算碳排放总量的一种统计计算方法。物料平衡法是根据质量守恒定律对生产过程中所使用的物料进行定量分析的一种科学方法。排放系数法是指在正常技术经济和管理条件下，生产单位产品所排放的气体数量的统计平均值。这是欧盟国家测度碳排放应用最广泛的方法。此外，根据具体项目计量和参数选择的需要，还有模型法、生命周期法、决策树法等碳排放测度方法。

3）**碳足迹的概念**。它是一项活动或产品全生命周期直接或间接发生的碳排放总量的衡量指标。它表示企业或个人的“碳耗用量”。碳是石油、煤炭、木材等由碳元素构成的自然资源。碳耗用量越多，导致地球暖化的元凶CO_2也制造得越多，碳足迹就越大；反之，碳足迹就越小。碳足迹的理念是：公众日常消费—CO_2排放—碳补偿（碳中和）；转变生活方式，放弃各种“高碳”生活，倡导低碳生活。

4）**碳足迹的估算方法**。目前，碳足迹的估算有两种方法：一是自下而上基于过程（Process-based）的生命周期评价法，这种方法更准确也更具体；二是自上而下的基于经济投入产出模型（Economic Input-Output）的生命周期评价法，计算所使用的能源矿物燃料排放量，这种方法较为一般。以汽车的碳足迹为例：方法一能够估计与汽车相关的所有的碳排放量，包括从造车的全过程以及造车所用的金属、塑料、玻璃和其他材料，到开车和报废车。方法二则只计算造车、开车和报废车时所用化石燃料的碳排放。

以发电厂为例，节约1度电=减排0.997kg CO_2；节约1kg标准煤=减排2.493kg CO_2（1kg原煤=0.7143kg标准煤）。对于个人，开车的碳排放（kg）=油耗公升数×0.785；家居用电的碳排放（kg）=耗电度数×0.785×可再生能源电力修正系数。

如果你用了100度电，那么你就排放了78.5kg CO_2。为此，你需要植一棵树；如果不以种树补偿，则可以根据国际一般碳汇价格水平，每排放1 t CO_2，补偿10美元钱。用这部分钱，可以请别人去种树。

（4）**碳汇**（Carbon Sink） 它是指从大气中清除CO_2的过程、活动、机制。碳汇技术是通过碳捕捉将大气中的CO_2分离出来，再通过碳储存将其封存到与大气隔绝的地方。碳汇也是国际上的碳排放权交易制度。碳汇市场建立碳交易和补偿机制。把碳排放权作为一种商品，而形成碳排放权的交易，简称碳交易。碳汇购买是对排放CO_2的权利的购买。

碳汇的类型一般分为森林碳汇、草地碳汇、耕地碳汇、海洋碳汇（蓝色碳汇）。森林碳汇是指

森林吸收并储存CO_2的能力，就是捐资造林，让个人出资培育的森林消除自己因工作、生活而排放的CO_2。海洋碳汇则通过产权交易把海洋贝藻等养殖的碳汇建立碳交易，列入碳排放交易制度。

碳汇与碳源是两个相对的概念。碳源（Carbon Source）的定义为，自然界中向大气释放碳的母体。碳汇是指自然界中碳的寄存体。碳源是指产生CO_2之源，它来自自然界和人类的生产与生活过程。减少碳源一般通过CO_2减排来实现，增加碳汇则主要采用固碳技术。

（5）**策略**　制造业减少碳足迹的策略有：

1）选用低碳的原材料替代传统材料。

2）采用低碳设计方法，如绿色设计、节能产品设计、面向回收的设计、面向成本的设计、轻量化设计、产品生命周期评价，以及产品碳足迹确定方法等。

3）制造加工过程是碳排放的主要物化的过程，要开发和选用低碳加工工艺及装备。

4）改善制造企业能源结构，投资碳补偿业务，如投资太阳能、风能等供应制造电能。

5）将销售产品转变为销售产品服务。

6）提高制造能效。

案例7-7　低碳制造装备与系统。

7.1.6　生态工业园

生态工业园（Eco-industry Park，EIP）实质上是一种绿色制造系统（Green Manufacturing System，GMS），又被称为生态化制造系统。

1. 制造生态化的原理

绿色制造的最终目标是建立经济、社会、自然良性循环的复合型生态系统，促进企业实现生态化的永续经营。绿色制造的发展战略如图7-12所示。

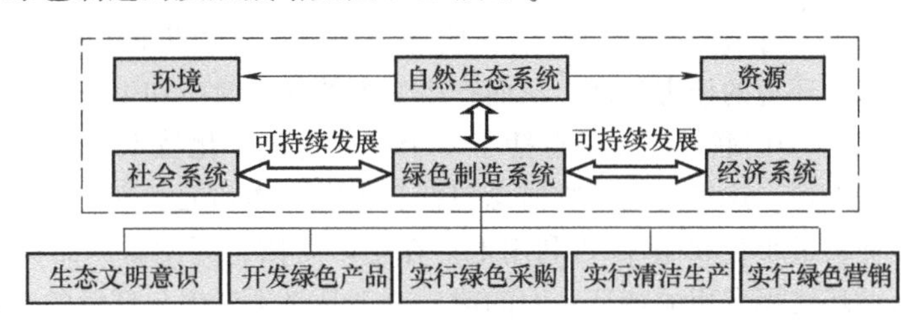

图7-12　绿色制造的发展战略

（1）**自然生态系统**　在自然生态系统中，各种生物之间以及生物与非生物的环境因素之间相互作用，而且不断进行着物质交换和能量流动。一种生物或种群产生的废物，部分作为另一种生物或种群的有用物质和能量来源，由此物质得以充分利用，形成封闭循环。系统发展规律在于：

1）**生态效率**。它是指在生态系统内部能量的传递过程中能量的利用效率，即能量沿食物链流动的过程中，后一营养级的能量与前一营养级能量之比。例如，放牧牛羊时，若牧草丰富，它们往往采食幼嫩、可口的部分，牧草不足时，可能会饥不择食，啃食一光，利用率就提高了。

2）**百分之十定律**。它是指能量沿食物链流动时，能量越来越小，通常后一营养级所获得的能量大约为前一营养级的10%，在能量流动过程中大约损失90%的能量，这是美国生态学家林德曼（Lindeman）在研究湖泊生态系统的能量流动时发现的定律。例如，非洲象种群对植物的利用效率大约是9.6%。虽然可以通过各种有效的途径来提高生态效率，但某一特定营养级位上能够生存的生物数量是有极限的，超过这一极限就会造成对生态的破坏。

（2）**绿色制造系统的特性**　工业生态学认为，一个工业生态系统可以像一个生物系统那样

进行物质和能量的循环与自然生态系统相对应，可以把制造系统视为有赖于生物圈提供的资源和服务，并具有物质、能量和信息流动的特定分布的生态系统，绿色制造系统具有同自然生态系统类似的几个基本特性：

1）**循环传输**。物质、能量、信息在系统内的循环和传递。

2）**行为者的多样性**。（不同的行业、企业、部门）系统内各组成部分之间的相互依赖及协作。

3）**地域性**。系统具有地方特性，受地方资源的制约及地方成员之间相互协作情况的影响。

4）**渐变性**。通过各种废物、能源和再生资源的合理利用，系统可向更高层次进化。

（3）**绿色制造系统的分级** 绿色制造系统由低级到高级可分为三个阶段：

1）一级绿色制造系统，即初级系统。无限制地输入资源进行生产，向外界排出大量废物。

2）二级绿色制造系统。控制资源的输入和废物的输出。有限的资源在工业过程中进行类似自然界的循环利用，对外界输出有限的废物。

3）三级绿色制造系统，即高级生态系统。有限的能源投入在封闭的工业生态系统内部，进行无限循环利用，所有的产品和废物都在系统内消化和再生。投入的资源也在循环中维持总量的恒定。根据二级绿色制造系统的模式，理想的绿色制造系统提出，在资源利用最大化和废物输出最小化的原理下实现制造业可持续发展，如图7-13所示。

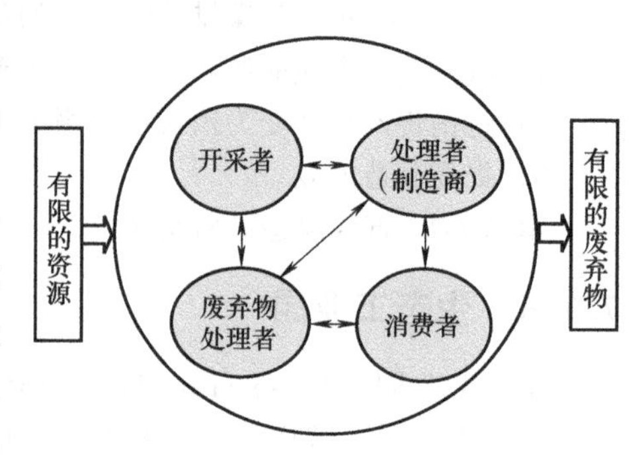

图7-13 理想的绿色制造系统

2. 废弃物最小化

（1）**定义** 废弃物最小化是指通过对潜在废弃物的最小化预防和对既有废弃物的最小化处置，使工业废弃物带给环境的侵害最低，从而产生最大的经济效应和生态效应。

（2）**原则** 1992年美国联邦环保局总括了一个废弃物最小化技术策略。废弃物最小化的原则、路径及技术见表7-15。这里的废弃物概念包括有害废弃物和无害废弃物。废弃物最小化应集中在减少资源、废弃物最小化和循环/再利用上。在生产阶段，开发新产品模式、改进产品的模式时，必须考虑可循环或再利用的特征；旧的或已有产品必须考虑与环境的亲和性。在后生产阶段，需增强企业的回收能力，在维持企业成本下降的同时减少废弃物。在消费阶段，客户可获得免费运输，使用后的淘汰产品无须偿还，只需为将来物质循环提供容器。

表7-15 废弃物最小化技术

原　则	路　径		技　术
缩减排放源	改变产品		产品替代；产品保持；产品成分改变
	资源控制	改变投入物	物质提纯；物质替代
		技术改进	改变流程；设备、管道或布局变化；附加的自动操作；运行设备的改变
		好的操作实践	程序上的测量；预防流失；管理实践；废弃物流分离；材料处理改进；隔离排放源
再生和回收	循环和再利用		回归到原有流程；用原始物质替代另一流程
	改造		加工资源回收；副产品加工

（3）**措施** 废弃物最小化的管理有两条措施：一是预防；二是处置。

1）**对潜在废弃物的最小化预防**。主要通过控制废弃物的生成数量来实现。通过模块化设计

提高剩余零部件的使用寿命；通过无害资源的替代，使原有资源的有害性降低；通过加大废弃物回收、再利用等方式，提高废弃物的资源化再生。这一过程既包括产品的生产过程又包括产品的消费过程。两个过程的最终目的都是减少废弃物数量。

2）**对既有废弃物的最小化处置**。主要通过“生物食物链”的形式加强上、下游产业之间的链接。通过技术创新等手段将一个生产过程外的废弃物在另一个生产过程中以资源的形式出现，并将最终废弃物以原子、分子形式还原于自然。这个过程的最终目的在于控制废弃物的质量，变废为宝。

（4）**层级** 生产系统从高废弃物的线性流程转换到闭环流程，需要一个渐进的过程。因此，废弃物最小化可描述为表7-16中渐进的层级关系。

由表7-16可知，在4R（Reduce，Reuse，Remanufacture，Recycle）原则指导下，采用减量化、再利用、再制造、再循环、回收的5R（Reduce，Reuse，Remanufacture，Recycle，Recover）的方法体系。减量化是减少进入生产和消费流程的物质，是预防废弃物的产生而不是产生后治理。再利用是尽可能多次以及尽可能多种方式地使用物品。通过再利用，可以防止物品过早成为垃圾。再制造是对废旧产品进行专业化修复或升级改造，使废弃物的数量大为减少。再循环是尽可能多地再生利用，又称为资源化。资源化能够减少对垃圾填埋场和焚烧场的压力。废弃物回收是一个系统工程，在产品设计开始就要考虑到产品的可再利用、再设计、再制造和回收的功能。5R能够减少要处置的废弃物数量，相互之间有一定的逻辑层次，这种层次揭示五种方法之间优先顺序关系，可形成一个倒三角结构。

表7-16 废弃物最小化方法的层级关系

层级	废弃物管理方法	意 义	具体的实现手段
第一级：战略目标	废弃物减量化（Reduce）	使用资源力争不产生废弃物，这是减少废弃物的最好的方法	生产产品中废弃物更少；生产流程中废弃物极少；副产品流程的循环；在生产中减少能源消费；生产更耐用的产品
第二级：战术层面	废弃物再利用（Reuse）	如果不能减少废弃物数量，则施行再利用	通过修理、修复等技术处理，使产品和元器件得到再利用
第三级：战术层面	废弃物再制造（Remanufacture）	从不能使用的物品中回收废旧产品	通过专业化修复或升级改造，使再制造产品的质量特性达到或优于原有新品水平
第四级：战术层面	废弃物再循环（Recycle）	若废弃物再利用和再制造不可行，则必须再循环，即资源化	原级资源化：将废弃物再生形成与原来相同的新产品；次级资源化：将废弃物变成新品（再生资源）
第五级：作业层面	废弃物回收（Recover）	从不能使用、再利用、再制造和再循环的物品中回收能源	通过焚烧等方式从废弃物中获得能源
第六级：作业层面	废弃物处置	这是最后的选择	若不能回收能源，则对废弃物采取填埋或其他的处置方法

3. 生态工业园的原理

自20世纪80年代以来，发达国家开始生态工业园建设的探讨和实践。自1993年开始，为了建设生态工业园，美国国家环保局提供了大量财政扶持，康奈尔等大学提供了信息与规划服务。生态工业园是以工业生态学为理论基础而设计的一种新型工业组织形态。

（1）**定义** 生态工业园是建立在一块固定地域上的、由制造企业和服务企业合作的、各成员单位相互利用废料的企业社区。

在生态工业园内，一个企业的废料当作另一个企业的原料，使资源得到最优化利用。各成员单位通过共同管理环境事宜和经济事宜来获取更大的环境效益、经济效益和社会效益。整个企业社区能获得比单个企业通过个体行为的优化所能获得的效益之和更大的效益。生态工业园的目标是在参与企业的环境影响最小化的同时提高其经济效益。

生态工业园的本质，在于企业间的合作以及企业与自然环境之间的互动。

（2）**意义**　生态工业园园区就是产业集群地，它具有如下意义：①保持了自然资源的经济性；②降低了生产、物质、能量的成本；③减小了环境风险和废物处理的责任；④改善了运作效率、质量、工人的健康和企业形象；⑤提供了变废为利的机会。

（3）**原则**　生态工业园的规划应遵循下列原则：①尽可能地保持当地的生态特征和自然景观。②以废物预防为基本设计原则。③运用信息管理系统以便使能量流和物流形成一个封闭的环。④建立必要的管理机构以真正实现废物的循环利用。⑤鼓励生产对环境没有影响并在其使用过程中安全的产品。

（4）**类型**　生态工业园按聚集的形式分为现有改造型、全新规划型、虚拟联网型；按聚集的原理分为原料工序生态型、优化生产过程型、区位产品共生型。生态工业园的类型见表7-17。表中各种类型各有所长，各有侧重，应根据个别园区的需求、优劣势、发展的侧重点、经济和产业现状而定。当然最理想的是将多种模式优势相结合，形成综合生态模式。

表7-17　生态工业园的类型

分法	类型	基本特征	优点、缺点与适用范围	举例
按聚集的形式分	现有改造	对现有的大量的工业企业，通过适当的技术改造，在区域内建立废物和能量的交换关系，园区内供电采用生物燃料发电设备	因为很多传统的制造业都面临环境污染、企业之间的合作较少等问题，所以这类生态工业园数量最多	美国马里兰州的费尔菲尔德（Fairfield）
	全新规划	在良好的规划和设计基础上从无到有地进行建设，并创建一些基础设施，使这些企业间可进行废水、废热的交换	主要吸引那些具有绿色技术、低碳技术的企业入园，投资大，对其成员的要求较高	美国弗吉尼亚州的查尔斯角（Cape Charles）
	虚拟联网	不严格要求其成员企业在同一地区，利用信息技术以模型和数据库的形式，建立成员间物料与能量的联系网络	可以省去一般建园所需的土地及设备购置费用，避免进行大量的工厂迁址工作，灵活性很强。但可能要承担较高的运输费用	美国的布朗斯维尔（Brownsville）
按聚集的原理分	原料工序生态	利用产品的相关性，将企业分成不同组团群聚在一起，利用上游产业的产品或废物作为下游产业的原料，使资源和产品、废物在园区内循环利用	适合于形成上下游产业链关系、规模较大，特别是有石油加工或上中游石化工业的化工园区。通常以大型港口为依托，输入原料，而直接相联系的组团互相邻近	新加坡的裕廊岛，我国的常州化工园
	优化生产过程	基本策略为“取长补短”，核心企业将非核心生产项目或配套服务外包给第三方供应商，由集中的共用设施商统一向园区内企业提供蒸汽、热水和废物处理等	使核心企业节约用地和投入资金，能将资源集中在专业生产和研发上；使专业供应商能发挥优势，有效地利用资源，确保废物的循环利用和高效的配套服务。适用于企业规模较小、技术要求高、附加值大的化工园	新加坡的医药化工园，我国的大连双D港生物与医药产业园
	区位产品共生	要求相关的企业规划在同一区域，以形成水平或垂直关系的组团，共享资源、服务和配套设施。这种关系类似于自然界的共生现象。大工序可细分成若干小工序由专门企业完成最后组装	虽然相同行业之间往往会引起激烈的竞争，但是集聚效应使相似的企业更易引起客户注意。聚集的企业有大量共同需求，相互依存，相互协作，使原料、服务设施供应的成本降低，又能使企业享受到价廉质优的服务	新加坡的印刷媒体中心大楼

（5）**区别**　生态工业园是继“经济技术开发区”“高新技术开发区”之后中国的第三代产业园区。我国自1999年开始启动生态工业园示范园区建设试点工作。2001年批准建设了第一个国家生态工业示范园区——广西贵港生态工业园区。生态工业园与前两代的最大区别是：以生态工业学为指导，着力于园区内生态链和生态网的建设，最大限度地提高资源利用率，从工业源头上将污染物排放量减至最低，实现区域清洁生产。前两代的模式为“设计—生产—使用—废弃”；生态工业园的模式是“回收—再利用—设计—生产”。它不仅包括产品和服务的交流，更重要的是以最优的空间和时间形式来组织生产和消费过程所产生的副产品的交换，从而使企业与社区付出最小的废物处理成本，并且通过对废物的减量化，改善环境品质。

总之，生态工业园的合作是自愿的，成员有着较高的积极性，以保证生态工业园的效率，其动力在于利益的驱动。通过废物的交换、信息的交流、管理的配合，使每个成员，包括企业、社区和政府获利。园内成员之间的废物流动在本质上是市场机制的供需关系。

案例7-8　丹麦卡伦堡工业共生体。

7.2　服务型制造

7.2.1　服务型制造的发展

服务型制造（Service Manufacturing，SM），用来表述制造模式由生产型向服务型转变的态势。制造业服务化（Manufacturing Servitization，MS），用来表述整个制造行业由生产向服务转变的态势。服务型制造和制造业服务化，两者的内涵吻合于服务化制造。

美国经济学家维克托·富克斯（Victor R. Fuchs）在1968年称之为“服务经济（Service Economy）”。服务经济是以人力资本为基本生产要素形成的经济形态。1970年，阿尔文·托夫勒（Alvin Toffler）在《未来的冲击》中写道：“几千年人类经济发展的总历史将表现为三个阶段：产品经济时代、服务经济时代和体验经济时代。”一般认为，服务经济是服务业产值在GDP中的占比超过60%的一种经济状态。2017年，美国服务业的GDP占比为80.1%。

2007年，孙林岩教授等人提出了“服务型制造”的概念，指出服务型制造是制造与服务相融合的新型产业形态，是新的先进制造模式。2013年，我国服务业的GDP占比达46.1%，超过第二产业2.2个百分点，标志着我国经济正式迈入服务经济时代。2016年7月，我国工信部、发改委、工程院联合发布《发展服务型制造专项行动指南》，该指南提出了设计服务提升、制造效能提升、客户价值提升和服务模式创新四项行动。2017年，我国服务业的GDP占比达到了51.6%。

从先进制造模式的发展趋势来看，效益化，直接“服务”产品过程；人性化，致力于“服务”参加者的身心需要。因此，传统的生产型制造模式的发展日趋“服务型”。生产型制造，是指以加工、生产、装配为主的制造模式。

案例7-9　陕鼓集团实施“两个转变”续写菜谱。

7.2.2　服务型制造的原理*

1. 概念

服务型是制造企业由单一的产品提供者向集成服务提供商转变的经营过程。

服务型制造是制造与服务相融合的先进制造模式，也是基于生产的产品经济和基于消费的服务经济相融合的产业形态，包括基于制造的服务和面向服务的制造。

（1）两个术语

1）生产性服务。生产性服务又称为面向生产的服务，是指那些不直接参与生产或者物质转化，但又是任何工业生产环节中间不可缺少的活动。它是制造企业的一种生产方式，是制造企业本身的行为，它的性质仍然属于制造业。

2）服务性生产。如果按产品是否有形，可以将生产运作分成两大类：制造性生产和服务性生产。服务性生产又称为非制造性生产，是指生产者向客户提供的基本上是无形产品，并将有形产品生产作为实现向客户提供具体服务手段的活动。服务性生产的特征是提供劳务，而不是制造产品。但是，不制造产品不等于不提供产品。

3）生产性服务业。生产性服务业是为生产制造企业提供服务的一种产业。注意：生产性服务业与生产性服务是有区别的。生产性服务业属于服务业范畴，其目的是为制造类企业的生产、制造提供配套服务。生产性服务不仅是为企业的生产提供服务，而是企业的制造行为本身已经演变为一种服务了。

（2）两个定义

1）**定义1**。**服务型制造**是通过产品和服务的融合、客户全程参与、企业相互提供生产性服务和服务性生产，以实现制造价值链中各利益相关者的价值增值，达到高效创新的一种制造模式。

由定义1可知，服务型制造是以客户需求为始点，以客户全程参与为特征，制造价值链上各相关企业相互提供生产性服务和服务性生产，充分整合利用资源，以为客户提供“产品+服务”的整体解决方案为终点，从而获得企业的经济效益、社会的环境效益和资源的生态效益，如图7-14所示。

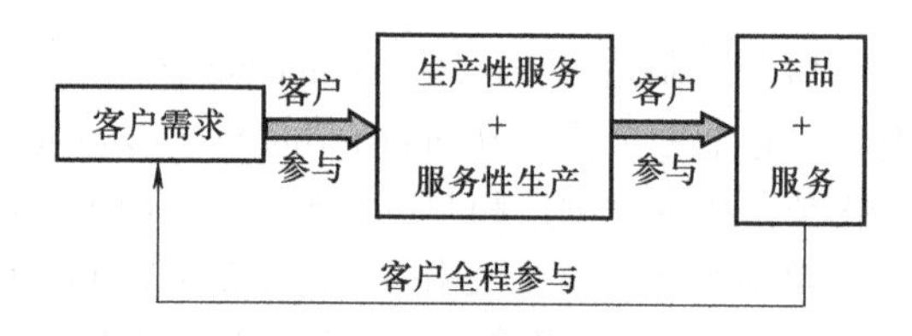

图7-14　SM模式的概念

生产性服务、服务性生产和客户全程参与是服务型制造的三块基石。服务型制造是生产性服务、服务性生产以及客户的全程参与的各种能入式服务的集合。

2）**定义2**。**服务型制造**是制造与服务融合发展的新型产业形态。制造企业通过创新优化生产组织形式、运营管理方式和商业发展模式，不断增加服务要素在投入和产出中的比重，从以加工组装为主向“制造+服务”转型，从单纯出售产品向出售“产品+服务”转变，有利于延伸和提升价值链，提高全要素生产率、产品附加值和市场占有率。

定义2表达了三层含义：①产业形态层面，服务型制造是制造与服务融合发展的新型产业形态。加快服务型制造发展，对于优化产业结构，做优第二产业、做强第三产业都具有重要意义。②融合方式层面，强调服务要素在制造业的投入和产出两个方面的作用，也就是既要发展基于制造的服务，也要发展面向服务的制造。③发展成效层面，不仅要向价值链两端延伸，还要实现价值链整体提升。

总之，定义1的视角是企业的制造模式，而定义2的视角是国家的产业形态。如果按服务领域不同，可以将服务业分为两大类：生产性服务业和消费性服务业。服务型制造是整个服务业与制造业高度融合的先进制造模式。

（3）**特征**　服务型制造具有如下三个特征。

1）**产品与服务集成**。在服务型制造模式下，客户不再是被动的产品接受者，而是参与到产

品的设计与生产过程中来。企业需要客户全程参与，企业提供一种有效的交互途径来管理客户期望，通过产品与服务的集成，形成产品服务系统，最大限度满足客户的价值诉求。

2）**企业服务全程化**。服务全程化是指制造业在整个操作过程中实现其使用价值，并满足客户需求、向客户提供各项服务的过程。在这个过程中，制造业关注互动营销。售前，与客户充分沟通；售中，向客户提供各项服务；售后，建立基于网络的跟踪服务系统。

3）**客户与企业双赢**。生产性服务和服务性生产只解决了如何制造产品，如何依托产品展开服务的问题，并没有真正找到服务的目标，解决为谁服务的问题，因而难以创造全面的竞争优势。客户的全程参与是服务型制造的一个立足点。客户全程参与生产及消费过程，使企业能够更好地感知客户的个性化需求，主动为其提供符合个性化需要的广义产品（产品 + 服务），也使得服务性活动找到了用武之地。通过专业化分工和分散资源的集成，企业能够以更低的成本，快速为客户提供个性化的产品服务，提高了客户价值；企业实现了以低成本方式延伸价值链，扩展了价值创造的空间和时间，带动了企业价值的提升。企业是广义产品的提供者，客户或其他企业是接受者，服务型制造是两者价值共创的过程，如图 7-15 所示。

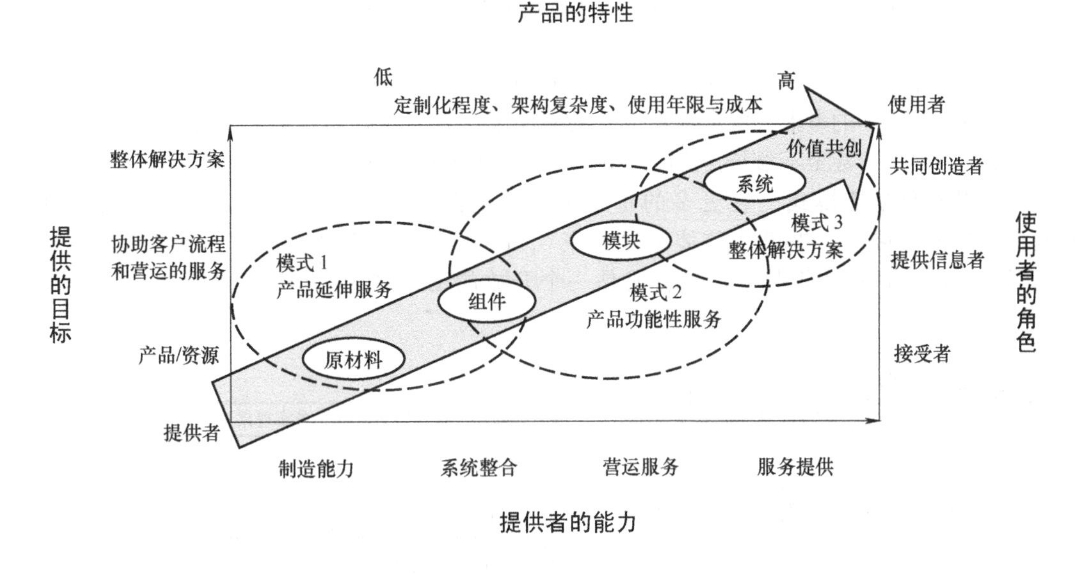

图 7-15　提供者和使用者之间的价值共同创造关系

（4）**比较**　随着科学技术的发展，制造模式也在不断演化。传统的大量制造，以及柔性制造、信息化制造、精益化制造、敏捷化制造等一系列制造模式，都是生产型制造模式。传统观念认为，制造就是生产加工。实际上，生产并不等于制造。现代制造包括生产和服务两部分，即制造 = 生产 + 服务。服务是知识资本、人力资本和产业资本的黏合剂。三者聚合使服务型制造摆脱了生产型制造的低技术含量、低附加值的状况，使其在价值增值、业务流程、运作方式、组织模式和交易方式上都不同于以往生产型制造模式。

两种制造模式的主要特点见表 7-18。过去对服务的理解，是一种承诺，是额外的，是迫不得已而为之。现在把服务作为制造的一种自然延伸，服务即制造，也是经营范围的一个组成部分，企业从中可以获得利润。

表7-18 两种制造模式的主要特点

企业转型	生产型制造模式（传统制造模式）	服务型制造模式
价值增值	有形产品为产出，实现有限的价值增值	产品+服务为产出，为客户提供整体解决方案
运作方式	强调分布资源的集成优化，自上而下完全控制	强调主动发现服务需求，自下而上协同增值
业务流程	封闭型。只做加法，全过程都由自己干	开放型。只做减法，突出优势价值创造环节
组织形态	职能型组织，以产品为导向，以产品售出为终结	流程型组织，客户为导向，面向产品全生命周期
交易方式	实物一次性交易，生产者与客户是短期接触	持续多次交易，产品终身服务，长期共生关系
质量与重点	产品质量；重点在生产制造环节	产品质量+服务质量；研发设计环节+销售服务环节
利润与追求	生产利润；追求大量制造的低成本	生产利润+服务利润；追求个性化客户满意度

2. 结构体系

服务型制造模式是一般性商业型服务模式与生产型制造模式的综合。

（1）**商业型服务模式** 其服务主体承担运作和营销的职能，通过对消费者需求的感知安排相关服务人事，确定服务包（支持性设施、辅助物品、显性服务、隐性服务），使客户进入服务过程，为其提供相应服务。而客户对服务的评价标准又可以作为信息反馈给服务主体，如图7-16所示。

（2）**生产型制造模式** 它是将主要资源放在自身的产品生产过程中，出于对核心能力的保护以及企业运营成本的考虑，更多地将自身的核心生产过程与外界环境甚至客户分隔开。在这个过程中，客户很少甚至不参与企业的制造过程，如图7-17所示。

（3）**服务型制造模式** 它更多的是要求企业消除与外界客户之间的隔膜，通过更深入地与客户进行接触，提供“整体解决方案”，以获得自身竞争优势的提升，突破企业内向视野的束缚，真正地将制造系统看成是一个开放的动态系统。服务型制造模式的框架如图7-18所示。

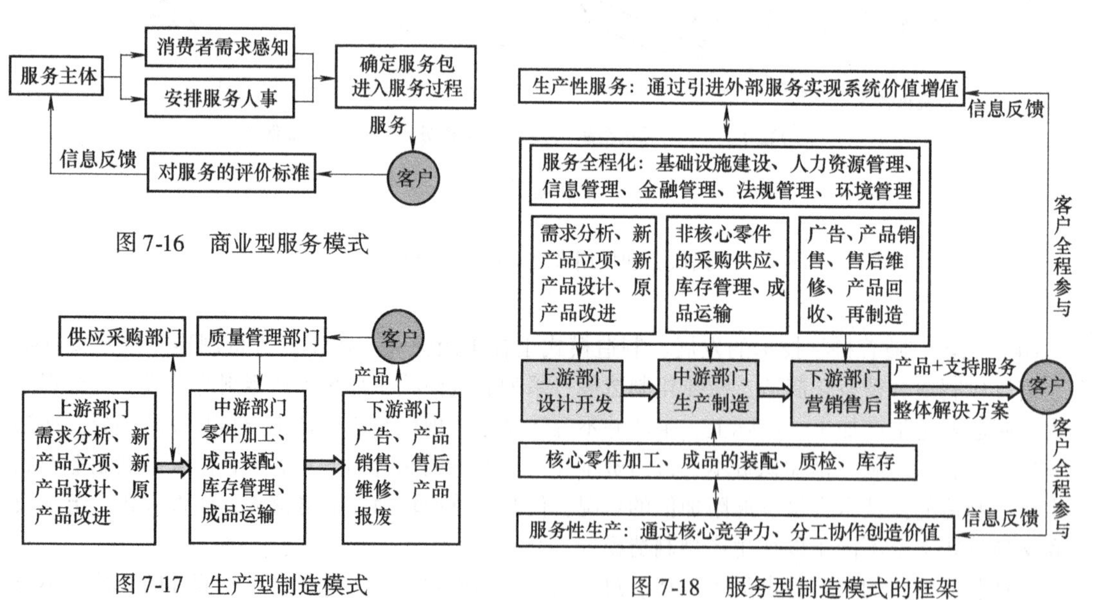

图7-16 商业型服务模式

图7-17 生产型制造模式

图7-18 服务型制造模式的框架

整体解决方案，是指制造商不仅销售产品，而且提供给客户应用此产品的一整套解决方案。这就将产品和功能支持服务很好结合起来一起提供给客户，从而改变了传统的制造企业的销售

模式。整体解决方案要求制造商和客户一道来分析和解决问题。制造商和客户只有经过充分的沟通，才能成功提出并不断完善解决方案，任何单独一方都无法独自做到。这种合作不是单一的行动，而是贯穿于整个制造过程。

3. “产品 + 服务” 轮

从产品全生命周期的概念来看，服务贯穿于“大制造” 的全过程。服务型制造在产品全生命周期中的相关服务可以分为四个层次，即产品生产前服务层，以及产品生产后进入市场的购买服务层、使用服务层和回收服务层，形成共 12 个服务模块的“产品 + 服务” 轮，如图 7-19 所示。产品生产前服务层是指产品的研发设计服务和定制服务。购买服务层包括产品销售相关的运输服务、安装服务、租赁服务、融资服务、工程服务和退换货服务。使用服务层主要指监测服务和维修服务。回收服务层是指产品的回收服务和再制造服务。将产品和 12 个服务模块进行任意组合，就可以形成多种形式的“产品 + 服务” 组合方案。

图 7-19 “产品 + 服务” 轮

7.2.3 服务型制造的应用

（1）**应用意义** 服务型制造是基于产品向客户提供综合服务的模式。从服务对象来看，服务型制造包括制造企业面向中间企业的 B2B 服务（如外包或一揽子解决方案等），和面向最终消费者的 B2C 服务（如个性化定制、客户全程参与设计等）。从产业发展来看，服务型制造表现为制造企业与服务企业的交叉融合和相互渗透，制造企业向服务领域拓展（如 IBM 的解决方案提供）和服务企业向制造领域的渗透（沃尔玛对制造企业的渗透控制等）。

从宏观国家层面来看，服务型制造有助于实现我国经济增长方式转型，变“中国代工” 为“中国创造”。从微观企业层面来看，服务型制造是企业摆脱同质化竞争的重要手段，从根本上解决了为谁制造的问题，使得企业能根据目标客户的个性化需求提供产品及服务，提高客户满意度。

（2）**实施路径** 从传统生产型制造转为服务型制造，服务型制造模式的实施路径如图 7-20 所示。

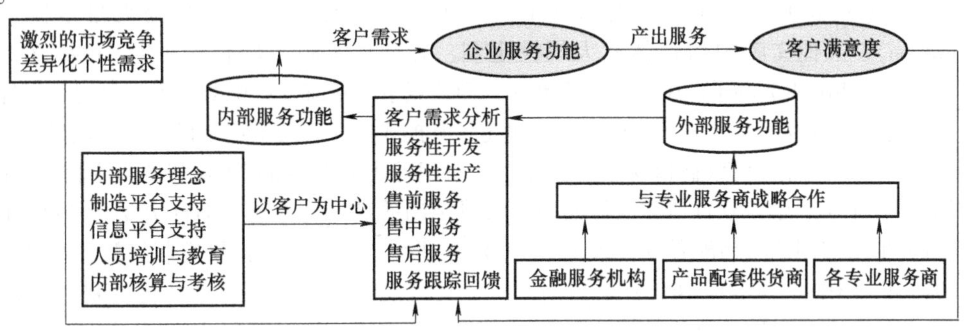

图 7-20 服务型制造模式的实施路径

从内部来看，要由客户需求推动服务创新，加强内部运作服务理念，加强服务功能的技术支持；从外部来看，要通过外部购买来实现服务功能增强，将非核心业务外包。

（3）**实施步骤**　从传统制造过渡到服务型制造，一般企业需经历的步骤，见表7-19。

表7-19　服务型制造的实施步骤

步骤	说　明	举　例
微弱服务	企业属于传统制造业，只是单纯的产品生产者与售卖者，业务中心是产品生产和销售，而忽视了对服务的提供，服务在企业业务中的比重微乎其微	目前我国绝大部分制造企业还处于此阶段
服务附加	企业的核心业务仍然是产品的生产和销售，服务作为产品的一种附加品来提供给客户。生产者一般不向客户收取服务费用，服务仅是产品营销的辅助手段，是企业竞争的延伸	三一重工以更为优质的服务提高企业在行业内的竞争力
服务增值	企业将有形物品和无形服务绑在一起提供给客户。服务的内涵由简单维修维护、运输、安装等到复杂的过程支持、信贷保险等。此时服务被定价，并和产品一起销售给客户。服务改变了过去对产品的依附和辅助的形态，成为使产品增值的重要手段	卡特彼勒、希尔博等国外制造企业，通过服务带来的营业收入占到总收入的很大比重
整体解决方案	产品的生产与销售已不再是企业的核心竞争力，产品只是作为服务的一部分为客户提供整体解决方案。此时产品成为服务的附加品，而服务本身成了获得客户的核心竞争力，在这个过程中客户的参与成了产品生产过程的必要因素。此时的制造模式已进入了服务型制造模式	IBM从IT系统提供商向服务提供商转型。IBM为客户提供的是整体解决方案，产品只是服务的载体
单独提供服务	企业关注的是客户的使用体验，为客户提供独立于产品的服务，实现专业化的生产。以敏捷的、柔性的、高效的、低成本的生产方式迅速适应市场需求的变化，创造更多价值，取得竞争优势。制造企业真正实现了基于制造的服务和面向服务的制造	苹果iphone + App Store将手机硬件作为服务的载体，服务是为真正客户提供价值的部分

案例7-10　英国罗罗公司制造商不卖产品卖服务。

7.3　大量定制

7.3.1　大量定制的发展

1970年，阿尔文·托夫勒（Alvin Toffler）在《未来的冲击》一书中提出了大量定制的设想：以类似于标准化或大量生产的成本和时间，提供满足客户特定需求的产品和服务。1987年，斯坦·达维斯（Stan Davis）在《完美的未来》一书中将这种生产方式称为大量定制（Mass Customization）。其他文献中的别称有大规模定制、大批量定制、大量客制化。1993年，约瑟夫·派恩二世（Joseph Pine Ⅱ）在《大量定制——商业竞争的新前线》中对大量定制进行了完整的描述，并将它与大量生产模式进行比较，从而确定了其模式概念。大量定制模式，既能满足客户的真正需求，又不牺牲企业的效益和成本，已成为21世纪现代企业获得竞争优势的主流制造模式。

1998年，中国科学院软件研究所开始研究大量定制的理论和方法。浙江大学于2003年研究了“支持大批量定制的产品配置设计系统”，2007年研究了“面向大批量定制的配置产品变型设计”。2013年，中国美术学院以办公桌为例，从“贫穷设计”衍生到“个性化定制”。2014年，北京交通大学研究了大量定制在汽车企业中的应用。

迄今为止，国内外的学术界和企业界对大量定制进行了广泛的研究和应用。例如，美国

Motorola 公司的传真机、日本松下公司的自行车、英国 Raleigh 公司的山地车、德国 Benz 公司的轿车、意大利 Levi 公司的牛仔裤、中国海尔公司的家用电器等都不同程度地采用了大量定制模式。目前，3D 打印技术正使大量定制转为社群化制造模式。

案例 7-11　海尔公司的大量定制。

7.3.2　大量定制的原理*

1. 概念

(1) **定义**　大量定制（Mass Customization，MC），是以系统整体优化为指导思想，根据客户的个性化需求，充分利用企业、客户、供应商和环境的各种资源，以大量生产的低成本来生产变型广泛的定制产品，以多品种来刺激市场需求，能够产生竞争优势的一种商业模式。

上述定义侧重于“低成本”和“多品种”。大量定制是社会驱动的一种生产策略，它以大量生产的低成本来实现定制化产品的生产；以多品种来吸引更多的消费者增加销售。因此，在低成本、多品种的条件下，企业可按客户的特定需求与偏好，向市场提供定制化产品。

(2) **目的**　多品种，即**产品多样化**。产品多样化有两种情况：①客户可以感受到的**产品外部多样化**。②在产品的设计、制造、销售和服务过程中企业可以感受到的**产品内部多样化**。为了支持企业以低成本来生产满足客户个性化需求的定制产品，在时间上对产品全生命周期，在空间上对产品族进行全方位的优化，低成本、快速地生产定制产品。大量定制的目的是尽可能“减少产品内部多样化、增加产品外部多样化”。因此，大量定制是将相似性、重用性和全局性三原理与生产实践相结合的一种模式。

(3) **比较**　表 7-20 对大量定制与大量生产进行了比较。

表 7-20　大量定制与大量生产的比较

比　　较	大 量 生 产	大 量 定 制
核心	以稳定性和控制力获得高效率和低成本	以柔性和快速响应能力获得多样化和定制化
目标	以批量化提供低价的标准化产品和服务	以定制化向客户提供买得起的多样化产品和服务
战略	成本领先：以低成本、高效率获取优势	差异化：以快速响应、提供个性化产品获取优势
经营策略	规模经济（如牧放一群羊）；忽略狭小市场	范围经济（如牧放羊、牛、马）；销售到狭小市场
管理理念	以产品为中心，以低成本赢得市场	以客户为中心，以快速响应赢得市场
市场特征	需求大于供应，稳定的需求；单一的大市场	需求小于供应，动态的需求；分散的小市场
产品特征	产品品种少，开发周期长，生命周期长	产品品种多，开发周期短，生命周期短
商业模式	根据市场预测安排生产，属于推动式	根据客户订单安排生产，属于拉动式
制造系统	专用生产线	柔性生产线

由表 7-19 可见，大量定制与大量生产方式在核心、目标、特征等方面差别很大。大量定制的重点是如何减少定制的成本，缩短定制的时间，使定制产品能同大量生产的标准产品相抗衡。

(4) 经济性比较　大量定制的经济性如图 7-21 所示。随着市场越来越分散，大量生产的机会将越来越少。但这并不说明大量生产获得低成本的方法已经失效。大量生产获得低成本的规模经济 (Scale Economy)，虽然造成品种单一，但在设计、生产没有做到完全柔性之前，由于减少了工装准备和更换加工件等所需要的消耗，确实能够降低单位成本，从而降低产品价格。大量定制通过范围经济（Scope Economy），即根据不同产品间功能实现的相似性，使用统一的开发流程、产品

组成模块等，利用范围的扩大实现小批量的大型化，降低成本，获得高效益。大量定制综合了大量生产与定制生产的优点，形成了自身的独特优势，如图7-22所示。

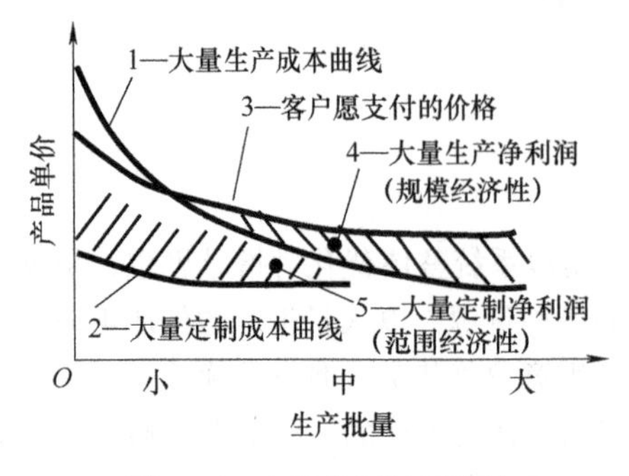

图7-21　大量定制的经济性

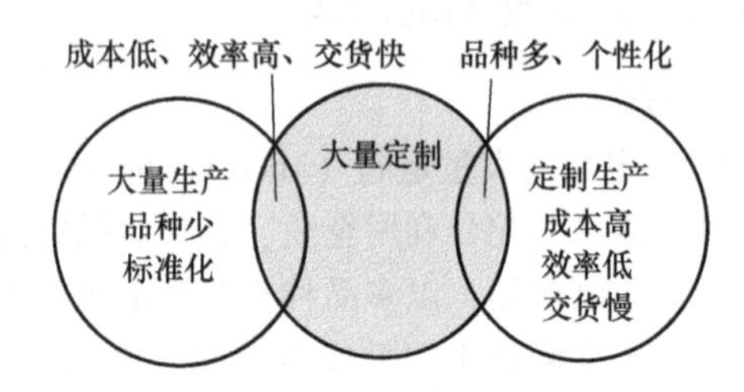

图7-22　大量定制的优势

2. 方法

（1）**定制方法分类**　大量定制的定制方法根据不同的标准可进行不同的分类。

1）**按产品功能划分**。按对产品功能及其附加属性设计影响的不同，可分为四种类型（见表7-21）。

表7-21　按产品功能划分的定制方法

定制方法	方法说明
合作定制	定制企业通过与客户交流，帮助客户澄清其需要，准确设计并制造出满意的个性化产品
透明定制	企业为客户提供定制化的产品或服务，而客户并没有清楚地意识到这些是为其定制的
装饰定制	企业以不同的包装把同样的产品提供给不同的客户
适应定制	企业提供标准化的产品，但产品本身是可客户化的，客户可对产品按需调整

2）**按客户需求划分**。按客户需求对生产影响程度不同，可分为四种类型（见表7-22）。其中，按订单销售，只有销售活动由客户订单驱动；按订单设计，产品设计、制造、装配和销售配送的活动都由客户订单驱动，可以由“产品配置设计系统”来实现。表7-21中的后三种定制方法的流程是：设计→销售→制造（和装配），即设计可通过各种不同选项来增强功能的产品；销售特定的选项给特定的客户；制造（和装配）含客户选项的产品。这三种定制方法的商业模式是推动式和拉动式的结合，故称为**推拉式**。

表7-22　按客户需求划分的定制方法

定制方法	方法说明（形成定制产品的过程）	制造模	商业模式
按订单销售	标准产品加上特定附件，形成有个性的产品→销售。从大量生产转到大量定制	过渡	拉动式
按订单装配	将已有零部件经再配置（设计）→销售→制造。强调某产品族的产品配置	大量定制	推拉式
按订单生产	在已有零部件基础上进行变型设计→销售→制造。强调某产品族的产品配置	大量定制	推拉式
按订单设计	按订单的特殊要求，重新设计满足特殊要求的新零件或产品→销售→制造	大量定制	推拉式

根据变化的性质和程度将大量定制的四个层次进行比较，见表7-23。企业采用不同的定制方法，在设计产品时就会考虑相应的实现方法，而达到不同的效果。

表 7-23 不同定制方法的特征比较

定制方法	定制程度	定制范围	价格	领先时间	发放	变化性质	变化程度	实例
按订单设计	大	全范围	同标准件	同大量生产	及时装配	核心定制	客户详细定制	大型风电机组
按订单生产	中	大范围	较低	批量	部件	功能选择	客户初步定制	低压电器开关
按订单装配	较小	小范围	高	小批	组件	外观定制	客户选择配置	个人计算机
按订单销售	小	没有	很高	同单件定制	库存件	没有	没有	日用品

（2）**优化原理** 大量定制模式是通过把大量生产和定制生产这两种模式的优势有机结合起来，在不牺牲企业经济效益的前提下，了解并满足单个客户的需要。图 7-23 描述了大量定制中的产品优化和过程优化的基本原理。这里将企业产品中的各种零部件分为通用零部件和定制零部件两类。产品优化方向是减少定制零部件数。这里还将产品的生产环节分成大量生产环节和定制生产环节两部分。过程优化方向是减少定制生产环节数。大量定制的实质是要减少图 7-23 中的小矩形面积，理想的情况是该面积为零，但这是不可能的。

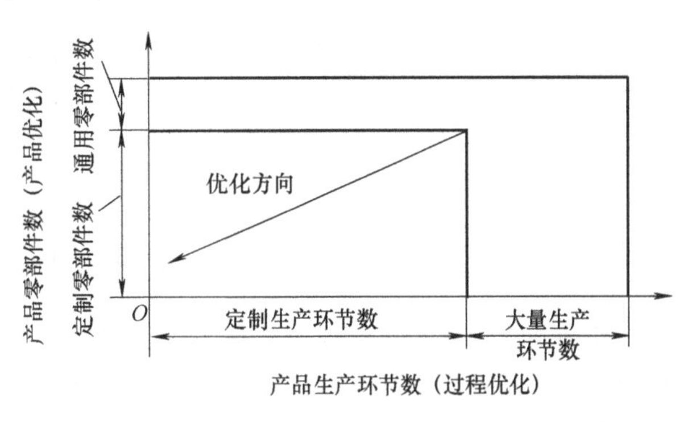

图 7-23 大量定制的产品优化和过程优化

实现产品优化的一般方法是采用模块化设计技术。实现过程优化的一般方法是采用延迟制造（Deferment Manufacturing，DM）策略。只有将这两者结合在一起，才能充分发挥大量定制的优势。

（3）**供应链方式** 通常把供应链分为三类：推动式供应链、拉动式供应链和推拉式供应链。

1）**推动式**（Push）**供应链**。链上的企业通常按预测生产（Build to Forecast），依靠产成品多少来满足客户需求。该方式以制造商为核心，产品生产出来以后从分销商逐级推向市场，分销商和零售商处于被动接受地位，会产生牛鞭效应（需求变异放大现象）。企业间集成度低、库存量高、提前期长、快速响应市场能力差。但它能利用制造和运输的规模性，为供应链上的企业带来规模经济的利益。

2）**拉动式**（Pull）**供应链**。链上的企业通常按订单生产，客户需求激发最终产品供给，生产由需求驱动。该方式把实际客户需求信息传递给生产部门，供应链集成度高，可以根据客户需求实现定制化服务。与推动式相比，拉动式减轻了牛鞭效应，缩短了提前期，降低了库存量，从而提高了市场占有率和服务水平，能够发挥范围经济优势，但难以形成规模经济。

3）**推拉式供应链**。大量定制模式是推动式和拉动式供应链的整合，集成了两种供应链结构的优点。图 7-24 所示一种典型的推拉式供应链，它将整个生产流程分为推动阶段（通用化过程）和拉动阶段（定制化过程），两个阶段的结合面称之为**延迟边界**。

① 推动阶段是指所有客户需求的产品都要经过这部分流程，按照长期预测进行生产和运送基本功能单元（产品通用部件），以推动式经营为主。为确保实施该模型的效果，对产品流程设计借助于标准化、模块化、通用化等技术，在产品到达延迟边界之前，尽量减少产品构造的差异性，延长通用化过程，形成规模经济。

② 拉动阶段是指产品个性化的差异化过程，对体现客户个性化的产品部件进行生产、装配、包装及运送，以拉动式经营为主。该阶段为延迟边界之后的流程，根据掌握的订单信息，

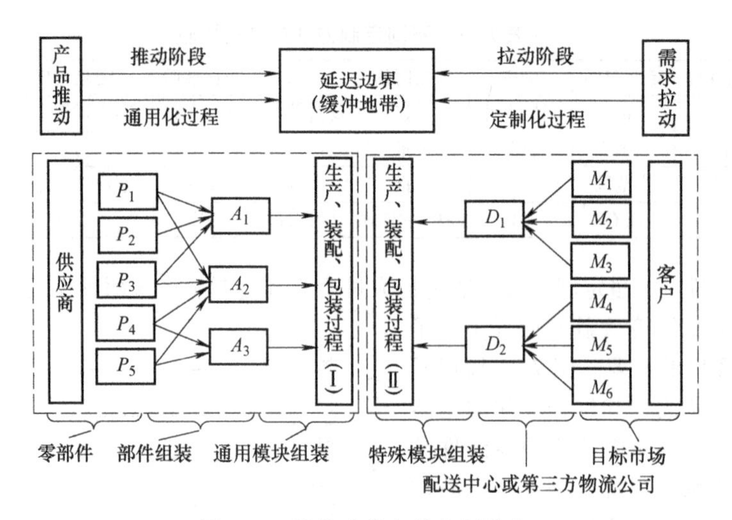

图7-24 推拉式的大量定制模式

可以快速灵活地执行，保证产品高质量，实现定制化服务，满足客户个性化需求。延迟边界形成一个缓冲地带，到达这里的由产品共同部分形成的在制品是较通用的在制品，到这里并不立即下单制造或往下游移动，而是利用延迟制造，等到确实掌握订单的信息，根据订单需求，将在制品或根据个性化需求加以修改的在制品与特殊的部件和模块进行有效的组合实现定制化服务。

案例7-12 宝马汽车的定制化规模生产。

7.3.3 大量定制的应用

（1）**关键技术** 大量定制的关键技术包括设计、制造、管理和信息四类技术。

1）**设计技术**。它是实现大量定制的核心和源头。它包括产品设计技术与加工或装配工艺设计技术。大量定制的设计技术赋予产品零部件及其工艺过程和工艺装备以更高的相似性，强调基于相似性的“简化”和“重用”。

2）**制造技术**。它主要包括制造信息资源的有序化技术、可重构制造技术、成组加工技术和模块化装配技术等。底层的制造技术和系统也应具有足够的物理和逻辑的灵活性，产品设计和工艺设计必须做到标准化。

3）**管理技术**。它是实现大量定制的关键技术，主要包括大量定制的企业资源管理技术、大量定制的业务过程重组技术、大量定制的过程管理技术、各种客户需求获取技术、大量定制的企业协同技术、大量定制的知识管理和企业文化等。

4）**信息技术**。它主要包括大量定制的产品信息标准化与规范化技术、大量定制的信息分类编码技术、大量定制的数据仓库技术、大量定制的信息系统开发技术以及大量定制的信息系统集成技术等。

在上述四类技术中，大量定制的设计与制造技术是实现大量定制生产的手段；大量定制的管理是大量定制哲理在企业经营管理方面的运用；而大量定制的信息技术是其他三类技术的基础和手段。对于机电产品制造企业，大量定制的技术使能器有两个：一是柔性制造系统（数控机床、加工中心以及焊接和装配机器人）；二是稳健的销售网络（如C2B可以直接交流，达到一种多样化的市场）。

（2）**优点与缺点** 大量定制的优点与缺点，见表7-24。

表 7-24　大量定制的优点与缺点

优点与缺点		说　明
优点	降低产品的多样化成本	推动阶段利用模块化、标准化、过程的再建构和外包等手段，实现接近大量生产的效率。拉动阶段的生产、装配、包装常由的核心企业独立完成，以较少品种构件组合成多样化产品
	实现制造商和客户的双赢	以往大量生产标准化的产品，客户化只能少量生产，制造商和客户是一对多的关系；而延迟边界成为供应和需求的信息中心。制造商和客户进行一对一的对话，可实现双赢
	增强企业快速响应市场的能力	延迟边界基于以变制变的模块化设计。推动阶段的生产过程尽可能最大化，采用预测生产；拉动阶段的差异化产品的本地生产步骤尽可能往后延迟，采用接单生产以缩短定制时间
	增加供应链的敏捷性和协调性	企业在拉动阶段必须面对小批量频繁订货的现实，由于运输成本问题，要求企业采用配送中心或第三方物流公司。配送中心，适应个性化需求，可提高运作效率，降低运输成本
缺点	应用范围有限	适合于满足个人品位、健康需求或有利益优势的产品；可用于高价位产品，如汽车、计算机等；不适合于客户不感兴趣的日用品，如洗衣粉
	产品价格较高	定制化的产品价格比大量生产的同类产品昂贵
	交货期延长	客户必须等待较长的生产制作时间
	退货造成麻烦	大多数公司的供应链系统根本无法处理退货。因此必须重构整体供应链的配送网络结构

（3）**应用条件**　采用大量定制模式，制造过程一般应当具备以下条件。

1）**过程可分离性**。制造过程能够被分离为中间产品生产阶段和最终产品生产阶段，这样才可能延迟最终产品的加工成形阶段。

2）**产品可模块化**。产品可分解为有限个模块，这些模块经组合后可形成多样化产品，或产品由通用化的基础产品构成，基础产品经加工后可提供给客户更大的选择范围。

3）**最终加工过程的易执行性**。大量定制将中间产品生产与最终产品生产分开，在离客户很近的地方生产最终产品，要求易于加工，时间短，耗费人力少。若产品的特点使得采用大量定制带来的收益不能弥补增加的生产成本，则不宜采用大量定制。

4）**产品的重量、体积和品种**。若产品的重量、体积和品种在最终加工中增加很多，推迟产品的最终加工成形工作，就会降低生产成本，有利于进行大量定制。否则没必要进行大量定制。

5）**适当的交货提前期**。通常，过短的提前期不利于进行大量定制，因为大量定制要求给最终的生产与加工过程留有一定的时间余地，过长的提前期则无须进行大量定制。

6）**市场的不确定性高**。细分市场多，客户的需求难以预测，产品的销售量、配置、规格、包装尺寸不能事先确定，有利于采用大量定制来降低市场风险。

7）**对生产系统的柔性要求高**。运用模块化设计技术来重新设计产品结构，并将制造过程分解为通用化过程和差异化过程，两个过程在时间上和空间上都能完全分离。

8）**对供应链的敏捷性和协调性要求高**。只有与供应链上所有伙伴形成战略联盟，通力合作，相互信任，资源共享，信息公开，目标一致，才能发挥出协作效应和整体竞争优势。

复习思考题

1. 何谓人性化制造？其基本内容是什么？试举例说明。
2. 生态文明的含义是什么？
3. 何谓绿色产品？它有何特点？产品环境标志的主要特点和认证原则是什么？

4. 绿色制造是如何定义的？绿色制造的特点是什么？
5. 绝色制造有哪些主要内容？绿色制造的体系结构是什么？
6. 清洁生产的定义、目标、内容和关键技术是什么？
7. 绿色再制造的定义、特征是什么？它与产品全生命周期有何关系？
8. 解释下列术语：资源利用率、单位能耗、碳排放、碳足迹、碳汇、碳源。
9. 废弃物最小化的基本路径、主要措施和层级关系是什么？
10. 生态工业园是如何定义的？简述生态工业园的特征与类型。
11. 说明下列术语的区别：GM 与 EIP；LP 与 CP；再制造与制造。
12. 消费性服务业和生产性服务业有何区别？服务型制造的定义、特征和实现形式是什么？
13. 何谓大量定制？大量定制中的产品优化和过程优化的原理是什么？
14. 大量定制有哪些定制方法？它的关键技术是什么？应用条件是什么？
15. 我国 4R 的内涵与美国 3R、德国 3R 有何相同点和不同点？

第8章 效益化制造模式

效益（Benefit），是效果和利益（或收益）的总称，它是某种活动所要产生的有益效果及其所达到的程度。效益不同于效率。从量上来说，效益是一个绝对量，是产出与投入之间的差额；而效率是一个相对量（比值），反映投入与产出之间的增长率。效率是过程，而效益是（有利或有益的）结果。效率与效益是相辅相成的。效率高，不一定有效益；效益大，也不等于效率就高。效益也不同于效果。效果指活动产生的结果。其结果有的是有效益的，有的是无效益的（如积压在仓库里的产品）。效果是关于做事的结果，是指做正确的事；效率是关于做事的方式，是指正确地做事。效果由方向决定，而效益由方向和方式共同决定。为了追求长期稳定的高效益，不仅要讲方式，更要看方向。

效益化（Maximize Benefits），是指效益的最大化。现代社会中任何一种有目的的活动，都存在着效益问题。效益原理是指组织的各项活动都要以实现有效性、追求高效益作为目标的一项原理。效益的核心是价值，效益的度量是对比，效益的分析是决策的依据。

效益化制造（Benefit Manufacturing，BM），是指在制造系统中不断提高制造资源的生产率，使人尽其才，物尽其用，追求系统效益的最大化。

效益化与人性化是对立统一的关系，并且人性化是主要的。为了充分发挥制造系统的功能，制造业始终强调效益化。效益化制造的理论源于工业革命整个实践历程，主要形成了技术与管理两大分支。效益化制造的内容至少包括三个方面：①制造产品的效益化，如高效化，精密化。②制造过程的效益化，如快速化，节省化。③制造手段的效益化，如数字化，自动化。

本章介绍了敏捷制造、协同制造、精益生产、六西格玛。本章的重点是精益生产。精益生产被制造专家视为“20世纪（90年代以后）的全球标准生产系统”。精益生产是由美国人提出的。精益生产的本质是日本人实施的丰田生产方式；丰田生产方式又蕴含着美国戴明（W. E. Deming）教授质量控制的灵魂与思想。戴明首次建立了持续改进的模型，他与日本成长为制造业大国以及全面质量管理理论的问世关系甚密。因此，效益化制造，主要是由美国和日本两个世界制造业大国共同创造的先进制造模式。

8.1 敏捷制造

8.1.1 敏捷制造的发展

敏捷制造（Agile Manufacturing，AM），是效益化制造的一种模式。其宗旨是使制造系统对市场有快速响应的能力，但不以大幅度提高成本为代价。

1986年，麻省理工学院（MIT）的“工业生产率委员会”开始研究美国制造业衰退的原因和振兴对策。研究结论是：“一个国家要生活得好，必须生产得好。”1988年，美国通用（GM）公司和美国里海（Leigh）大学工业工程系的几位教授共同提出了“敏捷制造”的概念。敏捷制造模式具有更灵敏、更快捷的市场反应能力，旨在“以变应变”。1992年，由美国国会和工业界在里海大学建立了美国敏捷制造企业协会（AMEF）。1994年底，美国国防部与AMEF提出了《21世纪制造企业战略》，全面描述了敏捷制造的概念、方法和相关技术。我国“863”计划从1993年开始对敏捷制造进行了跟踪研究，在计算机、汽车、航空与航海等领域有一定的实践基础。统计表明，如果产品的开发周期太长，导致产品上市时间推迟6个月，则利润将损失30%。敏捷化已成为制造环境和制造过程面向未来制造活动的必然趋势。

案例8-1 敏捷制造在工业压缩机中的应用。

8.1.2 敏捷制造的原理*

1. 概念

下面先来界定敏捷和敏捷性，然后给出敏捷制造的定义。

（1）**敏捷** 虽然敏捷有快速的意思，但快速并不等于敏捷。从字面上可以有多种解释，敏捷可以与产品生命周期联系起来表示快速；可以与大量定制生产联系起来表示适应性；可以与动态联盟（Virtual Organization）联系起来表示畅通的供应链和各种方式的联系；可以与业务重组（Reengineering）联系起来表示生产过程的不断改进；还可以与精益生产联系起来表示更高的资源利用率。

（2）**敏捷性** 它是指企业在不断变化、不可预测的市场中驾驭变化和领先创新能力的综合表现。敏捷性意味着善于把握各种变化的挑战。制造企业的敏捷性体现在：①企业管理模式要适应持续变化的市场；②为快速反应紧抓机遇，要求企业共担风险；③由客户来评价产品质量；④以合理的费用满足市场需求。一个企业的敏捷性取决于它的可变能力和创新能力。可变能力是指被动地响应变化的能力；创新能力是指主动地领导潮流的能力。

（3）**敏捷制造** 敏捷制造是指将柔性生产技术，有技能、有知识的劳动力与能够促进企业内部和企业之间合作的灵活管理集成在一起，通过所建立的共同基础结构，对迅速变化的市场需求做出快速响应的一种制造模式。实际上，敏捷制造是美国针对国际市场竞争日益激烈的形势，为维护其世界第一强国地位，维持美国人高生活水准而提出的一种制造模式。

敏捷制造思想的精髓是：提高企业对市场变化的应变能力，满足客户的要求。

2. 要素

敏捷制造的目的是将生产技术、人力资源与管理手段集成在一起，通过所建立的共同基础结构，对迅速变化的市场需求做出快速响应。由此可见，敏捷制造主要包括三大要素：生产技术、人力资源和管理手段。

（1）生产技术 具有虚拟化、柔性化、并行化、信息化和集成化等特点。

（2）人力资源 其特点包括创造性、主动性、开发性、专业性、动态性和真实性。

（3）管理 管理的灵活性表现在从外部和内部两方面关注组织的柔性，对外的组织形式是虚拟企业，对内的组织形式是高度柔性的和动态可变的。

3. 特点

敏捷制造的基本特点见表8-1。目前敏捷制造因实施费用高而使其应用有局限性。

表 8-1　敏捷制造的基本特点

特　点	说　明
市场响应速度快	在技术上采用虚拟制造，加快新产品开发速度、生产速度、信息传播速度、组织结构调整速度等
客户满意度高	在文化上以人为本，用分散决策代替集中控制，用协商机制代替递阶控制机制，实施质量跟踪
经营结构灵活	在组织上建立虚拟企业，快速发挥内外优势，内部结构变塔式为扁平，外部变竞争为协作
完全按订单生产	在战略上着眼于长期获取经济效益，采用具有高柔性、可重组的设备，使生产成本与批量无关
基础结构开放	在信息上采取开放的通信基础结构和信息交换标准等，实现技术、管理和人的集成
实施费用高	跨地域、跨企业的资源优化组合，要求高素质人才、先进技术和高柔性模式，需严控生产成本

8.1.3　敏捷制造的应用

1. 应用内容

敏捷制造的应用内容包括：

（1）柔性　它包括机器柔性、工艺柔性、运行柔性和扩展柔性等。

（2）重构能力　它能实现快速重组重构，增强对新产品开发的快速响应能力。

（3）快速化的集成制造工艺　例如，快速成形制造是一种 CAD/CAM 的集成工艺。

（4）支持快速反应市场变化的信息技术　例如，供应链管理系统和客户关系管理系统。

2. 实施技术

实施敏捷制造的技术包括以下三大类。

（1）**总体技术**　具体涉及三个方面：①敏捷制造方法论。②敏捷制造的四项基础使能技术，包括信息服务技术、管理技术、设计技术和可重构制造技术。③敏捷制造的三项支持基础结构，包括信息基础结构、组织基础结构和智能基础结构。

（2）**关键技术**　具体涉及四个方面：①跨企业、跨行业、跨地域的信息技术框架，以支持动态联盟的运行；②集成化产品工艺设计的模型和工作流控制系统，以支持多功能小组内外协同工作；③ERP 系统和 SCM 系统，前者主要处理企业内部的资源管理和计划安排，后者则以企业间的资源关系和优化利用为目标；④各类设备、工艺过程和车间调度的敏捷化，敏捷的人使用敏捷的设备通过敏捷的过程制造敏捷的产品。

（3）**相关技术**　如虚拟制造技术、并行工程技术、标准化技术、敏捷性评价体系等。敏捷性的度量通常分为以下四个方面：①在时间上的可适应性。获取信息，快速重组。②在实力上的健壮性。具有雄厚的人力资源，如员工的技能、知识、专业经验和建立关系的能力。③在组织上的自适应范围。建立虚拟组织，将客户、供应商、合作伙伴以及竞争对手联合在动态的、具有创造性的、暂时的项目团队中。④在成本上富有成效。为客户、员工和股东提供有价值的收益。

3. 管理要求

（1）**实施条件**　实施条件包括：①高柔性、可重构的自动化加工设备；②标准化的、易维护的信息网络系统；③人因的发挥和管理机构改革。

（2）**实施步骤**

1）敏捷制造总体规划：敏捷制造目标选择、制订敏捷制造战略计划、选择敏捷制造实施方案。

2）敏捷制造系统构建：针对具体目标，准备敏捷化所需的相关技术，转变企业经营策略，利用构建好的敏捷制造功能设计系统、敏捷制造信息系统和敏捷制造资源配置系统等构建敏捷制造系统。

3）系统运行与管理。在系统内部建立面向任务的多功能团队，在企业之间进行跨企业的动态联盟，从而实现组织协调、过程协调、资源协调和能力协调。

4）建立系统评价体系。评价敏捷制造系统的运行，必要时进行动态调整。

（3）**实施平台**　敏捷性是通过将技术、管理和人员三种资源集成为一个协调的系统来实现的。企业内部、客户和供应商在敏捷制造中的三个协作平台如图8-1所示。

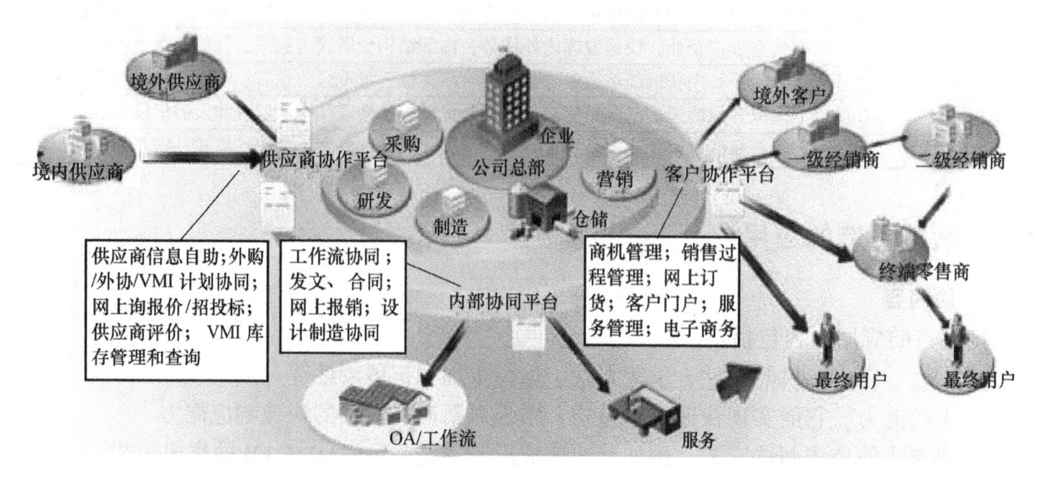

图8-1　敏捷制造的三个协作平台

案例8-2　敏捷制造在车灯模具制造中的应用。

8.2　协同制造

8.2.1　协同制造的发展

协同制造（Collaborative Manufacturing，CM）已成为一种基于全球化的制造模式。它包含并行工程（Concurrent Engineering，CE）、协同产品商务（Collaborative Product Commerce，CPC）、协同生产商务（Collaborative Production Commerce，CPC）、供应链协同（Supply Chain Collaboration，SCC）、协同供应链（Collaborative Supply Chain，CSC）、协同商务（Collaborative Commerce，CC）等概念。

协同制造是由并行工程发展而来的。1988年，美国防御分析研究所（IDA）在总结武器系统研究开发流程的基础上，通过协调产品设计和工艺设计提出了（二维）并行工程的概念。1998年，Fine认识到产品、流程与供应链并行设计的重要性。2005年，Rungtusanatham指出，在基于时间竞争的情况下，产品设计、制造流程设计和供应链设计相协调的能力决定着企业的适应能力。2005年，我国纪雪洪博士系统地研究了三维并行工程的实施方法。

1999年，美国Gariner Group公司提出协同商务，美国Aberdeen Group公司提出协同产品商务，大卫·安德森（David Anderson）和李效良（Hau Lee）提出协同供应链的概念。2004年，我国中科院研究员于海斌和朱云龙合著了《协同制造：e时代的制造策略与解决方案》，从战略协同的角度分析了网络企业间的业务协同关系模式、识别方法和支持技术，从战术协同的角度分析了协同管理、协同设计、协同制造这三个层次。

案例8-3　并行工程在飞机内装饰改进中的应用。

8.2.2　协同制造的原理*

协同是一种广泛存在的社会实践活动。协同，就是同心协力；互相配合，协作工作，合作共

事。管理学上的协同，注重的是合作中的效率。

现代制造业发展经历了专业化分工、大量制造和大量定制三个阶段。在大量定制阶段，企业管理中的协同活动发生的频率越来越高、范围越来越广、程度越来越深、效果越来越好、作用越来越重要。制造业的协同是指在制造活动中协调两个及其以上的不同个体或资源，和谐地完成某一目标的过程或能力。

1. 定义

协同制造是指充分利用互联网技术为特征的网络技术、信息技术，实现各制造任务的协同运行和制造链的完整配合，实现供应链内及跨供应链间的企业产品设计、制造、管理和商务等的合作，最终通过改变业务经营模式达到资源最充分利用的目的。

2000 年美国 ARC 顾问集团提出了基于信息控制一体化的协同制造模式（Collaborative Manufacturing Model，CMM）的概念。信息控制一体化的构成包括有线无线通信技术、Web 技术、工业过程控制技术、软件技术、网络安全、保密和可靠性技术等。CMM 是一个集 CRM、PLM、研发、生产流程、自动控制和企业业务管理而大成的制造模式，主要解决 PLM 的不断缩短、物流交货周期的不断加快以及客户定制要求的多样化的问题。其核心就是所谓企业运营管理、供应链/价值链管理和产品生命周期管理的三维空间模式（见图 8-2）。它定义了制造商、供应商乃至开发商之间的协同的产业链网络结构，其关键在于协同市场和研发、协同研发和生产、协同管理和通信。一个完整的制造网络由多个制造企业或参与者组成，它们相互交换商品和信息，共同执行业务流程。企业、价值链和 PLM 这三轴贯穿于各个制造参与者之间。居于水平面上方的是管理职能，下方的是生产职能。CMM 不仅要为各个独立的部门，也要为扩大化的整个企业和扩张后的企业之间的供应链制订解决方案。

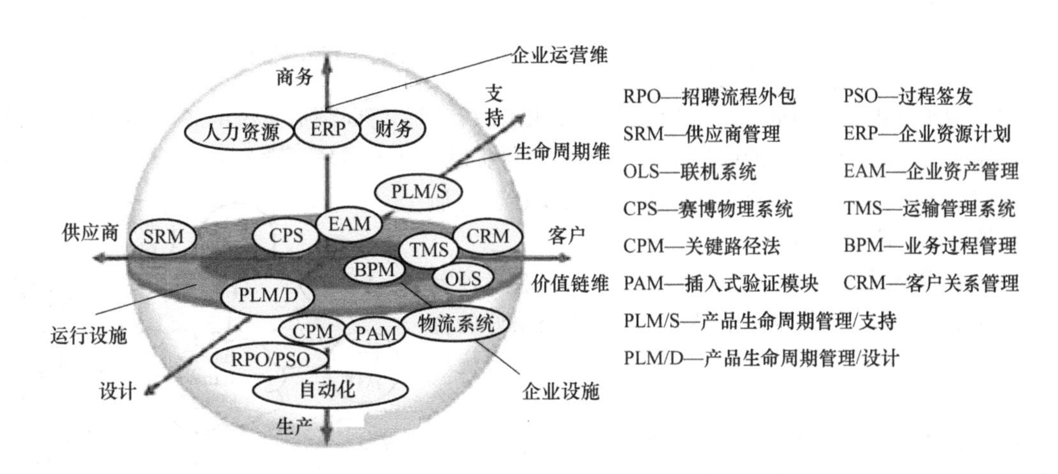

图 8-2　ARC 的协同制造模式

协同制造模式的本质是利用现代计算机网络和信息化技术，将分散在各地的生产设备资源、智力资源和技术资源等，迅速地整合在一起，并通过信息网络化服务平台，实现异地资源的统一配置和协作服务。这样可以打破时间、技术、空间和地域上的约束，在更大的范围内配置资源，是企业利益最大化驱动的最优结果。

2. 特点

协同制造本质上是网络环境下的一种合作制造模式，表 8-2 表明了制造系统内涵的扩充、系统性能特征的变化和目标的多元化发展。协同制造的特点是：

表8-2 制造系统的性能和目标的变化

发展阶段	系统性能	系统目标
刚性制造系统	生产能力、系统均衡性	成本
柔性制造系统	系统柔性、系统可靠性	成本、质量
计算机集成制造系统	系统集成性、系统并行性	时间、质量、成本
协同制造系统	系统敏捷性、系统协同性	环境、时间、质量、成本、服务

（1）**系统协同性** 协同本身有两个维度：时间和空间。基于时间的协同是指重新思考产品开发与制造过程，解决信息在生产过程中的单向问题。基于空间的协同是指通过组建跨部门的研发团队，使各个学科专家协同进行产品开发；通过建立跨地区的虚拟企业，使各组织成员共享成本、技术和市场。提高协同性的关键是增加子系统之间的耦合。

（2）**系统敏捷性** 协同制造系统是在CIMS的基础上发展起来的，使敏捷制造思想能得以很好实现，更能满足个性化的需求。协同制造由多个伙伴企业组成，这些企业在空间上分布在不同的地域，这种地域上分散的缺点在计算机网络技术支持下通过信息集成得以弥补。

（3）**系统并行性** 协同制造使整个供应链上的企业和合作伙伴共享客户、设计、生产经营信息，从传统的串行工作方式，转变成并行工作方式，如图8-3所示。协同制造不只提供单个的功能模块，它还提供非常完整的协同制造平台，使得信息内部处理并行化和信息紧密耦合化贯穿于整个价值链，从而快速响应客户需求，提高设计、生产的柔性。

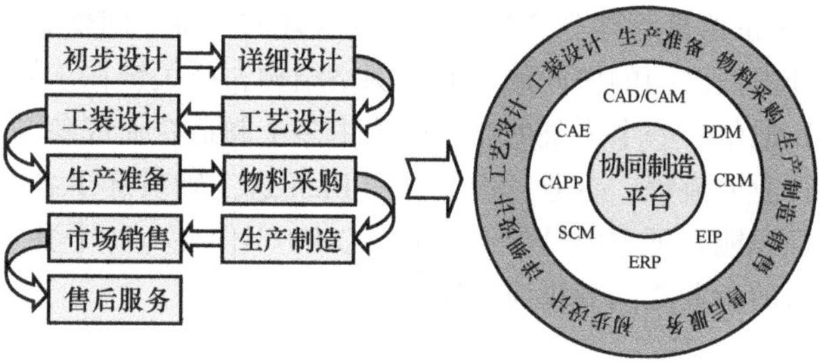

图8-3 串行工作方式变为并行工作方式

（4）**组织虚拟化** 协同制造采用虚拟企业来组织管理。协同制造系统的各个环节由不同的企业来完成，构成协同制造的成员是为了共同的利益通过某个市场机遇暂时联合在一起。协同制造强调企业间信任关系的建立和业务的动态集成，更加注重反馈的实时信息交换。

（5）**技术最优化** 为了实现某项业务或制造某种零件，盟主企业可以在网络空间中寻求技术、设备最好的合作伙伴，各个企业可以充分发挥其技术优势，形成最优组合，以达到技术的最优化。

（6）**系统可靠性** 协同制造系统任务复杂，规模庞大，封装性强，由于系统运行环境复杂，投入的人力、物力和资金巨大，因此，系统可靠性和安全性必须放在重要位置。

3. 体系结构

为了保持数据是当前的和相关的，企业的技术信息和管理信息都不能真正移动给参与制造过程的人和组织，所有参与制造过程的组成部分仅仅可以从世界各地通过Internet访问数据资源，因而协同制造必定是一种广域分布式体系结构。图8-4表示了在这种体系机构中相关人员、组织之间的协同合作方式，供应商、客户、外部专家

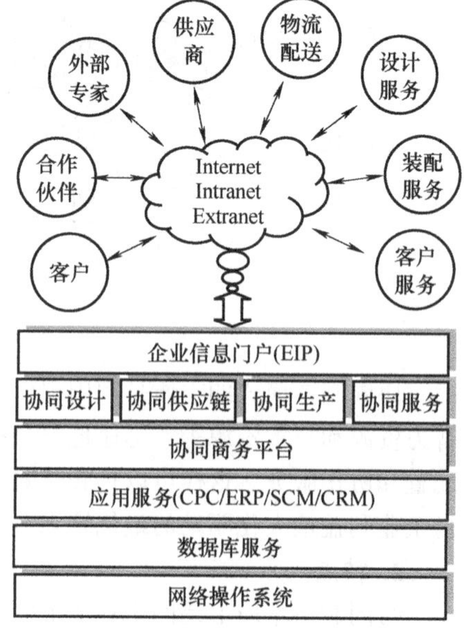

图8-4 协同制造的体系结构

通过互联网/外联网（Internet/Extranet）与制造企业进行合作，在企业内部的各个专业部门与人员通过内联网（Intranet）进行合作。

下面介绍协同制造体系的各个组成部分：企业信息门户、协同供应链、协同生产、协同服务、协同商务、协同产品商务。

（1）企业信息门户

1）**发展**。企业信息门户（Enterprise Information Portal，EIP）的发展过程见表8-3。门户系统最早是从门户网站的概念开始的，但当时的门户并非指现在所说的门户概念，所以Gartner Research调查公司将当时的门户定义为第0代门户产品。如今的企业信息门户已超出了传统的管理信息系统的概念，也超越了普通意义的网站，它是企业管理信息系统与电子商务两者应用的结合点。

表8-3 EIP的发展过程

发展阶段	主要功能	特　点
第0代门户产品	只是简单的网站展现	集合单个的网络域址，搜索信息内容
第1代门户系统	信息平台，也称为信息门户	基于内容过滤的，个性化，定向的搜索
第2代门户系统	网络应用及信息整合平台，也称为应用门户	集成应用数据的展现，是政府、企业的应用整合工具，但还无法完成系统间的协作
第3代门户系统	协作的电子业务平台，实现各种应用系统与数据库的集成，以及客户之间的协作	不仅能够集成各种应用系统、数据库、互联网内容，而且可以完成系统间彼此的协同工作

2）**概念**。企业信息门户是企业信息系统的应用框架，它通过对事件和消息的处理传输把企业内外客户有机地联系在一起。

定义：企业信息门户是指在Internet/Intranet的环境下，把各种应用系统、数据资源和互联网资源统一集成到一个信息管理平台之上，以统一的个性化的客户界面提供给客户，使企业可以快速地建立企业对企业和企业对内部员工的信息门户。

3）**功能**。企业信息门户对内是管理和查询日常业务的公用平台，通过集成的各类管理子系统，员工可以访问企业的客户信息、销售信息、生产信息、库存信息、财务信息、会议信息，以最低的成本共享和利用企业的所有信息。对外则是企业网站，通过企业门户及时向客户和合作伙伴提供产品、服务的信息。开拓新的网上业务，推动企业走进电子商务；使企业能够释放存储在内部和外部的各种信息；使企业员工、客户和合作伙伴能够仅从一个渠道访问其所需的个性化信息。

案例8-4　捷为的企业信息门户系统iMIS。

（2）协同设计　整机产品的开发是一个协同设计过程，外部的协同和内部的协同一样重要。协同设计是在CAD的基础上形成的。协同设计是计算机支持的协同工作（CSCW）的一个重要研究范畴。

1）**发展**。在20世纪80年代，国外就已经开始对协同设计进行了深入的研究，并初步实现了数字制造子系统的构建。如今为了适应市场发展，协同设计实验系统或平台被很多大型企业所采纳，如法国达索公司的计算机支持的协同设计系统，美国WebScope公司推出的基于网络的CAD协作支持工具。波音公司在对波音777进行开发时，为设计人员提供了“异地异步”协同工作的手段，降低了成本，缩短了设计周期。我国对协同设计中CSCW的研究起步较晚，对面向市场的可实现的协同设计应用研究较少，目前尚未出现商业化的协同设计制造软件。我国在协同设计领域取得的主要成果有：复旦大学的协达公司CTOP协同办公软件，交互式电子白板，清华大学的CSCD原型系统等。

2）**定义**。协同设计（Collaborative Design，CD），是指为了完成某一设计对象，由两个及以上的设计主体通过相互合作机制和适时的信息交换，分别以不同的设计任务共同完成这一设计对象。

协同设计的“设计对象”通常是围绕同一个产品设计。“设计主体”是不同参与方、不同地域、不同领域的专家、设计人员和其他人员（包括客户）。“相互合作机制”是指实现“协作”，就是将资源（包括人员、知识和设备等）整合到一起充分发挥客户的参与程度，分享产品设计相关知识，协调知识的统一表示和规范。“适时的信息交换”强调了“同时”设计。“不同的设计任务”是指处在不同设计环节的设计人员分别承担相应的设计任务。

协同设计是多方共同完成产品设计任务的一种设计方法，也是一个以知识为基础的计算过程。协同设计的实质是产品设计中的知识发现、表示和建模过程。参与者构建产品协同设计的知识库。最重要的是要有综合和协调知识的有效机制以及来耦合不同专家的设计任务和经验知识，以形成产品的设计新思路。

3）**内涵**。协同设计是敏捷制造、动态联盟的重要手段，也是并行工程运行模式的核心。协同设计支持多个时间上分离、空间上分布，而工作又相互依赖的协作成员的协同工作，其内涵如图8-5所示。

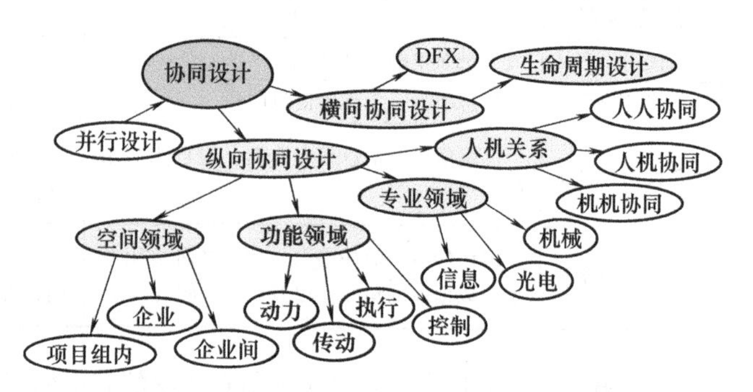

图8-5　协同设计的内涵

横向协同设计体现了快速制造哲理下的企业间动态联盟。它适应了现代企业向专业化方向发展的趋势，即越来越多的制造企业从“大而全”或“小而全”的模式中走了出来，专注于自己的核心能力和核心产品。面向市场机遇，和具有其他专业技术的企业合作，从而拥有技术、资金、成本、速度等综合优势，形成“团体化”的竞争方式。

纵向协同设计体现了并行工程的原理。它使开发者从一开始就考虑到产品全生命周期中的所有因素，尽可能保证各个开发环节的一次成功，从而缩短产品开发周期、提高质量和降低成本。根据并行工程原理，通过计算机网络将产品全生命周期各方面的专家，甚至包括潜在的客户都集中在一个工作环境下，形成专门的工作小组，协同工作。

横向和纵向的协同设计在具体设计中没有严格区分，常常互相交织在一起。即动态设计联盟采用并行设计方式，其中设计者是企业内外专业人员的组合。

4）**工作方式**。根据交互双方的空间位置和应答方式，协同设计分为四类工作方式，见表8-4。

表8-4　协同设计的工作方式

工 作 方 式	说　明
面对面交互	多个设计主体在同一时间、同一地点进行的协同设计，通常以会议的形式进行
异步交互	多个主体在同一地点、不同时间进行的协同设计，可通过共享数据库实现
异步分布式交互	多个主体在不同地点、不同时间进行的协同设计，可通过网络、E-mail、分布式数据库等实现
同步分布式交互	多个主体在同一时间、不同地点进行的协同设计，实现的难度较大

（3）协同供应链

1）**定义**。协同供应链（Collaborative Supply Chain，CSC），是指两个或两个以上的企业为了实现某种战略目的，通过公司协议或联合组织等方式而结成的一种网络式联合体。

协同供应链的目的在于有效地利用和管理供应链资源。协同供应链的外在动因是应对竞争

加剧和环境动态性强化的局面；其内在动因包括：谋求中间组织效应，追求价值链优势，构造竞争优势群和保持核心文化的竞争力。

协同供应链中的协同有三层含义：①组织层面的协同。由“合作—博弈”变为彼此在供应链中更加明确的分工和责任，“合作—整合”。②业务流程层面的协同。在供应链层次即打破企业界限，围绕满足终端客户需求这一核心，进行流程的整合重组。③信息层面的协同。通过互联网技术实现供应链伙伴成员间的信息系统的集成，实现运营数据、市场数据的共享，从而实现更快更好地协同响应终端客户需求。只有在这三个层次上实现了协同供应链，整条供应链才能更快更好地共同预防和抵御各种风险，以最低成本为客户提供最优产品和服务。

2）**如何建立最好的供应链**？供应链管理之父李效良教授认为：最好的供应链同时具有敏捷性（Agility）、适应性（Adaptability）和协同性（Alignment）。要建立这种“3A 供应链”，企业必须放弃一味追求效率的心态，必须做好准备以保持整个供应链网络随时对环境的变化做出反应，必须关注供应链所有合作伙伴的利益而不只是关注自家企业的利益。对企业来说，这是一项颇具挑战性的任务，任何技术都无法做到，只有企业的经理人才能将它变成现实。

3）**协同供应链计划**。机械装备制造业产业链长，制造工艺复杂，供应商和协作单位多，需要创建协同化的环境，在此网络中，供应商、制造商、分销商和客户可动态地共享客户需求、产品设计、工艺文件、供应链计划、库存等信息。任何客户的需求、变动、设计的更改，在整个供应链的网络中快速传播，及时响应。当供应商是战略伙伴关系时，协同供应链计划（见图 8-6）将传统 ERP 的生产计划管理进行了扩展。在核心企业生产大纲（即总生产计划）生成后立即进行一级供应商生产大纲的编制，一级供应商总生产计划生成后进行二级供应商的总生产计划的生成。

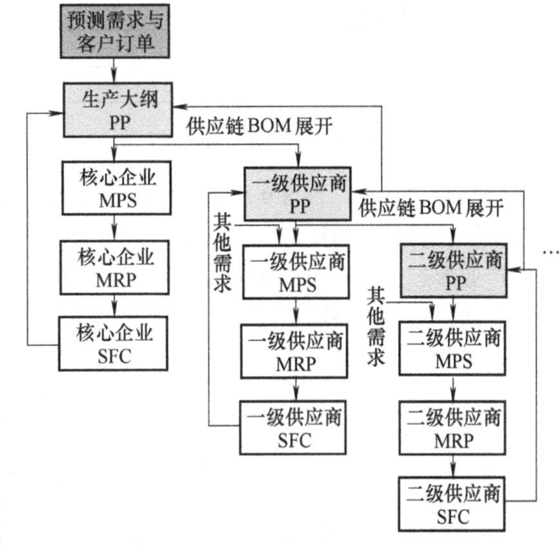

图 8-6　协同供应链计划

4）**协同供应链的类型**。根据东西方企业文化差异和商业模式差异，全球供应链协同模式分为狮式、狼式和羊式三类，见表 8-5。

表 8-5　协同供应链的类型

类型	说　明	举　例
狮式供应链	以基金等金融资本主导的企业群所建立的“1+N”模式。其中，1 是资本化的链主（自然人或法人）；N 是供应链各环节。1 的角色冲在前面，往往是强势的，个人英雄主义比较明显	美国的微软公司、苹果公司、德国大众汽车公司等，背后基金分别是梅琳达－盖茨基金、伊坎合作基金、保时捷家族基金
狼式供应链	以商社等商业资本主导的企业群所建立的“N+1”模式。其中，N 是供应链各环节；1 代表商社等商业资本链主。1 的角色隐身在后面，往往是低调的，群英主义比较明显	日本三井、三菱、一劝，三财团分别拥有商社三井物产、三菱商事、伊藤忠商事；韩国三星与现代两财团，分别拥有商社三星物产、现代商社
羊式供应链	以国有资本主导的企业群组成的“1+1+N”模式。其中首 1 是国有资本的代表党委书记，国有资本往往是企业真正的链主；次 1 是国聘高端职业经理人、董事长；N 是供应链各环节	中国一汽集团、广汽集团、中储粮集团、中石油集团

案例 8-5　宝洁公司的协同供应链。

（4）协同生产　图 8-7 所示为企业内部协同生产的框架。图 8-8 所示为多企业或多工厂的协同生产。在企业技术信息系统 CAD、CAM、CAPP、PLM 的基础上，通过 MRP 将生产任务分配到各个制造部门，再经过 MES 将生产任务分配给各个制造单元，进行作业计划调度、物料的搬运、设备的监控等。所有这些活动必须以客户的需求变更、设计的修改、工艺的修改、上下游物料的供应、仓储物流、设备的运行状态建立动态协调的机制，以快速响应需求与资源的动态变化。

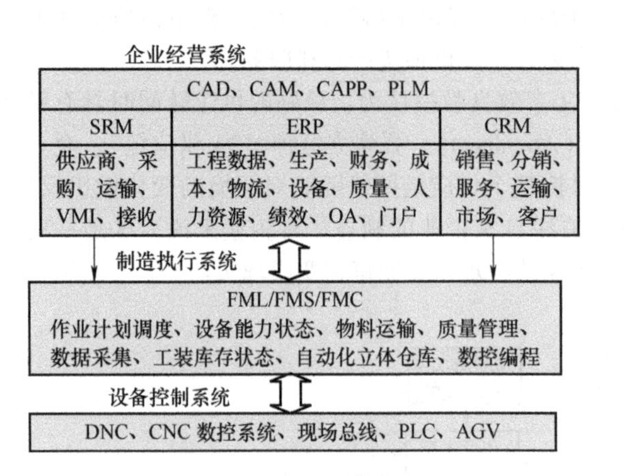

图 8-7　协同生产的框架

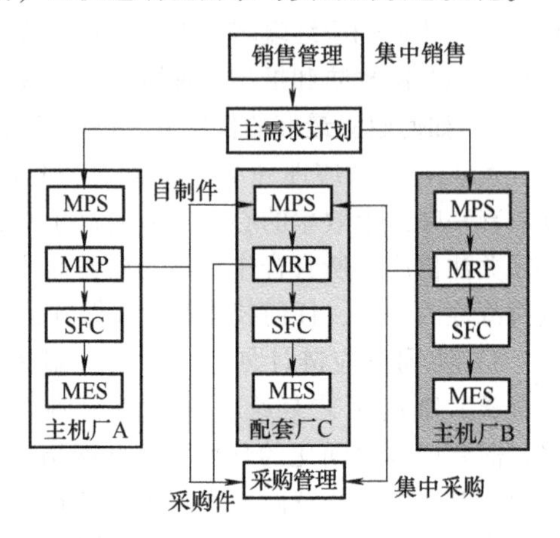

图 8-8　多企业、多工厂的协同生产

（5）协同服务　图 8-9 所示为协同服务的内容。产品的生产变成大量定制，利润空间越来越受到挤压；而服务的增值，在制造过程中所占的比重越来越大。协同服务是制造与服务相融合的新的产业形态，它向客户提供的不仅仅是产品，还包括依托产品的服务或整体解决方案。协同服务的本质就是服务型制造。

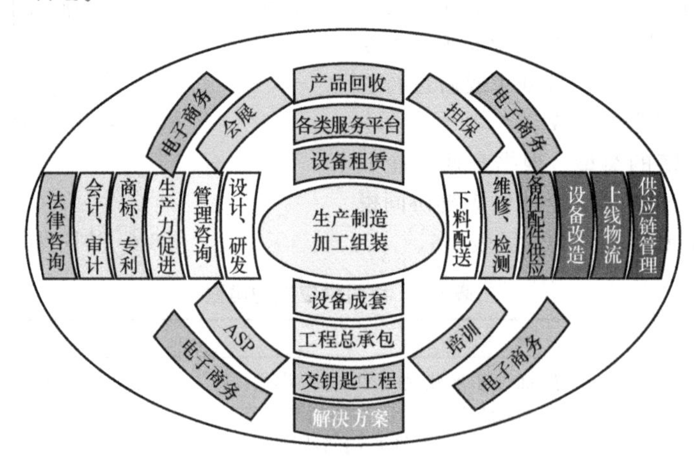

图 8-9　协同服务的内容

（6）协同商务

1）**定义**。协同商务（Collaborative Commerce，CC），是指企业利用网络技术和信息技术，在整个供应链内与客户、供应商、代理分销商和其他合作伙伴企业等进行合作，达成在业务作业及决策过程中的信息共享，以共同开发产品、服务与市场，使资源得到充分利用，提高企业的竞争力。

商务是卖方、买方之间进行产品、服务、信息和金钱交换的过程。协同商务中的“协同”

有两层含义：①企业内部资源的协同，有各部门之间的业务协同、不同的业务指标和目标之间的协同以及各种资源约束的协同，如库存、生产、销售、财务间的协同，这些都需要一些工具来进行协调和统一；②企业内外资源的协同，也即整个供应链的协同，如客户的需求、供应、生产、采购、交易间的协同。

2）**内容**。从技术可实现、管理可实施的角度来看，协同商务的内容分为四个方面，见表 8-6。

表 8-6　协同商务的内容

内　容	说　明
知识管理的实现	知识管理可帮助员工将信息与职责联系起来；协同商务的信息和企业其他系统的信息都集成在协同商务系统中；内容管理也必须纳入整个系统中，通过对企业产品的外部传播，建立与客户的沟通渠道
业务内容的整合	企业内部或是跨企业的员工为了一个共同的目标进行工作的同时，需要借助外部的业务资源的协同。协同商务的整个处理过程也是企业内部业务的一个整合过程
合作空间的建立	在企业运作过程中，企业的很多工作需要外部客户的参与，企业的员工可以借助在线会议、在线培训课程或协作社区来对一些专业问题进行解答或咨询
商务交易的执行	协同商务必须可以提供安全可靠的商务交易流程，包括客户订单管理以及合同管理、财务交易的管理等。这些交易结果可与内部其他系统进行互动以及数据更新

3）**功能**。协同商务平台的功能特点，见表 8-7。

表 8-7　协同商务平台的功能特点

特　点	功　能	内　容
协同处理	支持群体人员的协同工作。提供自动处理业务流程，以减少成本和开发周期	通信系统，人力资源管理，企业内网和外网访问，销售自动化
内容管理	管理网上需要发布的各种信息。通过充分利用信息来增加品牌价值，扩大企业的服务和影响	企业内信息的传播，Web 网的信息发布，品牌宣传及相关信息，关键数据的保护及管理
交易服务	电子交易开拓了新的市场，并通过电子渠道开辟了新的盈利方式	全天候服务，售前售后信息服务，订单和支付电子化

（7）协同产品商务

1）**概念**。利用基于 Web 的技术，把制造商、供应商、合作伙伴和客户在整个产品生命周期中加以集成，使他们协同地开发、生产和管理产品，从而形成一个全球性的知识网。

定义：协同产品商务（Collaborative Product Commerce，CPC），是指利用网络技术和信息技术，把产品商业化过程中的每个相关人员（包括企业各职能部门、供应商、制造商、合作伙伴、客户）连成一个全球的知识网络（不管这些人员处在供应链的什么环节、担任什么角色、使用什么计算机工具或身处何方），都能协同地完成产品的开发、制造和全生命周期管理。

协同产品商务的基本思想就是通过供应商、合作伙伴和客户之间的协同，使企业能够把产品更快地推向市场，从而使企业获得综合竞争优势。协同产品商务的目的是实现敏捷的产品创新，使资源获得最充分的利用。协同产品商务的目标是有效地管理企业内部及外部的全部信息与过程。

2）**特征**。协同产品商务有四个特征，见表 8-8。协同产品商务是并行工程向企业外的延伸，是一种基于 Web 的解决方案，收效速度较快。其着眼点是协同设计，因此，它实际是一种新的制造模式。

3）**架构**。协同产品商务划分为三个层次的基本架构，如图 8-10、表 8-9 所示。

4）**实施**。协同产品商务将企业内部分散的、独立的各种应用系统连成一个彼此可以通信并协同的应用网络，并通过统一的入口来访问所有的应用系统，如图8-11所示。

表8-8　协同产品商务的特征

特　征	说　明
重点是产品设计	因为在产品开始生产之前，就已包含了80%的成本。所以ERP和SCM的应用只是有助于节约剩余的20%的成本。这是协同产品商务之所以把重点集中在产品设计上的出发点
本质是大协同	协同有两层含义：①实现产品与客户的协同；②实现产品与供应商的协同，以做好供应链协同
核心是业务协作	协同产品商务是建立在协作基础之上的，充分发挥每个经济实体最擅长的方面，实现强强联合
过程是整体优化	协同产品商务技术上是一种软件和服务，为企业内部集成与外部扩展提供了有效的信息平台

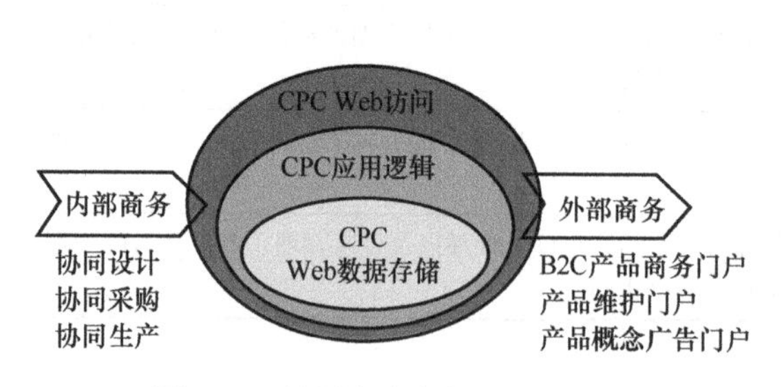

图8-10　协同产品商务的基本架构

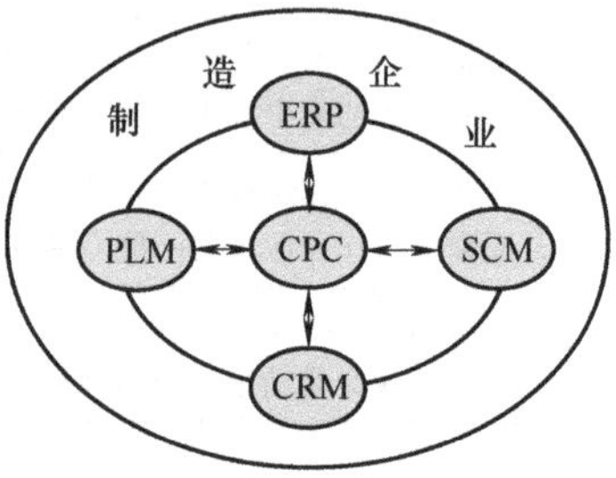

图8-11　协同产品商务在应用系统框架中的位置

表8-9　协同产品商务的架构层次

层　次	说　明	功　能
Web访问	为协同各方提供方便、安全的信息访问门户	信息的浏览、搜索、订阅
应用逻辑	体现人、活动和信息交互的逻辑	协作流程管理、信息共享和重用、与已有软件系统集成
Web数据存储	把产品数据变成企业的知识财富	信息的捕获、存储、整理和结构化

协同产品商务的实施需要一系列的软件互相配合，见表8-10。

表8-10　协同产品商务的系列软件

软　件	说　明
CAD/CAE/CAM	这是协同产品商务所需的最基本条件，三维设计软件对产品进行数字化定义、分析与模拟，实现设计优化和排除错误，并提供复杂零件的数控编程
产品可视化	为便于领导审批，合作伙伴间交流，客户参观访问等，有时需将CAD数字化三维产品模型转换成数据量少，易于浏览的格式，在不失真的前提下供非设计人员使用
CAPP	将工艺数据数字化，在积累经验、提高重用率的同时便于向ERP提供有关制造所需的加工信息
PLM	将分散的产品数据进行集中管理，把产品全生命周期的全部数据有效地组织在一起，还可把过程及开发中各种知识进行数字化，便于保存与重用
ERP	根据PDM提供的工程材料清单和CAPP提供的制造材料清单组织材料采购、日常生产和发货计划。帮助做好市场计划、生产制造、销售和维修服务工作。各部门都可分享这些核心知识的成果
入口（Portal）	无论是制造商、供应商、分销商或最终客户，不同人进入协同产品商务系统，Portal将自动根据对应角色，组织有关数据，提供相应服务。Portal认证即Web认证，Portal认证网站即门户网站

8.2.3　协同制造的应用

协同制造的重要发展方向是云制造。协同制造主要建立在以互联网为基础的服务平台上。

但是由于制造网络技术的局限性，在实际应用中存在如下制约。

1）**制造网络的不稳定性**。大部分协同制造网络的形成依托于核心制造商与协同制造商长期合作所形成的信任机制。制造网络的节点完全可以独立加入或退出制造网络，如果不可或缺的制造资源节点独立退出，就会引起全网络的瘫痪。

2）**有限的服务质量**。制造网络给予每个制造资源节点完全的自治，每个节点仅提供制造服务的单一粒度权限，不能提供多粒度、多尺度的访问控制，严重制约了网络的功效，可见制造网络只有有限的服务质量，却未找到最优制造服务。

3）**没有统一的智能化服务平台**。协同制造没有统一的第三方服务平台提供相应的配套制造服务。单纯依靠网络化协调和调度，没有足够的约束力。根据核心制造企业的协同制造需求，制定最优服务包，需要共享信息的专门服务平台。

案例 8-6　网络化模具协同制造平台。

8.3　精益生产*

8.3.1　精益生产的发展

精益生产（Lean Production，LP），是美国麻省理工学院（MIT）根据其在题为《国际汽车计划》（International Motor Vehicle Program，IMVP）的研究中总结日本企业成功经验后提出的一个概念。在我国也称为精良生产、精益制造（Lean Manufacturing，LM）。之所以称为“精益”，是因为它与大量生产方式相比，一切投入都大为减少，所需的库存可以节省，废品也大大减少，产品品种不仅多而且不断变化。

精益生产源于日本丰田公司。第二次世界大战后的历史环境不允许丰田汽车创业者走大量生产的老路。1950 年，丰田公司常务董事丰田英二和该公司机械厂厂长大野耐一到美国底特律的福特公司的鲁奇轿车厂考察了 3 个月。他们根据自身的特点，在分析总结福特公司大量流水生产方式利弊的基础上，受到美国超市运行模式（缺货后及时补货）的启发，萌发了“准时化生产（Just In Time，JIT）”的思想。1953 年，丰田英二和大野耐一正式提出了丰田生产方式。1980 年，日本的汽车产量达到 1300 万辆，占世界汽车总量的 30% 以上，日本成为当时世界汽车制造第一大国。美国为了重新夺回竞争优势，于 1985 年初由 MIT 筹资 500 万美元，确立研究项目“IMVP”，53 名专家参与，历时 5 年，对美、日以及西欧 14 个国家的近 90 家汽车制造厂进行了实地调研，对比分析了西方的大量生产方式与日本的丰田生产方式，于 1990 年出版了《改变世界的机器》（The Machine That Changed The World）。

目前精益生产因其独特性和有效性，已超越行业被广泛地认识、研究和应用。精益生产可以推广到所有的产业和事业单位，包括创新、设计、营销、供应链、制造、流程和设备维护等领域。如今，学术界与产业界已经十分肯定地指出“精益生产方式是 21 世纪的主导生产模式”。

8.3.2　精益生产的原理*

精益生产的原理包括概念原理和构成原理。下面介绍精益生产的内涵、支柱、基石和工具。

1. 内涵

（1）**定义**　美国麻省理工学院的教授们虽然在《改变世界的机器》一书中提出了精益生产，但并未给出精益生产的确切定义。1998 年美国运营管理协会（Association for Operations Management，

APICS）在《APICS辞典》（第九版）中定义：精益生产是“一种在整个企业范围内以降低在所有生产活动中各种资源（包括时间）的消耗，并使之最小化的生产哲学。它要求在设计、生产、供应链管理及与客户关系等各个方面，发现并消除所有的非增值行为（Non Value Adding Activities）”。下面给出本书精益生产的简明定义：

精益生产是通过持续改进措施，识别和消除所有产品和服务中的浪费或非增值行为的一种系统运营模式。

如何理解精益生产的定义呢？早期精益生产是相对大量生产而言的，其注重时间效率。Lean的原义是“瘦的”，即精干没有多余的。精益是指消除生产经营各个环节中的浪费，使生产系统变得“苗条”而带来效益。其中“精”表示精良、精确、精美，即少而精，不投入多余的生产要素；“益”表示利益、效益，即所有经营活动都要有效益。Lean有三层含义：①以客户的观点来定义价值。②通过消除浪费来创造价值。③通过持续改进来获得更高的价值。

精益生产是一种先进制造模式。1988年，精益生产被克拉夫茨克（Krafcik）称为精益制造（Lean Manufacturing）。企业经营的终极目标是效益最大化。效益源于满足客户需求，所以要正确识别产品和服务的价值。为了增加价值就要精益求精，精简生产过程中一切无用、多余的东西，降低所有的资源消耗，消除所有的非增值行为，消除一切浪费，持续改进，追求完美。精益生产是用精简的技术，用最少的原料、设备、人力和空间来满足需求。

精益生产是一门流程管理哲学。以创造价值为决策依据的思维方式就是价值思维。精益生产的焦点是从客户取货到产品源头的整个流程的不断改进，识别整个价值流，使价值增值流动并应用客户拉动系统，使价值增值行为在最短的时间内流动，找出创造价值的源泉，消除浪费，在稳定的需求环境下以最低的成本及时交付高质量的产品。Lean的哲学概念是：通过消除浪费和一种自我提升的文化来增加价值。精益生产的实质是基于自律自省机制的企业文化。

（2）**模型** 精益生产的系统模型主要由以下几个要素构成：一个目标、两大支柱、一间工具屋（八种工具）、一座地基（六块基石）。如图8-12所示，采用房屋结构解释精益生产的原因在于，房顶、柱子和地基代表一种制造系统的稳定结构。

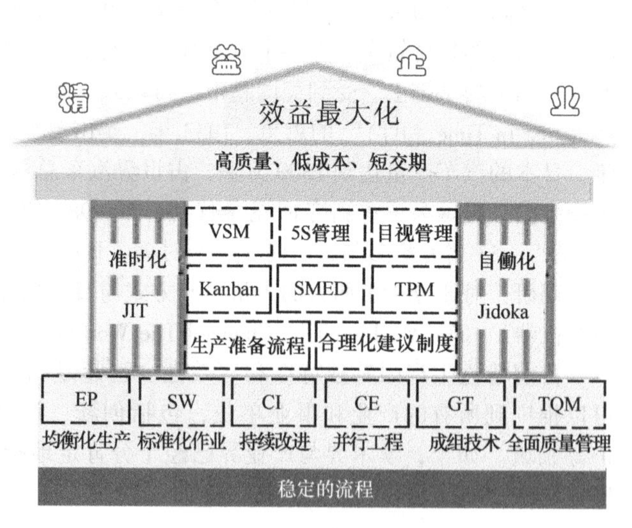

图8-12 精益制造系统的模型

（3）**目标** 企业的终极目标是获取最大效益。企业的利润在哪里？精益生产所遵循的理论基础是：利润=收入-成本。在价格由市场竞争和客户需求决定的情况下，企业要获取利润就要学会降低成本。这就是“省则赚”的思想。因此，企业的基本目标是降低成本，追求“零浪费”，即最大限度地减少企业生产所占用的资源和降低企业管理和运营成本。

精益生产所遵循的是一种客户驱动的效益观。为了最大限度实现客户满意，就要将基本目标分解为三个子目标：高质量、低成本、短交期。精益生产的具体目标分为七个，见表8-11。

表 8-11　精益生产的具体目标

具体目标	说　明
零废品（Quality）	高质量或零不良。不良不是在检查位检出，而应该在产生的源头消除它，追求零不良
零浪费（Cost）	全面成本控制，实现最低零件搬运量，消除多余制造、搬运、等待的浪费，实现零浪费
零损害（Safety）	安全第一，安全是最大效益，事故是最大浪费。消除一切可能产生的隐患和危险，不出事故
零库存（Inventory）	消除中间库存，或最低库存量，变市场预估生产为接单同步生产，将产品库存降为零
零制品（Products）	以混流生产实现最小批量，将加工工序的多品种切换与装配线的转产时间浪费降为零或接近零
零故障（Maintenance）	全效率、全系统和全员参加维护，提高运转率，消除机器的故障停机，实现零故障
零停滞（Delivery）	缩短交货期，消除中间停滞，实现零停滞，实现最短交货时间

在这些目标中，除了质量目标 Q 和时间目标 D，其余可归为成本目标。不同目标的实现具有明显的相关性。例如，零停滞 D 与零制品 P：准备时间长短与批量选择相联系，如果准备时间趋于零，准备成本也趋于零，就有可能采用最小批量；短的生产提前期与小批量相结合的系统，应变能力强，柔性好。

2. 左支柱：准时化

（1）**准时化的概念**　APICS 对准时化（Just In Time，JIT）的定义为“一种在制造业中以有计划的消除一切浪费，并为提高生产率进行持续改进（Continuous Improvement，CI）为基础的哲学理念”。

准时化是指在正确的时间、按正确的数量、生产正确的产品的一种生产方式。准时化的理念是将生产和库存管理中的问题视为机会，重点在于揭露问题而非掩盖问题。准时化与大量生产的观念差异，见表 8-12。如果准时化在全企业得以实现，就可以完全消除工厂里的库存。因此，准时化追求零库存。

表 8-12　准时化与大量生产的比较

准时化的要求		准时化的观念	大量生产的观念
时间	正确的时间	接到生产看板的时间	提前完成任务
数量	正确的数量	能够销售出去的数量	超额完成任务
产品	正确的产品	只生产销售出去的产品	预先生产，可能明天就要

（2）**准时化的实现**　实现准时化生产方式的基本手段可以概括为三方面：由生产组织保障流程化；由生产计划保障均衡化；由生产控制保障资源配置合理化，如图 8-13 所示。

1）**流程化生产**。即工序一体化，它是指按生产产品所需的工序从最后一个工序开始往前推，确定前面一个工序的类别，并依次恰当安排生产流程。根据流程与每个环节所需库存数量和时间先后来安排库存和组织物流。尽量减少物资在生产现场的停滞与搬运，让物资在生产流程上毫无阻碍地流动。流程化生产的基本手段分为三个方面，见表 8-13。

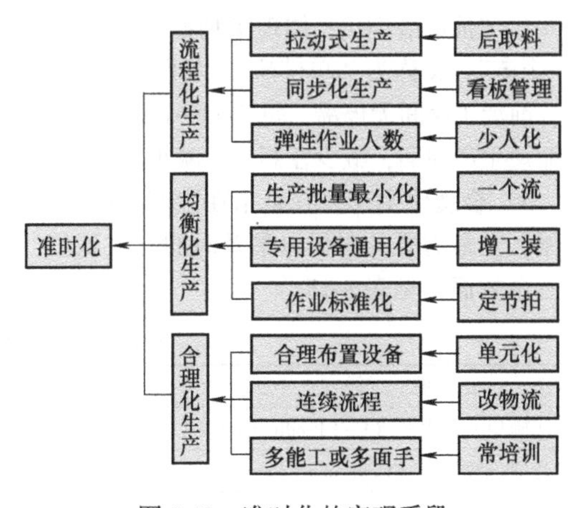

图 8-13　准时化的实现手段

表8-13　流程化生产的基本手段

手段与目的	说　　明
通过“后取料”法，实现拉动式生产	末道工序按需生产，后工序从前工序取得同量在制品，绝不多生产一件
通过“看板管理”，实现同步化生产	工序间不停留，前工序加工完的零件立即转到后工序，装配与加工同步
通过“多能工”，弹性配置作业人数	用最少的人数、最低的成本生产需要的产品数量，即用“少人化”方法

在准时化的流程化生产中，产品不预先生产，工件不停留，用人不采用“定员制”。

2）**均衡化生产**。均衡化生产（Equalization Production，EP）的日文为Heijunka，又称为平准化生产（Leveled Production）。它是指利用消除浪费和无间断的作业流程（而非分批和排队等候），在可变流水线上来优化多种产品投产顺序的一种生产管理方法。均衡化生产的基本手段，见表8-14。

表8-14　均衡化生产的基本手段

手段与目的	说　　明
专用设备通用化，以适应多品种	通过在专用设备上增加一些工装的方法使之能够加工多种不同的产品
作业标准化，以确定节拍时间和产能	将作业节拍内一个人所应承担的一系列的多种作业内容的标准定额
生产批量最小化，实现一个流生产	将产品的流量波动尽可能控制到最低程度

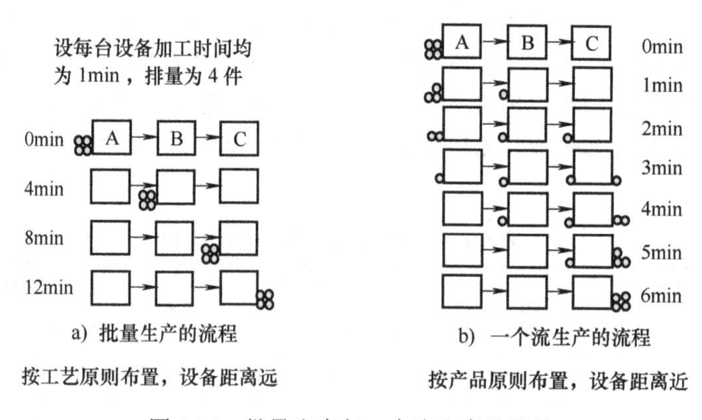

图8-14　批量生产与一个流生产的比较

生产批量最小化，体现了均衡化的水平，是实现准时化的前提条件。在流水式作业中，实施“一个流”，又称为“单件流”，如图8-14所示。一个流生产是在生产活动中，生产批量以一个为批量，前后工序间无停滞，每完成一道工序自检一道工序、传递一个工件的生产方式。其优点是：可以缩短生产周期，减少在制品，减小场地，提高柔性，避免质量缺陷。

3）**合理化生产**。它是指在生产线内外，所有的设备、人员和零部件都得到最合理的调配和分派，在最需要的时候以最及时的方式到位，实现满意的数量控制和质量控制。它的基本手段分为三个方面，见表8-15。

表8-15　合理化生产的基本手段

手　　段	目　　的	说　　明
实施单元化生产（Cell Production）	合理布置设备	U形布置：机器按工艺过程流向排列；在制品传递无交叉
建立连续流程（Continuous Process）	压缩不增值时间	分析更换模具的工作，改分散位置加工为流水式连续作业
培养多能工（Multi-function Operators）	适应品种切换	使操作者能操作多种机床，熟练掌握多个工序的操作法

由表 8-15 可知，当产品生产具有重复性和稳定性、未处于试制阶段时，采用 U 形布置，整个生产单元只有一个产品的入口及一个出口，使工人的操作与机器的运转达到平衡，将机器间的多余空间压缩到最小。为了快速响应客户需求而建立连续流程，在每个工序内安排工作，使物流从前工序（或上一条生产线）平稳地运动到后工序（或下一条生产线），直至最终客户。只有多技能操作人员（多面手），才能适应均衡化生产和柔性化生产的要求。

案例 8-7　减速器传动轴的一种生产流程。

案例 8-8　轿车多种车型的均衡化生产。

3. 右支柱：自働化

（1）**自働化的概念**　自働化（Jidoka）是指在出现问题时让生产线自动停止。它包括两层含义：一是对于设备而言，让设备也有人的智慧，一旦生产线发生异常，设备就会自动停机，并自动报警；二是对于人员而言，任何人发现异常时，都有权自行立即停止生产，主动排除故障，解决问题。这样的效果是：设备绝对不生产不合格品；人人都是质量检验员。

（2）**自働化的实现**。英文将自働化的实现表述为“质量内建”（Built In Quality，BIQ）。内建是指在流程内构筑质量保证的稳固防线。即将质量管理融入生产过程的每一工序中，变为每一个员工的自觉行为，将一切动作变为有效活动，防止错误的继续传递。其中当然包含每一台设备的自动动作。自働化的基本手段有：防错装置、防错法、五问法。

4. 工具

限于篇幅，表 8-16 简介了构成精益生产工具屋的八种工具。此外，看板的类型见表 8-17。实施生产准备流程（3P）的 16 项原则见表 8-18。

表 8-16　精益生产的工具

工具	含　义	要　点
价值流程图 VSM	价值流是使一个产品或服务能够产生附加价值的过程。价值流程图（Value Stream Mapping，VSM）是一种用来描述物流和信息流，包括增值和非增值的活动的形象化工具	VSM 的主旨是暴露生产过程中存在的浪费问题，并彻底排除浪费。出发点是提高生产效率，而非提高产品质量。它包括：1）展现两个状态：“当前状态”和“未来状态”。2）分析三个方面：①设计流程，即从概念设计、详细设计到工程实施，再到投产试制的解决问题过程；②信息流程，即从接收订单、制订生产计划到确定生产进度，再到送货的信息管理过程；③实物流程，即从原材料采购、仓储到制成最终产品送达客户手中的物质转化过程。常用于帮助企业精简生产流程，说明减少浪费的总量；还是一项沟通工具；也被用作战略工具
5S 管理	5S 是指整理、整顿、清扫、清洁、素养，因其日语的罗马拼音（Seiri、Seiton、Seiso、Seiketsu、Shitsuke）均为 S 开头而得名。它是对各种生产要素进行现场管理的一种方法和文化	1）基本内容。1S 整理：区分要与不要的物品，现场只保留必需的物品。2S 整顿：随时保持立刻能够取出想要物品的状态。3S 清扫：清除现场内不要的物品、脏污和垃圾。4S 清洁：维持整理、整顿、清扫的状态，使之制度化。5S 素养：养成按章依规的良好习惯，使每个人都成为素质高的人。2）拓展内容。根据企业发展的需要，有的增加安全（Safety），称为 6S；再增加节约（Saving），称为 7S；有的再加上满意（Satisfaction）、服务（Service）和坚持（Stick），称为 10S；也有的还加上共享（Sharing）、速度（Speed）、学习（Study），称为 13S
目视管理 VM	别称：视觉管理（Visual Management）。利用视觉感知信息来组织现场生产活动，使物品标识清晰，达到提高效率的一种方法	1）目视管理的基本要求。统一（消除杂乱）、简约（一目了然）、鲜明（清晰可见）、实用（讲究实效）、严格（有错必纠）。2）特点：①视觉化，以视觉信号为基本手段，大家都看得见；②公开化，按公开化原则，自主管理，自我控制；③普通化，员工、领导、同事相互交流。3）功能：①物料标识；②自动控制生产过量、搬运过量；③反映生产线进度

（续）

工具	含　义	要　点
看板管理DM	看板（Kanban），原意是指提供送酒服务要做到不早不迟，后被大野耐一用作降低库存的工具。看板管理（Dashboard Management，DM）是利用看板上的指令来控制和微调生产活动，使生产储备趋向于“零”	1）看板管理的基本要求：①不要把次品送往后道工序；②后道工序向前道工序领取工件；③前道工序只生产后道工序领取的数量；④整个生产要尽可能地平均化（即均衡化生产）；⑤看板必须附在实物上存放；⑥应尽量减少看板的使用数目（要使生产工序稳定化、合理化）。2）看板的应用条件：看板必须在生产流程化、均衡化、合理化的前提下，才有可能发挥作用。3）看板的功能：①使现场一目了然；②防止过量生产；③作业指导书；④指示生产及搬运工作；⑤质量控制；⑥现场改善
快速换模法SMED	快速换模法（Single Minute Exchange of Die，SMED）的别称为单分钟换模法、快速变换程序。它是一种快速切换生产工序，缩短作业转换的时间的方法，它使换模时间一般少于1min	1）使用步骤：①把与相关模具装换调整有关的转换作业区分为“内作业”和“外作业”，前者是指那些只能在设备停止运行后方可进行的作业；后者则是指那些能够在设备运行过程中进行的作业。②尽可能把内作业转变为外作业，减少内作业，这是SMED法的核心。③尽可能缩短内、外作业转换时间。这样，就可能在设备停机后的很短时间内迅速完成模具装换与调整。2）它使所有的生产换模时间缩到最短，减少作业时间，提高流程效率
生产准备流程3P	生产准备流程（Production Preparation Process，3P）采用团队方式，通过整合人、机、料、法、环（4M1E）五大要素，创建新的生产流程设计系统，以降低设备投资额	1）3P的关注点：消除浪费，消除过载，消除不均衡，消除3D（Dirty，Difficulties，Danger：脏、困难、危险）、自动化。2）适用范围：它可以应用于需要对生产设备进行精益改善的任何场合。3）作用：①精益产品研发和流程设计的关键步骤；②资本性投资许可的关键节点；③缩短设备设计到使用的时间，降低设备运行成本，提高利润
合理化建议制度RSS	合理化建议制度（Rationalization Suggestions System，RSS）的别称为奖励建议制度（Incentive Suggestion System，ISS）。企业内员工发现现行办事手续、工作方法、工具、设备等，有改善的地方而提出建设性的改善意见或构思，称为“提案”或“建议”。企业选择优良且有效的提案加以实施，给予提案者适当的奖励	1）基本内容。总则，包括目的、意义和原则等；组织领导；合理化建议、技术改善的范围；申报与评审程序；奖励标准和办法。2）特点。广泛性；规律性；相关性；激励性；持续性。3）寻找建议的常用方法：①4M检查法，从人、机、料、法、环等方面入手，寻找好的建议；②5W2H法，通过提问检查合理性，即为什么（Why），做什么（What），谁做（Who），何时（When），何地（Where），如何（How），多少（How much），从目的、对象、人员、顺序、场所、方法、经费七个方面入手，寻找解决问题的对策；③QC手法，利用QC的14种工具找出问题、分析原因，提出更好的合理化建议；④目标检查法，从目标入手可发现很多问题，从而找到好的建议。4）提出建议的注意事项：①提案的客观性及具体性；②把握问题原因的准确性；③解决问题的可行性；④改善的绩效性，一切提案都以绩效为导向
全面生产管理TPM	源于全面生产维护（Total Productive Maintenance），即通过自主性管理，提高设备综合效率（OEE），进而提高生产效率。现已发展为全面生产管理（Total Productive Management），是一种以设备为中心展开效率化改善的制造管理技术	1）目的。通过改善设备和人的素质，来树立企业形象。它与TQM、LP并称为世界级三大制造管理技术。2）内涵。以达到设备综合效率最高为目标；确立以设备一生为对象的全系统的预防维修；涉及设备的计划、使用、维修等多个部门；从领导者到第一线职工全体参加；通过团队活动实现零故障。3）三个“全”的特点。全效率、全系统和全员参加。4）“八大支柱”：①设备初期管理；②自主维护；③计划维护；④品质维护；⑤环境安全；⑥个别改善；⑦事务改善；⑧教育培训。5）零故障的观点。故障是由人“故”意而引起的“障”碍，即设备的故障是人为造成的；只要改变人的思维和行为，就能实现设备零故障

表 8-17　看板的类型

序号	分类方式	大　类	子　类	用　途
1	合适的时间 合适的数量	生产看板 （Production Card）	工序内看板	某工序进行加工，装配线的工序
			信号看板	记载后续工序必须生产和订购的零件、组件的种类和数量
		领取看板/传送看板 （Withdrawal Card）	工序间看板	后工序到前工序领取所需的零部件
			材料看板	材料领取
			外协看板	对外协厂家，记录进货单位名称和进货时间、进货数量
		临时看板		非计划内的生产任务、设备维护、临时任务或需要加班等
2	合适的产品	一般形式		卡片、揭示牌、电子信息屏等
		特殊形式		彩色乒乓球、容器、方格标识、信号灯、电子看板等

表 8-18　生产准备流程（3P）的实施原则

序号	原　则	序号	原　则	序号	原　则
1	像闪电一样快	7	使作业区域空间小	13	设计快速切换
2	设备制造和布局使物流顺畅	8	设备布局方便员工走动	14	合理布置相连的机器，以方便装原材料和卸下成品
3	使用小型设备	9	消除作业周期时间内的浪费		
4	制造便于切换的设备	10	设备制造考虑到小线和灵活线	15	使用多条独立小线，以不纠缠、不共享为原则
5	制造便于移动的设备	11	使用短线或垂直流动的生产线		
6	使用通用型设备	12	制造适合单件拉动的设备	16	逐渐实现自働化

5. 基石

限于篇幅，表 8-19 简介了构成精益生产稳定流程（Stable Process）的六块基石。

表 8-19　精益生产的基石

基石	含　义	要　点
均衡化生产（EP）	在完成计划的前提下，产品的实物产量或工作量或工作项目，在相等的时间内完成的数量基本相等或稳定递增的生产方式	1）均衡化生产是拉动式的前提，追求化整为零的并行作业。2）它包括两方面：①总量均衡，将连续两时间段间的生产总量的波动控制到最低程度，可保证有稳定的产品质量；②品种均衡，每天要以一定的节拍循环生产多个品种，可及时满足客户需求
标准化作业（SW）	由人和机器执行有附加价值、用有效方法、正确顺序和正确工具、在正确时间内的多个工作的集合	1）标准化作业包括三要素：节拍时间、作业顺序、标准在制品。2）实施标准化作业遵循三原则：①与操作人员共同确定高效工作法；②利用标准化工作组合表来理解过程周期时间与生产节拍之间的关系；③遵守生产节拍；3）标准化作业用来保证企业产能适应需求
持续改进（CI）	提高绩效的循环活动。它有两个层次：价值流的改进、过程的改进	1）持续改进必须转动 PDCA 循环。2）持续改进的实施步骤：建立持续改进的意识；强化过程改进；持续改进循环；总结经验。3）精益生产目标使改进永无止境，持续改进并非易事
成组技术（GT）	利用零件的相似性，按结构、材料、工艺相似的准则分类成组，使同组零件采用同一方法进行处理，以提高效益的技术	1）成组技术的核心是成组工艺。2）其实施步骤：①把相近似的零件分类成组；②制订零件的成组加工工艺；③设计成组工艺装备；④组织成组加工生产线。3）成组技术是计算机辅助制造的基础，用于设计、制造和管理等，使生产线由刚性变为柔性，提高标准化、专业化和自动化程度

（续）

基石	含 义	要 点
并行工程（CE）	将产品设计、工艺设计等结合起来，保证质量和效率的一种产品开发方式	①产品开发各阶段的时间是并联式的，开发周期大为缩短；②信息交流及时，发现问题尽早解决，产品开发的质量、成本和客户要求能够得到有效保证
全面质量管理（TQM）	全面质量管理是以质量管理为中心，以全员参与为基础，以让客户满意和相关方受益为目的，而使组织达到长期成功的一种管理途径	1）全面管理，就是进行“三全”管理：①全过程（产品从设计、生产到包装、运输的整个过程）的管理；②全企业（所属各单位、各部门）的管理；③全人员（从一把手到每一名员工）的管理。2）每个基层工作单位都成立QC小组自主进行PDCA循环活动。3）TQM的本质是改善人的素质和企业素质

案例8-9 船用阀门的成组生产。

6. 核心与对比

（1）**核心** 精益生产的核心就是消除浪费，降低成本。

1）**消除浪费**。浪费是指非增值的一切行为，即不产生价值的一切活动。精益生产的核心是降低成本来增加企业获利的空间。精益是针对浪费的一场战争。丰田的大野耐一提出了要消除七种形式的浪费：①过量生产的浪费；②库存的浪费；③等待造成的浪费；④搬运上的浪费；⑤制成次品的浪费；⑥过分加工的浪费；⑦操作上（不当动作）的浪费。精益生产补充的第八种浪费是忽视员工创造力。

2）**降低成本**。丰田生产方式从一开始就关注成本（如何最大限度地降低成本），丰田生产方式有其独特的模式。①进行“全面成本管理”（Total Cost Management，TCM）的规划。在设计中利用价值工程的方法来达到目标成本，在制造中实现目标成本。②制订成本管理的综合计划，如制订未来三年整个企业中期利润计划，规定每个时期的目标利润。③实施降低成本的措施，如开展成本递减活动，每年都要降低一定比例的成本，分解目标成本，从公司的各个层面进行成本降低活动。

（2）**精益生产与敏捷制造的比较** 表8-20对传统制造、精益生产和敏捷制造的主要特点进行了比较。

表8-20 传统制造、精益生产和敏捷制造的比较

比较项	传统制造	精益生产	敏捷制造
价值取向	产品	客户	客户
战略重点	成本、质量	质量，实行持续改进	时间，快速响应市场变化
指导思想	以技术为中心	以人为中心：发挥人因，消除冗余	以人为中心：变革组织，随机应变
基本原则	分工与专业化、自动化	生产过程管理，资源有效利用	资源快速集成
实现手段	机器、技术，大量生产方式	人因发挥，按需生产	组织创新，采用大量定制
竞争优势	低成本、高效率	精益，强调供应商管理	敏捷，竞争与合作，组建虚拟企业
组织结构	塔式组织结构	扁平式，多功能团队，协同工作	基于任务的组织，多学科项目组
运作空间	企业级范围	企业级范围	涵盖整个企业，并扩展到企业外
制造经济性	规模经济性	范围经济性	集成经济性

敏捷制造与精益生产都是先进制造模式，两者之间存在许多共同之处，但也存在差异。由

表 8-20 可见，尽管敏捷制造与精益生产在表现形式上存在差异，但两者的基本原则和基本方法一致。敏捷制造中的准时信息系统、多功能团队的协同工作、最少的转换时间、最低的库存量以及柔性化生产等，使敏捷制造对市场变化具有高度适应能力。而这些能力也是精益生产的重要特点。

8.3.3　精益生产的应用

（1）**应用条件**　应用精益生产的一个基本条件是生产的重复性。不同的企业具有不同的特点，对于流程式企业（比如化工、医药等），一般偏好设备管理，如全面生产管理，因为流程式企业需要运用到一系列的特定设备，这些设备的状况极大地影响着产品的质量；对于离散式企业（比如机械、电子等），生产线的布局以及工序都是影响生产效率和质量的重要因素，因此离散式行业注重准时化、看板、零库存和标准化。国外实践证明，精益生产思想适合于任何国家的不同文化、不同行业和不同工作，是具有通用性的精益制造模式。但是，精益生产方法最适用的是按订单装配且物流发达的生产类型。精益生产的应用必须与国情和企业实际结合，只有经过本土化，才能学到手、用得上。由此看来，精益生产就是美国本土化的丰田方式。

（2）**实施原则**　原则是指观察问题和处理问题的准则。原则也是人类行为不容置疑的基本道理。实施精益生产应遵循九项基本原则，见表 8-21。

表 8-21　精益生产的基本原则

原　　则	说　　明
客户至上	价值。站在客户的立场上，这是企业的一切业务工作、绩效与质量的测度指标，以客户满意为最终的评价标准。丰田公司认为，客户是上帝，产品和服务的价值只能是由客户定义的
关注流程	流动。向开发的河流一样畅通的流动。精益生产关注价值流（从接单到发货过程的一切活动），用价值流程图确认哪些流程有无附加价值，员工只需对 15% 的问题负责，85% 归咎于制度流程
需求拉动	拉动。强调按需求生产，以订单量为依据，实施并行工程，快速响应市场的变化。按照销售的速度来进行生产，任何过早或过晚的生产都是浪费
一次做对	保质。精益生产要求建立一个不会出错的质量保证系统。及时解决问题，质量意识贯串始终。质量不是检验出来的。检验只是事后补救，无法保证不出差错。将质量内建于流程之中，强调第一次做对
降低库存	零库存。精益生产认为库存是企业的“祸害”，不是必不可少的“缓冲剂”，其主要理由是：库存提高了经营的成本；库存掩盖了企业的问题
精益供应	共赢。精益生产着眼于降低整个供应链的库存，做好工作流程标准化。供应商是企业的外部合伙人，与他们信息共享，风险共担
现地现物	现场。它是发现问题的工具。亲临现场查看，以彻底解决问题。基于事实进行“异常管理”，执行现场、现物、现实原则。建立看板管理、目视管理和 5S 管理制度，使问题无处隐藏
以人为本	人本。体现在三个方面：充分尊重员工、重视培训、共同协作。精益企业雇用的是“整个人”，不精益的企业只雇用了员工的“一双手”。最大的浪费是对员工智慧或创造力的浪费
尽善尽美	完美。没有任何事物是完美无缺的，必须持续改进，没有问题就是问题。问题即是机会。错必有因，以精益求精的工作态度，利用改进各种资源效率的机遇，获取竞争优势

需注意，应综合应用各项原则。以降低库存为例，它只是精益生产的一个手段，其目的是解决浪费问题，而且低库存需要关注流程、一次做对来保证。有的企业在实施精益生产时，为了达到“零库存”的目标，将库存全部推到了供应商那里，弄得供应商怨声载道：“你的库存倒是减少了，而我的库存却急剧增加。你还能指望我愿意提供任何优质的支持和服务吗?”

如果认为精益生产就是零库存，不先去再造流程、提高质量，一味要求下面降低库存，就会产生成本不降反升的结果。追求零库存，但未考虑到库存对系统的产销率、物流平衡等方面的正面影响，这是精益生产的缺点。

（3）**实施步骤** 实施精益生产一般用以下六步法：

1）**根据客户需求重新定义价值**。精益生产是以价值为导向的，价值最终由客户确定，而价值只有对具有特定价格、能在特定时间内生产出满足客户需求的特定产品或服务才有意义。

2）**按照价值流重新组织全部生产活动**。该步主要确定每个产品的全部价值流的设计流、信息流和物料流。

3）**使价值流流动起来**。这是构造一个有价值的单件生产流程。对于一个多工序的价值流，其中有的工位产生价值，也有的不产生价值，但却是必需的。

4）**用客户的需求拉动价值流**。建立拉动生产系统，用看板管理，从用户订单开始向前拉动生产。

5）**解决“瓶颈”工序问题**。在单件连续流动的生产过程中也会存在瓶颈。为使生产过程获得价值，消除瓶颈的方法是：识别系统约束项（瓶颈工序）；合理利用有效的资源，将非约束资源尽可能提供给约束项；一切从系统出发，使系统的其余部分支持系统的运行；打破系统约束；回到起点寻找新的约束。

6）**尽善尽美**。这是永无止境的改进过程。从设计开发到工程试产，从原材料供应商到生产过程，从接收订单到将产品送到用户手中，都要进行全方位的改进，消除一切浪费的流程，将价值流到客户的手中。精益生产常用的改进方法是 PDCA 循环。

8.4 六西格玛

进入21世纪以来，世界制造业最为火爆、最为前沿、最为实用的制造模式当属六西格玛（Six Sigma，6σ）。6σ 是一项以数据为基础，追求近乎完美无瑕的模式。σ 是希腊字母，在统计学上表示数据的分散程度，称为标准差；在管理学上是一个用于衡量流程中无差错工作能力的度量值，σ 水平值越高，表明出差错的概率越小。

8.4.1 6σ 的发展

1986年，摩托罗拉（Motorola）的比尔·史密斯（Bill. Smith）提出了 6σ 的概念。6σ 的发展经历了三个阶段：①初始阶段（1987—1994），聚焦于减少缺陷，以摩托罗拉为代表；②形成阶段（1994—2000），聚焦于降低成本，以 GE 为代表；③扩散阶段（2000年至今），聚焦于创造价值，以卡特彼勒和美国银行为代表。

2001年，中国本土企业开始尝试实施 6σ，如联想、中航、宝钢等。6σ 在我国的发展可分为三个阶段：①学习引进阶段（2001—2005），2002年中国质量协会成立了全国 6σ 管理推进工作委员会；②蓬勃发展阶段（2006—2010），实施 6σ 的企业呈快速增长趋势，从事 6σ 咨询和培训的专业机构逐渐增多；③理性坚持阶段（2011年至今），根据 6σ 的适用性来推行 6σ 管理，6σ 的成功范例是自上而下地推进管理变革。

8.4.2 6σ 的原理

1. 基本概念与过程模型

（1）**定义** 6σ 具有丰富的内涵，下面给出 6σ 的定义。

定义：六西格玛（Six Sigma，6σ），是指通过真诚地理解客户需求，规范地使用统计数据，持续地改进业务过程，以完美地实现组织业务成功的经营模式。

这里的“业务”包含产品和服务，“组织”包括营利企业和非营利机构。①这个定义是基于

满足客户需求而展开的。6σ 模式是从组织外部开始的，即注重于客户的需求。②6σ 的最终目标是业务成功，而业务成功可以从多个角度来体现，如客户满意度的提高、成本的节约、市场占有率的增长、对市场反应速度的加快、收入的增加等。所有这些指标都有其共性的一面，它们都是客观的、看得见的、与财务结果有关的（纯利润数）。③6σ 要求规范地使用统计数据分析来持续地改进业务过程。并没有什么妙方和捷径，只有根据事实和结果来得出结论是否合理。这三点完整地体现了 6σ 模式的独特性。

6σ 代表了组织绩效的度量、新的质量标准，提供了竞争力的水平对比平台，是组织绩效突破性改进的方法，是组织成长与获得竞争力的经营策略，是追求卓越的价值观，是同时增加客户满意度和提升企业赢利能力的经营战略途径，是新的管理模式。

（2）**内涵** 6σ 包含三层含义：①统计学含义。6σ 是一种绩效的质量尺度，是一种对缺陷的度量指标。②工程学含义。6σ 是一套过程工具，是一类解决过程问题的技术方法。③管理学含义。6σ 是一种经营战略，是一种驱动企业经营绩效改进的管理体系。

1）**6σ 的统计学含义**。6σ 的名称源于统计学，σ 是对过程质量特性值变异的衡量。质量特性值是产品的某项或几项可测量的功能指标，并规定一组规格限（L,U），以便进行质量检验与控制。规格限就是客户对其所购买的产品或过程性能范围的公差要求。若过程质量特征值服从正态分布，则 σ 是正态分布的标准差，如图 8-15 所示。根据数轴上的属性，质量数据可分为计数数据和计量数据两大类。对于计量数据而言，σ 用来度量与目标值 T 的偏移程度，6σ 表示分散程度只占规格公差的一半。对于计数数据而言，σ 用来度量缺陷率（或不合格率）。当过程达到 6σ 水平时，若过程均值 μ 相对目标值 T 无偏移，则过程的缺陷率为百万分之 0.002，即 0.002ppm；若过程均值相对目标值有 1.5σ 偏移，则过程的缺陷率为百万分之 3.4，即 3.4ppm（$ppm = 10^{-6}$，表示百万分之一，是无量纲量）。

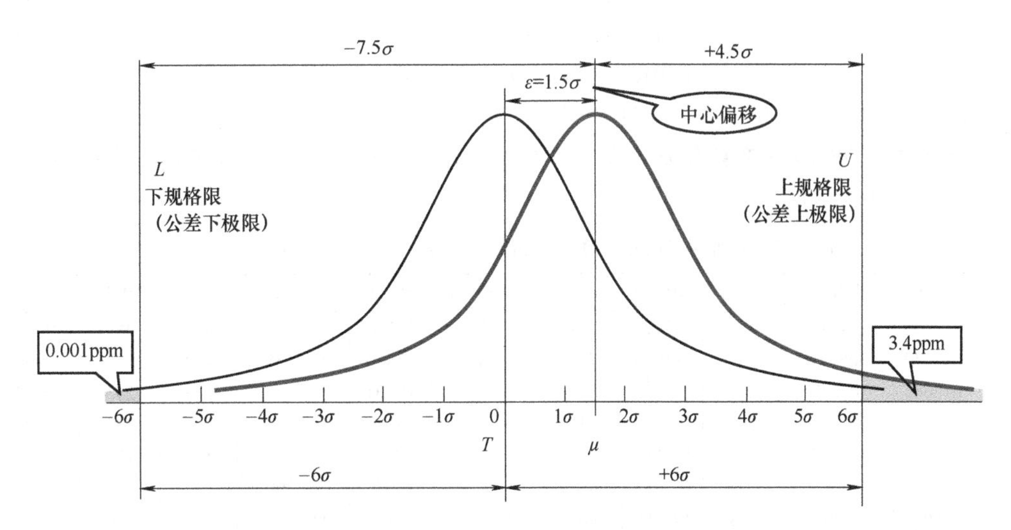

图 8-15 6σ 质量水平的统计解释（中心偏移 +1.5σ 正态分布）

6σ 最常用的两个度量指标是：西格玛水平（σ 水平）Z，百万机会缺陷数 DPMO。

① **σ 水平**是描述过程质量满足客户要求的程度。它又称为过程 Z。

按照过程的输出分布中心位置，σ 水平分为无偏移和有偏移两种情形。无偏移是指均值 μ 与目标值 T 重合，即 $\mu = T$；有偏移是指均值 μ 与目标值 T 不重合，即 $\varepsilon = |\mu - T| \neq 0$，$\varepsilon$ 为 μ 与 T

的绝对偏移量，取正值。σ水平的计算公式为

$$Z_0=(U-L)/(2\sigma),\text{当}\ \varepsilon=0\ \text{时} \tag{8-1}$$

$$Z_0=Z_L=(\mu-L)/\sigma,\ \text{当}\ \varepsilon=0\ \text{时，且只有下规格限} \tag{8-2}$$

$$Z_0=Z_U=(U-\mu)/\sigma,\ \text{当}\ \varepsilon=0\ \text{时，且只有上规格限} \tag{8-3}$$

$$Z=Z_0+1.5,\text{当}\ \varepsilon=1.5\sigma\ \text{时} \tag{8-4}$$

式（8-1）用于分布中心无偏移、有双侧规格限的过程，$(U-L)$ 是规格范围，又称为设计公差；式（8-2）和（8-3）用于分布中心无偏移、只有单侧规格限的过程；式（8-4）用于分布中心偏移量为 1.5σ 的过程。

注意，σ水平与σ不是同一个概念，σ是过程的标准差，而σ水平是标准正态值 Z，即当双侧规格存在时，Z 是指设计公差与两倍标准差的比值。

② **百万机会缺陷数**（Defects Per Million Opportunity，DPMO），是指每百万次机会里，出现缺陷的数量。其中，缺陷（Defect），是指没有满足客户要求水平的任何机会。缺陷包括缺点、缺失、欠缺、短处、瑕疵、毛病、差错、失误、错误、过错、过失、不足、不良、不完美等。若客户对整个产品或服务不满意，则视为缺陷品。机会（Opportunity），是指可能成为使客户不满的原因，是必须评价的单位质量要素。单位（Unit），是指由一个或多个机会构成的，客户对综合能力评价的基本实体。

由 ISO 9000：2015 给出的定义，合格（Conformity），是指满足要求。不合格（Nonconformity），是指未满足要求。缺陷，是指关于预期或规定用途的不合格。区分缺陷与不合格的概念是重要的，因为这其中有法律内涵，特别是与产品和服务问题有关的责任。

设每个单位缺陷数（Defects Per Unit）为 DPU；每个机会的缺陷数（Defects Per Opportunity）为 DPO，百万机会缺陷数为 DPMO，其计算公式为

$$\text{DPU}=c/a \tag{8-5}$$

$$\text{DPO}=c/(ab) \tag{8-6}$$

$$\text{DPMO}=\text{DPO}\times10^6=c\times10^6/(ab) \tag{8-7}$$

式中　a 是单位数（如产品个数，或服务项数）；b 是机会数；c 是总的缺陷数。

③ **σ水平与 DPMO 的换算关系**。表 8-22 中给出的数据区间是 $[0.9\sigma,6\sigma]$，也可由表得出 $[-3\sigma,0.9\sigma]$ 相关数据。

表 8-22　σ水平与 DPMO、正品数对应表（考虑偏移 $+1.5\sigma$ 时）

σ水平	DPMO	正品数	σ水平	DPMO	正品数	σ水平	DPMO	正品数	σ水平	DPMO	正品数
0.9	725588	274412	2.2	242071	757929	3.5	22750	977250	4.8	483	999517
1.0	691230	308770	2.3	211928	788072	3.6	17865	982135	4.9	337	999663
1.1	655085	344915	2.4	184108	815892	3.7	13904	986096	**5.0**	**233**	**999767**
1.2	617428	382572	2.5	158687	841313	3.8	10724	989276	5.1	159	999841
1.3	578573	421427	2.6	135687	864313	3.9	8196	991804	5.2	108	999892
1.4	538860	461140	2.7	115083	884917	**4.0**	**6210**	**993790**	5.3	72	999928
1.5	**500000**	**500000**	2.8	96809	903191	4.1	4661	995339	5.4	48	999952
1.6	461140	538860	2.9	80762	919238	4.2	3467	996533	5.5	32	999968
1.7	421427	578573	3.0	**66811**	**933189**	4.3	2555	997445	5.6	21	999979
1.8	382572	617428	3.1	54799	945201	4.4	1866	998134	5.7	13	999987
1.9	344915	655085	3.2	44567	955433	4.5	1350	998650	5.8	8.5	999991.5
2.0	308770	691230	3.3	35931	964069	4.6	968	999032	5.9	5.4	999994.6
2.1	274412	725588	3.4	28716	971284	4.7	687	999313	**6.0**	**3.4**	**999996.6**

由表可得，若 DPMO = 300000，则 σ 水平是 2.02σ；若 DPMO = 22750，则 σ 水平是 3.50σ。6σ 理论认为，若企业达到6σ 水平，则 DPMO = 3.4，即在每百万个机会里只找得出 3.4 个缺陷，即达到99.99966%的合格率，这近乎零缺陷。例如，4σ 水平是 30 页报纸中有 1 个错字，5σ 水平是百科全书中有 1 个错字，6σ 水平则是一座小型图书馆中有 1 个错字。总之，6σ 是一个很高的质量水平指标，但这只是6σ 的一种统计学解释。

2）**6σ 的工程学含义**。6σ 不仅是统计方法，也是工业工程的一系列方法的集成。6σ 提供了一套进行过程改进、设计和管理的科学工具。6σ 已形成三大方法论：①**过程改进**。一般采用“六西格玛改进”流程 DMAIC（Define，Measure，Analyze，Improve，Control；界定、测量、分析、改进、控制）。其中每一阶段都有具体方法和工具的支持。②**过程设计**。已形成了“六西格玛设计”（Design For Six Sigma，DFSS），当用 DMAIC 很难取得更大突破时，就可以使用六西格玛设计的 DMADV（Define，Measure，Analyze，Design，Verify；界定、测量、分析、设计、验证）流程。③**过程管理**。精益生产与6σ 结合，形成“精益六西格玛（LSS）”的一种方法论，既实现精益的高效，又实现6σ 的无缺陷。因为客户既不愿晚于订货时间收到一个完美的产品，也不愿准时收到一个有缺陷的产品。精益强调消除浪费；6σ 强调消除缺陷。

3）**6σ 的管理学含义**。6σ 是一种客户导向的经营模式、发展战略、管理哲学或企业文化。6σ 的战略目的在于长期与客户要求高度符合并使企业持续发展。

① **客户导向的持续改进的经营模式**。6σ 管理专家 Tom Pyzdek 认为：“6σ 管理是一种全新的管理企业的方式。6σ 主要不是技术项目，而是管理项目。”6σ 的运用不仅局限于解决质量问题，而且包括业务改进的各个方面，包括时间、成本、服务等各个方面。

② **企业经营绩效最大化的发展战略**。管理专家 Ronald Snee 将6σ 管理定义为：“寻求同时增加客户满意和企业经济增长的经营战略途径”。6σ 的战略特征在于，显示企业经营成果的所有要素转换为 σ 水平，作为分析现在经营状态和设定今后目标的经营管理指标。

③ **追求卓越的管理理念**（哲理）。6σ 的理念有：真诚关心客户；依据数据和事实管理；以过程为重；主动管理；协力合作无界限；既追求完美，又容忍失败。这些理念都有很多工具和方法来支持。6σ 不是简单地空喊“做得更好”，而是一个更重视“防御”的可测手段。

④ **持续改进的企业文化**。持续改进是指逐步地、永无止境地不断改进循环。文化就是做事的方式。做任何事情都要精益求精，改进永无止境。6σ 强调“减少差错、浪费和返工”。6σ 的基本思想是，如果你能“测量”一个过程有多少个缺陷，你就能系统地分析出缺陷，怎样消除缺陷，尽可能地接近零缺陷，并预防缺陷。只强调6σ 这个统计数值是没有任何意义的，世界上真正做到这个数值的企业屈指可数。所以6σ 和零缺陷、零库存一样，是一个趋近的目标，而不是硬性指标。6σ 有一套精细化的程序，就像滋生于民间的传统文化，润物细无声。

综合6σ 的三层含义，6σ 是一把“测量”质量的尺子，提供测试客户满意度的标准，确定过程偏离完美的水平；是一套“改进”过程的工具，消除缺陷和无价值作业，提高过程的运行质量；是一种基于客户导向的“设计”方式，实现近乎完美的操作系统；也是一种“持续改进”的理念，同时提高客户满意度和组织竞争力，既要高质量，又要低成本；6σ 更是一种追求“完美”的文化，6σ 会使人不断地自省：现在到达了几个 σ？问题出在哪里？通过努力提高了吗？它在测量、改进、设计、持续改进的过程中，实现卓越绩效。

（3）**过程改进**　6σ 的核心目标就是要改进过程的性能，以此来达到三个分目标：减少成本、提高客户满意度和增加利润。为了改进过程性能，应理解下述基本概念。

1）**过程**。ISO 给出的定义，过程是一组将输入转化为输出的相互关联或相互作用的活动。质量是过程及其结果的一组固有特性满足要求的程度。质量管理中，过程与流程的定义相同。对于企业而言，输入可以是活动、材料、机器、决策、信息、温度和湿度，输入既有可控的物理因素，也有不可控的噪声因素。这些变量经过过程转换后即变成了输出。输出主要是指产品或服务。在6σ模式中，从客户需求到客户满意，一个完整过程的模型，如图8-16所示。过程存在可测量点。任何一个给定过程将会有一个或多个指定的特性与收集的数据相对应。这些特性的状况可以反映过程性能的状况，能够找出改进y的各个变量x

$$y=f(x_1,x_2,\cdots,x_n)$$

2）**变异**。由于任何过程都包含许多变化原因，所以任何过程或者产品特性总是变化的，即变异，或称为波动。若产品的特性值是可以测量的，那么由多个变化原因所引起的变异可以通过最适合观测的分布图形来显现出来。变异是质量控制的障碍之一，通过使用6σ方法对过程性能的跟踪和改进，变异就会减小。任何一个过程都有一个周期时间和产量。周期时间是指一个产品（或单元）完成所有输入到输出转换的平均时间。产量是涉及输入时间和输出产品的数量。企业的生产率通常定义为输出与输入之比，提高生产率，实质上是改变成本与利润的过程。图8-17所示为过程性能要素的三角形。

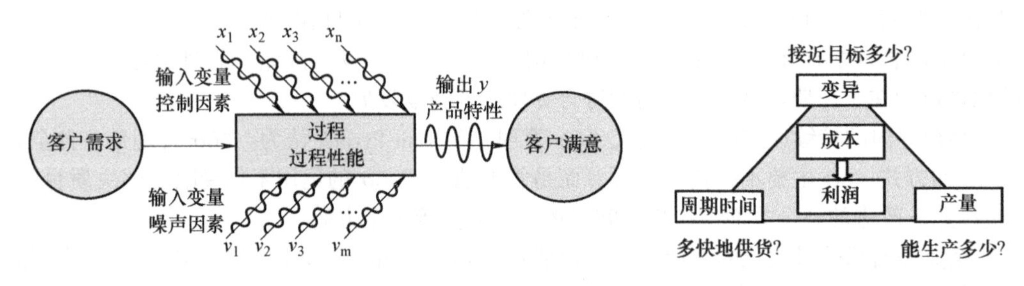

图8-16 一个完整过程的模型

图8-17 过程性能要素的三角形

图8-17中表明了过程性能变异成本的原理，其中变异是关键因素，它表明测量值与目标值“如何”接近，而周期时间表明“多快”，产量表明“多少”。6σ模式帮助理解变异的重要一点，是认识到任何过程特性的变异都会导致额外成本。

3）**改进**。改进是指使原来的状况变得更好。有效的改进必须实现客户满意。客户满意是指全部的客户要求都得到满足。6σ强调必须通过测量、改进过程和产品，以及关键质量特性来满足客户的要求。在6σ程序中，客户的要求要彻底地识别，为了改进和满足这些要求必须很好地将它们转换到重要的过程和产品特性中。客户通常要求指定特性的期望值是什么，也就是目标值，以及对于特性的缺陷是什么，也就是规格限。这些关键信息是过程性能测量的重要基础。

2. 基本框架与改进模型

（1）**基本架构** 6σ框架是实施6σ的基础。6σ框架至少应包括五个因素，即6σ的基本框架包括：高层承诺、多方参与、培训计划、测量系统和组织保证，如图8-18所示。

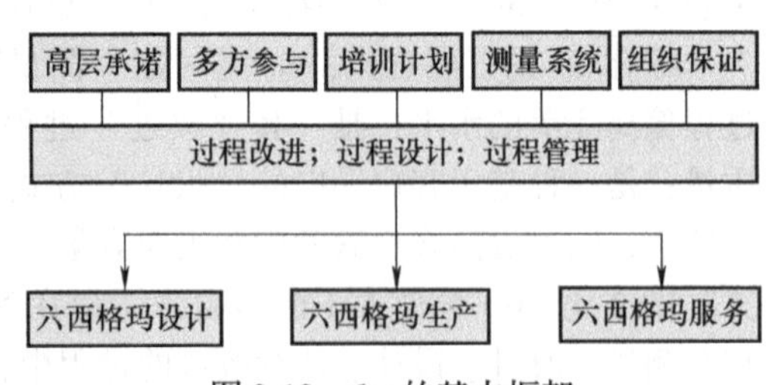

图8-18 6σ的基本框架

1）**高层承诺**。高层管理者承诺是应用6σ的第一要素。在公司中推行6σ是一个战略管理的决策，它需要由高层管理发起。6σ成功的必要条件有两个：一是团队合作；二是领导层的全力支持（应当亲身参与评审并不断追求改进结果）。

2）**多方参与**。多方即利益相关者，包括所有者、员工、客户和供应商。员工是6σ活动中

最重要的群体，他们承担了大部分的改进项目。客户的参与可以使企业识别产品和过程特性的关键客户特性（Critical to Customer，CTC），CTC 是客户观点上的关键质量特性（Critical to Quality，CTQ）的子集。完成识别 CTC 后，客户还会被要求去指定特性的期望值，也就是特性的目标值和规格限。这些关键的信息将被用于 6σ 活动中对于过程性能测量的基础信息。供应商提供的产品的质量变异将会传递到企业的内部过程，所以 6σ 鼓励其主要供应商参与到改进过程中来。

3）**培训计划**。在任何 6σ 程序中，一个全面的过程性能的知识、改进的方法、统计工具、项目团队的活动过程和客户要求的部署等都是需要的。这些知识通过适当的培训计划而成为全体员工所共享的知识。

4）**测量系统**。一个测量系统是操作、程序、量具、人等的集合。量具包括硬件和软件。量具的使用步骤是：选择测量者；设定并执行各步骤；离线计算及资料登录；校准频率及技术。6σ 公司将提供一个有效的测量系统用于测量过程性能的 σ 水平。这个测量系统可以显示出不好的过程性能或者预报问题将要出现的迹象。对于测量系统进行分析是必要的，其目的是保证测量系统的正确性。

5）**组织保证**。组织结构是 6σ 改进活动得以顺利实施的保证。6σ 的组织结构通常是由执行领导、倡导者、大黑带、黑带、绿带和黄带组成的。一般来说，组织人员比例为：每 1000 名员工，大黑带 1 人，黑带 10 人，绿带 50 ~ 70 人。黑带、绿带和黄带的区别是：黑带是 6σ 项目的负责人。绿带是项目的中坚力量，是否能完成或者贯彻 6σ 思想的主要群体就是绿带，很多大企业都在培养绿带，美国通用电气公司要求所有工程师都必须是绿带以上。黄带的级别最低，由于培训费用太高，人数太多，大多数企业都放弃了。

图 8-19 所示为 6σ 活动组织流程图。6σ 组织的顶层是管理委员会，这是企业实施 6σ 管理的最高领导机构。该委员会主要成员由公司领导层成员担任。6σ 的基层组织是 6σ 项目团队，团队有核心团队、支持团队和扩展团队之分。

6σ 项目通常由团队合作完成。项目团队由项目所涉及的有关职能（如技术、生产、工程、采购、销售、财务、管理等）人员构成，一般由 3 ~ 10 人组成，并且应包括对所改进的过程负有管理职责的人员和财务人员。为了保证参与者的有效性，就要把 6σ 的改进方法和统计工具教授给参与者。适时的专门培训可为 6σ 提供组织上的保障。

（2）**改进模型**　它是 6σ 框架的核心。改进模型如图 8-20 所示，以界定、测量、分析、改进、控制（Define、Measure、Analyze、Improve、Control、DMAIC）的结构化为核心。这五个阶段必须整合起来，贯穿于所有的改进项目。DMAIC 模型又称为五步循环改进法。

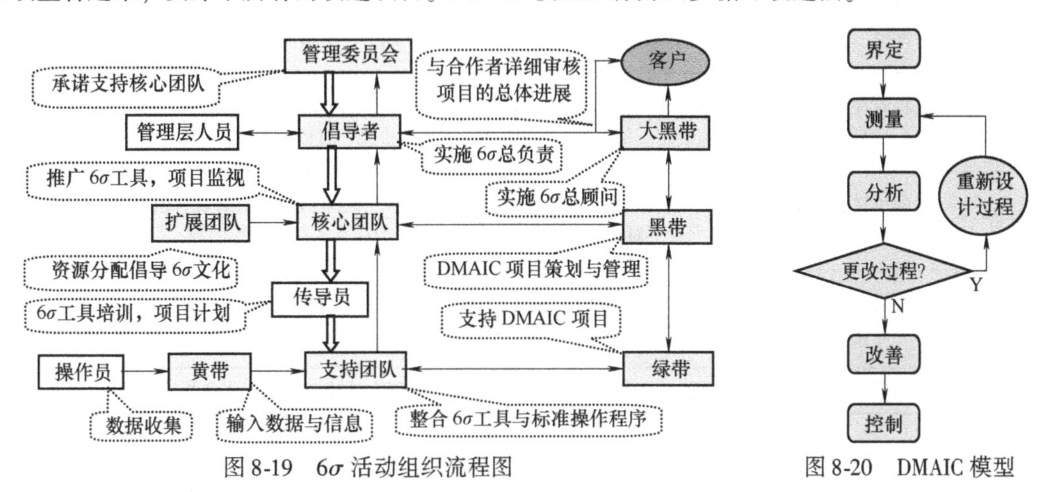

图 8-19　6σ 活动组织流程图

图 8-20　DMAIC 模型

6σ 改进项目五个阶段的目的、任务和步骤，见表8-23。

表8-23 6σ 改进项目五个阶段的目的、任务和步骤

阶段	目 的	任 务	步 骤
D界定	确定项目范围	定义问题内容，确认客户需求，确定关键质量特性，将改进项目界定在合理的范围内	①界定客户需求，确定改进机会；②分析组织战略和资源；③确定项目的范围、所用资源和关键输出
M测量	测量现有质量水平	确定测量指标，验证测量系统，收集工艺数据，计算当前绩效，借助数据缩小问题的范围	①定义流程特性；②测量流程现状（包括各流程或动作需要的时间）；③对测量系统分析；④评价过程能力
A分析	确认关键因素	找出问题趋势，分析问题产生的原因，筛选影响过程质量的根本原因，找到关键因素	①分析流程，查找浪费根源或变异源；②确定流程及关键输入因素
I改进	消除关键因素	针对关键因素拟订解决方案，通过成本/收益分析评价方案，制订实施计划并实施方案	①确定输入输出变量之间的关系，提出优化方案；②制订并实施改进计划
C控制	保持改进成果	确认改进效果，标准化改进流程，制订控制计划和实施过程监控，维持过程稳定状态	①建立运作规范、实施流程控制；②验证测量系统、过程及其能力；③总结实施经验，提出新问题

表中的五个阶段是一个循序渐进的过程：未知→感觉→事实→分析→改进→卓越。

运用DMAIC模型时，6σ 强调对客户需求和满意度的详尽界定，强调用定量方法来表述每一阶段的具体实施目标。6σ 要求企业找出客户关键需求（Critical Customer Requirements，CCR），梳理企业核心业务过程，倾听客户的声音（VOC）和业务的声音（VOB），然后将它们转换成关键质量特性和关键过程特性（Critical to process，CTP），建立关键绩效指标（Key Performance Indicator，KPI）指标。

6σ 改进项目五个阶段的常用工具，见表8-24。

表8-24 6σ 改进项目五个阶段的常用工具

阶 段	常用技术和工具
D界定	排列图、因果图、过程流程图、亲和图、树状图、失效成本分析、项目管理、SIPOC（供应、投入、过程、产出、客户）图、平衡计分卡、提案制度、KANO分析、QFD、头脑风暴法、满意度调查等
M测量	过程流程图、因果图、排列图、过程能力指数、抽样计划、散点图、水平对比法、直方图、趋势图、FMEA、分层法、检查表、箱线图、价值流图、PDCA、正态性检验、过程的长期能力和短期能力等
A分析	头脑风暴法、相关性分析、回归分析、方差分析、假设检验、区间估计、试验设计（DOE）、箱线图、散点图、因果图、多变量图、水平对比法、FMEA、QFD、五个为什么、过程流程图等
I改进	试验设计、方差分析、正态分布、头脑风暴法、田口方法、响应面法、亲和图、ECRS（取消、合并、重排、简化）、看板（Kanban）、快速换模（SMED）、过程能力分析等
C控制	控制图、SPC、过程能力指数、防错法、标准操作程序、过程文件控制、5S、作业指导书等

（3）**特点** 从一个组织运作的角度来看，6σ 的特点，见表8-25。

表8-25 6σ的特点

特　点	说　明
关注客户	以客户为中心，把客户期望作为目标，以更为广泛的视角，关注影响客户满意的所有方面
聚焦过程	以过程为重点，把资源用于认识、改进和控制产生缺陷的原因，而不是用于侧重结果的活动
数据说话	统计数据是实施依据，所有的生产表现、执行能力等，都量化为财务数据，追求最优财务效果
主动预防	6σ像一个放大镜，使人们发现缺陷犹如灰尘，开展主动预防性管理，整个组织不留死角
团队合作	改进过程必然跨界，以项目方式开展活动，通过团队合作完成项目，倡导无界合作文化
追求完美	高质量追求零缺陷，因此强调改进永无止境，追求完美将成为每个人的行为准则

综上所述，将6σ的基本原理归纳为“123456”：1个目标：3.4ppm；2只眼睛：一只眼睛看客户，一只眼睛看过程；3个层次：术（度量技术，标尺）、法（造物之法，方法论）、道（处事之道，经营哲学）；4个步骤：实际问题→统计问题→统计解决方案→实际解决方案；5个阶段：DMAIC（界定、测量、分析、改进、控制）；6个特点：关注客户、聚焦过程、数据说话、主动预防、团队合作、追求完美。

8.4.3 6σ的应用

1. 应用宗旨

（1）**目的**（Goal） 目的是努力要达到的效果（方向+结果）。为什么要应用6σ？总体上说有两个目的：第一是为了生存，避免企业被淘汰，如摩托罗拉公司；第二是为了发展，企业要赶上世界一流企业，如美国通用电气公司。

（2）**目标**（Objective） 目标是努力要达到效果的量化指标（过程+结果）。目标可以是战略的、战术的或运行的。目标可以涉及不同领域（如财务的、职业健康与安全的、环境的目标）。应用6σ的最终目标是业务成功，实现3.4ppm，具体目标有四个：①为了追求商业利润；②为了过程能力的提升；③为了降低劣质成本；④为了查找隐藏工厂（确定直通率）。

（3）**核心**（Core） 6σ的核心是客户驱动下的持续改进。σ水平的高低与如何定义缺陷机会和缺陷有关。对于企业，6σ的关键是追求零缺陷，防范产品责任风险，降低成本，提高生产率和市场占有率，提高客户满意度和忠诚度。零缺陷管理的核心是第一次把事做正确。零缺陷包含了三个层次：**做正确的事、正确地做事和首次做正确**。

2. 支持技术

6σ的支持技术是以一切质量管理工具为基础的技术，主要包括度量技术、基本技术、高级技术和软技术。

（1）**度量技术** 它包括多种质量测量指标的计算方法和分析技术（趋势图、箱线图等）。

（2）**基本技术** 它包括老七种工具（检查表、排列图、散布图、因果图、分层法、直方图、控制图）、新七种工具（关联图、树图、亲和图、箭线图、过程决策图、矩阵图、矩阵数据分析）和其他基本工具与方法（流程图、彩虹图、雷达图、星座图、对策表、头脑风暴法、水平对比法、主成分法、因子分析法等）。

（3）**高级技术** 它包括回归分析、田口方法、DOE、FMEA、QFD和防错技术等。

（4）**软技术** 它包括领导力、团队工作效率、员工能力与授权、沟通与反馈等。

3. 适用范围

6σ的适用范围如图8-21所示。管理基础较好的企业往往应用6σ较容易，效果也较显著。如果企业还达不到ISO 9000的基本要求，那么应加强基础管理工作。这是实施6σ的重要前提。

6σ 在制造业和服务业都有成功案例。

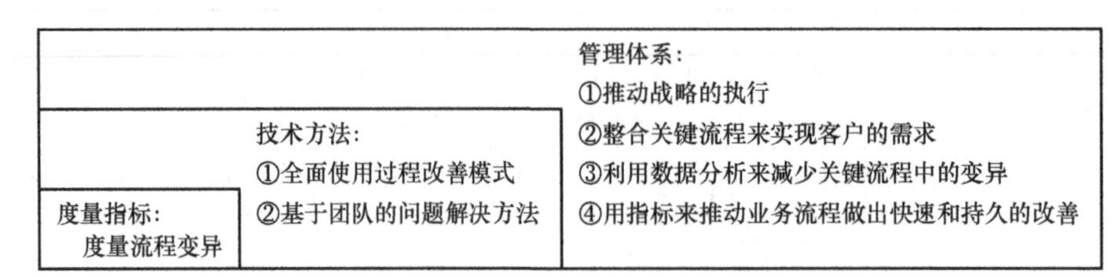

图 8-21　6σ 的适用范围

（1）**6σ 不仅用于制造业**，还可用于多种行业　6σ 最初只用于制造业。随着 6σ 的发展和各种技术的应用，目前，6σ 已广泛应用于电子、机械、汽车、物流、信息、医疗、化工、电信、教育、餐饮、酒店、金融甚至政府机关等多种行业和领域。例如，美国的花旗银行、丹麦马士基物流、中国石化等都已经成功实施了 6σ 管理战略。

（2）**6σ 不仅用于质量改进**，还可用于追求卓越　6σ 最早是利用统计手段解决质量问题的一种方法，如今 6σ 已从一种质量改进方法，发展成为包含 DMAIC 改进、DFSS 设计和 LSS（精益六西格玛）三大方法论并存的一种管理系统，继而成为世界上追求卓越的企业最为重要的战略举措。世界 500 强的大部分企业已经实施了 6σ。σ 水平已成为衡量一个国家竞争力的最有效的指标。目前美国已接近 5σ 的水平，而日本则已超过了 5.5σ 的水平。我国 100 强的大部分企业也已实施了 6σ，如 Haier 集团、TCL 集团、中航集团、国家电网等。小企业也可以全面实施 6σ。在大企业某部门的项目，也可以引入 6σ。

4. 实施途径、步骤和要点

（1）**实施途径**　企业可按需要采取以下三个途径来决定开展 6σ 的程度。

1）**战略改进**。把 6σ 与战略分析工具相结合，通过分析 CTQ 和 KPI，找到企业的弱项和改进机会。这条途径提供了最多的可能性，如美国强生、美国西尔斯、美国运通等。

2）**业务改进**。6σ 可以和 LP、TPM、TQM、质量管理小组（QCC）以及约束理论等融合。对于那些有开展 6σ 的需要、愿望和动力的企业来说，把开展 6σ 当作一场全面变革，这是一条正确的途径，如美国通用电气公司、摩托罗拉公司、福特公司和 3M 公司等。

3）**过程改进**。企业可用 6σ 来解决那些恼人的长期存在的问题。过程可以看成是一个作业，或者一组作业组成的。如果企业单纯使用 DMAIC，其改进的效果是有限的，就要将 DMAIC 与 DFSS 整合。

（2）**实施步骤**　分为以下 10 步：①初步认识 6σ 内涵与作用；②招标；③调研；④成立组织机构；⑤评估与培训；⑥选择 6σ 项目；⑦制订 6σ 项目计划；⑧项目阶段评审；⑨项目效果评价和成果表彰；⑩建立属于本公司的 6σ 模式。

（3）**操作层面**　许多大公司的实际运营将在三个层面操作，即生产、服务和设计。6σ 在这三个层面都可以发挥它的作用，但是 6σ 在每一层面中的风格是不相同的。例如，6σ 生产、6σ 设计和 6σ 服务分别用于制造业和服务业中。

（4）**统计软件**　企业在实施 6σ 项目中，数据分析需要借助统计分析软件 Minitab。该软件于 1972 年产生于美国的宾夕法尼亚州立大学，目前已在全球 100 多个国家，4800 多所高校广泛使用。Minitab 为用户提供一系列统计方法工具箱，用户可选择适合的工具进行数据分析。Minitab 在菜单设计上遵循传统统计软件的思路，对使用人员的统计知识有一定的要求。Minitab 于 2014 年初发布了最新版本是 Minitab 17，内置实验设计（DOE），多元回归等功能。

（5）**项目团队活动的方式**　在企业内展开 6σ 项目活动，可采用 7 步流程：①组织一个 6σ 团队，确定团队宪章（见表 8-26），并且每个成员必须同意和尊重这个宪章；②对高层管理者和主管（6σ 倡导者）进行 6σ 培训；③选择一个 6σ 项目区域首先导入 6σ；④通过专业的机构对绿带和黑带进行培训；⑤对所有相关区域部署关键质量特性，任命几个黑带作为全职的项目领导；⑥巩固 6σ 基础工作，如 SPC、知识管理和数据库系统管理；⑦每月指定一个"6σ 日"，CEO 必须亲自检查 6σ 项目。

表 8-26　团队宪章

序号	宪 章 提 要	基 本 内 容
1	业务状况	我们为什么要做此项目？
2	机会陈述	我们有什么"痛点"？问题出在哪里？
3	目标陈述	我们要改进的范围和目标是什么？
4	项目范围	我们有什么权利？关注的流程是什么？哪些超出范围？
5	项目计划	我们怎样才能完成项目？何时完成项目？
6	团队选择	团队成员由哪些人组成？成员各自的职责是什么？

（6）**注意事项**　①关注客户之声；②强化流程思考；③强调项目整体逻辑性；④注意工具的严谨性；⑤$6\sigma$ 应用不可生搬硬套；⑥$6\sigma$ 应用没有终点，作为一项持续改进活动，6σ 只有始点而没有终点。6σ 不是万能的。

例如，最早实行 6σ 的摩托罗拉公司，并没有使其避免危机再现。摩托罗拉公司早年经历了从濒临倒闭到世界名牌的过程：1973 年推出世界上最早的现代手机 DynaTAC；1986 年开创了 6σ 质量改进过程；1998 年获得了美国鲍德理奇国家质量管理奖；2003 年开始进军智能手机市场，A760 搭载 Java 技术的 Linux 操作系统全球首发。但是，摩托罗拉近些年出现了从世界名牌到滑坡衰退的现象：2011 年 8 月 15 日，谷歌以 125 亿美元的价格收购了摩托罗拉移动；2012 年 8 月 13 日，摩托罗拉移动宣布全球裁员 20%，并关闭 1/3 的办事处；2014 年 1 月 29 日，联想宣布以 29 亿美元收购摩托罗拉移动智能手机业务。

8.4.4　精益六西格玛

1. 概念

精益生产（LP）与 6σ 两者共有的目标、共同的基础和互补的结果，使得其融合成为可行的。LP 面广，6σ 精深。LP 做得充分，需要 6σ 解决的疑难杂症就少；而 LP 要做得好，则少不了前端的 6σ 设计。

定义：精益六西格玛（Lean Six Sigma，LSS），是指精益生产与 6σ 相互融合的一种复合模式。它同时关注消除浪费和减少变异。

LSS 不是 LP 与 6σ 的简单相加，而是巧妙互补的融合。6σ 是使人认识并减少变异的过程，要求找出源于客户的三个关键要素（CCR、CTQ 和 KPI），对质量具有非常清晰且更为缜密的认知，重视变异并妥善应对所造成的浪费。LP 是在任何过程或系统内杜绝浪费，对客户需求的认识更为准确，拥有在正确方向上加速改进的特定工具，具有简化过程的方法，使得 6σ 的成效更为显著。实施 6σ，就要站在文化的高度上加强企业文化的建设，使之成为一股隐形的动力。推进 LP 就是以精益的姿态、用 LP 的方法去完成 6σ 的终极目标。

2. 实施的必要性与可行性

（1）**必要性**　①**从客体上看**，系统中经常存在不能提高价值的过程，LP 的优点之一就是对系统流程的管理，它有一套有效的方法和工具，可以为6σ的项目管理提供框架；6σ优化的对象经常是局部的，缺乏系统整体的优化能力，所以它需要将解决的局部问题与系统联系起来，然后优化整个流程。②**从主体上看**，LP依靠人的经验，采用直接解决问题的方法，因此对于简单问题，解决的速度更快，但对于复杂的问题，它缺乏效率，甚至无法奏效。而6σ依靠统计学专家，有规范的改进流程，集成了各种工具，为复杂问题提供了操作性很强的解决方法。LP告诉6σ做什么，6σ告诉我们怎样做，以保证过程处于受控状态。对于复杂程度不同的问题，应采用不同的解决方法，因此两者结合是必要的。

（2）**可行性** 6σ产生的背景是西方文化，而LP产生的背景是东方文化，两者在特征上有着诸多不同。但是，将LP与6σ集成为LSS是可行的。其可行性体现在以下三点：①**同质性**。两者在本质上都是实现持续改进，追求完美理念的模式，都强调客户满意和系统集成。正是由于两者的精髓相同，两者具有目标的一致性。②**互联性**。两者在实践上都与TQM有密切的联系，它们的实施都与PDCA的模式相似，都是基于过程的管理，都以客户价值为基本出发点，两者具有工具的共享性。③**互补性**。LP的本质是消除浪费，6σ的本质是减少变异，而变异是引起浪费的一种原因，而减少变异的过程本身也消除了浪费。所以，两者关注的对象具有互补性。总之，LP是企业精细化管理的一把利器，通过细化的过程消除一切隐藏和潜在的瑕疵。LP用东方人的思维方式、行为方式拉近了草根与理论文化的距离。而6σ本质是一种企业文化，通过文化的渗透间接改变企业的陈旧模式进而影响企业的效益。

3. 实施基础

实施LSS的基础包括两个因素：信息系统和管理机制。

（1）**完善优化三个信息系统** ①建立或完善PONC管理信息系统。PONC（Price of Nonconformance，不符合要求的代价）是指由于没有第一次做对而造成人、财、物的额外浪费，如返工、报废、保修、库存和变更等。统计表明，在制造业，PONC高达销售额的1/4，而服务业则高达1/3。利用PONC管理信息系统，测量企业的运营系统是非常重要的。②建立或完善VOC管理系统。VOC（Voice of Customer，客户之声）是指内部或外部客户对于我们所提供产品或服务的反应。VOC对于我们的生存和发展很关键，对于我们的战略调整很关键。③建立或完善过程KPIV和KPOV管理系统。KPIV（Key Process Input Variable，关键过程输入变量）是造成过程结果的影响因素；KPOV（Key Process Output Variable，关键过程输出变量）是反应过程好坏的结果指标。两者是改进和创新过程中识别机会、分析根本原因的重要来源，缺一不可。

（2）**建立强力的管理机制** 要想保证LSS推进的执行力和实施效果，必须建立缜密且操作性较强的运行规则。需要建立以下管理机制：①组织架构及职责；②项目选择和授权；③项目实施与评审管理；④人员选拔和资格认定管理；⑤项目成果认可和激励机制；⑥项目成果移交和推广等。

4. 实施关键

成功实施LSS的关键因素包括以下四点：

（1）**领导的支持** LSS需要处理整个系统的复杂问题，需要与各部门沟通，需要得到更多资源的支持，所以领导的支持应是实实在在的支持。

（2）**关注整个系统** LSS的力量在于整个系统。对于系统中不同过程或不同阶段的问题，LP和6σ相互补充，才能达到1+1>2的效果。

（3）**流程管理为中心** LSS必须摆脱以组织功能为出发点的思考方式。只有以流程为中心，才能真正发现在整个价值流中哪些是产生价值的，哪些是浪费。

（4）**重视文化建设** 实施LSS离不开文化建设。LSS能够改变做事方式。LSS价值观能够强

化企业好的文化。LSS 价值观包括：①消除一切浪费；②以客户为导向；③以数据和事实为基础；④以流程为中心；⑤识别和解决问题，标本兼治；⑥积极的预防性管理；⑦持续改进、追求尽善尽美；⑧全员参与，群策群力获取最大收益等。

5. 适用范围

根据 LSS 解决具体问题的复杂程度和所用工具，一般把 LSS 活动分为改进活动和项目活动。改进活动全部采用 LP 的理论和方法，它主要是解决简单问题。项目活动主要针对复杂问题，需要把 LP 和 6σ 的哲理、方法和工具结合起来。经典 6σ 项目主要解决与变异有关的复杂问题，如控制一个过程的产品一次通过率；而 LSS 项目解决的问题不仅包括传统 6σ 所要解决的问题，而且要解决那些与变异、效率等都有关的“综合性”复杂问题。

6. 方法集成

全球三大管理理论包括 LP、6σ 和约束理论（Theory of Constraints，TOC）。约束，俗称瓶颈，是指系统的制约因素，即类似于链条中的最薄弱的一环。没有瓶颈，企业就可能有无限的产出。真正使企业基业长青的是，不断提升企业的有效产出，只要有效产出大于运营费用的支出，就是对企业有利的决策。总之，每一种理论提供的方法不是万能的，TOC 的目的是消除瓶颈；LP 的目的是消除浪费；6σ 的目的是减少变异。LSS 是将 LP 与 6σ 集成，以达到同时消除浪费和减少变异的目的。由于 LP、6σ 与 TOC 是互补关系，所以可以将三者集成，以使企业同时达到高质量、低成本、短交期的目的。

案例 8-10　联想的精益六西格玛实践

复习思考题

1. 何谓敏捷制造？它的目的和特点是什么？
2. 实施敏捷制造的动力来源是什么？它的关键技术是什么？
3. 最具代表性的敏捷制造实施途径是什么？何谓敏捷虚拟企业？
4. 简述协同制造的定义、特点和体系结构。
5. 简述协同设计的定义、内涵和工作方式。
6. 什么是企业信息门户、协同供应链、协同生产、协同服务、协同商务？
7. 简述协同产品商务的定义、特点和基本架构。
8. 精益制造模式产生的背景是什么？
9. 何谓精益生产？精益制造系统模型的主要构成是什么？
10. 什么是准时化？如何实现准时化？
11. 什么是自动化？如何实现自动化？
12. 试简述精益生产的六块基石和七种工具。
13. 均衡化生产与一个流生产各有哪些特点？
14. 什么是 6σ？它的含义是什么？它的核心是什么？
15. 什么是 6σ 的组织结构？
16. 什么是 6σ 的改进模型？
17. 如何实施 6σ？说明 6σ 的适用范围、支持技术和实施步骤。
18. 简述 6σ 与 LP 的相同点和不同点。
19. 什么是精益六西格玛？它的特点是什么？
20. 以摩托罗拉公司为例，总结应用 6σ 模式的经验和教训。
21. 试判断下列观点是否正确，并说明理由。

（1）成组技术是一种对零件分组加工的技术。

（2）并行工程是一种大家同时开展活动的工作方式。

（3）精益制造系统是一种很特殊、很复杂的生产系统。

（4）准时化生产是解决时间的问题。

（5）自动化生产所指的对象是设备。

（6）零库存管理与物流关系很大。

（7）看板管理是使用小卡片。

（8）精益生产的标准作业是岗位说明书。

（9）现场管理的中心就在现场。

（10）提案制度的实例是意见箱。

（11）准时化生产要求没有库存。

（12）精益生产偏向于产量；六西格玛偏向于质量。

第9章 智能化制造模式

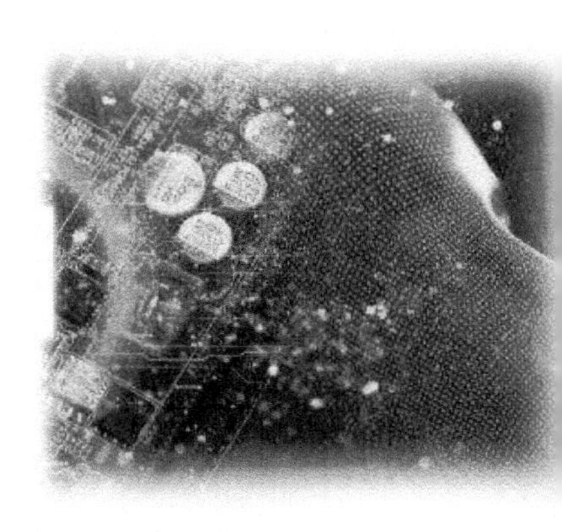

智能（Intelligence），是知识和智力的总和。知识是被验证过的、正确的、被人们相信的、结构化的信息。智力是指获取和运用知识求解的能力。信息是有价值的数据。能力是人在完成某一活动中所体现出来的素质。人工智能给出的定义：智能是在巨大的搜索空间中迅速找到一个满意解的能力。智能是感知信息和处理知识的能力。智能体现于具体的行为和技术，智能的实现大多可以用硬件、软件或装备，即在具体的“器”的层面。智慧（Wisdom）融汇于思维和谋略，智慧的标志是审时度势之后再择机行事，即在抽象的“道”的层面。总之，智能广于智慧，智慧高于智能。智慧的判断和决策只有人能够做得出来。

智能化（Intelligent），是指由新一代信息通信技术、计算机网络技术、行业技术、智能控制技术汇集而成的针对某一方面的应用。智能化源于人工智能的研究。人工智能就是用人工方法在计算机上实现的智能。制造信息化，是自动化、数字化、网络化和智能化制造的统称。它包含产品设计及其生产过程的自动化、数字化、网络化和智能化高度集成。当今信息化时代要走向未来智能化时代。智能化是数字化与网络化的融合与延伸。智能化是先进制造系统发展的战略方向，已成为各行各业发展的趋向，如智能车辆、智能机器、智能仪表、智能大厦、智能材料、智能控制、智能电网等，它取代或扩展了人脑神经系统的逻辑思维能力，从事的智能活动是学习、感知、构思、分析、推理、判断、决策、执行等。

智能化制造（Intelligent Manufacturing，IM），是指面向系统生命周期，将机器智能融入制造过程的各个环节，通过模拟制造专家的智能活动，实现整个制造系统的高度柔性化和高度集成化的一类制造模式。这里的“制造”是“大制造”的概念，它不只是传统意义的加工与工艺，还包括设计、组织、供应、销售、报废与回收在内的产品全生命周期各个阶段的活动；“环节”是系统生命周期中的设计、生产、管理和服务等。IM的核心在于用机器智能来取代或延伸制造环境中人的部分智能，以减轻制造专家部分脑力劳动负担，提高制造系统的柔性、精度和效率。近年来，制造系统正由原先的能量驱动型转变为信息驱动型，逐步实现设计过程智能化、制造过程智能化和制造装备智能化，最终建立智能制造系统。智能化是未来制造业发展的核心。美国奇点大学教授瓦德瓦教授提出：“将人工智能、机器人和数字化制造技术相结合，将引发一场制造业的革命。”本章将介绍数字化制造、虚拟制造、网络化制造和智能制造。智能制造是本章的重点。

9.1 数字化制造

数字化是技术进步的重要标志。信息化最大的结果是数字化。如今的“数控一代”就是在所有设备上数字化，而“智能一代”，就要使设备智能化。数字化制造的概念，首先来源于数字

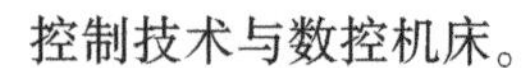

控制技术与数控机床。

数字化制造的概念，首先来源于数字控制技术与数控机床。1952 年，美国实现了三坐标铣床的数控化。1967 年，美国出现了柔性制造系统（FMS）。20 世纪 80 年代末，CAD/CAM 一体化三维软件大量出现，如 CADAM、UG、Pro/E 等。2013 年 5 月，美国成立国家数字制造与设计创新研究院（DMDI）。2014 年 2 月，由美国国防部牵头建立了“数字制造与设计创新机构（DMDII）”。该机构目前拥有 80 多家成员，包括波音、洛克希德·马丁、通用电气、罗尔斯·罗伊斯、西门子、微软等公司。机构负责人表示，数字化制造是智能制造的基础和中枢。

案例 9-1 西门子数字工厂解决方案。

9.1.1 数字化制造的原理*

（1）**定义** **数字化制造**（Digital Manufacturing，DM），是指在制造系统中通过对产品信息、工艺信息和资源信息进行数字化描述、分析、决策和控制，应用信息通信技术充分整合企业内外信息资源，快速生产出满足用户要求的产品的过程。

数字化制造有狭义和广义之分。狭义的数字化制造，是指将数字技术用于产品的制造过程，通过信息建模和信息处理来改进制造过程，提高效率和质量，降低成本所涉及的相关活动的总称。广义的数字化制造，是指将信息技术用于产品设计、制造以及管理等产品全生命周期中，以达到提高效率和质量，降低成本，实现快速响应市场的目的所涉及的一系列活动的总称。

制造必须解决两个问题：第一个问题是做什么的问题。第二个问题是解决如何做的问题。技术上，数字化制造是数字技术与制造技术的融合。本质上，数字化制造是将计算模型、仿真工具和科学实验应用于制造装备、制造过程和制造系统的定量描述与分析，促使制造活动由部分定量、经验的试凑模式向全面数字化的计算和推理模式转变，实现基于科学的高性能制造。

模式上，数字化制造就是指制造领域的数字化。数字化制造包含了以设计为中心，以控制为中心和以管理为中心这三大部分。数字化制造是制造技术、计算机与管理科学的融和与应用的结果，也是制造企业、制造系统与生产过程实现数字化的必然趋势。

（2）**特点** 数字化制造的主要特点表现如下：

1）**产品数字化**。数字化技术在产品中得到普遍应用，形成“数字一代”创新产品。

2）**信息无纸化**。广泛应用数字化设计、建模仿真、数字化装备、信息化管理，工程图样和纸质文件在企业逐渐隐退，表现为无纸化设计、无纸化生产、无纸化办公。

3）**过程协同化**。从硬件到软件、从技术到管理、从企业到全社会的组织与个人、从局部资源到全球资源，制造资源具有分布性与共享性；生产经营的信息以光速在光纤中传送，形成了企业的信息流，实现生产过程的并行化与集成优化。

（3）**对象** 数字化制造可以概括为以下五个对象。

1）**数字化设计**。它是指通过实现产品设计手段与设计过程的数字化和智能化，缩短产品研发周期。它包括三维数字设计系统、虚拟产品开发及虚拟装配系统、面向行业的三维数字设计系统构件和专用工具集，重点建设产品设计全生命周期管理系统。

2）**数字化装备**。它是指通过实现制造装备的数字化、自动化和精密化，提高产品精度和加工装配的效率。它包括数控机床、基于数字信号处理的智能化控制高精密驱动技术和嵌入式软件系统等。

3）**数字化加工**。它是指通过实现生产过程控制的数字化、自动化和智能化，提高企业生产过程的自动化水平，降低企业生产成本。它包括过程控制与自动化技术、流程工业物流管理与产品质量管理技术、计划与调度技术及软件等，其重点是计划与调度软件。

4）**数字化管理**。它是指通过实现企业内环管理的数字化和最优化，提高企业管理水平。它包括企业资源计划（ERP）、客户关系管理（CRM）、供应链管理（SCM）、电子商务标准等技术的应用，其重点是 ERP 与 CRM。

5）**数字化企业**。它是指通过实现公共环境下企业内部、外部资源的集成和运作，提高企业专业化和社会协作水平。它包括企业集成平台技术、区域网络化制造平台技术、基于互联网络的产品异地协同设计与协同制造技术、套装软件集成技术、基于 ASP 的网络化制造应用的集成服务技术等，其重点是企业集成平台软件产品与套装软件产品。数字化企业包括数字公司和数字工厂。

9.1.2　数字化制造的应用

（1）**关键技术**　数字化制造的关键技术如图 9-1 所示。图中“单元技术”由三部分组成：上游的三维计算机辅助设计（CAD）、制造仿真（MS）和虚拟制造（VM）；中游的企业资源计划（ERP），管理信息系统（MIS）和虚拟企业（VE）；下游的制造执行系统（MES），如计算机辅助数字控制加工、装配、检验（CNC/CAA/CAI）等。数字化制造的核心是管理方式的完善和提高，信息技术是其实现的主要工具。但是企业不能因技术而成为技术的奴隶，而是要成为驾驭技术的主人，将技术作为提升企业竞争力的手段。

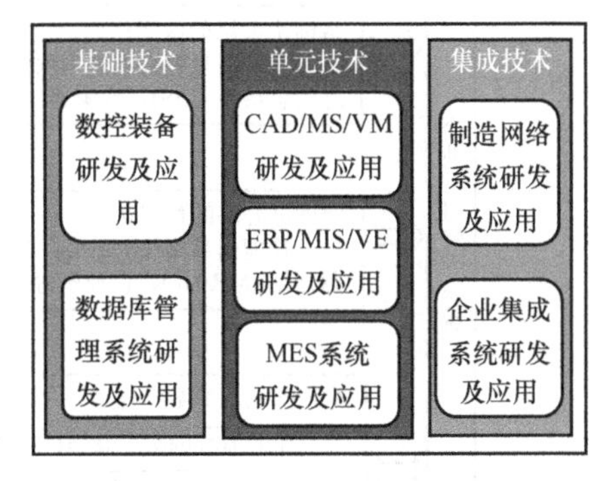

图 9-1　数字化制造的关键技术

2014 年 9 月，美国数字化设计与制造创新机构给出当前研究的重点：

1）**先进制造企业**。关注基于模型的企业（MBE）数据与基础结构。当前目标是建立基于最新的基于模型的定义（MBD）和技术数据包（TDP）标准，开发全标注的三维模型；利用诸如基于协同技术的云计算等创新的解决方案，演示并验证这些三维模型在供应商之间的可靠转换，并将 MBE 的要求与车间能力进行连接，演示并验证供应链的集成。

2）**智能机器**。关注用于外形自适应加工的即插即用工具集。当前目标是开发“即插即用”的软硬件工具集，让新旧生产机床和机器人设备在一个外形自适应加工的模式下操作，也就是具备实时原位状态感知、自适应刀具路径修改以及加工结果虚拟测量的能力。

3）**先进分析**。关注集成测量的设计与制造综合模型。研究目标是通过先进计算模型、预测和测量工具的使用，对制造工艺和零件性能进行预先评估，降低产品成本并加速推向市场。这些模型和工具将融入更大的产品全寿命周期与全价值链的“数字线”，实现更快、更精确的设计与生产决策。

（2）**目的与任务**　数字化制造的目的是把信息变成知识，将知识变成决策，把决策变成利润，从而使制造业的生产经营能够快速响应市场需求，达到前所未有的高效益。

从企业经营的角度来看：企业经营中最主要的因素有四个：企业产品销售、企业技术开发能力、企业文化和企业抵御风险能力。数字化制造的建设任务包括三个方面：

1）**硬件方面**。其包括互联网的连通，企业内部网和企业外联网（Intranet/Extranet）的构建，科研、生产、营销、办公等各种应用软件系统的集成或开发，企业内外部信息资源的挖掘与综合利用，信息中心的组建以及信息技术开发与管理人才的培养。

2）**软件方面**。其包括相关的标准规范问题以及安全保密问题的研究与解决，信息系统的使用与操作以及数据的录入与更新的制度化，全体员工信息化意识的教育与信息化技能的培训，与数字化相适应的管理机制、经营模式和业务流程的调整或变革。

3）**应用系统方面**。其包括网络平台、信息资源、应用软件建设三大部分。企业主要应用系统有技术信息系统、管理信息系统、办公自动化系统、企业网站系统和企业电子商务系统等。这些系统必须有相应的企业综合信息资源系统和数据维护管理系统的支持。所有系统要建立在计算机网络平台之上，并要配有网络资源管理系统和信息安全监控系统。

（3）**应用层次**　如图9-2所示，基于企业内部的前三层形成企业内部数字化。前三层必须统一规划、统一设计、统一标准和统一接口，以实现企业资金流和信息流的有机统一。

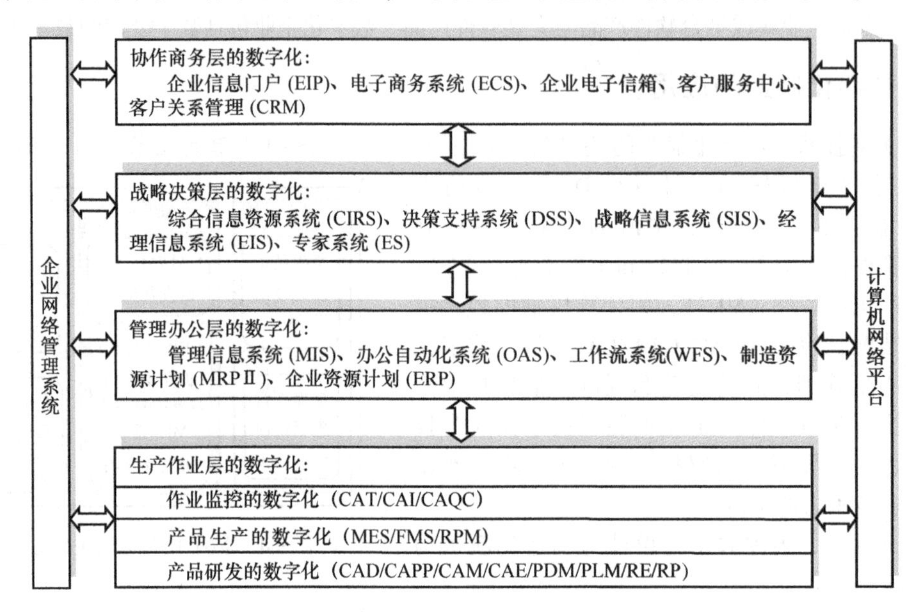

图9-2　数字化制造的层次

1）**生产作业层的数字化**。这是在业务活动底层实现数字化，包括产品研发的数字化（RE为反求工程、RP为快速原型）、产品生产的数字化和作业监控的数字化。

2）**管理办公层的数字化**。用信息技术对生产、采购、销售、库存、财务等数据进行处理。它包括企业量身定做的信息系统软件和通用程度很高的管理软件。

3）**战略决策层的数字化**。这是建立在前两层数字化的基础上的数字化。为决策提供依据的基础数据来自于业务层和管理层。它包括支持战略决策的信息系统软件。

4）**协作商务层的数字化**。这是面向企业与外部联系的数字化。

（4）**数字化制造的作用**　大量实践证明，数字化制造对企业产生的作用如下：

1）**有利于企业适应国际化竞争**。数字化是企业实现跨行业、跨地区、跨国家经营的重要前提。数字化有助于宣传产品，可以提高企业知名度。

2）**实现企业快速发展的前提条件**。利用数字化得到产品、技术、销售、行业、竞争对手等信息，及时分析，快速做出市场反应，达到企业快速发展的效果。

3）**有助于实现传统经营方式的转变**。越来越多的企业逐步开展了网上经营的方式。例如，在2018年双11购物狂欢节，天猫的总交易额超过2135亿元，覆盖了200多个国家和地区。

4）**节约营运成本**。数字化使信息资源得到共享，有利于加速资金流在企业内部和企业间的流动速度，实现资金的快速重复有效利用。

5）**促进企业管理模式的创新**。数字化可大大促进企业业务流程重组和优化以及组织结构的扁平化，拉近管理者与基层之间的和谐关系，提高工作效率。

6）**提高企业的客户满意度**。数字化缩短企业的服务时间，并可及时地获取客户需求，实现按订单生产，促使企业全部生产经营活动的自动化和智能化。

案例9-2　数字工厂在三一重工的应用。

9.2　虚拟制造

虚拟制造是数字化制造的基本内容之一。其核心思想是用虚拟原型代替物理原型，利用计。

9.2.1　虚拟制造的原理*

（1）**定义**　虚拟制造（Virtual Manufacturing，VM），是实际制造过程在计算机上的本质实现，即采用计算机仿真与虚拟现实技术，在计算机上群组协同工作，实现产品的设计、工艺规划、加工制造、性能分析、质量检验，以及企业各级过程的管理与控制等产品制造的本质过程，以增强制造过程各级的决策与控制能力。

虚拟制造虽然不是实际的制造，但却是实现实际制造的本质过程。从手段来看，虚拟制造是仿真、建模和分析技术的综合应用，以增强各层制造设计和生产决策与控制；从结果来看，虚拟制造与实际制造一样在计算机上执行制造过程，其中虚拟模型是在实际制造之前用于对产品的功能及可制造性的潜在问题进行预测；从环境来看，虚拟制造是一个用于增强各级决策与控制的综合性的制造环境。因此，虚拟制造的作用是从软件上沟通了CAD/CAM技术、生产过程与企业管理，在产品投产之前，把企业的生产和管理活动在计算机屏幕上加以仿真和评价，使设计人员获得及时的反馈信息，能够提高人们的预测和决策水平。

（2）**特点**　虚拟制造的基本特点，见表9-1。简易性是虚拟制造过程有别于实际制造过程的一个突出特点。虚拟制造的分布性为企业之间的联合提供了平台，提高了企业的市场竞争能力。虚拟制造的并行性大大缩短了新产品试制时间，可使企业对市场做出快速反应。

表9-1　虚拟制造的基本特点

特　点	说　　明
简易性	通过可反复修改的模型来模拟产品和制造过程，无须研制实物样机，模型使生产高度柔性化
分布性	协同完成虚拟制造的人员和设备在空间上是可分离的，不同地点的技术人员通过网络可共享产品的数字化模型
并行性	利用软件模拟产品设计与制造过程，可以让产品设计、加工过程和装配过程的仿真并行地进行

（3）**分类**　虚拟制造要求对整个制造过程进行统一建模。一个广义的制造过程包括产品设计、生产和控制。由此，按照与生产各个阶段的关系，虚拟制造分为三类，见表9-2。

表9-2　三类虚拟制造的比较

类　　别	特　　点	主要目标	主要支持技术
以设计为核心的虚拟制造（Design-Centered VM）	为设计人员提供制造信息；使用基于制造的仿真以优化产品和工艺的设计；在计算机上生成多个“软”样机	评价可制造性	特征造型；面向数学模型设计；加工过程仿真技术
以生产为核心的虚拟制造（Production-Centered VM）	建立制造过程仿真模型，以快速评价不同的工艺方案；提供资源需求规划、生产计划的产生及评价的环境	评价可生产性	虚拟现实；嵌入式仿真
以控制为核心的虚拟制造（Control-Centered VM）	将仿真加到控制模型和实际处理中；可“无缝”仿真使实际生产周期期间不间断地优化	优化车间控制 优化制造过程	仿真技术：对离散制造，实时动态调度；对连续制造，最优控制

图9-3描述了这三类虚拟制造的关系及其主要目标。以设计为中心的虚拟制造是虚拟信息系统；以生产为中心的虚拟制造是虚拟物理系统；以控制为中心的虚拟制造是虚拟控制系统。

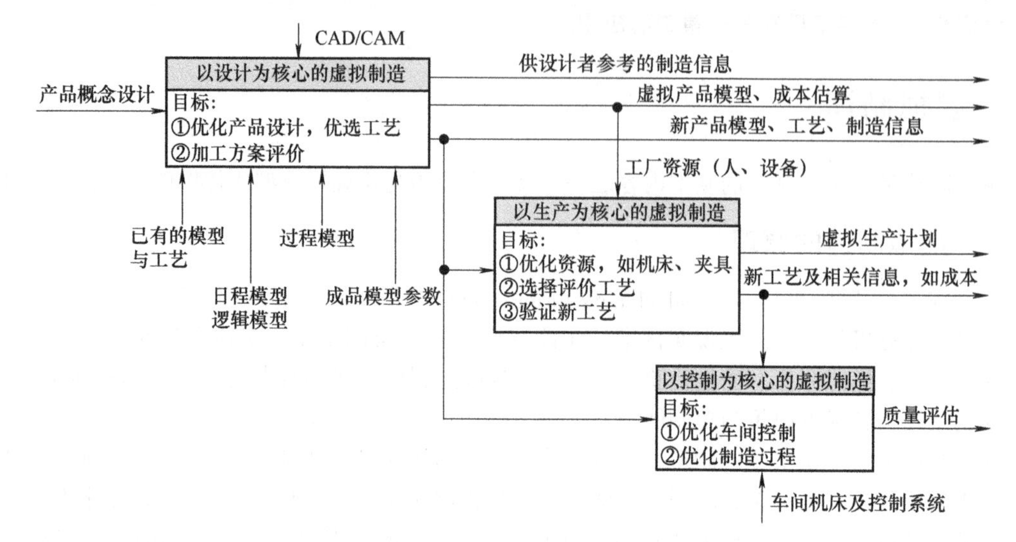

图9-3　虚拟制造的分类与关系

（4）**体系结构**　虚拟制造体系结构模型如图9-4所示，主要由三部分组成。

1）**建模与仿真**。它是以计算机仿真技术为前提，对设计、制造等生产过程进行统一建模，在产品设计阶段，适时地、并行地模拟出产品未来制造全过程及其对产品设计的影响，预测产品性能、产品制造技术、产品可制造性、产品可装配性，从而更经济、更灵活地组织生产，使车间和工厂的设计与布局更合理、更有效，以达到产品的开发周期和成本的最小化，产品设计质量的最优化，生产率的最高化。借助于建模和仿真技术，在产品设计时，便可以把产品的制造过程、工艺设计、作业计划、生产调度、库存管理以及成本核算和零部件采购等生产活动在计算机屏幕上显示出来，以便全面确定产品设计和生产的合理性。

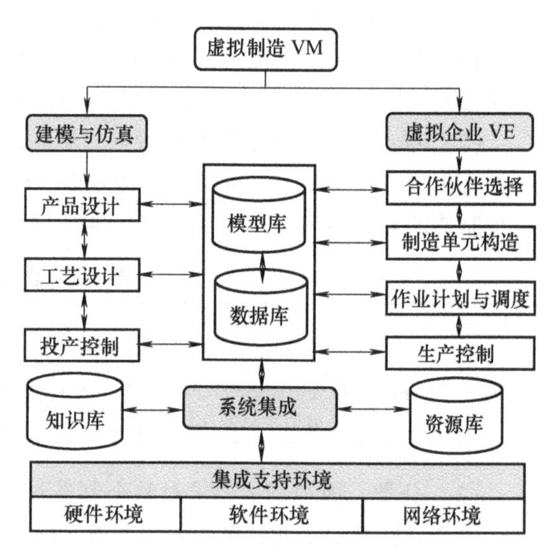

图9-4　虚拟制造的体系结构

2）**虚拟企业**（Virtual Enterprise，VE）。又称为虚拟公司，它是为了快速响应某一市场需求，通过信息网络通信技术，将产品涉及的不同企业临时组建成一个资源和信息共享的、统一指挥的合作经营实体。虚拟企业是一种跨企业、跨地区的、有伙伴关系的企业组合。

虚拟企业可以按照其运作特点划分为两种类型：①机构（空间）虚拟型。它没有有形的结构，没有集中式的办公大楼，而是通过信息网络将分布于不同地方的资源（包括人力资源）联结起来，实现协同工作。②功能（资源）虚拟型。它具有完整的企业功能，如研发、设计、生产、销售等，但却没有执行上述功能的相对应的组织。该企业仅保留了自己最擅长的一部分核心功能型组织，而自己暂时不具备或不突出的能力转由外部的伙伴提供。与机构虚拟企业相比，功能虚拟企业才是虚拟企业的精髓。根据虚拟的功能不同，这类虚拟企业又可以细分为虚拟设计、

虚拟制造（生产）、虚拟销售等。

3）**系统集成**。它是综合建模、仿真和虚拟企业中产生的信息，并以数据、知识和模型的形式，通过建立交互通信的网络体系，支持分布式的、不同计算机平台的和开放式的VM支持环境。其目标是为合作伙伴制造企业的活动提供一个紧密集成的稳健结构和工具，并使虚拟企业共享合作伙伴企业的技术、资源和利益，以达到最大的敏捷性。通过互联网交换合作伙伴之间的信息，是虚拟企业成功的关键问题。虚拟企业里的合作伙伴通过建立基于Internet的Web服务器，共享产品、工艺过程、生产管理、零部件供应、产品销售和服务等信息。

由此可知，虚拟制造提供了将相互独立的制造技术集成在一起的虚拟环境，这一环境小到虚拟的加工设备，大到虚拟的生产线和生产车间，甚至虚拟的工厂。在这个环境中，工艺工程师可以通过观察零件在虚拟设备和车间的加工过程，在设计的构思阶段就及时地将设计评价反馈给设计工程师，同时也设计出更合理的工艺过程，获得更科学的生产调度计划和管理的数据。

9.2.2　虚拟制造的应用

1. 应用层次

虚拟制造以数字化描述为基础。它对设计、加工、装配等工序统一建模，形成虚拟环境、虚拟过程、虚拟产品、虚拟企业。虚拟制造可以实现以下三个层次的虚拟过程。

（1）**产品设计**　在设计过程完成虚拟设计和虚拟装配，客户能够参与建立数字化产品模型，实现“高交互”和沉浸式并行开发的虚拟环境，从而达到预先体验产品性能的目的。

（2）**厂内生产**　在生产过程层次上检验产品的可加工性、加工方法和工艺的合理性，对制造系统性能进行有效而近乎实时的评价。

（3）**厂外合作**　进行生产计划、组织管理、车间调度、供应链及物流设计的建模和仿真，并延伸到虚拟研发中心和虚拟企业的建立。虚拟研发中心将异地的、各具优势的研发力量，通过网络和视像系统联系起来，进行异地开发和网上讨论。

2. 关键技术

（1）**虚拟现实**（Virtual Reality，VR）**技术**　它是指利用计算机和外围设备，生成与真实环境相一致的三维虚拟环境，允许客户从不同的角度来观看这个环境，并且能够通过辅助设备与环境中的物体进行交互关联。双向对话是虚拟现实的一种重要工作方式。虚拟现实技术的组成部分有：

1）人机接口。它是指向操作者显示信息，并接受操作者控制机器的行动与反应的所有设备。

2）软件技术。它是指创建高度交互的、实时的、逼真的虚拟环境所需的关键技术。

3）虚拟现实计算平台。它是在虚拟现实系统中综合处理各种输入信息并产生作用于客户的交互性输出结果的计算机系统。

（2）**建模技术**　虚拟制造系统应当建立一个包容3P模型的信息体系结构。3P模型是指：

1）**生产模型**。它包括对系统生产能力和生产特性的静态描述和对系统动态行为和状态的动态描述。

2）**产品模型**。它不仅包括产品物料清单（BOM）、产品外形几何与拓扑、产品形状特征等静态信息，而且能通过映射、抽象等方法提取产品实施中各活动所需的模型。

3）**过程模型**。过程模型是将工艺参数与影响制造功能的产品设计属性联系起来，以反应生产模型与产品模型间的交互作用。它包括以下功能：物理和数学模型、统计模型、计算机工艺仿真、制造数据表和制造规则。

（3）**仿真技术**　虚拟制造系统中的产品开发涉及产品建模仿真、设计过程规划仿真、设计思维过程和设计交互行为等仿真，对设计结果进行评价，实现设计过程的早期反馈，可减少或避免实物加工出来后产生的修改、返工。

(4) **可制造性评价**　在给定的设计信息和制造资源信息的计算机描述下，确定设计特性(如形状、尺寸、公差、表面精度等) 是否是可制造的。若设计方案是可制造的，则确定可制造性等级，即确定为达到设计要求所需加工的难易程度；若设计方案是不可制造的，则找出引起制造问题的设计原因，并给出修改方案。

案例9-3　虚拟制造在波音777飞机开发中的应用。

9.3　网络化制造

1995年以后互联网的发展催生了网络化制造。随着经济全球化和信息技术的高速发展，国际上越来越多的制造企业不断地将大量常规业务 (如一般性零部件设计与制造等) 外包给一些发展中国家的企业，只保留最核心或关键的业务 (如市场、关键系统设计、系统集成、总装配、销售等) 在其企业内进行。经济全球化、互联网和先进制造的发展对网络化制造 (Networked Manufacturing，NM) 的产生有直接的影响。网络化制造是需求拉动和技术推动的结果。

案例9-4　波音公司的网络化制造。

9.3.1　网络化制造的原理*

(1) **概念**　下面分别给出网络化制造、网络化制造系统和网络化制造技术的定义。

1) **定义1：网络化制造** (NM)，是指面对市场需求与机遇，针对某一个特定产品，利用电子网络灵活而快速地组织社会制造资源，按资源优势互补原则，迅速地组成一种跨地域的、靠网络联系的、统一指挥的运营实体 (网络联盟)。

具体地说，网络化制造是指企业通过计算机网络远程操纵异地的机器设备进行制造。企业利用计算机网络搜寻产品的市场供应信息和加工任务、发现合适的产品生产合作伙伴、进行产品的合作开发设计和制造以及销售等，实现企业间的资源共享和优化组合利用与异地制造。它是制造业利用网络技术开展产品设计、制造、销售、采购、管理等一系列活动的总称，涉及企业生产经营活动的各个环节。网络化制造的概念如图9-5所示。

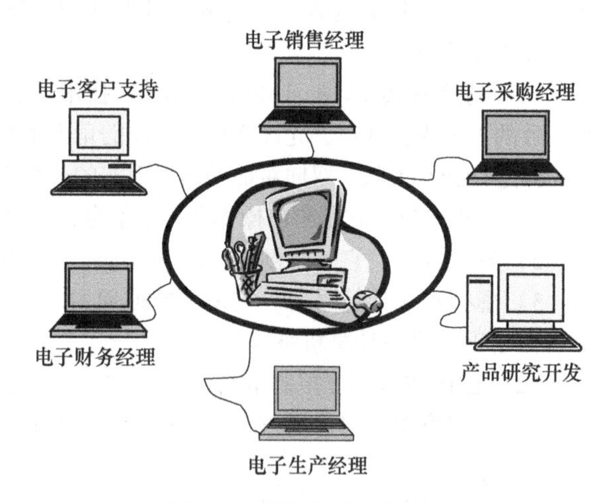

图9-5　网络化制造的概念

网络化制造作为网络联盟，它的组建是由市场牵引力触发的。针对市场机遇，以最短的时间、最低的成本、最少的投资向市场推出高附加值产品。当市场机遇不存在时，这种联盟自动解散。当新的市场机遇到来时，再重新组建新的网络联盟。显然，网络联盟是动态的。

2) **定义2：网络化制造系统** (NMS)，是指企业在网络化制造模式的指导思想、相关理论和方法的指导下，在网络化制造集成平台和软件工具的支持下，结合企业具体的业务需求，设计实施的基于网络的制造系统。

3) **定义3：网络化制造技术**，网络化制造技术 (NMT)，是支持企业设计、实施、运行和管理基于网络的制造系统所涉及的所有技术的总称。

（2）**特点** 网络化制造的基本特点，见表 9-3。

表 9-3 网络化制造的基本特点

特 点	说 明
数字化	借助信息技术来实现真正完全的无图纸化虚拟设计和虚拟制造
敏捷化	对市场环境快速变化带来的不确定性做出的快速响应能力
分散化	资源的分散性和生产经营管理决策的分散性
动态化	依据市场机遇存在性而决定网络联盟的存在性
协同化	动态网络联盟中合作伙伴之间的紧密配合，共同快速响应市场和完成共同的目标
集成化	制造系统中各种分散资源依靠电子网络能够实时地高效集成

9.3.2 网络化制造的应用

网络是现代新型制造模式的基础设施，是现代制造企业生存的运行环境。网络化，是现代制造业发展的必走之路。

（1）**关键技术** 顺利实施网络化制造需要组织和机制方面的保障，同时需要技术方面的支持。网络化制造的关键技术主要包括综合技术、使能技术、基础技术和支撑技术。其中，综合技术主要包括产品生命周期管理、协同产品商务、定制化和并行工程等。使能技术主要包括：CAD、CAM、CAE、CAPP、CRM、ERP、MES、SCM、SRM 等。基础技术主要包括标准化技术、产品建模技术和知识管理技术等。支撑技术主要包括计算机技术和网络技术等。

（2）**实施和运维** 网络化导致企业间有关资源互补、共享、最佳配置；导致制造的有序化、整体化、全球化；导致效益化与人性化的一体化，达到最优服务，实现服务制造一体化。网络化制造系统实施工作步骤如图 9-6 所示。系统运维步骤如图 9-7 所示。

案例 9-5 深圳模具行业网络化制造的应用。

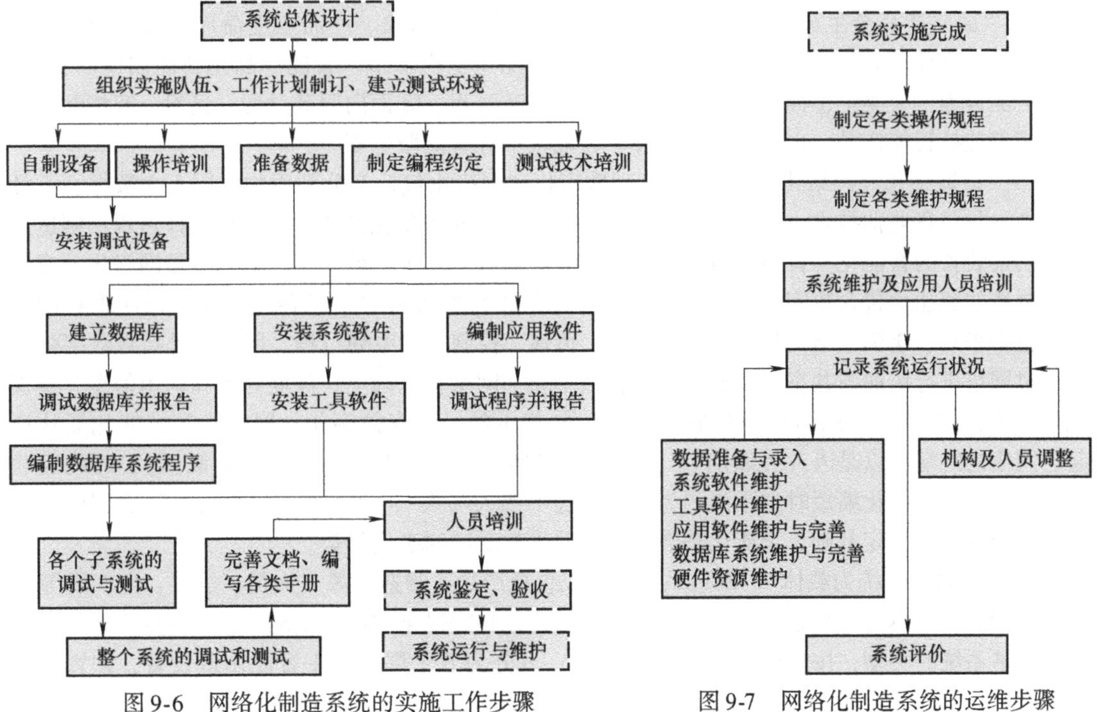

图 9-6 网络化制造系统的实施工作步骤

图 9-7 网络化制造系统的运维步骤

9.4　智能制造*

工业的发展经历了以蒸汽机为代表的机械时代、以电子信息技术为代表的电气时代、以计算机为代表的数字时代，下一个时代将是智能时代。1998年，美国人出版了《制造智能》专著；1989年，日本人提出智能制造系统的概念；2012年，美国出台了“先进制造业国家战略计划”，提出建设智能制造技术平台。现代机器将由传统的动力驱动型（体力取代型）和命令型转向未来的信息驱动型和智能型（脑力取代型）。在《中国制造2025》中，智能制造（Intelligent Manufacturing，IM）被定位为中国制造的主攻方向。要做到智能制造，不仅要采用新型制造技术和装备，还要将迅速发展的信息通信技术渗透到工厂，在制造业领域构建信息物理系统，从而彻底改变制造业生产组织方式和人际关系，进而带来制造方式和商业模式创新转变。

案例9-6　美国科技发展战略五大计划。

9.4.1　智能制造的原理*

1. 概念

美国信息学家、情报学家卢恩（Hans Peter Luhn）早在1958年就用到了“智能”的概念。他对智能的定义是“对事物相互关系的一种理解能力，并依靠这种能力去指导决策，以达到预期的目标。”

（1）智能制造模式　在定义智能的基础上，定义智能制造，即**智能制造模式**（IMM）。

定义1：智能制造（IM），是面向产品全生命周期，以数字化和网络化为基础，以制造系统为载体，在其关键环节或过程，具有一定自主性的感知、学习、决策和服务等功能，能够动态地适应制造环境的变化，从而实现预期的优化目标。

下面对智能制造（或智能制造模式）定义给出进一步的说明：

1）“面向产品全生命周期”。产品是智能制造的目标对象。产品全生命周期包括设计、加工、装配、管理、服务等。智能制造不只是狭义的加工生产环节。智能产品是智能制造的主体，智能产品分为三大类：①面向使用过程。②面向制造过程。③面向服务过程。显然，智能制造的过程不仅包括智能产品，也包括智能设计、智能生产和智能服务等。

2）“以数字化和网络化为基础”。实现数字化和网络化包括充分利用物联网、大数据、云计算等新一代信息通信技术。智能制造是泛在感知条件下的信息化制造，即实现设计过程、制造过程和制造装备的智能化。智能制造有两个最本质的内容：一个是数字化；另一个是网络化。或者说，制造的智能化包含数字化和网络化。数字化是指将物理世界信息转化为计算机能理解的信息，包括采集、建模、结构化、存储、分析、传递、控制等一系列过程。网络化是指将数字化信息通过网络进行传递与共享。智能化是指在数字化、网络化基础上，深度处理和利用信息，实现优化决策，“数字化→网络化→智能化”是一脉相承的。没有数字化，网络化和智能化无从谈起。网络的终端可以是人（互联网），也可以是机器、产品、工具等物体（物联网），万物互联是趋势，通过网络化缩短时空距离，为制造过程中“人与人”“人与机”“机与机”之间的信息共享和协同工作奠定基础。智能化是数字化、网络化发展的必然趋势。

3）“以制造系统为载体”。制造系统的构成包括产品、制造资源（人员、机器、生产线等）、各种活动过程以及运行与管理模式。实现智能制造，必须强化制造基础能力，精益生产模式是基础。制造系统的类型，按规模大小（从小到大）可分为五个层次：①智能制造设备，如智能机床、智能机器人、智能装配线、智能检测设备等。②智能车间=智能制造设备+智能工艺/生产/

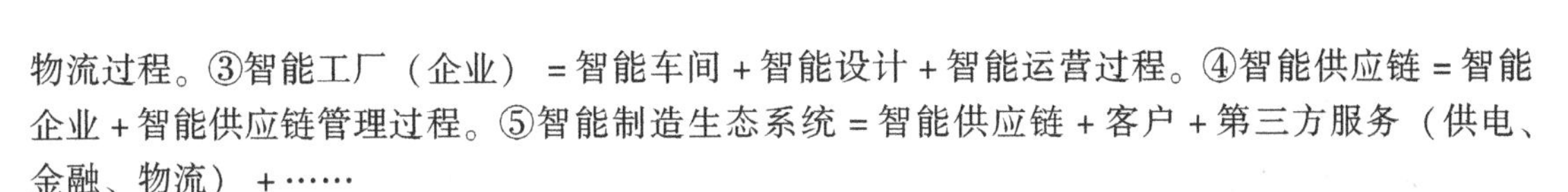

物流过程。③智能工厂（企业）=智能车间+智能设计+智能运营过程。④智能供应链=智能企业+智能供应链管理过程。⑤智能制造生态系统=智能供应链+客户+第三方服务（供电、金融、物流）+……

4）从技术的应用场合来看，智能制造技术（IMT）是针对制造系统的“关键环节或过程”，而不一定是全部环节或过程。智能制造是一个大系统工程，要从产品、生产、模式、基础这四个维度来认识，智能产品是主体，智能生产是主线，以客户为中心的产业模式变革是主题，赛博物理系统（CPS）和工业互联网是基础。

5）从系统的基本功能来看，智能制造系统（IMS）必须“具有一定自主性的感知、学习、决策和服务等功能”，这是智能制造系统区别于“自动化制造系统”和“数字化制造系统”的根本之处；智能制造系统必须“能够动态地适应制造环境的变化”，这是智能制造系统与只具有优化计算能力的系统的差别所在。

6）从系统的构建目的来看，智能制造系统是为了“实现预期的优化目标”。这些优化目标可以归纳为“两升三降”：生产效率的大幅度提升，资源综合利用率的大幅度提升；研制周期的大幅度下降，运营成本的大幅度下降，产品不合格品率的大幅度下降。

2014年12月美国能源部对智能制造的定义是：智能制造（Smart Manufacturing）是先进传感、仪器、监测、控制和工艺/过程优化的技术和实践的组合，它们将信息和通信技术与制造环境融合在一起，实现工厂和企业中能量、生产率和成本的实时管理。从工程的观点来看，智能制造是智能（Intelligence）系统的增强应用，能够实现新产品的快速制造、产品需求的动态响应、工业生产和供应链网络的实时优化。

另外，智能制造有广义和狭义之分。广义的智能制造包括智能产品、智能制造装备和企业的各种业务流程，如智能供应链、智能生产、智能研发和智能服务。狭义的智能制造即生产过程，包括智能的设备、生产线、车间、工厂等相关技术。简言之，智能制造要设法低成本、高效率地适应外界的变化。

（2）智能制造技术　为了明确与智能制造模式的区别，下面定义智能制造技术。

定义2：智能制造技术（IMT），是将智能技术融入整个制造过程，借助计算机模拟、扩大、延伸和部分地取代制造专家的智能活动，并对制造专家的智能信息进行收集、存储、完善、集成、共享和发展，从而使系统具有智能活动特征的一门综合性技术。

智能制造技术定义中的“整个制造过程”包括经营决策、采购、产品设计、生产计划、制造、装配、质量保证和市场销售等环节。“制造专家的智能活动”包括分析、判断、推理、构思和决策等。“综合性”的体现在于：智能制造技术是智能技术、传感技术、控制技术、信息技术、网络技术、虚拟现实技术与装备制造技术的深度融合与集成。将许多智能技术与各种数字制造技术相结合就形成多种智能制造技术，如智能CAD/CAM技术（ICAD/ICAM），智能CAPP技术（ICAPP），智能数控技术（INC），智能数据库技术（IDB），智能计算机集成制造系统（ICIMS）等。智能制造技术包括智能制造装备和智能制造产品。简言之，智能制造技术是智能技术与制造技术的融合，即在制造过程中融入人工智能和机器人技术，形成人机物的交互与深度融合。

如第1章所言，制造技术是完成制造活动所需的一切手段的总和。制造模式是表征制造企业管理方式和技术形态的一种状态。任何一种制造模式都离不开设计、生产、商务（管理）这三个层面的相关技术。但实际上，大部分制造模式主要是一种商务模式，在设计、制造层面，仅以相关的制造哲理来涵盖技术，很少研发具体的设计、制造技术。企业管理原本就是基于人的经验和知识的，即在本质上就是智能化的。也有一些制造模式表现为商务模式，如MRP-Ⅱ、ERP等。在这些数字化制造模式中，用智能化的方法加以改进，就形成各种智能制造模式，如智能MRP-

Ⅱ、智能ERP等。

（3）智能制造系统

定义3：智能制造系统（IMS），是在制造过程中能够进行分析、推理、判断、构思和决策等智能活动，通过制造专家与智能机器的有机融合，将整个制造过程的各个环节以柔性方式集成起来的、能发挥最大效益的一种制造系统。

智能制造系统定义中的“智能机器”包括智能机床和智能机器人等设备。通过“融合”使系统能够收集、存储、完善、共享、继承和发展制造专家的智能。由定义可知，智能化是制造系统柔性化、集成化的拓展和延伸，柔性化反映自动化的广度，集成化反映自动化的复杂度，智能化则体现自动化的深度。智能制造系统最终要从以人为主要决策核心的人机和谐系统向以机器为主体的自主运行转变。简言之，智能制造系统是一种由制造专家与智能机器共同组成的人机一体化系统。IMS包含了智能制造技术和智能制造模式。

总之，智能制造技术是智能制造系统的产品实现之法，智能制造模式则是智能制造系统的高效经营之道。智能制造模式是建立智能制造系统的基础，是适应智能制造技术的必要条件。智能制造技术是形成智能制造模式的基础，智能制造系统是智能制造模式的物理实现。智能制造系统是智能制造技术集成应用的环境，也是智能制造模式优势展现的载体。而智能制造模式的目的是高效、优质、柔性、清洁、安全、敏捷地制造产品、服务客户，以解决适应高度变化环境的制造的有效性。智能制造模式是我国两化深度融合的大趋势，也是一种新的生产方式。

（4）**特征** 比较本章此前的三种制造模式，数字化制造是初级，虚拟制造是中级，智能制造是方向。智能制造在制造过程中去模拟、扩大、延伸和部分地取代制造专家的脑力劳动，把制造自动化扩展到柔性化、集成化和智能化。智能制造作为一种新的制造模式，与其他制造模式相比，智能制造具有四大特征：信息感知、优化决策、精准执行和深度学习，见表9-4。

表9-4 智能制造的特征

特 征	说 明
信息感知	能够准确感知企业、车间、设备、系统的实时运行状态信息。强调人机一体化。人在系统中处于核心地位，同时在智能装置的配合下，使人机之间表现出相辅相成的关系
优化决策	能够根据数据分析的结果，按规则自动做出判断和选择。有自组织能力，各种智能设备能够按任务要求自行集结成最合适的结构，并按最优方式运行。任务完成后结构随即自行解散
精准执行	能够执行决策，对设备状态、车间和生产线的计划做出调整。有自律能力，能根据周围环境和自身作业状况的信息进行监测和处理，并根据处理结果自行调整控制策略，以采用最佳行动方案
深度学习	能够对获取实时运行状态，进行快速、准确的加工、识别、处理等。有自学习能力，能够以专家知识为基础，在实践中不断学习，完善系统知识库，并删除库中错误的知识，使知识库趋向最优

智能制造是闭环迭代的执行过程，有了意外可以处理，处理是动态的状态；过去的自动化和数字化，有了意外只能报警停运。智能化和自动化的最大区别在于知识的含量。智能制造是基于科学而非仅凭经验的制造，科学知识是智能化的基础。因此，智能制造包含物质的和非物质的处理过程，不仅具有完善和快速响应的物料供应链，还需要有稳定有力的知识供应链和产学研联盟，源源不断地提供高素质人才和高附加值的新产品。

智能制造作为一种制造模式，是一种将机器智能和人的智能相集成的交互智能。智能制造具有如下几种能力：①自学习能力。趋向自优化，使系统具有“好用性”，即性能越用越好用，而传统制造的性能越用越退化。②自组织能力。使系统具有运行方式和结构形式这两方面的

“超柔性”。③自律能力。它包括自适应、抗干扰和容错（Fault Tolerance）等功能。自适应是指能够自我优化（自动调整参数）去适应外部环境。抗干扰是指系统具有应付外界突发事件的能力，具有故障自诊断、自排除和自修复的能力。容错是系统能够在运行中随时发现和改正错误，或预防错误的发生，这本是人的高级智能，现已成为智能机器的标志。

智能制造系统的特征是大系统（全球化制造，与智能物流、智能电网相连，要用到复杂性科学、云计算和大数据分析）；大闭环（如智能设计是信息驱动下的“感知→分析→决策→执行与反馈”）；自我调整系统结构和运行参数；集中智能与群体智能相结合；人机协同（生命和机器的融合，机器是人的体力、感官和脑力的延伸，但人依然是系统中的关键因素）；虚拟世界与物理世界的融合。

2. 结构体系

下面从智能组成和系统结构两方面来探讨智能制造的结构体。智能组成包括元智能系统和多智能体系统。

（1）**元智能系统**（Meta- Intelligent System，M-IS）　它是由各种智能子系统按递阶层次所构成的智能基本结构模型。如图9-8所示，其结构分为如下三级：①**学习维护级**。通过对环境的识别和感知，实现对M-IS进行更新和维护，包括更新知识库、更新知识源、更新推理规则以及更新规则可信度因子等。②**决策组织级**。主要接受上层M-IS下达的任务，根据自身的作业和环境状况，进行规划和决策，提出控制策略。在IMS中的每个M-IS的行为都是上层M-IS的规划调度和自身自律共同作用的结果，上层M-IS的规划调度是为了确保整个系统能有机协同地工作，而M-IS自身的自律控制则是为了根据自身状况和复杂多变的环境，寻求最佳途径完成工作任务。因此，决策组织级要求有较强的推理能力。③**调度执行级**。完成由决策组织级下达的任务，并调度下一层的若干个M-IS并行协同作业。M-IS是智能系统的基本框架，各种具体的智能系统是在M-IS基础上对其扩充。

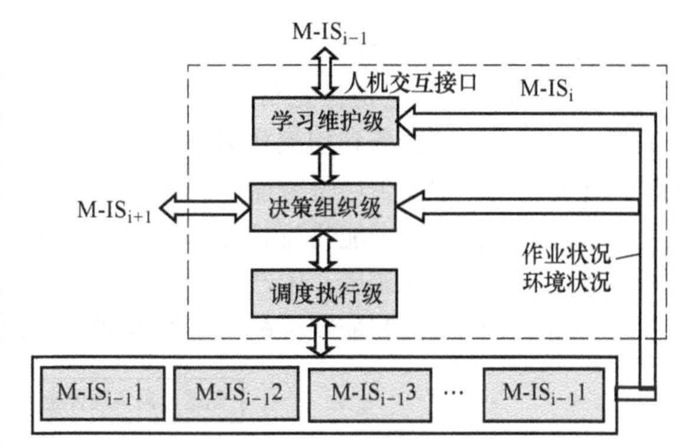

图9-8　M-IS结构图

（2）**多智能体系统**（Multi-Agent System，MAS）　它是由多个智能体组成的一种分布式自主制造系统（Distributed Autonomous Manufacturing System，DAMS）。

智能体（Agent），是指驻留在某一环境下，能自主活动的软件或者硬件实体。曾被译为“智能代理”“代理者”“智能主体”等。智能体具备自治性、反应性、主动性、合作性、进化性等特征。智能体能够持续执行三项功能：感知环境中的动态条件；执行动作影响环境条件；进行推理以解释感知信息、求解问题、产生推断和决定动作。

多智能体系统为解决产品设计、生产制造乃至产品的整个生命周期中的多领域间的协调合作提供了一种智能化的方法。根据生产任务细化层次的不同，智能体可以分为不同的级别。例如，一个智能车间可作为一个智能体，它调度管理车间的加工设备，它以车间级代理身份参与整个生产活动。对于一个智能车间而言，它们直接承担加工任务。无论哪一级别的智能体，它与上层控制系统之间通过网络实现信息的连接，各智能加工设备之间通过自动导引车（AGV）实现物质传递。在这样的制造环境中，对智能设计出的产品，经过制造自动化系统智能规划，通过任务广播、投标、仲裁、中标，实现生产结构的自组织。

（3）**系统结构** 从系统功能的角度，可将制造过程的智能化分为五个关键环节：智能设计、智能生产、智能管理、智能服务和系统活动，如图9-9所示。

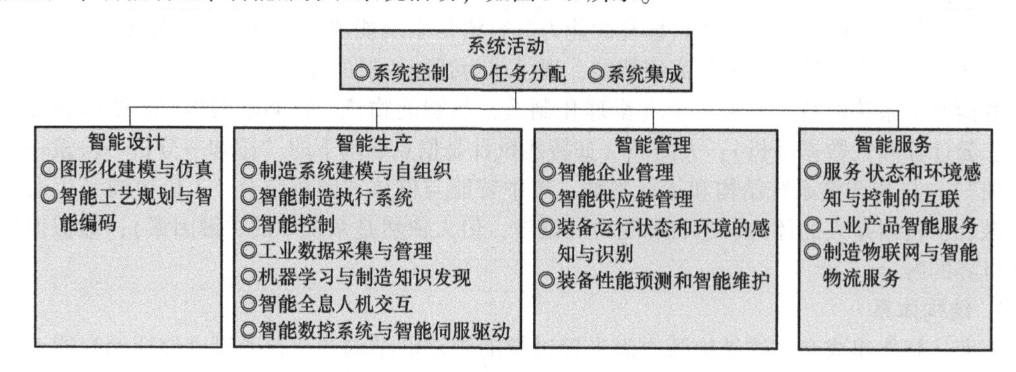

图9-9 制造过程智能化的关键环节

1）**智能设计**。它是智能制造的前端，也是产品创新的最重要环节。产品是智能制造的价值载体，制造装备是实施智能制造的前提和基础。其手段是通过应用智能设计系统、先进的设计信息系统（CAX、网络化协同设计、设计知识库等）及仿真测试，支持企业产品研发设计过程各个环节的智能化提升和优化运行，关注产品可制造性、可装配性和可维护性。其目的是研制高度智能化、宜人化、高质量、高性价比的产品与制造装备。

2）**智能生产**。它是智能制造的主线。其内涵是针对制造车间，引入智能手段，实现生产资源优化配置、生产任务和物流实时优化调度、生产过程精细化管理和智能管理决策。智能生产线、智能车间、智能工厂是智能生产的主要载体。生产过程的主要智能手段包括：智能计划与调度、工艺参数优化、智能物流管控、产品质量分析与改善、设备预防性维护、生产成本分析与预测、能耗监控与智能调度，生产过程三维虚拟监控、车间综合性能评价。智能生产是智能制造的核心。制造车间实现智能特征的关键技术如图9-10所示。

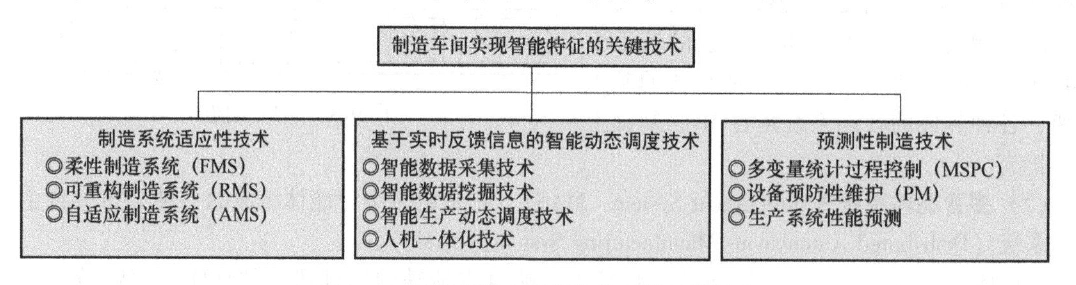

图9-10 制造车间实现智能特征的关键技术

3）**智能管理**。其内涵主要包括产品研发和设计管理、生产管理、库存/采购/销售管理、服务管理、财务/人力资源管理、知识管理、产品全生命周期管理等。在排序和制造资源计划管理中，模糊推理等多类专家系统将集成应用。

4）**智能服务**。智能服务是智能制造的主题。制造服务包含产品服务和生产性服务。前者指对产品售前、售中及售后的安装调试、维护、维修、回收、再制造和客户关系的服务，强调产品与服务相融合；后者指与企业生产相关的技术服务、信息服务、物流服务、管理咨询、商务服务、金融保险服务、人力资源与人才培训服务等，为企业非核心业务提供外包服务。智能服务强调知识性、系统性和集成性，强调以人为本的精神，强调为客户提供主动、在线、全球化服务，它采用智能技术提高服务状态/环境感知、服务规划/决策/控制水平，提升服务质量，扩展服务

内容。以客户为中心的制造模式（如大量定制生产，服务型制造）将形成智能制造的新业态。

5）**系统活动**。在系统控制中应用神经网络技术，同时应用分布技术和多元代理技术、全能技术，并采用开放式系统结构，使系统活动并行，实现系统集成。

（4）**系统模型**　为了解决智能制造标准体系的结构框架的建模问题，《国家智能制造标准体系建设指南》中构建了生命周期、系统层级和智能功能三个维度的智能制造标准体系的参考模型，如图9-11所示。

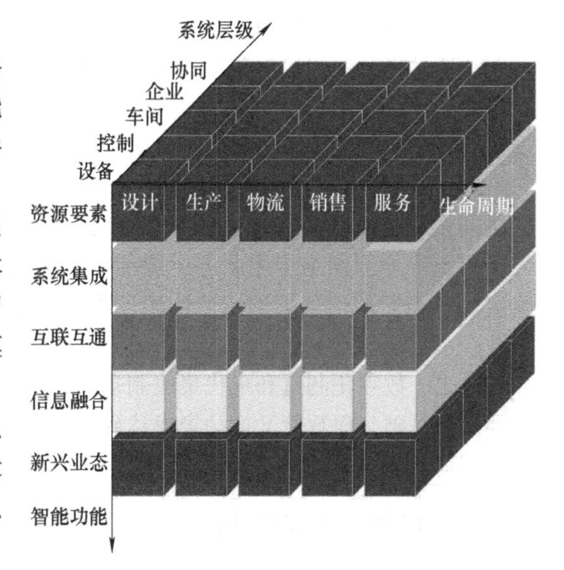

图9-11　智能制造系统的模型

1）**生命周期**。它是价值维，由设计、生产、物流、销售、服务等一系列相互联系的价值创造活动组成的链式集合。其中各项活动相互关联、相互影响。不同行业的生命周期构成不尽相同。

2）**系统层级**。它是结构维，系统自下而上共五层，分为设备层、控制层、车间层、企业层和协同层。智能制造的系统层级体现了装备的智能化和互联网协议（IP）化，以及网络的扁平化趋势。具体包括：①**设备层**。它包括传感器、仪器仪表、条码、射频识别、机器、机械和装置等，是企业进行生产活动的物质技术基础。②**控制层**。它包括可编程逻辑控制器（PLC）、数据采集与监视控制系统（SCADA）、分布式控制系统（DCS）和现场总线控制系统（FCS）等。③**车间层**。实现面向工厂/车间的生产管理，包括制造执行系统（MES）等。④**企业层**。实现面向企业的经营管理，包括企业资源计划系统（ERP）、产品生命周期管理（PLM）、供应链管理系统（SCM）和客户关系管理系统（CRM）等。⑤**协同层**。由产业链上不同企业通过互联网络共享信息实现协同研发、智能生产、精准物流和智能服务等。

3）**智能功能**。它是功能维，包括资源要素、系统集成、互联互通、信息融合和新兴业态五层。①**资源要素**。它包括设计施工图样、产品工艺文件、原材料、制造设备、生产车间和工厂等物理实体，也包括电力、燃气等能源。此外，人员也可视为资源的一个组成部分。②**系统集成**。它是指通过二维码、射频识别、软件等信息技术集成原材料、零部件、能源、设备等各种制造资源。由小到大实现从智能装备到智能生产单元、智能生产线、数字车间、智能工厂，乃至智能制造系统的集成。③**互联互通**。它是指通过有线、无线等通信技术，实现机器之间、机器与控制系统之间、企业之间的互联互通。④**信息融合**。它是指在系统集成和通信的基础上，利用云计算、大数据等新一代信息技术，在保障信息安全的前提下，实现信息协同共享。⑤**新兴业态**。它包括个性化定制、远程运维和工业云等服务型制造模式。

（5）**比较**　智能制造与数字化制造（DM）、现代集成制造（CIM）和网络化制造（NM）紧密相关。

1）智能制造与数字化制造。数字化制造强调信息技术在制造企业的应用。当前谈到的智能制造是从物流开始到整个生产流程，集中通过一个大数据平台来实现的。人在整个过程中负责规则的制定。数字化制造是智能制造的基础，智能制造是数字化制造的发展。智能制造水平是由不同级别来区分的。无论是智能制造还是数字化制造，我国每个制造企业都有不同的物质条件和制造水平。有的工厂认为使用PLC（可编程逻辑控制器）就可以称为智能制造。实际上，在我国非常智能的机器却只做了简单的事情，只是简单地执行了人的命令，而不是特别智能的工作。

2）智能制造与现代集成制造。现代集成制造中的许多研究内容是智能制造发展的基础，而智能制造又将对现代集成制造提出更高的要求。智能制造不同于现代集成制造，现代集成制造强调的是企业内部物料流的集成和信息流的集成，而智能制造强调的则是最大范围的整个制造过程的自组织能力，智能制造难度更大。

3）智能制造与网络化制造。网络化制造主要研究企业内部及企业间通过网络实现跨地域的协同设计、协同制造、信息共享、远程监控及远程服务，以及企业与社会之间的供应、销售、服务等外部网络应用服务；智能制造则主要解决制造知识和经验的形式化描述，研究不确定性和不完全信息下的制造约束问题求解，通过智能化的手段来增强制造系统的柔性与自治性。

总之，数字化制造和现代集成制造是智能制造的基础，网络化制造是智能制造的保障。集成是智能的基础，而智能又推动集成达到更高水平。苹果系列手机、特斯拉电动汽车就是集成式智能化创新的成功典范。因此，双I（Intelligent 和 Integration）是当代制造业的标志。

9.4.2　智能制造的应用

智能制造是制造强国竞争的制高点。2015年国家工信部选30个以上试点示范项目，已连续三年实施试点示范。

（1）**关键技术**　IM的关键技术是指与多个制造业务活动相关，并为智能制造基本要素（感知、分析、决策、通信、控制、执行）的实现提供基础支撑的共性技术。

1）**人工智能**。智能制造离不开人工智能技术，如知识表示、机器学习、自动推理、智能计算、专家系统、人工神经网络和模糊逻辑等。智能制造水平的提高依赖于人工智能技术的发展。人工智能的重要标志是：自感知（信息采集）、自学习（深度学习、增强学习、迁移学习、云计算）、自执行（快速响应）。当前，人工智能已在五大领域加速商用化进程：①语音识别；②图像识别；③智能驾驶；④数据服务；⑤搜索优化与数字营销。常用的智能优化技术包括：遗传算法、禁忌搜索算法、模拟退火算法、粒子群算法、蚁群算法、蜂群算法等。

2）**虚拟现实**（Virtual Reality，VR）和**增强现实**（Augmented Reality，AR）。VR/AR 技术以计算机为基础，融信号处理、动画技术、智能推理、预测、仿真和多媒体技术为一体，构建三维模拟空间或虚实融合空间，在视觉、听觉、触觉等感官上让人们沉浸式体验虚拟世界。它是实现虚拟制造的支持技术，也是实现高水平人机一体化的关键技术之一。它可广泛应用于产品体验、设计与工艺验证、工厂规划、生产监控和维修服务等环节。

3）**信息网络**。它是制造系统各个环节集成智能化的支撑技术，也是制造信息流动的通道。互联网和移动互联网使制造企业拥有了全球市场、丰富多样的客户群、数量庞大的合作资源。物联网和智能感知技术促进了分布智能制造技术的发展。大数据分析技术为工艺优化、质量改善、设备预防性维护甚至产品的改进设计等提供科学的决策支持。还有云计算技术，工业互联网技术（包括 CPS、移动通信、移动定位、信息安全等）等新一代信息技术。

4）**人机一体化**。智能制造系统不是单纯的“人工智能”系统，而是“人机和谐”的混合智能系统。基于人工智能的智能机器只能进行机械式的推理、预测、判断，它有逻辑思维（专家系统），也有形象思维（神经网络），还做不到灵感思维。只有人才真正同时具备多种思维能力。脑机接口、生机接口等人机一体化技术，将使人的智能和机器智能集成在一起，相得益彰。

5）**先进制造技术与方法**。智能制造实现数字化和网络化的基础包括并行工程、计算机集成

制造、精益生产、敏捷制造、协同设计、云制造、绿色制造、产品全生命周期管理、制造执行系统、企业资源规划、增材制造技术、数字建模与仿真技术和现代工业工程技术等。许多时候，智能制造的推进必须和工业工程的应用同步进行才能取得预期成效，比如“智能生产 + 精益生产”。我国实施智能制造，切不可忽视强化制造基础能力的任务。

（2）**应用领域** 智能制造已成为全球制造业发展的新趋势。智能制造是我国两化融合的主攻方向，如图 9-12 所示。智能制造是制造技术和信息技术的结合，涉及众多行业产业。纵向来看，贯穿于制造业生产的全周期；横向来看，基本囊括了我国制造业的传统和优势项目。智能制造的实现过程就是将数据转化为信息、将信息转化为知识、将知识转化为智慧、将个体智慧上升为群体智慧的一个过程。获取群体智慧将是伴随智能制造的实现而达到的一个终极目标。因此，学习和研究众多的使能技术与关键技术，都是在为实现“数据—信息—知识—智慧”（DIKW）这一循环模型而努力。

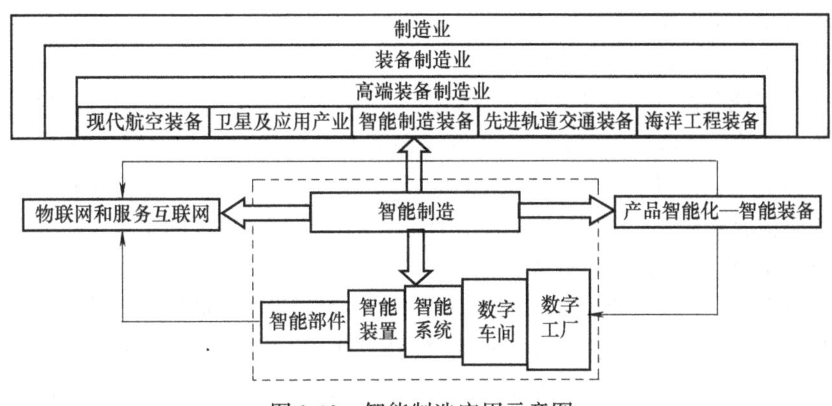

图 9-12 智能制造应用示意图

（3）**应用模式** 根据《智能制造工程实施指南（2016—2020）》，我国智能制造新模式不断成熟。离散型智能制造、流程型智能制造、协同化智能制造、定制化智能制造、远程运维智能服务等五种智能制造新模式不断丰富完善，有条件、有基础的行业实现试点示范并推广应用，“十三五”期间将建成一批智能车间/工厂。试点示范项目运营成本降低 30%、产品生产周期缩短 30%、不合格品率降低 30%。

案例 9-7 智能制造在波音 787 制造工厂中的应用。

9.4.3 广义智能制造

前文从企业角度定义了狭义智能制造的概念，本节从产业角度来定义广义智能制造。

广义智能制造，是先进制造技术与先进信息技术的深度融合，贯穿于产品设计、制造、服务等全生命周期的各个环节，以及制造系统的优化集成，旨在不断提升企业的产品质量、效益和服务水平，减少资源消耗，推动制造业创新、绿色、协调、开放、共享发展。

1. 智能制造发展的三个阶段

智能制造的发展伴随着信息化的进步。全球信息化发展可分为三个阶段：从 20 世纪中叶到 90 年代中期，信息化表现为以计算、通信和控制应用为主要特征的数字化阶段；从 20 世纪 90 年代中期开始，互联网大规模普及应用，信息化进入了以万物互联为主要特征的网络化阶段；当前，在大数据、云计算、移动互联网、工业互联网集群突破、融合应用的基础上，人工智能实现战略性突破，信息化进入了以新一代人工智能技术为主要特征的智能化阶段。

综合信息化与制造业在不同阶段的融合特征，可以归纳出智能制造发展的三个阶段：数字化制造、数字化网络化制造、数字化网络化智能化制造——广义智能制造，如图9-13所示。

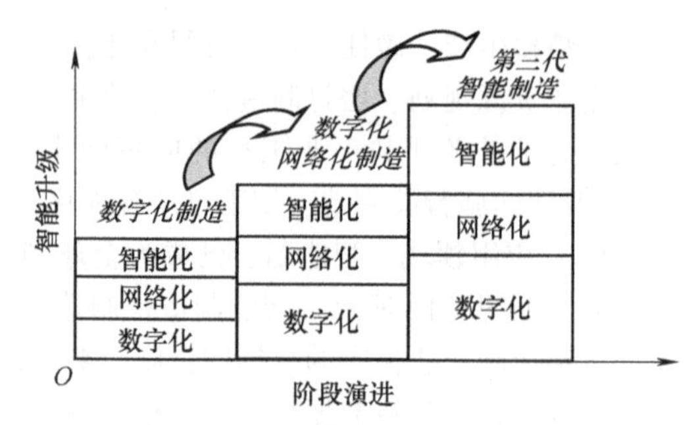

图9-13 智能制造三个阶段的演进

（1）**第一代智能制造——数字化制造** 数字化制造是第一代智能制造。智能制造的概念最早出现于20世纪80年代。由于当时应用的第一代人工智能技术还难以解决工程实践问题，因而那一代智能制造主体上是数字化制造。

制造业的数字化，强调信息集成与知识融合、制造系统和制造过程协同、虚拟仿真和数字加工软硬件技术并重；更多关注数字建模、数字加工等底层技术，制造过程中物理因素对产品质量的影响机理，以及高速、高精度数字加工装备的实现方法。数字化制造是智能制造的基础，其内涵不断发展，贯穿于智能制造的全部发展历程。

（2）**第二代智能制造——数字化网络化制造** 数字化网络化制造是第二代智能制造。20世纪末互联网技术开始广泛应用，随着“互联网+制造业”的融合发展，网络将人、机（物）和事（流程）连接起来，通过企业内外的协同和各种社会资源与数据的共享与集成，重塑制造业的价值链，推动制造业从数字化制造向数字化网络化制造转变。德国的工业4.0和美国的工业互联网反映了数字化网络化制造的特征和技术路线。

制造业的网络化，关注企业内部及企业间通过网络实现跨地域的协同设计、协同制造、信息共享、远程监控及远程服务，以及企业与社会之间的供应、销售、服务等外部网络应用服务。

数字化网络化制造，在智能设计方面，突出数字技术和网络技术在产品设计上的应用，产品实现网络连接，设计、研发实现协同与共享；在智能生产和智能管理方面，打通全部制造过程的信息流，制造系统实现横向集成、纵向集成和端到端集成；在智能服务方面，强调企业以用户为中心，生产型制造开始向服务型制造转型，通过网络平台实现企业与用户连接和交互。数字化网络化制造的实质是在数字化制造的基础上，通过网络将相关的人、流程、数据和事物等连接起来，通过企业内、企业间的协同和各种资源的共享与集成优化，重塑制造业价值链。

（3）**第三代智能制造——数字化网络化智能化制造** 数字化网络化智能化制造是第三代智能制造，或称为新一代智能制造。即第三代智能制造是指实现制造业的数字化、网络化、智能化。制造业的智能化，主要解决制造知识和经验的形式化描述，关注不确定性和不完全信息下的制造约束问题求解，通过智能化的手段来增强制造系统的柔性与自治性。智能工厂是智能制造的集中体现。近年来，物联网、云计算和大数据等新一代信息通信技术的快速发展，驱动了新一代人工智能技术加速发展。

新一代人工智能呈现出深度学习（大数据智能）、跨界协同（跨媒体智能）、人机融合（增强智能）、群体智能等新特征。新一代人工智能技术还将继续从“弱人工智能”迈向“强人工智能”，不断拓展人类“脑力”。新一代人工智能技术与先进制造技术深度融合，形成了新一代智能制造。

第三代智能制造将重塑设计、制造、服务等产品全生命周期各环节及其集成，从根本上提高工业知识产生和利用的效率，极大地解放人的体力和脑力，给制造业带来革命性的变化，改变社会的生产方式乃至人类的生活方式和思维模式，实现社会生产力的整体跃升。

2. 制造系统发展的四代模型

（1）**传统制造系统——人—物理系统** 传统制造系统包含人和物理系统两大部分，是完全通过人对机器的操作控制去完成各种工作任务。其中，要求人完成信息感知、分析决策、操作控制以及认知学习等多方面任务，不仅人的劳动强度大，而且系统的效率、质量和能力还很有限。人—物理系统（Human Physical Systems，HPS）是对传统制造系统的抽象描述，如图 9-14 所示。

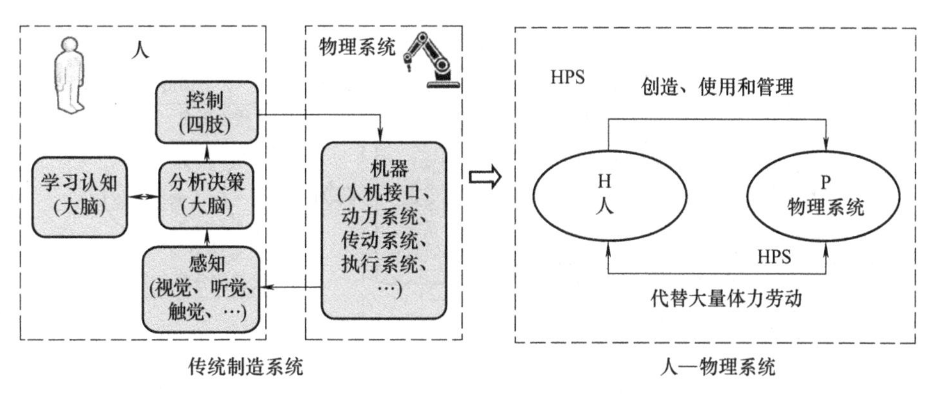

图 9-14 传统制造系统——人—物理系统

（2）**第一代智能制造系统——人—信息—物理系统** 与传统制造系统相比，第一代智能制造系统发生的变化是，在人和物理系统之间增加了信息系统（Information System）。信息系统实现了数字化，可以代替人类完成部分脑力劳动，人的感知、分析、决策的部分功能向信息系统复制迁移，进而通过传感装置来控制物理系统，以代替人类完成更多的体力劳动。人—信息—物理系统（Human Information Physical Systems，HIPS）是对第一代智能制造系统的抽象描述，如图 9-15 所示。

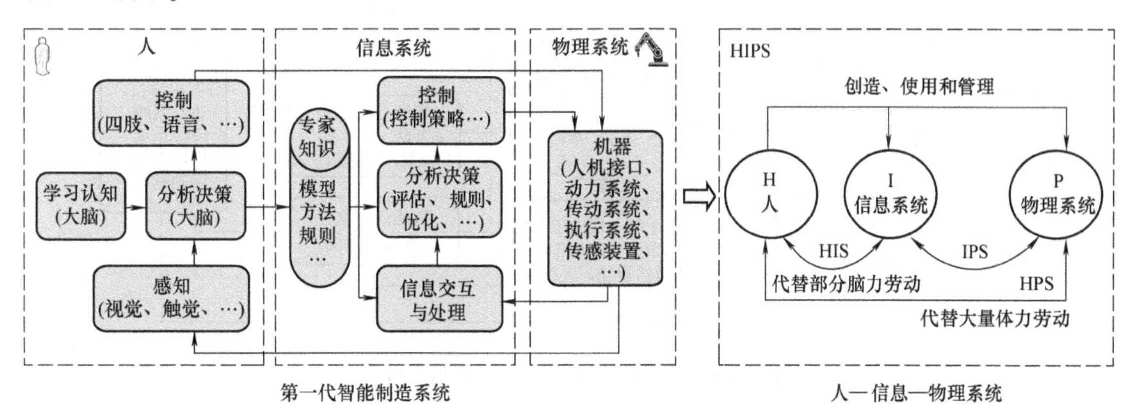

图 9-15 第一代智能制造系统——人—信息—物理系统

（3）**第二代智能制造系统——人—赛博—物理系统** 与第一代智能制造系统相比，第二代智能制造系统发生的本质变化是，在人和物理系统之间用赛博系统（Cyber System）替代了信息系统。赛博系统是实现了数字化和网络化的信息系统。赛博系统的引入使得制造系统同时增加了“人—赛博系统”（Human Cyber Systems，HCS）和“赛博物理系统”（CPS）。

CPS 是美国在 21 世纪初提出“智能技术系统”理论的核心，也是德国工业 4.0 的核心。CPS

在工程上的应用是实现虚拟网络系统和物理实体系统的完美映射和深度融合，其最关键的技术是“数字双胞胎”（Digital Twin）。

第二代智能制造系统通过集成人、赛博系统和物理系统的各自优势，使系统的感知能力、计算分析、精确控制和效率均得以显著提升。人—赛博—物理系统（Human Cyber Physical Systems，HCPS）是对第二代智能制造系统的抽象描述，如图 9-16 所示。目前出现的智能工厂只代表了第二代智能制造系统。

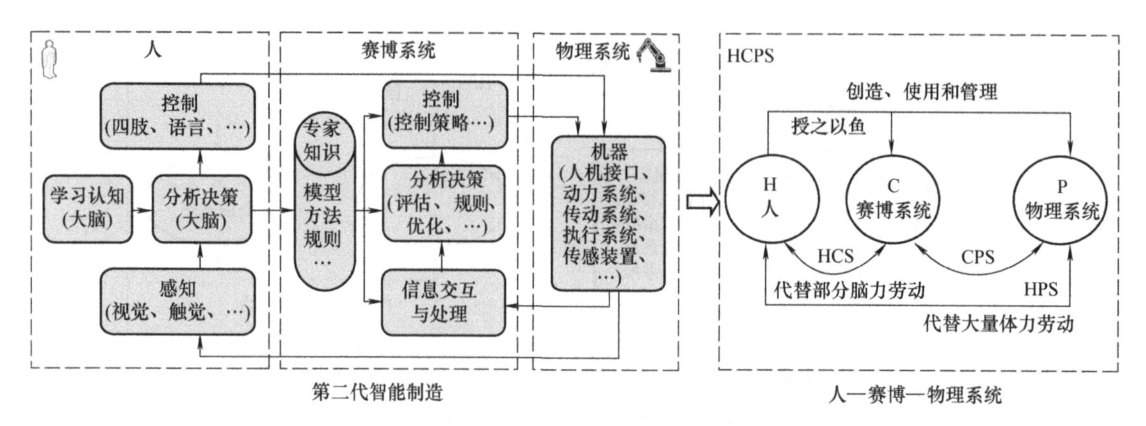

图 9-16　第二代智能制造系统——“人—赛博—物理系统”

（4）**第三代智能制造系统——第三代“人—赛博—物理系统”**　第三代智能制造系统最本质的特征是其赛博系统增加了认知和学习的功能，赛博系统不仅具有强大的感知、计算分析与控制能力，更具有了学习提升、产生知识的能力，如图 9-17 所示。

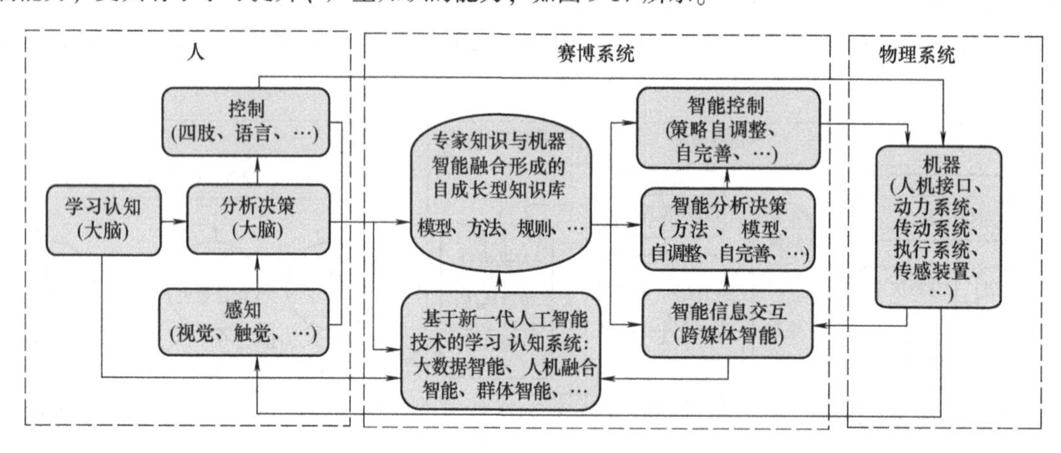

图 9-17　第三代智能制造系统的基本机理

在这一阶段，新一代人工智能是第三代智能制造系统的核心技术，也是赋能技术。新一代人工智能技术将使第一代“人—赛博—物理系统”发生质的变化，形成第二代人—赛博—物理系统（Human Cyber Physical Systems Ⅱ，NHCPS-Ⅱ）。

制造业从第一代“人—赛博—物理系统”向第二代“人—赛博—物理系统”进化的过程如图 9-18 所示。下面从系统构成和技术本质两方面来分析 HCPS-Ⅱ：

1）从系统构成看，在第三代智能制造系统中，人是主宰，人是赋予系统“智能”的掌控者，也是物理系统和赛博系统的创造者、使用者和管理者；赛博系统是主导，是制造活动的决策

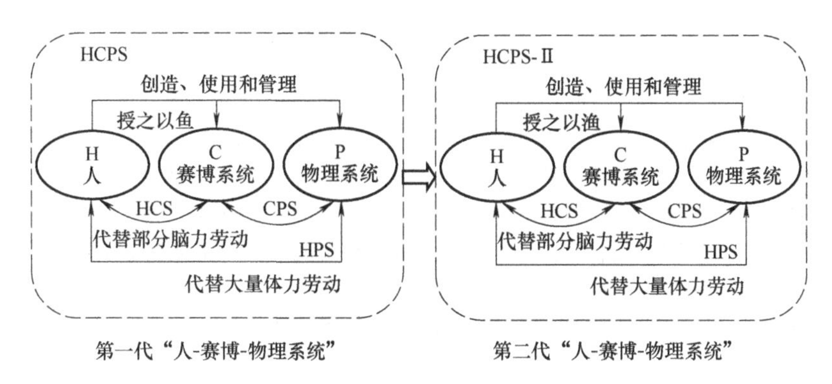

图 9-18 从 HCPS 到 HCPS-Ⅱ

者，也是信息流的核心，替代或帮助人操控物理系统；物理系统是主体，是制造活动的执行者和完成者，也是能量流和物质流的载体。从根本上看，物理系统和赛博系统都是为人服务的。简言之，对于第三代智能制造系统，人是主宰，智能是主导，制造是主体。广义智能制造的实质就是设计、构建和应用各种不同用途、不同层面的“人—赛博—物理系统”。

2）从技术本质看，第三代智能制造系统主要是通过新一代人工智能赋予赛博系统强大的“智能”，智能技术是赋能技术，制造技术是领域技术。从 HCPS 到 HCPS-Ⅱ，主要变化有两点：

① 人将部分认知与学习型的脑力劳动转移给赛博系统，使赛博系统具有了“认知和学习”的能力，人和赛博系统的关系发生了根本性的变化，即从“授之以鱼”发展到“授之以渔”，从而提升了将制造知识转化为生产力的能力。

② 通过“人在回路”形成人机混合增强智能，人机深度融合将从本质上提高制造系统建模的能力，提高处理复杂性、不确定性问题的能力，充分发挥人机各自优势，使人机相互启发增强智能，极大地优化了制造系统的性能，实现了制造系统的整体优化。这两方面也是 HCPS-Ⅱ所引发的技术进步。

总之，发展第三代智能制造系统的关键是新一代人工智能与制造技术的深度融合。第三代智能制造系统，是统筹协调人、赛博系统和物理系统的综合集成大系统。其中，人是主宰，赛博系统的智能技术是主导，物理系统的制造技术是主体。只有使智能技术和制造技术辩证统一融合发展，才能使制造业的质量和效率跃升到新的水平，为人的美好生活奠定更好的物质基础；使人从大量劳动中解放出来，可以从事更有意义的创造性工作，人类社会开始真正进入“智能时代”。

说明：本节内容参考了中国工程院院长周济在 2017 世界智能制造大会主论坛上所做的报告《中国智能制造发展战略研究》和文献［97］。与文献的不同在于从机理和模型上进一步甄别了三代智能制造系统的异同点，特别区分了“信息系统”与“赛博系统”的差异。“Cyber”的含义参见本书 17.4 节介绍的“CPS”。

案例 9-8 红领公司的全流程智能制造。

复习思考题

1. 何谓数字化制造？其基本内容是什么？
2. 国外和国内制造业信息化发展分为哪几个阶段？说明你熟悉的企业状况。
3. 何谓虚拟制造？虚拟制造如何分类？简述其关系及特点。

4. 虚拟制造的体系结构一般由哪几部分组成？分别简述其内涵。
5. 虚拟制造的关键技术有哪些？
6. 何谓网络化制造？其基本特点是什么？
7. 何谓智能化？以火车为例，为什么说智能化是先进制造技术发展的必然趋势？
8. 智能制造的概念和特征是什么？以电饭煲为例，试说明智能制造与数字化制造有何关系。
9. 根据智能制造模式、智能制造系统、智能制造技术的内涵，比较三者的异同点。
10. 试从制造过程环节和标准体系建设这两方面说明智能制造系统的架构。
11. 简述三代智能制造系统各自的主要特点。说明第三代智能制造系统的模型构成。
12. 简述智能制造的新模式，并说明其适用范围。
13. 试以机床为例，说明我国制造系统发展的第四代模型是什么。

第 4 篇

主体技术

篇首导语

制造技术是完成制造活动所需的一切手段的总和。它是使科学幻想变为生活现实的基础，是实现技术发明物质化的手段。其涉及面非常广泛，是所有工业的支柱。它因制造系统需求而产生，也是形成制造模式的基础。任何制造系统都必须应用制造技术把原材料转变成产品，任何制造模式都必须以制造技术为支柱。制造技术与制造模式相互交织和相互作用。如果认为制造模式是强调体现制造哲理的“软技术”，那么，制造技术就是强调发挥制造功能的“硬技术”。

本篇主要介绍先进制造技术的主体技术群的四类技术：先进设计技术、先进制造装备技术、先进制造工艺技术和电子制造技术。

本篇分为以下 4 章：

第 10 章　先进设计技术：绿色设计（包括绿色选材、面向回收设计和面向拆卸设计）、保质设计（包括面向质量的设计、质量功能展开和六西格玛设计）、快速设计（包括模块化设计、可重构设计和云设计）。

第 11 章　先进制造装备：数控机床、加工中心、并联机床和智能机床、工业机器人、自动导引车、坐标测量机、装配线和柔性制造系统。

第 12 章　先进制造工艺：绿色加工、高效加工、高能束（包括激光、电子束、离子束和等离子体）加工、超精密加工。

第 13 章　电子制造技术：包括芯片的设计与制造、微电子加工设备与工艺和计算机制造技术。

第10章 先进设计技术

先进设计技术（Advanced Design Technology，ADT）是先进制造技术的基础。在第6章中已指出，制造系统设计包括产品系统设计、工艺系统设计、组织系统设计、生产系统设计和信息系统设计。服务是企业的责任，产品是服务的物化，也是企业的生命，设计是产品的灵魂。企业的过程、组织、生产和信息等子系统都是以产品服务系统为基础的。目前，产品研发、生产系统和商务运营已成为现代制造企业的三大基本要素。因此，近年来制造系统的创新正围绕提高制造系统的设计能力来进行，以提升核心竞争力。本章将从产品系统设计的角度，介绍设计领域一些最基本的单元技术：计算机辅助技术（CAD/CAPP/CAM）、面向产品性能的设计技术（DFM/DFA/DFC）、绿色设计（包括绿色选材、绿色包装设计、面向回收设计、面向拆卸设计）、保质设计（包括质量功能展开和六西格玛设计），快速设计（包括模块化设计、可重构设计和云设计）。

10.1 先进设计技术基础

10.1.1 先进设计技术概述

（1）**概念** 先进设计技术的“先进”，是指在设计活动中，由于融入新的科技成果，特别是计算机技术和信息技术的成果，从而使产品在性能、质量、效率、成本、环保、交货时间等方面，达到明显高于现有产品，甚至创新的水平。

定义：先进设计技术（ADT），是指融合最新科技成果，适应当今社会需求变化的、新的、高级水平的各种设计方法和手段。

先进制造系统中的先进设计系统，包括设计硬件、设计软件和设计人员三方面。

（2）**内容** 先进设计技术分支学科很多，其基本内容可分为以下四个层次。

1）**基础技术**。它是指传统的设计理论与方法，包括运动学、静力学、材料力学、机械学、摩擦学、动力学、热力学、电磁学和工程数学等。这些基础技术为现代设计技术提供了坚实的理论基础，是现代设计技术发展的源泉。

2）**主体技术**。它是指计算机支持的设计技术，包括CAX（Computer Aided X，计算机辅助X，X可以代表产品生命周期中的各种因素，如设计、工程、制造、工艺设计、工装设计等），DFX（Design For X，面向X设计，X代表产品生命周期中的各种因素，如制造、装配、成本、质量、环境等），优化设计，有限元分析，生态化设计，保质设计，快速设计，虚拟设计，智能设计等。它凭借对数值计算和知识推理的独特处理能力，正成为先进

设计技术的主干。

3）**支撑技术**。它为设计信息的处理、加工、推理与验证提供了多种理论、方法的支撑。主要包括两方面内容：一是现代设计理论与方法，如系统化设计、人因工程设计、可信性（包括可靠性、维修性、保障性）设计等；二是设计试验技术，如产品性能试验、可靠性试验、环保性能试验和虚拟样机试验等。

4）**应用技术**。它是为了实用而派生的各类具体产品设计领域的技术，如机床、汽车、工程机械、精密机械等的设计知识和技术。

（3）**特征**　设计工作是一个不断探索、多次循环、逐步深化的求解过程。先进设计技术已扩展到产品的规划、制造、营销和回收等各个方面。先进设计技术的主要特征见表 10-1。

表 10-1　先进设计技术的主要特征

特　征	说　明
生态化	着力于提高或改进产品的环境友好性，满足人 - 机 - 环境之间的和谐关系，使产品人性化、低碳化
动态化	在静态分析的基础上考虑生产中实际存在的多种变化量的影响，进行动态特性的优化设计和可信性设计
组合化	运用系统设计、模块化设计和优化设计等，优化产品族及产品，实现标准化、通用化、系列化和成套化
数字化	广泛使用计算机，功能日益强大的设计软件，大大提高了设计的效率和质量，修改设计极为方便
网络化	用互联网全面优化设计者（包括创客和极客）的工作流程的模式，实现云设计、众创和众筹
智能化	用计算机模仿人的智能活动，通过知识的获取和推理运用，基于人工智能设计出高性能的产品系统
系统性	把产品设计过程作为系统；把产品整机作为系统，以“功能 - 原理 - 结构 - 评价 - 决策”为模型
创新性	突出创意设计，着力概念设计，探索技术设计；通过横向变异，纵向综合，提出新原理和新结构
综合性	综合考虑技术、经济和社会因素，强调产品的内部质量与外部质量的统一、实用性与艺术性的统一

10.1.2　CAX 与 DFX

案例 10-1　商用 CAD/CAM 软件简介。

（1）**CAX**　它是指计算机辅助 X（Computer Aided X）。在现代产品开发过程中，必须采用各种计算机辅助工具集 CAX，其中 X 可以代表产品生命周期中的各种因素，如设计、工艺设计、制造、工程、工装设计等。关于 CAD、CAPP、CAM 的内容参见本书第 1 版。

例如，计算机辅助工程（Computer Aided Engineering，CAE），是指在工程设计中借助于计算机进行有限元分析和机构的运动学及动力学分析与仿真。有限元分析可完成力学分析（线性、非线性、静态、动态）、场分析（热场、电场、磁场等）、频率响应和结构优化等。机构分析能完成机构内零部件的位移、速度、加速度和力的计算，机构的运动模拟及机构参数的优化。CAE 的核心技术是有限元技术和虚拟样机技术。

又如，计算机辅助工装设计（Computer Aided Fixture Design，CAFD），是指利用计算机系统进行夹具建模、分析与设计，以达到缩短夹具设计与生产准备时间的目的。

（2）**DFX**　它是指面向 X 设计（Design For X），其中 X 代表产品生命周期中的各种因素，如制造、装配、成本、质量、环境等。即 DFX 是面向产品生命周期的设计。DFX 是面向某一应用领域的计算机辅助设计工具集，它能够使设计者在早期就考虑设计决策对后续的影响。关于可加工性设计 DFM、可装配性设计 DFA、低成本设计 DFC 的内容，参见本书第 1 版。

案例 10-2　基于准则的 DFA 在油缸设计中的应用。

10.2 绿色设计*

制造是永恒的，人类在生产产品的同时会产生废品，在使用产品后使之报废，新产品的出现也会使老产品淘汰。随着科技的进步，可持续发展的理念在我国已逐渐深入人心，制造业带来的环境问题及对资源与能源的过度消耗也日益受到重视。设计决定着产品生命周期80% ~90%的消耗。一方面世界上的不可再生资源有限，另一方面大量报废的产品难以处理。世界不同国家与地区的相关环保法律法规要求也越来越严格，面对这种挑战，我国制造业必须采用绿色设计技术，以提高其产品的国际市场竞争力。在本书中，绿色设计是绿色制造的重要组成部分。

10.2.1 绿色设计的内涵*

（1）**概念** 绿色设计有多个别称：面向环境的设计（Design For Environment，DFE）、环境意识设计（Environmental Conscious Design，ECD）、生命周期设计（Lifecycle Design，LD）、生态化设计（Ecological Design，ED）。绿色设计包括面向拆卸的设计（Design for Disassembly，DFD）和面向回收的设计（Design for Recovering and Recycling，DFR）。

1）**定义**。绿色设计（Green Design，GD），是指在设计过程中考虑产品的功能、质量、开发周期及成本的同时，充分考虑生命周期过程对资源和环境的影响，优化各有关设计因素，为实现清洁化生产并生产出绿色产品而提供全部信息。

绿色产品是指具有可维护性、可拆卸性、可回收性、可重用性的产品。

2）**目的** 绿色设计的目的是使产品在其生命周期过程中对生态资源和环境的总体影响减至最小。如图10-1所示，在整个产品生命周期内，绿色设计要求不仅保证产品应有的功能、质量、开发周期及成本，还要满足产品对环境的负面影响和资源消耗减到最小。绿色设计以一切事物为对象。它既是一种具体的设计方法，又是一种普适的设计思想。

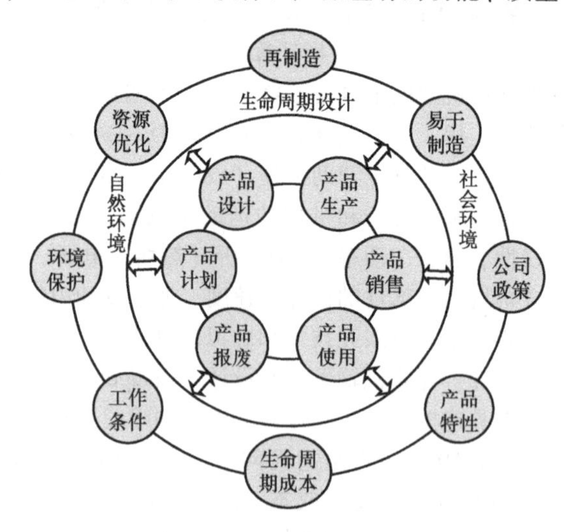

图10-1 产品的绿色设计

3）**特点**。绿色设计的主要特点是：①绿色设计拓展了产品生命周期，因为它考虑了产品使用结束后的回收再利用和处理，有利于从源头上减少废弃物的产生。②绿色设计采用并行闭环设计方式，将环境、资源、能源、安全性等因素集成到设计活动中，有助于实现“预防为主，治理为辅”的思想。③绿色设计在三个不同层次上进行动态设计。这三个层次是：治理技术与产品设计（如面向回收设计等）；清洁预防技术与产品设计；为价值而设计。

4）**比较**。绿色设计是在传统设计的基础上发展起来的。两者的主要区别见表10-2。

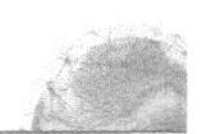

表 10-2　绿色设计与传统设计的区别

比　　较	传 统 设 计	绿 色 设 计
产品理念	粗放型设计：制造→使用→报废	集约型设计：制造→使用→回收→再制造
设计目标	满足人们的目前需求，能够解决目前问题	防止影响环境的废弃物产生；良好的材料管理
设计要求	满足产品的功能、质量、寿命、成本等要求，未考虑产品后续的生产、使用、废弃对生态环境的影响	在构思阶段把保护生态环境与保证产品的功能、质量、寿命、成本列为同等的设计要求
设计结果	满足要求；工艺性好；高投入、高消耗、高污染	满足要求；工艺性好；低消耗、低排放、高效率
发展模式	杀鸡取卵，牺牲环境，不可持续发展	以最小环境代价取得最大效益，可持续发展

绿色设计特别关注环境和资源对生态的影响，早期绿色设计的着眼点是将“为生产而设计”与“为环境而设计”相结合，综合地考虑了产品的可行性及回收，突出了环境意识。如今绿色设计的内涵更广，将设计与生产、环境和资源紧密相连。

（2）**准则**　绿色设计依据“减量化、再利用、资源化”的原则，基于产品生命周期生产的产品必须遵循的基本原则是：产品的生态化，物质的减量化，碳的减量化，物质的无毒无害化。设计准则是设计者的行为或道德所遵循的标准。绿色设计的准则实际上是在传统设计的技术准则、经济准则、人因准则基础上，再增加环境准则，且将环境准则置于首位（见表 10-3）。

表 10-3　绿色设计的准则

准　　则	说　　明
环境准则	①使用资源丰富的材料，有效利用可再生资源；②选择材料环境影响值更低的物品，如尽可能选择可再生材料（因为它的环境影响值一般都比新材料的小）；③降低物料消耗，减轻产品重量（即小型化），少用包装材料消耗；④降低能耗碳排放，尽可能脱离碳氢能源而使用可再生能源；⑤尽可能采用便于循环利用的原材料，环境污染最小，可回收再利用；⑥使产品具备自动修复功能
技术准则	①使用物质集成度（MI）更小的材料与物品，比如通用钢材；②具有规定的功能，尽量使用多功能部件来简化产品结构，多功能即一物多用且少占地；③使产品有智能性，当环境变化时，产品可自我调节，实现产品和生态环境之间的良性“互动”；④保证产品质量；⑤从生态学观点出发，给产品设定适当的寿命；⑥使产品有可塑性，通过模块化设计很容易实现“转型”，有利于产品中物质和能量的循环使用
人因准则	①良好的使用性能；②满足消费个性；③有利于职业健康和生产安全；④尽可能不用有毒物质，不得已而使用时必须做到完全循环再生；⑤有害情况不明的化学物质，在未查清、解除疑团之前不使用（彻底贯彻预防为主的原则）
经济准则	①费用最低，崇尚简约，尽量简化那些仅仅起装饰作用的部件；②利润最大；③经营策略上由“出售产品”向“出售服务”转变，制造商出租产品并负责维修更新，推进非物质化，减少物质化建设项目。例如，推行专业化热处理服务，而不支持自建热处理车间；发展公共交通，而不鼓励拥有私家车

（3）**过程**　绿色设计具体涉及产品生命周期的每一个环节，绿色设计的过程如图 10-2 所示。

绿色设计在很大程度上决定了材料、工艺、包装和产品生命终结后处理的生态性。绿色设计可以按传统设计的一般步骤进行：①概念设计；②初步设计；③详细设计；④改进设计。但是绿色设计在每一步的内容与传统设计是有很大区别的。

绿色设计的基本内容包括：绿色选材、绿色包装设计、面向回收设计、面向拆卸设计、产品生命周期评价、产品经济性分析、产品设计数据库等。

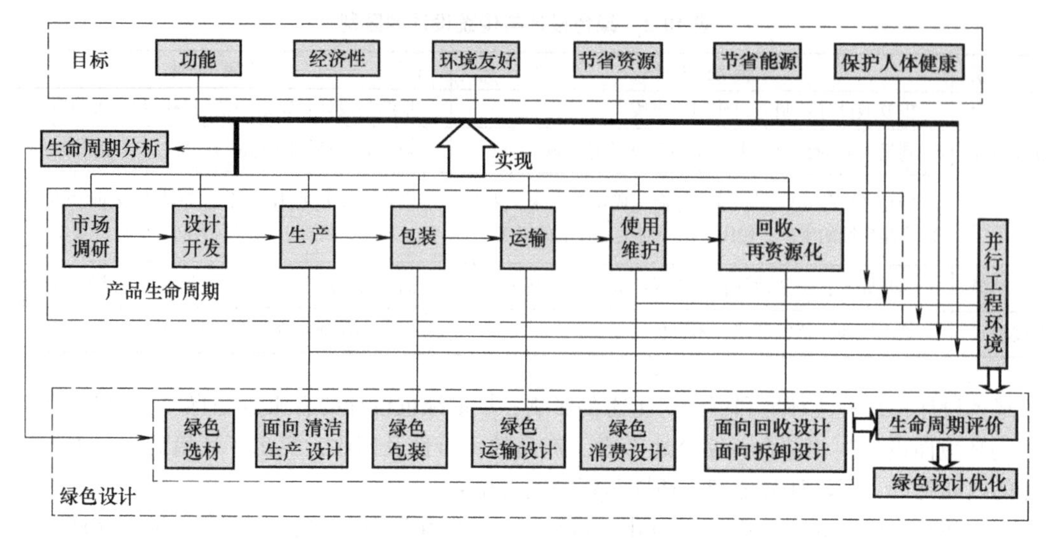

图10-2　绿色设计的过程

10.2.2　绿色选材

材料及其加工过程是造成能源、资源过度消耗、枯竭，环境污染的主要根源之一。这就迫使人们重新评价过去对材料研究、开发、生产和使用的活动，反省过去忽视生存环境恶化而一味追求高性能、高附加值材料的做法，开始重视探索具有良好性能或功能、对资源和能源消耗低、有利于环境协调的材料。

（1）**绿色设计的选材过程**　绿色设计是在满足功能、几何形状、材料等特性和环境等需求的基础上，使零件的成本最低。绿色设计的选材过程如图10-3所示。

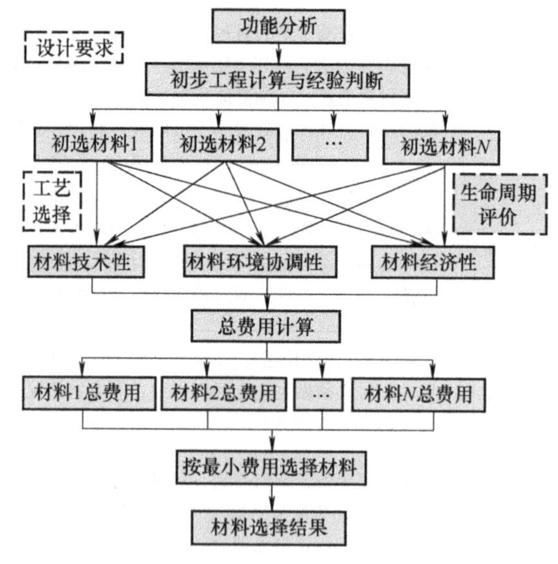

图10-3　绿色设计的选材过程

（2）**传统设计选材存在的问题**　①忽略了所用材料在报废后的回收处理问题。②仅考虑产品的功能目标来选择材料，忽略了环境目标问题。③忽略了材料及其加工过程对环境的影响。④未考虑所用材料本身的生产过程。例如，热饮料杯常用纸杯和聚苯乙烯杯，但一般认为纸杯有利于环境保护。⑤所用材料种类繁多。这不仅会增加产品制造过程对环境的负面影响，还会给产品废弃后的回收处理带来许多不便，造成环境污染。

（3）**绿色设计的选材准则**　绿色设计的选材准则包括材料的三个方面：技术性、经济性和环境协调性，见表10-4。传统选材也需考虑材料的技术性原则。

材料的经济性，不仅指优先考虑选用价格较便宜的材料，而且还要综合考虑材料对整个制造、运行使用、产品维修乃至报废后的回收处理成本等的影响，以达到最优综合效益。

材料与环境的协调性主要表现在两个方面：一是在材料生命周期过程中具有很低的环境负

荷值，对环境的污染小，对生态损害小；二是具有很高的循环再生率。

表 10-4　绿色设计的选材准则

分　类		准　则
材料的技术性		①考虑材料的物理力学性能（如强度、刚度、疲劳特性、稳定性、冲击强度等）；②考虑产品的基本性能（如功能、结构要求、安全性、耐腐蚀性等）和市场因素；③考虑产品使用的工作环境（如冲击与振动、温度与湿度等）
材料的经济性	材料的成本效益分析	影响材料生命周期成本的主要因素包括：①材料本身的相对价格；②材料的加工费用；③材料的利用率；④采用组合结构；⑤节约稀有材料；⑥回收成本
	材料的供应状况	应考虑当时当地材料的供应情况，为了简化供应和储存的材料品种，应尽可能地减少同一部机器上使用的材料品种
材料的环境协调性	材料的最佳利用	①尽量选择绿色材料、可再生材料和回收材料，使材料的回收利用与投入比率趋于 1；②尽量选择具有相容性的材料；③减少使用材料的种类，以有利于产品的回炉再利用；④应尽可能考虑材料的利用率；⑤对不同材料进行标识
	能源的优化利用	①材料生命周期中应尽可能采用绿色能源（如太阳能、风能、水能、地热）；②生命周期能量利用率最高原则，即输入与输出能量的比值最大；③尽量采用低能耗的材料
	环境污染最小	①尽量避免选择对环境有害的材料，如在低压电器生产中，应避免采用含镉的银氧化镉触头材料；②材料在废弃后应能自然分解且被自然界所吸收，如塑料包装袋在其废弃后能在光合作用或生化作用下自然分解
	人体健康损害最小	①材料选择注意材料的辐射强度、腐蚀性、毒性等对人体健康的损害；②尽量不使用涂镀材料，大部分涂料有毒，涂镀工艺污染环境，且涂镀还不便于回收利用

案例 10-3　废弃自行车巧变家具。

10.2.3　面向回收设计

（1）**概念**　面向回收设计也称为回收设计。

1）**定义**。面向回收设计（Design for Recovering and Recycling，DFR），是指设计过程中，充分考虑产品零部件及材料回收的可能性、回收价值大小、回收处理方法、回收处理结构工艺性等一系列涉及回收的问题，实现零部件、材料资源和能源的充分有效利用以及环境污染最小的设计方法。

2）**目的**。DFR 的目的是资源回收和再利用。其基本途径包括原材料的再循环、零部件的再利用。影响回收的主要因素是产品的拆卸技术、回收利用成本。

3）**特点**。DFR 的特点为：①可使材料资源得到最大限度的利用，减少废弃物的数量；②有利于可持续发展战略的实施；③扩大就业门路，提供更多的就业机会；④物流的封闭性；⑤回收过程本身是清洁生产，不造成环境的二次污染。表 10-5 列出了 DFR 与传统设计的比较。

表 10-5　传统设计与 DFR 的比较

传统设计的要求	DFR 的附加要求	传统设计的要求	DFR 的附加要求
功能	长寿命或短寿命产品	装配	装配策略，面向拆卸的连接结构
安全性	环境保护法规、回收材料特性、测试方法	运输	再利用及再生材料运输和装置
使用	回收方法及废弃物回收规则	维护	将拆卸集成到回收后勤保障中
人因	可回收材料的设计规则	回收废物处理	产品回收、再生、材料回收、处理
生产	先期客户回收和后勤保障，回收材料的工艺性	制造成本	制造成本、使用成本、回收成本

（2）**准则** DFR的设计准则主要包括：①设计的结构易于拆卸，使用不需特殊工具的连接件；②结构设计应有利于维修调整；③尽可能利用回收的零部件或材料；④可再利用的零部件材料易于识别分类。⑤应便于分离拆卸不合理的材料组合。

（3）**方式** DFR所说的回收是一种广义回收，有七种不同的回收方式（见表10-6）。

表10-6 七种不同回收方式

回收方式	说明	举例
再利用（Reuse）	将回收的零部件直接用于另一种用途	电动机
再加工（Remanufacturing）	将回收的零部件检修后用于相似的场合	自行车的零部件
高级回收（Primary Recycling）	将回收的零部件重新处理后用于另一更高价值产品中	旧床身用于机床
二级回收（Secondary Recycling）	将回收的零部件用于低价值产品中	电路板用于玩具
三级回收（Tertiary Recycling）	将回收的零部件的聚合物经化学分解为基本单元体	用于生产沥青
四级回收（Quaternary Recycling）	燃烧回收的材料用以生产或发电	
处理（Disposal）	对最终的残余物质进行填埋	

图10-4所示为狭义的开式回收系统，图10-5所示为广义的闭式回收系统。其中的“初次回收”包含表10-5中的前四种方式，“二次回收”包含表10-5中的后三种方式。

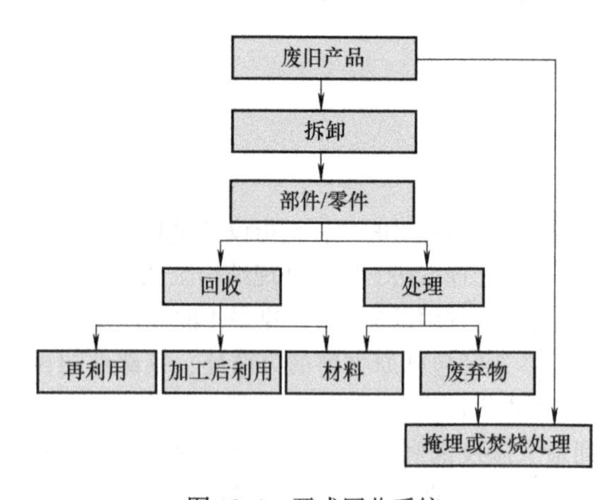

图10-4 开式回收系统

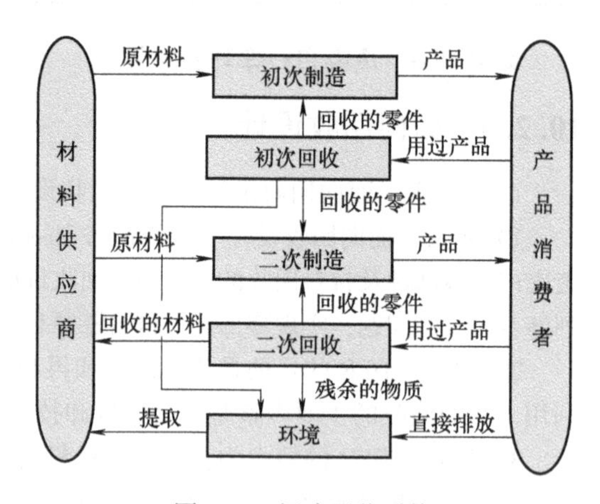

图10-5 闭式回收系统

（4）**过程** DFR的过程如图10-6所示。

DFR的内容包括：①零部件的回收性能分析。一般地，零部件材料的性能在使用过程中会或多或少地退化，可用强度损失百分比来衡量材料性能的退化程度。产品报废后，其零部件材料能否回收取决于其性能的退化情况。②零部件材料的回收标志。如在零部件上模压出材料代号，或用不同颜色表明材料的可回收性，或注明专门的材料分类编号，或在塑料零部件上做出条形码标志。③回收工艺和方法。④回收的经济性分析。回收经济性决定着零部件材料能否有效回收。一般来说，经过产品零部件的回收再利用可使产品成本下降10%～30%左右。⑤回收零部件的结构工艺性分析。

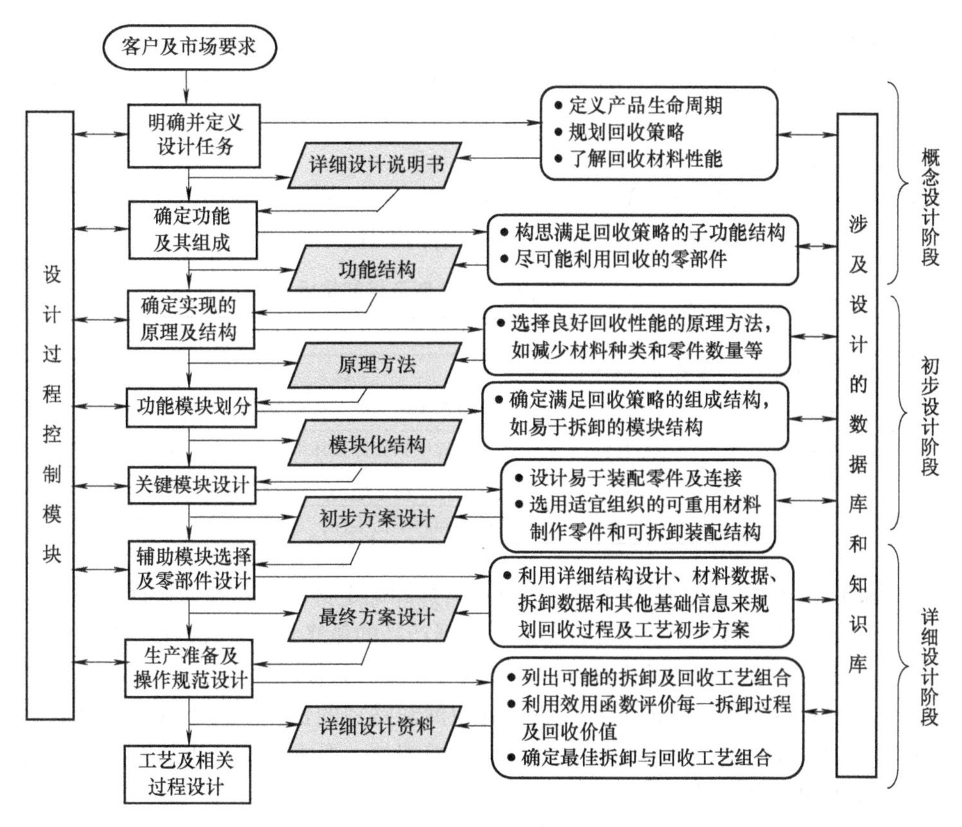

图 10-6 DFR 的过程

10.2.4 面向拆卸设计

（1）**概念** 面向拆卸设计也称为可拆卸性设计。可拆卸性是产品的固有属性，也是产品回收处理和再利用的前提，是衡量产品设计优劣的重要指标。

1）**定义。面向拆卸设计**（Design for Disassembly，DFD），是指在设计时将可拆卸性作为结构设计的一个评价准则，使设计的产品易于拆卸，使不同的材料可以很方便地分离，以利于循环再利用、再生或降解。

2）**生命周期与拆卸技术**。产品从设计开始就要考虑拆卸的可能性与经济性，这是解决产品生命周期设计的根本出路。易于装配的结构不一定易于拆卸。在产品建模时，要把拆卸作为计算机辅助装配工艺设计的一项重要内容。如图 10-7 所示，产品的全生命周期中有设计系统、生产系统、销售系统、恢复系统，产品技术中有设计技术、生产技术、服务技术和拆卸技术，从而形成产品生命周期的循环过程。

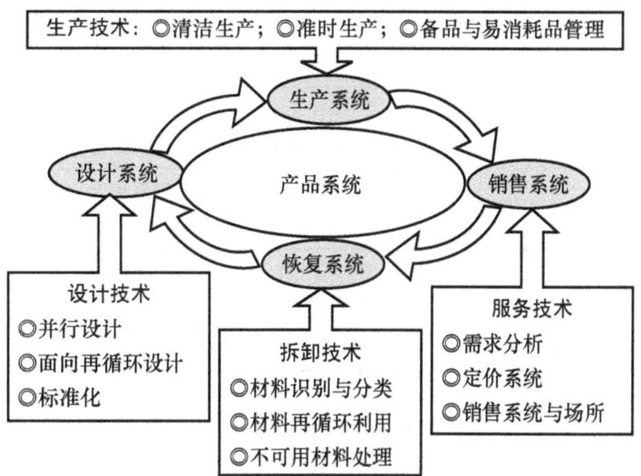

图 10-7 产品全生命周期的相关技术

（2）**内容** DFD 的内容包括可拆卸产品设计、可拆卸工艺设计和可拆卸性评价。

1）**可拆卸产品设计**。其目的是通过在产品概念形成阶段充分考虑可拆卸的难易程度来保证产品具有良好的可拆卸性能。DFD有三个目的：①产品零部件的直接或者间接再利用，例如，装饮料的瓶子可直接用于装其他液体，汽车零部件经过再加工后用于拖拉机；②元器件的回收，尤其是电子元器件；③材料的回收。

表10-7列出了产品的拆卸类型及拆卸技术。产品结构的拆卸设计可以用两种方法实现：①基于典型案例的拆卸设计；②计算机辅助可拆卸结构设计。

表10-7　产品的拆卸类型及拆卸技术

拆卸对象	拆卸类型			材料回收
	零部件再利用	零部件特殊加工	说　明	
产品拆卸	非破坏性	非破坏性	拆卸过程中不能损坏任何零部件	任何情况
	部分破坏性	部分破坏性	拆卸过程中只允许损坏那些廉价零部件	
	破坏性	破坏性	使零部件分离，而不考虑产品结构的破坏程度	
零部件拆卸	非破坏性	依赖于特殊加工	部件拆卸时不伤零件；零件拆卸时不伤材料	视情况而定

2）**可拆卸工艺设计**。它是指为手工拆卸或自动拆卸确定拆卸路径和选择拆卸工具。拆卸一般有两种情况：①将产品拆成单个的零部件。②依据产品的最终状态，有选择地拆卸。

拆卸的基本原则：①拆卸产品中最有价值的部分；②尽量提高拆卸效率。

拆卸工艺设计的内容包括：拆卸策略的制订和拆卸路径的优化。其中拆卸策略的制订包括拆卸目标的确定（如最有价值零件、可重复利用的零部件、严重影响环境的部分和普通零件材料等的确定）和拆卸终止点的确定。

拆卸工艺设计步骤包括：①获取拆卸信息。②产品装配分析。③确定拆卸类型（破坏性拆卸、非破坏性拆卸、部分破坏性拆卸）。④确定拆卸深度。当单位资源回收价值等于单位资源拆卸费用，即单位资源拆卸效益为零时，所得拆卸的总利润最大。如果继续拆卸，则拆卸效益为负。因此，应尽量寻找最优拆卸深度。

3）**可拆卸性评价**。它是指对设计方案进行评价、修改、再评价、再修改，直到满足设计要求的动态过程。拆卸设计的评价指标主要包括拆卸费用、拆卸时间、拆卸能耗、拆卸造成的环境影响、可达性（即提供易于接近的位置）、标准化程度、拆卸方向和产品的结构复杂程度等。

（3）**准则**　DFD的准则见表10-8。

表10-8　DFD的准则

分　类	准　则
拆卸量最少准则	零件合并；减少产品所用材料种类；材料相容性；有害材料的集成
结构可拆卸准则	采用易于拆卸或未破坏的连接方法；紧固件数量最少；简化拆卸运动；符合可达性
拆卸易于操作准则	单纯材料零件（即尽量避免金属材料与塑料零件相互嵌入）；废液排放；便于抓取（即处于自由状态的待拆卸零部件应方便拿掉）；非刚性零件（即尽量不采用非刚性零件）
易于分离准则	便于识别；优先采用标准件；尽量采用模块化设计；一次性表面（即零件表面最好一次性加工而成，因为再进行油漆、涂镀、电镀等二次加工后的附加材料很难分离）
结构可预估准则	避免将易老化、易腐蚀材料与要拆卸对象组合到一起；防止要拆卸对象被污染或腐蚀

本节介绍了绿色设计的主要内容：绿色选材、DFR和DFD。我国的绿色设计技术应用效果虽有所显现，但还需加强其实施与推广力度。

绿色设计的关键技术还包括：面向节约资源的绿色设计、面向节能的绿色设计以及面向环

保的绿色设计。

案例 10-4 具有良好可拆卸性的洗衣机。

10.3 保质设计

10.3.1 保质设计概述

1989 年，瑞士人 V. Hubka 在工程设计国际会议（ICED89）上首次提出了**保质设计**的概念。

（1）**概念** 保质设计的思想是，产品质量不仅仅是制造和管理出来的，更是由设计确定的。其核心是将质量保证提前到产品设计阶段，把产品设计与质量保证集成一体。保质设计的别称是“面向质量的设计”，也可直译为“为质量而设计”。

1）**定义**。保质设计（Design for Quality，DFQ），是指在设计阶段考虑产品功能、性能、材料及其可加工性、零部件可装配性、可测试性、可靠性等影响其生命周期质量的因素，综合运用稳健设计、可靠性设计、结构静动态、瞬态和模态分析等技术，发现并解决质量问题源，确保按设计文件制作的产品实现客户对其性能和质量的全面需求。

Hubka 认为：保质设计就是建立一个知识系统，它能为设计者提供所有必需的知识（包括理论方法与工具），以实现一个产品或过程所要求的高质量。

保质设计的功能是：在产品设计阶段进行质量控制，保证全面满足客户的质量要求。保质设计着力于提高或改进产品的质量可靠性和稳健性。

2）**特点**。保质设计有三个特点：①客户驱动性。质量的最终评判者是客户，客户需求既是产品设计的出发点，也是其归宿，最大限度地满足客户需求是 DFQ 的宗旨。②主动预防性。产品质量首先是设计出来的，从质量问题产生的根源入手，采取主动预防的手段设计质量，通过评价机制保证质量。③设计并行性。以客户需求驱动产品质量设计的同时，应并行考虑后续环节的制约影响，强调各部门协同作业，促进企业整体优化。

（2）**过程** 产品的形成过程也就是产品质量的产生过程，影响产品质量的因素贯穿于产品生命周期。为了正确认识 DFQ 的过程，必须找出质量问题产生的根源。

1）**九个因素**。在全面质量管理理论中，影响产品质量的主要因素有五个：人员、机器、原料、方法、环境，简称为“人机料法环”。Hubka 提出了影响产品设计质量的九个因素：客户需求、技术体系、设计过程、设计人员、质量保证工具、技术知识库、设计过程的管理、设计环境和设计人员使用的过程及方法。这表明，产品设计质量是技术系统、管理系统和环境等因素的综合体。

2）**两类质量**。考虑到企业与客户间对质量的认识与感受存在着一定的差异，1989 年 M. Morup 博士提出了两类质量论，即把质量分解为两类：①外部质量 Q。它是指客户能感受到的质量，即最终产品所体现的特性。②内部质量 q。它是指企业内部所进行的一切制造活动的质量，如采购、设计、生产、装配等质量。或者说，Q 是客户对企业最终产品的质量要求；q 是产品在企业内部流动中前一部门对后一部门提出的质量要求。

3）**保质设计的质量形成过程开发模型**。在两类质量论的基础上，K. G. Swift 和 A. J. Allen 提出了保质设计的质量形成过程模型，如图 10-8 所示。该模型反映了保质设计基于“产品质量由设计决定”的观点，强调以需求决定设计，以质量贯穿设计，在并行的市场、设计、制造三条线的信息线的支持下开发产品。该模型也表示了两类质量在

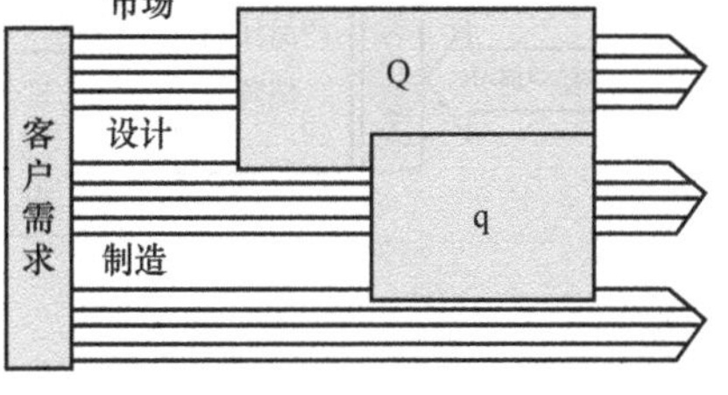

图 10-8 保质设计的质量形成过程模型

设计中的地位和相互关系，Q 横跨市场和设计区（在市场中获得，在设计中落实），q 位于设计和制造区内（在设计中反映，在制造中确定，并最终投入市场，成为客户感受到存在“差异”的 Q）。因此，保质设计的过程实际就是设计相应的 q 来保证 Q 的过程。

4）**保质设计的质量驱动过程模型**。先进设计方法给出的现代设计过程是四阶段：需求（外部）设计（明确设计任务和要求）→概念（功能、原理、方案）设计→技术（总体、结构、总图）设计→详细（模块、零部件、工作图）设计。传统设计过程只包括后三个阶段。保质设计遵循四阶段的整个设计过程。1992 年 M. Morup 博士提出了保质设计各阶段的过程模型，如图 10-9 所示。保质设计在每个阶段的设计结果都是下一阶段的客户需求，经过质量策划、质量综合、质量评价这三步，从而最终完成每个阶段的设计。质量策划是实现各阶段的质量目标的制订和信息的传递；质量综合是采用各种设计方法，在质量分解的基础上，将质量综合设计到产品的生成过程中；质量评价是以评价与择优来验证该阶段的最终质量。该模型强调质量设计（包括质量策划和质量综合）与质量评价的分离。通过确定质量目标、质量分解与合成，将所有与产品质量有关的活动与因素融入设计之中，实现以质量驱动设计活动。

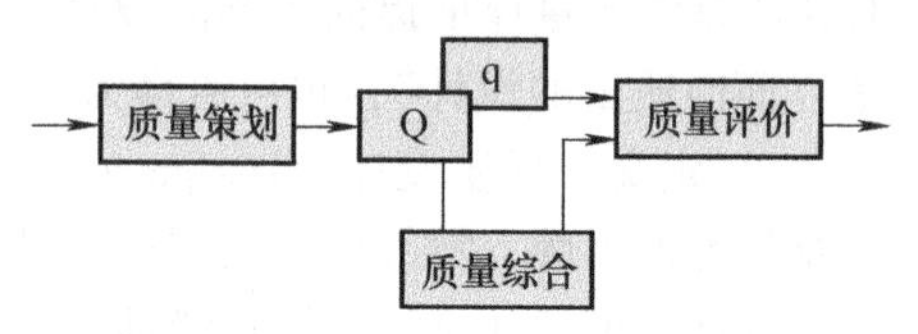

图 10-9 保质设计的质量驱动过程模型

10.3.2 质量功能展开*

（1）**发展** 质量功能展开（Quality Function Deployment，QFD），又译为质量功能配置。它是由日本的赤尾洋二（Yoji Akao）和水野滋（Shigeru Mizuno）两位教授于 20 世纪 60 年代提出的。1972 年三菱重工的神户造船厂首次用 QFD 设计了油轮。1983 年，美国质量控制协会在其会刊上发表了赤尾洋二的论著，QFD 传播到了美国和欧洲。目前 QFD 已在全球得到了广泛应用。

（2）**原理** QFD 是一种多层次演绎分析的方法，其指导思想是以客户需求为产品开发的唯一依据。QFD 的目标是确保以客户需求来驱动产品的设计和生产。

1）**定义**。质量功能展开（QFD）是一种通过定义“做什么”和“如何做”，将客户需求逐步展开，逐层转化到产品全生命周期每个阶段的措施中去的一种结构化的方法。

2）**过程**。QFD 将客户需求逐步展开（配置），把客户的需求结合到企业产品实现的整个过程之中。QFD 最早由日本提出的时候有 27 个阶段，被美国供应商协会（American Supplier Institute，ASI）引进后简化为四个阶段，即总体、细节、工艺和生产。每个阶段都有一个质量屋（House of Quality，HOQ）的形式，如图 10-10 所示。在展开过程中，上一步的输出就是下一步的输入，

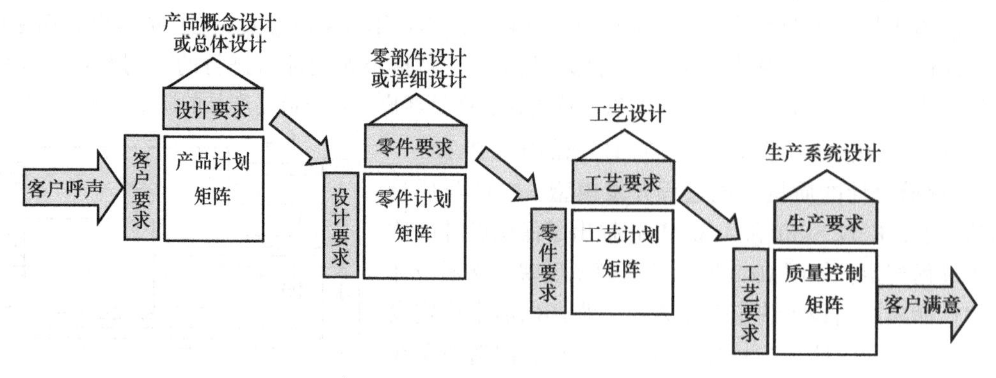

图 10-10 QFD 的展开过程示意图

构成瀑布式的展开过程。客户呼声就这样被逐渐展开为设计要求、零件要求、工艺要求和生产要求，从而把来自客户的需求传送到设计者和生产操作者手中。对应上述四阶段的展开，可以分别得出概念设计 HOQ、详细设计 HOQ、工艺设计 HOQ 和生产设计 HOQ，利用这些 HOQ 的关联性，最终交付给客户满意的产品。

3）**质量屋**。质量屋（HOQ）是由美国学者 J. R. Hauser 与 D. Clausing 于 1988 年提出的。质量屋是实现 QFD 目标的一种工具。它是一个由若干个矩阵组成的，样子像一间房屋展开的平面图。利用 HOQ 来分析客户需求与工程措施间的关系度，经数据分析处理后找出对满足客户需求贡献最大的关键措施，指导设计人员抓住主要矛盾，开展稳健优化设计，从而开发出满足客户需求的产品。

一个产品计划阶段的总体 HOQ 由六个矩阵组成，如图 10-11 所示。图中①左墙，是对客户需求和权重的描述，表明“做什么”。②天花板，是产品设计要求（或工程特性）的描述，表明“如何做”。③屋中（房间），是客户需求和设计要求之间的关系矩阵。④右墙，是产品的市场竞争力的评估矩阵，填写本企业产品和竞争对手产品的竞争力的数据。⑤屋顶是个三角形，表示各个设计要求之间的相互关系。⑥屋下（地板和地下室），表示技术竞争力评估矩阵，对应于每项设计要求，填写本企业和竞争对手的产品规格、技术难度、目标值和技术要求权重等。

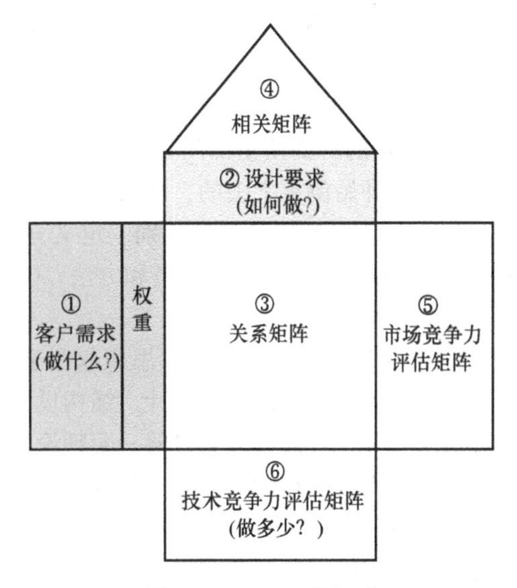

图 10-11　HOQ 的组成

4）**特点**。QFD 的优点：既积极寻求客户明确告知的需求，又努力发掘没有言传的客户需求，并尽可能最大化能够为客户带来价值的“积极的”质量，如简便易用，制造快乐，产生豪华感等。用质量屋的形式，可以将客户需求逐步展开，分层转化为可测量、可操作的项目。在设计阶段，它可以确定“质量突破特性”，通过严格控制质量突破特性的质量，就可以满足客户的要求。在正确应用的前提下，QFD 技术可以保证在产品全生命周期中，客户的需求不会被曲解。QFD 的缺点：客户感知是通过市场调研获得的，一旦市场调研不准，其后的所有分析结果只会给企业带来灾难。在客户需求建模、QFD 关系矩阵的构造、各环节间的信息转换机制等方面还存在不足。

（3）**应用**　QFD 作为一种有力的工具，不仅被用于最初的生产领域，而且被广泛地应用于非生产领域，如服务业、软件业等。

1）**注意事项**。QFD 的逐步展开要注意两点：①QFD 的四阶段可以剪裁和扩充，可根据具体情况来定。②QFD 各阶段质量屋的建造要遵循并行工程的原则，以确保产品开发一次成功。质量屋的展开要注意两点：①质量屋的结构可以剪裁和扩充，可根据具体情况来定。②质量屋规模不宜过大，以便于操作。

2）**应用步骤**。QFD 的应用步骤为：①确定目标客户。②调查客户要求，确定各项要求的权重。③根据客户要求，确定最终产品特性的设计要求。④分析要求之间的关联程度，找出与客户要求有密切关系的关键特性。⑤评估产品的市场竞争力。⑥确定各产品特性的改进方向。⑦选定需要确保的产品特性，并确定其目标值。

案例 10-5　汽车车门质量屋的构建。

10.3.3 六西格玛设计

六西格玛（6σ）管理已被公认为是实现高质量和营运卓越的高效工具。六西格玛设计（Design for Six Sigma，DFSS，简记为6σ设计）与六西格玛改进（DMAIC，简记为6σ改进）并列成为6σ管理中的两类方法。

（1）**目的** 为了保证6σ的质量水平，必须重新设计产品和流程。6σ设计是解决生产制造过程中的改进所不能解决的问题，突破六西格玛改进“5σ墙”的限制，使产品质量达到6σ水平，甚至7σ水平。

6σ理论体系不只是质量部门的事。如果质量没有从源头得到控制，那么最后的品质是不可能趋近于6σ的，而质量部门只是对前道工序的补充和把关而已。6σ的体系内容是从生产最后一关质量检验开始倒推上去的，即从非标准件的生产、物流和研发，直到标准件的采购，整个一条产品链。6σ设计提供了一套识别、定义分析和转换产品开发过程中各级质量关键特性（Critical to Quality，CTQ）的流程、工具和方法。CTQ即质量关键点。因此，质量不仅是设计出来的，而且是定义出来的。

（2）**概念** 6σ设计的初始思想起源于产品公差设计，随着实践的不断深入，渐渐地人们把这种思想应用到产品的参数设计、结构设计、功能设计和产品定义阶段等产品设计全阶段，渐渐地形成了贯穿于产品设计阶段的一套理论方法体系。

定义：六西格玛设计，是按照合理的流程，运用科学的方法，准确理解和把握客户需求，对新产品/新流程进行设计，使其在低成本下实现6σ质量水平，并具有抵抗各种干扰的能力，在恶劣环境下仍能满足客户需求。

6σ设计是帮助实现在提高产品质量和可靠性的同时降低成本和缩短时间的有效方法。

（3）**应用** 应用6σ设计的流程有多种模式，但迄今为止还没有形成统一的模式。摩托罗拉公司最早提出的6σ设计流程模式为DMADV：界定（Define）、测量（Measure）、分析（Analyze）、设计（Design/Develop）、验证（Verify）。

美国质量专家苏比尔·乔杜里（Subir Chowdhury）提出6σ设计流程的典型模式为IDDOV：识别（Identify）、界定（Define）、开发（Develop）、优化（Optimize）、验证（Verify）。它与6σ改进模式DMAIC[界定（Define）、测量（Measure）、分析（Analyze）、改进（Improve）、控制（Control）]的联系，如图10-12所示。DMAIC常被用于对企业现有过程的梳理和改进。而6σ设计则主要用于企业新产品或服务过程的设计，以及旧过程的再造等工作。

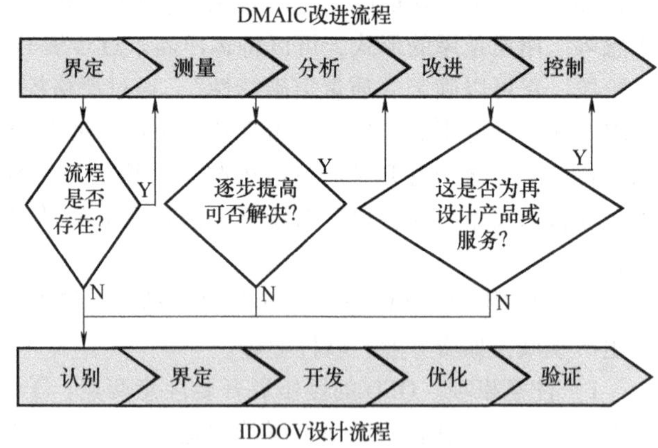

图10-12 6σ管理中的两类方法

为了达到完美，通常6σ设计强调两个重点：聆听客户需求和强化最优设计。例如，在一个咖啡店的流程设计中，从咖啡店提供的水、装咖啡用的纸杯，到咖啡店员工的数量、咖啡的品种，每一个环节在确立之前就强调“聆听客户”，以客户的真正需求进行6σ设计，而不是依据自己的想法；通过稳健设计，在不增加成本的同时改进产品或流程，第一次就使新产品、新服务

完美上市。

6σ 设计可用于很多领域。6σ 设计和 6σ 改进是同等重要的，并非先掌握 6σ 改进才能采用 6σ 设计。与其不断地弥补差错，不如在开始就建立一个没有缺陷的设计。6σ 改进和 6σ 设计之间的区别在于：是在一条破裤子上补几个补丁，还是买条新裤子。事实上，大部分企业在设计流程阶段只有5%的投入，而80%的质量问题是在设计时形成的，6σ 设计的应用价值就体现在这里。

企业实施 6σ 设计的战略部署包括五个步骤：高层管理层的支持；教育、培训和训练；有效沟通；整合战略；底线绩效。这是 6σ 设计成就成功质量的保障机制。

低成本、高可靠性、零缺陷，是当今高级 6σ 管理的发展方向。6σ 设计系统方法的核心是，在产品的早期开发阶段应用完善的统计工具，从而以大量数据证明预测设计的可实现性和优越性。6σ 设计是 6σ 管理的最高境界。

10.3.4　保质设计的应用

保质设计的关键技术包括以下几方面：

1）**保质设计系统信息处理过程建模**。保质设计必须建立在良好的信息集成和过程管理（如PDM）的基础上，以实现信息共享与交流。信息处理过程的管理、协调和控制是保证保质设计有效实施的关键。信息处理过程建模是保质设计理论与实践研究的基础。

2）**基于知识的专家系统的研究**。建立基于知识的专家系统，将不同的设计基本型和部件的设计、性能记录及有关设计推理、决策之间的所有联系存入事例库和部件库中，进行设计知识和经验的积累，作为以后设计重新应用的基础。这是实现保质设计的有效方法。

3）**设计模型的建立**。在设计早期阶段，利用有限的信息，依据客户需求、设计原理、物理关系等建立求解模型，运用优化设计理论、有限单元法、计算机辅助设计和仿真等，将为设计者提供有力的帮助。确定设计变量，需要借助于一定的数学模型或实验模型。

4）**产品设计质量的评价**。产品设计质量的评价涉及很多因素，各因素重要程度也不同，有些指标是定量的，或是定性的，甚至是模糊的。有必要研究建立合理的评价模型，采用先进评价方法，依据既定目标对设计的各阶段成果进行合理评价，从而做出正确的决策。

10.4　快速设计

随着经济的全球化发展，市场竞争更加激烈，客户的多样性需求和产品个性化日益增加，产品的大型化、微型化和规模化等向极端方向延伸，从而造成产品的创新空间越来越宽、复杂程度越来越高，涉及的技术领域越来越多，整体设计的难度增加；而产品更新频率却越来越快，开发周期越来越短。这些都使得传统设计方法面临着巨大挑战，需要有支持设计过程高质量高效率进行的设计方法和手段，因此快速设计（Rapid Design）应运而生。最具典型性的快速设计理论与方法有：模块化设计、可重构设计和云设计等。

快速设计的理论基础是模块化理论。模块一词来自于玩具积木。20世纪30年代后期，德国一些工厂在铣床上采用了积木式设计，即模块化设计。1967年，英国曼彻斯特理工大学的Koeuigsberger教授对模块概念的阐述，对模块化设计的推广起了极大的推动作用。模块化设计的对象是产品或系统的构成。系统工程的出现，从理论上为MD奠定了基础。可重构性概念出现于20世纪90年代后期。各国学者主要研究了机床、机器人等产品的可重构设计。可重构设计在解决设计的继承性和创新性这两个问题上具有明显优势。快速设计的发展趋势是模块化设计与可重构设计的有机结合，两者结合的优越性在于能使产品真正实现大量定制。

10.4.1　模块化设计*

案例10-6　采用模块化设计的多面插头与加工中心。

1. 概念

首先说明几个术语：产品结构、模块、模块系统与产品族。

（1）**产品结构**　它是构成产品多个构件（或物理单元）之间通过相互作用，实现预定操作与功能的一种规划方案。

产品结构的常见类型有两种：①**整体式结构**。产品的所有功能都集中于同一结构或少数几个物理单元中，各物理单元间具有刚性连接且界限不清。②**模块式结构**。产品由多个可互换的模块或组件组成，各模块间的接口需定义明确且简单。

例如，笔记本式计算机采用了整体式结构，所以它的键盘与计算机主机部分被集成到同一个单元中。而作为单独组件进行销售的计算机主机及键盘，则是一个模块式结构。

（2）**模块**　模块是模块化设计和制造的功能单元。模块及其相关术语的定义和特点见表10-9。

表10-9　模块的相关术语

术　语		定　义	特点或实例
模块	Module	一组可组成系统的、有确定功能和接合要素的、典型的相对独立单元	①独立性，可重构，能够独立测试。②通用性，可更换，有跨系列的功能。③互换性，可连接，有标准接口。④典型性，可选择，有选择余地
整件	Integral Part	一个具有独立功能的由材料、零件、部件等连接成的装配件	①独立性。具有特定功能的整体结构。②整件分为通用件与专用件。通用件是用于两个及其以上产品的整件
通用模块	Common Module	能够提供一定功能的通用件	可在不同的产品中使用且不会影响产品的唯一性（如特殊功能、质量等）
专用模块	Special Module	不具备通用性（或互换性）的一类组件	通用范围较窄，有局部的通用性，直接影响该产品性能、特点、安全性、外观、可靠性或功能
产品族	Product Family	一组内部结构具有标准接口的产品	从基型产品派生一系列的变型产品；部件完全互换；满足一定范围市场需求；共享某些公共特征或组件
基型产品	Base Product	包含全部通用模块的产品	又称为产品平台。实现基本功能，产品结构比较成熟
变型产品	Variant Product	同时含有通用模块与专用模块的具体产品	通过提取已有设计方案，做特定修改以产生一个和原设计相似的新产品。其设计方法有模块化、参数化
通用件	Common Part	在两个或两个以上的产品中可通用的构件	通用件可以是零件、部件或整件。可在相关设计手册中查找。组成通用件的零部件未必是通用件
标准件	Standard Part	结构、尺寸、画法、标记等已完全标准化	由专业厂生产的零部件、元器件。要求指明产品名称、标准编号、性能等级、种类、材料、规格和数量

由表10-8可知，模块有四个特点：独立性、通用性、互换性和典型性，这些是一个单元成为模块的必备条件，若不满足这些条件则不是模块。模块是组成产品的基本单元。凡是模块就是整件，但整件未必是模块。整件可以是一个零件、组件或部件。模块可以是可拆的，也可以是不可拆的。

模块是产品的一种特定的部件。模块与传统部件的主要差别有两点：①模块强调功能的独立性，而部件强调结构的完整性。②模块比部件更适宜细化。

模块细化后，其作用有三个：①可以使产品所需的模块总数减少；②每个模块的零件数减少；③使产品的重构更灵活。

（3）**模块系统**　它是由一系列模块组成的系统。通过使用模块系统中的不同模块可以组合成产品族。模块系统是产品族的基础。模块系统与产品族的关系，如图 10-13 所示。

（4）**产品族** 即产品系列，它是建立在基型产品之上的具有相似功能的一组产品。对于同一产品族中的模块式产品，其构成模块可分为通用模块和专用模块两大类。利用分解组合的方法来重新研发产品，利用模块的四个特点实现大量定制生产，达到快速匹配出需求产品的目的。产品族的概念是大量定制的基础。凡是同一产品族的所有定制产品均将具有相同的基本功能，事实上是同类产品。如图 10-14 所示，一个普通的办公椅必须至少具备一个座位和若干条腿，此外还可配有客户可选的扶手或滚轮等。

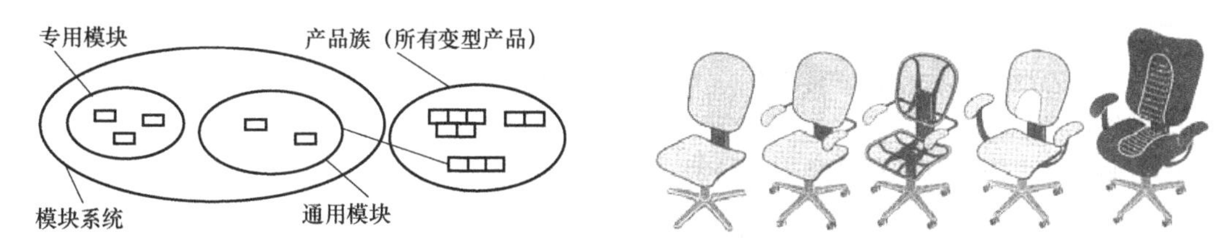

图 10-13　模块系统与产品族的关系

图 10-14　办公椅的产品族

2. 原理

（1）**定义** 模块化设计（Modulor Design，MD），是指在功能分析的基础上，对一定范围内的不同功能或相同功能而不同性能、不同规格的产品划分并设计出一系列功能模块，通过模块的选择和组合构成不同的产品，以满足不同市场需求的设计方法。

MD 与传统设计的主要区别见表 10-10。传统设计因整体式产品无须模块间的接口而具有较低的价格。只有当增加模块式产品可选方案所带来的价值超过因此而需要的制造成本时，MD 才具有经济意义。

表 10-10　MD 与传统设计的主要区别

比较项	产品结构	设计对象	设计性质	设计过程	产品品种	制造成本	适 用 场 合
传统设计	整体式结构	单个产品	专用性设计	自下而上	刚性、较少	较低	大量生产
MD	模块式结构	产品、模块	标准化设计	自上而下	柔性、很多	较高	大量定制和个性化生产

（2）**特点** MD 具有三个特点：①同一功能的单元不是一种单一部件，而是若干可互换的模块，从而使所设计的产品在性能上更具适合性。例如，卧式铣床经模块组合可成为多功能机床，如卧铣、立铣、精密钻等。②同一功能的模块可在基型、变型，甚至跨系列和跨类型的产品中使用，从而具有较大范围内的通用性。例如，汽车方向盘从左置到右置的方便转换。③尽量将功能单元设计成较小型的标准模块，并使其与那些直接相关模块之间的连接形式、结构要素一致，或使其标准化，如办公椅。

（3）**分类** 按模块在产品族中所覆盖的形式和程度，通常把 MD 分为 4 类：①横系列模块化；②纵系列模块化；③跨系列模块化；④全系列模块化，见表 10-11。

表 10-11　MD 的类型

类　型	横系列模块化	纵系列模块化	跨系列模块化	全系列模块化
特点	基型产品的规格相同；变型产品的动力参数相同；通用度较高	基型产品的规格不同；变型产品的动力参数不同；用分段通用法设计	在横系列模块化的基础上兼有纵系列；实现条件是产品的动力参数相近	在一类产品的全部横系列和纵系列范围内进行统一的模块化设计

（续）

类　型	横系列模块化	纵系列模块化	跨系列模块化	全系列模块化
模块种类	最少	较多	较少	多
实现难度	最小	较大	较小	大
实例	上海第四机床厂的500mm工作台不升降端面铣床，可更换模块2组，可选订的变型铣床19种	德国SHW厂的工具铣床，可得到三种纵系列规格，其模块有4组，可选订的变型机床1080种	法国Huron厂的铣床，5组模块，铣头组和进给组用于跨系列，3个系列可选订的变型机床477种	北京第一机床厂的龙门铣床，工作台宽分为3段，中段系列有26组95种模块，可组机床近千种

若按MD的设计层次，则可将MD分为三类：①模块化系统（总体）设计；②模块系列设计；③模块化产品设计。

（4）**原则**　指导MD的原则见表10-12。

表10-12　MD的原则

原　则	说　明
物理单元与功能单元的结构相似性	应尽量使模块与产品的功能单元相互对应。理想的MD应能体现每一个物理单元（实体构件）与功能单元之间一一对应的关系
各物理单元之间耦合作用的最小化	模块的功能单元应尽可能限定于该模块内部。应尽可能减小各物理模块之间的功能耦合，只允许对产品整体起重要作用的模块之间保留功能耦合。耦合界面数目的减小适用于三种界面：机械、动力和信息（信号）
同一产品族中不同变型产品共享基础组件的最大化	在设计产品族时，增大基础组件的数目可以降低生产成本。应注意避免产品的相似性过大的问题（过量使用基础组件）。应尽量使专业组件易于被客户察觉

（5）**步骤**　产品的MD包括四步，见表10-13。图10-15所示为计算机辅助产品模块化设计的流程。

表10-13　MD的步骤

步　骤	说　明
市场调查与分析	市场需求是产品MD的依据，若盲目地做产品规划设计，就必然导致产品结构或性能与客户要求脱节，造成产品断档或积压，降低其市场竞争力
周密的总体规划	产品MD的总体规划是否周密，直接影响到模块系统的两个问题：一是成本，以最少模块组合出最多产品；二是覆盖面，避免设计重复和功能冗余
合理确定产品族型谱	确定设计的产品族，产品族型谱拟订的合理性直接影响到产品结构格局以及对市场需求的适应程度，直接影响MD的难易和发展新品种的潜力。必须注意模块的划分和同类功能的不同模块的选择
产品参数范围分析与主参数的确定	特定产品的参数种类和范围通常是有限的。产品的参数可分为尺寸参数（如结构的关键参数、安装参数）、运动参数（如机床主轴转速）和动力参数（如功率、电压）。主参数指产品的主要性能、规格的参数，如电表的量程、电视机的屏幕尺寸

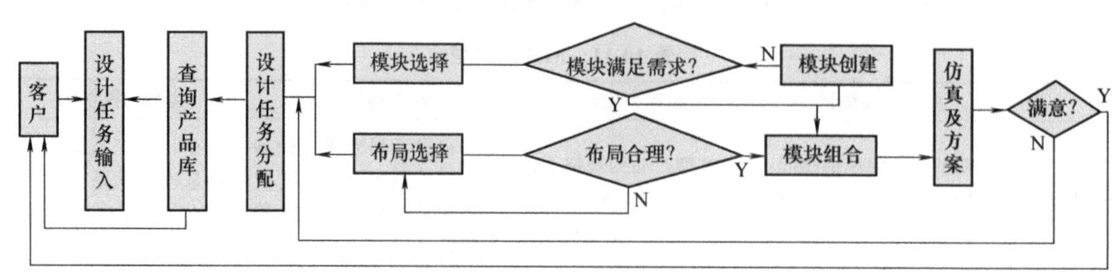

图10-15　MD的流程

3. 关键技术

产品族由不同模块构成的基型产品和变型产品来得到。MD 有 3 个关键技术：模块的划分、模块的组合和产品族设计。

（1）**模块的划分**　模块划分的好坏直接影响到整个模块化系统的复杂程度、结合与分离的方便性、装配质量的控制以及组合后所产生的产品类型的数量，也直接影响到经济效益。模块划分应遵循表 10-14 中的原则。这些原则适用于反求工程和变型产品的开发。

表 10-14　模块划分的原则

原　则	说　明
独立性	一个模块不应依附在其他模块上，而应完整地独立存在，以完成规定的功能。这样的模块易于组合成各种变型产品。例如，磨床主轴轴系被设计成整体套筒结构
适当性	模块划分的粒度层次是 MD 的一个重要设计原则。粒度太大不利于组合变型，而粒度太小不利于产品配置，并增大工作量。只有模块具有一定数量的重用性时，才能降低成本
稳定性	模块的易变不利于生产和管理。要注意使组成模块的基件变化较小。随着新技术的发展，某些结构可能被淘汰而导致模块重建。为此可将变化可能较大的基件单独组成模块以适应新变化
经济性	通过构思建立经济合理的模块，应考虑到产品全生命周期的经济性和便利性。模块的经济性取决于其通用性，通过大量生产可降低成本。对于专用模块，虽批量小，但因其加工方便而体现经济性

模块划分的方法有三种，见表 10-15。图 10-16 所示为按零部件划分模块的实例：普通车床的模块划分。图 10-17 所示为按功能划分模块的实例：工业汽轮机系列功能和模块组成。

表 10-15　模块划分的方法

方法类别	说　明
按零件划分	多层次多角度地考虑产品零件的关联关系，通过相关分析把这些因素关联到结构单元上。其重点是产品零部件布局及其之间的关联关系。其目的：①实现产品多样化；②创建产品族。此法适用于常规设计
按功能划分	设计者不必知道产品的结构，可根据需求确定产品的总功能。将产品的总功能分解为一系列分功能，自上而下，直至划分到功能元，由这些功能元形成功能模块，实现模块的划分。此法适用于全新设计
混合划分	综合按功能分和按零件分的方法，实现模块划分。①在已有的产品库中搜索最能满足功能需求的产品；②结合找到的已有产品，分析新产品中功能需求，确定需要修改或添加哪些新功能，并将新功能映射到零部件结构；③按零部件划分方法划分整个新产品，得到新产品的模块划分方案。此法适用于变型设计

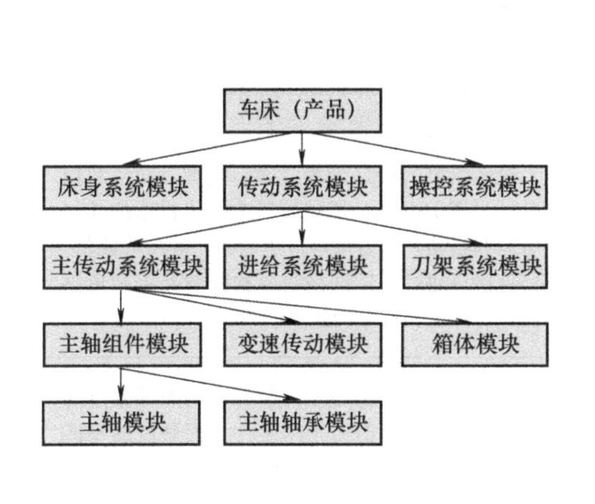

图 10-16　普通车床的模块划分

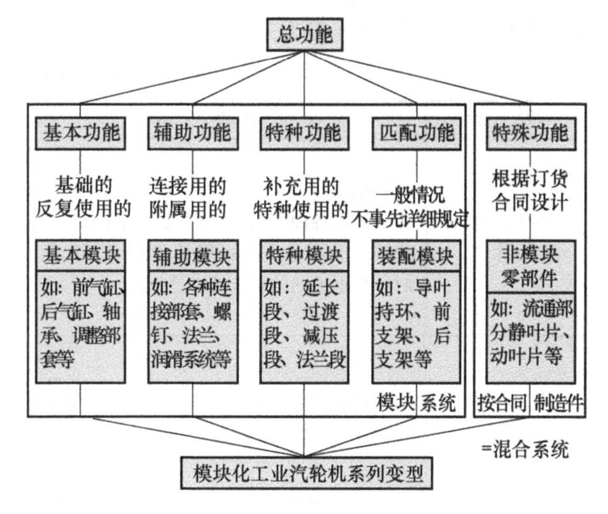

图 10-17　工业汽轮机系列功能和模块组成

从产品设计的角度来看，目前模块的三种划分方法正是对应了产品设计中的三种类型。对应于全新设计、常规设计和变型设计的模块划分过程如图10-18所示。对于复杂产品，可以按照一定的相关性影响因素，利用聚类分析算法、模拟退火算法等方法把功能单元或结构单元聚成模块。

此外，还有“分级模块系统”的概念。其中，位于高一等级的模块由较低一级的一些模块组成，而最低一级的模块一般均为最基本的几何形体。完全的分级模块化将是最彻底的真模块化。在实际中，当以某一产品为“基型产品”划分模块时，不可能把产品中所有的零件均划在模块中，但这些零件也隶属于模块系统中，这种“混合系统”所构成的产品比纯模块系统的产品更常见更实用。

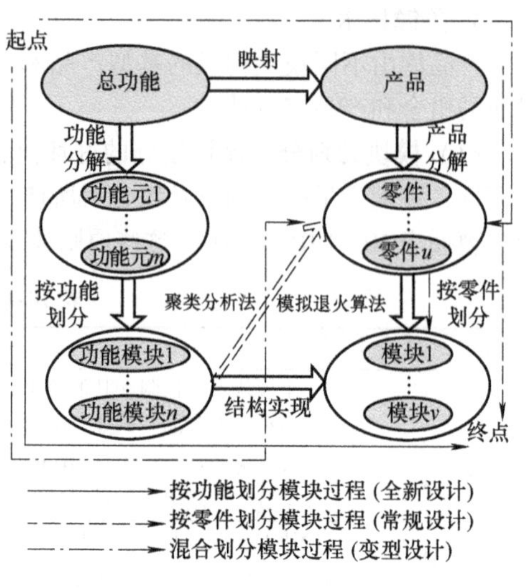

图10-18　三种模块划分的过程

（2）**模块的组合**　它是根据设计任务选择出模块并组合产品总体方案。模块组合应遵循的原则见表10-16。模块组合的关键是模块的接口设计。因为模块的接口是模块组合的依据。

表10-16　模块组合的原则

原　则	说　明
目的性	模块系统的建立应以总功能作为其组合的目标。凡是与总功能无关的其他功能都不必组成模块。按具体的功能要求，以基本功能模块为主，通过调整与附加功能模块的组合来体现总功能要求
可行性	组合并不是模块的盲目叠加，而是要遵循以可行性确定能否组合以及如何组合来满足要求。例如，使车床具有钻、铣、插等功能是可行的，但在车床上增加磨削功能则毫无意义
灵活性	模块的组合应具有较大的灵活性。这种灵活性主要体现模块的功能和接触界面的互换性。为了实现计算机辅助模块组合设计，还需要合理定制模块及接口的编码、名称属性和数量等
经济性	对体现功能的模块系统，是采用纯模块系统还是混合系统以及如何组合最有利均要从经济性角度上考虑

接口是指模块间连接部位的接合要素，如接触面（界面）的形状、尺寸、方向和位置，连接件间的配合特性或连接方式等。模块的接口技术见表10-17。

表10-17　模块的接口技术

技　术	说　明	举　例
接口的设计加工技术	包括接口的可靠性、可装配性和加工工艺等。为了能使各种不同性能的模块均能任意组合，就需要使界面标准化提供给设计者，在模块设计时，根据不同的要求予以选择	机床模块的接口分为三类：机械、动力和信息（见图10-19）。机械接口决定了机床的几何布局和运动。动力接口传递电流、液压等能量。信息接口通过通信网络将各种控制开关和传感器与计算机相连并传递数据
接口的管理技术	包括标准化、编码、接口数据库管理和模块组合测试等。要保证模块连接时特性参数的一致性	在机械系统中两个零件装配后间隙等各方面均需满足要求，但由于两零件表面硬度的不匹配致使其中某一零件过早磨损，进而影响到整个产品的寿命

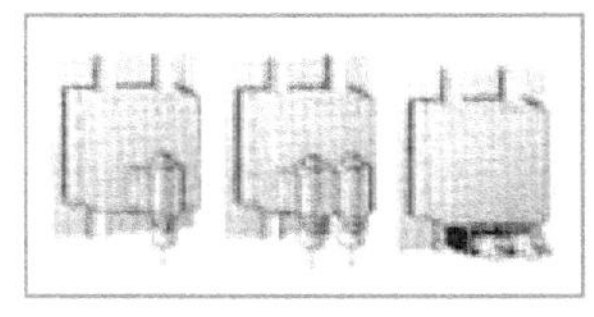

a）机械接口（连接件、紧固件）

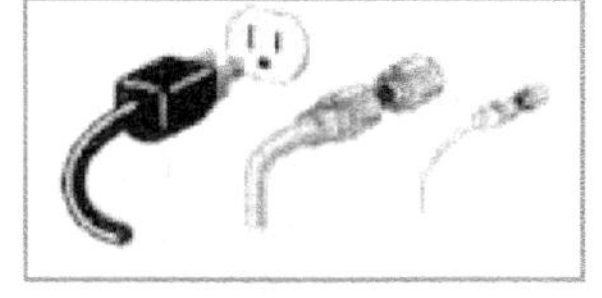

b）动力接口（电源、液压、气动）

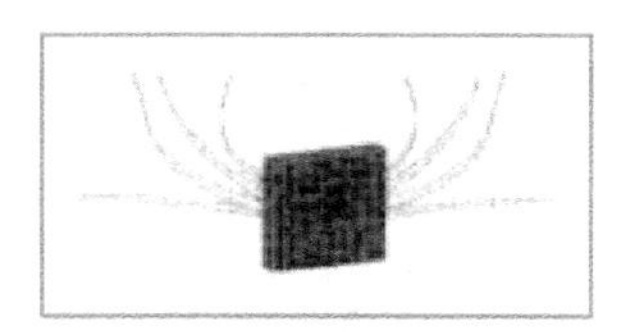

c）信息接口（控制网络）

图10-19 模块化机床的标准接口

接口不仅是模块连接部位的接合因素，还渗及内部特征参数的相互匹配。只有应用定义明确的接口，才有可能得到开放式（可升级）的模块化产品。接口设计的着眼点不仅放在自身模块的结构、形状等界面上，还需考虑整个系统的总参数以及与相关模块的匹配。

（3）**产品族设计** 产品族的设计过程分为以下三步：

1）设计基型产品。即确定产品族的基础组件。要注意协调其组件通用性与功能差异性之间的关系。为获得最优的产品平台，通常采用逐次接近法。在迭代过程中，确定通用模块，并对照每一市场细分目标来评价单个变型产品的性能优劣。为评价产品族中各组件的通用性，可使用通用性指数 C，即

$$C = 1 - \frac{u - \max p_j}{\sum_{j=1}^{m} p_j - \max p_j} \tag{10-1}$$

式中 u——不同零件的个数；

p_j——变型产品 j 中所含的零件数；

m——可形成的最终变型产品种数。

2）**形成变型产品**。变型产品应包含基型产品的通用模块和所有专用模块的可选项（至少1项）。一般地，若某一产品结构具有 n 个专用模块，其每个专用模块具有 d_i 个选项，则可形成的变型产品的种数 m 由下式计算

$$m = \prod_{i=1}^{n} d_i \tag{10-2}$$

3）**确定该产品族的变型产品**。该步对于产品族的利润空间起着决定性的影响。随着产品变型数目的增加，制造商每年均可从该产品族中获得更多的收益。但是，产品变型的增加也将导致生产成本的提高。因此，制造商必须采取有效措施来确定合适的产品变型组合，从而使该产品族为企业带来更加丰厚的利润。

4. 应用

最初的模块化设计主要有：面向设计、面向制造、面向装配的模块化设计；面向可维修性、面向回收、面向再制造的模块化设计；绿色模块化设计和面向生命周期的模块化设计；一些企业正在把模块化设计扩展到“产品+服务”的设计上来。当前模块化市场要求企业决策人在两种发展战略中做出慎重选择：企业作为总设计师为多个模块构成的产品确立设计和生产原则；企业也可以作为模块制造商为客户提供高性价比的模块产品，以性能和价格在市场上打败同类厂商。

模块化设计的优缺点见表10-18。

表10-18　模块化设计的优缺点

	说　明
优点	① 快速响应市场变化，缩短产品研制周期，便于产品重复利用，有利于快速实现产品的升级换代 ② 面向多样性设计，将原单一功能的产品变成多功能产品，增加了产品种类，增强了国际市场的竞争能力 ③ 便于设计任务的解耦，利用计算机建立和管理模块库，可获得最佳模块组合方案 ④ 有利于模块式组件的规模经济性。增加批量，降低成本 ⑤ 有利于产品诊断、维修、升级和再制造等服务。简化了产品故障识别与维修过程 ⑥ 延长产品全生命周期。因模块寿命的差异性，可允许更新部分模块
缺点	① 产品成本增加。模块接口与整机性能试验提高了产品成本（材料与设计时间） ② 助长了技术模仿。通过制造不同组件，产品易被他人理解与复制 ③ 产品相似性加大。它使得产品族中的各种产品看上去非常相似

模块化与标准化既有联系，又有区别。模块化以少变应多变来满足多样化需求。模块并不一定都是标准化的。标准化以统一重复性的事物和概念来获得最佳秩序和效益。标准件必定都是标准化的。通用化、系列化和模块化（三化）都是标准化的方法，其目的都是以有限的品种满足多样化的需求。模块化以通用化和系列化为基础，它是标准化的高级形式。此外，模块化与组合化是近义词。组合化覆盖面较宽，其语义上未含分解的过程；而模块化蕴含了模块分解和组合的特征。

案例10-7　模块化仪表车床。

10.4.2　可重构设计

案例10-8　可重构的椅子。

（1）**概念**　下面给出可重构设计的定义、类型和特点。

1）**定义：可重构设计**（Reconfigurable Design，RD），是指根据客户需求，通过选择已有预定义的构件，展开新构件设计活动，以快速重构满足重构约束的目标产品的方法。

“预定义的构件”包括产品族所有的零件、部件的集合。每一个构件被描述为一组属性相关且与其他零件连接的接口，以及每一接口处需连接的构件的约束和其他结构约束。简言之，RD是基于广义可重构性的产品设计。

RD的目的是使产品满足多样性、重用性、快速性、低成本、高效率、可靠性和简化性等要求。

2）**类型**。RD分为面向功能和面向结构两类。两类RD都是由客户需求驱动的重构。① 面向功能的可重构设计。为实现客户对产品功能的个性化需求，从产品功能需求出发，通过功能划分、功能调整和功能组合，使产品具备新的功能或用途。② 面向结构的可重构设计。通过重新组织产品结构或装配结构，满足可重构产品或系统的不同需求。

3）**特点**。RD具有如下特点：① 定义产品族。产品族的概念是大量定制和个性化生产的基础。产品族的基本原理有两条：一是采用模块式结构来设计产品族中的各个品种经济可行；二是在按照产品族设计的制造系统中组织生产时，其生产成本与大量生产相当。② 识别产品族特征。在产品族设计过程中需明确两组特征：主要特征和辅助特征。主要特征是为“族”规定了产品族中所有产品的基本功能；辅助特征是为了满足不同需求而规定的，它对于规定某个零件或产品是否属于该族起相应的判断作用。

（2）**方法**　RD方法是模块化设计的延伸。现将RD的主要步骤和基本原则说明如下。

1）**步骤**。RD的主要步骤如下：① 模块化结构设计。通过模块的添加、替换或移除实现不

同功能的产品。② 产品的构形设计。在构件结构形状已确定的条件下，系统地改变其参数，通过已有构件的设计获得多样的构件（或零件、部件），重用构件得出设计方案。③ 可重构产品的设计。在备选方案和功能冗余的基础上，通过调整产品重量、尺寸和功能参数等获得具有动态可重构性的多种产品构型。

2）**原则**。RD 必须遵循如下基本原则：① 同一族中所有产品的关键特征必须保持不变。产品族是由其关键特征进行界定的。如果产品的主要特征缺失，则它将不再属于那个产品族。例如，如果随身听不再抗振，那么它将无法完成原有的任务。② 同一产品族中的各种非增值变型产品数最小化。非增值的变型产品并不能真正地增大可供产品的品种范围，它只不过是用于吸引客户的营销手段。产品的多样性应有利于客户，而随意地增加不重要的产品品种则可能会干扰客户并降低销售额。③ 产品的主要特征必须体现在产品结构上。主要特征可降低可定制产品与可重构产品的生产成本。

案例 10-9　汽车内部空间的可重构设计。

案例 10-10　一种弧形可重构机床的原型。

10.4.3　云设计

（1）**发展**　云设计是在云制造概念的基础上提出的。2010 年李伯虎院士等人提出了云制造的概念。基于设计与制造同步发展的思想，2013 年陆继翔博士等从工业设计的角度提出了云设计的概念。使云设计与云制造并行发展，有助于用“中国设计”加速“中国制造”向“中国创造”转型升级，提升国家核心竞争能力。

（2）**原理**　将“设计资源”代以“计算资源”，云计算的计算模式和运营模式为设计数字化走向服务化提供一种可行的新思路。

1）**定义**。云设计（Cloud Design，CD），是一种基于云计算，将各类设计资源虚拟化，为产品全生命周期过程提供协同、按需、弹性、安全、廉价服务的设计技术。

2）**运行**。在服务运行中，云设计是由“知识”支持的，由设计资源提供者、设计云运营者和设计资源使用者三方参与的过程，云设计的运行服务方式如图 10-20 所示。将各种设计资源和能力封装为云服务，作为输入。向使用者提供服务的过程称为输出。云服务根据不同的设计需求积聚构成服务载体“设计云”（Design Cloud）。知识在运行中起核心支撑作用，它支持各环节的智能化工作。

提供者，可向云端提供资源或参与完成设计任务。运营者，接受设计请求，将设计任务发布并分配供众多提供者来完成的部分；负责设计云的运维管理。使用者，可获取资源或上传设计任务。使用者与提供者的角色可相互变换。可见，云设计是一种实现基于知识的“设计即服务”的网络化智能设计方式。

3）**关键**。云设计的关键是形成设计云，面向产品全生命周期实现网络化设计资源的集成与共享，可随时提供协同、按需、弹性、安全、廉价的服务。

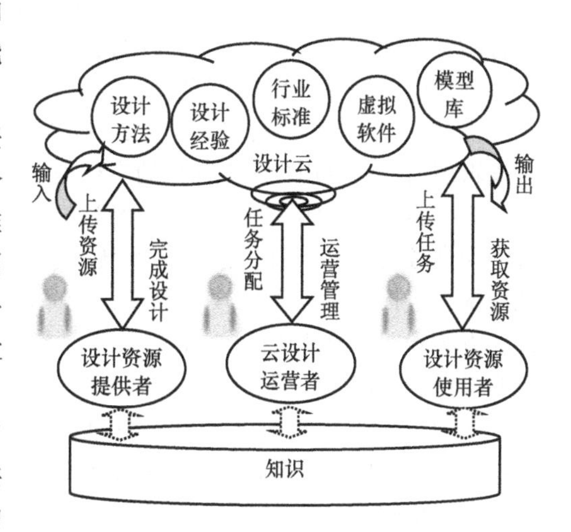

图 10-20　云设计的运行服务方式

4）**服务**。云设计系统采用面向服务的开放架构，云设计系统提供的服务分为三类：

① 基础设施服务（Infrastructure as a Service，IaaS）为用户提供产品设计所需的硬件资源，包括高性能计算、存储、绘图、3D打印等设备。

② 平台服务（Platform as a Service，PaaS）向技术开发人员提供应用程序编程接口（Application Programming Interface，API）和开发环境，用户可通过这类服务开发产品设计所需要的插件或应用程序。

③ 软件服务（Software as a Service，SaaS）为用户提供设计所需要的软件，用户可通过服务申请在线应用。

5）**特征**。云设计的特征见表10-19。

表10-19 云设计的特征

特 征	说 明
设计方式协同化	支持协同设计，设计项目是跨领域和跨地域的多个云服务协作完成的
设计能力服务化	按需服务，其设计能力像云计算的计算能力一样取用方便，区别在于对设计服务的计费度量
设计资源虚拟化	设计资源是设计活动中所需的各种物理及文化要素的集合，经虚拟化技术接入云设计平台，使之具有海量资源，这些资源在数据、管理、共享和交易等方式上都有别于云计算资源
设计过程智能化	具有处理海量信息、不完整信息、错误信息的能力，自诊断、自修复、自组织能力，非逻辑处理能力。人工智能是支撑云设计运行的核心。未来的云设计是“人机合一”的技术

6）**架构**。现给出一种四层次的云设计体系架构，如图10-21所示。

① 物理层。向用户提供IaaS服务。它包括完成云设计系统的大规模运算和存储服务所需的基础设施，物理层架构在大规模的廉价服务器集群之上。

② 逻辑层。向用户提供PaaS服务。它包括并行程序设计和开发环境、结构化海量输出的分布式存储管理系统、海量数据分布式文件系统等。该层是云设计实现虚拟化和自动化的核心层，通过对计算和存储资源的动态分配实现虚拟化，通过控制指令执行的顺序来实现协同设计过程中的冲突消解。该层主要为应用程序开发者而设计，提供应用程序运维所需的一切平台资源；二次开发API端口也是基于逻辑层的，以便用户开发独特的应用程序。

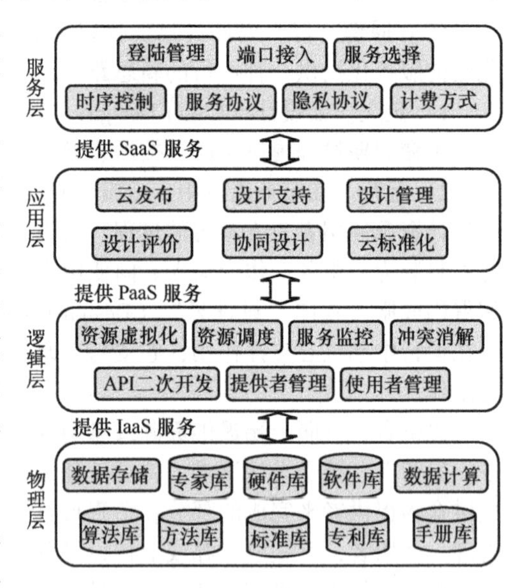

图10-21 云设计体系架构

③ 应用层。向用户提供SaaS服务。以实际项目管理为参考的产品设计信息管理系统，标准文档管理系统，包括提供完整的设计服务，产品的功能设计、方案设计、机构设计、结构设计、形态设计、色彩设计、人机设计等设计和评价。

④ 服务层。它包含用户端和协议包。用户端提供用户登录管理、网络端口接入和服务选择管理（设计、制造、咨询、培训）等功能。在使用云设计系统的服务时，用户不需要在本地安装大型应用软件，但需通过客户端软件来登录并使用系统。协议包提供云设计系统服务的用户管理、计费方式、服务内容的定制和隐私协议等。私有云设计系统可以没有协议包，混合云设计系统则要考虑到不同系统间的协议冲突以及数据交换和数据兼容性。

7）**技术体系**。云设计技术，是一种在网络上提供设计服务的云端技术。云设计技术大致分为七类，其中各类的相关技术分支见表 10-20。

表 10-20　云设计的技术体系

技术类别	技术分支
云设计总体技术	①云设计的组织、运营和交易模式；②云设计服务平台体系架构；③云设计服务平台开发与应用标准和规范；④云设计服务平台管理技术（云服务接入标准、云服务描述规范和服务访问协议等）
云设计虚拟化技术	①设计资源的虚拟化；②设计能力的虚拟化；③设计环境的虚拟化；④云设计资源服务封装、调用和接入技术；⑤云设计资源及服务定义、发布技术；⑥云终端嵌入式接入技术
云设计服务管理技术	①虚拟设计资源的标准统一、应用管理、文件转换和动态部署；②云端的接入管理，认证管理；③云设计服务的自动化、智能化、高效的搜索与匹配技术；④云设计任务的智能化管理、环境的自动化部署和相关资源的动态优化调度；⑤第三方设计服务的认证、发布、整合和监测管理
云设计系统的协同设计与冲突消解技术	①横向协同设计（不同设计人员）；②纵向协同设计（不同领域人员）；③交叉协同设计；④协同设计中的冲突避免与消解机制；⑤版本管理。系统要确保满足使用者的需求，云端对云设计服务并发申请的有效处理，不同异构云端与服务平台信息传递的高效和可靠
云设计安全技术	①云端接入认证的安全措施；②数据传输的安全加密和完整可靠技术；③云设计服务平台的可靠运行与监管；④系统与服务的可靠性技术
云设计可视化仿真技术	①虚拟样机技术；②产品动态仿真技术；③云设计虚拟三维建模技术；④云设计三维模型渲染技术
云设计人机交互技术	①面向用户多通道自然人机交互技术；②云终端基于语义学语音交互技术；④云终端按需定制界面技术

（3）**应用**　云设计的精髓在于协同，不同领域、不同学科的设计人员与设计任务相关的其他人员及时地进行交流和探讨，高效地完成设计任务。

1）**文件的转换**。在设计过程中，不同设计主体之间需要实时的交换设计文件和设计意见，由于各主体的 CAD 软件可能会是 Pro/E，CATIA，UG，Solidworks，Cimatron 等，其文件格式不同，系统采用 STEP 规范和 XML 语言形成 STEP. XML 中间件，通过制订的文件转换协议把各种设计文件统一转换成数据量较小的 XML 文件，使用文件交换规则在各主体间进行文件交换和传输，进而实现基于 STEP. XML 的有效文件转换协议，搭建面向产品数据交换的模型库，其模型转换过程如图 10-22 所示。

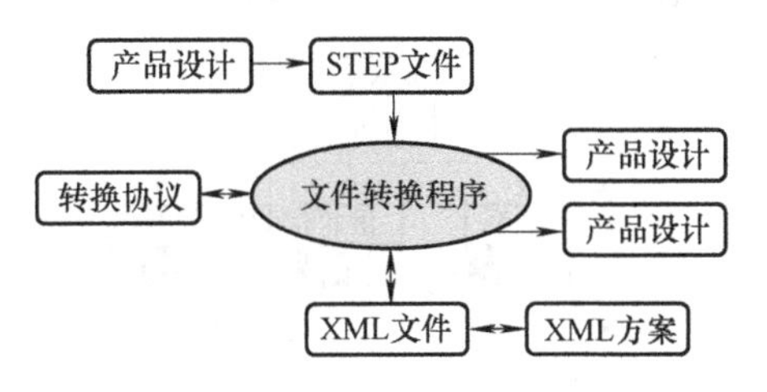

图 10-22　STEP. XML 转换模型

系统运行时，根据所交换的数据类型寻找与之相对应的应用协议，然后再由数据输送端将之前搜寻到的应用协议，在 CAD 文件转换程序的作用下，形成依据于 EXPRESS 下的 XML 文件；

而此XML格式文件可以在网络中传输与调用，实现产品数据的网上共享和传输。依托WSDL算法的技术支持，采用SOAP的信息方式对Web服务进行访问，完成针对制造服务信息的交互及共享。

2）**版本的管理**。在设计进程中，修改设计内容，便会产生不同版本。为了保障设计信息的一致性和可重用性，需要对产品设计的不同版本进行高效优化管理。实现版本管理有两种方法：

① 版本演绎管理，即保存当前和前一个版本之间的区别。当使用当前版本时，只需添加改变的部分到之前的版本，便会得到想要的版本内容。这是一个用来跟踪版本历史的方法，信息量很小。其缺点是当一个版本丢失时，之后的版本也将丢失。

② 版本独立管理，即用不同的文件名保存所有不同版本，相互独立的不同版本，以表单的格式，由数据库里的版本记录连接起来。这样即使中间某一版本丢失，也不会影响之后的其他版本。其缺点是信息量巨大，保存这些文件将耗用大量资源。

案例10-11　基于云设计的起重机协同设计平台。

复习思考题

1. 先进设计技术的定义、内容和特点是什么？
2. 绿色设计是如何定义的？它与传统设计的区别是什么？
3. 材料的环境协调性原则是什么？
4. 回收设计的定义、特点和准则是什么？影响回收的主要因素是什么？
5. 拆卸设计的定义、类型和准则是什么？拆卸设计的主要评价指标是什么？
6. 保质设计的基本思想和实现策略是什么？
7. 保质设计的一般过程有哪几个阶段？并简述保质设计的实施过程。
8. 质量屋的组成是什么？
9. 什么是六西格玛设计（DFSS）？试说明IDDOV与DMAIC的区别与联系。
10. 模块化设计的定义是什么？它有哪些特点？
11. 模块化设计与传统设计有何本质区别？简述模块化设计的一般步骤。
12. 产品模块划分与组合的原则各是什么？
13. 模块化设计与大量定制模式有何关系？

14. 某个玩具汽车产品族由六个不同模块构成。其中三个模块在该族玩具汽车的每一变型中均是相同的。另外两个模块各具有三个可选项（即实例）。剩余的一个模块是可选的。请问：①该产品族中可能的变型产品数最大为多少？②通用性指数是多少？

15. 某个产品族含有四种变型产品，所有差异模块均具有两个实例，每种变型产品中必须含有每一个差异模块的一个实例。假设通用性指数为0.944，试求该产品族中基础模块的个数。

16. 试分析办公椅的产品族设计。图10-23所示为办公椅的产品族结构以及由该族结构所派生出的两个

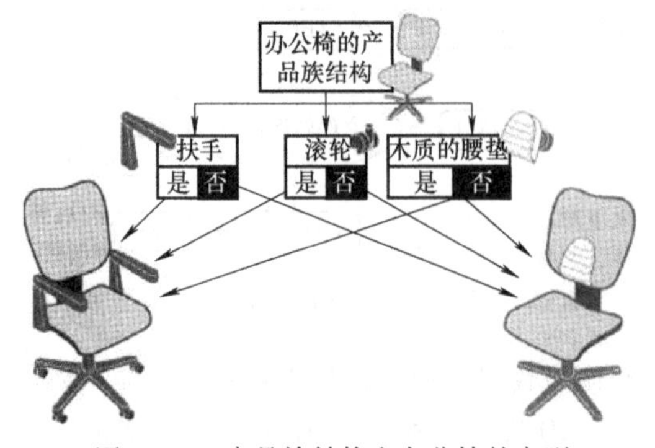

图10-23　产品族结构和办公椅的变型

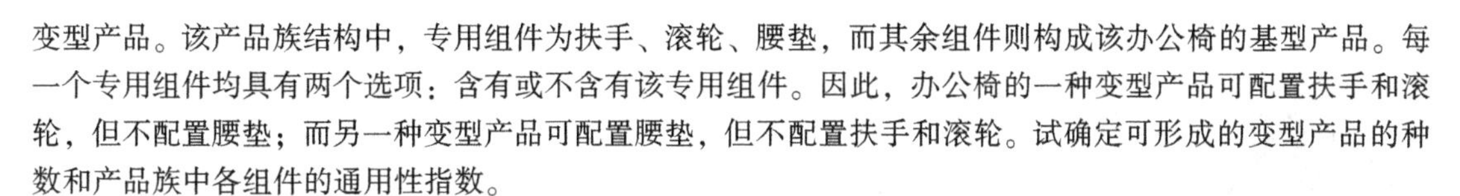

变型产品。该产品族结构中，专用组件为扶手、滚轮、腰垫，而其余组件则构成该办公椅的基型产品。每一个专用组件均具有两个选项：含有或不含有该专用组件。因此，办公椅的一种变型产品可配置扶手和滚轮，但不配置腰垫；而另一种变型产品可配置腰垫，但不配置扶手和滚轮。试确定可形成的变型产品的种数和产品族中各组件的通用性指数。

17. 什么是云设计？它具有哪些主要特征？
18. 云设计的运行原理是什么？其关键是什么？
19. 云设计系统提供的服务类型有哪些？其体系架构的组成是什么？
20. 绿色包装的含义和特点是什么？绿色包装材料的主要类型有哪些？
21. 简述 ISO 14000 系列标准的意义与主要内容。
22. 生命周期评价的定义是什么？试给出打印机的生命周期评价。
23. 简述绿色产品的评价指标体系与生命周期评价的体系结构。列举五例绿色产品。

第11章 先进制造装备

制造业的核心是机械制造业，机械制造业的关键是装备制造业，而装备制造业的心脏是机床制造业，机床是装备的“母机”。可以说，没有制造业，就没有工业；而没有机械制造业，就没有独立的工业。如果没有强大的装备制造业，特别是同高科技相连的机床制造业，就不可能有自主的工业。

制造装备是指能够完成制造系统“制造”功能的各类设备，包括为制造企业配备的各种机器、装置、设施和技术力量等。它们是制造系统的“硬件部分”，是实施制造过程的实体，也是实现制造系统功能的前提和基础。战国时期的兵书《尉缭子》中记载：“器用不便则力不壮”，意思是若工具不好用就使不上劲。制造装备不仅具备提高生产效率和改善劳动条件的功能，而且是保证产品质量的必要措施，可提高企业对市场变化的响应速度和竞争能力。

伴随着工业革命的演化进程，制造装备经历了机械化、电气化、自动化、数字化和智能化等阶段。机械是一切技术的载体。机械化是指在生产过程中直接运用动力来驱动或操纵机械设备以代替手工劳动进行生产的手段。电气化是指在生产和生活中普遍地使用电力。自动化是指机器或装置在无人干预的情况下按规定的程序或指令自动进行操作或控制的过程。自动化制造装备的发展经历了单机自动化、自动线、数控机床、加工中心、柔性制造系统、现代集成制造系统和智能制造等几个阶段。数字化是指在传统的机械装备中，引入了信息技术，嵌入了传感器、集成电路、软件和其他信息元器件，从而形成了机械技术与信息技术、机械产品与电子信息产品深度融合的装备或系统。智能化是指由新一代信息通信技术、计算机网络技术、行业技术、智能控制技术汇集而成的针对某一个方面的应用。智能化装备一般具有感知能力、记忆能力、思维能力、学习（自适应）能力和行为决策能力。据统计，1870～1980年，机械加工过程的效率提高了20倍，即体力劳动得到有效解放，但管理效率仅提高1.8～2.2倍，设计效率仅提高1.2倍，这表明脑力劳动远没有得到有效解放。

先进制造装备既是先进制造技术的物化，也是先进制造模式的载体。制造系统的硬件主要包括物料处理系统（以自动加工设备和装配线为主）、物料存储系统、物料运输系统和质量控制系统。FMS和可重构机床是先进制造装备的典型代表。物料存储系统、物料运输系统和质量控制系统已分别在课程“现代物流设施与规划”“物流工程”和“质量管理与可靠性”中进行了详细介绍，本章将主要介绍先进制造系统的典型装备：数控机床、加工中心、并联机床和智能机床、工业机器人、自动导引车、坐标测量机、装配线和柔性制造系统。它们的结构、原理、功能、特点和布置方式对先进制造系统功能的发挥具有决定性影响。本章学习，不仅要认识设备的结构与原理，而且要从系统的角度理解设备的功能与作用。柔性制造系统是典型的先进制造系统，柔性制造模式也是典型的先进制造模式。

11.1　数控机床*

机床作为万机之母，有通用性，也有战略性。战略机床属国之重器。1952 年，美国麻省理工学院试制成功世界首台数控机床。1958 年，由清华大学和北京第一机床厂合作研制了第一台电子管数控铣床。如今我国在全球机床市场是最大的生产国和消费国，2017 年我国机床市场产出和消费总额分别为 245 亿美元和 300 亿美元。高档数控机床是《中国制造 2025》确定的重点领域。数控机床的发展方向是高速度、高精度、高可靠性、绿色化、复合化、网络化、智能化和客户化。

11.1.1　数控机床的原理与特点

1. 数控机床的基本原理

数控机床（Numerical Control Machine Tools）是指采用数控技术对机床的加工过程进行自动控制的一种加工设备。

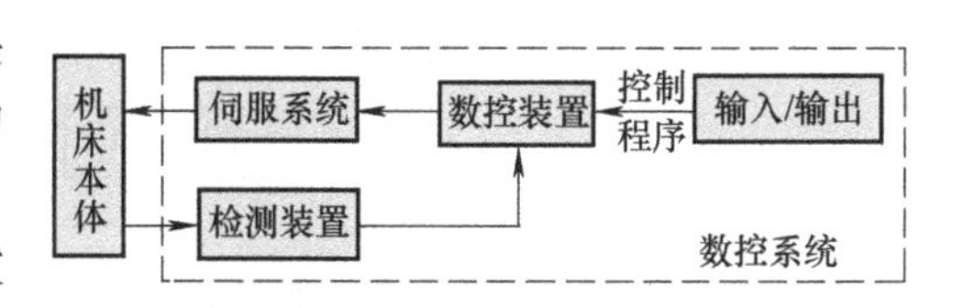

图 11-1　数控机床的基本组成

（1）**基本组成**　数控机床一般由机床本体和数控系统两大部分组成，如图 11-1 所示。图示为闭环系统。若无检测装置则为开环系统。

1）**机床本体**。它是机床加工运动的实际执行部件，包括主轴的主运动部件、刀架和工作台的进给运动执行部件以及床身和立柱等支撑部件，还有冷却、润滑、排屑、防护、转位、夹紧、换刀机构和对刀仪等辅助装置。为了保证高精度和高效率加工，对机床本体的要求是，机械结构应具有足够的精度、刚度和抗振性，热变形小，耐磨性高，传动链要短，结构要简单，便于实现自动控制。

2）**数控系统**。它是数控机床的核心。其主要控制对象是机床坐标轴的位移（包括移动速度、方向和位置等），其控制信息主要来源于数控加工或运动控制程序。数控系统一般由输入/输出、数控装置、伺服系统和检测装置等组成。

（2）**工作流程**　一般数控机床加工零件的工作流程如图 11-2 所示。

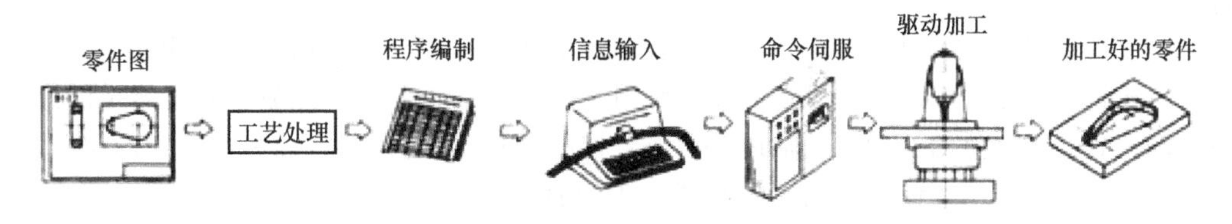

图 11-2　数控机床的工作流程

1）**工艺处理**。根据零件图给出的形状、尺寸、材料及技术要求等内容，进行如程序设计、数值计算和工艺处理等准备工作。

2）**程序编制**。将程序和数据按数控装置所规定的程序格式编制成加工程序。

3）**信息输入**。将加工程序的内容以代码形式完整记录在信息介质（如穿孔带）上。采用计算机可省去信息介质。通过输入设备把信息介质上的代码转变为电信号，并输送给数控装置。如果是人工输入，可通过计算机的键盘，将加工程序的内容直接输送给数控装置。

4）**命令伺服**。数控装置将所接受的信号进行一系列处理后，再将处理结果以脉冲信号形式向伺服系统发出执行的命令。

5）**驱动加工**。伺服系统接到执行的信息指令后，立即驱动机床进给机构严格按照指令的要求进行位移，使机床自动完成相应零件的加工。

（3）**工作原理**　数控装置内的计算机对以数字和字符编码方式所记录的信息进行处理和运算，按各坐标轴的分量送到各轴的驱动电路，经过转换、放大去驱动伺服电动机，带动各轴运动，并进行反馈控制，使刀具与工件严格地按照程序规定的顺序、轨迹和参数进行运动，从而完成工件的加工。

2. 数控系统的基本组成

数控系统一般包括硬件装置和数控软件两大部分。计算机数控系统由输入/输出设备、数控装置、伺服系统、可编程逻辑控制器（Programmable Logic Controller，PLC）和电气控制装置等组成，如图11-3所示。

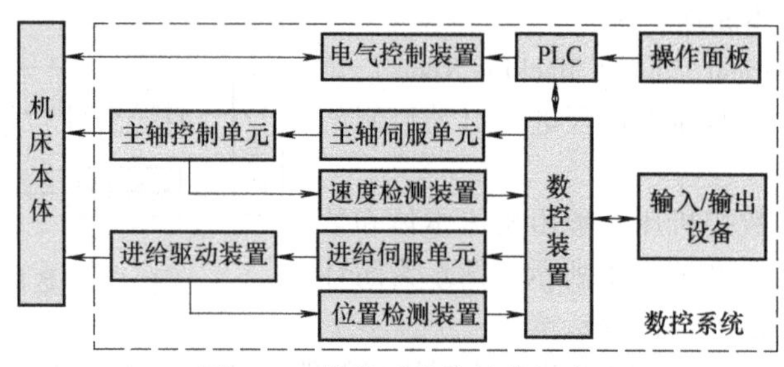

图11-3　数控系统的基本组成

（1）**输入/输出设备**　其作用是进行数控加工或运动控制程序、加工与控制参数、机床参数以及坐标轴位置、检测门开关的状态等数据的输入与输出。数控系统工作的原始数据来源于零件图。目前最基本的输入输出设备是键盘和显示器。

（2）**数控装置**　它是数控系统的核心。其作用是按输入的信息，经处理运算后去控制机床运行。按软硬件构成特征来分类，数控装置分为硬件数控与软件数控。传统的数控装置是硬件数控，即数控功能是由硬件来实现的。现代的数控装置是软件数控，是由计算机软件完成以前硬件数控的功能，即计算机数控（CNC）装置。CNC主要完成与数字运算和管理有关的功能。它由硬件与软件组成。

（3）**伺服系统**　它的性能将直接影响数控机床的生产效率、加工精度和表面质量，如五轴联动的机床就有五套伺服系统。伺服系统的作用有两个方面：一是按照数控装置给定的速度运动及运动控制（包括进给运动、主轴运动和位置控制等）；二是按照数控装置给定的位置定位。它由伺服放大器、驱动装置和检测装置组成。①伺服放大器（Servo Drive）。又称为伺服单元、驱动器、驱动控制单元，它包括伺服控制线路和功率放大线路。②驱动装置。又称为执行元件。常用的驱动电动机有步进电动机、直流伺服电动机和交流伺服电动机。后两种都带有感应同步器、光电编码器等位置测量元件。驱动电动机的作用是把来自数控装置的脉冲信号转换成电动机输出轴的角速度和角位移的变化，从而带动机床移动部件的进给运动（速度、方向和位移）。每一脉冲使移动部件产生的位移量称为脉冲当量，常用的脉冲当量有0.01mm/脉冲、0.005mm/脉冲和0.001mm/脉冲等。③检测装置。它由检测元件和相应的电路组成。其作用是检测速度和位移，改进了系统的动态特性，提高了零件的加工精度。常用的测量元件有编码器、光栅、磁栅、感应同步器和激光测距仪等。

（4）**PLC和电气控制装置**　PLC接收机床操作面板的指令，一方面直接控制机床的动作，

另一方面将一部分指令送往 CNC 用于加工过程的控制。PLC 和 CNC 协调配合共同完成数控机床的控制。PLC 的作用是控制主轴单元和管理刀库。电气控制装置是介于数控装置和机床机械、液压部件之间的控制系统，其作用是接收数控装置输出的主轴变速、换向、起动或停止，刀具的选择和更换，分度工作台的转位和锁紧，工件的夹紧或松开，切削液的开或关等辅助操作的信号，实现数控机床在加工过程中的全部自动操作。

3. 数控机床的特点及适用范围

（1）**优点** 与一般通用机床相比，数控机床具有如下优点：①对工件的适应性强；②加工精度高；③生产效率高；④自动化程度高；⑤经济效益高。

（2）**缺点** 数控机床的缺点有：①数控机床价格较高，设备首次投资大；②对操作、维修人员的技术要求较高；③加工复杂形状的零件时，手工编程的工作量大。

（3）**适用范围** 在机械加工业中，对于批量小、形状复杂的零件，宜采用数控机床。数控机床的适用范围如图 11-4 所示。

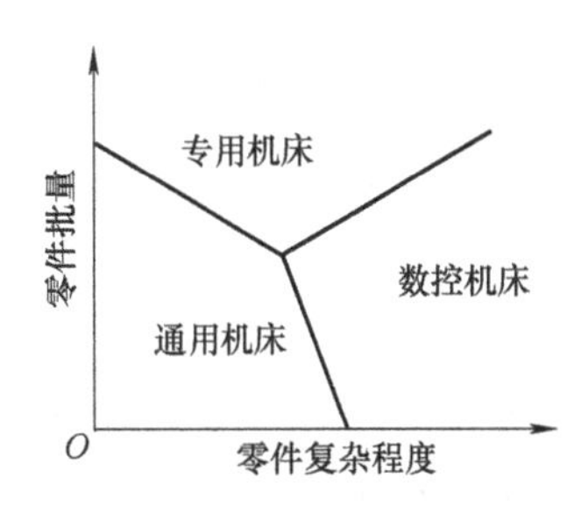

图 11-4 数控机床的适用范围

4. 数控机床的直线驱动

由于传统的丝杠螺母副是滑动摩擦副，传动效率低下，改变运动方向时存在间隙等缺点就明显地暴露出来，成为数控机床进一步发展的瓶颈。数控机床的直线驱动方式处于不断创新的进程中。目前直线驱动装置有如下几种类型。

（1）**滚珠丝杠加伺服电动机** 这是目前最主流的数控机床直线驱动装置。滚珠丝杠由丝杠、螺母和滚珠等组成，如图 11-5 所示。滚珠丝杠具有摩擦阻力小、传动效率高、发热量小、传动副无背隙和无爬行等特性。由于滚动摩擦的摩擦阻力很小，驱动同样部件所需的动力仅为滑动丝杠副的 1/3。目前一般数控机床的进给系统采用交流伺服电动机。与直流伺服电动机和步进电动机相比，它具有驱动性能好、可靠性高的优点，其平均故障间隔时间达几万小时。

（2）**液体静压丝杠**（见图 11-6） 这是丝杠传动副的一个新突破。它以油膜取代滚珠，驱动装置的螺母在梯形螺纹丝杠齿面的油膜上运动，丝杠与螺母间的相对运动没有背隙和爬行现象，维持油膜厚度所需要的供油量由专门设计的控制器进行控制，以保持恒定不变的油膜厚度不受运动速度和荷载大小的影响。由于液体静压丝杠的摩擦力在运动换向时不会变化，因此可以实现比滚珠丝杠更高精度的定位运动、轨迹运动和微距运动。液体静压丝杠还有减振作用，使机床运行平稳，噪声很低，已用于纳米加工机床。

（3）**直线电动机**（见图 11-7） 与滚珠丝杠加伺服电动机相比，它的优缺点和适用场合见表 11-1。

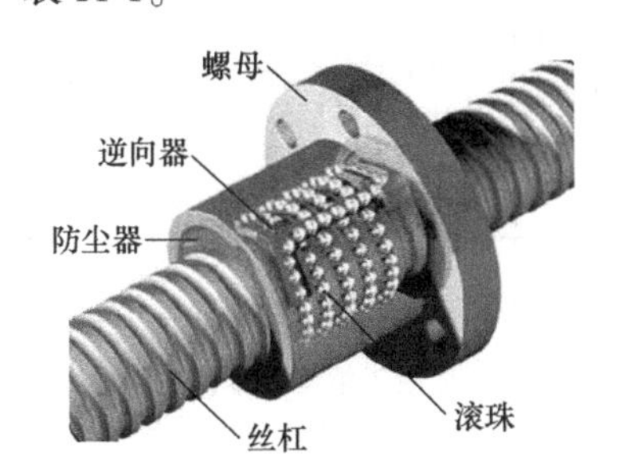

图 11-5 滚珠丝杠

图 11-6 液体静压丝杠

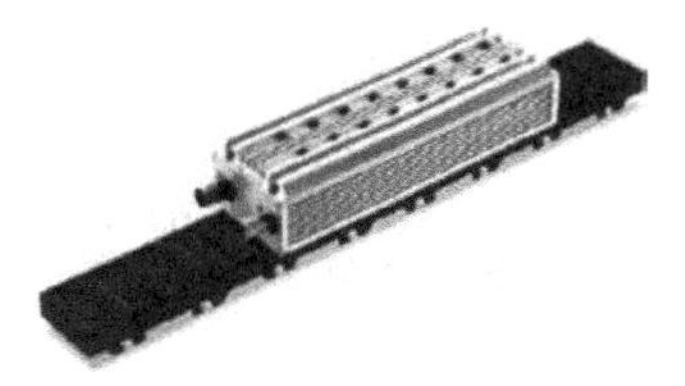
图 11-7 直线电机驱动

表 11-1　直线电机直接驱动的优点、缺点和适用场合

优　　点	缺　　点	应　　用
① 进给速度高，速度特性好 ② 加速度大，质量小，动态性能较好 ③ 定位精度高，由于无传动环节，因而无磨损，无往返空隙，运动平稳 ④ 加工范围大，行程不受限制 ⑤ 推力大，最大推力可达2600N，持续推力可达750N ⑥ 控制特性好、增益大、滞动小，随动性好 ⑦ 结构简单、工作安全可靠 ⑧ 寿命长	① 发热量大，因电磁铁热效应对机床结构影响较大，需附设冷却系统以实现恒温控制 ② 存在电磁场干扰，需设置防护装置以遮挡切屑 ③ 耗电量大，有较大功率损失 ④ 不能自锁，工作台或垂直运动轴要加配制动锁紧机构 ⑤ 易受干扰，振动大，高速时易引起机床其他部分共振 ⑥ 因磁性吸力作用而装配困难 ⑦ 价格较高	① 大批量生产、定位运动多、方向频繁转变的场合，如汽车零件加工机床，快速原型机等 ② 荷载低、工艺范围大的场合，如电加工机床、等离子切割机等 ③ 不宜用于模具、风叶等单件复杂零件加工

5. 数控机床分类

按工艺用途（见表11-2）不同，数控机床可分为金属切削类、金属成形类和特种加工类；按控制原理（见表11-3）不同，数控机床可分为开环控制、半闭环控制和闭环控制，各控制原理如图11-8所示。

表 11-2　数控机床按工艺用途分类

类　　别	特　　点	举例或应用
金属切削类	通过切削、磨削加工，使工件获得所要求的几何形状、尺寸精度和表面质量的数控机床。品种和规格与传统通用机床相同	数控车床、加工中心；数控磨床又分为平面磨、外圆磨、工具磨
金属成形类	通过配套的模具对金属施加强大作用力使其发生物理变形，从而得到想要的几何形状的数控机床	数控折弯机、数控弯管机、数控转头压力机
特种加工类	利用电能、电化学能、光能及声能等进行加工的数控机床	数控线切割机、数控激光切割机床

表 11-3　数控机床按控制原理分类

类　　别	特　　点	应　　用
开环控制（经济型）	其运动部件的位移没有检测反馈装置，数控装置发出信号是单向的，通常它的驱动电动机为步进电动机。控制电路每变换一次指令脉冲信号，电动机就转动一个步距角，并且电动机本身就有自锁力。再经过减速器带动丝杠转动，从而使工作台移动。位移的精度主要决定于该系统各有关零部件的制造精度。其分辨率为1~10μm，价格低	用于车床、线切割机床以及旧机床改造
半闭环控制（普及型）	其位置反馈采用转角检测装置，如圆光栅、光电编码器及旋转式感应同步器等，直接安装在伺服电动机或丝杠端部。该系统是通过检测丝杠转角，间接地测量工作台位移量，然后再反馈给数控装置。伺服电动机采用宽调速直流力矩电动机，分辨率为0.1~1μm，具有人机对话接口。其传动方式可直接与丝杠相连。价格中等	用于对位移精度和经济性都有较高要求的场合
闭环控制（标准型）	其运动部件上安装有直线位移测量装置，将测量出的实际位移值反馈到数控装置中，与输入的指令位移值相比较用差值进行控制，直至差值为零。运动精度主要决定于检测装置精度，而与传动链中的误差无关。主控机为32位微处理器，伺服机构采用交流伺服电动机，分辨率为0.001~0.1μm，具有通信、联网和监控管理功能。能够实现运动部件的精确定位。位移精度高，但调试、维修都较复杂，价格高	适用于精度要求高的数控机床，如镗铣床、超精磨床

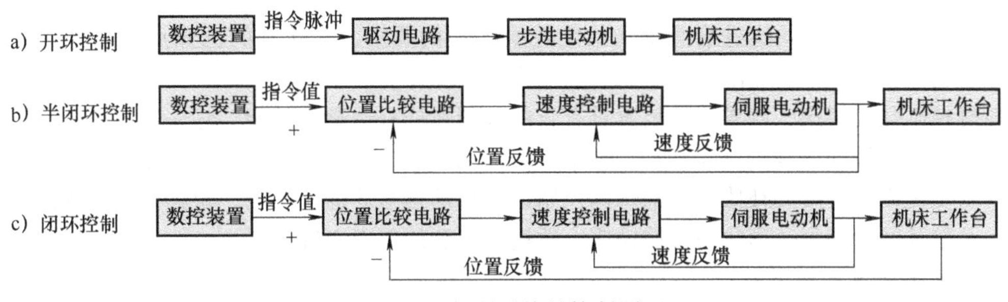

图 11-8　伺服系统的控制原理

11.1.2　数控加工原理与编程*

1. 数控加工原理

数控加工是指在数控机床上进行零件加工的一种工艺方法。数控加工的基本原理是把生成工件的刀具工件合成运动分解为机床运动坐标的运动分量，由程序控制自动实现刀具/工件的相对运动，按规定的加工顺序完成工件加工。

（1）**数控机床的运动控制方式**　它包括三类：点位控制、直线控制和轮廓控制。

1）**点位控制**（Positioning Control）。机床只对点的位置进行控制，即只要实现从一点坐标到另一点坐标位置的准确移动，不进行切削加工，对运动的轨迹没有严格的要求。图 11-9 所示为点位控制的加工原理，表示钻床刀具钻头从起始点 P 根据数控程序依次在工件上钻出 A、B 和 C 等各孔的加工。这类数控机床包括数控钻床、数控镗床、数控压力机及数控测量机等。其数控装置中对位移功能控制比较简单。

2）**直线控制**（Straight Cut NC）。即直线切削控制，它不仅要求控制点的准确位置，还要求从一点到另一点按直线运动进行切削加工，刀具相对于工件移动的轨迹平行于机床各坐标轴的直线，其加工原理如图 11-10 所示，一般只能加工矩形、台阶形零件，运动时的速度是可以控制的。这类数控机床包括数控车床、数控磨床、数控铣床和加工中心等。这类机床有 2～3 个可控轴，但同时控制的轴只有 1 个，不能实现多轴联动。

3）**轮廓控制**（Contouring NC）。它能够对 2 个及以上的坐标轴进行连续的切削加工控制，它不仅能控制机床移动部件的起点和终点坐标，而且还能控制整个加工过程中每点的位置与速度，以加工出任意斜率的直线、圆弧、抛物线及其他函数关系的曲线或曲面。图 11-11 所示为一个二维曲线轮廓的加工原理。在 XOY 平面上，工件的轮廓为任意曲线 L。为了进行数控加工，将曲线 L 划分为无穷多个最小位移线段 ΔL_i，若切削 ΔL_i 的时间为 Δt_i，当 $\Delta t_i \to 0$（即“数据密化”）时，由 ΔL_i 组成的折线多边形周长之和逐步逼近 L。据此可确定刀具 T 沿曲线 L 的曲线运动对 X、Y 坐标的运动要求。

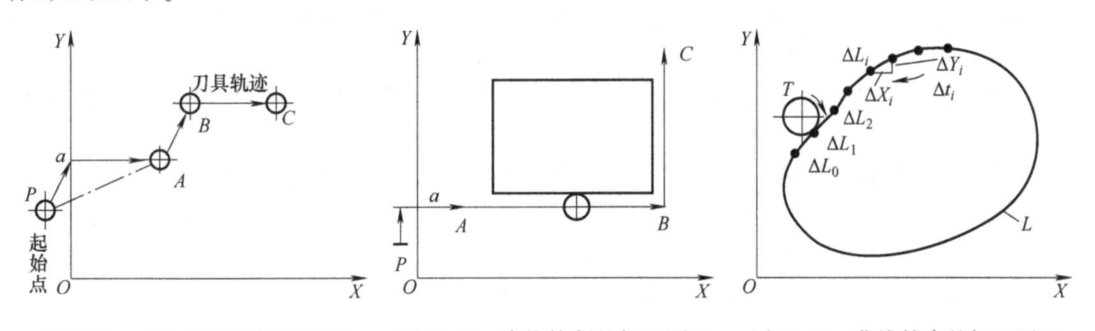

图 11-9　点位控制的加工原理　　图 11-10　直线控制的加工原理　　图 11-11　曲线轮廓的加工原理

定义：插补是根据给定进给速度和给定轮廓线形的要求，在轮廓的已知点之间计算中间点的方法。它的实质是根据有限的信息完成数据密化的工作。

轮廓控制数控机床，要求数控装置具有直线和圆弧插补运算的功能。它一边运算，一边根据计算结果向各坐标轴控制器分配脉冲，从而使切削点完成任意角度斜线和任意半径圆弧的加工轨迹。这类机床具有刀具补偿、主轴转速控制以及自动换刀等辅助功能。轮廓控制主要用于加工曲面、凸轮及叶片等复杂形状的数控铣床、数控磨床和加工中心等。

（2）**数控机床的坐标系**

1）**数控机床坐标系的标准**。为了简化编制程序的方法和保证程序的通用性，对数控机床的坐标和命名制定了统一的标准。规定：坐标系采用右手直角笛卡儿坐标系，直线进给运动的坐标轴用 *X*、*Y*、*Z* 表示，称为基本坐标轴。*X*、*Y*、*Z* 坐标轴的关系用右手定则确定（右手坐标系）正方向，如图 11-12 所示。其围绕 *X*、*Y*、*Z* 各轴的旋转轴及其正方向为 +*A*、+*B*、+*C*，依次用右手螺旋法则判定。

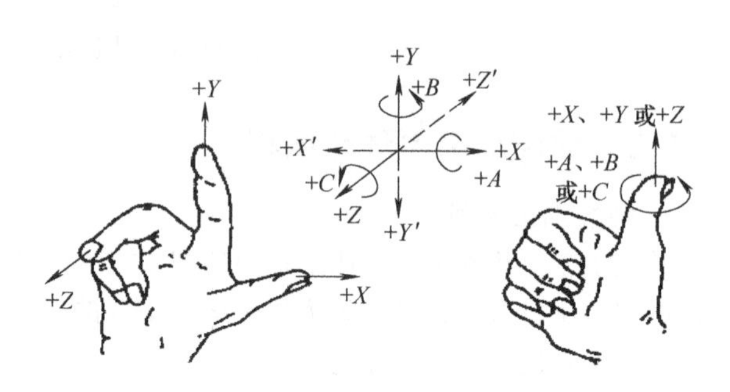

图 11-12　标准坐标系

为了编程的方便和统一，在实际加工中不论是刀具移动还是工件移动，都假定刀具移动，而工件相对静止。若把刀具看作相对静止，工件移动，则在坐标轴的符号右上角加注标记“′”，如 *X*′、*Y*′、*Z*′等。**规定：刀具远离工件的方向作为坐标轴的正方向**。图 11-13 给出了数控车床和数控铣床的坐标系。

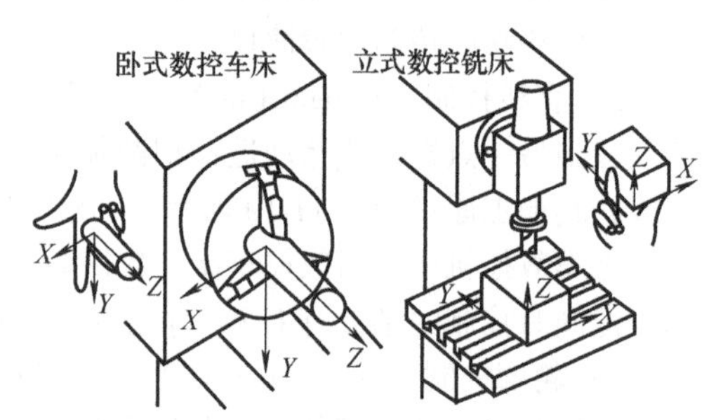

图 11-13　两种数控机床的坐标系

① ***Z* 轴的确定**。通常将传递切削力的主轴轴线定为 *Z* 轴。对工件旋转的车床，工件的轴线为 *Z* 轴。而对刀具旋转的铣床，则旋转刀具的轴线为 *Z* 轴；当机床有几个主轴时，则选一个垂直于工件装夹面的主轴为 *Z* 轴；对于工件和刀具都不旋转的机床如刨床、插床等，则 *Z* 轴垂直于工件装夹面。*Z* 轴正方向取为刀具远离工件的方向。

② **X、Y 轴的确定**。X 轴一般是水平的，它平行于工件的装夹面且与 Z 轴垂直。对于工件旋转的车床，X 轴的方向在工件的径向上，且平行于横滑座。其 X 轴的正方向取为远离工件的方向。对于刀具旋转的铣床，当 Z 轴为垂直时，对单立柱机床，面对刀具主轴向立柱方向看，X 轴的正方向为向右方向；当 Z 轴为水平时，从刀具主轴后端向工件方向看，X 轴的正方向为向右方向。按右手螺旋法则，由 X、Z 轴的正方向来确定 Y 轴的正方向。

③ **旋转或摆动轴的确定**。旋转或摆动运动中 *A*、*B*、*C* 的正方向分布沿 *X*、*Y*、*Z* 轴的右螺旋前进方向。

④ **其他附加轴的确定**。*X*、*Y*、*Z* 为主坐标系，通常称为第一坐标系。若除了第一坐标系外，还有平行于主坐标系轴的第二直线运动时称为第二坐标系，对应命名为 *U*、*V*、*W* 轴；若还有第三直线运动时，则命名为 *P*、*Q*、*R* 轴，称为第三坐标系。

2）**机床坐标系与工件坐标系的区分**（见图 11-14、图 11-15）。

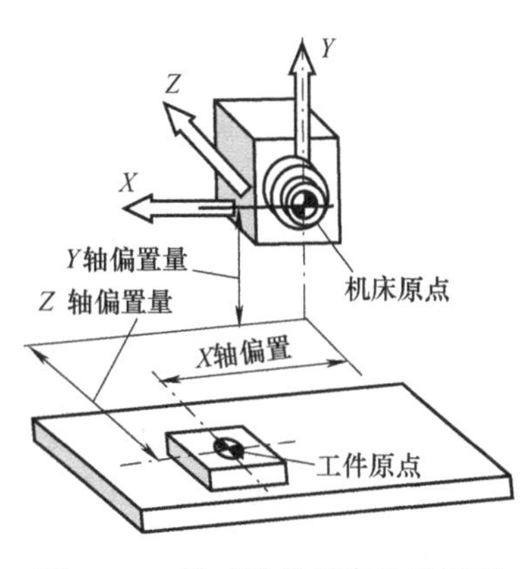

图 11-14　卧式数控机床的坐标系

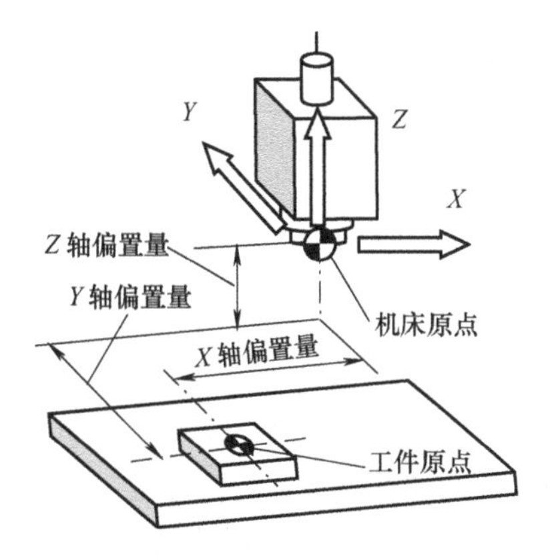

图 11-15　立式数控机床的坐标系

① **机床坐标系**。它是机床上固有的坐标系，用于确定被加工零件在机床中的坐标、机床运动部件的特殊位置（如换刀点、参考点）以及运动范围（如行程范围、保护区）等。机床坐标系的原点称为机床原点，它是机床上的一个固定点，也是其他所有坐标系，如工件坐标系、编程坐标系以及机床参考点的基准点，由机床制造厂确定，可参见机床的使用说明书。当机床的坐标轴返回各自原点（也称零点）后，机床原点的位置由坐标轴的基准线（如主轴的中心线）与机床上固定的基准面（如工作台工作表面、主轴端面和工作台侧面）之间的距离来决定。

② 工件坐标系。它是编程人员在编制零件加工程序时根据零件图样所确定的坐标系，用于确定工件几何图形上各几何要素（点、直线和圆弧等）的位置。编程尺寸都按工件坐标系中的尺寸确定。工件坐标系的原点称为工件原点。选择工件原点的原则是便于将工件图的尺寸方便地转化为编程的坐标值和提高加工精度，故一般选在工件图样的尺寸基准、尺寸精度和表面质量要求比较高的工件表面或对称几何图形的对称中心上。

（3）**数控机床的多轴联动**　多轴联动就是机床的几个坐标轴可以同时按要求的函数关系协调运动。通常四轴及其以上的联动称为多轴联动，如图 11-16 所示。按照联动轴数的多少，数控机床分为二轴联动、二轴半联动、三轴联动、四轴联动和五轴联动等，见表 11-4。

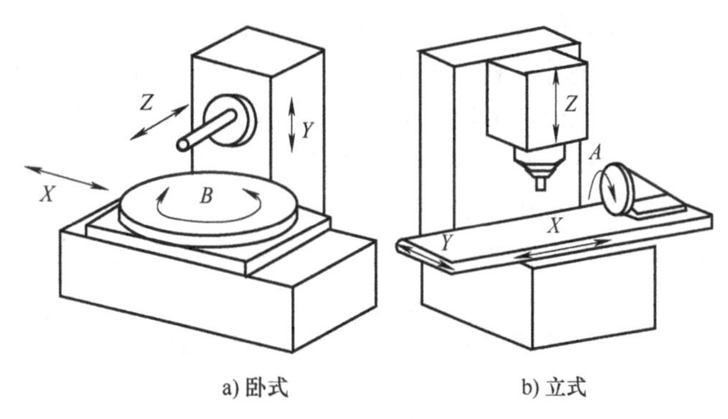

a) 卧式　　b) 立式

图 11-16　四轴联动机床

表 11-4　数控机床的多轴联动

名　称	原　理	应　用
二轴联动	机床坐标系的 X 和 Y 轴可以同时运动，即两根轴可以同时进行插补运动，而 Z 轴固定	适用于铣平面图形
二轴半联动	实际为任意二轴联动，另一轴做周期性等距的辅助运动（点位或直线控制）	可实现分层加工。钻孔机 X、Y 两轴做插补运动，Z 轴做周期性进给
三轴联动	机床坐标系的 X、Y、Z 三轴同时联动。通常是加工中心，可实现二轴、二轴半、三轴加工	可加工任意形状的板式工件；适用于空间曲面的加工，如蜗杆旋风铣削

（续）

名　称	原　理	应　用
四轴联动	控制机床坐标系的 X、Y、Z 三个直线坐标轴与某一旋转坐标轴同时联动，即四根轴可以同时进行插补运动	一般采用计算机编程；加工时要对四个零位
五轴联动	大多是3+2的结构，即三个直线运动轴加上分别围绕 X、Y、Z 轴旋转的 A、B、C 三个旋转轴中的两个旋转轴组成	适用于叶片式叶轮类的复杂零件。可只用三轴联动，而其他的两轴不联动

2. 数控编程的步骤与方法

从零件图样到制成控制介质的全部过程称为数控加工程序的编制，简称**数控编程**。数控编程就是将零件的工艺过程、工艺参数、刀具位移量及位移方向和其他辅助动作（如换刀、冷却、工件夹紧等），按运动顺序和所用数控系统规定的坐标系和指令代码及程序格式编成加工程序单，经校核、试切无误后，制备在可存储的介质（称为控制介质）上，然后再由相应的阅读器将程序输入数控装置中，从而控制数控设备运行。数控编程对于有效地利用数控机床具有决定意义。

数控编程的步骤主要包括：分析零件图样、确定加工工艺过程、数值计算、编写零件加工程序、制作控制介质、程序校验和试切削。确定加工工艺过程类似于普通机床零件加工时加工规程的编制，但要考虑所用数控机床的指令功能，以发挥其效能。数值计算是按已确定的加工路线和允许的零件加工误差，计算出所需的输入数控装置的数据，计算内容是在规定的坐标系内计算零件轮廓和刀具运动轨迹的坐标值。

数控编程的方法有两种：手工编程和自动编程。一般认为，手工编程仅适用于二轴联动和二轴半联动加工程序的编制，三轴联动及以上的加工程序必须采用自动编程。

为了理解数控加工编程的基本原理，可以从手工编程获得数控技术的体验。

（1）**程序结构**　零件加工程序是由主程序和可被主程序调用的子程序组成的。子程序有多级嵌套。无论是主程序和子程序，都是由若干个按规定格式书写的“程序段”组成的。每个程序段是由按一定顺序和规定排列的“功能字”（简称“字”）所组成的。字由表示地址的英文字母或特殊文字和几个数字构成。字是控制机床的一个具体指令，也是表示某种功能的代码。例如，G00 表示快速移动点定位，X2500.001 表示 X 方向坐标值为 2500.001mm，M05 表示主轴停转，F1000 表示进给速度为 1000mm/min 等。

（2）**程序段格式**　程序段格式是程序段中字母、数字和符号的排列顺序与书写方式的规定。一般不同的数控系统，其规定的程序段格式可能也不相同。程序段格式有多种，如固定顺序格式、分隔符顺序格式和字地址格式等，最常用的是字地址格式。字地址格式如下：

N××××G××X±××××.×××F××S××T××M××LF

每个程序段的开头是程序段的序号，以字母 N 和若干位数字开头；接着是由字母 G 和数字组成的准备功能指令；其后是坐标运动尺寸，如 X、Y、Z 等代码指定运动坐标尺寸。一般代码 M 为辅助功能指令。在工艺性指令中，代码 F 为进给速度指令，S 为主轴转速指令，T 为刀具号指令，M 为辅助功能指令，LF 为程序段结束符号。

（3）**数控加工程序常用的编程指令**　数控机床上进行工件加工工艺过程中的各种操作和运动特征，是在加工程序中用指令（代码）的方式予以规定的。为了通用化，国际标准化组织（ISO）已制定了代码 G 和代码 M 的标准，但新型数控系统中的许多功能已超出了 ISO 标准，其指令代码更加丰富、指令格式更加灵活，已不受 ISO 标准的约束。此外，即使同一功能，不同厂家的数控系统采用的指令代码和指令格式也有很大差别，甚至同一厂家的新旧数控系统的指令

代码也不尽相同。数控加工编程的代码及实例参见附录Ⅱ。

案例 11-1　数据车削零件编程。

11.2　加工中心

11.2.1　加工中心概述

加工中心（Machining Center，MC）是备有刀库、能够自动更换刀具、对工件进行多工序加工的数控机床。世界上第一台加工中心是由美国卡尼-特雷克公司于 1958 年研制的。它在数控卧式镗铣床的基础上增加了自动换刀装置，从而实现了工件一次装夹后即可进行铣削、钻削、镗削、铰削和攻螺纹等多种工序的集中加工，故又称为多工序自动换刀数控机床。现在加工中心逐渐成为机械加工中最主要的设备。

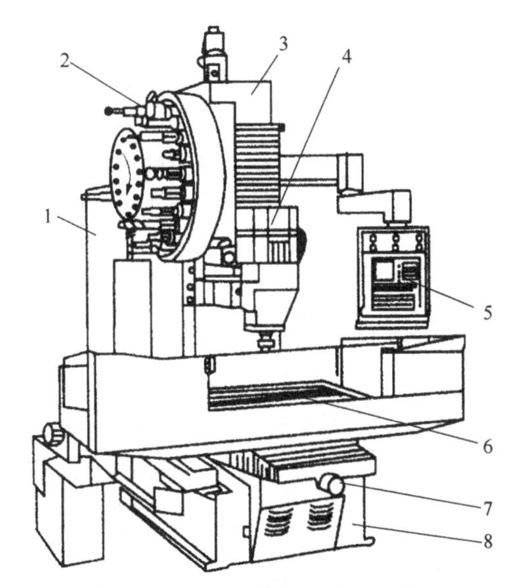

图 11-17　立式镗铣加工中心的组成

1—数控柜　2—刀库和换刀装置　3—立柱　4—主轴箱　5—操作面板　6—工作台　7—进给机构　8—床身

（1）**组成**　加工中心一般由床身、立柱、工作台、主轴箱、进给机构、自动换刀装置、数控系统和辅助系统（冷却、润滑等）等组成，如图 11-17 所示。其主要组成部分如下：

1）**基础部件**。它由床身、立柱和工作台等大件组成。它用来承受加工中心的静荷载以及在加工时的切削荷载，必须具有足够高的静态和动态刚度。

2）**主轴部件**。它由主轴箱、主轴电动机、主轴和轴承等零件组成。主轴的起动和停止等动作以及转速均由数控系统控制，并通过装在主轴上的刀具进行切削。主轴部件是切削加工的功率输出部件，是影响加工中心性能的关键部件。

3）**进给系统**。它由齿轮传动、丝杠螺母、导轨、工作台和轴承等组成。它是零件成形运动的一部分。进给运动是伺服控制的对象，对进给系统的要求体现在传动精度与定位精度高、传动稳定性好、灵敏性好（快速响应）、进给调速范围宽、寿命长和使用维护方便。

4）**数控系统**。它由 CNC 装置、可编程控制器、伺服驱动装置以及电动机等部分组成。它是加工中心执行顺序控制动作和控制加工过程的中心。

5）**自动换刀装置**（Automatic Tool Changer，ATC）。加工中心与一般数控机床的显著区别是具有多工序加工零件的能力，有一套自动换刀装置，包括刀库和换刀机械手等

（2）**工作原理**　在加工中心上，工件经一次装夹后，数控系统能控制机床按不同工序，自动选择和更换刀具，自动改变机床主轴转速、进给量和刀具相对工件的运动轨迹及其他辅助功能，依次完成工件多个面上的多工序加工，如端平面、孔系、内外倒角、环形槽及螺纹等多个加工要素的加工。

（3）**特点**　加工中心与普通机床和普通数控机床相比，有不同的特点。

1）**与普通机床相比**。加工中心具有数控机床的所有优点：①对工件的适应性强；②加工精度高；③生产效率高；④自动化程度高；⑤经济效益高。

2）**与普通数控机床相比**。加工中心还有以下特点：①工序集中。其自动换刀装置，使工件在一次装夹后实现多表面、多特征、多工位地连续、高效、高精度加工。②生产效率更高。它使机床的切削利用率（切削时间和开动时间之比）达80%以上。③有利于管理现代化。用加工中心加工零件，能准确计算零件的加工工时，并有效地简化和检验刀具、夹具、半成品的管理工作。④智能化程度高。如自动调整工艺参数，智能误差补偿等。

（4）**分类** 根据加工中心的结构和功能，其分类形式见表11-5。

表11-5 加工中心的分类形式

分法	类型	特征	应用
按工艺用途分	镗铣加工中心	能够进行铣削、钻削和镗削，适用于箱体、壳体以及各类复杂零件特殊曲线和曲面轮廓的多工序加工	适用于多品种小批量加工
	车削加工中心	以车削为主，主体是数控车床，机床上配备有转塔式刀库或由换刀机械手和链式刀库组成的刀库	高档车削中心配有铣削动力头
	钻削加工中心	以钻削为主，刀库形式以转塔头为多	适用于中小型零件多工序的孔加工
按主轴特征分	立式加工中心	主轴轴线沿铅垂方向，能完成铣削、镗削、钻削、攻螺纹等工序。一般可实现多轴联动，最少是三轴二联动	适宜加工板类、盘类、模具及小型壳体类零件
	卧式加工中心	主轴轴线沿水平方向，一般可以实现三至五轴联动，通常配备一个旋转坐标轴（回转工作台）	适于孔与面或孔与孔之间位置精度要求高的箱体类零件加工

与卧式加工中心相比，立式加工中心的优点是：工件装夹、定位方便；刀具运动轨迹易观察，调试程序检查测量方便；冷却条件易建立，切削液能直接到达刀具和加工表面；三个坐标轴与笛卡儿坐标系吻合，感觉直观与图样视角一致；切屑易排除和掉落，避免划伤加工过的表面；结构简单，占地面积较小；价格较低。其缺点是：立柱高度是有限的，工件加工范围易受限。

案例11-2 某型立式加工中心及其应用。

11.2.2 五轴联动机床

机床是一个国家制造业水平的象征。五轴联动机床代表目前机床制造业的最高境界。它是解决叶轮、叶片、船用螺旋桨、重型发电机转子、汽轮机转子和大型柴油机曲轴等加工的唯一手段。它对一个国家的航空、航天、军事、科研、精密器械和高精度医疗设备等行业有着举足轻重的影响力。

（1）**发展** 五轴联动机床的发展已成为加工中心发展的里程碑。众所周知，由于“东芝事件”的深远影响，发达国家直到现在还在限制五轴联动技术对中国的出口。在CIMT99展览会上，国产五轴联动机床第一次进入机床市场。自江苏多棱数控机床公司展出第一台五轴联动龙门加工中心以来，2013年国产加工中心开始销往西方发达国家。

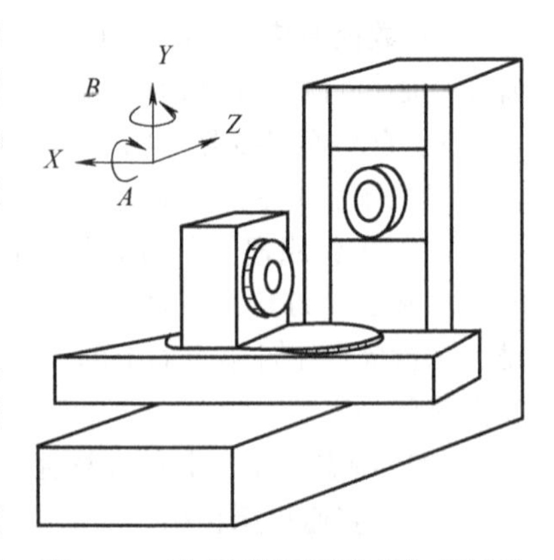

图11-18 卧式五轴联动机床加工原理

（2）**加工原理** 五轴联动机床由三个直线运动轴 X、Y、Z 轴加上分别围绕这三个轴旋转的 A、B 两个旋转轴组成，如图11-18所示。

1）**加工特点**。五轴联动机床进行切削加工具有如下特点（见图11-19）：①可避免刀具干涉，能加工普通三坐标机床难

以加工的复杂零件，加工适应性广（见图11-19a）。②对于直纹面类零件，可采用侧铣方式一刀成形，加工质量好、效率高（见图11-19b）。③对一般立体型面，特别是较为平坦的大型表面，可用大直径面铣刀端面逼近表面进行加工，进给次数少，残余高度小，可大大提高加工效率与表面质量（见图11-19c）。④对工件上的多个空间表面可一次装夹进行多面、多工序加工，加工效率高，并有利于提高各表面的相互位置精度（见图11-19d）。⑤五轴加工时，刀具相对于工件表面可处于最有效的切削状态（见图11-19e）。⑥在某些加工场合，可采用较大尺寸的刀具避开干涉，刀具刚性好，有利于提高加工效率与精度（图11-19f）。

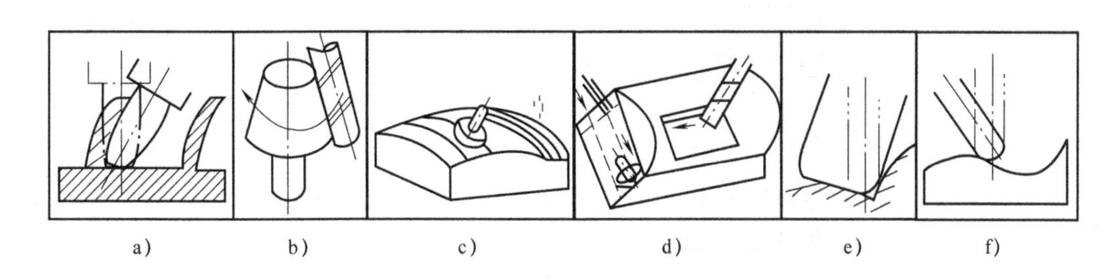

a)　b)　c)　d)　e)　f)

图11-19　五轴联动加工的特点

考虑到五轴加工中时变的切削条件和诸多不确定性因素，单次加工往往难以满足产品在几何精度和物理性能方面的高要求，集设计-加工-测量于一体的闭环加工模式是解决这一难题的重要手段，也是数字化制造的前沿方向。

2）**数控系统**。它的本质是根据输入的数控程序段插补出理想的运动轨迹，然后输出到执行部件，加工出需要的零件。其基本功能模块包括五个：输入、轨迹插补、伺服控制、反馈控制和自动换刀。这是一种位置控制的全闭环控制系统。目前数控系统方面的研究主要包括三个方面：五轴数控精细插补、装备与工艺的交互作用和加工过程闭环控制。

五轴加工程序的编制必须采用CAD/CAM系统。目前高档数控系统应具备以下基本要素：①多通道，至少五轴联动。②刀具的空间补偿及优化功能。③全闭环或双闭环控制的能力。④插补周期小于0.5 ms。⑤前瞻控制能力大于1000程序段。⑥数据运算与交换的单位小于1nm。

（3）**应用**　五轴联动机床的使用比三轴的要复杂许多，使用成本也高出许多，对编程、操作人员的要求也要高出许多，但是为什么人们对五轴加工越来越喜欢呢？

1）**五轴与三轴的区别**。采用五轴加工的优点是：①加工精度高。五轴联动机床定位精度较高。其刀具可做到恒线速切削，其加工精度可达0.001～0.1mm。而三轴联动机床多采用球头铣刀加工复杂曲面，球头铣刀是以点接触成形的，切削效率低，加工表面质量严重恶化，而且往往需要采用手动修补，也可能因此丧失精度。②加工适应性广。五轴联动机床可以加工普通三轴联动机床因刀具“干涉”而不能加工的工件，它更适合于加工汽车、飞机、模具和钟表等精密、复杂零件，如叶片、叶轮、螺旋桨和手表外壳等。③加工效率高。五轴相当于两台三轴，可做到复杂工件“一次装夹，五面加工”（装夹面除外）的效果。

2）**五轴结构形式**。五轴联动机床，按三个直线轴和两个旋转轴的组合就有X、Y、Z，A、B；X、Y、Z，A、C；X、Y、Z，B、C三种形式；根据两个旋转轴的组合形式划分，大体上有双转台式、双摆头式和转台摆头式三种形式。这三种机床的结构形式、特点和应用，见表11-6。由于物理上的原因，机床的结构形式分别决定了其规格大小和加工对象的范围。

表 11-6　五轴联动机床的结构形式、特点和应用

类型		特点	应用
双转台式	立式	优点：主轴的结构比较简单，主轴刚性非常好，制造成本较低 缺点：工作台不能设计太大，承重也较小，特别是当 A 轴回转≥90°时，工件切削时会对工作台带来很大的负载力矩	因工件需在两个旋转方向运动，故适用于加工小型零件，如小型整体涡轮、叶轮、小型精密模具，应用最广
	卧式	优点：加工能力远远超过一般立式加工中心 缺点：回转轴结构比较复杂，价格昂贵	常用于加工大型叶轮的复杂曲面，是重型机械加工的首选
双摆头式		优点：主轴加工非常灵活，工作台也可以设计得非常大 缺点：这类主轴的回转结构比较复杂，制造成本也较高	适用于加工模具高精度曲面、大客机的机身、大发动机的机壳
转台摆头式		优点：结构形式组合多样，适应性强，价格居中 缺点：精度差异大	应用十分广泛

① **双转台式**。立式五轴联动机床，如图 11-20 所示。设置在床身上的工作台可以绕 X 轴回转，定义为 A 轴。A 轴一般工作范围为 30°～120°。工作台的中间还有一个绕 Z 轴回转的回转台，定义为 C 轴。C 轴都是 360°回转。这样通过 A 轴与 C 轴的组合，固定在工作台上的工件除了安装底面之外，其余的五个面都可以由立式主轴进行加工。A 轴和 C 轴最小分度值一般为 0.001°，这样可以把工件按任意角度进行细分，加工出倾斜面、倾斜孔等。A 轴和 C 轴如与 X、Y、Z 三直线轴实现联动，就可加工出复杂空间曲面。

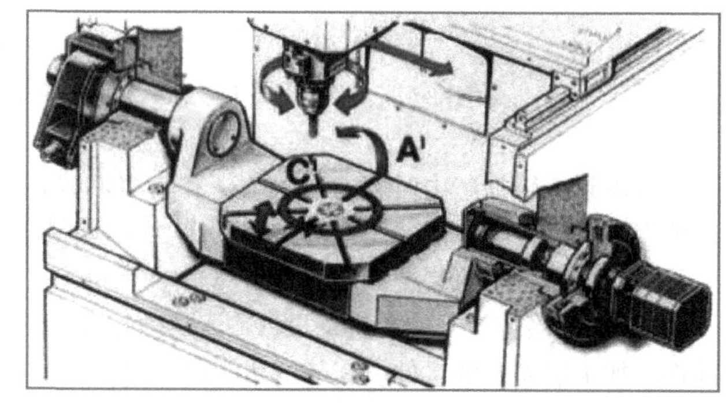

图 11-20　双转台式立式五轴联动机床

卧式五轴联动机床也有双转台式，如图 11-21 所示。设置在床身上的工作台 A 轴一般工作范围为 20°～100°。工作台的中间也设有一个回转台 B 轴，B 轴可双向 360°回转。回转轴也可配置圆光栅尺反馈，分度精度达到几秒。卧式加工中心的主轴转速为 10000～20000r/min。卧式加工中心快速进给率达到 30～60m/min，主轴电动机功率为 22～40kW，刀库容量按需要可从 40 把增加到 160 把。

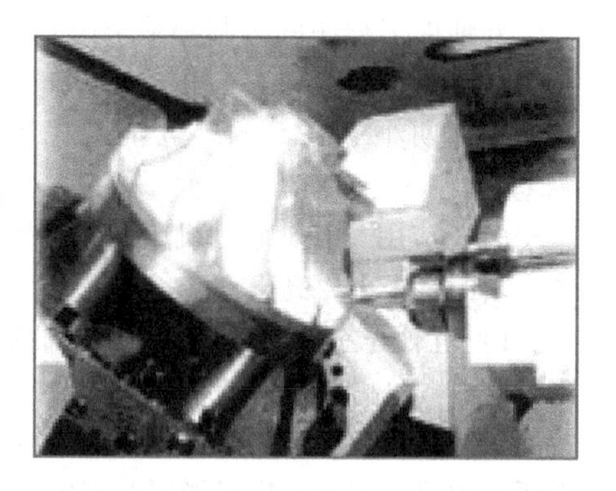

图 11-21　双转台式卧式五轴联动机床

② **双摆头式**。双摆头式立式五轴联动机床，如图 11-22 所示。主轴前端是一个回转头，能绕 Z 轴 360°回转，作为 C 轴。回转头上还有可绕 X 轴旋转的 A 轴，旋转范围一般可达 ±90°以上，实现上述同样的功能。为了达到回转的高精度，高档的回转轴还配置了圆光栅尺反馈，分度精度都在几秒以内。对于使用球头铣刀（见图 11-23）加工曲面，当刀具中心线垂直于加工面时，由于球头铣刀的顶点线速度为零，顶点切出的工件表面质量会很差，采用主轴回转的设计，令主轴相对工件转过一个角度，使球头铣刀避开顶点切削，保证有一定的线速度，可提高表面加工质量。

③ **转台摆头式**。由于转台可以是 A 轴、B 轴或 C 轴，摆头也可以分别是 A 轴、B 轴或 C 轴，

所以这种机床可以有多种不同的组合，以适应不同的加工对象。如图 11-24 所示，采用 *C* 轴加上 *B* 轴，由于工件仅在 *C* 轴上旋转运动，所以工件可以很小，也可以较大，直径范围可由几十毫米至数千毫米，*C* 轴转台的直径也可以从 100～200mm 至 2～3m，机床的质量也从几吨至十几吨甚至数十吨。其精度和性能随规格大小的不同而相差很大。

图 11-22 双摆头式立式五轴联动机床

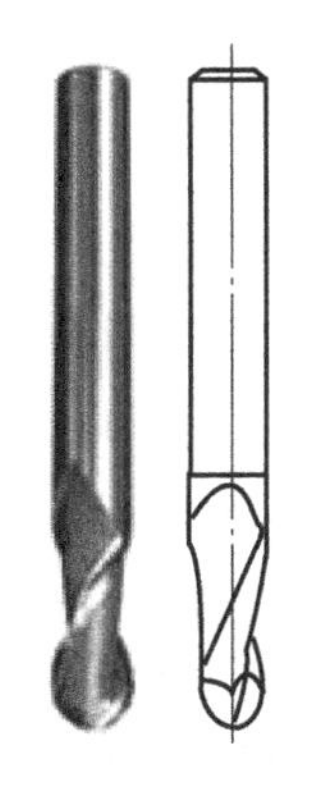

图 11-23 球头铣刀

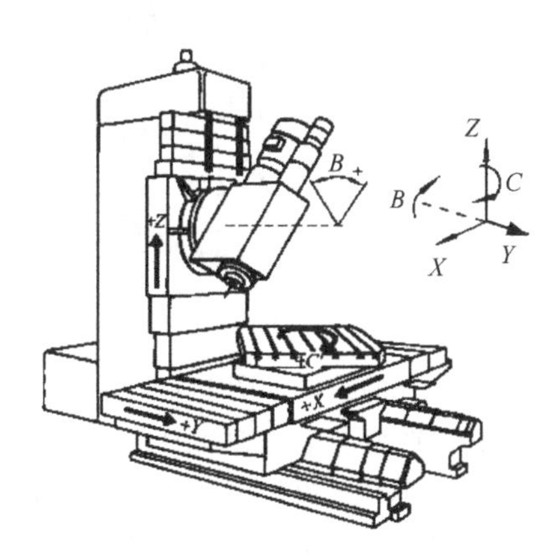

图 11-24 转台摆头式五轴联动机床

案例 11-3 五轴联动叶片机床。

11.2.3 并联机床

(1) **发展** 并联机床（Parallel Kinematics Machine Tool，PKMT），实质上是数控机床技术与并联机器人机构技术相结合的产物，其别称有虚拟轴机床、虚轴机床、并联结构机床、六条腿机床、Stewart 机床、并联运动学加工中心等。1994 年，在芝加哥国际机床博览会上，美国几家机床公司首次展出了 Hexapod（六足虫）数控机床与 Variax（变异）型加工中心，被誉为“21 世纪的机床”。1998 年，清华大学和天津大学联合研制了我国首台六轴并联机床 VAMTIY。2004 年，由哈尔滨工业大学与哈尔滨量具刃具厂联合开发研制的 HLNC 5001 型并联机床，在传统六轴并联机床的工作台上附加了一个转台，实现了七轴联动；还配有刀库，可实现自动换刀，即可完成具有复杂自由曲面的汽轮机叶片零件的加工，标志着我国并联机床正式步入实用化。

(2) **结构** 如图 11-25 所示，并联机床是由定平台、动平台和六根驱动杆（称为实杆）组成的。动平台上安装有电主轴，电主轴上夹持有刀具。通常，驱动杆的一端经虎克铰与定平台相连，另一端经球铰与动平台相连。可以通过改变六根驱动杆的杆长来控制动平台的运动，从而使动平台和电主轴获得不同的空间位置和姿态。同时，在工作台上串联一个数控转台，可实现七轴联动，工作台固定不动。当电主轴夹持刀具高速旋转并随动平台一起运动时，就可以在不同位置和姿态下对夹持在转台上的工件进行加工。

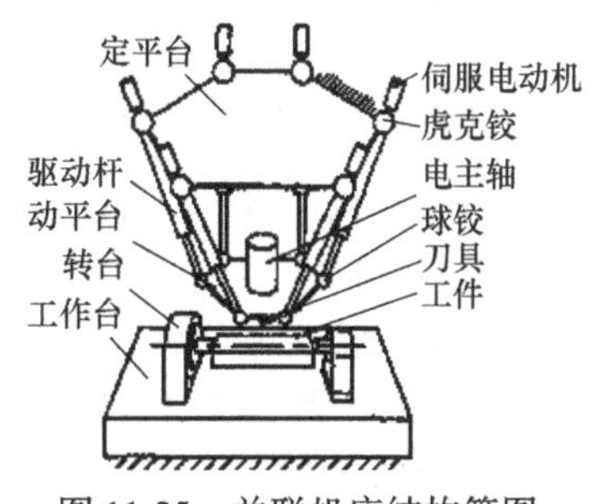

图 11-25 并联机床结构简图

由图 11-25 可见，除了数控转台一根轴，并联机床并非真实存在六根轴，它不能像传统数控机床一样直接控制各坐标轴（称为虚轴），而是通过改变六根驱动杆的杆长来实现刀具沿六根轴运动的。因此，在并联机床数控系统的开发中，最关键的问题是如何控制六根轴来实现刀具的联合运动，以得到所要求的刀具轨迹。

铰链是用来连接两个固体并允许两者之间相对转动的装置。一个转动的铰链称为合页铰，两个

转动的铰链称为虎克铰，三个转动的铰链称为球铰。虎克铰与球铰的结构如图11-26、图11-27所示。

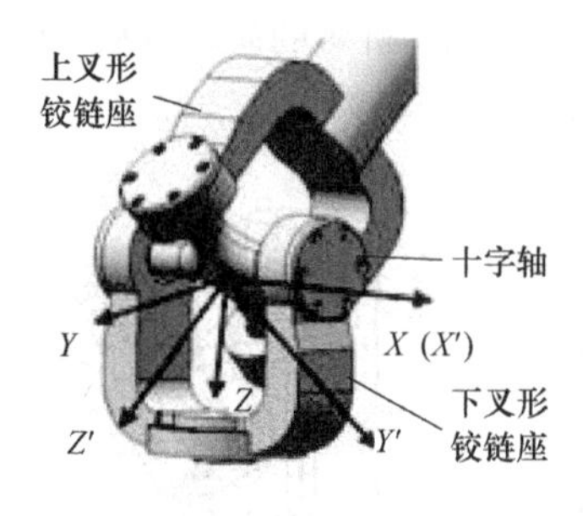

图11-26　虎克铰

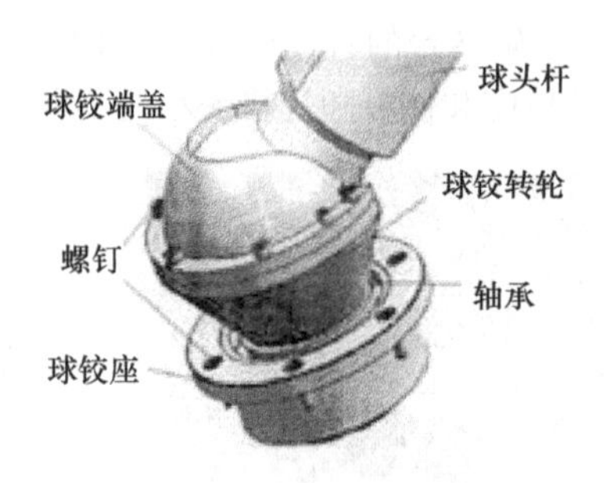

图11-27　球铰

驱动杆的结构如图11-28所示。每根杆由一个独立的伺服电动机驱动，杆长度通过精密滚珠丝杠传动改变。电主轴和刀具构成的主轴头结构如图11-29所示。

(3) **原理**　并联机床进行加工时，数控系统控制各连杆长度彼此协调地变化，使带有刀具的动平台的空间位置和姿态发生变化，形成所需的刀具运动轨迹，主轴带动刀具旋转进行切削加工，形成加工零件的表面。

并联机构的原理如图11-30所示，机构的构件总数为14，运动副总数为18，其中包括六个一自由度的移动副，六个二自由度的虎克铰（A_1、A_2、A_3、A_4、A_5、A_6），六个三自由度的球铰（B_1、B_2、B_3、B_4、B_5、B_6）。驱动杆和定平台连接处的虎克铰也可用球铰代替，这样每根驱动杆多了一个绕其轴线方向旋转的局部自由度，但机构的整体自由度数不变。因此，这个并联机构具有六个自由度。

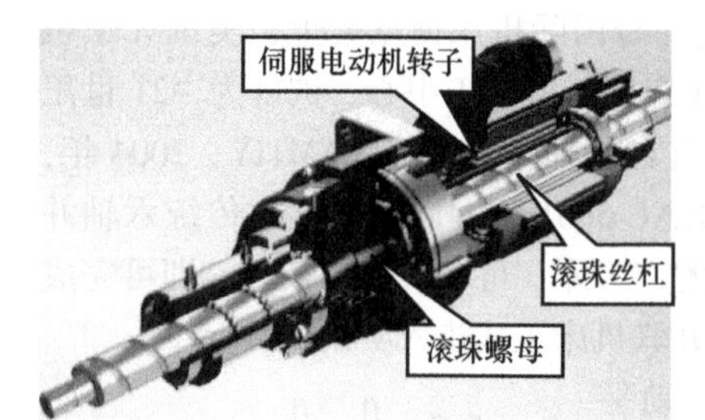

图11-28　并联机床的驱动杆

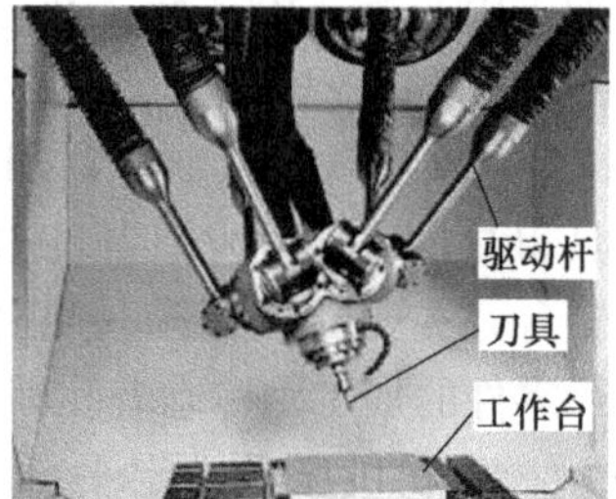

图11-29　并联机床的主轴头

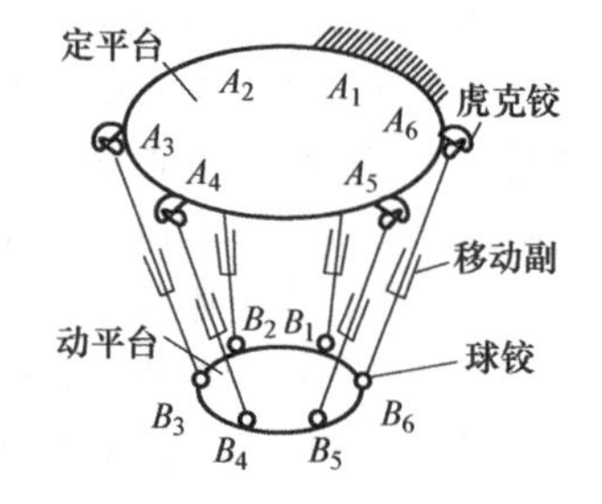

图11-30　并联机构的原理

按末端执行器运动自由度数目，并联机床的类型分为：六自由度、五自由度、四自由度和三自由度并联机床。

(4) **特点**　并联机床的特点和应用见表11-7。它克服了传统机床串联机构刀具只能沿固定导轨进给、刀具作业自由度偏低、设备加工灵活性和机动性不够等固有缺陷。但其工作台面积与机床占地面积之比的范围为1∶100～1∶50。

表11-7　并联机床的特点和应用

优点	加工精度高；刚度重量比大；响应速度快；环境适应性强；可重组性好；使用寿命长；结构简单，使用方便；制造成本低
缺点	工作空间小；工件拆卸不方便；机床杆件之间容易发生干涉；其复杂性在于软件和平台运动的数学运算
应用	可实现多坐标联动数控加工、装配和测量多种功能，更能满足复杂特种零件的加工

(5) **应用** 一般并联机床可广泛用于航天航空、船舶、国防、汽车、大型模具、发电设备等大型复杂零件的自由曲面加工。它能够加工空间复杂曲面，可广泛用于镗、铣和磨等各种特种加工，选用各种铣刀可实现对平面、沟槽、曲线、曲面、复杂异形件、螺旋类复杂零件和模具等进行高精度加工，因此特别适合用于模具、叶片及航空、航天行业异形零件等的复杂三维空间曲面加工。在动平台上安装其他执行单元，可实现多坐标测量、装配和焊接等多种功能，具有广阔的应用前景。

案例 11-4 混联式数控机床与自由曲面加工并联机床。

11.3 智能机床

迄今为止，机床发展经历了四大阶段：第一阶段手动机床（1774—1873）历经 100 年，主要采用以单机运行技术为核心的机械化制造技术，通过手工机床解决减轻体力劳动问题；第二阶段自动机床（1873—1952）历经 80 年，主要采用以流水线技术为核心的自动化制造技术，通过自动机床解决减少体力劳动问题；第三阶段数控机床（1952—2006）历经 50 余年，主要采用以数控技术为核心的柔性制造技术，通过数控机床解决进一步减少体力和部分脑力劳动问题；第四阶段智能机床（2006 年至今）历经十余年，加速发展智能机床，将进一步解决减少脑力劳动问题。

智能机床，即聪明机床，基于计算机和人工智能的智能化是智能机床进一步延伸人的脑力的体现。由于采用进化计算（Evolutionary Computation）、模糊系统（Fuzzy System）和神经网络（Neural Network）等控制机理，新的数控系统使机床性能大大提高。

案例 11-5 智能机床在沈阳机床集团实现量产。

11.3.1 智能机床的原理*

(1) **智能机床的概念** 智能机床是对制造过程能够做出判断和决定的机床。目前智能机床尚无明确统一的定义。结合国内外的智能机床研究成果给出如下定义。

1) **定义**。智能机床（Smart Machine Tools，SMT），是指能够对加工过程进行自动监控，自行分析与加工状态、环境和自身有关的信息，在环境和自身的不确定变化中自主实现最优行为策略的加工机械。

其中，自动监控包括自动的感知、监测、调节和维护；自行分析信息是 SMT 做出判断的基础；SMT 应具有加工任务和加工环境的广泛适应性；其智能功能就是要在以人为中心、机器决策、人机协调的宗旨下，实现设备高效、优质、节能和低碳的优化运行。

2) **特征**。综合以下两项研究：2003 年美国国家标准与技术研究所（National Institute of Standards and Technology，NIST）下属的制造工程实验室（Manufacturing Engineering Laboratory，MEL）；2005 年美国国防部资助 1000 万美元的智能加工平台计划（SMPI）的研究，给出智能机床如下五个特征：①信息感知。机床能够感知其自身的状态和加工能力，并进行自我标定。②行为决策。机床能够自动监测和优化自身的运行行为。它能够发现误差并补偿误差（自校准、自诊断、自修复和自调整），能够预测故障，以提示机床需要维护和进行远程诊断。③质量评估。机床能够评估加工工件的质量和最终产品的精度。④自我学习。机床具有自学习与提高的能力。它能够根据加工中和加工后获得的数据（如从测量机上获得的数据）来更新机床的应用模型。⑤联网通信。机床能够按照通用标准与其他机器无障碍地进行交流。

由此可见，智能机床在了解了整个制造过程后，能够监控、诊断和修正生产过程中出现的各类偏差，并且能为生产提供优化方案，还能计算出所使用的切削刀具、主轴、轴承和导轨的剩余寿命，让使用者清楚其剩余使用时间和替换时间。

3）**比较**。智能机床与数控机床在工艺上的区别，见表11-8。

表11-8 智能机床与数控机床在工艺上的区别

比较项	数控机床	智能机床
机床的加工	按预定指令加工	自动采集工况信息，根据实时状态优化调整加工参数，并自律执行
工业机器人的工作	按预定程序重复动作	与人协同工作，其位置不固定，行为不预设，能自适应环境变化
制造工艺的验证	基本在物理环境中完成	全部在虚拟环境或虚实结合环境中完成

（2）**智能数控系统的结构** 目前开放式的智能数控系统主要有四种结构形式：全软件型、基于总线型、专用CNC+PC、工业PC+运动控制卡。它们各有优缺点。全软件型，开放性最好，但开发难度大；基于总线型，开放性较好，但要求总线的性能必须满足系统的要求；专用CNC+PC，性能优但开放性较差；而工业PC+运动控制卡形式的数控系统在开放性及性能等方面都较好。下面给出两种不同的智能数控系统结构框架。

1）**基于工业PC+运动控制卡的结构**。我国机械科学研究院的杨占玺等人提出了基于工业PC+运动控制卡的开放式智能数控系统的结构框架，如图11-31所示。该系统主要由工业PC、运动控制卡以及多传感器系统等组成。工业PC由五个智能模块和三个接口组成。运动控制卡实现机床各种运动的控制功能。多传感器系统采集机床的加工过程的相关信息，通过传感器接口实现与工业PC的通信。通过通信接口可以实现工业PC与企业内部网或互联网的信息交换，可以实现CAD/CAM/CNC等之间的互联。

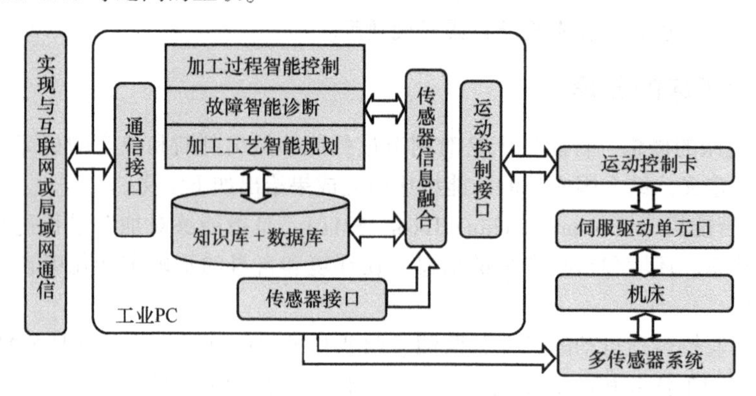

图11-31 基于工业PC+运动控制卡的智能数控系统的结构框架

2）**基于专用CNC+PC的结构**。图11-32所示为日本神户大学的Moriwaki等人提出的智能机床结构框架。智能机床的关键技术包括加工自动规划和决策技术，加工过程的智能监测技术，加工过程的智能控制技术等。

11.3.2 智能机床的应用

目前，已应用于智能机床的基本智能可分为以下五个方面：

（1）**智能驱动** 它是指驱动系统可根据负载和加工情况，自动调节伺服参数，以保证机床良好的动态性能。其代表技术有：①自动识别负载并优化参数。②适应控制技术。③降低机床能耗方法。④机床节能调度方法等。

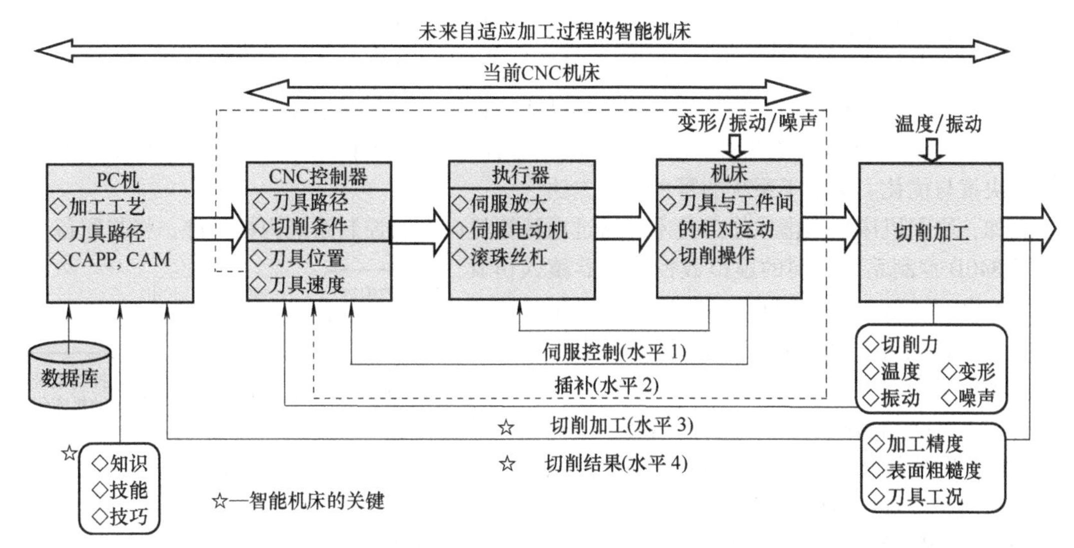

图 11-32　智能机床的数控系统结构框架

例如，自动补偿多轴平衡的智能机床。它采用了美国辛辛那提（Cincinnati）的多任务加工中心设计的软件，可探测到 B 旋转轴的不平衡条件。它装备了德国西门子（Sinumerik）840D 控制系统，新的平衡传感器监控 Z 轴发生的错误后准确和迅速地感受到不平衡。探测后，由一套平衡辅助程序通过计算产生出一个显示图，用来确定出不平衡的位置所在，以及需要进行多少补偿。该技术已用于吉丁斯路易斯的立式车床上。

（2）**智能补差**　它是指机床可以根据误差测试数据，自动进行补偿操作。其代表技术有：①机床热误差智能补偿系统。②几何误差智能补偿系统。③机床在线质量检测系统的应用。机床的误差包括几何误差、安装误差、热（变形）误差和力（变形）误差等，如图 11-33 所示。几何误差属于静态误差，误差预测模型相对简单，可通过系统的补偿功能得到有效控制；而热误差属于动态误差，误差预测模型复杂，是技术研究的难点和热点。

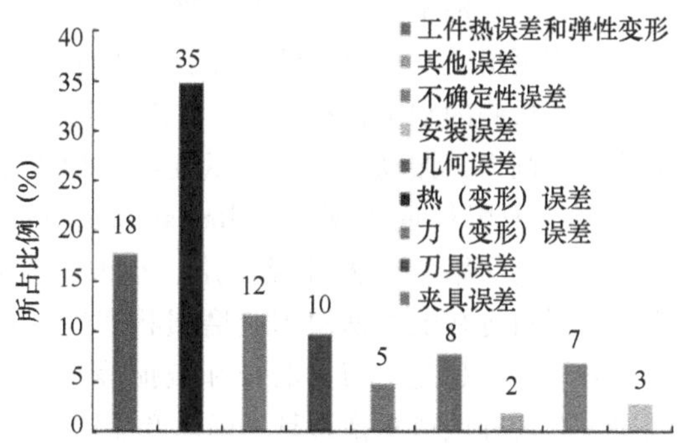

图 11-33　数控机床加工误差来源

机床在加工过程中的热源包括轴承、滚珠丝杠、电动机、齿轮箱、导轨、刀具等。这些部件的升温会造成机床误差增大。由于温度敏感点多、分布广，温度测试点位置优化设计很重要。在确定了温度测点的基础上，常用神经网络、遗传算法、模糊逻辑、灰色系统和支持向量机等来进行误差预测与补偿。

例如，大隈公司考虑到工件加工精度会因“机床周围温度变化”“机床产生的热量”“加工产生的热量”出现较大变化，采用了对称结构、箱式组合结构和热均衡结构，使用户不必采取特

图 11-34　大隈机床热补偿智能系统结构

殊措施，便能在普通的工厂环境中实现高精度加工，如图11-34所示。

（3）**智能加工**　它是指在整个加工过程中，机床可以自动完成某些步骤，代替人的操作，或自动地保证加工过程的顺利进行和最优化。其代表技术有：①虚拟加工技术。②自动上下料机构。③3D防碰撞技术。④工艺参数智能化修改与选择。⑤自动加工生产线技术。⑥多种工艺参数智能决策与优化。⑦基于系统的零件编程方法。

例如，沈阳机床采用虚拟加工技术，通过在计算机内安装控制系统内核软件，将与配备德国西门子840D控制系统相同的虚拟数控控制器植入仿真系统及CAM系统，并将控制系统的所有初始化设定导入虚拟数控控制器内核，实现控制系统驱动的加工仿真。这种仿真与真实加工完全相同，如图11-35所示。它包括加工时间的精确预估，非切削运动、过程循环及子程序的时间估算等，并可基于精确时间的模拟来进行加工计划的调整及成本核算等。

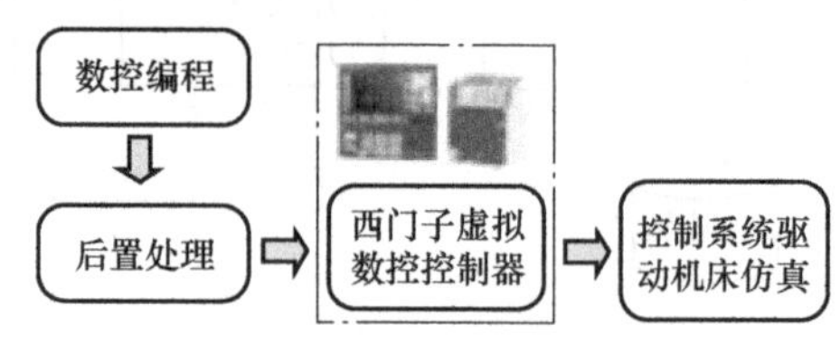

图11-35　基于控制系统的虚拟加工流程图

（4）**智能监测**　它是指机床在加工过程中能够感知自身状态，并根据这些状态进行自我控制，以保证正常工作。利用数控系统内装程序随时进行自诊断、自动报警，提示发生故障的部位和原因等，并利用“冗余”技术，自动使故障模块脱机，接通备用模块。状态监测常采用自组织映射（Self Organizing Maps，SOM）神经网络、模糊逻辑、支持向量机、专家系统和多智能体（Agent）等智能方法。代表技术有：①机床振动检测及抑制。②刀具磨损检测。③故障自诊断、自修复和故障回放。④机床监控、调节与维护系统。⑤机床润滑系统自动控制法。⑥刀具、夹具及工件动态管理系统。关于振动监测，有两条途径：①监测切削力。②监测振源。可利用神经网络、模糊逻辑、支持向量机等智能方法直接进行振动监测。关于刀具磨损监测，鉴于直接测量法需要离线检测的缺陷，利用红外、声发射、激光等检测手段，对刀具和工件进行检测。通过采集电流、切削力、振动、功率和温度等一种或多种间接信号，采用径向基函数（Radial Basis Function，RBF）神经网络、模糊神经网络、小波神经网络、支持向量机等智能算法对刀具磨损状态进行智能监测。发现工件超差、刀具磨损和破损等，及时进行报警、自动补偿或更换刀具，确保产品质量。

例如，基于Internet的数控机床远程状态监测和故障诊断系统体系结构如图11-36所示。它主要分为两部分：一是数控机床状态监测和故障预处理终端，其功能是完成数控机床现场的状态监测和故障信息预处理，安置在数控机床上；二是远程故障诊断中心，其功能是实现专家系统故障分析和诊断，安置在数控机床厂家的服务器上。

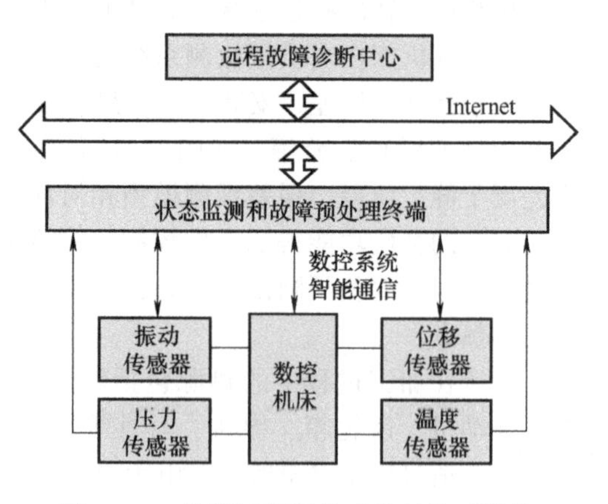

图11-36　故障诊断智能系统的体系结构

（5）**智能交互**　它是指机床具有更方便的操作系统，可以根据操作者的操作给予提示和建议，并且具备联网和远程监控等功能。其代表技术有：①具有语音提示功能的操作辅助系统。②远程访问与监控。例如，美日合资的通用电气发那科（GE Fanuc）公司引进了一套监控和分析方案，推出了一种基于互联网远程监控的智能机床，称为效率机床4.0它通过收集机床和其他设备复杂的基本数据提供可指出原因的分析方法。它还提供一套远程诊断工具，使平均无故障时间最长而用于修理的时间最短。它还能用于计算机维护管理系统中监控不同的现场。

综上所述，为了实现智能驱动、智能补差、智能加工、智能监测和智能交互，引入智能机床的关键技术有：适应控制、伺服驱动、自动检测、故障诊断和模式识别等技术。

案例 11-6　国外的几种智能机床。

11.4　工业机器人

机器人是高端智能装备的代表，被称为“制造业皇冠上的明珠”。工业机器人（Industrial Robot，IR）是面向工业领域的，具有多关节机械手或多自由度的，靠自身动力和控制能力来自动执行工作的一种机器。机器人学已成为一门独立的新学科。工业机器人是多种高新技术的综合集成，工业机器人技术水平也是一个国家科技水平的重要标志。

工业机器人的发展经历了三个阶段，形成了三代机器人：示教机器人、感知机器人和智能机器人。你能想到的技术在工业机器人中几乎都可以集中体现。我国已成为世界工业机器人第一大市场，我国工业机器人产业的市场增长空间巨大。

11.4.1　工业机器人的原理

（1）**概念**　工业机器人是由一系列相互铰接或相对滑动的构件所组成的，具有若干个自由度的，用于抓取或移动物体（工具或工件）的一种操作机。

1）**定义**。工业机器人有如下两个定义。

定义 1：工业机器人是一种具有自动控制的操作和移动功能的，能完成各种作业的可编程操作机（1987 年国际标准化组织 ISO）。

定义 2：工业机器人是自动控制的，可对三个或三个以上的轴进行编程，并可重复编程的多用途的、在工业自动化中使用的操作机（GB/T 12643—2013）。

由定义可知，工业机器人的基本工作原理是通过操作机上各运动构件的运动，自动地实现手部作业的动作功能及技术要求。

2）**特点**。工业机器人的特点，见表 11-9。

表 11-9　工业机器人的特点

特　点	说　明
可编程	它可随其工作环境变化的需要进行再编程，在小批量多品种的生产过程中可实现柔性自动化
拟人化	它在机械上有似人的行走、腰转、抓取等，在控制上有计算机，在感知上有传感器，有自适应能力
通用性	它一般在执行不同的作业任务时具有较好的通用性，如更换其手部便可执行不同作业任务
综合性	它是机械学、微电子学、人工智能和计算机技术的结合，其技术涉及的学科相当广泛

（2）**结构**　工业机器人主要由机械系统、驱动系统、控制系统和感知系统组成，如图 11-37 所示。其结构如图 11-38 所示。

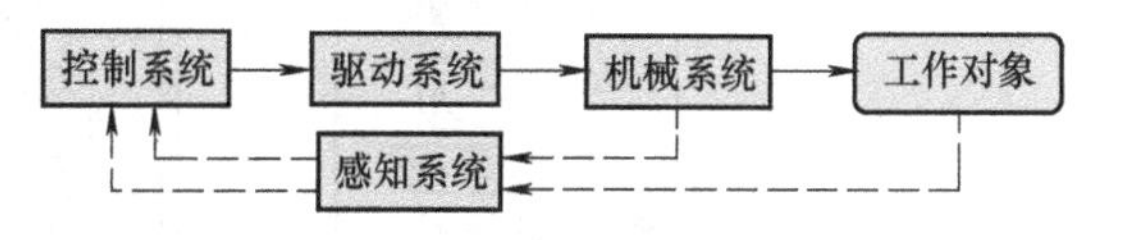

图 11-37　工业机器人的组成

1）**机械系统**。又称为机械本体。它包括执行机构和支承部件。

① **执行机构**。它是一种可在空间抓放物体或执行其他操作的机械装置，具有与人手臂相似的动作功能。它包括臂部、腕部和手部。臂部是支撑腕部和手部的部件，由动力关节和连杆组成，用来改变手部的空间位置。手部又称为末端执行器，是机器人直接执行工作的装置，可安装夹持器、工具、传感器等。夹持器可分为机械夹紧、真空抽吸、液压夹紧、磁力吸附等。腕部是

连接臂部与手部的部件（见图11-39），用以调整手部的方位和姿态。腕部由三个回转关节组合而成：手部相对于臂部进行的摆动称为腕摆，其中，手部在竖直面运动称为腕部俯仰，手部在水平面运动称为腕部偏转；手绕自身轴线方向的旋转称为手转。

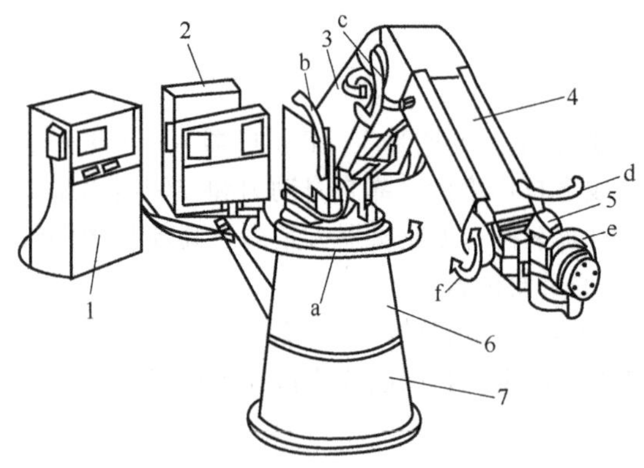

图11-38　工业机器人的结构

1—控制系统　2—液压系统　3—大臂　4—小臂
5—腕部　6—立柱　7—机身
a—臂部摆动　b—肩关节旋转　c—肘关节旋转
d—腕摆动　e—腕回转　f—腕俯仰

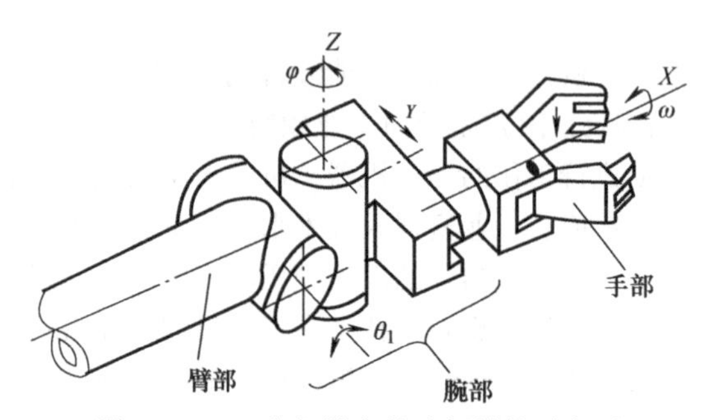

图11-39　工业机器人的腕部结构示意图

② **支承部件**。它通常包括机身和机座。机身是支持机器人手臂的部件，能够扩大手臂的活动范围。机座是工业机器人的基础部件，用以承受相应的荷载，确定或改变机器人的位置。它分为固定式和移动式两类。移动式机器人有行走机构。

2）**驱动系统**。它是按照控制系统发出的控制指令将信号放大，驱动执行机构运动的传动装置。驱动系统包括动力装置和传动机构，用以使执行机构产生相应的动作。动力装置一般有电气、液压、气动和机械四种驱动方式。

3）**控制系统**。它是按照输入的程序对驱动系统和执行机构发出指令信号并进行控制的系统。大多数工业机器人采用计算机控制（见图11-40），通常分成决策级、策略级和执行级三级。决策级的功能是识别环境、建立模型、将作业任务分解为基本动作序列。策略级将基本动作变为关节坐标协调变化的规律，分配给各关节的伺服系统。执行级给出各关节伺服器的具体指令。

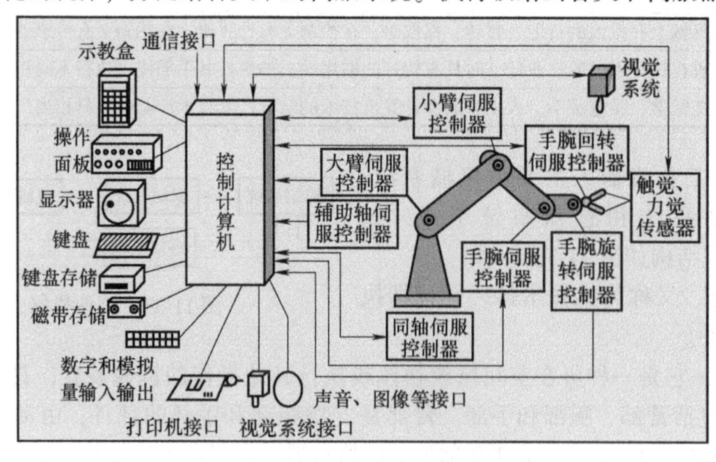

图11-40　工业机器人控制系统的组成

4）**感知系统**。感知系统即检测装置。它通过多种传感器（如位移、力觉、触觉、视觉等传感器），检测工业机器人运动位置和工作状态，并随时反馈给执行系统，以使执行机构按要求达到指定位置。

（3）**坐标系**　工业机器人的坐标系是指执行机构的手臂在运动时所获取的参考坐标系。国家标准 GB/T 16977—2005《工业机器人坐标系和运动命名原则》中规定，工业机器人的坐标系按右手定则来确定。绝对坐标系 $X—Y—Z$，机座坐标系 $X_0—Y_0—Z_0$ 和机械接口（与手部相连接的机械界面）坐标系 $X_m—Y_m—Z_m$ 的取法可参考上述国家标准（见图 11-41）。

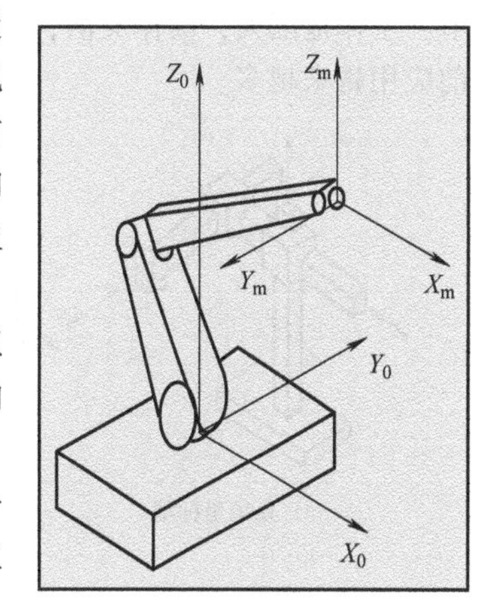

图 11-41　工业机器人的坐标系

1）**直角坐标系**。工业机器人手部空间位置的改变是通过三个互相垂直的轴线移动来实现的，即沿 X 轴的纵向移动、沿 Y 轴的横向移动及沿 Z 轴的升降。

2）**圆柱坐标系**。手部空间位置的改变是通过两个移动和一个转动来实现的，其手臂的运动由在垂直立柱的平面伸缩和沿立柱的升降两个直线运动及手臂绕立柱的转动复合而成。

3）**球坐标系**。工业机器人手臂的运动由一个直线运动和两个转动组成。

4）**关节坐标系**。工业机器人主要由立柱、大臂和小臂组成，立柱绕铅垂轴旋转，形成腰关节，立柱和大臂形成肩关节，大臂和小臂形成肘关节，大臂和小臂做俯仰运动。

关节坐标系 $X_i—Y_i—Z_i$ 表示第 i 个关节的坐标系，i 关节是 i 构件和（$i-1$）构件之间的运动副。例如，第 1 个关节是构件 1 与构件 0（机座）之间的运动副，第 2 个关节是第 2 个构件与第 1 个构件之间的运动副等。关节坐标系 $X_i—Y_i—Z_i$ 固定在构件 i 上并与 i 构件一起运动，因此可以用它描述关节 i 及构件 i 的运动，又可称为关节坐标系运动或构件坐标系运动。

关节坐标系的基准状态一般可取为机器人处于机械原点时的状态。关节坐标轴的轴线位置可取为 Z_i 轴与 i 关节的运动方向一致。对于回转关节，取 Z_i 轴与 i 关节的轴线重合；对于移动关节，取 Z_i 轴与 i 关节的运动方向平行（或重合）。X_i 轴则取沿相邻两 Z 轴的公垂线方向。关节坐标方向的选取是在规定了 X_i、Z_i 轴的方向后依右手定则确定 Y_i 轴方向。一般来说 X_i 和 Z_i 轴的正向可任意选取。

（4）**分类**　关于工业机器人的分类，有多种划分方法，如图 11-42 所示。

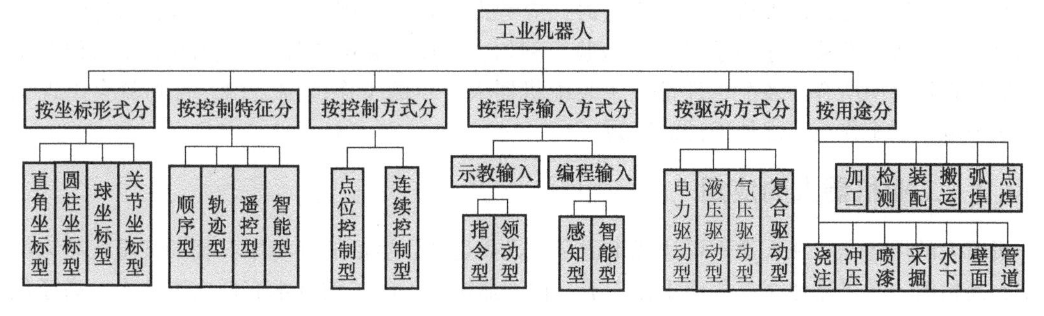

图 11-42　工业机器人的分类

1）**按坐标形式分**。也是按臂部的基本运动形式分，工业机器人分为四类（图 11-43）：①直角坐标型。臂部可沿三个直角坐标移动，位置精度最高，控制无耦合，比较简单，避障性好，但结构较庞大，动作范围小，灵活性差。②圆柱坐标型。臂部可做升降、回转和伸缩动作，位置精度较高，控制简单，避障性好，但结构较庞大。③球坐标型。臂部能回转、俯仰和伸缩，占地面积小，结构紧凑，位置精度尚可，但避障性差，有平衡问题。④关节坐标型，臂部有多个转动关节，工作范围大，动作灵活，避障性好，但位置精度较低，有平衡问题，控制耦合比较复杂，目前应用越来越多。

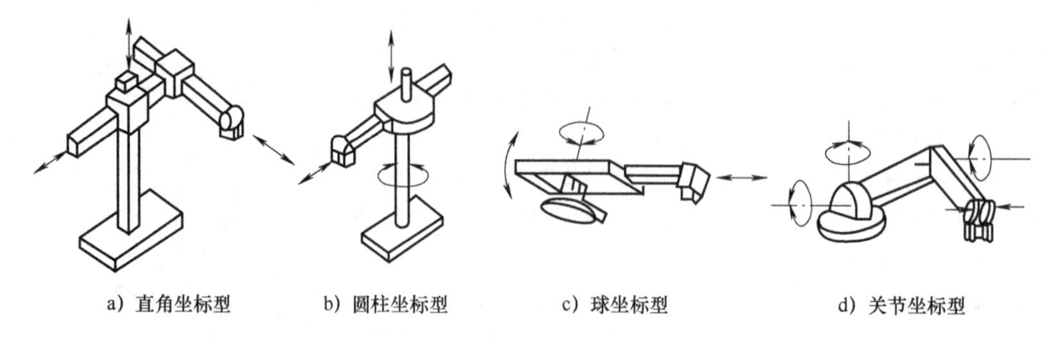

a）直角坐标型　b）圆柱坐标型　c）球坐标型　d）关节坐标型

图11-43　工业机器人的基本运动形式

2）**按控制特征分**。1990年10月，在丹麦首都哥本哈根召开了工业机器人国际标准大会，会议文件把工业机器人分为四类：①顺序型。这类机器人拥有规定的程序动作控制系统。②轨迹型。这类机器人执行某种移动作业，如焊接、喷漆等。③遥控型。比如在月球上自动工作的机器人。④智能型。这类机器人具有感知、适应、思维和人机通信机能。

（5）**性能指标**　工业机器人的主要性能指标有：自由度、精度、工作范围、提取重力（抓重或臂力），运动速度等。

1）**自由度**。它是指工业机器人所具有的独立坐标轴运动的数目，不包括手部的开合自由度。机器人的自由度是根据其用途而设计的，大多数工业机器人有三至六个运动自由度，其中腕部通常有一至三个运动自由度。图11-38所示的机器人具有臂部摆动、肩关节旋转、肘关节旋转以及腕部的俯仰、摆动、回转共六个自由度。

2）**精度**。它包括定位精度和重复定位精度。定位精度是指工业机器人手部实际到达位置与目标位置之间的差异。重复定位精度是指工业机器人的手部重复定位于同一目标位置的能力，可以用标准偏差这个统计量来表示。

3）**工作范围**。它是指工业机器人手臂末端或手腕中心所能到达的所有点的集合，也称为工作区域。在应用工业机器人执行某一作业时，应考虑其是否会因为存在手部不能到达的作业死区而完不成任务，并采用适当手段进行检验。例如，在设计装配机器人与上料托盘的相对位置时，应使得托盘中所有待装配工件都位于装配机器人手爪的工作范围之内，否则就会出现机器人无法抓取位于工作范围之外工件的问题。

11.4.2　工业机器人的应用

机器人的用途是：在人类不可达或不适合于人类生产、生活的环境中，辅助甚至代替人类高效率、高精度、高可靠地完成各项工作。下一代工业机器人的关键技术有低成本技术、高速化技术、小型和轻量化技术、提高可靠性技术、计算机控制技术、网络化技术、高精度化技术、视觉和触觉等传感器技术等。

（1）**关键技术**　目前国内研发工业机器人的核心部件有如下三个。

1）**高精度减速器**。目前我国高精度机器人关节减速器产品主要依赖进口。其关键技术有：

①齿轮材料成形控制技术。②薄壁角接触球轴承的加工技术。③精密装配技术，如采用专用精密装配夹具，利用成组工艺装配技术，确保减速器输出轴侧隙为零。

2）**高性能驱动器**。工业机器人要求使用高性能的专用伺服电动机。其关键技术有：①快速响应伺服控制技术，其电动机驱动均具有三环控制，即位置环、速度环和电流环。②在线参数自整定技术，其关键在于在线优化算法。③高过载倍数，高转速电动机应选用特殊的电磁设计。

3）**稳定的控制器**。目前主流的工业机器人都是采用专门定制的运动控制卡加上实时操作系统，这样既保证数据的实时传输，又保证运动控制的精确执行。但实时操作系统的成本高，这限制了国内工业机器人产业化发展。而通用操作系统不能满足工业机器人高稳定性和响应快速性的要求。

（2）**存在问题**　目前，我国已能生产具有国际先进水平的平面关节型装配、直角坐标、弧焊、点焊、搬运码垛等机器人产品，不少品种已实现小批量生产。存在的问题如下：①国内工业机器人的顶层架构设计和基础技术被发达国家控制，关键部件还严重依赖进口，国产工业机器人的成本优势不显著。②国内工业机器人设计理念不够成熟，存在低端锁定的风险。目前运行的90%以上的工业机器人，都不具有智能。③国内工业机器人市场无序竞争严重，未形成工业机器人研究、生产、销售、集成和服务等有序的产业链。总之，我国工业机器人产业发展面临巨大挑战。

（3）**制造业的应用**　在制造业中，工业机器人可以用于毛坯制造（冲压、压铸、锻造等）、机械加工、焊接、热处理、表面涂覆（喷漆、涂胶）、装配、仓库堆垛、真空及洁净环境等作业中。工厂物料搬运，往往要耗费大量的人力，特别是那些笨重、高温等物件，对人工作业还存在很大的危险性，如果由机器人去执行，完成任务就变得很容易。

案例11-7　工业机器人在焊接中的应用。

11.5　自动导引车

自动导引车（Automated Guided Vehicle，AGV）是一种无人驾驶的自动化运输设备，它能承载一定的重物在出发地和目的地之间自主行进，又称为**自动导向车**，简称为**小车**。它的动力主要由电池提供，装有非接触式引导装置和独立的空间寻址系统，能够准确高效地完成给定任务。AGV属于轮式移动机器人（Wheeled Mobile Robot）的范畴。它是实现物流运输系统自动化的关键技术，也是实现柔性生产组织系统智能化的核心装备。

在AGV出现之前，自动化运输设备主要是有轨导引车（Rail Guided Vehicle，RGV），它是通过铺设的铁轨进行导航的，RGV的移动速度和加速过程比AGV快，承载能力比AGV大，制造成本低，但运行路径不便于变更，且要求转弯半径大。

11.5.1　自动导引车的原理*

（1）**概念**

1）**定义**。自动导引车（AGV），是一种以充电电池为动力，自动导引的无人驾驶自动化车辆，它能在计算机的监控下，按路径规划和作业要求，精确行走并停靠到指定地点，完成取货、送货、充电系列作业任务。

这是美国物料搬运协会（American Material Handling Association）的定义。

2）**特点**。与传统物料输送系统相比，AGV的主要特点包括：①无人驾驶。②无轨导航。

③智能充电。④适应性强。⑤安全性好。⑥经济性好。⑦利于清洁生产。

（2）**结构**　AGV的结构如图11-44所示，它是一种三轮式AGV结构，主要由底盘车、动力装置、监控系统和安全装置等组成，采用前轮转向、后轮驱动的运行方式。此外，AGV还可根据需求配置用于装卸货物的移载装置。

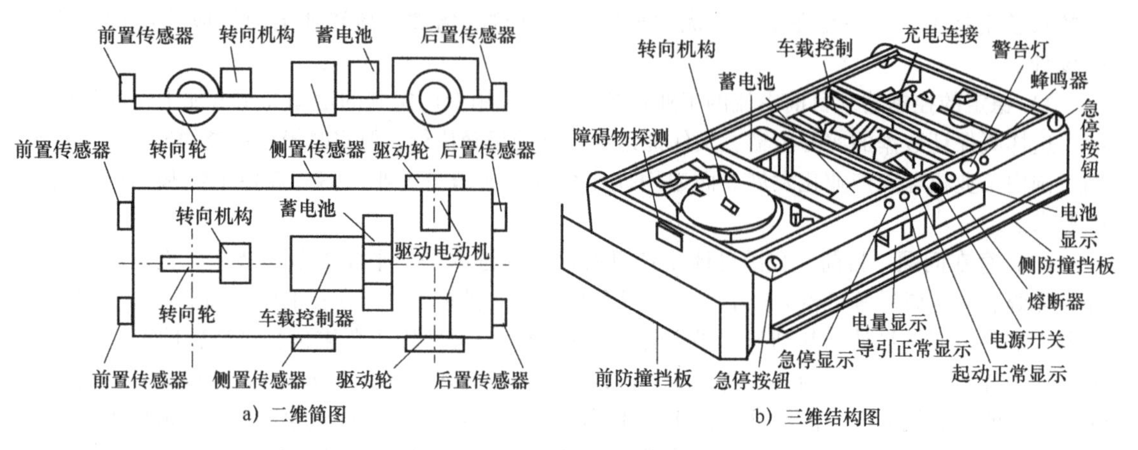

图11-44　AGV的结构示意图

1）**底盘车**。它主要包括车架、驱动装置和转向机构。车架通常为钢结构焊接件。驱动装置由车轮、减速器、制动器、电动机及调速器等组成，是一个伺服驱动的速度控制系统。AGV的驱动方式可以分为单轮驱动式（Steer Driving，SD）、差速驱动式（Differential Driving，DD）和四轮驱动式（Four Wheel Driving，FWD）。虽然四轮驱动式使用便捷性更高，但也有结构复杂、硬件成本高等缺点。所以单轮式、差速式使用较为广泛。转向机构可实现向前、向后，或纵向、横向、斜向及回转的全方位运动。与驱动方式对应的转向形式有三种：铰轴转向式（三轮型）、差速转向式（四轮型）和全轮转向式。

2）**动力装置**。它包括蓄电池及其充放电装置。蓄电池一般为24V或48V的直流电池，供电周期为20h左右。电池使用寿命一般在两年以上。蓄电池选用需要考虑的因素，除了功率、容量、功率重量比、体积等外，最关键的因素是充电时间的长短和维护的难易性。目前AGV充电时间/放电时间由原来铅酸电池的1∶1已提高到高能酸性电池的1∶12。AGV本身必须有充电限制装置和安全保护装置。专用的充电装置在AGV上的布置方式，一般有地面电靴式、壁挂式等。

3）**监控系统**。它包括地面（车外）控制系统和车载控制系统两部分，均采用微型计算机，通过通信网络进行联系。通常，由地面控制系统（Stationary System）发出控制指令，经通信系统输入车载控制系统（Onboard System）控制AGV运行。地面控制系统，即AGV上位控制系统，是AGV的核心，其主要功能是对AGV系统（AGVS）中的多台AGV单机进行任务分配、车辆调度、交通管理、通信管理和车辆驱动等。车载控制系统，即AGV单机控制系统，在收到上位机的指令后，实现AGV单机的导航、路径选择、导引、车辆驱动和装卸操作等功能，还要完成AGV的手动控制、蓄电池状态、制动器解脱、行走灯光、充电接触器的监控及行车安全监控等。导航功能用来保证AGV按设定的路径自动行驶。

4）**安全装置**。安全装置包括安全防撞的多级硬件和软件。例如，在AGV的前端设有红外光非接触式防碰传感器和接触式防碰传感器（保险杠）；AGV的前后（或顶部）装有黄色警示信号灯和声音报警装置，当AGV行走时信号灯闪烁，以提醒周围的操作人员；每个驱动轮内装有

安全制动器，断电时制动器自动接上；小车四面都有急停按钮和附有传感器的安全保险杠，当小车轻微接触障碍物时，保险杠受压，小车停止；一旦发生故障，AGV 自动进行声光报警，同时通过无线通信系统通知 AGV 监控系统。安全装置分为接触式和非接触式两种。接触式安全装置，如障碍物接触式缓冲器或防碰撞张力传感器等。非接触式安全装置，是先于障碍物接触式缓冲器发生有效作用的安全装置。非接触式障碍物接近检测装置有红外光电、微波、激光式、超声波式、红外线式等多种产品。

此外，还有充电安全保护、安全警报、自动装卸机构的安全保护等。

（3）**原理**　下面将说明 AGV 系统的组成、工作原理、工作流程及其控制技术。

1）**系统组成**。AGV 系统（见图 11-45）由多台带辅助装置的 AGV 车辆、装有管理系统的上位机（控制计算机/控制台）、地面导航系统、自动充电站、周边输送系统、AGV 控制台和通信系统等构成。

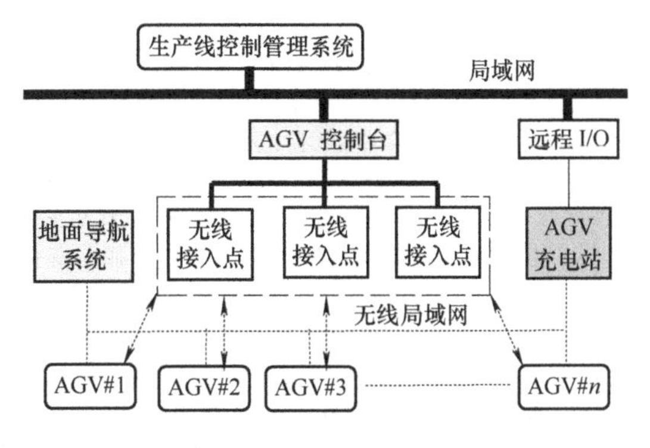

图 11-45　AGV 系统组成

2）**工作原理**。该系统的主要工作原理是：用户仅需对位于工作区的任务管理终端下达运输指令和相关信息。管理软件即对所产生的指令下达给 AGV 控制台，从而 AGV 控制台分配 AGV 执行各运输指令。AGV 的运动路径规划及调度管理，以及充电调度均由 AGV 控制台自行完成，无须人为管理操作。

3）**工作流程**。在上位机的监控及任务调度下，AGV 可以准确地按照规划好的路径行走，在到达任务指定位置后，完成一系列的作业任务，上位机可根据 AGV 自身电量决定是否到充电区进行自动充电。

4）**控制技术**。AGV 控制系统需解决的主要问题有：我在哪里？我要去哪里？我怎么去？这些问题归纳起来就是 AGV 控制系统中的三项主要技术：①导航（Navigation）。AGV 单机通过自身装备的导航器件测量并计算出所在全局坐标中的位置和航向。②路径选择（Searching）。又称为路径规划（Layout designing）。AGV 单机根据上位系统的指令，通过计算，预先选择即将运行的路径，并将结果报送上位系统，能否运行由上位系统根据其他 AGV 所在的位置统一调配。AGV 单机行走的路径是根据实际工作条件设计的，它由若干“段”（Segment）组成。每一“段”都指明了该段的起始点、终止点，以及 AGV 在该段的行驶速度和转向等信息。③导引（Guidance）。AGV 单机根据现在的位置、航向及预先设定的理论轨迹来计算下个周期的速度值和转向角度值，即 AGV 运动的命令值。

（4）**导航方式**　按有无导引线路的形式，AGV 导航方式分为固定路径导航和自由路径导航两大类。AGV 导航方式的种类很多，已得到应用且有前景的方式有六种，其工作原理及优缺点见表 11-10。

1）**固定路径导航**。磁带导航（Magnetic Tape Guidance），以其无可比拟的优势，被广泛应用于汽车制造业的简易 AGV。电磁导航（Wire Guidance），在 AGV 运行路径上，开设宽 50mm、深 15mm 的一条敷线槽，并将导线通以 5～30kHz、200～300mA 的交变电流形成沿导线扩展的交变磁场。光学导航（Optical Guidance），一般是在运行路径上铺设一条具有稳定反光率的色带。

2）**自由路径导航**。惯性导航（Inertial Navigation），除了在 AGV 上安装陀螺仪外，还需在行驶区域的地面上安装定位块，此项技术在军事上运用较早。激光导航（Laser Navigation），是目前国外AGV制造商优先采用的导航方式。视觉导航（Visual Navigation），在理论上具有最佳引导柔性，近年来发展非常迅速。其关键技术包括摄像机标定、立体图像匹配、路径识别和三维重建。此外，依据激光导航原理，若将激光扫描器更换为红外发射器或超声波发射器，则激光导航方式可以变为红外导航或超声波导航。还有GPS（全球定位系统）导航（Global Position System），其精度取决于卫星在空中的固定精度和数量，以及控制对象周围环境等因素。目前该技术还在完善中。

表11-10　常用导航方式的工作原理及优缺点

类型	导航方式	工作原理	优　点	缺　点
固定路径导航	磁带导航	采用磁带确定行驶路径，通过车体上的磁性传感器检测信号以确定车辆的行驶方向。为防止磁带受污损，可将磁带改为磁点	路径铺设费用低，路径比较容易改变或扩充	易受环路周围金属物质的干扰，导航可靠性较差，磁带易被污损
	电磁导航	利用电磁感应原理，通过AGV车上的电磁传感器检测出电磁信号的强弱变化，引导AGV沿埋设电缆的路径行驶，如图11-46所示	导航可靠性高，引线不易被污损，对声光无干扰	对铁磁物质较敏感，对地面平整度要求高，路径更改的灵活性差
	光学导航	采用反光带确定行驶路径（涂漆或粘贴色带），通过车体上的光电传感器检测反射光信号，以调整车辆的行驶方向，如图11-47所示	技术成熟，导航线路铺设费用低，路径更改的灵活性好	要求反光带保持清洁平整，易受色带污损影响，停位精度较低
自由路径导航	惯性导航	采用陀螺仪检测AGV的方位角，并根据从某一参考点出发所测距离来确定当前位置，与给定路径比较，以引导车辆运行	技术先进，定位精度高，灵活性强，便于组合，柔性好	成本较高，陀螺仪对振动较敏感，另外可能需要辅助定位措施
	激光导航	AGV实时接收固定设置的三点定位激光信号，通过三角几何运算来确定当前位置，与给定路径比较，以引导车辆运行，如图11-48所示	导航与定位精度高；适应复杂环境和任意路径	成本较高；对环境要求严格：如外界光线，能见度，墙壁与地面
	视觉导航	利用AGV的CCD摄像系统动态摄取标线图像，识别AGV相对于标线的方向和距离偏差，以控制车辆沿设定的标线运行，如图11-49所示	导航和定位精度高；路径设置灵活，成本低；适用范围广	易受车载计算机运算速度和存储容量的限制，实时性较差

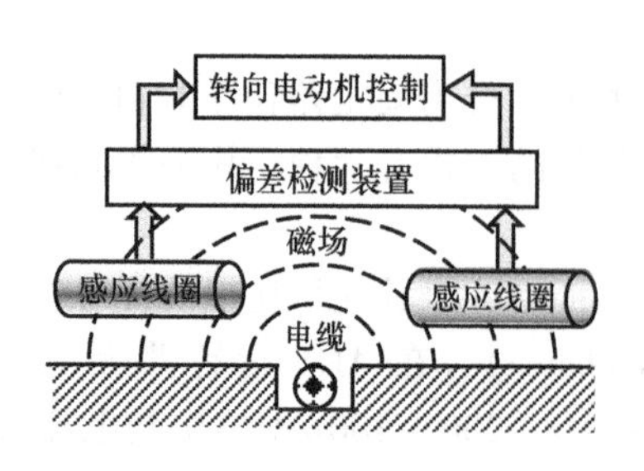

图11-46　电磁导航原理

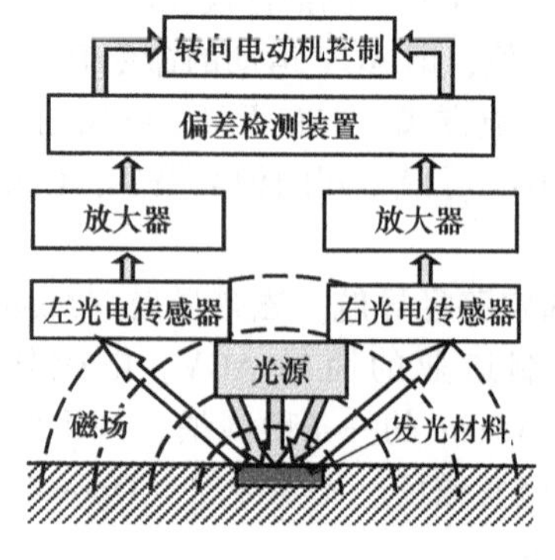

图11-47　光学导航原理

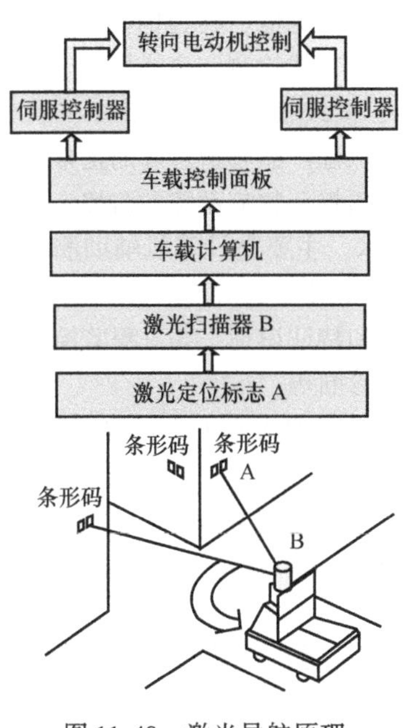

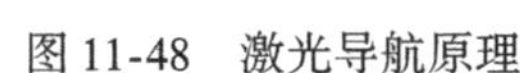

图 11-48 激光导航原理

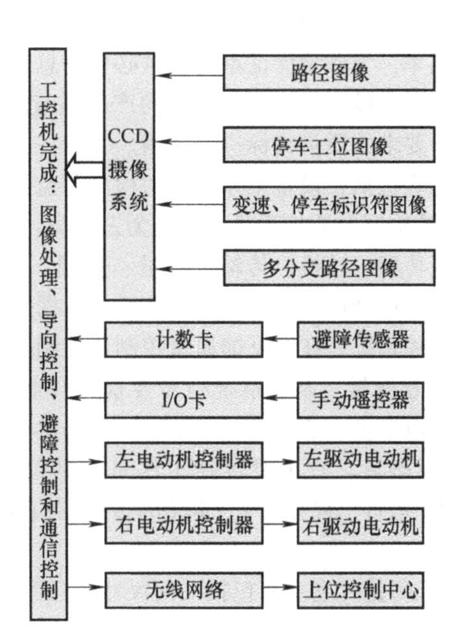

图 11-49 视觉导航原理

总之，上述导航方式各有局限，已投入商业应用的是“激光 + 磁点”的复合导航方式。

11.5.2 自动导引车的应用

AGV 主要应用于如下三个领域：

1）**物流业**。仓储业是 AGV 最早应用的场所。目前世界上约有两万台各种各样的 AGV 运行在 2100 座大大小小的仓库中。应用遍及各行各业。

2）**制造业**。AGV 在制造业的生产线中大显身手，不仅作为无人自动搬运车辆使用，也可当作一个个可移动的装配台、加工台使用。它们既能自由独立地分开作业，又能准确有序地组合衔接，形成没有物理隔断，但能起动态调节作用、高度柔性的生产线（或装配线、加工线）。例如，轿车总装线、发动机装配线、试车线、机床加工线、家电生产线等。

3）**特殊场合**。对于搬运作业有清洁、安全、无排放污染等特殊要求的烟草、医药、食品、化工等行业，AGV 的应用也受到重视。AGV 可用于不适宜人类的特殊环境，如核电站和利用核辐射进行保鲜储存的场所，危险品的运送，钢铁厂炉料运送，胶卷和胶片仓库的黑暗环境中的运送，战场排雷和阵地侦察等。

案例 11-8 自动导引车的各种类型及其应用实例。

11.6 质量检测设备

11.6.1 自动检测与监控技术

随着先进制造系统的智能化程度和复杂性的提高，质量要求越来越高。因此，提供一个状态监控系统以保障其安全、可靠、优质、高效和清洁运行显得越来越重要。相应的检测与监控技术已成为先进制造系统的重要组成部分。

（1）**检测与监控的分类** 有两种划分方法：

1）按检测与监控对象（或目的），可分为两大类：①产品质量。其目的是控制产品质量，降低废品率，为质量保证系统提供必要信息。质量检测可分为在线检测和离线检测。在线检测是在加工及装配过程中，对所要求的产品质量指标进行检测；离线检测是在产品加工或装配完成后，对所要求的质量指标进行检测。②设备工况。其目的是保证产品制造过程的正常运行。监控的主要内容包括：设备工作状态的检测和监控、工艺过程的监控、物流系统的监控。

2）按检测与监控手段，可分为三大类：①自动检测技术。主要是计算机辅助测试（CAT），它是包括传感、转换、传输、计量、处理、显示、记录和调节控制的综合技术。②信号识别技术。它包括信号识别系统、数据获取、数据处理、特征提取和特征识别。③过程监控技术。它包括过程监控系统、在线反馈质量控制、控制生产过程和故障诊断等。

（2）**检测量**　制造系统中需要检测与监控的信息种类可归纳为八大类：状态量、几何量、机械量、电学量、热工量、光学量、成分量和生物量。

1）**状态量**。它主要包括工件是否到位、设备的运动部件是否到位、机床和刀具的状态（忙、闲、运行、停止等）。常见的传感器有接近开关、行程开关、微动开关、光电传感器和光栅尺等。

2）**几何量**。它主要包括几何尺寸、几何形状和表面粗糙度等。常见的传感器有三坐标测量机的三维测头。

3）**机械量**。它主要包括位移、角度、速度、加速度、应力、力矩、振动、噪声和计数等。常见的传感器有电涡流传感器、差动变压器、旋转编码器、磁电式速度传感器、压电加速度传感器、应变片和电容式传声器等。

4）**电学量**。简称电量，它包括电压、电流、电功率、功率因数、电能、频率、电阻、电容、电感（自感与互感）、介质损耗因数和相位差等。常用仪表有电桥、电位差计、数字电表等。常见的传感器有各种电压传感器、电流传感器、功率传感器和电频率传感器等。

5）**热工量**。它主要包括温度和流量。常见的传感器有热电偶温度传感器、热敏电阻传感器、电磁流量计和涡轮流量计。

6）**光学量**。它主要包括光度、光谱光度、色度、辐射度、激光参数、光学材料参数、光学薄膜参数和光电子器件参数等。常用的是机器视觉和激光干涉技术。

7）**成分量**。又称为化学量，通过成分检测、成分测试对未知成分进行分析而得到的成分含量。普遍采用光谱、色谱、能谱、热谱、质谱等谱图。常用于配方分析、工业诊断、元素/离子分析和纯度分析等方面。

8）**生物量**。常用基于酶、抗体和激素等分子识别功能的传感器。

（3）**传感器**　几乎每一个现代化项目都离不开传感器。没有传感器，现代化生产也就失去了基础。传感器是人类五官的延长，又称为电五官。

1）**定义**。传感器是指能感受规定的被测量件并按照一定的规律（数学函数法则）转换成可用信号的器件或装置。

2）**组成**。传感器一般由敏感元件、转换元件、变换电路和辅助电源四部分组成，如图11-50所示。敏感元件直接感受被测量，并输出与被测量有确定关系的物理量信号；转换元件将敏感元件输出的物理量信号转换为电信号；变换电路负责对转换元件输出的电信号进行放大调制；转换元件和变换电路一般还需要辅助电源供电。

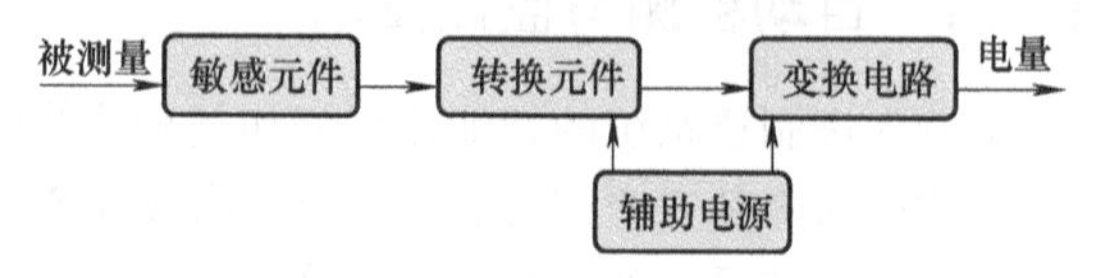

图11-50　传感器的组成

3）**功能**。传感器的功能与人类五官感知环境变化的功能相近似，见表 11-11。

表 11-11 智能机床可用传感器

传感器类型	视　觉	听　觉	味　觉	嗅　觉	触觉：热、力、电流、电压
传感器功能	测量、监控	监听	检测	检测	测量
传感器器件	光敏传感器	声敏传感器	化学传感器	气敏传感器	温敏、压敏、流体等传感器
人类感觉器官	眼	耳	舌	鼻	口、皮肤等

例如，基于声发射法的刀具破损监控。声发射是指伴随固体材料在断裂时释放储存的能量产生弹性波的现象。声发射信号由声敏传感器测得并转换成电信号，再送入计算机进行判断。当判断刀具发生破损时，计算机发出控制指令进行换刀。

4）**趋势**。目前传感器趋向微型化、集成化和智能化。为了解决加工过程中存在的不可预测问题，以及所监测到的信息存在时效性、精确性和完整性等问题，要求传感器具有高性能智能处理器来充当“大脑”。例如，美国高通公司正在研制能够模拟人脑工作的人工智能系统微处理器，这将形成大规模集成电路式的智能传感器。

智能传感器是在同一壳体内既有敏感元件，又有信号处理电路和微处理器的传感器。它是微传感器与集成电路集成在同一芯片上的智能单元。它依靠软件大幅度提高传感器的性能，可减轻对原来硬件性能的苛刻要求。其功能包括：①信息存储和传输功能。具备通信功能，用通信网络以数字形式进行双向通信。②自补偿和计算功能。为传感器的温度漂移和非线性补偿开辟了新的道路。③自检、自校和自诊断功能。自诊断功能在电源接通时进行自检，诊断测试以确定组件有无故障。根据使用时间可以在线进行校正，微处理器利用存在 EPROM 内的计量特性数据进行对比校对。④复合敏感功能。能够同时测量多种物理量（声、光、电、热、力）和化学量，给出能够较全面反映物质运动规律的信息。

11.6.2 坐标测量机

坐标测量机（Coordinate Measuring Machine，CMM），也称三坐标、三坐标测量机、三维坐标测量仪、三次元测量仪、三次元。它是通过三维取点来测量和获得尺寸数据的最有效的一种仪器设备。CMM 的功能是快速准确地评价尺寸数据，为操作者提供关于生产过程状况的有用信息。它可以代替多种表面测量工具及昂贵的组合量规，并把复杂的测量任务所需的时间从小时缩减至分钟，这是其他仪器达不到的效果。

（1）**发展**　1956 年，英国 Ferranti 公司开发了世界首台用光栅作为长度基准的数字显示坐标测量机。在测量自动化程度上，CMM 技术经历了手动测量、机动测量、CNC 控制测量的发展过程；在测量精度上，实现了从一般精度到高精度、超高精度的发展；在测量软件上，实现了从各自为政到遵循“尺寸测量接口规范”（Dimensional Measuring Interface Specification，DMIS）等通用标准的发展。作为三坐标测量软件的操作系统，DMIS 有“三坐标软件之王”的美誉。1985 年，它由国际计算机辅助制造有限公司的质量保证程序组织开发。目前，使用 DMIS 标准的第六个版本 DMIS5.0 一般都是三坐标的极高端配置。

（2）**结构**　其组成一般包括机械主机（X、Y、Z 三轴或其他）、测头系统、控制系统和测量软件。图 11-51 给出了两种常用的 CMM 的结构形式。

1）**机械主机**。它是测量机实现测量功能的主体，也是测量精度、定位精度和运动精度的基础。它包括底座、工作台、立柱、横梁、滑架和测头等部分。立柱可沿工作台做纵向（图 11-51 中 X 向）运动，滑架可沿横梁做横向（Y 向）运动，测头可相对于滑架做上下（Z 向）运动。

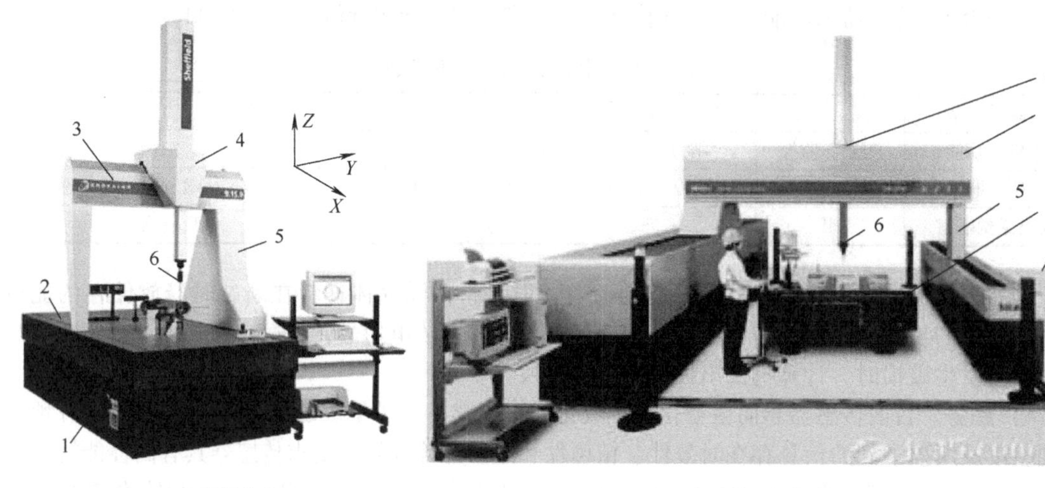

a) 小型平台式　　b) 大型落地式坐标测量机

图 11-51　CMM

1—底座　2—工作台　3—横梁　4—滑架　5—立柱　6—测头

这三个方向均装有光栅尺（接近花岗岩基本的热膨胀系数），用以测量三个方向的位移。为了保证尺寸测量的稳定性，工作台、导轨、横梁等大都采用大理石或花岗岩制成。为了运动更平稳和不受磨损，导轨采用自洁式预荷载高精度空气轴承。

2）**测头系统**。它是确保测量精度的关键。探头的尾端一般有一颗红宝石球。实际上测头是探测传感器。

3）**控制系统**。它由伺服控制器、驱动器、电动机、位移传感器等元件组成。目前大都采用计算机数控（CNC），因此坐标测量机可按事先编制的程序进行自动测量。

4）**测量软件**。它是测量机的“大脑”，可分别进行几何元素、几何公差、空间曲面三类数据的处理，以满足各种工程需要。测量软件普遍遵循 DMIS 标准。基本测量软件和运动控制软件是测量机的基础，专用测量评价软件和统计分析软件则扩展了测量机的功能。

（3）**原理**　测量时，将工件安装固定在 CMM 的工作台上，在数控测量程序控制下，通过测头可在分别对应于 X、Y、Z 坐标轴的三个方向沿工件表面运动，运动过程中当探头与工件接触时立即发出信号，其数据被自动读取，测量系统对工件的测量原始数据进行记录和进一步的数据处理，得到被测物的几何尺寸、形状和位置等测量结果。

1）**测量过程**。CMM 的测量是基于坐标系统的平台测量技术。其测量方式是以探头直接碰触工件来进行测量。利用探头去碰撞工件的边缘，取得该位置的坐标值，再减去测头的半径即为工件的实际坐标值。一般 CMM 的三轴都装有光学尺，当探头接触到工件时，会送出信号以读取目标坐标值，再经测量软件运算处理，便可计算出工件的坐标值或尺寸。

2）**运动方式**。一般区分为滚珠线性滑轨及气浮滑轨两种。滚珠线性滑轨的干涉及变形较大，较少使用在大型机台；现今的主流为气浮滑轨，其原理为压缩空气在空气轴承与轨道间形成一个几微米（μm）、低摩擦力及低阻力的空气层，也就是说空气轴承会浮在轨道上，这时便可轻易移动。

传动方式分手动传动和电动机传动两种。一般有三种机型：①手动量测。直接拉着 Z 轴或人工旋转手轮来移动。CMM 的主要功能是将位移测量系统产生的信号经处理后，获得空间坐标点值，并计算出尺寸和形位误差。这类 CMM 操作简便、价格低廉，曾在车间中广泛应用。②电

控量测。移动轴安装电动机，利用摇杆或电子手轮来控制移动。③CNC 量测。CMM 移动轴均安装伺服电动机，可以实现各轴测量和运动控制系统的全自动化，操作人员也可通过操作器控制各轴运动。这类测量机的精度高、效率高，既可集成于柔性制造系统，适合生产线和批量零件的检测，又可用于计量室，进行校准检测。

3）**精度**。精度是 CMM 的关键技术性能指标，ISO 标准和我国国家标准均采用示值误差、探测误差和扫描探测误差来表示，它和标尺、机械结构、采样策略、探测系统、软件等因素有关。CMM 制造商应提供允许的最大示值误差、探测误差和扫描探测误差值，以便用户判断该 CMM 是否满足其测量要求。选择 CMM 时既要避免其精度过高而使成本过高，也要避免精度过低而降低测量的可信度。应考虑被测件的精度，按一定比例来确定。一般认为，CMM 的示值误差与被测零件的制造公差之比在 1∶5～1∶3 之间。由于普遍采用误差补偿技术，CMM 标示的多为已补偿的精度指标。国产 CMM 的精度可达到（$3.5+L/300$）μm。

（4）**应用** CMM 被广泛应用于机械、汽车、电子、航空、军工、家具、五金、塑胶和模具等行业中，可以对模具、箱体、机架、外壳、齿轮、凸轮、蜗轮、蜗杆、叶片、曲线、曲面以及螺纹等零件的尺寸、形状和几何公差进行精密检测，从而完成零件检测、外形测量、过程控制等任务。CMM 不仅可以在 CAD/CAM 系统中作为集成系统的一个部分，直接利用 CAD/CAM 系统中的工件编程信息，而且可以在工件的加工和装配的前、后或过程中给出工件的尺寸误差、形状和位置误差及其轮廓形状等测量信息，以便进行反馈处理。CMM 技术的发展方向有以下几个方面：①创新测量原理。②再造仪器设计理论。③发展极大极小尺寸测量技术。④研究开放式测控技术。⑤虚拟坐标测量技术。

11.7 装配线及其平衡

11.7.1 装配线的原理与类型

（1）**原理** 福特将装配线的原理归纳为三点：①生产标准化原理。即按照产品标准和生产标准进行生产，不同汽车上的所有零部件都可以互换，相互连接也十分方便，同时还规定了各个工序的标准时间定额，使整个生产过程在时间上协调起来。②作业单纯化原理。即让每个工人只按规定的方式装配一个零件，而不是像以前那样让熟练的装配工人把零散部件装配成整车。通过这样把汽车装配分解成一系列的单项任务，使装配任务大大简化。③移动装配法原理。将汽车装配活动集中在一条移动的环形传送带上完成。

（2）**分类** 装配线可分为手工装配线、自动装配线和混合装配线。

1）**手工装配线**。它是通过若干个技术熟练的装配工人完成装配线上的各种装配操作任务。其主要组成部分以输送机最常见。其布置形式主要有直线形、L 形和环形。手工装配线的特点是：投资成本低，装配灵活性强，可以适应各种复杂的装配操作任务，但手工装配操作具有不稳定性和个人差异性，影响产品质量的稳定性，从而使生产成本增加，生产效率降低。这种装配线适用于劳动密集型产业中品种少、批量小的产品生产。

2）**自动装配线**。它是通过专用的机械装置或自动化装置完成各种装配操作任务。其目的是避免装配过程受人为因素的影响而造成质量缺陷，保证产品的装配质量和稳定性，降低工人劳动强度，保证操作安全，提高效率，降低成本。自动装配线又分为刚性自动装配线和柔性自动装配线两种。

① **刚性自动装配线**。其特点是：初期投资成本高，装配设备为生产专门产品而设计，生产

率高，装配质量能够得到保证，但柔性差。因此适用于产品品种单一的大量生产。其组成包括：机械系统、控制系统、检测传感系统、质量检验系统和动力系统。机械系统包括给料、传送和装配三部分，用以完成装配操作动作。其中装配部分用来实现各种装配操作，包括间隙配合连接、过盈配合连接、螺纹连接、粘接和焊接、清洗、平衡等。在各工作站实现自动装配常采用装配机。图 11-52 所示为一种用来将夹箍装入密封圈的自动装配机。

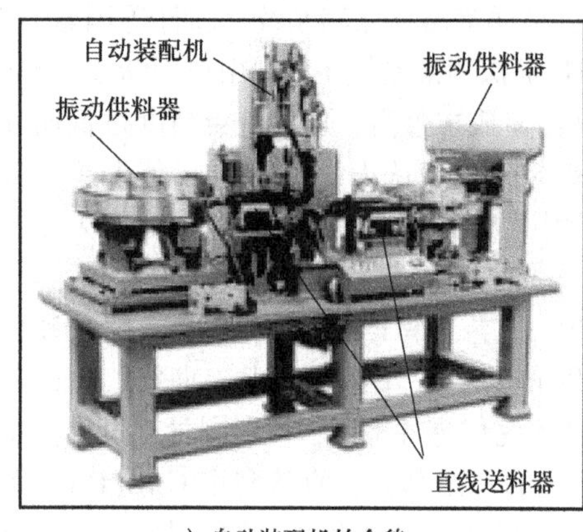

a）自动装配机的全貌

b）工件装配的局部

图 11-52　自动装配机

② **柔性自动装配线**。它是指生产设备配置及其操作动作可以随着操作指令的变化而变化，以适应不同产品的装配操作要求。它以柔性适应产品品种的变化，以高生产率适应产品交货期的要求，并能保证产品质量。因此适用于多品种的批量生产。其组成部分包括：装配机器人系统、物料输送系统、零件自动供料系统、工具（手爪）自动更换装置及工具库、传感系统、基础件系统、控制系统、质量检验系统和计算机管理系统。柔性自动装配线的柔性通过装配机器人来实现。装配机器人通常布置在需要进行柔性装配操作的工作站。图 11-53 所示为比较典型的平面关节型（SCARA 型）机器人，它有三个回转和一个上下移动共四个自由度。其手部通常有一个法兰盘，可根据不同装配任务配备手爪。装配机器人的动作通过示教盒上的各种功能键，将动作指令输入机器人控制器来实现。图 11-54 所示为配有气动手爪的 SCARA 型装配机器人与振动供料器配合进行装配作业。

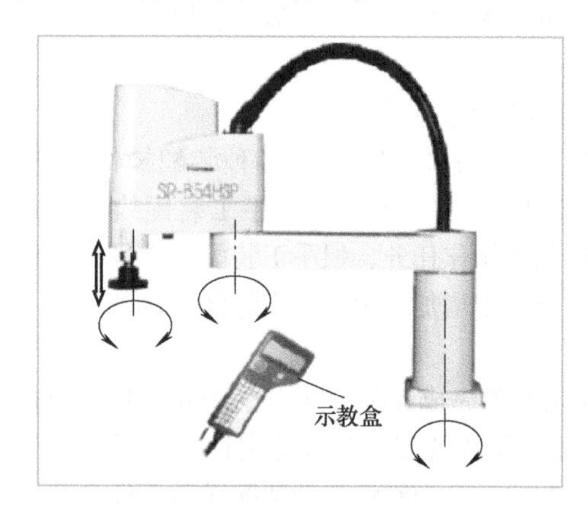

图 11-53　装配机器人

图 11-54　装配机器人作业示意图

3）**混合装配线**。它是指装配工人、专用自动装配设备和（或）装配机器人分别承担一部分

装配操作任务，并且相互协调配合，共同完成产品的装配。其特点是投资成本介于手工和自动化装配线之间，手工装配的灵活性和自动化装配的高生产率、高质量都能得到发挥，影响产品生产率和质量的主要因素是装配工人，而设备则对投资成本高低起主要作用。当装配过程中的某些操作难以用自动化设备实现或实现成本过高时，就可采用混合装配线。

11.7.2　装配线的平衡方法

装配线平衡也称为工序同期化，是指在满足生产节拍和产品各零部件装配顺序的条件下，在划分装配工序或工作站时使每个工作站的作业时间尽量相同或相近。装配线平衡能减少某些工作站作业的忙闲不均现象，提高人员和设备的利用率以及整条装配线的效率。

(1) **定性方法**　常用的定性方法有：①找出耗时最长的工作站（也称瓶颈）。②对该工作站的装配操作进行作业分解，将其中一部分移至作业时间较短的工作站。③改进现有工具或用高效的工具替代。④提高操作者技能或调换技能熟练的操作者。⑤将操作任务在邻近工作站共享，可安排邻近工作站人员在空闲时间转到瓶颈工作站帮助承担部分作业。⑥将作业分配给两个平行操作的工作站。⑦以上方法都不理想，可考虑增加该工作站人数。

(2) **定量方法**　常用的定量方法有两类：①解析方法。由能保证在理论上得到最优解的计算方法构成，但到目前为止尚未提出一种有效的计算方法。②启发式方法。虽不能保证得到最优解，但可得到满意解。下面介绍一种常用的启发式方法，即最大设定准则法。

1) **最大设定准则法的原理**。在装配线上进行产品装配任务的作业可分解为若干个装配任务的最小作业单元。该法需计算每个最小作业单元的加权，其公式为

$$w_i = \sum_{j \in p_i} t_j + t_i \qquad (11\text{-}1)$$

式中　w_i是最小作业单元加权值；t_i是第 i 个最小作业单元的装配作业时间；p_i是第 i 个最小作业单元装配之前的各最小作业单元集合；t_j是集合 p_i 中的第 j 个最小作业单元的装配作业时间。

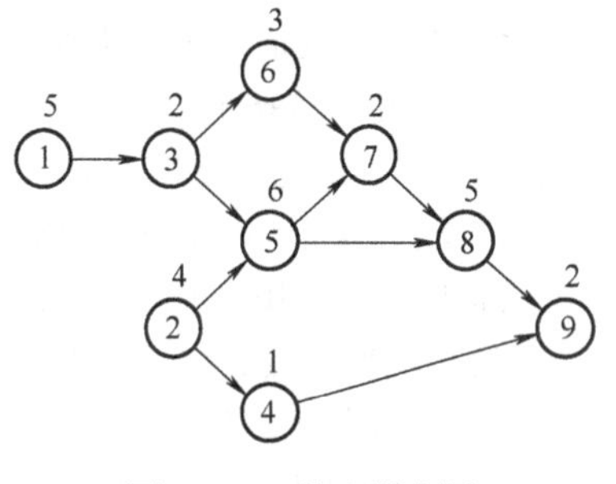

图 11-55　装配顺序图

例如，图 11-55 中第 7 个最小作业单元之前是第 1，2，3，5，6 最小作业单元，

$$w_7 = t_1 + t_2 + t_3 + t_5 + t_6 + t_7 = (5+4+2+6+3+2)\text{s} = 22\text{s}$$

该法采用的加权在每次调整排列后需重新计算。

2) **最大设定准则法的步骤**。最大设定准则法的步骤为：①按各最小作业单元在装配线上的先后顺序画出装配顺序图，并将相应装配作业时间标于单元号上方。②确定装配线节拍 T，令 $k=0$，S 为包含所有最小作业单元的集合。③令 $k=k+1$，$T_k=T$。④对于 S 中的每个最小作业单元计算其加权值，找出满足 $t_i \leqslant T_k$ 的权值最大的单元 i，若找不出这样的单元，则转向⑥，否则进行下一步。⑤将单元 i 和其他按顺序在 i 单元之前装配的各装配单元分配给工作站 k，并从 S 中删去这些单元，将 T_k 的值减去 w_i，若此时 S 已空，则表明完成装配线平衡，否则转向④。⑥若 $T_k=T$，则表明设定的节拍时间太短，无解，平衡到此结束；若 $T_k<T$，则转向③进行下一轮计算。对于复杂的平衡问题，可用计算机求解。目前已有一些计算机辅助装配线平衡的软件包问世。

3) **平衡效果的评价**。可采用装配线平衡率 LE 进行评价，其计算公式为

$$\text{LE} = \frac{\sum_{k=1}^{n} T_k}{nT} \qquad (11\text{-}2)$$

式中，T_k是第 k 个最小作业单元的装配作业时间；n 是装配工作站数；T 是装配线节拍。

案例 11-9　最大设定准则在装配线平衡中的应用。

11.8　柔性制造系统*

11.8.1　柔性制造系统的概念与类型

（1）**概念**　首先定义柔性制造系统、柔性制造模式和柔性制造技术。

1）**柔性制造系统**（FMS）。它由直接数控演进而来，一般由数台加工中心、工业机器人和自动导引车组成，由后台计算机统一控制。

定义：FMS 是由数控加工系统、物流储运系统以及计算机控制系统组成，并能根据生产任务和品种变化而迅速调整的自动化制造系统。

由定义可见，FMS 能够生产系统设计时所考虑的任何范围的产品族，有时可以同时加工几种不同的零件。因此，FMS 适用于多品种小批量生产。

2）**柔性制造模式**（FMM）。从 20 世纪 50 年代数控机床的诞生到 20 世纪 60 年代末 FMS 的出现，还有 CNC 系统、加工中心、CIMS 直至虚拟制造等技术的发展，为底层加工的上一级技术层次的柔性问题找到了解决方法。经营过程重组（Business Process Reengineering，BPR）、可重构制造系统（RMS）等新技术和新模式的出现为实现 FMM 提供了条件。

定义：FMM 是制造系统快速灵活地适应市场多样化的需求和外界环境变化的形态和运作的方式。

FMM 涉及制造系统的所有层次。FMM 体现了制造系统的柔性化。

3）**柔性制造技术**（FMT）。它包括侧重于柔性、适应于多品种小批量的所有加工技术。柔性，即灵活性，它与系统方案、人员和设备有关。

定义：FMT 是对各种不同形状加工对象实现程序化柔性制造加工的各种技术的总称。

FMT 是一个由硬件、软件和人员组成的技术密集型的技术群。

（2）**类型**　按数控加工设备的复杂性来分，FMS 可分为单机柔性和系统柔性。

1）**单机柔性**。采用单台数控机床来解决多品种小批量的问题。数控机床的优点是加工灵活性较大，它可提供加工一族产品系列的灵活性。从一种类型的零件转换到另一种类型的零件，不需要改变机床硬件，仅需要改变数控程序及夹具和刀具。数控程序是数控机床的控制逻辑，表示为指令和加工步骤。单机柔性的实例是柔性制造单元。

柔性制造单元（Flexible Manufacturing Cell，FMC），是由数控加工中心发展而来的（见图 11-56）。FMC 是由一台加工中心（或多台数控机床）和一台工业机器人构成的，并由后台计算机统一控制的加工单元。它根据不同工件可以自动更换刀具和夹具。FMC 适合加工形状复杂、工序简单、工时较长、批量小的零件。FMC 有较大的设备柔性，但人员和加工柔性低。FMC 的自动化程度虽略低于 FMS，但其投资比 FMS 少得多，而经济效益接近。

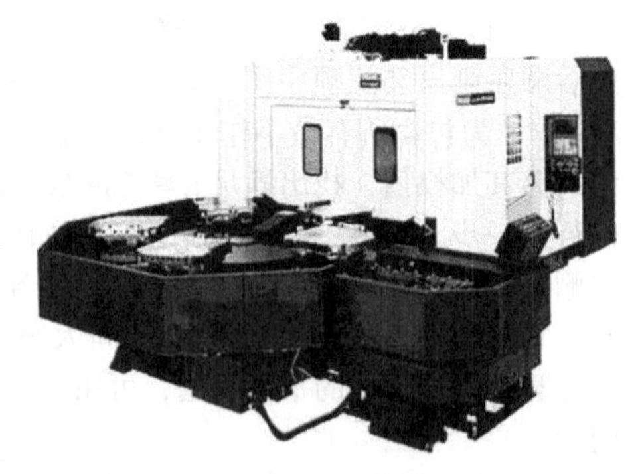
图 11-56　带有托盘交换装置的 FMC

2）**系统柔性**。结合专用生产线与数控机床的特点，将数控机床与物料输送设备通过计算机

联系起来，形成一个柔性制造系统。系统柔性的实例是柔性制造线和柔性制造厂。

① **柔性制造线**（FML）。它是典型的 FMS，由计算机实现自动控制，能在不停机的情况下，满足多品种的加工。它适合加工形状复杂、加工工序多、批量大的零件。其加工和物料传送柔性大，但人员柔性仍然较低。

② **柔性制造厂**（FMF）。它将多条 FMS 连接起来，配以自动化立体仓库，用计算机系统进行联系，实现从订货、设计、加工、装配、检验、运送至发货的全厂自动化。它包括了 CAD/CAPP/CAM，并使 CIMS 投入实际，其最高水平以信息流控制物质流的智能制造系统（IMS）为代表。

11.8.2 柔性制造系统的组成与原理*

（1）**组成** 一个 FMS 通常包括以下三部分：多工位数控加工系统、自动化的物流系统和计算机控制的信息系统，如图 11-57 所示。

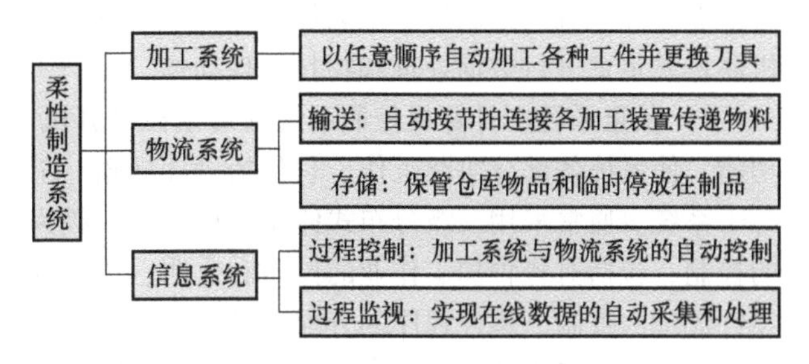

图 11-57 FMS 的组成框图

1）**加工系统**。它的功能是以任意顺序自动加工各种工件，并能自动地更换工件和刀具。其通常由若干台加工零件的 CNC 机床和 CNC 板材加工设备构成。待加工的工件类别决定 FMS 所采用的设备形式。

按加工工件类别划分，加工系统的主要类型有：①以加工箱体类零件为主的 FMS（主要配备数控加工中心）。②以加工回转体零件为主的 FMS（配备 CNC 车削中心和 CNC 车床或 CNC 磨床）。③适合混合零件加工的 FMS，即能够加工箱体类零件和回转体类零件的 FMS（既配备 CNC 加工中心，又配备 CNC 车削中心或 CNC 车床）。④用于专门零件加工的 FMS，如加工齿轮等零件的 FMS（除了 CNC 车床外还需配备 CNC 齿轮加工机床）。

2）**物流系统**。在 FMS 中，需要经常将工件装夹在托盘（或随行夹具）上进行输送和搬运。通过物流输送系统可以实现工件在机床之间、加工单元之间、自动仓库与机床或加工单元之间，以及托盘存放站与机床之间的输送和搬运。有时还有刀具和夹具的运输。

FMS 中的物流系统和传统的流水线有很大的差别，FMS 可以随机调节工件输送系统的工作状态，而且均设置有储料库以调节各工位上加工时间的差异，即可以不按固定节拍运送工件，工件的传输也没有固定的顺序，甚至是几种零件混杂在一起输送。

物流系统一般包括工件的输送和储存两个方面。

① **工件的输送**。工件输送系统是指在各机床、装卸站、缓冲站之间运送零件和刀具的传送系统。可以由运输带、托盘、AGV、RGV、机器人等单项或多项装置组成。按物料输送的路线分类，可分为直线式、环形封闭式、网状式和直线随机式四类。按所用的运输工具分类，可分为自动输送车、轨道传送系统、带式传送系统和机器人传送系统四类。

② **工件的存储**。它包括物品在仓库中的保管和生产过程中在制品的临时性停放。要求 FMS 的物料系统中设置适当的中央料库和托盘库以及各种形式的缓冲储区，以保证系统的柔性。在 FMS 中，中央料库和托盘库往往采用自动化立体仓库。

图 11-58 所示为一个带有多层托盘库和中央刀具库的 FMS 示意图。图中自动化立体仓库是一个由计算机统一控制进行作业和管理的仓库系统，主要由高层货架、堆垛机、输送小车、控制计算机、状态检测器、条形码扫描器等设备组成。在该系统中，物料存放在标准的托盘内，堆垛机

图11-58　带有多层托盘库和中央刀具库的FMS

将根据主计算机的控制指令从高层货架的货位上存取托盘，主计算机和各物料搬运装置的计算机联机并负责进行数据处理和物料管理动作。

3）**信息系统**。计算机控制系统通过主控计算机或分布式计算机系统来实现系统的主要控制功能，使系统各部分协调工作。它包括设计规划、工程分析、生产调度、系统管理、监控及通信等子系统。通常采用三级分布式体系结构。第一级为设备层，主要完成对机床和工件装卸机器人的控制，包括对各种加工作业的控制和监测；第二级是工作站层，包括对整个系统运转的管理、零件流动的控制、零件程序的分配以及对第一级生产数据的收集；第三层是单元层，主要编制日程进度计划，将生产所需的信息如加工零件信息、刀夹具信息等送到第二级系统管理计算机。FMS中的单元控制器是实现FMS柔性的核心部分。

除了上述三个主要组成部分之外，通常FMS还包括冷却系统、刀具监视和管理系统、切屑排出系统以及零件的自动清洗和自动测量设备等附属系统。

（2）**工作原理**　FMS的工作过程可以这样来描述：可变制造系统接到上一级控制系统的有关生产计划信息和技术信息后，由其信息流系统（可编程控制系统）进行数据信息的处理、分配，并按照所给的程序对物流系统进行控制。

料库和夹具库根据生产的品种及调度计划信息供给相应品种的毛坯，选出加工所需要的夹具。毛坯的随行夹具由输送系统送出。工业机器人或自动装卸机按照信息系统的指令和工件及夹具的编码信息，自动识别和选择所装卸的工件及夹具，并使之装到相应机床上。机床的加工程序识别装置根据送来的工件及加工程序编码，选择加工所需的加工程序、刀具及切削参数，对工件进行加工。加工完毕，能按照信息系统提供的控制信息转换工序，并进行检验。全部加工完毕后，由装卸及运输系统送入成品库，同时将加工质量和数量的信息送给监视和记录装置，随行夹具返回夹具库。

当需要变更产品零件时，只要改变输入给信息系统的生产计划信息、技术信息和加工程序，整个系统即能迅速、自动地按照新要求来完成新产品的加工。

由计算机控制制造系统中物料的循环，执行进度安排、调度和传送协调的功能，它不断收集每个工位的统计数据和其他制造信息，以便汇总报告。

（3）**控制**　为实现FMS的优化控制并考虑到FMS将来的发展，其控制结构应当具有如下一些特征：①易于适应不同的系统配置，最大限度地实现系统模块化设计。②尽可能地独立于硬件要求。③对于新的通信结构以及相应的局域网协议（V24，MAP，现场总线）具有开放性。④可在高效数据库的基础上实现整体数据维护。⑤对其他要求集成的CIM功能模块具有最简单的接口。⑥采用统一标准。⑦具有友好的客户界面。

1）**单元控制系统的层次结构**。在工厂的经营管理、工程设计、制造三大功能中，FMS负责

实施制造功能，所有产品的物理转换都是由制造单元完成的。工厂的经营管理所指定的经营目标，设计部门所完成的产品设计、工艺设计等都要由制造单元来实现。而 FMS 单元控制系统是一个分层递阶控制系统。它包括以下三级：

① **设备级控制器**。它是各种设备的控制器。被控制的设备有机器人、机床、坐标测量机、小车、传送装置以及存储、检索等。这一级的控制系统向上与工作站控制系统用接口连接，向下与设备连接。设备级控制器的功能是将工作站控制器命令转换成可操作的、有次序的简单任务，并通过各种传感器监控这些任务的执行。

② **工作站控制器**。这一级控制系统负责指挥和协调车间内一个设备团队的活动，处理由物流系统交来的零件托盘，并通过控制工件调整、零件夹紧、切削加工、切屑清除、加工过程中检验、卸下工件以及清洗工件等功能对设备级各子系统进行调度。

③ **单元控制器**。通常也称为 FMS 控制器。它作为制造单元的最高一级控制器，是 FMS 全部生产活动的总体控制系统。

2）**单元控制系统基本任务**。单元控制系统的基本任务有：①单元内各加工设备的任务管理与调度。其中包括制订单元作业计划、加工的管理与调度、设备和单元运行状态的登录和上报。②单元内物流系统的管理与调度。所需设备包括传送带、有轨或无轨物料运输车、机器人、托盘系统、工件装卸站等。③刀具系统的管理。它包括向车间控制器和刀具预调仪提出刀具请求，将刀具分发至需要的机床等。

3）**单元控制系统硬件配置原则**。硬件配置依据各控制级而定。单元控制器可采用具有有限实时处理能力的小型计算机或工作站；工作站控制器可采用具有较强控制功能的工业控制机或微型机；设备控制器可由有实施控制功能的微型计算机及可编程控制器等组成。

案例 11-10　减速器机座的 FMS。

复习思考题

1. 什么是数控机床？它由哪几个部分组成？各部分的基本功能是什么？
2. 数控机床的加工原理是什么？与普通机床相比，数控机床有什么特点？
3. 数控机床的坐标系是如何规定的？
4. 加工中心与一般数控机床相比，主要区别是什么？
5. 五轴联动机床数控系统有哪几个基本功能模块？与三轴联动机床的区别是什么？
6. 并联机床的优点、缺点和用途各是什么？
7. 简述智能机床的定义和特征。它与数控机床有何区别？
8. 智能机床有哪几个基本智能？举例说明智能数控系统的技术层次。
9. 工业机器人由哪几部分组成？各有什么作用？
10. 工业机器人的工作范围指的是什么？在实际应用中如何进行考虑？
11. 自动导引车的常用导向技术主要有哪几种？
12. 制造系统中用于检测与监控的信息主要有哪几类？
13. 为什么坐标测量机能实现自动测量？
14. 试述装配线的种类、适用场合、平衡方法及其步骤。
15. 在面向自动化装配的产品设计中应遵循哪些原则？
16. 何谓柔性化？试述柔性制造系统（FMS）的定义、原理、组成和各部分的功能。

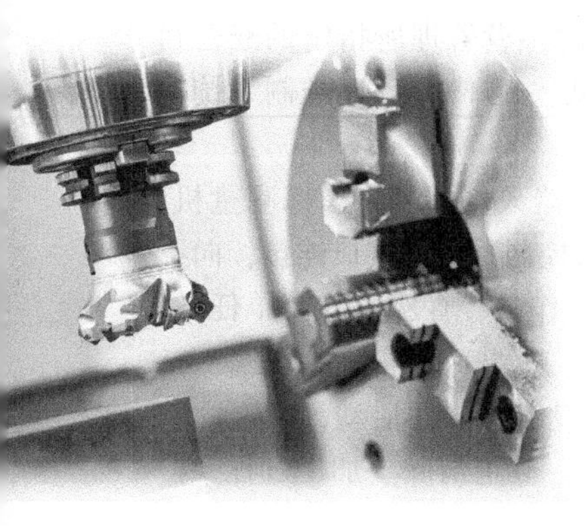

第12章 先进制造工艺

工艺是制造技术的核心。工艺有两层含义，一是指以手工方式将材料或半成品经过艺术加工制作为成品的工作、方法和技能；二是指将原材料或半成品加工成产品的方法和技术。本章的工艺是指后一层含义。本质上，工艺是对物料进行增值加工或处理的方法与过程。设计的可行性往往会受到工艺的制约，工艺往往会成为设计的“瓶颈”。因此，工艺是产品从设计到实物的桥梁。

先进制造工艺是先进制造技术的核心。随着越来越激烈的市场竞争，制造业的经营战略也不断发生变化，生产规模、生产成本、产品质量、市场响应速度相继成为企业的经营核心。这就要求制造技术必须适应新变化，促使形成一些优质、高效、低耗、清洁和灵活的新工艺。因而，先进制造工艺技术是在不断变化和发展的传统机械制造工艺基础上逐步形成的一类制造技术群。任何高级的自动控制系统都无法取代先进制造工艺技术的作用。本章将介绍四类新的加工工艺：绿色加工、高效加工、高能束（包括激光、电子束和离子束）加工和精细加工。这四类新技术都是直接在传统机械制造工艺的基础上发展而来的。后续几章将依次分章介绍微纳制造、增材制造和生物制造，这些新技术将会对未来制造模式和制造系统产生重要影响。

12.1 先进制造工艺概述

12.1.1 机械制造工艺基础

工艺技术是指工业产品的生产方法。制造工艺技术是改变原材料的形状、尺寸、性能或相对位置，使之成为成品或半成品的方法和技术。制造工艺技术的实质是与物料处理过程相关的各项技术。机械制造过程是典型的物料处理过程。

（1）**机械制造过程** 即机械制造工艺流程。其工艺环节的组成包括：物质（原材料和能源）的准备、零件毛坯的成形准备、机械切削加工、材料改性与处理、装配与包装、质量检测与控制等。传统的机械制造过程的组成如图12-1所示。

按工艺功能的不同，可将机械制造过程分为四个阶段：①零件毛坯的成形阶段。它包括原材料切割、焊接、铸造和锻压加工成形等。②机械切削加工阶段。它包括车削、钻削、铣削、刨削、镗削和磨削加工等。③材料改性处理阶段。它包括热处理、电镀、化学镀、热喷涂和涂装等。④机械装配阶段。它包括零件的固定、连接、调整、平衡、检验和试验等。此外，质量检测和控制环节存在于各环节之中，其目的是提高各环节的质量。粉末冶金和注射成形等工艺，将毛

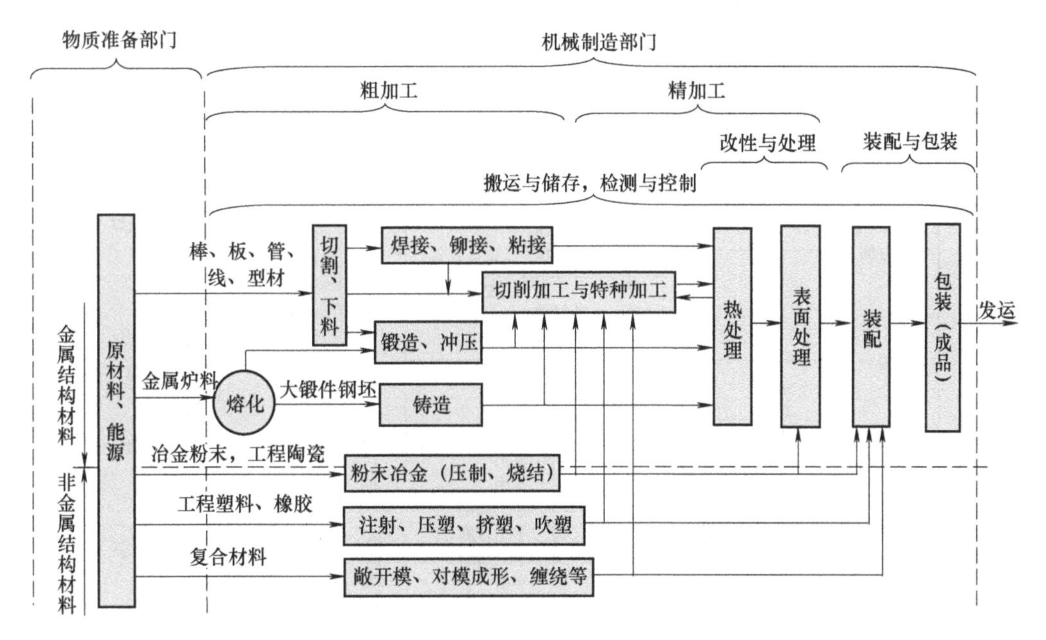

图 12-1　传统的机械制造过程的组成

坯准备与加工成形过程合二为一，直接由原材料转变为成品。

（2）**机械制造工艺方法**　不同的产品有不同的工艺方法，同一产品也可能有多种工艺方法，设计者应根据当地资源、能源、环境条件、产业政策等具体情况，选择最合适的产品方案和工艺方法。传统机械制造工艺方法，按加工温度分为成形加工和切削加工两大类。

1）**成形加工**。成形加工是指高于环境温度并使金属产生塑性变形的工艺。它包括铸造、压力加工、焊接和热处理。其中，压力加工能使金属零件在成形的同时改善它的组织，或使已成形零件改进其机械性能。工程上规定，经过大的冷塑性变形（变形在 70% 以上）的金属，在 1h 保温时间内能完成再结晶过程的最低温度，称为再结晶温度。通常，压力加工又分为热加工和冷加工两类：在高于再结晶温度下使金属产生塑性变形的工艺，称为“热加工”，如锻造、热轧、热拉拔和热挤压等；而在低于再结晶温度下使金属产生塑性变形的工艺，称为“冷加工”，如冷轧、冷锻、冲压、冷拉拔、冷挤压等，适于加工截面尺寸小、表面质量要求较高的金属零件。冷加工变形抗力大，在使金属成形的同时，可以利用加工硬化提高工件的硬度和强度。

2）**切削加工**。切削加工是指在环境温度下用切削工具，把坯料或工件上多余的材料层切去成为切屑，使工件获得规定的几何形状、尺寸精度和表面质量的加工方法。任何切削加工都必须具备三个基本条件：切削工具、工件和切削运动。切削工具分为两大类：一类是刀具，其刃形和刃数是固定的，用刀具进行切削的方法有车削、钻削、镗削、铣削、刨削、拉削和锯切等；另一类是磨具和磨料，其刃形和刃数都是不固定的，其切削方法有磨削、研磨、珩磨和抛光等。金属切削加工也称为“机加工”或“冷加工”。

另外，机械制造工艺方法，按加工特征来分，各国现有的分类方法并不统一。我国现行的行业标准《机械制造工艺方法与分类与代码》（JB/T 5992—1992），按大类、中类、小类和细分类四个层次划分，每层至少留出一个空位，以备安排以后出现的新工艺。如图 12-2 所示，机械制造工艺方法包括九个大类和 44 个中类，各细分类可另见相关国家标准。

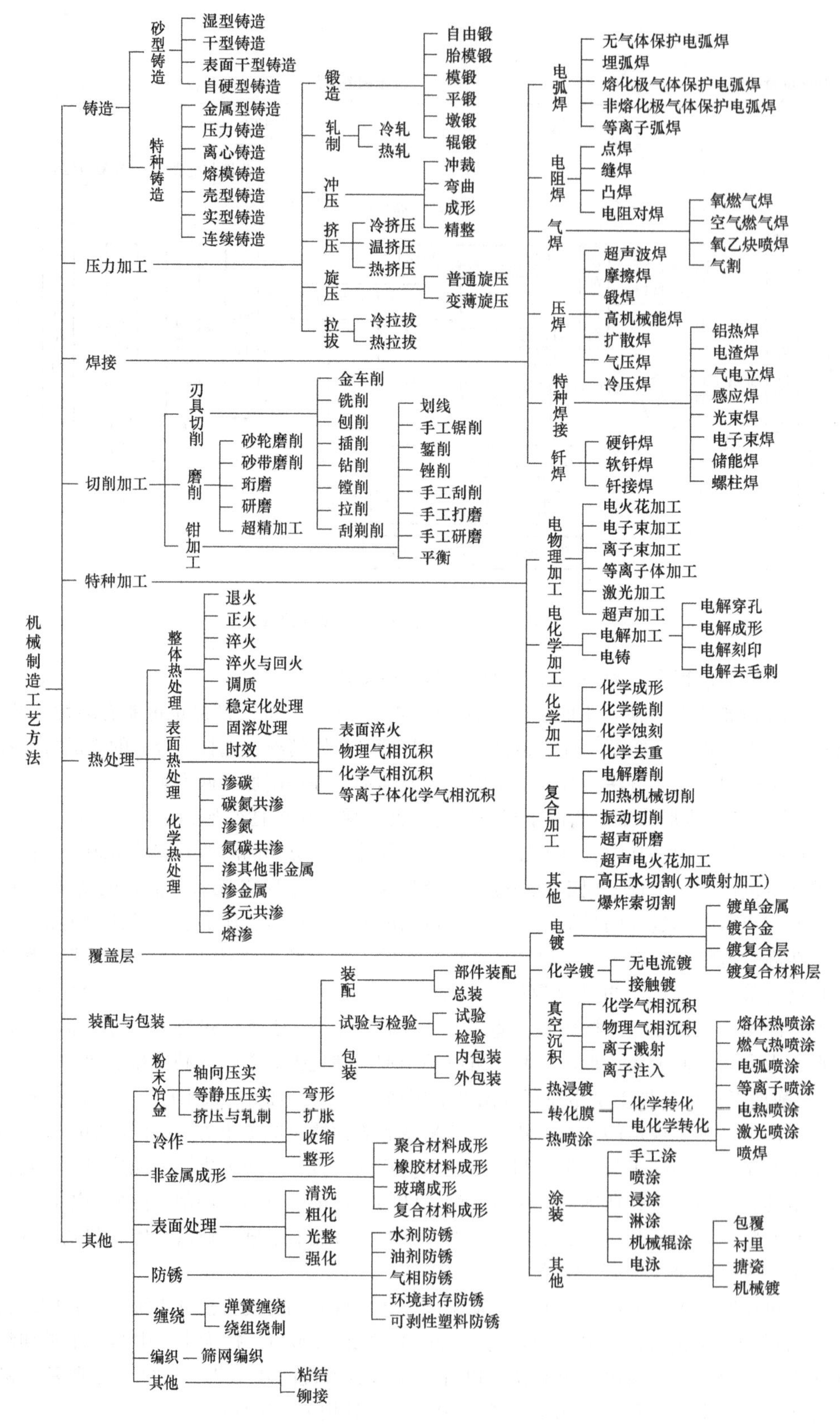

图 12-2　机械制造工艺方法类别划分

（3）**工艺选择**　工艺选择与所处理材料的特性密切相关，见表 12-1。

表 12-1　各种金属和合金的制造工艺的一般特征

制造工艺		碳钢	合金钢	不锈钢	工具和模具钢	铝合金	镁合金	铜合金	镍合金	钛合金	难熔合金
铸造	砂型铸造	A	A	A	B	A	A	A	A	B	A
	石膏铸造	—	—	—	—	A	A	A	—	—	—
	陶瓷铸造	A	A	A	A	B	B	A	A	B	A
	熔模铸造	A	A	A	—	A	B	A	A	A	A
	硬模铸造	B	B	—	—	A	A	A	—	—	—
	拉模铸造	—	—	—	—	A	A	A	—	—	—
锻造	热锻	A	A	A	A	A	A	A	A	A	A
	冷锻	A	A	A	—	A	B	A	—	—	—
挤压	热挤压	A	A	A	B	A	A	A	A	A	A
	冷挤压	A	B	A	—	A	—	A	B	—	—
	冲压	—	—	—	—	A	A	A	—	—	—
轧制		A	A	A	—	A	A	A	A	A	B
粉末冶金		A	A	A	A	A	A	A	A	A	A
金属板材成形		A	A	A	—	A	A	A	A	A	A
机械加工		A	A	A	—	A	A	A	B	A	B
化学加工		A	B	A	B	A	A	A	B	B	B
电化学加工 ECM		—	A	B	A	—	—	B	A	A	A
电火花加工 EDM		—	B	B	A	B	—	B	B	B	A
研磨		A	A	A	A	A	A	A	A	A	A
焊接		A	A	A	—	A	A	A	A	A	A

注：“A”表示一般用这种方法处理；“B”表示可以用这种方法处理，但可能会出现一些困难；“—”表示通常不用这种方法处理。产品质量和生产率在很大程度上取决于所使用的技术和设备、操作者的技能以及处理变量的正确控制。

影响工艺选择的主要因素如下：

1）工件材料的特性。①有些材料可在室温下处理；而有些材料则需要控制炉温。②有些材料因其柔韧而易用；而有些材料因其硬脆则需要特殊设备和工艺。

2）工件材料的性能。①材料具有不同的生产特点，如铸造性、可锻性、可加工性和焊接性。对于表 12-1 中所列全部材料，几乎没有一种材料具有各种良好的特性。例如，铸造或锻造材料的后续工艺是困难的，如加工、研磨、修整，可能要求一个可接受的表面粗糙度和尺寸精度。②材料对于所受到应变率敏感性具有不同的响应率（Responsivity，是指探测系统的输入—输出增益）。因此，一个特定机器的操作速度可以影响产品质量，包括外部和内部缺陷的扩展。例如，冲压或锻造一般不适合于应变率敏感性高的材料，而这些材料适应于液压机或直接挤压。

3）零件的几何特征。如零件形状、尺寸和厚度，尺寸公差和表面粗糙度要求等，极大地影响工艺选择。

4）生产率和产量。一个工艺、机器或系统对生产率的要求决定了工艺方式的选择。

12.1.2　先进制造工艺内涵

（1）**概念**　首先将从概念上说明先进制造工艺技术的定义与特点。

1）**定义**。先进制造工艺技术是指与物料处理过程和物料直接相关的各项新工艺、新方法，该技术要求实现优质、高效、低耗、清洁和灵活的目标。

由定义可见，传统制造工艺技术是先进制造工艺技术的基础，先进制造工艺技术是传统制造工艺技术的发展与补充。先进制造工艺技术要求，即所追求的目标。

2）**特点**。对先进制造工艺技术的要求也是它应有的特点，见表12-2。

表12-2　先进制造工艺技术的特点

特点	特点说明
优质	加工的产品质量高、性能好、尺寸精确、表面光洁、组织致密、无缺陷杂质、使用寿命长、可靠性高
高效	可极大地提高劳动生产率，大大降低了操作者的劳动强度和生产成本
低耗	可大大节省原材料消耗，降低能源的消耗，提高了对日益枯竭的自然资源的利用率
清洁	可做到零排放或少排放，生产过程不污染环境，符合日益增长的环境保护要求
灵活	能快速响应市场和生产过程的变化以及产品设计内容的更改，可进行多品种的柔性生产，适应个性化需求

（2）**类型**　目前，先进制造工艺技术的类型有如下两种划分方法。

1）**三分法**。按材料在制造过程中重量变化的特征划分，可将制造工艺分为三类：等材制造、减材制造和增材制造，见表12-3。表中的各种制造工艺类别中都有相应的先进制造工艺，凡是对某种传统制造工艺进行创新而出现的新工艺都属于先进制造工艺技术。

表12-3　机械制造工艺技术类别

类别	等材制造（$\Delta m=0$）	减材制造（$\Delta m<0$）	增材制造（$\Delta m>0$）
别称	等量制造、成形制造、受迫成形	减量制造、消减制造、去除成形	增量制造、添加制造、添加成形、快速原型制造、快速成形制造
工艺方法	材料成形。通过力场或/和温度场等作用，使材料成形或改性，体积不变	材料去除。采用切削加工的方法，自上而下，达到零件设计要求的形状	材料累加。采用三维数据驱动，自下而上逐层堆积材料的方法制造实物
工艺特征	难以制造复杂零件；对材料性能有要求；材料利用率较高；能耗大；精度较高；能使材料改性；制造周期长	无法制造形状复杂零件；无须提供专用材料；材料利用率低；能耗较大；精度高，表面质量好；制造周期较长	能够制造任何形状的复杂产品；需提供专用的成形材料；材料利用率高，基本无浪费；能耗低；精度不高；制造周期短
工艺用途	适用于毛坯和内部结构简单的产品	应用范围最广，能达到很高的精度和很低的表面粗糙度值	应用前景好，适用于产品开发的原型、个性化制造
传统实例	铸造；压力成形；焊接；粉末冶金；注塑、吹塑；热处理；覆盖层	车削、钻削、铣削、刨削、镗削、磨削	层叠成形法（制作三维地形图）、纸板层叠法、光敏平板堆积法（制造曲面模具）
先进实例	净成形工艺：精密铸造；精密锻造；精密焊接；铸锻复合成形工艺；冷温热复合成形工艺	高效加工；超精加工；高能束流加工、超声波加工、电火花加工、电化学加工等特种加工；生物制造与仿生制造	立体光刻（SLA）、选择性激光烧结（SLS）、熔融沉积成形（FDM）、三维打印式（3DP）、分层实体制造（LOM）

从历史上来看，等材、减材、增材代表了制造业发展经历的三个阶段，也体现了社会文明形态的变化。铸锻焊工艺属于等材制造（Equivalent Manufacturing），已有3000年的历史；随着电动机的发明，车、铣、镗、磨机床出现，形成切削工艺，这种减材制造，已有300年的历史；而以3D打印为代表的增材制造，从1986年实现样机，已发展了30年，是制造的新技术。增材制造好比用砖头砌墙，逐层增加材料，以形成实物。目前，先进制造工艺技术的发展趋向是：制造

加工精度不断提高；切削加工速度迅速提高；零件毛坯成形在向少余量甚至无余量发展；清洁表面工程技术不断发展；新材料的应用促生了新工艺。专家预测，未来增材制造、减材制造和等材制造将从技术概念上的三分天下走向价值分享的三分天下，如图 12-3 所示。

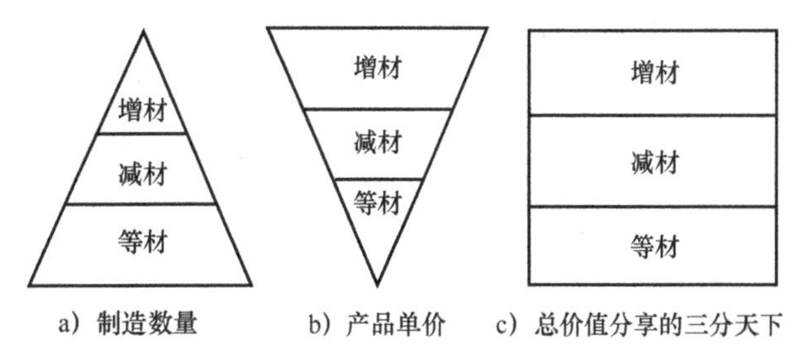

图 12-3　三类制造工艺的走向

2）**四分法**。按构成物体的成形原理，可将制造工艺划分为如下四类：①约束成形（Restraint Formed）。它是指利用材料的塑性，将半固化的流体材料在模具或压力的作用下，定形成各种形状与尺寸的零件。它在成形过程中体积不发生明显的变化，因此又称为受迫成形（Compelled Forming）、近成形工艺（Near Net Shape Process），即等材制造。②去除成形（Dislodge Forming）。即减材制造的成形方法。③添加成形（Adding Forming）。即增材制造的成形方法。④生长成形（Growth forming）。它指的是利用各种材料的活性，成形为需要的产品或者零件，如动植物的个体发育等。鉴于生物制造的形成与发展，本书对成型与成形不加以区别。

（3）**内涵**　从处理物料的特征来看，通常先进制造工艺技术可分为以下几类：绿色切削加工、高效切削加工、特种加工、超精密加工、精密成形和表面工程。先进制造工艺技术还包括微纳制造、增材制造和生物制造等新技术，将另设各章详述。

12.2　绿色加工*

不用或少用切削液的绿色加工已成为加工领域的新热点。按照切削工艺构成分类，可将绿色加工技术分为：干式切削加工、准干式切削加工和低温切削加工等技术，见表 12-4。

表 12-4　绿色加工技术的类型

类型名称		类型说明
干式切削加工	纯干式切削加工	不用任何切削介质的干式切削，采用涂层刀具，或开发刀具和探索加工工艺等
	气体射流冷却加工	单纯以气体射流为切削介质冲刷切削区，气体介质包括空气、氮气、氩气和水蒸气
准干式切削加工		很少量地使用切削液。包括排屑处理、表面质量等
低温切削加工		使工件材料的切削区在低温下进行切削加工

12.2.1　干式切削加工

干式切削加工技术是指在切削过程中刀具与工件及刀具与切屑的接触区不使用任何切削介质的加工工艺方法。干式切削加工技术的目的在于保护环境、降低成本。

（1）**干式切削加工概述**　下面首先说明干式切削加工技术的发展、特点、要求和应用，然后介绍它的几种新工艺。

1）**发展**。1995 年干式切削加工技术的科学意义被正式确立，工业发达国家开始重视它。德国处于干式切削领域的领先地位，约有 20% 以上的企业采用该技术。世界知名机床厂商在其产品目录中都有干式切削机床加工中心。研究表明，若采用干式切削占切削加工的 20%，则总的制造成本可降低 1.6%，且能保证加工质量。干式切削已成功地应用到生产领域，取得了良好的社会效益和经济效益，已成为未来切削技术发展的一个方向。

2）**特点**。停用切削液有利有弊。停用切削液可完全消除切削液带来的副作用，但也会影响机床的加工精度和降低工件表面质量。干式切削的优缺点见表12-5。

表12-5　干式切削的优缺点

优点	①对操作者不产生健康危害；②不产生环境污染；③降低零件加工成本；④不发生与切削液有关的质量问题；⑤切屑干爽，易于回收处理；⑥省去了切削液与切屑的分离装置，使机床结构紧凑，减少占地面积
缺点	①增大切削力，加剧刀具与工件的振动，刀具磨损加快，缩短刀具使用寿命；②在加工瞬间产生大量热量，影响切屑的成形，使机床产生严重的热变形；③产生大量粉尘，尘粒也会加大丝杠、轴承等关键件的磨损

3）**要求**。如何弥补干式切削加工的不足？要实现真正意义上的干切削加工，在停止使用切削液的同时，保证加工的高效率、产品的高质量、刀具的高使用寿命和切削过程的高可靠性，这就需要解决机床、刀具和加工工艺等方面的问题。实施干式切削的要求见表12-6。

表12-6　实施干式切削的要求

条件	要　求	措　施
机床	①选用刚度高的高速机床；②采用快速排屑布局；③采用热稳定性好的结构；④采用适当的隔热措施	①采用人造花岗岩床身；②采用立式主轴和倾斜床身，借助重力迅速排屑；③采用均衡温度的结构，基础构件采用对称结构并选用热容量小的材料，主轴采用恒温水冷装置；④排屑槽用绝热材料制造，高速切削区采用绝热罩来隔断热切屑
刀具	①可靠性高；②耐热性高；③抗冲击性好；④高温力学性能好	优化刀具的结构和几何参数：①断屑，可设计断屑槽；②排屑，增大刀具容屑槽空间和背锥的锥度；③较大的正前角，以减少月牙洼磨损，利于断屑；④自冷却
工艺	①优化切削参数；②防止和减少刀具的粘结磨损和扩散磨损	应避免刀具材料与工件材料之间有较强的亲和作用：①金刚石刀具不适合切削钢铁工件；②含钛的硬质涂层刀具不适合切削钛合金和含钛的不锈钢、高温合金；③PCBN刀具不适合切削中低硬度材料（而硬质合金适用）

除了满足表中要求外，还可合理应用下文介绍的一些干式切削新工艺，如硬态干式车削、导电加热切削、静电冷却干式切削和气体射流冷却切削等。

4）**应用**。近些年来随着诸多技术问题（如机床、刀具、涂层、切削参数等）的解决，干式切削的应用范围不断扩大，在车削、铣削加工中的应用（尤其是铸铁材料的高速切削）已日益普遍；在钻削、铰削、镗削、攻螺纹、滚齿、拉削和磨削等方面也有重大突破。

案例12-1　干式加工在车削、铣削和磨削加工中的应用。

（2）**硬态干式车削**　过去淬硬钢零件的精加工一直采用磨削完成，但磨削加工范围窄，投资大，生产效率低，容易产生表面烧伤，细小的磨屑进入磨削液或空气中，既影响操作者的健康，又污染环境，处理起来十分困难。因此，人们一直期望一种理想的“以车代磨”的工艺。随着高性能车床及新型刀具材料的不断出现，硬态车削成为现实。.

1）**发展**。1996年德国的H. K. Tijnshoff等人对硬态车削的研究工作表明：已加工表面微观硬度受进给量和后刀面磨损量的影响较大，进给量越小，磨损量越大，表面硬度越高。1998年以来，国内学者研究了用陶瓷刀具干式切削淬硬钢；干式切削GCr15，20CrMnTi；用PCBN刀具干式切削轴承钢度等。硬态车削技术已替代磨削作为淬硬钢工件终加工工序。

2）**原理**。硬态干式车削（Dry Hard Cutting，DHC），是指把淬硬钢零件的车削作为最终精加工工序，且在加工中不使用切削液的一种工艺方法。它也简称为硬切削。

与普通车削相比，用硬态干式车削时，切削力增大了30%～100%，切削温度高，易发生刀

具塑性变形和热裂破损，造成刀具使用寿命短。因此，要对机床、刀具及工艺提出更高的要求。实施硬态干式车削的必要条件见表 12-7。与磨削加工相比，硬态干式车削的优缺点见表 12-8。

表 12-7 实施硬态干式车削的必要条件

条件	定性要求	定量要求
机床	应具有高刚度、高转速和大功率等特点	切削功率增加 1.5～2 倍；主轴径向圆跳动和轴向圆跳动不得大于 3μm；工件长径比一般限制在 6∶1 以内
刀具	常用刀具材料：聚晶立方氮化硼（PCBN）、陶瓷和涂层硬质合金	PCBN、陶瓷、涂层硬质合金，三种刀具适用于切削工件硬度分别是 55～65HRC、低于 55HRC、低于 50HRC。PCBN 刀具寿命比硬质合金高 10 倍
工艺	对于 PCBN 和陶瓷刀具，一般选择较高的切削速度，较大的背吃刀量，较小的进给量	陶瓷刀具硬态车削的合理切削用量为：切削速度 v_c = 80～200m/min，背吃刀量 a_p = 0.1～0.3mm，进给量 f = 0.05～0.25mm/r。若用 PCBN 刀具，则可选择更高的切削速度。当表面粗糙度值在 *Ra*0.3～*Ra*0.6 μm 时，硬态车削比磨削经济得多

表 12-8 硬态干式车削的优缺点

优点	①利于环保，不需要切削液。②经济效益好，其金属去除率为磨削的 3～4 倍，能耗仅是磨削的 20%。③加工质量高，不产生表面烧伤和裂纹；工件可在一次安装中完成多面加工，易保证加工表面间的位置精度。④加工柔性高。利用刀盘和刀库实现不同工件间的加工转换；可加工磨削加工无法加工到的部位（如凸凹模的圆角部位、切槽部位）
缺点	①只适用于经过试验的某些材料。②对设备要求高，工件质量的稳定性缺乏工艺保证

3）**应用**。德国和美国等国已在诸多领域应用硬态干式车削加工，取得了明显的经济效益与社会效益。德国在汽车工业中应用硬态干式车削技术加工曲轴、凸轮轴和摩擦盘等零件。美国某公司采用 PCBN 刀具加工淬硬丝杠，工效提高近 100 倍。

案例 12-2 我国应用硬态干式切削技术的效果。

（3）**导电加热切削** 它是在刀具与工件的回路中通低压大电流，以加热切削微区。

1）**发展**。20 世纪 60 年代初，日本学者上原邦雄等人提出了导电加热切削工艺，随后英国、日本、苏联的学者也进行了研究与实验。1988 年华南理工大学的学者进行了大量实验研究，研制了基于微机自动控制的逆变式加热电源。

2）**原理**。导电加热切削（Electric Hot Machining，EHM），是在切削过程中利用刀具和工件构成回路，通以低压大电流，通过电流的热效应辅助提高切削温度，使切削区材料受热软化。如图 12-4 所示，电源一端与碳刷连接，另一端与刀具相连，刀具因垫有一绝缘层而与刀架绝缘。切削工件时，电流经碳刷和机床主轴、卡盘及工件、刀具而形成闭合回路。当电流流经图中的 *abc* 窄小区域时，由于电流密度较大，从而在这一区域产生焦耳热，使切削变形区得到加热。金属软化效应的实质是，切削温度的升高使金属硬度降低或金属材料屈服强度降低引起流动应力的变化，即流动应力随着温度的上升而减小。降低材料的剪切抗力，使切削变得顺利。

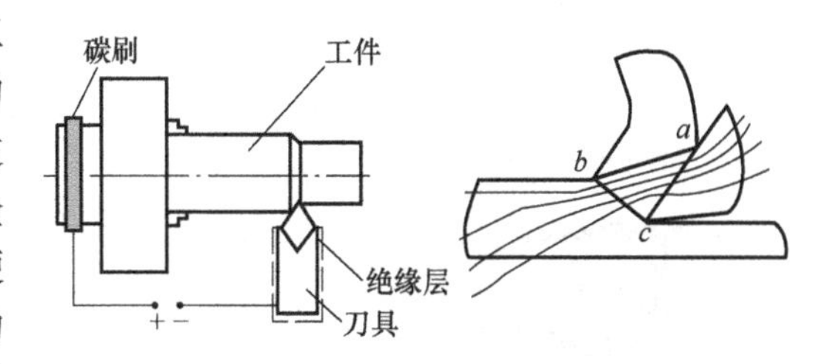

图 12-4 导电加热切削原理

导电加热切削能获得相当于磨削的表面粗糙度值，而且已加工表面无硬化或软化现象。与常规车削相比，它能降低工件表面粗糙度值 *Ra*3～*Ra*7 μm。导电加热切削的优缺点见表 12-9。

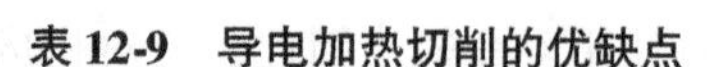

表 12-9 导电加热切削的优缺点

优点	①降低了切削力，改进了材料的可加工性，使难加工材料的切削得以顺利进行。②消除了积屑瘤等现象，使切屑形状从不连续变为连续。③导电加热作用区域小，时间短，热效率高，不影响工件。④可提高刀具寿命
缺点	①有材料局限性，只适用于难切削的金属材料。②不适合断续切削，适用于长行程切削

3）**应用**。导电加热切削在刚性较差的薄壁、细长轴等零件的切削加工时比普通切削加工更具优势。它可进行硬切削，可代替精磨，其应用前景广阔。它一直被视为对付难加工材料的有效方法之一，如导电加热切削陶瓷，导电钻削不锈钢、模具钢等，特别是在航空航天行业有很大的应用前景。由于导电加热切削时刀具本身会因电流流过而发热，因此其有效性就限于切削速度较低的范围内，即存在一个临界切削速度。因断屑问题而使它不太适应自动线；对于短行程切削、易切削钢的切削加工，也无明显优势。

（4）**静电冷却干式切削** 它是在切削时用经过放电处理的压缩空气取代切削液。

1）**发展**。1972 年美国学者 Blomgren Sretai 对“冷却刀具和工件的方法与设备”做了一系列实验。1974 年日本东京一家企业公布静电冷却技术可以提高刀具寿命 30% ~300%。1975 年日本学者 Hiroshi Eda 等人通过实验证明离子化气流（离子风）的存在。1999 年俄罗斯学者 Izyaslav D. A. 等人设计了静电冷却干式切削设备，并进行了比较实验。2007 年，美国的 B. G. David 等人自制实验设备，在电流 0.5 ~51 μA、电压 2.997 ~4575 kV、切削速度 0.2 ~1.2 m/s、正负电极距离可调等实验条件下，对静电冷却干式切削与常规干式切削进行了比较实验，结论是：静电离子使介质的热传导能力提高了 2 倍多。我国自 2003 年开始跟踪研究该技术，如么炳唐、康亚琴、周成军等人，研究内容主要用于钛合金切削，目前还处于起步阶段。

2）**原理**。静电冷却干式切削（Dry Electro Static Cooling，DESC），是将离子风作为金属切削的切削介质的加工技术。1991 年 James B. Beal 解释了静电冷却的微观原理，他指出，空气中的带电粒子与气体分子相互碰撞，在电场的作用下向着电极方向不断移动，形成空气对流。针电极周围的带电粒子及臭氧提高了周围气体的热传导率，有利于工件和刀具的冷却。这种离子风是由特殊类型小功率放电器处理过的压缩空气产生的，它可以在许多场合取代切削液的使用。

根据汤森（J. S. Townsend）气体放电理论，在气压较低、气压与极距的乘积较小的情况下，气体间隙中发生的碰撞电离以及阴极上发生的二次电子发射过程是气体间隙击穿的主要机制。静电冷却干式切削是将经电晕放电处理的压缩空气喷向切削区，以实现对切削区的润滑和冷却。如图 12-5 所示，压力为 p 的压缩空气，经电压为 U 的喷嘴电极和针电极之间的电晕放电后，以

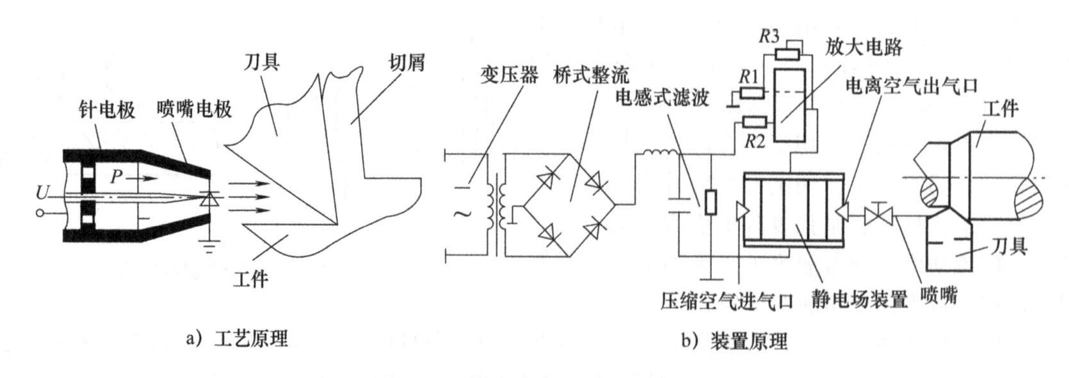

图 12-5 静电冷却干式切削原理

一定速度喷向切削区。静电冷却装置由供电电源装置、空气压缩装置、静电场装置、电离空气的传输系统、喷嘴等组成。它的外形尺寸为240mm×228mm×85mm，装置重量不超过5kg，需用功率不大于25 W（单相电网220V，50Hz）。

静电冷却干式切削的实质在于向切削区域输送经过放电处理的空气。空气经过空气压缩装置加压后以合适的速度通过静电冷却装置，使空气离子化、臭氧化。然后通过传输系统把含有大量带电粒子和臭氧的电离气体的空气送到切削区，在切削点周围形成特殊气体氛围。静电冷却干式切削中的离子化空气流产生了多种作用：冷却、润滑、清洁、表面钝化、辅助排屑和改进切削性能，这是由于活性带电离子和臭氧分子在切削区会发生了复杂的物理、化学作用。

3）**应用**。国际上许多知名公司对静电冷却干式切削技术的实验研究结果表明，在汽车制造和机械制造等行业使用静电冷却干式切削技术可以取得较好的技术效益和经济效益。但是，该技术对静电冷却设备的性能要求比较高，不同参数的设备获得的加工效果也有很大差异。国内对静电冷却干式切削技术的研究还处于切削试验研究阶段，对静电冷却设备的研究较少，企业实际生产应用很少。

（5）**气体射流冷却切削**　它是采用射流形式，将空气、氮气、水蒸气等气体作冷却润滑剂冲刷切削区而获得冷却效果的绿色切削技术。日本、俄罗斯对这项加工技术研究较多。我国华东船舶工业学院、哈尔滨工业大学也对此进行了研究。目前国内还处于起步阶段。研究表明，气体射流冷却切削对工件加工质量和刀具使用寿命等均有益处。

现以水蒸气为例来说明气体射流冷却切削工艺。水蒸气价格低廉又无污染，是一种很好的绿色润滑剂。1988 年苏联专家首次提出用水蒸气作为冷却润滑剂，后来获得了专利。水蒸气冷却切削是将水蒸气喷射到切削区，以达到冷却润滑的一种切削方法。其切削系统由水蒸气发生装置、水蒸气传输与控制系统和机床系统组成。1998 年俄罗斯专家分别用硬质合金刀具 YT15 对 45 钢和不锈钢 12Cr18Ni10Ti 进行了切削实验。哈尔滨工业大学也对该方法做过研究。研究表明，用水蒸气作冷却润滑剂大大加强了冷却润滑剂的渗入能力，取消了液相渗入阶段；冷却均匀，特别是在硬质合金刀具断续切削时效果更好；能够提高硬质合金刀具的使用寿命，车削 45 钢、不锈钢和灰铸铁时提高 1～1.5 倍，铣削时提高 1～3 倍；可以减小切削力和工件表面粗糙度值。

12.2.2　准干式切削加工*

准干式切削（Near Dry Machining，NDM），是介于传统湿式切削与完全干式切削两者间的加工技术。由于目前可实施干式切削的工件材料还受到一定程度的限制，所以国外专家提出了准干式切削技术。其基本思想是在保持切削工作的最佳状态（即不缩短刀具寿命，不降低加工表面质量等）的同时，使切削液的用量最少。即在减少环境污染的同时，减小切削过程中的摩擦，降低温度，减少刀具磨损，提高工件加工质量。

目前，典型的准干式切削技术是：微量润滑和雾化润滑。

（1）**微量润滑**（Minimal Quantities of Lubricant，MQL）　它是在保证有效润滑的前提下，尽可能减少切削液用量的切削技术。

1）**原理**。微量润滑是将一定压力压缩空气与微量的切削液混合雾化，然后高速喷射到切削区的一种准干式切削。它有如下两个特征：

① **微量雾化**。微量润滑中切削液的用量非常少，如一台典型的加工中心在进行湿式切削时的切削液用量为 20～100 L/min，采用微量润滑只需要 0.03～0.20 L/h，约为湿式切削的六万分之一。只要微量润滑使用得当，加工后的刀具、工件和切屑都是干燥的。

② **高速喷射**。切削液以高速雾粒供给，增加了切削液的渗透性，从而使刀具与切屑的接触区得到冷却和润滑，大大减少刀具与切屑、刀具与被加工表面间的摩擦，起到降低切削温度，减少刀具磨损，提高加工效率和加工表面质量的作用。

在微量润滑切削过程中的润滑属于边界润滑，边界润滑的效果与切削液量密切相关。

2）**特点**。其优缺点见表12-10。

表12-10　微量润滑的优缺点

优点	①微量润滑的切削液以高速雾粒供给，改进了切削液的渗透性，提高了润滑效果，减小了刀具与工件、刀具与切屑的摩擦，抑制温升，防止粘结，延长了刀具寿命。②高速喷射的切削液借助压缩空气或冷风对切削部位进行冷却，使加工后刀具、工件、切屑仍然保持干燥，无须进行废液处理。节约资源，提高了加工表面质量。③容易布局。由于切削液用量最少，因此系统结构简单，占地面积小
缺点	①冷却性能不足，难以解决难加工材料切削区温度高的问题。②切削液在高温作用下存在油膜破裂、润滑失效现象

3）**应用**。微量润滑技术综合了传统切削和干式切削的优点，在车、铣、钻、磨等加工过程中取得了良好的实验效果。近年来，德国的微量润滑装置每年有15000套的市场且还将进一步增加。德国制造的加工中心中有5%用微量润滑与润滑性涂层刀具相结合的方法来取代湿式冷却。美国的Tbyssen公司将润滑系统集成在主轴中，其流量由CNC程序控制。该单元在6.5s内可钻削10个直径8mm、中心距20mm的孔，每小时使用1杯切削液，且大部分被蒸发。

（2）**雾化润滑**　它是采用雾滴汽化方法对切削区进行冷却润滑。与传统的浇注方法相比，雾化润滑能充分发挥切削液的润滑作用和切削效率。其优缺点见表12-11。

表12-11　雾化润滑的优缺点

优点	①延长了刀具寿命，高速气流带着微小液滴易于渗透到切削区，有效降低了摩擦热。②易于实现工件的微米级精加工，在降低摩擦的同时，使精加工成为可能，提高了工件表面质量。③润滑效果明显，当切削液中的水分蒸发后，润滑成分滞留在工作区并在加工表面上形成润滑薄膜，同时也保持了机床的干燥
缺点	①需要一套雾化装置。②不适合切削速度低的加工

雾化润滑适用于切削速度高的外表面的加工。选用冷却性能好的切削液，细小的液滴与热的刀具、工件或切屑接触，能通过迅速蒸发把热量带走。雾化润滑不需用防溅板，当喷雾量控制合适时，工件是干燥的。

12.2.3　低温切削加工

低温切削技术是指在机械加工中采用不同冷却方法，使工件的切削区处于低温状态下进行切削加工的方法。根据冷却介质不同，低温切削可分为液氮冷却切削和低温冷风切削。

（1）**液氮冷却切削**　它是采用液氮使切削区处于低温冷却状态进行切削加工的方法。

液氮冷却切削有两种应用形式：①利用瓶装压力将液氮像切削液一样直接喷射到切削区。②利用液氮受热蒸发循环来间接冷却刀具或工件。液氮冷却切削适用于钛合金、低合金钢、软钢及一些高塑（韧）性复合材料等难加工材料的加工。硬质合金刀具在液氮冷却切削条件下能够保持良好的切削性能。

与传统的切削方法相比，液氮冷却切削的优缺点见表12-12。

表12-12　液氮冷却切削的优缺点

优点	①液氮是制氧过程中的副产品，价廉易得。②液氮使用后直接挥发到大气中，不留任何污染。③刀具磨损明显减少，切削温度降低30%，刀具寿命可延长4倍。④工件加工质量得到很大改进，表面粗糙度值可降低到原来的1/6
缺点	①液氮冷却中，由于金属的热胀冷缩作用，零件的加工尺寸会产生误差。②由于液氮容易挥发，所以传输比较困难。③喷嘴处温度较低，易结成冰，造成喷嘴堵塞

（2）**低温冷风切削**　它是用冷风强烈冲刷刀具和工件，以降低加工区温度的切削技术。

1）**发展**。早在1948年国外就有相关报道，Olson用低温空气作冷却润滑剂进行铣削试验，与干切相比刀具寿命提高四倍。1996年日本的横川和彦教授开始对低温风冷切削进行较深入的研究。2003年新加坡的M. Rahman等人研究发现，在冷风切削下切削刃易形成裂纹，这表明冷风的温度还存在一个优化值。1999年以来，我国学者也进行了一些试验研究，如不锈钢冷风车削；砂轮内外冷却的CO_2冷气磨削；低温氮气射流对钛合金高速铣削。

2）**原理**。低温冷风（Cooling Air，CA）切削系统主要由冷风发生装置和切削加工系统组成。冷风温度一般为$-100\sim-10$℃。与纯干式切削相比，低温冷风切削的优缺点见表12-13。

表12-13　低温冷风切削的优缺点

优点	①可显著降低切削区温度，同时引发工件材料局部变脆，有利于切屑的撕裂，减小切削力。②可防止刀具自身的软化，有效地抑制刀具磨损，明显提高刀具寿命。③工件和刀具的温升低、变形小，改进加工精度和表面质量。由于切削点的温度相对平稳，加工表面残余应力小。④提高生产效率。低温冷风车削可提高效率1倍，低温冷风磨削可提高效率3～4倍，低温冷风钻削（内冷式）可以提高效率20倍以上。⑤对环境完全无污染
缺点	①刀具与工件材料的润滑性较差。②冷风的噪声较大。③工件需解决防锈问题

3）**应用**。该技术适用于钛合金、铁镍合金和不锈钢等难加工材料和薄壁零件的加工。

（3）**低温微量润滑**（Cryogenic Minimum Quantity Lubrication，CMQL）　它是低温冷风与微量润滑结合的一种绿色加工切削技术。

1）**由来**。微量润滑和低温冷风两种切削技术虽优势突出，但单独使用时也存在局限性。微量润滑的优势：切削液以高速雾粒供给，改进了切削液的渗透性，提高了润滑效果，但其缺点是：冷却性能不足，在高温作用下存在油膜破裂、润滑失效问题。低温冷风的优势：使切削区的温度大大降低，工件材料的低温脆性使切削过程变得易于进行，并降低了刀具磨损，但其缺点是：刀具与工件材料的润滑性较差。如果将冷却介质与切削液有效结合，充分利用冷却介质降低切削区的温度，利用切削液的润滑特性减小摩擦，则可使冷却润滑的效果更好。

2）**原理**。低温微量润滑是把压缩空气降至零下几十摄氏度，再与切削液混合汽化，效果比一般压缩空气要好。该技术充分利用微量润滑切削的强润滑性和低温风冷的低温，使用效果远远超出两者单独使用时的效果。研究表明，冷风可以使切削区的温升低于60℃，工件加工表面残留应力趋于零，对提高加工精度具有重要意义。低温微量润滑的优缺点见表12-14。

表12-14　低温微量润滑的优缺点

优点	①避免了对环境产生污染。②无须做加工尺寸补偿。③有利于提高加工精度。④能抑制积屑瘤的产生，延长刀具寿命。⑤提高加工效率。⑥降低机床制造成本，可以节约机床切削液循环系统、油雾分离装置等的制造费用。⑦降低零件加工成本，可以节约机床切削液循环系统占用的车间面积
缺点	①需要一套冷风发生装置和一套高速喷射装置。②冷风喷射的噪声较大。③缺少合适的切削液用量

3）**应用**。低温微量润滑切削技术既融合了低温冷风与微量润滑的优势，同时又弥补了两种技术单独应用时的缺陷，特别适用于难加工材料的切削加工。

案例 12-3　低温微量润滑技术在国内外的应用。

12.3　高效切削加工*

高效切削加工技术，能够为机械制造企业快速响应市场信息提供强有力的支持，能够适应现代产业对加工效率、加工精度和表面质量的要求，产生良好的技术经济效益。

高效切削加工（High Efficiency Machining，HEM），是以材料去除率最高为目标的加工技术。切削工件时，可以用切削速度、进给量和切削深度的乘积作为材料去除率。高效切削加工主要包括：高速切削加工、超高速切削加工和高效复合切削加工。

12.3.1　高效切削加工的原理*

（1）**概念**　高效切削加工的基本概念见表 12-15。从以下两方面来理解：

表 12-15　高效切削加工的基本概念

概　念	定　义
高速切削（High Speed Machining，HSM）	根据 ISO 19401 标准：主轴转速高于 8000r/min 国际生产工程学会切削分会提出，切削线速度在 500～7000m/min
超高速切削（Ultra-High Speed Machining，UHSM）	切削速度比高速切削高的加工技术。高速切削的切削速度是常规切削的 5～10 倍；超高速切削的切削速度比常规切削高 10 倍以上
高速进给切削（High Feed Rate Machining，HFRM）	进给量或进给速度比常规切削高的加工技术 高速进给切削的进给量或进给速度比常规切削高 2～3 倍
大余量切削（High Depth of Cut Machining，HDOCM）	切削深度比常规切削高的加工技术 大余量切削的切削深度比常规切削的大 2～3 倍以上
高效复合切削（High Performance Multi-Function Machining，HPMFM）	在一次装夹中可完成车、铣、钻、镗、磨，甚至实现激光加工、电加工等加工的高效加工技术

1）**从加工方法看**。高效切削加工是一个技术群，包括高速切削、超高速切削、高速进给切削、大余量切削、高速磨削、超高速磨削和高效复合切削。“高速”是一个相对的概念，很难就高速切削的速度给出一个确切的定义。对于不同的加工方法、工件材料和刀具材料，高速切削时的切削速度并不相同。图 12-6 所示为不同工件材料的切削速度范围。

2）**从切削机理看**。高速切削加工是通过能量转换，使刀具对工件材料表面层产生高应变速率的高速切削变形，并导致刀具与工件之间的高速切削摩擦，形成热力耦合不均匀强应力场的一种制造工艺。图 12-7 所示为高速切削加工技术的体系。由图可见，它是一个复杂的系统工程。其单元技术包括：机床设计制造、高性能 CNC 控制系统、高性能刀具夹具系统、高速切削加工理论、高速切削加工工艺、高速切削加工检测与监控。

总之，高效切削加工技术是指采用超硬材料的刀具与磨具，能可靠地实现高速运动的自动化制造设备，极大地提高材料切除率，并保证加工精度和加工质量的现代制造加工技术。

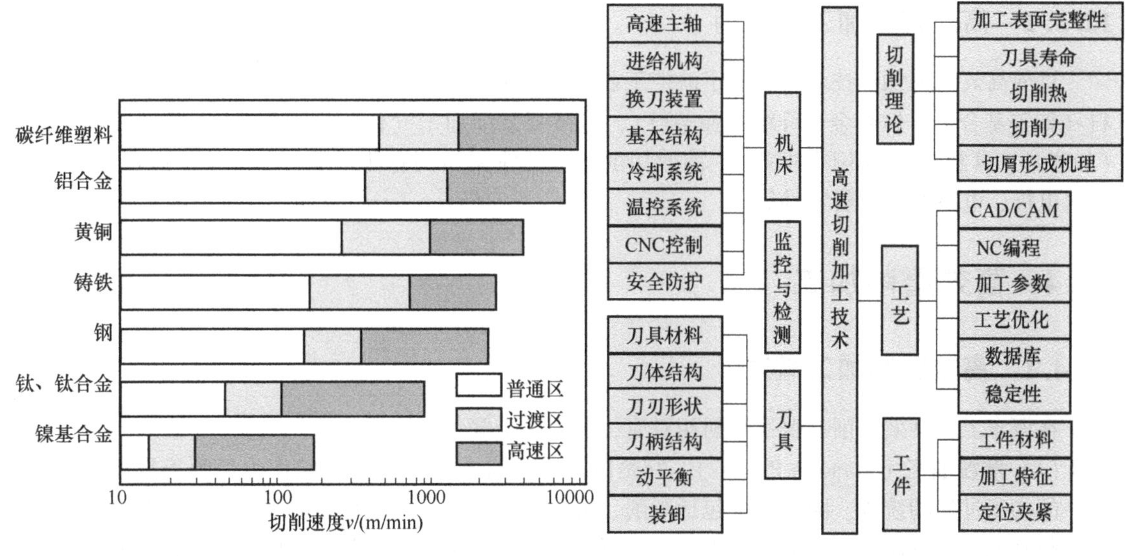

图 12-6　不同工件材料的切削速度范围　　图 12-7　高速切削加工技术的体系

（2）**特点**　高效切削加工的工艺和速度范围还在不断扩展。其特点见表 12-16。

表 12-16　高效切削加工的特点

特　点	说　明
加工效率高	切削速度提高 5～10 倍，单位时间材料切除率提高 3～6 倍，通常可将加工时间缩短到原来的 1/3，如高速铣削的优势在于：在保持切削深度不变的同时，进给速度比常规铣削可提高 5～10 倍
加工变形小	提高切削速度，切削力大致减小 25%～30%；切屑带走的热量增加，95% 以上的切削热来不及传给工件，因而工件的内应力和热变形减小，适用于刚性较差的框架件和薄壁件的切削加工
加工精度高	由于切削力变化幅度小，振动小，加工表面粗糙度降低 1～2 级；可实现高精度、低表面粗糙度值加工，非常适用于光学领域的加工。例如，高速铣削用高转速、小切深、大进给，能提高工件加工精度
加工能耗低	单位功率的金属切除率显著增大，适用于汽车和飞机等材料切除率要求大的场合，如用于飞机制造的铝合金超高速铣削，主轴转速从 4000r/min 提高到 20000r/min，切削力减小了 30%，金属切除率提高了 3 倍
设备要求高	对机床的主轴单元、进给单元、刀具、磨具、CNC 控制系统、冷却系统、支承及辅助单元有特定要求

（3）**要求**　实现高速切削加工技术，要对高速切削的机床和刀具提出特定要求。

1）**机床**。它包括：高速主轴单元、快速进给单元、机床结构和 CNC 控制系统。目前的高速切削机床，一般采用了高速的电主轴部件；进给系统多采用直线电动机；CNC 控制系统则采用 32 位或 64 位多 CPU 系统，以满足高速切削加工对系统快速数据处理功能；采用强力高压的冷却系统，以解决极热切屑冷却问题；采用温控循环水来冷却主轴电动机、主轴轴承和直线电动机，有的甚至冷却主轴箱、横梁、床身等大构件。

2）**刀具**。高速切削刀具的磨损机理与普通切削有很大区别，由于刀具与工件的接触时间减少，接触频率增加，切削热更多地向刀具传递。高速切削的主要问题是刀具磨损、离心力和振动。高速切削刀具系统应满足的基本条件是：较高的系统精度；较高的系统刚度；较好的动平衡性。因此，要从刀具的材料、结构、刀柄和夹头等方面采取有效措施。

案例 12-4　高速切削加工技术在多种产品中的应用。

12.3.2　高效切削加工的应用

目前高效切削加工技术主要用于航空工业、汽车工业的大量生产、薄壁零件加工、难加工材料（如镍基合金、钛合金和纤维增强塑料）、超精密微细加工（使用微型刀具）、复杂曲面加工（如磨具工具制造）等不同的领域。高效切削加工的应用实例有薄壁零件、叶轮、铝合金模具、石墨电极、电路板、塑料零件等。

12.4　高效磨削加工

12.4.1　高效磨削加工概述

在概念上，高效磨削与普通磨削相对应，磨削属于磨粒加工的范畴。

（1）**磨粒加工**（Abrasive Process）　它是以硬质矿物质（磨料）颗粒作为切削工具进行材料去除的加工过程的统称。磨粒加工包括磨削、珩磨、研磨、抛光、喷射加工等多种工艺方法。

与其他加工方法相比，磨粒加工具有以下优越性：①可以加工各种高硬度材料，尤其是光学玻璃、陶瓷、半导体材料等硬脆材料；②容易获得高精度和低表面粗糙度值表面，是精密、超精密加工的重要手段；③工艺适应性极强，可对各种材料和各种表面实现各种精度加工，广泛用于机械制造、轻工、建筑、耐火材料等多种行业。

（2）**高效磨削**（High Efficiency Grinding）　它是指使单位材料去除率较普通磨削大幅提高的磨削工艺技术。高效磨削主要包括高速磨削、超高速磨削、缓进给深切磨削（简称缓磨，进给速度为0.05～5m/min，磨削深度为0.1～30mm）、高效深切磨削（砂轮速度为100～250m/s，进给速度为0.5～10m/min，磨削深度为0.1～30mm）、快速点磨削和砂带磨削等加工技术。

磨削按砂轮速度分为三级：普通磨削（Conventional Grinding）砂轮速度为30～35m/s（进给速度为1～30m/min，磨削深度为0.001～0.05mm），高速磨削（High Speed Grinding）砂轮速度超过45～50 m/s，超高速磨削（Super High Speed Grinding）砂轮速度在150～180 m/s，甚至更高，目前已达到250～500m/s。21世纪初，砂轮速度为50m/s左右即被称为高速磨削；而如今，磨削速度在100m/s以上才被称为高速切削。

高效磨削与普通磨削的区别在于：高效磨削是用很高的磨削速度（砂轮速度大于100m/s）和磨削深度（大于0.1mm），能对各种材料进行加工，可同时获得高效率和高精度的新技术。高效磨削可以大幅度地降低生产成本和提高产品质量。当前的高效磨削的材料切除率已可与车削、铣削相近。

提高磨削效率的方法：①采用高速和超高速及宽砂轮磨削，以增加单位时间作用磨粒数；②增大磨削深度（如缓磨），以增加磨屑长度；③采用强力磨削方式（如超高速磨削+缓磨，即高效深切磨削），以增大磨屑平均截面积。

案例12-5　快速点磨削加工齿轮轴和凸轮轴。

12.4.2　砂轮磨削加工

（1）**高速磨削的要求**　提高磨削速度，对磨床结构、高速主轴、高速砂轮和磨削液的技术要求和主要特征归纳见表12-17。例如，CBN单层电镀结合剂砂轮应用最为广泛，磨削速度可达250 m/s以上。多孔陶瓷结合剂砂轮磨削速度可达200 m/s。高速磨削砂轮的基体设计必须考虑高转速时离心力的作用，并根据应用场合进行优化。

表 12-17　高速/超高速磨削的关键技术

关键技术	技术要求	主要特征
磨床结构	对高速磨床结构的要求：高动态精度、高阻尼、高抗振性、热稳定性	工作台由直线电动机驱动，往复运动频率是普通磨床的 10 倍以上
高速主轴	高速磨削的砂轮直径较大，必须进行动平衡，要有连续自动动平衡系统	高速磨削时主轴功率损失随转速提高呈超线性增长。无功功率与转速和砂轮直径有关
高速砂轮	砂轮基体的强度高；磨粒突出高度要大；结合剂有很高的耐磨性；安全可靠，必设防护罩	优化砂轮基体结构；磨粒主要为立方氮化硼和金刚石；结合剂采用电镀镍和多孔陶瓷
磨削液	需实现润滑、冷却、清洗砂轮和传送切屑的功能，必须采用高精度和高效的磨削液过滤系统	当磨削液的出口速度 w_1 接近砂轮圆周速度 v_s 时，冷却效果最好，但清洗效果很小，故应使 $w_1 > v_s$

图 12-8 所示为一个经优化后的砂轮基体外形，其腹板为一个变截面等力矩体，优化的基体没有单独的法兰孔，而是用多个小的螺孔代替，以充分降低基体在法兰孔附近的应力。此外，为了能够冲走残留在结合剂孔穴中的切屑，磨削液的出口速度必须大于砂轮的圆周速度，如图 12-9 所示。

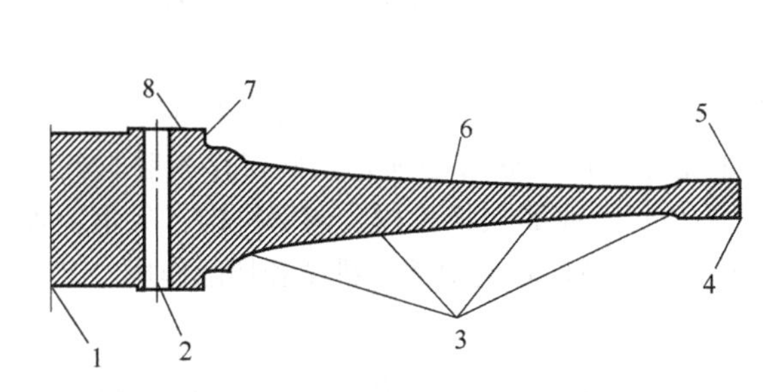

图 12-8　高速砂轮的结构和形状优化

1—无中心孔的法兰　2—连接法兰螺孔　3—通过径向变厚度进行形状优化　4—电镀层结合方式　5—磨料层（CBN/金刚石）　6—铝合金材料　7—径向连接面　8—端面连接面

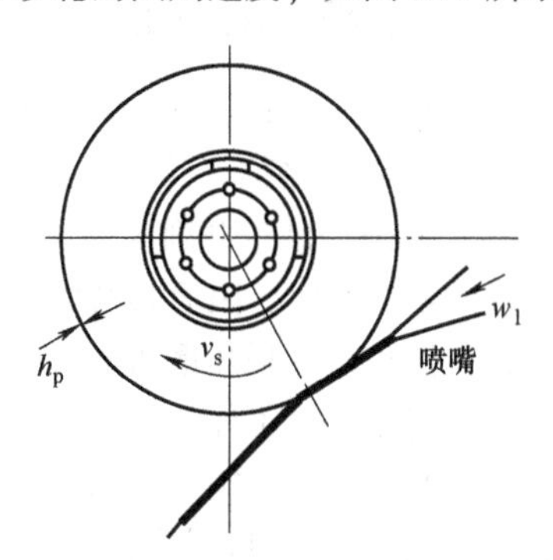

图 12-9　与砂轮同向喷射的磨削液对磨削的作用

（2）**高速磨削的特点**　高速/超高速磨削的基本特点见表 12-18。

表 12-18　高速/超高速磨削的基本特点

特　点	说　明
生产效率高	由于单位时间内作用的磨粒数增加，使工件材料磨除率最高可达 2000mm³/(mm·s)，比普通磨削可提高 30%～100%。采用 CBN 砂轮，线速度由 80m/s 升至 300m/s，材料磨除率由 50mm³/(mm·s) 升至 1000mm³/(mm·s)
砂轮寿命高	由于每颗磨粒的负荷减小，使磨粒磨削时间延长，提高了砂轮使用寿命。磨削力一定时，200m/s 磨削砂轮寿命是 80m/s 磨削的 2 倍；磨削效率一定时，200m/s 磨削砂轮寿命是 80m/s 磨削的 7.8 倍
加工精度高	由于切削厚度小，法向磨削力相应减小，从而有利于提高刚度较差工件的加工精度。在切深相同时，磨削速度 250 m/s 磨削时的磨削力，比以 180 m/s 磨削的磨削力降低近 1 倍
表面粗糙度值小	单个磨粒切削厚度变小，磨削划痕浅，表面塑性隆起高度减小，表面粗糙度值降低；由于超高速磨削材料的极高应变率（可达 10^{-4}～$10^{-6}s^{-1}$），形成绝热剪切状态，因此可实现硬脆材料的延性磨削
表面残余应力小	磨削热传入工件的比率减小，工件受力受热变质层减薄，表面完整性更好。使用 CBN 砂轮 200 m/s 的磨削速度磨削时，磨削钢件的表面残余应力层深度不足 10mm。特别适合于加工精度要求很高的薄壁工件

（3）**高速磨削的应用** 需要把握以下几个原则：

1）**参数上尽量地提高切削速度**。在材料切除率不变的条件下，提高切削速度可使单一磨粒的切削厚度极薄，减小磨削力，降低工件表面粗糙度值，且在加工刚性较低的工件时，易于保证加工精度。若仍维持原磨削力，则可提高进给速度，缩短加工时间，提高生产率。

2）**工序上可用于精加工和粗加工**。普通磨削仅适用于精加工，加工精度虽高，但加工余量很小，磨削前有一个冗长的工艺链，需配有各类机床。

3）**材料上可实现延性磨削和脆性磨削**。延性磨削是指在一定磨削条件下，硬脆材料能以塑性流动方式去除，并获得无缺陷表面的加工技术。用超硬磨料在超高速条件下，对陶瓷、单晶硅、宝石和光学玻璃等硬脆材料进行磨削加工，几乎已成为唯一的加工手段。当超高速磨削镍基耐热合金、钛合金等难磨材料时，磨屑变形速度接近静态塑性变形应力波传播速度，塑性变形滞后，降低了硬化倾向，可实现延性材料的脆性磨削。

12.4.3 砂带磨削加工

砂带磨削（Belt Grinding），是一种高精度、高效率、低成本的磨削方法，有“万能磨削”和“冷态磨削”之称。砂带磨削已是与砂轮磨削同等重要的一种加工方法。

（1）**原理** 砂带磨削与砂轮磨削都是由高速运动的磨粒这种“微刃切削工具”的微量切削而形成的累积效应，因而其磨削机理大致上也是相同的。砂带磨削是以砂带作为磨具并辅之以张紧轮、接触轮（或压磨板）、驱动轮等磨头主体以及张紧快换机构、调偏机构、吸尘装置等功能部件共同完成对工件的加工过程。砂带磨削既有砂轮同样的滑擦、耕犁和切削作用，又有磨粒对工件表面的挤压、撕裂和摩擦作用。

1）**分类**。按结构形式，砂带磨削分为闭式和开式两类。闭式和开式都可加工外圆、内孔、平面和型面等。

闭式砂带磨削（见图12-10）是将环形砂带套在驱动轮、张紧轮的外表面上，并使砂带张紧和高速运行，工件运动，砂带头架或工作台做纵向及横向进给运动，以磨削工件。特点是：效率高；但噪声大、易发热。闭式砂带磨削是砂带磨削的主流，可用于粗、半精和精加工；在高效强力磨削和精密磨削两方面应用极为广泛。

开式砂带磨削（见图12-11）采用成卷砂带，通过卷带轮带动砂带做极缓慢的移动，砂带绕过接触轮并以一定压力与工件被加工表面接触，工件回转，砂带头架或工作台做纵向及横向进给，以磨削工件。特点是：切削区不断出现新砂粒，磨削质量高；砂带使用周期长；但效率低。开式砂带磨削多用于精密和超精密加工。

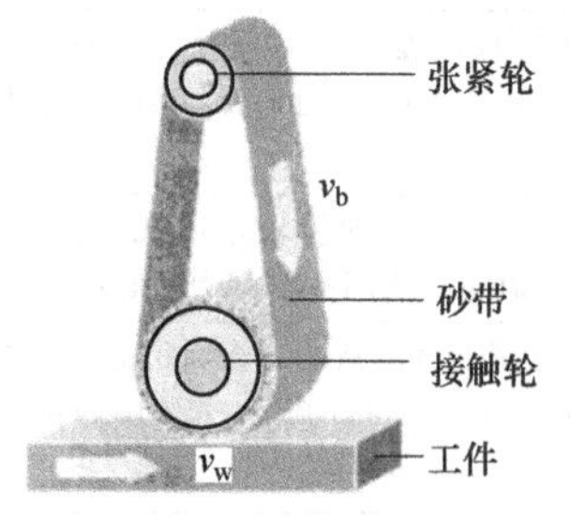

图12-10 闭式砂带磨削

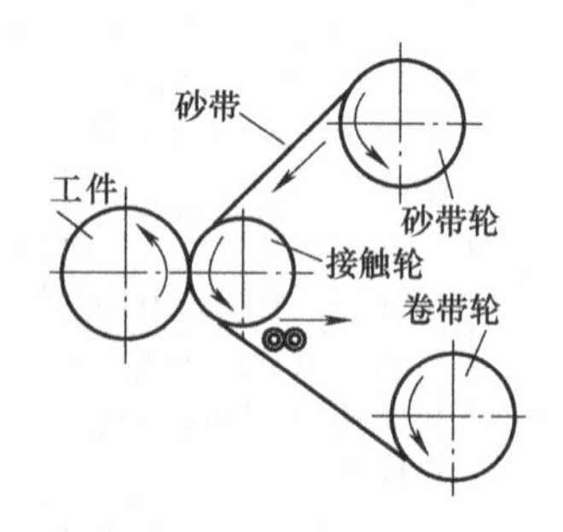

图12-11 开式砂带磨削

2）**特点**。砂带结构和使用方式与砂轮不同，其加工特点不同于砂轮磨削（见表12-19）。

表12-19　砂带磨削的特点

特　点	说　明
加工质量好	砂带与工件是柔性接触，属于“弹性磨削”，兼有磨削、研磨和抛光的多重作用；磨削速度稳定；砂带磨削表面粗糙度值容易达到 Ra3.2～Ra1.6μm，最高可达 Ra0.16～Ra0.2μm。属于精密和超精密加工技术
加工效率高	弹性磨削使砂带与工件的接触面积比砂轮大，同时参加磨削的磨粒数目多，磨粒荷载小且均匀，具有减振作用，磨粒破损小；砂带上的磨粒比砂轮磨粒具有更强的切削能力；砂带磨削机械效率可达95%（车削加工机械效率约为65%），砂带磨削的生产率比铣削高10倍，比砂轮磨削高4～10倍
使用成本低	砂带比砂轮简单，无烧结，不需要修整，易批量生产，价格便宜；因为砂带重量轻，磨削力小，磨削过程中振动小，所以砂带磨床比砂轮磨床结构简单，传动链短；砂带磨削的比能耗低于砂轮
操作安全简便	由于砂带本身重量轻，即使断裂也不会有伤人的危险；不像砂轮那样脱砂严重；砂带磨削操作简便，辅助时间少（换砂带只要1min左右，且不需平衡）
工作环境较差	砂带需要时常更换；干磨粉尘大，干磨时磨屑构成主要是被加工工件的材料，要注意回收和控制粉尘；当用成形接触轮磨削时，噪声较大

（2）**应用**　砂带磨削的应用几乎遍及所有领域。砂带磨削具有表面质量好、加工效率高、使用成本低、操作安全方便、适应性强等优点。砂带磨削便于磨削平面，内、外圆和复杂曲面，尤其适于磨削超大、超宽工件的精密加工。砂带磨削设备形式多样，品种繁多，其可在各种通用型砂带磨削设备上进行。砂带磨削几乎能磨削一切工程材料，被国外工业界称为“万能磨削”，能适应其他加工方法无法加工的需要。

12.5　高能束加工

高能束（High Energy Density Beam，HEDB），是指激光束、电子束、离子束和等离子体束。高能束加工（Materials Processing with HEDB，MPHEDB），是指利用功率密度大于$10^3 W/cm^2$的高能束流对工件材料进行加工的技术总称。它是一个典型的多学科交叉领域，涉及光学、电学、热力学、冶金学、金属物理、流体力学、材料科学、真空学、机械设计和自动控制以及计算机技术等多种学科。它加工的工艺包括焊接、切割、打孔、表面改性、熔覆、成形、刻蚀，以及新材料制备等。按照高能束性质的不同，高能束加工分为激光束加工（简称为激光加工）、电子束加工、离子束加工、等离子体束加工和高能束流复合加工技术。

12.5.1　激光加工

激光是继原子能、计算机、半导体之后，人类在20世纪的重大发明，被称为“最快的刀”“最准的尺”“最亮的光”。目前在发达国家激光已不再属于特种加工工具，而成为一种通用的制造手段。激光被誉为“未来制造系统的共同加工手段”。未来的趋势是，越来越多的任务可以用光子来完成。因此，在推动制造技术的进步方面，激光加工既是基础，又是先导。

（1）**发展**　自1960年第一台激光器问世之后，即开始应用于小型零件的打孔和脉冲焊接。高功率和高品质始终是所有制造用激光器发展的两条主线。其发展趋势有三：①激光源的小型化和高效化，激光加工的光源主要有CO_2激光器和固体激光器（如光纤激光器）；②被加工材料范围、工艺方法和应用领域进一步拓展，铝合金、钛合金、镁合金等轻金属结构材料的激光加工是最活跃的研究领域，金属零件的激光直接快速成形技术发展迅速；③激光微纳制造成为激光加工技术的前沿。2017年，我国激光产业链产值规模超过1000亿元，激光设备市场销售总额超过442亿元。目前我国已有近百所大学和研究机构、近千家企业从事激光制造的研究、开发和生产。

（2）**原理**　下面将说明激光加工的过程、特点和分类。

1）**激光加工的过程**。当激光照射到工件表面，光能被工件吸收并迅速转化为热能，光斑区域的温度可达10000℃以上，可使任何材料熔化甚至汽化，随着激光能量的不断吸收，材料凹坑内的金属蒸气迅速膨胀，压力突然增大，并产生很强的冲击波，使被熔化的物质爆炸式地喷溅来实现材料的去除。

2）**激光加工的特点**。①几乎对所有金属材料和非金属材料都可以加工；②加工效率高，可实现高速切割和打孔，也易于实现加工自动化和柔性加工；③加工作用时间短（打一个孔仅需0.001s），除加工部位外，几乎不受热影响，不产生热变形；④非接触加工，工件不受机械切削力，无弹性变形，可加工易变形薄板和橡胶等工件；⑤由于激光束易实现空间控制和时间控制，可进行微细的精密加工；⑥不存在工具磨损和更换问题；⑦在大气中无能量损失，故加工系统的外围设备简单；⑧可以通过空气、惰性气体或光学透明介质，故可对隔离室或真空室内工件进行加工；⑨加工时不产生振动和机械噪声。

3）**激光加工的分类**。激光在能量、时间、空间方面可选择范围宽，并可精确、协调控制，这些特性总称为多维性特征。激光的多维性特征使其在制造过程中既可以满足宏观尺度的制造要求，又能够实现微纳级别的制造要求。按照加工线度大小，激光加工分为宏观加工和微纳加工。按照光与物质的相互作用机理，激光加工可分为基于光热效应的“热（宏观）加工”和基于光化学效应的“冷（微纳）加工”。

激光热加工是指利用激光束投射到材料表面产生的热效应来完成加工过程。根据激光能量（功率）密度与作用时间不同，相应的热效应表现为：加热、熔化、汽化、蒸发、升华等，其基本特征是快速加热、高温熔池、远离平衡态快速凝固，由此产生一系列加工技术，包括：激光表面工程（激光相变硬化、激光退火、激光重熔、激光合金化、激光熔覆、激光非晶化、激光冲击硬化）、激光焊接、激光切割、激光打孔和激光打标等。

激光冷加工是指激光束照射到物体，借助高密度高能光子引发或控制光化学反应的加工过程。激光冷加工包括光化学沉积、立体光刻、激光刻蚀等。激光冷加工主要研究激光与物质晶格及内部金属键、共价键、自由电子等的相互作用，获得微米乃至纳米尺度的制造精度和产品。随着超短脉冲、超短波长、超高强度激光的快速发展，相应的激光冷加工的新技术也不断涌现。例如，从简单的紫外曝光发展到激光微纳直写、局域场加工、双光子加工、微纳粉末成形、固化成形、微熔覆、微焊接、微弯曲成形等。最小制造线宽已经突破10 nm。此外超短脉冲激光加工时，虽然作用机制是热效应，但由于脉宽极窄，加工时没有热的沉积对材料造成热损伤，也属于冷加工范畴。

（3）**应用**　激光加工的工艺参数及应用，如图12-12所示。

目前激光加工已经形成了包括激光焊接、切割、打孔、快速原型制造、金属零件激光直接成形等数十种应用工艺，并且迅速地取代传统的加工方法，在汽车、电子、航空航天、机械、冶金等工业部门得到越来越广泛的应用。

常用的激光加工工艺方法有激光表面改性、激光焊接、激光切割、激光打孔、激光打标、激光雕刻、激光微加工；另外，还有金属零件激光直接快速成形：激光熔覆、激光合金化、激光表面淬火，以及热喷涂与激光重熔复合。

例如，激光微加工。在微系统制造中采用的激光微加工技术有两类：一是材料去除微加工技术，如激光直写微加工、激光的光刻电铸（LIGA）、脉冲激光刻蚀成形等；二是材料堆积微加工

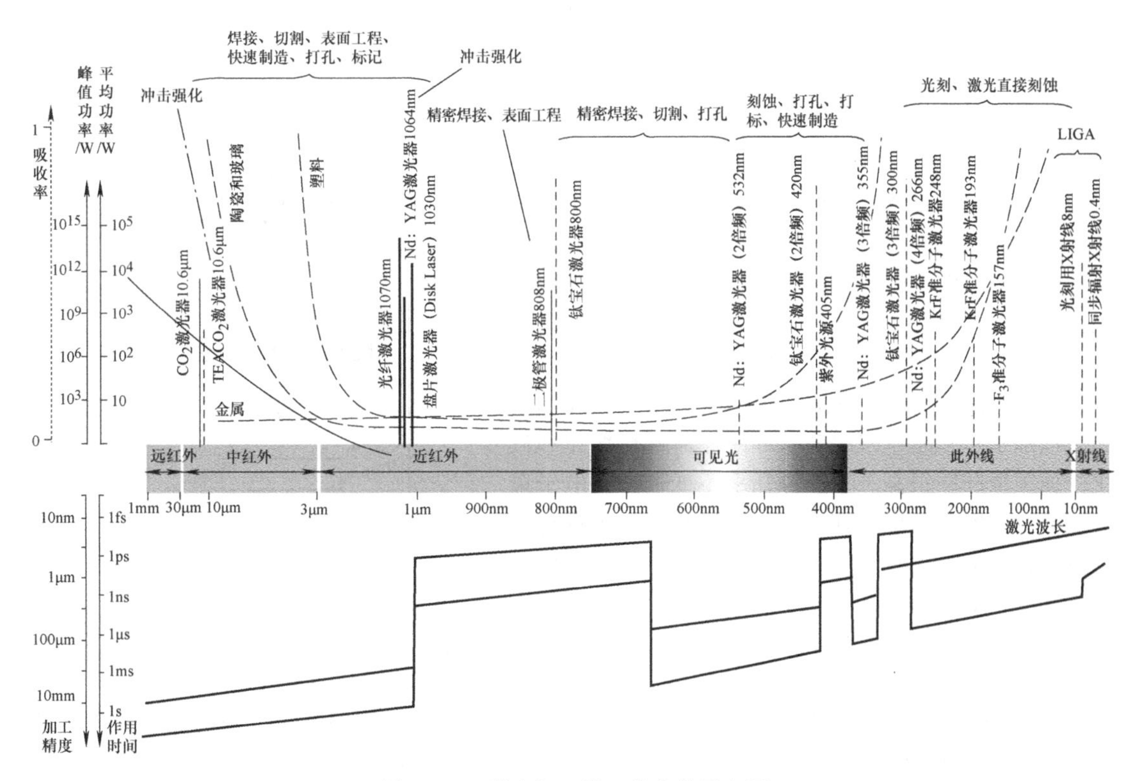

图 12-12　激光加工的工艺参数及应用

技术，如激光微细立体光刻、激光辅助沉积、激光选区烧结等。该方法最大的特点是“直写”加工，实现了微机械的快速制造。此外，该方法没有诸如腐蚀等方法带来的环境污染问题，可谓“绿色加工”。图 12-13 所示为采用准分子激光加工的微齿轮（最小齿轮直径为 50mm），飞秒（femtosecond，10～15s）激光脉冲打孔微结构，以及用超快激光加工的心血管支架。超快激光可以减少支架毛刺的产生；无须后续返工，显著提高产能；还使很多热敏聚合物制造生物可吸收支架成为可能。

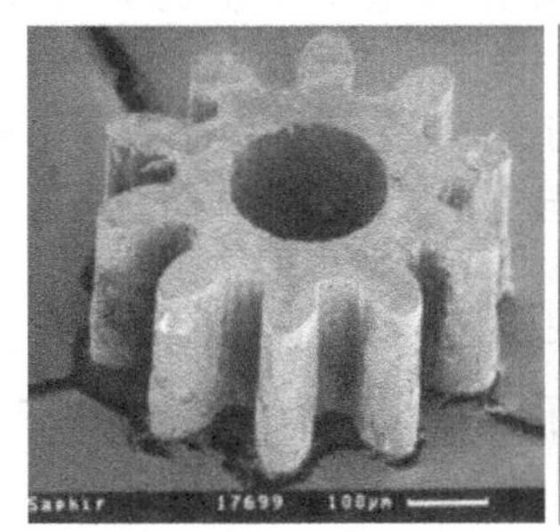

a）激光加工的微齿轮

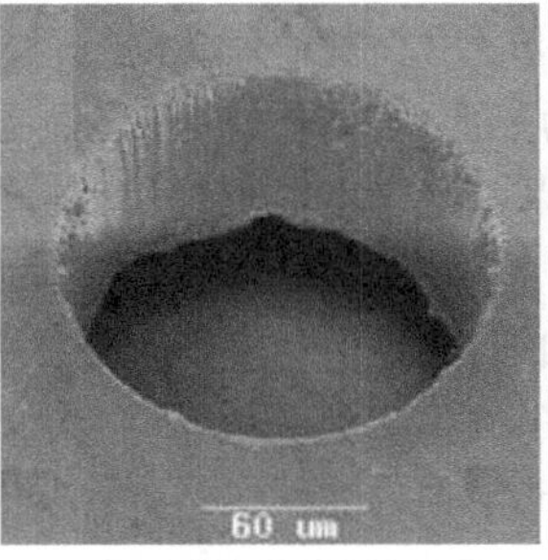

b）飞秒激光对硅片的打孔

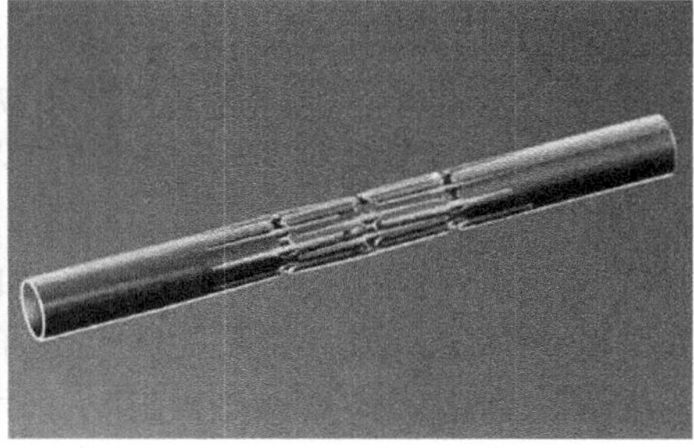

c）激光加工的心血管支架

图 12-13　激光微加工

12.5.2　电子束加工

电子经过汇集成束，具有高能量密度。随着电子束技术的不断发展，在大量生产、大型零件制造以及复杂零件的加工方面都显示出其独特的优越性。

(1) **原理**　电子束加工是利用阴极发射电子，在高压（25～300kV）加速电场作用下，被加速至很高的速度（0.3～0.7倍光速），经透镜聚焦成电子束，直接射到放置于真空室中的工件上，其能量密度集中在5～10 μm的斑点内，在0.2～0.3s内可达到1000℃的高温，使工件表面局部熔化、汽化和蒸发而实现加工，如图12-14所示。

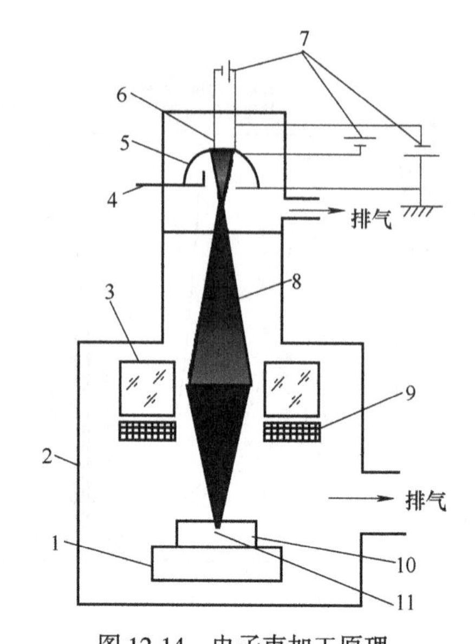

图12-14　电子束加工原理

1—工作台　2—加工室　3—电磁透镜　4—阳极　5—栅极　6—灯丝　7—电源　8—电子束　9—偏转线圈　10—工件　11—电子束斑点

(2) **特点**　电子束加工的优点有：①射束直径小，电子束能够极其微细地聚焦，能适用于深孔加工和微细加工。②能量密度高，可使任何材料熔化和汽化，加工生产率很高。③工件几乎不变形。④电子束能够通过磁场或电场对其强度、位置和聚焦等进行直接控制，整个加工过程便于实现自动化。⑤电子束加工是在真空中进行的，杂质污染少，加工表面不氧化。电子束加工也有一定的局限性，它需要一整套专用设备和真空系统，价格较贵。

(3) **分类**　按照加工能量密度，电子束加工分为两大类方法，即高能量密度加工和低能量密度加工。①高能量密度加工是利用电子束热效应进行加工，其有热处理、区域精炼、熔化、蒸发、穿孔、切槽、焊接等。它又称为电子束热加工，主要应用于航空航天领域一些特种材料的焊接。②低能量密度加工是功率密度相当低的电子束照射在工件表面上，几乎不会引起表面温升，入射的电子与高分子材料的分子碰撞时，会使它的分子链切断或重新聚合，从而使高分子材料的化学性质和分子量产生变化，这种现象称为电子束的化学效应，又称为电子束曝光技术（Electron Beam Lithography，EBL），它是微纳加工的主流光刻技术，主要应用于微电子器件、光电子器件和微纳系统的制造。

(4) **应用**　电子束加工按照加工工艺可分为电子束焊接、电子束打孔、电子束固化、电子束表面改性、电子束熔覆、电子束熔炼、电子束沉积、电子束光刻和电子束快速成形等。图12-15描述了这些加工技术的工艺参数及应用。电子束光刻将在“微纳制造”中介绍。

1) **电子束焊接**。它是利用电子束作为热源的一种焊接工艺，当高能量密度的电子束轰击焊件表面时，焊件接头处的金属熔融，焊件以一定速度沿着焊件接缝与电子束做相对移动。当电子束离开时，熔池凝固形成一条焊缝。

2) **电子束打孔**。它是在真空条件下加热金属，使电子脱离原子核的引力，在高压电场作用下高速朝阳极方向运动。如果阳极上有一孔隙，则部分电子将穿过孔道形成一股高速电子束流。电子透镜将这股束流聚焦为一个细束，即可用于打孔。

3) **电子束固化**（EB）。它是以电子加速器产生的高能（150～300keV）电子束为辐射源诱导经特殊配制的100%反应性液体快速转变成固体的过程。

4) **电子束表面改性**。它以电子束为热源，把金属由室温加热至奥氏体化温度或熔化温度后，快速冷却，并可根据需要适当添加各种特殊性能的合金元素。电子束表面改性，可以实现对各类材料的表面改性，如表面强化、表面合金化、涂层熔覆改性处理等。

5) **电子束熔覆**。在解决单一涂层结合性能较差等问题方面具有显著优势。

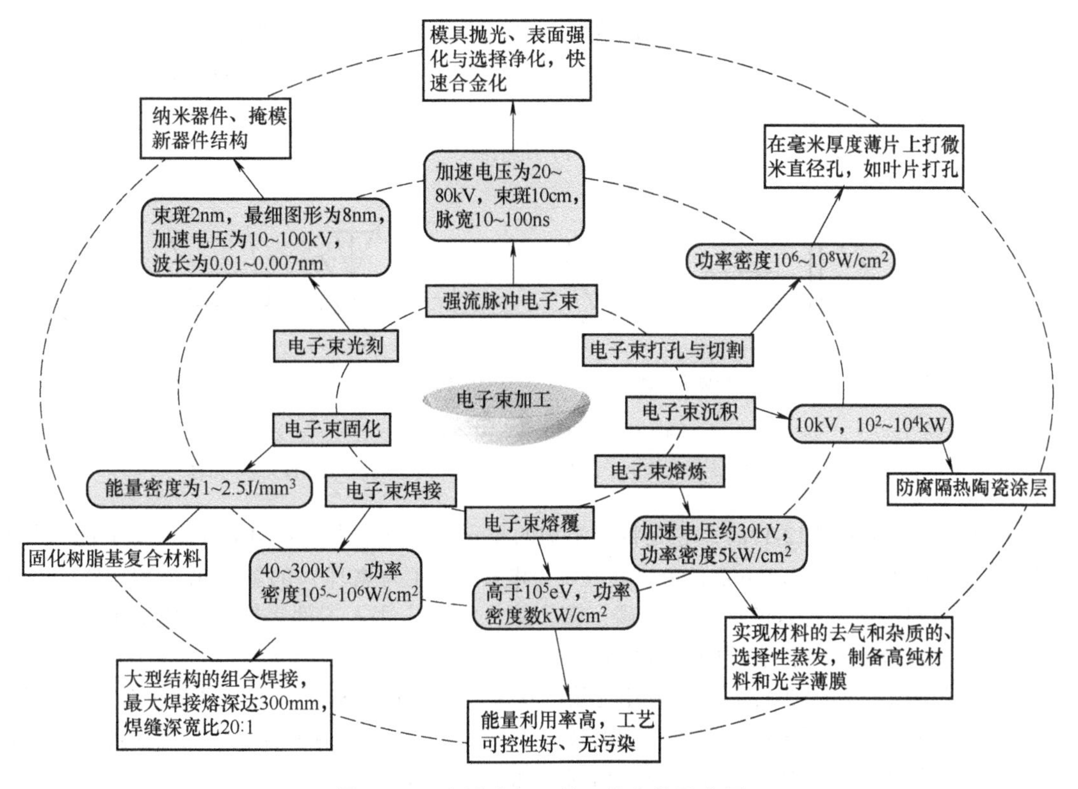

图 12-15　电子束加工的工艺参数及应用

6）**电子束熔炼**。可利用粉末制造复杂形状以及内型腔结构零部件。

7）**电子束物理气相沉积**。它已成为美国、俄罗斯、英国、德国等国家制备航空涡轮发动机转子叶片热障涂层和新型高温合金叶片材料的重要手段。

12.5.3　离子束加工

离子束是一种带电原子或带电分子的束状流。离子束加工是 1965 年美国亚利桑那大学的研究人员发现并研制成功的。美国离子光学公司、法兰克福兵工厂已成功研制离子束加工设备，并应用于生产。此外，日本、英国、法国等国也已研发了这一新技术。

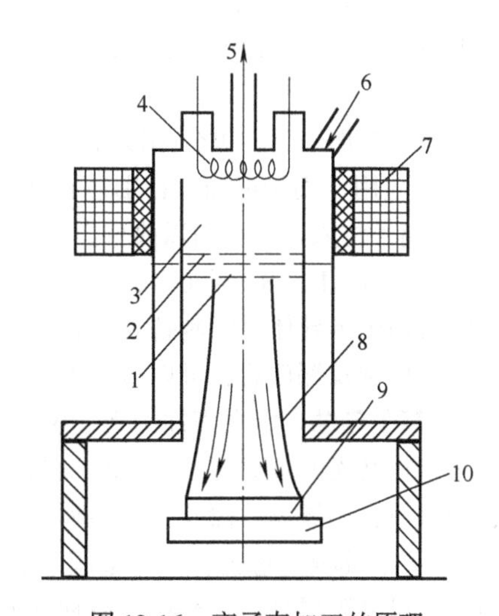

图 12-16　离子束加工的原理

1—阴极　2—阳极　3—电离室　4—灯丝　5—真空抽气口　6—氩气入口　7—电磁线圈　8—离子束流　9—工件　10—阴极

（1）**原理**　如图 12-16 所示，离子束加工是利用离子束对材料进行成形或改性的加工方法。其加工原理和电子束加工类似，也是在真空条件下，把氩、氪、氙等惰性气体通过离子源产生离子束，经过加速、集束和聚焦后，投射到工件表面的加工部位，以达到加工处理的目的。所不同的是离子带正电荷，其质量比电子的质量大千万倍，故离子束加速轰击工件表面，将比电子束具有更大的能量。

（2）**特点**　离子束加工的特点如下：①加工精

度高，属于原子级逐层去除加工，可实现纳米级加工。②加工应力小、热变形极小，表面质量很高。③加工污染少，在高真空中进行生产。④加工范围广，是靠微观的机械撞击能量来加工的。⑤设备价格贵，需要一整套专用设备和真空系统。

（3）**类型**　离子束加工的工艺，如图12-17所示。

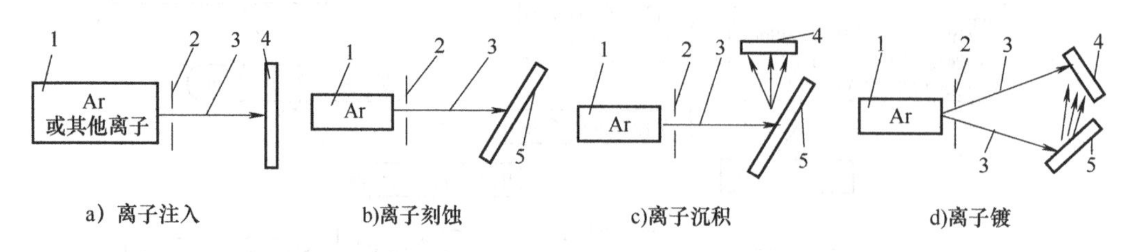

图12-17　离子束加工的工艺

1—离子源　2—吸极（吸收电子，引出离子）　3—离子束　4—工件　5—靶材

1）**离子注入**（见图12-17a）。它是将所添加的粒子在高真空中（1×10^{-4}Pa）离子化，采用能量为5～500keV（$1\text{keV}=1.602\times10^{-16}$J，eV为电子伏，J为焦耳）的氩（Ar）离子束，直接轰击被加工材料，所需元素的离子（如磷、硼、碳、氮等）注入工件表层，改变了工件表层的化学成分，从而改变了工件表层的机械性能。

2）**离子刻蚀**（见图12-17b）。它是用能量为0.5～5 keV的氩离子（其直径为十分之几纳米）轰击工件，将其表面的原子逐个剥离（溅射效应），该工艺是一种纳米级加工工艺，可达到很高的分辨率。本质上它是一种原子尺度的“切削”加工，又称为离子铣削。

3）**离子沉积**（见图12-17c）。它是采用能量为0.5～5 keV的氩离子，不过并非用其轰击工件，而是轰击某种材料制成的靶，离子将靶材原子击出，使其沉积在靶材附近的工件上，使工件表面镀上一层薄膜。本质上它是一种镀膜加工，又称为离子溅射沉积。

4）**离子镀**（见图12-17d）。它是在真空室中将0.5～5keV的氩离子分成两束，同时轰击靶材和工件表面。此时，工件不仅接受离子的轰击，以增强膜材与工件基材之间的结合力，还同时接受靶材溅射来的原子，进行离子镀膜。这种新的镀膜方法，又称为离子溅射辅助沉积。

离子束按加工目的可分为改性、蚀刻与镀膜三类。镀膜又分为离子沉积和离子镀。

（4）**应用**　离子束加工特别适宜加工易氧化的金属、合金材料和高纯度半导体材料。

1）**离子注入**。它可用以改变金属表面的耐磨性、耐腐蚀性、抗疲劳性和润滑性等。如在低碳钢中注入N、B、Mo等元素，材料表面磨损温升使注入离子向机体扩散，可在表面形成硬化层。它常用于半导体材料制备和材料表面改性。如将磷（P）或硼（B）等“杂质”注入单晶硅中规定的区域及深度后，可以得到不同导电型的P型或N型及P-N结型。

2）**离子刻蚀**。它在表面抛光、图形刻蚀等超精密、超微量加工中应用广泛。如用离子束轰击已被机械磨光的玻璃时，玻璃表面极为光滑，透明度也显著提高。离子刻蚀可以加工各种材料，如金属、半导体、橡胶、塑料和陶瓷等。

3）**离子沉积**。它适用于合金膜和化合物膜等的镀制。如在高速钢刀具上镀氮化钛（TiN）硬质膜，可显著提高刀具寿命；在轴承上镀二硫化钼（MoS_2）润滑膜，摩擦系数可减至0.04。

4）**离子镀**。它可镀的材料相当广泛，各种金属或非金属、合金、化合物、某些合成材料、半导体材料、高熔点材料均可镀覆。已广泛用于镀制耐磨膜、耐蚀膜、耐热膜等。如在表带、表壳、装饰品、餐具等表面镀制TiN、TaN、TaC等膜层，既美观，又耐磨耐蚀。

12.6　精细加工

“精确化”是先进制造技术发展的关键。“精确化”一方面是指对产品、零件的几何精度要求越来越高；另一方面是指零件的物理性能的精确化，包括物理性能、力学性能、化学性能等；同时，还包括对产品操作与控制尺度的精确化的要求，如基因操作机械，其移动距离为纳米级。正因为产品精度越来越高，所以对零件制造才提出相应的要求，并推动制造技术的发展。

精细加工是加工精度达到某一量级的所有制造技术的总称。它包括精密加工、超精密加工（Ultra Precision Machining，UPM）和微细加工。精细加工是现代科技发展的基础，也是现代高技术产业的基础。精细加工技术作为高精度制造技术，不仅成为各国重点发展的技术，而且成为衡量一个国家制造水平的标志。精细加工技术已制造了多种军用和民用的高新科技产品中的精密零部件，如导弹制导系统用的激光反射镜；人造卫星姿态控制用的过半球体；现代 IT 中广泛采用大规模集成电路的各种芯片，计算机用的磁盘、光盘，复印机用的磁鼓等。现代精细机械对精度要求极高，如人造卫星的仪表轴承，其圆度、圆柱度、表面粗糙度值等均达纳米级；微电子芯片的制造要求“三超”：①超净。加工车间尘埃颗粒直径小于 1 μm。②超纯。芯片材料中的有害杂质的质量分数小于 10^{-9}。③超精。加工精度达纳米级（$1\ \mathrm{nm}=10^{-3}\ \mu\mathrm{m}$）。

12.6.1　超精密加工

伴随着产品的“精确化”发展，零件的加工精度要求越来越高。例如，20 世纪初，超精密加工的误差是 10μm，20 世纪 30 年代达 1μm，20 世纪 50 年代达 0.1μm，20 世纪 70 年代～20 世纪 80 年代达 0.01μm，21 世纪初达 0.001μm，即 1nm。

（1）**超精密加工的范畴**　由于科学技术的不断发展，过去的精密加工对今天来说已是普通加工，因此，其划分的界限是相对的，其具体数值是变化的。另外，“超精密”既与加工尺寸、形状精度及表面质量的具体指标有关，又与在一定技术条件下实现这一指标的难易程度相关。例如，数米直径的大型光学零件的加工，精度虽在 0.1～1mm 的要求，但在目前一般条件下却难以达到，其制造不但需要特殊的加工设备和环境条件，同时还需要高精度的在线（或在位）检测及补偿控制技术的支持，故也将其称为超精密加工（亚微米加工）技术。因此，精密、超精密的概念是与时俱进的。一般地，超精密加工技术包括精密和超精密切削加工、超精密磨削加工以及特种加工和复合加工（如机械化学研磨、超声磨削和电解抛光等）三大领域。超精密车削、磨削和研磨是已被广泛应用的加工技术。

1983 年日本的 Taniguchi 教授对精密和超精密加工技术的百年发展进行了总结，把精密加工工艺领域的发展规律归纳为图 12-18 所示的几条曲线。

目前工业发达国家的企业已能稳定掌握 1μm 的加工精度。通常称低于此值的加工为普通加工，而高于此值的加工则称之为精细加工。按精度水平不同将精细加工分为三个层级，见表 12-20。目前应用最为广泛的超精密加工工艺有车、磨、研、抛等。

要更精确地定义加工精度，除加工误差本身外，还必须说明测定该误差的几何长度或形貌频率。图 12-19 所示为 Langenbeck 提出的定性分析微细加工时的曲线。图中斜线部分表示相应于微细加工零件的形状、位置（斜度）和微观不平度的几何长度与对应的误差范围。误差幅值与形貌频率是评价加工精度的重要因素，根据误差形貌的频率可以找出导致该误差的相关原因。

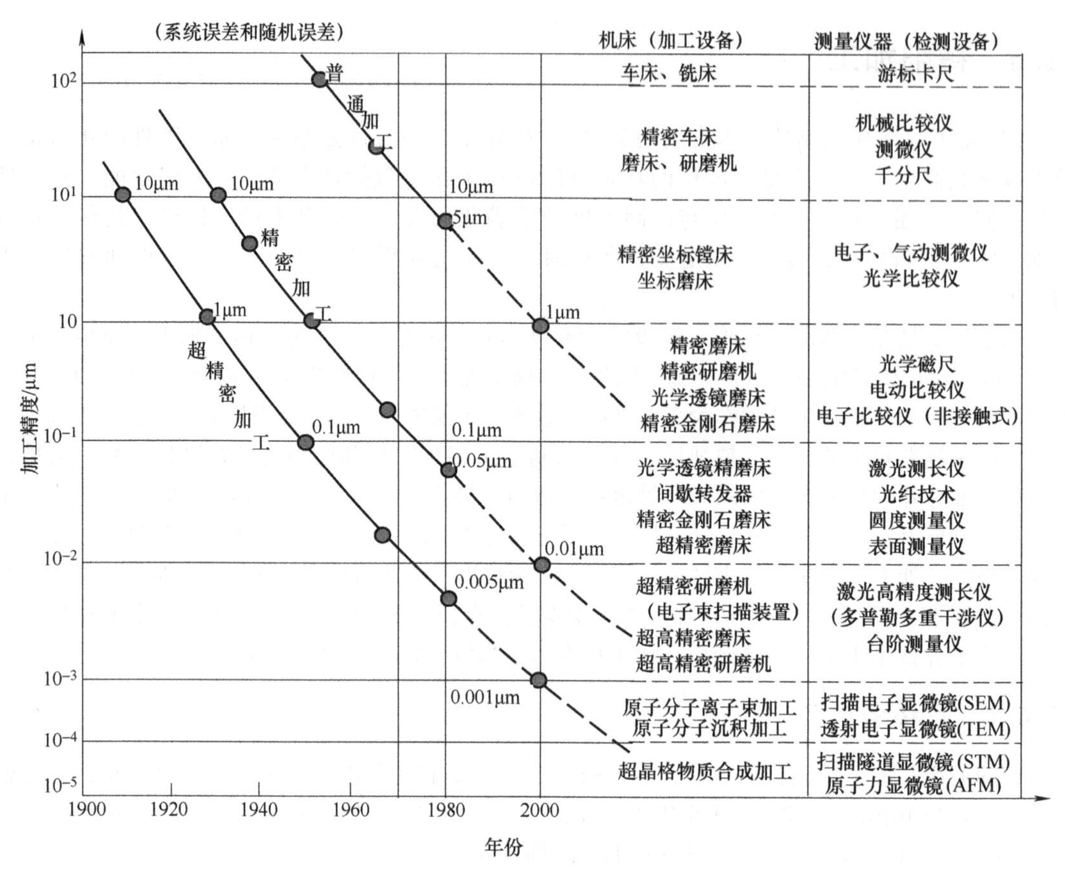

图 12-18　加工精度的进展

表 12-20　精细加工的层级

高精度加的档次	尺寸精度 /μm	表面粗糙度 *Ra* 值/μm
精密加工	3～0.3	0.3～0.03
超精密加工	0.3～0.03	0.3～0.005
微细加工	<0.03	<0.005

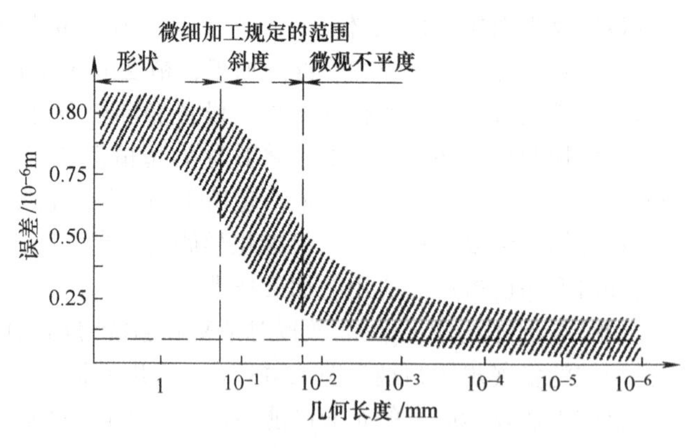

图 12-19　加工误差与几何长度的关系

（2）**超精密加工装备的关键技术**

1）**模块化设计与构建技术**。为了增加超精密机床的静刚度和动刚度，一些超精密机床采用很特殊的结构，如三角棱形立式结构、最短“内连链”空间结构、内部阻尼和抗振的三角锥空间结构。为了适应超精密机床的技术进步，模块化设计与构建是一项关键的技术。

2）**超精密机床轴系与驱动技术**。超精密机床轴系（包括回转轴系和平动轴系）大多采用空

气静压悬浮、液体静压悬浮和磁悬浮等方式。气浮主轴的最大优点是回转精度高。近年来很多超精机床都采用“液体静压导轨 + 气体静压主轴”的组合模式。摩擦驱动技术被广泛用于精密机构的传动中，因为摩擦驱动具有运动平稳、无反向间隙等特点。直线电动机适合于高速和高精度的应用场合，其速度和刚度都可大于滚珠丝杠传动的很多倍。

3）**高精度的定位精度**。对于单个伺服轴的运动控制，当轮廓加工精度要求达到亚微米级甚至更高时，采用解耦控制技术，可以提高跟踪精度。

4）**超精密机床的技术条件**。误差检测、建模和补偿技术；超精密工件表面所需的非接触式超精测量仪器；超精密刀具、刀具材料和磨料材料，以及刀具刃磨技术；超精密加工工艺；超精密加工环境控制（包括恒温、隔振、洁净控制）。

（3）**超精密切削加工**　它是指基于金刚石刀具的车、铣、镗的加工技术。起初仅适用于加工软金属材料，如铜、铝等非铁金属及其合金。经过不断发展，拓宽了被加工材料的范围，现已可以用于钢铁金属、光学玻璃、锗、硅、大理石、碳素纤维板，以及各种功能晶体。有些光学单晶材料（如磷酸二氢钾晶体）只能用金刚石切削加工才能保证其原光学特性。

金刚石车床是金刚石车削工艺的关键设备。它的主轴精度和溜板运动精度比一般机床要高出几个数量级，主轴轴承和溜板导轨通常采用空气轴承和油压静力支承结构，机床运动部件的相对位置采用激光位移测量装置测定。在加工工件的过程中，采用激光干涉仪测量工件的面形误差。车床上装有反馈装置，可以补偿运动误差。金刚石车床价格昂贵，各国都积极研发低成本的金刚石车床。下面介绍几种已应用的金刚石车床。

1）**莫尔金刚石车床**。它是一种计算机数控三轴联动超精密加工设备（见图 12-20），由美国 Moore 公司于 1968 年开发。可使用单点金刚石刀具车削，也可使用磨轮磨削，既能加工各种高精度平面、球面和非球面光学零件，又能加工模具表面和其他表面。金刚石车削和磨轮磨削相结合，扩大了机床的加工能力。例如，用一台这样的机床就能将精密模具加工完成。

2）**超精密非球面金刚石车床**。它是日本东芝机械公司于 20 世纪 90 年代生产的 ULG－100A（H）型车床（见图 12-21），其主轴采用高刚性超精密空气静轴承，数控装置具有反馈功能。它可加工各种光学零件和非球面透镜及模压成形用金属模具，加工精度可达 0.01mm。日本开发的超精密加工机床主要是用于加工民用产品所需的透镜和反射镜。

3）**大型光学金刚石车床**。它是由美国联合碳化物（Union Carbide）公司的劳伦斯利弗莫尔国家实验室（Lawrence Livermore National Laboratory，LLNL）于 1984 年，联合美国空军 WRIGHT 航空研究所等单位，合作研制成功的 LODTM（Large Optics Diamond Turning Machine，见图 12-22）。该大型立式超精密数控车床采用专门研制的 7 路双频激光干涉仪进行各种位置信息的测量，分辨率为 0.635nm，可高效加工传统光学加工技术与装备难以或无法加工的多种材料（如金属基复合

图 12-20　莫尔金刚石车床

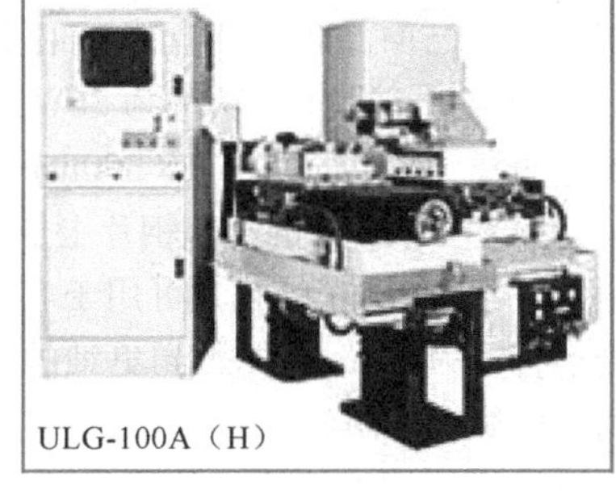

图 12-21　超精密非球面金刚石车床

图 12-22　大型光学金刚石车床

材料、磷酸二氢钾晶体等）和复杂曲面（深度非球面、离轴非球面等）的现代光学系统元件，可加工工件的最大直径为1625mm。它采用液体静压轴承、高压液体静压导轨和空气静压导轨，最终可实现加工大型光学零件直径达1.4m，形状精度为27.9nm，圆度、平面度为12.5nm，表面粗糙度值≤*Ra*4.2nm。这是公认的当今世界最高水平的超精密机床之一。

12.6.2 微细加工

1. 微细加工概述

1）**定义**。微细加工是指采用机械加工、特种加工技术、成形技术等传统加工技术形成的微米级的加工技术。它又称为微机械加工，在毫米级的微结构制作上有其独到之处。

2）**比较**。微细加工和一般加工是不同的，其不同点表现在以下三个方面：①精度的表示方法。在微细加工时，由于加工尺度很小，精度就必须用尺度的绝对值来表示，即用取出的一块材料的大小来表示，从而引入加工单位尺度的概念。②微观机理。以切削加工为例，从工件的角度来讲，一般加工和微细加工的最大区别是切屑的大小。一般的金属材料是由微细的晶粒组成的，晶粒直径为数微米到数百微米。一般加工时，吃刀量较大，可以忽略晶粒的大小，而视为一个连续体，可见一般加工和微细加工的机理是不同的。③加工特征。微细加工以分离或结合原子、分子为加工对象，以电子束、激光束、粒子束为加工基础，采用沉积、刻蚀、溅射、蒸镀等手段进行各种处理。

3）**应用**。微机械加工的工艺包括：微细切削（车削、铣削、钻削）、微细磨削、微细电火花、微细冲压和微细成形等。

微细切削加工技术，适合所有的金属材料、塑料及工程陶瓷等。微细切削来源于普通切削，多是单件加工，单件装配，其批量制作可通过模具加工、电铸、注塑等方法实现。

微细切削的缺点：加工时存在切削力，不能加工比刀具硬的材料；工件小，切削速度低，限制了表面质量的提高等。为了克服微细切削的缺点，可将微细切削与其他加工技术相结合。

2. 微细切削

（1）**微细车削** 对于要求微米级高精度的精密零件，从来都是把车削作为磨削、研磨加工的前工序使用，尤其对于高精度、塑性好的非铁金属如铜、铝等，用磨削是难以达到预期的精度及表面粗糙度要求的，只有用车削加工才能使金属零件达到最终精度要求。微细车削加工一般采用金刚石车刀。金刚石车刀是采用天然优质单晶金刚石或人造金刚石设计加工而成的，其硬度、耐磨性及导热性能优越，且能刃磨得极为锋利，使用寿命长，经济效益好，可获得高精度、高光亮度表面。

案例12-6 微型车床及其加工的微细零件。

（2）**微细铣削** 微细铣削被认为是微细加工中最柔性的加工方法，可以实现任意形状微三维结构的加工，生产率高，便于扩展功能。已商品化的圆盘铣刀最小宽度约100μm。MEL开发的微细铣床，其尺寸为170mm×170mm×102mm，主轴功率为36W，转速约为15600 r/min。哈尔滨工业大学研制的三轴微小型立式铣床，尺寸为300mm×300mm×290mm，主轴最高转速达16000r/min，用0.2mm的微型立铣刀，可在70μm厚的小薄钢片上加工一个微型槽。

（3）**微细钻削** 一般用来加工直径小于0.5mm的孔。可用于电子、精密机械、仪器仪表等行业。目前商业供应的微细钻头的最小直径为50μm，要得到更细的钻头，必须借助于特种加工方法。利用电火花线电极磨削技术则可以稳定地制成直径为10μm的钻头，最小可达6.5μm。为了在硬而脆的材料（如单晶硅）上加工微孔，通常采用电镀法制造的直径为0.9mm、金刚石颗粒直径为91μm的微型空心钻头，此外，德国布伦瑞克（Brauschweig）工业大学开发了相同直径

的CVD金刚石钻头，其金刚石晶粒的尺寸为4～8μm。

3. 微细加工的其他方法

（1）**微细磨削** 它专门用于硬而脆的材料的加工，使微型元件能用玻璃、陶瓷、硅或硬质合金制造。通常利用ELID技术进行砂轮的微细修整。用于硅片切割的零点几毫米宽的砂轮，其材料是经镀镍或铬的金刚石磨料。还有CVD涂覆金刚石的硬质合金成形砂轮。砂轮也有用作成形砂轮的盘状砂轮和通用性很好的指状砂轮，后者可加工微细的任意形状表面，目前使用的指状砂轮的最小直径为50μm。

（2）**微细电火花加工**（MEDM） 其原理与普通电火花加工原理基本相同，都是基于在绝缘的工作液中通过电极和工件之间的脉冲性火花放电时的电腐蚀现象来蚀除多余的材料，以达到对零件尺寸、形状及表面质量预定的加工要求。微细电火花加工具有低应力，无毛刺，可加工高硬度材料等优点，在微细加工领域中已被广泛采用。实现微细电火花加工的关键在于微小电极的制作，微小能量放电电源，工具电极的微量伺服进给，加工状态监测，系统控制及加工工艺方法等。

（3）**微细冲压** 板件上的小孔常采用冲压的方法。冲小孔的关键在于：一是如何减小压力机的尺寸，二是如何增大微小凸模的强度和刚度（这方面除涉及制作的材料及加工的技术外，最常用的是增加微小凸模的导向及保护等）。有资料表明，国外开发的微压力机，尺寸为111mm×66mm×170mm，装有100W的交流伺服电动机，可产生3kN的压力。电动机的旋转通过同步带传动和滚珠丝杠传动转换成直线运动。该压力机带有连续的冲压模，能实现冲裁和弯板。日本东京大学生产技术研究所利用自制的冲头和冲模，在50μm厚的聚酰胺塑料上冲出宽为40μm的非圆截面微孔。

4. 微细加工的比较

微细加工的比较见表12-21。不同加工方法有不同的适用场合。例如，微细车削适合加工回转类零件；微细磨削适合加工沟槽类零件。对于三维微模具型腔的加工，上述微细加工虽工艺简单，成本小，但其加工型腔尺寸太大，精度太低；电化学等特种加工虽工艺较复杂，但对难切削材料、复杂型面和低刚度的模具型腔加工，有不可替代的优势。

表12-21 几种微细加工方法的比较

加工方法	深宽比	尺寸精度	表面质量	工艺流程	加工周期	加工成本	适用材料	微结构形状
微细车削	5	一般	好	简单	较短	较低	金属、聚合物	圆柱形零件
微细铣削	5	一般	好	简单	较短	较低	金属、聚合物	平面
微细磨削	5	一般	好	简单	较短	较低	金属、聚合物	沟槽
微细电火花加工	10	一般	一般	简单	较长	较低	金属、半导体	柱状微结构

案例12-7 便携式工厂。

复习思考题

1. 增材制造、减材制造和等材制造的工艺特征有何不同？
2. 物体成形方法有哪几种？并举例说明。
3. 何谓先进制造工艺技术？其特点是什么？影响工艺选择的主要因素是什么？
4. 干式切削的特点是什么？
5. 实施硬态切削的必要条件是什么？
6. 准干式切削的特点是什么？

7. 与传统的切削方法相比，液氮冷却切削的特点是什么？
8. 与纯干式切削相比，低温冷风切削的特点是什么？
9. 高效加工技术群包括哪些技术？试列表归纳它们的优点、缺点和适用条件。
10. 砂带磨削的特点是什么？它有何应用？
11. 简述激光加工技术的原理和应用。
12. 简述电子束加工技术的原理和应用。
13. 简述离子束加工技术的原理和应用。
14. 在目前条件下，普通加工、精密加工和超精密加工是如何划分的？
15. 超精密加工的发展趋势如何？有哪些主要的技术？
16. 试比较多种微细加工的优点和缺点？

第 13 章 电子制造技术

电子制造业，即电子工业，是指生产电子类产品（设备、元件、器件、仪器、仪表）的行业。它是我国制造业中的一个大类，即指“计算机、通信和其他电子设备制造业”。它包括：计算机、通信设备、广播电视设备、雷达及配套设备、视听设备、电子器件、电子元件、其他电子设备，还有电子测量仪器工业行业、电子工业专用设备工业行业、软件产业、电子信息机电产品工业行业、电子信息产品专用材料工业行业、网络设备等。按用途划分，可以分为家用级、专业级、工业级和军用级。

电子制造技术已有百年历史。从 1916 年开始生产电子管起，无线电技术经历了电子管、晶体管、集成电路、大规模、超大规模、特大规模和巨大规模集成电路阶段。从 1946 年第一台电子计算机问世以来，计算机技术飞速进步，正在向巨型、微型、网络化和智能化方向发展。1963 年我国成立第四机械工业部。1965 年，我国第一块集成电路诞生。1983 年第四机械工业部改称电子工业部。1988 年我国的集成电路年产量终于达到 1 亿个。1998 年在邮电部和电子工业部的基础上建立信息产业部。2008 年组建工业和信息化部。我国台湾地区，在 20 世纪 70 年代以后产业转型做“晶圆代工”，就是集中向世界供应半导体晶体的圆片。1980 年，我国台湾地区的联华电子建立 4in⊖晶圆厂。由于信息化产业需要大量的芯片、元器件，所以现在我国台湾地区的这个产业在世界占比 2/3。但是，多年来我国每年进口金额最高的大宗商品是芯片。据国家统计局统计，2017 年我国集成电路进口量近 3770 亿个，进口额是 2601 亿美元。中国核心集成电路国产芯片市场占有率多项为 0，成为“中国芯之痛”。

本章主要介绍芯片制造、光刻设备与工艺（包括光刻机、刻蚀与光刻工艺、LIGA 及准 LIGA、电子束光刻），计算机制造。

案例 13-1　电子信息产品的国际分工。

13.1　芯片的设计与制造

13.1.1　芯片的结构与制造流程*

在 20 世纪，世界目睹了伴随着从机械技术派生出的产品到集中电子技术产品变化的革命。半导体产业已经成为这场技术革命的中心。1947 年 12 月，美国贝尔实验室的肖克利、巴丁和布拉顿研制出世界上第一只晶体管，从此开创了一个信息社会的新时代。1950 年，世界上第一只

⊖ 1in = 25.4mm。

PN结型晶体管问世。早期的电路由分离元件构成，没有集成。1959年，美国仙童公司和德州仪器同时发明了集成电路，使硅晶体管大批量集中在同一块芯片上。

（1）**半导体、集成电路与芯片**　半导体、集成电路与芯片，如图13-1所示，三者既有联系，又有区别。半导体是制造晶体管的材料，也是集成电路的基础。芯片是内含集成电路的器件，也是集成电路的载体。

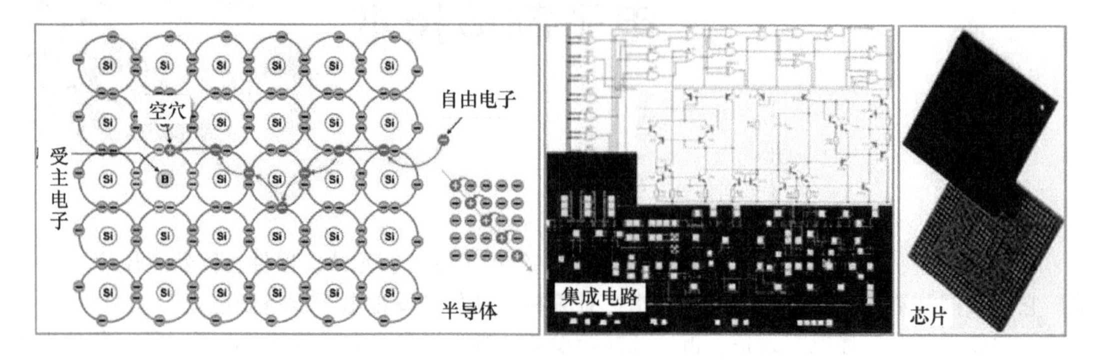

图13-1　半导体、集成电路与芯片

1）**半导体**（Semiconductor）。它是指常温下导电性能介于导体与绝缘体之间的材料。工业上应用最多的是硅、锗、硒、砷化镓。半导体按其制造技术可以分为集成电路器件、分立器件、光电半导体、逻辑集成电路、模拟集成电路、储存器六大类。

2）**集成电路**（Integrated Circuit，IC）。它是把一定数量的常用电子元件，如电阻、电容、晶体管等，以及这些元件之间的连线，通过半导体工艺集成在一起的具有特定功能的电路。1958～1959年期间，杰克·基尔比（Jack Kilby）发明了锗（Ge）集成电路；罗伯特·诺伊斯（Robert Noyce）发明了硅（Si）集成电路。当今半导体工业大多数应用的是硅集成电路。

3）**芯片**（Chip）。它是半导体元件产品的统称。一般地，芯片是集成电路的载体，也是集成电路经过设计、制造、封装、测试后的结果，通常是一个可以立即使用的独立的整体。

（2）**芯片的结构**　芯片的原料为单晶硅圆片，即硅片（wafer），也称为晶圆或硅晶片。硅是由石英砂所精炼出来的。将纯硅制成硅锭，一般直径为200mm，重量为200kg；目前最大硅锭可达：直径300mm，长度9m，重量400kg。用金刚石锯将硅锭切片即为硅片。

硅片越薄，生产的成本越低，但对工艺要求就越高。目前单晶硅制备的主要工序为：晶锭拉伸、切片、倒角、研磨，最后进行抛光后得到硅片。其标准尺寸见表13-1。硅片厚度是衡量硅片的一个重要的技术指标，表13-2列出了硅片加工在不同年份可达到的最小厚度。

表13-1　标准硅片的直径和厚度

直径/mm	300	200	150	100
厚度/μm	750	1000	750	500

表13-2　硅片加工可达的最小厚度

年份	2004	2006	2008	2010	2012
厚度/μm	320	220	180	150	<80

（3）**芯片的生产条件**　芯片生产要求达到“三超”：①超净。加工车间尘埃颗粒直径小于1 μm，即颗粒数少于每立方米6000个。②超纯。芯片材料中有害杂质的质量分数小于十亿分之一。③超精。加工精度达纳米级。

（4）**芯片的制造流程**　它包括：集成电路设计（生成图样）、硅片制备、硅片加工、硅片探测、装配与封装、芯片终检等环节。这些环节是独立的，如图13-2所示。

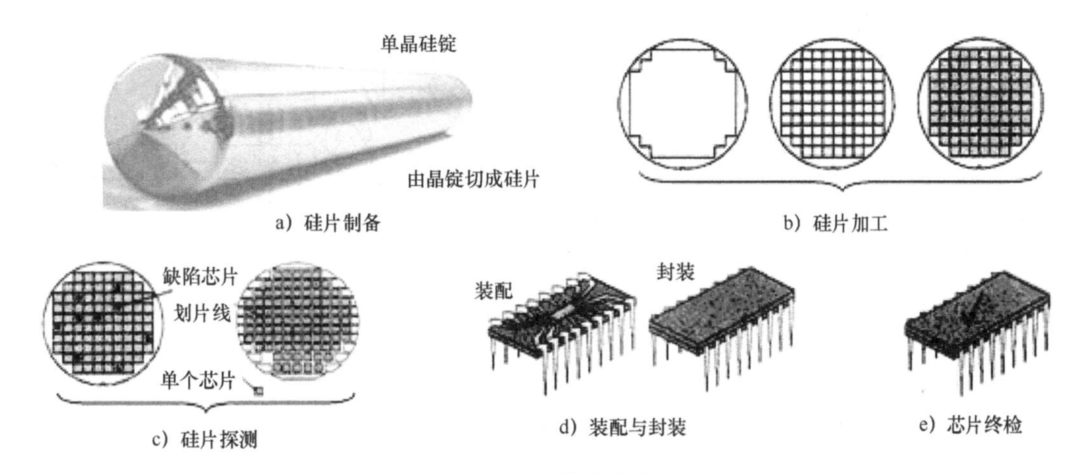

图 13-2　芯片的制造流程

1）**硅片制备**。它包括晶体生长、滚圆、由晶锭切成硅片及抛光。在该阶段，首先将硅从沙中提炼并纯化。经过特殊工艺产生适当直径的硅锭，然后将硅锭切割成用于制造微芯片的薄硅片。按照专用的参数规范制备硅片。

2）**硅片加工**。裸露的硅片到达硅片制造厂后经过各种清洗、成膜、光刻、蚀刻和掺杂步骤。加工完的硅片具有永久蚀刻在硅片上的一整套集成电路。

3）**硅片探测**。硅片制造完成后，硅片被送到测试/拣选区，在那里进行单个芯片的探测和电学测试。然后选出合格和不合格的芯片，并为不合格的芯片做标记，通过硅片测试的芯片将继续进行后面的工艺。

4）**装配与封装**。装配与封装是为了把单个芯片包装在一个保护壳内。硅片背面需要进行研磨以减小衬底的厚度。将厚的塑料膜贴在每个硅片背面，以保持硅片不脱落，然后在正面沿着划片线用带金刚石尖的锯刃将每个硅片切割为芯片。在装配厂，合格芯片被压焊或抽空形成装配包。稍后将芯片密封在塑料或陶瓷壳内。最终的封装形式随芯片类型及其应用场合而定。

5）**芯片终检**。确保集成电路通过电学和环境的特性参数检测。终检后，芯片被发送给客户以便装配到专用场合。例如，将存储器元件安装在个人计算机的电路板上。

13.1.2　集成电路的设计

（1）**集成电路的分类**　集成电路（Integrated Grcuit，IC）按功能可分为：数字 IC、模拟 IC、微波 IC 及其他 IC。其中，数字 IC 是近年来应用最广、发展最快的集成电路。

数字 IC 就是传递、加工、处理数字信号的 IC，可分为两种：①通用 IC。它是指那些客户多、使用领域广泛、标准型的电路，如存储器（DRAM）、微处理器（MPU）及微控制器（MCU）等，反映了数字 IC 的现状和水平。②专用 IC。它是指为特定的客户、某种专门或特别的用途而设计的电路。

目前，IC 产品有以下两种制造模式：①IC 制造商自行设计，由自己的生产线加工、封装，并对测试后的成品芯片自行销售。②IC 设计公司与标准工艺加工线相结合的方式。设计公司将所设计芯片最终的物理版图交给加工线加工制造，同样，封装测试也委托专业厂家完成，最后的成品芯片作为 IC 设计公司的产品而自行销售。打个比方，设计公司相当于作者和出版商，而加工线相当于印刷厂，起到产业“龙头”作用的是前者。

(2) **IC设计流程** IC设计是将系统、逻辑与性能的设计要求转化为具体的物理版图的过程。一个好的IC产品需要设计、工艺、测试、封装等一整套工序的密切配合。IC设计是研究和开发IC的第一步，也是最重要的一步。这一过程采用层次化和结构化的设计方法：层次化的设计方法能使复杂的系统简化，并能在不同的设计层次及时发现错误并加以纠正；结构化的设计方法是把复杂抽象的系统划分成一些可操作的模块，允许多个设计者同时设计，而且某些子模块的资源可以共享。IC的设计流程如图13-3所示。

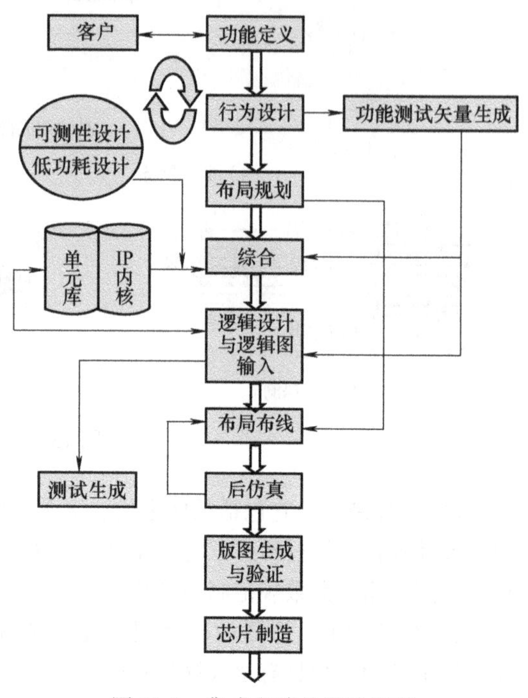

图13-3 集成电路的设计流程

(3) **IC设计与软件开发的比较** 随着IC设计技术的发展，出现了很多辅助设计工具，如CAD、电子设计自动化（EDA）软件。下面以IC设计与软件开发的相同之处来说明IC设计的特点。

1）**使用的工具**。在IC设计领域中，EDA软件已居于主导地位。用运行于计算机上的硬件描述语言（HDL）来进行IC设计，现有的HDL语言如VHDL、Verilog HDL等均与PC软件开发工具C语言类似。

2）**开发过程**。目前IC的设计大多采用“自顶向下”的设计方法，逐步细化功能和模块，直至设计环境能够提供的各类单元库。整个过程与软件开发相同。

3）**最终产品**。与软件一样，IC设计最终的产品将以一种载体体现，对于软件来说是软盘中的二进制可执行代码，对于IC来说就是满足客户“速度功耗积”（衡量IC设计水平的重要标志）的芯片。软件是通过硬件来体现的，硬件是软件的载体；对于IC设计企业来说，如果没有标准工艺加工线为其加工芯片，那么其设计成果将无法体现。

案例13-2 电子设计自动化软件设计集成电路。

13.1.3 硅片的制造工艺

半导体硅片的制造工艺非常复杂，需要许多特殊的步骤。一般可将硅片制造过程分为前段和后段两个阶段。前段又分为硅片处理制程和硅片探测制程；后段又分为封装制程和硅片终检制程。封装制程包括终装和封装两道不同规程的工序。

1. 硅片处理制程

(1) **氧化** 在硅片表面形成一层氧化膜，是硅片进入制造过程的第一步。硅片上的氧化物可以通过热生长或者沉淀积的方法产生。

根据作为氧化气体的氧是否带有水蒸气，热氧化生长可分为干氧氧化和湿氧氧化两种方式。当采用湿氧氧化法时，反应中水汽参与时，由于水蒸气比氧气在二氧化硅中扩散更快、溶解度更高，使氧化反应速率大大加快。然而反应生成的氢分子会束缚在固态的二氧化硅层内，这使得氧化层的密度比干氧要小。这种情况可以通过在惰性气体中加热氧化来改进，以得到与干氧化生长相类似的氧化膜结构和性能。热工艺的基本设备有三种：卧式炉、立式炉和快速处理。图13-4所示为立式炉系统。

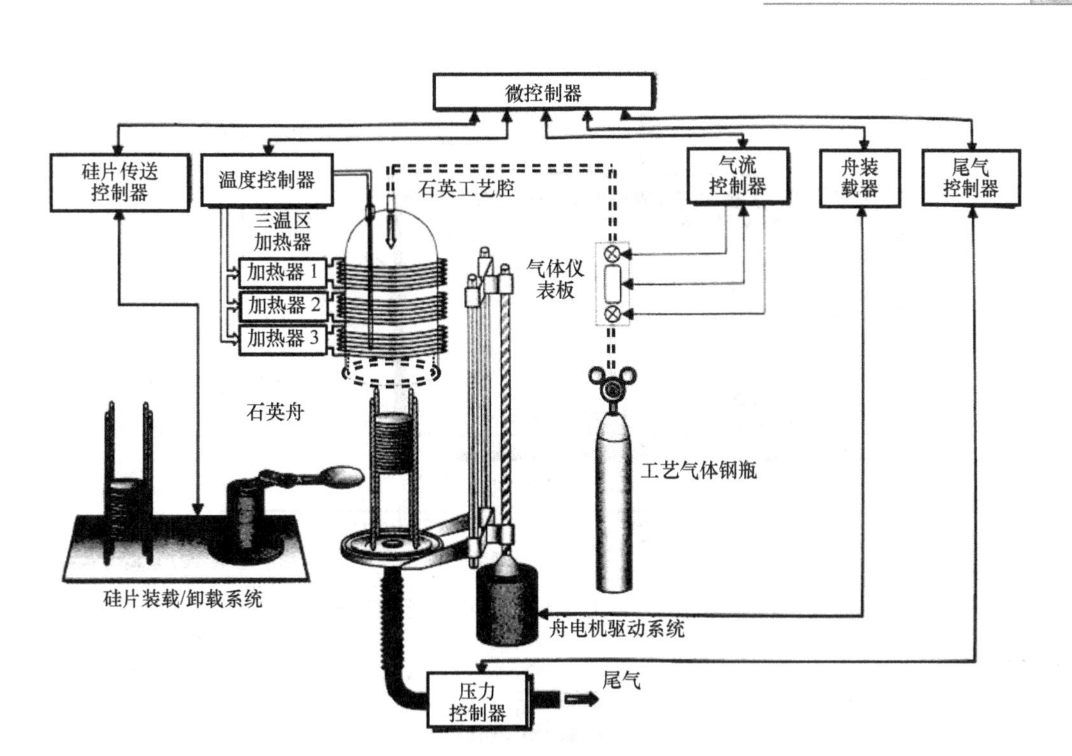

图 13-4　立式炉系统示意图

（2）**扩散**　企业中的扩散区一般认为是进行高温工艺及薄膜沉淀的区域。扩散的主要设备是高温扩散炉和湿法清洗设备。高温扩散炉可在近 1200℃的高温下工作，并能完成氧化、扩散、沉淀、退火以及合金等多种工艺流程。湿法清洗设备是扩散区中的辅助工具。硅片在放入高温炉之前必须进行彻底地清洗，以除去硅片表面的沾污和自然氧化层。

（3）**光刻**　光刻又称为影印。其目的是将电路图形转移到覆盖于硅片表面的光刻胶（Photoresist）上。光刻胶是一种光敏的化学物质，它只对特定波长的光线敏感，如深紫外线和白光，而对黄光不敏感。光刻胶通过深紫外线曝光来印制掩膜版的图像。硅基片上被紫外线照射的光刻胶溶解。为了遮蔽不需要被曝光的区域，必须制作掩膜版。这个过程相当复杂，每个掩膜版的复杂程度得用几十个 GB 数据来描述。

（4）**蚀刻**　它是在硅片上没有光刻胶保护的地方留下永久的图形。这是芯片生产的关键技术。它把对光的应用推向了极限。蚀刻最常见的工具是等离子体蚀刻机、等离子体去胶机和湿法清洗设备。等离子体蚀刻机是一种采用射频（RF）能量在真空腔中离化气体分子的一种工具。蚀刻结束后还要利用等离子体去胶机，用离化的氧气将硅片表面的光刻胶去掉。最后需要用一种化学溶剂彻底清洗硅片。目前，大多数步骤采用了干法等离子体蚀刻机（见图 13-5）。

（5）**离子注入**　离子注入是一种向硅衬底中引入可控制数量的杂质，以改变其电学性能的方法。这是一个物理过程，不发生化学反应。该工序主要的设备是离子注入机，如图 13-6 所示。它是亚微米工艺中最常见的掺杂工具。气体带着要掺的杂质，如砷、磷、硼在注入机中离化，然后采用高电压和磁场来控制并加速离子，使高能杂质离子穿透涂胶硅片的表面。离子注入完成后，要进行去胶和彻底清洗硅片。

（6）**抛光**　抛光（CMP）工艺的目的是使硅片表面全局平坦化，如图 13-7 所示。抛光将化学腐蚀和机械研磨相结合，通过硅片和抛光头之间的相对运动来平坦化硅表面，将硅片表面突

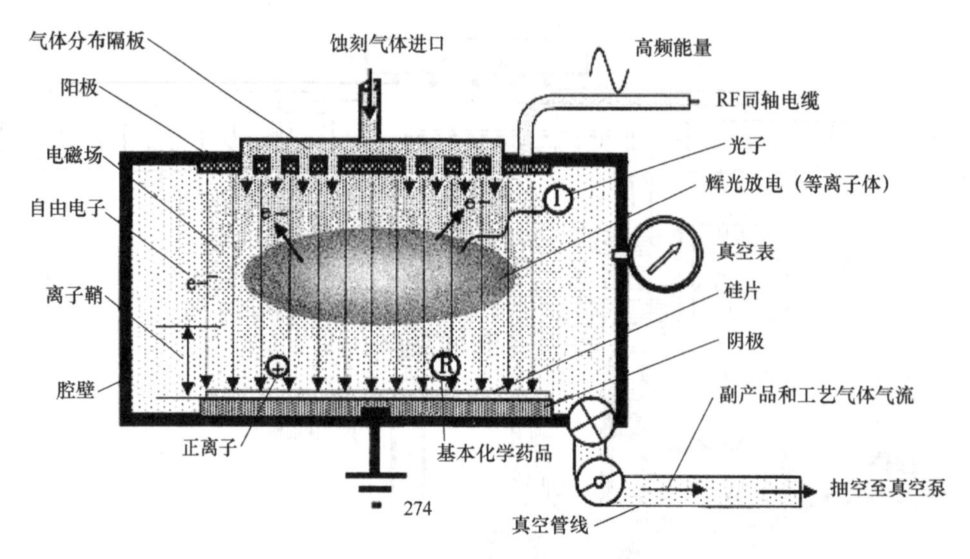

图 13-5　干法等离子体蚀刻机示意图

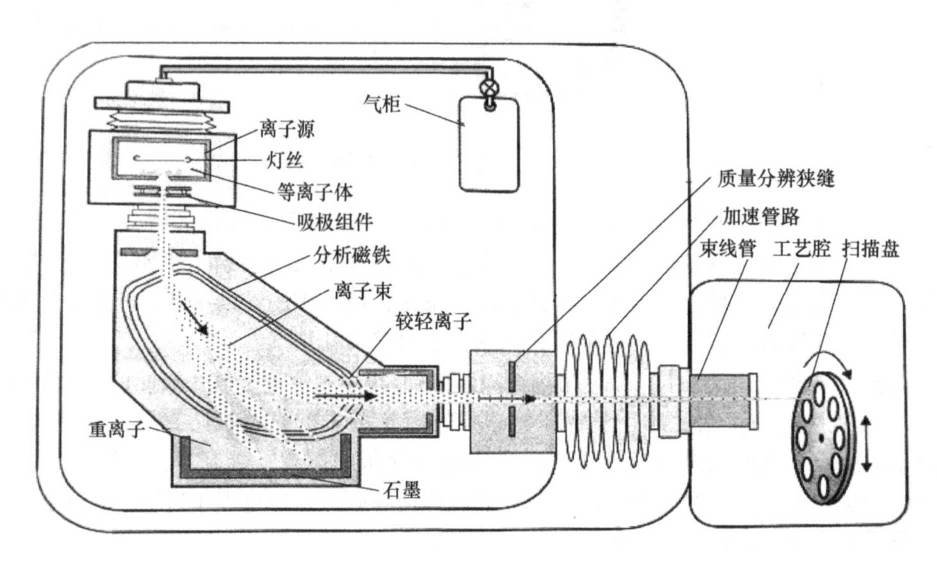

图 13-6　离子注入机示意图

出的部分减薄到下凹部分的高度。硅片表面凹凸不平给后续加工带来了困难，而抛光使这种硅片表面的不平整度降到最小。其他辅助抛光的设备包括刷片机、清洗装置和测量工具。

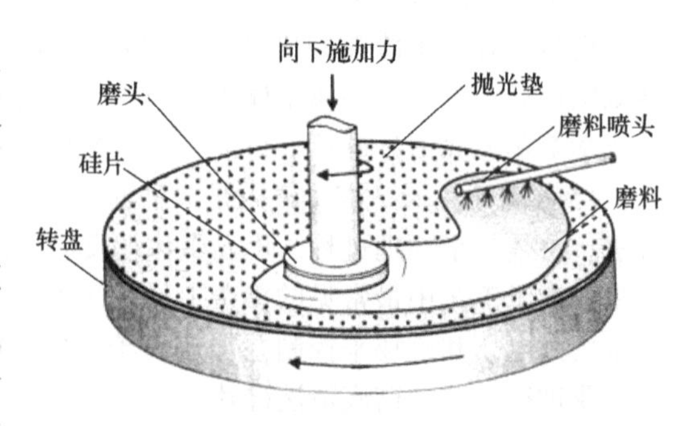

图 13-7　抛光的原理

2. 终装

终装，即最终装配，是把芯片粘贴到 IC 底座上，由于制造的大部分成本已经花在芯片上，因此在终装过程中成品率是至关重要的。常规的终装过程分为四步：背面减薄、分片、贴片和引线键合（见图 13-8）。

（1）**背面减薄**　终装的第一步操作是背面减薄（有时在硅片被送到最终装配工序前，分类后进行）。在前端制造过程中，为了使破损降到最小。大直径硅片相应厚些，然而，硅片在装配开始前必须被减薄。使用全自动化机器进行背面减薄，如图 13-9 所示。

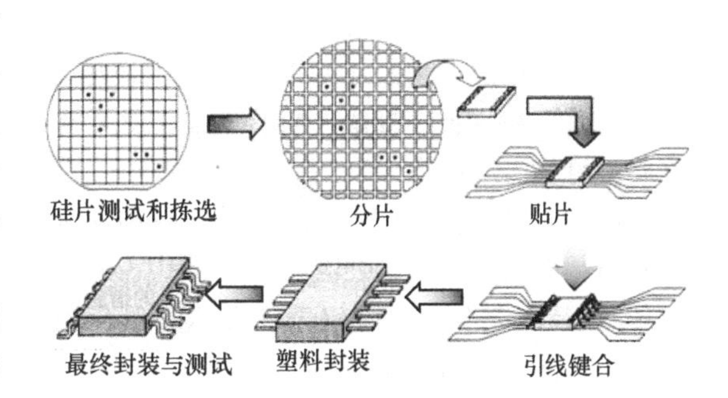

图 13-8　常规的终装与封装

（2）**分片**　分片又称为芯片单个化，使用金刚石切削刃的划片锯把每个芯片从硅片上切下来（见图 13-10）。在划片前，将硅片从片架上取出并按正确的方向放到一个固定在刚性框架的保护膜上，该膜保持硅片完整直到所有芯片被划成小块。

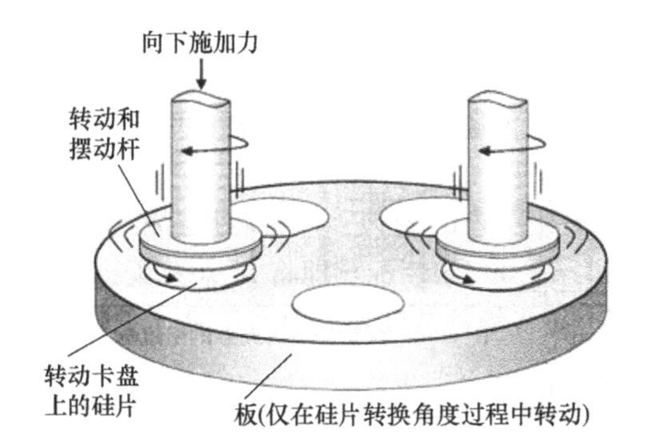

图 13-9　背面减薄示意图

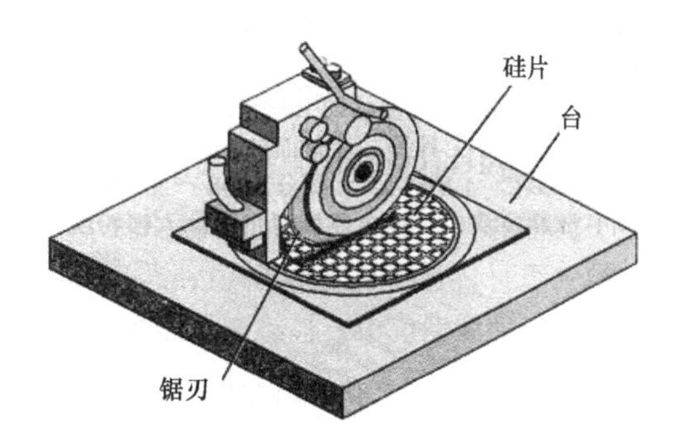

图 13-10　硅片分片示意图

（3）**贴片**　分片后，硅片要进行装架操作。在装架时，每个合格芯片从粘附的背面被分别挑选出来，粘贴到底座或引线框架上，引线框架示例如图 13-11 所示。贴片有三种技术：

1）**环氧树脂粘贴**。这是最常用的方法。如图 13-12 所示，将环氧树脂滴在引线框架的中心，用贴片工具将芯片背面放在环氧树脂上，然后加热循环以固化环氧树脂。

2）**共晶焊粘贴**。使其熔点降至最低的熔态混合，即共晶，然后用合金方法将金粘接到引线框架或陶瓷基座上。该技术具有良好的热通路和机械强度，常用于双极集成电路。

3）**玻璃焊料粘贴**。它是以盖印或点胶法将填有银的玻璃胶涂于芯片的基座上，放好 IC 芯片后再加热使玻璃融合，并除去胶中的有机成分。其保护性更好，适用于陶瓷封装贴片。

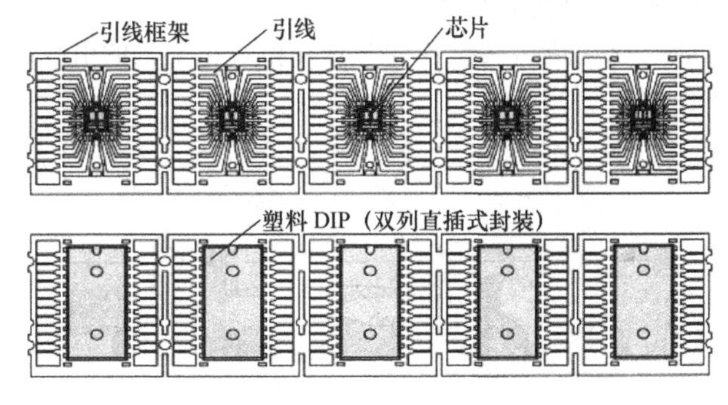

图 13-11　装片用的典型的引线框架

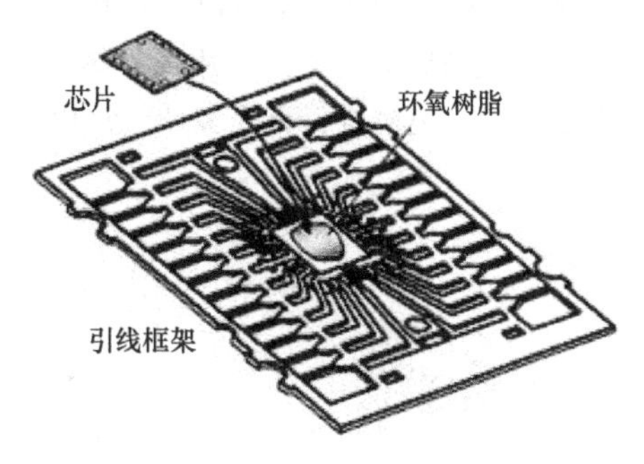

图 13-12　环氧树脂粘贴

（4）**引线键合**　引线键合是将芯片表面的铝压点和引线框架或基座上的电极内端（有时称

为柱）进行电连接最常用的方法。图13-13所示表示将细线从芯片的压点键合到引线框架上电极内端压点，然后转动线轴步进到下一位置。根据在引线端点工艺中使用的能量类型不同，可将引线键合分为以下三种方法：

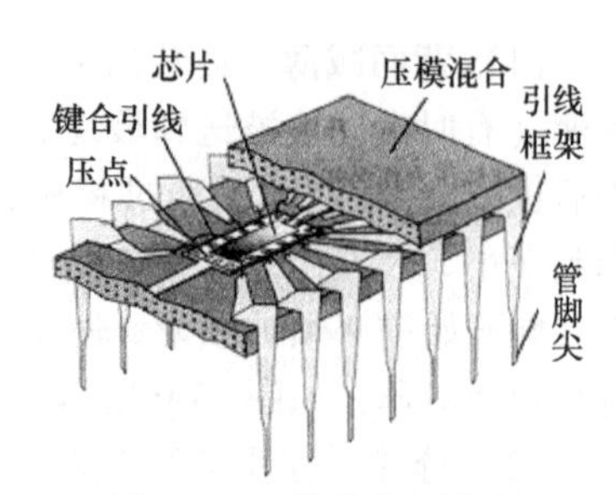

图13-13　从芯片压点到引线框架的引线键合

1）**热压键合**。其热能和压力分别作用到新片压点和引线框内端电极以形成金线键合。

2）**超声键合**。它以超声能和压力锲压引线与压点为基础，在相同和不同的金属间形成键合。该技术不加热基座。通常超声频率是60kHz，以形成冶金键合。

3）**热超声球键合**。这是一种结合超声振动、热和压力形成的键合技术，被称为球键合。在键合过程中，基座维持在约150℃，超声能和压力在金丝球和铝压点间形成冶金键合，然后键合机移动到基座内端电极压点并形成热压的楔压键合。

3. 封装

IC的封装有四个重要功能：①保护芯片避免由环境和传递引起损坏。②为芯片的信号输入和输出提供互连。③芯片的物理支撑。④散热。

电子元件的封装层次有两级（见图13-14）。第一级封装是IC封装，即将芯片封装到一个IC块中。第二级封装是印制电路板（Printed Circuit Board，PCB）的装配，即将IC块装配到具有许多元件和连接件的系统中。最终产品装配是指将印制电路板组件装到系统中的装配。

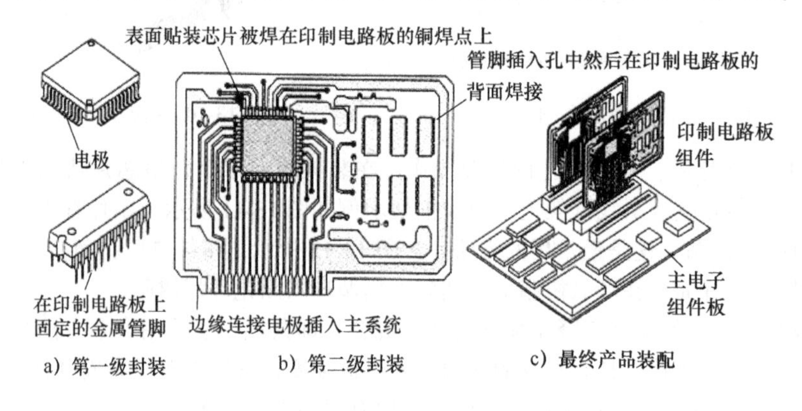

图13-14　集成电路封装层次

使用最广泛的传统集成电路封装材料是塑料封装或陶瓷封装。

（1）**塑料封装**　它是使用环氧树脂聚合物将已完成引线键合的芯片和模块化工艺的引线框架完全包封。塑料封装有很多种，常用的类型如图13-15所示。

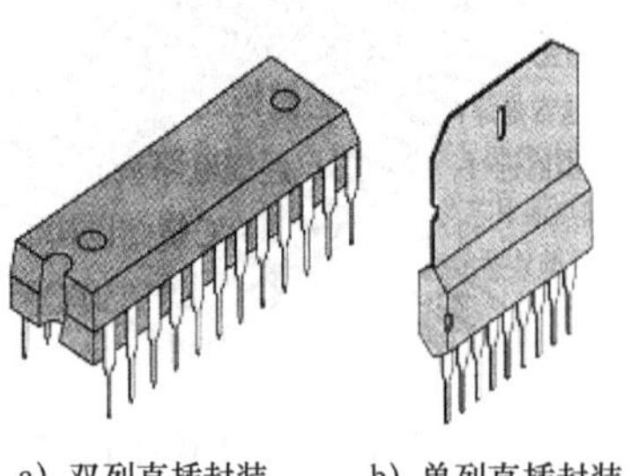
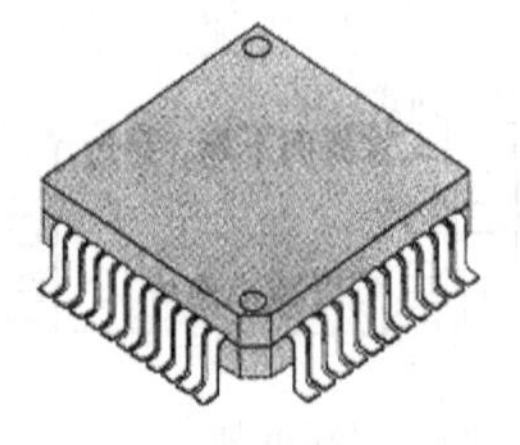
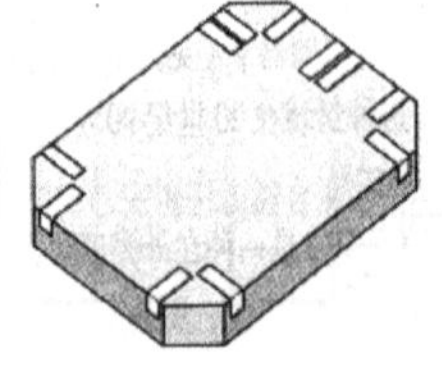

图13-15　几种常用的塑料封装

(2) **陶瓷封装** 它被用于集成电路封装。特别是应用于满足气密性好、高可靠性或大功率要求的情况。陶瓷封装有两种方法：①采用耐熔（高熔点）陶瓷，制成一个多层陶瓷基座（见图13-16），用户连线电路被淀积在单层上，用金属化通孔互连不同的层。②采用陶瓷双列直插封装（Ceramic Dual-Inline Package，CDIP）技术（见图13-17），其成本较低。

(3) **先进的封装技术** 更低成本、更可靠、更快及更高密度的电路是IC封装追求的目标。为了封装目标，可以增加芯片密度并减少内部互连数。为了适应IC最终客户对管壳外形设计的需求，就要减小管壳尺寸；同时要满足处理更大量并行数据线的需求，就要增加更多的输入/输出管脚，管脚的增加抵消了管壳尺寸的减小。先进的IC封装技术包括以下几种。

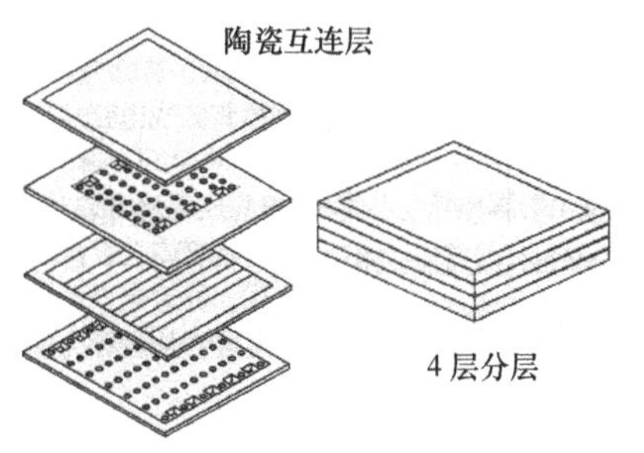

图13-16 分层耐熔陶瓷加工顺序

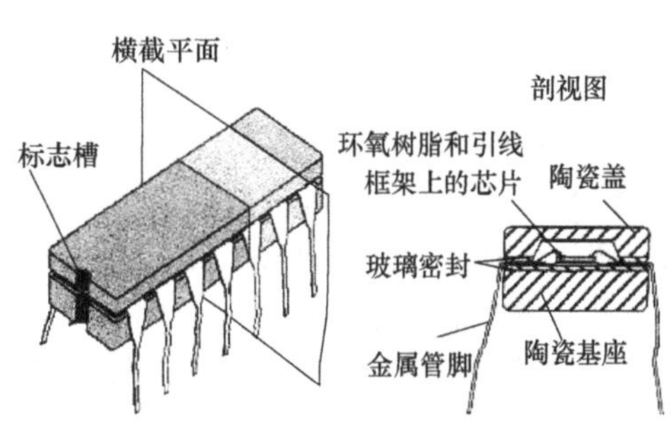

图13-17 陶瓷双列直插封装

1) **倒装芯片（Flip Chip）**。它是将芯片的有源面（具有表面键合压点）面向基座的粘贴封装技术，即相对引线键合方法，把带有凸点的芯片反转，将有源面向下放置（见图13-18）。

2) **球栅阵列（BallGrid Array，BGA）**。这种封装与针栅阵列有类似的封装设计。球栅阵列（见图13-19）由陶瓷或塑料基座构成，基座具有用于连接基座与电路板的共晶焊料球的面阵列。球栅阵列封装，是使用倒装芯片C4或引线键合技术将芯片粘附到基座的顶部。C4是指可控塌陷芯片连接（Controlled Collapse Chip Connection），是公认的源于IBM的倒装芯片互连技术。实现C4倒装凸点连接的过程，称为C4焊接。

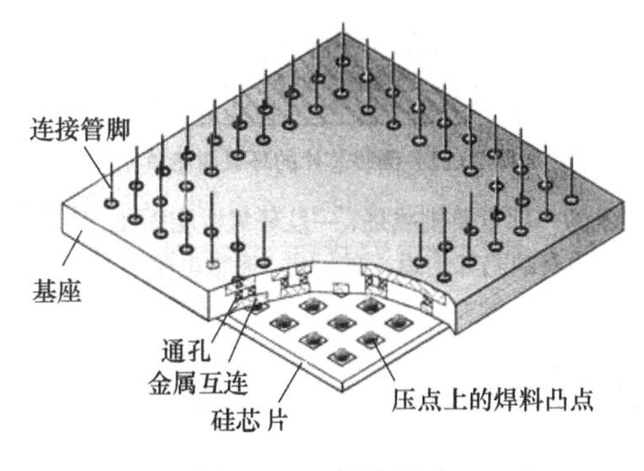

图13-18 倒装芯片

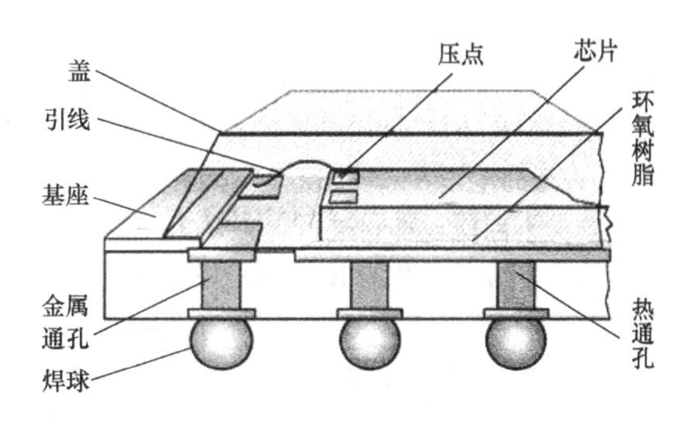

图13-19 具有球栅阵列的芯片

3) **板上芯片（Chips on Board，COB）**。它是将IC芯片直接固定到其他具有表面粘贴安装技术（Surface Mount Technology，SMT）和通孔锡膏（Paste-In-Hole，PIH）粘贴技术组件的基座上，又被称为直接芯片粘贴（DCA）。它是使用标准粘贴工艺（图13-20）将芯片环氧树脂粘贴并用引线键合到基座。

4) **卷带式自动键合（Tape Automated Bonding，TAB）**。它是一种多I/O封装方式，使用塑料带作为芯片载体（见图13-21）。

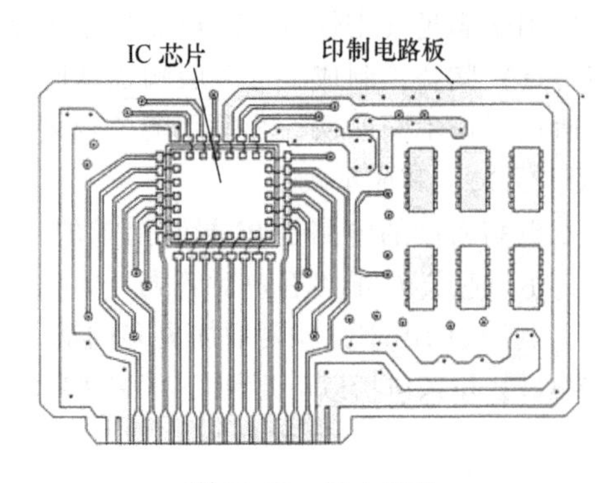

图13-20　板上芯片

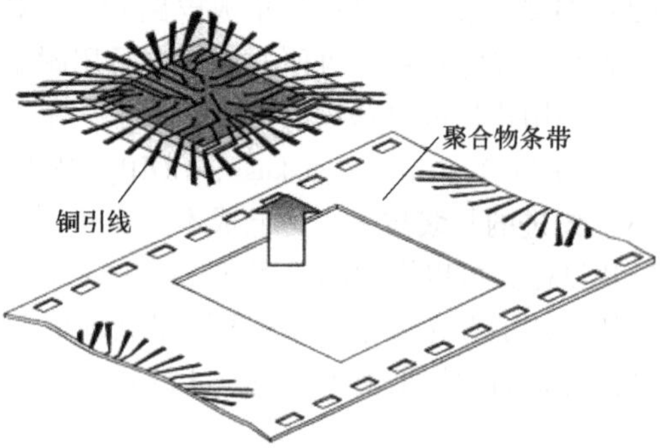

聚合物条带
铜引线

图13-21　卷带式自动键合

5）多芯片模块（Multi Chip Module，MCM）。它是将几个芯片固定在同一基座上的封装技术（见图13-22）。它具有高密度、高可靠性，可实现电子产品的小型化、多功能、高性能。

6）圆片级封装（Wafer Level Package，WLP）。它的芯片互连与测试都是在硅片上完成的，之后再切片，进行倒装芯片组装（见图13-23）。由于倒装芯片互连具有极佳的电性能，它是取代某些高密度引线键合的一种低成本的封装技术。

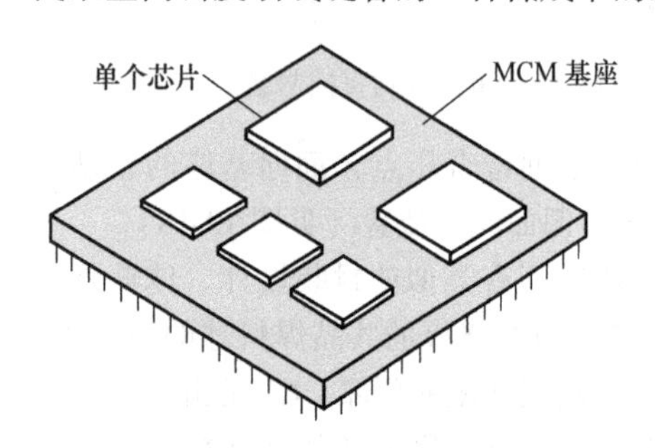

图13-22　多芯片模块

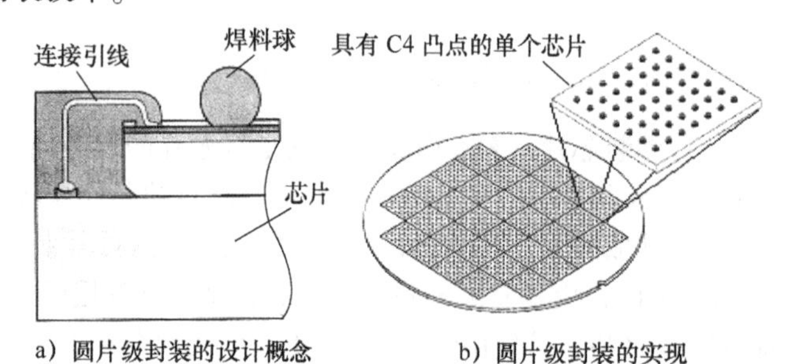

a）圆片级封装的设计概念　　b）圆片级封装的实现

图13-23　圆片级封装

4. 检测制程

检测是芯片制造的一个重要环节。利用X-RAY观察IC芯片内部结构，通过检测芯片中的绑定线（焊线）和焊接点，来判断芯片焊接是否符合标准，是否存在脱焊、虚焊、漏焊、错焊等现象，从而发现IC芯片工艺中的物理缺陷和不合格品。检测是为了检验规格的一致性而在硅片级IC上进行的电学参数测量。检测制程中使用的电学规格随测试目的而有所不同。电学检测在芯片工艺的不同阶段都要进行（见表13-3），这些检测自早期设计阶段开始，在制造过程中继续硅片探测，以最后封装的IC产品检测结束。

表13-3　IC产品的不同电学检测

测　试	IC生产阶段	硅片/芯片级	测试描述
设计验证	生产前	硅片级	描述、检测新的芯片设计，保证符合规格要求
在线参数检测	硅片制造过程中	硅片级	为了监控工艺，在制作过程的早期进行的产品工艺检测
硅片拣选探测	硅片制造后	硅片级	产品功能检测，验证每个芯片是否符合产品规格
可靠性	封装的IC	封装的芯片级	集成电路加电并在高温下检测，以发现早期失效
终检	封装的IC	封装的芯片级	依照产品规格进行的产品功能检测

13.2　微电子加工工艺及设备*

微电子加工是指从亚微米级到纳米级加工的技术。它是由微电子技术发展起来的批量微加

工技术，主要用于微电子领域。微电子加工按加工材料划分，主要有硅微加工和非硅微加工。硅微加工（Silicon Micromachining）是指以硅材料为基础，以集成电路为对象，制作各种微纳系统器件的加工技术。非硅微加工主要有德国的LIGA（光刻、电铸和注塑）和中国的DEM（深层刻蚀、微电铸和微复制）两种工艺，它们对硅和非硅材料均可加工。

13.2.1　蚀刻与光刻*

硅微加工分为体硅加工和面硅加工两大类。

体硅加工是指利用蚀刻、光刻等工艺对块硅进行准三维结构的微加工，即去除部分基体或衬底材料，以形成所需要的硅微结构，如坑、凸台、带平面的孔洞等。体硅加工在微制造中应用最早，它的常用工艺是湿法蚀刻或干法蚀刻。为了得到各种微传感器和微执行器，体硅加工可与键合工艺结合，还可利用LIGA技术。

面硅加工是指在硅片上采用不同的薄膜沉积、蚀刻、光刻、氧化和离子注入等工艺，在硅片表面上形成较薄的可动微结构的加工技术。

通常，体硅加工主要是指各种硅蚀刻技术，而面硅加工则是指各种薄膜制备技术。

1. 蚀刻

蚀刻称为腐蚀，也称光化学蚀刻（Photochemical Etching），是用化学反应或者物理撞击作用而将不需要的材料移除的技术。其加工深度可达几百微米。其目的是在涂胶的硅片上正确复制掩膜图样。

（1）**蚀刻的方向性**　按蚀刻产生通道截面形状分类，蚀刻可分为两类：各向同性和各向异性，如图13-24所示。图中SiO_2是通过淀积与光刻在硅表面形成的薄膜，作为耐腐蚀层。薄膜生成常采用物理气相淀积或化学气相淀积工艺。

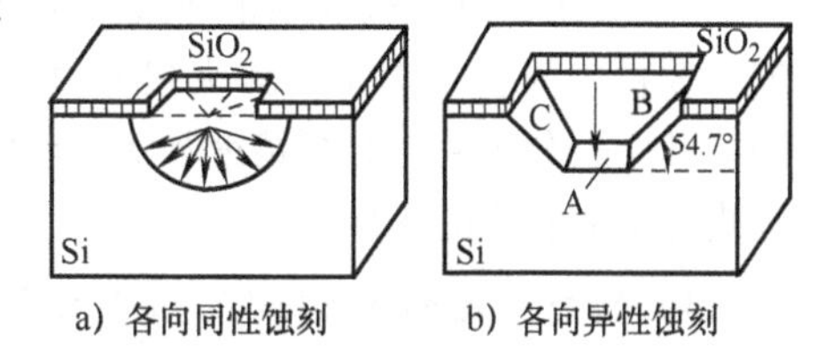

图13-24　硅蚀刻的方向性

（2）**蚀刻的原理与特点**

1）**原理**。按蚀刻机理，蚀刻分为两类：湿法和干法。

① 湿法蚀刻（Wet Etching）。它是通过蚀刻剂和被蚀刻物质之间的化学反应将被蚀刻物质剥离下来的方法。蚀刻剂是化学溶液。

② 干法蚀刻（Dry Etching）。它是利用等离子体和表面薄膜反应，形成挥发性物质，或直接轰击薄膜表面使之被腐蚀的方法。用于蚀刻3μm以下线条。图13-25所示其典型设备示意图。除等离子体腐蚀法是各向同性外，其他干法蚀刻一般都具有各向异性。

2）**特点及应用**。湿法蚀刻和干法蚀刻的特点及应用见表13-4。随着干法蚀刻技术的发展，已形成以干法为主，干法湿法结合的蚀刻工艺。在硅片的晶圆表面得到IC设计图样的蚀刻应用中，一般的做法是：湿法去表层胶，干法去底胶。蚀刻还有其他应用：制造掩膜、印制电路板和艺术品等。

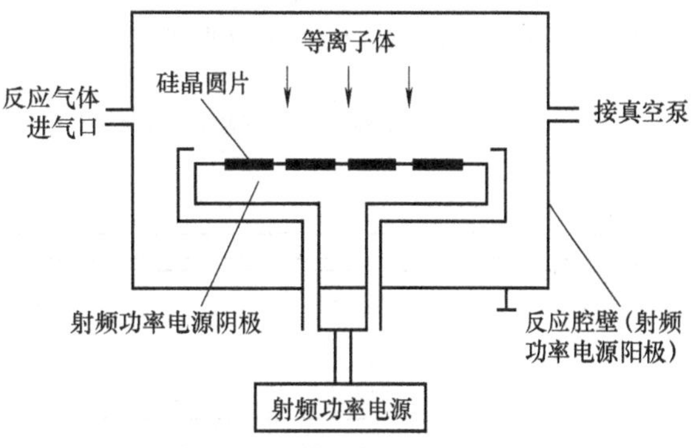

图13-25　离子体蚀刻平板型设备示意图

表13-4　两类蚀刻法的特点及应用

类型	优　点	缺　点	应　用
湿法蚀刻	工艺简单，成本低；选择性好，效率高；适应性强，对硅片损伤少	各向异性差（大多是不易控制的各向同性蚀刻）；分辨率低，难以得到精细图样	蚀刻3μm以上线条。几乎适用于所有的金属、玻璃、塑料等材料
干法蚀刻	各向异性强；分辨率高；无化学废液，污染小；易于实现自动化	设备复杂，成本高	蚀刻3μm以下线条。在VLSI（超大规模集成电路）工艺中，以干法为主

2. 光刻

光刻（Photolithography），是一种图样拍照和化学腐蚀相结合的精密表面加工技术。其含意是用光制作一个图样的工艺。其目的是在晶圆上保留与掩膜版完全对应的特征图样部分，以实现选择性扩散和金属薄膜布线。

（1）**光刻的原理**　光刻的原理是在光照作用下借助光刻胶感光后因光化学反应而形成耐蚀性的特点，将掩膜版上的图样刻制到被加工表面上（见图13-26）。

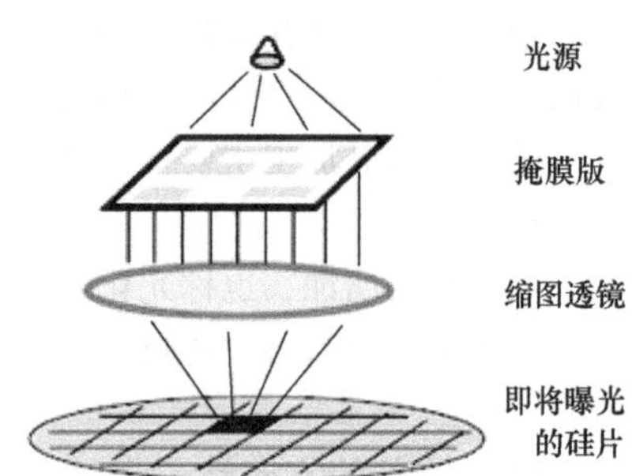

图13-26　光刻技术的原理

1）**原理说明**。光刻也称为照相平版印制术，光刻原理与照相制版相似。光刻胶的原理如同照相中的相纸，掩膜版的功能就像照相中的底片。

2）**要求**。对光刻的基本要求：①高分辨率。②高灵敏度。③精密的套刻对准。④大尺寸硅片上的加工。⑤低缺陷。其中，分辨率是光刻精度和清晰度的标志之一。灵敏度是指光刻胶感光的速度。

3）**特点**。光刻的特点有：①光刻是一种平面工艺。②光刻是复印图样和化学腐蚀相结合的综合性技术。③器件尺寸越小，集成电路集成度越高，对光刻精度的要求就越高，难度就越大。

（2）**光刻的要素**　光刻的本质就是把临时的电路结构复制到硅片上。把这些临时的电路结构制作在掩膜版上，并将光刻胶涂敷在硅片上。最简单的曝光装置只要一个汞灯和一个掩膜版就可以了。现代的光刻机越来越复杂。光刻的三要素是：光源、光刻胶和掩膜版。

1）**光源**（Light Source）。最早使用的曝光光源是高压汞灯，它所产生的光为紫外线（Ultraviolet，UV）。现广泛使用的光源是准分子激光器。光波有多种频率（见图13-27）。频率的总范围是从不足10亿Hz的无线电波到超过30亿Hz的γ（伽马）射线。可见光的频率范围是从430万亿Hz（红色）到750万亿Hz（紫罗兰色）。

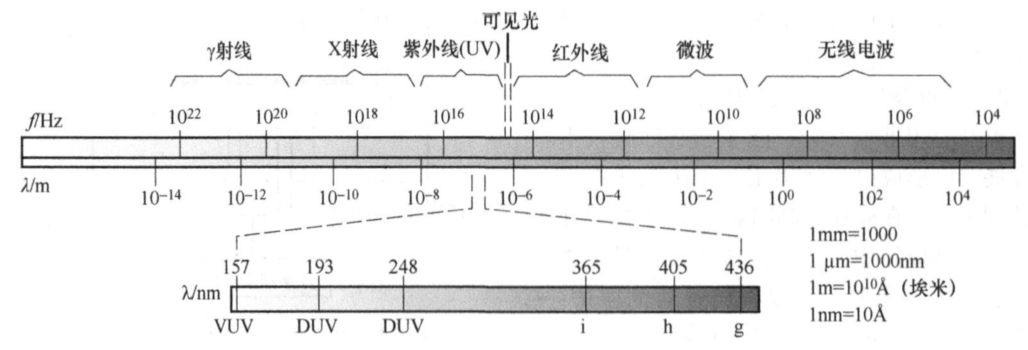

图13-27　光学光刻中常用的UV波长

光波是能量波。高频光的能量较高，低频光的能量较低。光刻采用的波长已从近紫外（Near Ultraviolet，NUV）区间的 436nm、365nm 进入到远紫外（Far Ultraviolet，FUV）区间的 248nm、193nm、157nm（FUV = DUV，即深紫外）。波长为 110 ~ 180nm 的紫外线称为真空紫外线（Vacuum Ultraviolet，VUV），光刻采用 VUV 的波长为 157nm。目前最先进的光刻技术采用极紫外线（Extreme Ultraviolet，EUV）进行曝光，其曝光波长约为 13.5nm。因为所用波长极短，很容易被任何东西（包括空气）吸收，所以必须采用真空系统。

总之，用于硅工艺的光源有两大类：光学光刻采用紫外线作为光源（如 FUV、VUV、EUV）；非光学光刻的光源则来自电磁光谱的其他成分（如 X 射线、电子束、离子束等）。

2）**光刻胶**（Optical resist）。它是对光源敏感的，厚约 1μm，用于硅晶片或另一沉积层的正胶和负胶，又称为光致抗蚀剂。它是光学光刻工艺的核心。在受到特定波长光线的作用后，光刻胶的化学结构会发生变化，使其在某种特定溶液中的溶解特性改变。

3）**掩膜版**（Mask）。它是曝光过程中原始图样的载体。它由透光的衬底材料（石英玻璃）和不透光的金属材料（主要是 Cr）组成。掩膜版的表面上刻有所需的集成电路图样。当光束照在掩膜版上时，图样区可让光完全透射过去，非图样区则将光完全吸收。

（3）**光刻的流程**　光刻按其使用光刻胶的特性分为正性光刻和负性光刻两种基本工艺类型。不论哪种光刻类型，光刻工艺流程的一般步骤有：①涂胶（Coating）→②软烘（Soft Baking）→③曝光（Exposure）→④后烘（Post Exposure Baking，PEB）→⑤显影（Development）→⑥硬烘（Hard Baking）→⑦蚀刻→⑧去胶。图 13-28 所示为光刻的工艺流程。

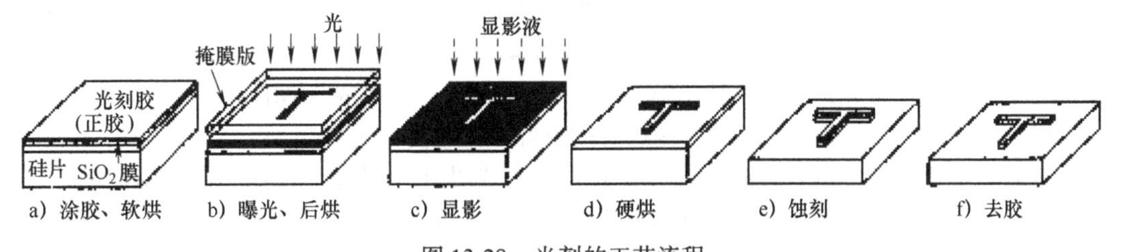

图 13-28　光刻的工艺流程

表 13-5 列出了光刻工艺流程的步骤、方法和目的。其中曝光和蚀刻是关键步骤。

表 13-5　光刻工艺流程的步骤、方法和目的

步骤	方　法	目　的
涂胶	用旋涂法在硅片上涂敷光刻胶，胶厚度与曝光的光源波长有关	使光刻胶与硅片粘附良好，涂敷均匀，薄厚适当
软烘	对光刻胶热处理，真空热板，85 ~ 120℃，30 ~ 60s	除去光刻胶中的溶剂（约 5%）；增强粘附性
曝光	光线透过掩膜版照射到晶圆上的光刻胶上，控制能量和焦距	使光刻胶发生酸化反应
后烘	热板，110 ~ 130℃，1min	减少驻波效应；使某种光刻胶能溶解于显影液
显影	与碱性显影液发生反应，将未感光的负胶或感光的正胶溶解去除	使掩膜版上的图样转移到光刻胶上
硬烘	热板，100 ~ 130℃（略高于玻璃化温度），1 ~ 2min，又称为坚膜	使光刻胶与硅片粘附更牢，提高光刻胶的强度
蚀刻	采用化学或物理方法，将没有光刻胶部分的氧化膜除去	实现图样的转移
去胶	用剥膜液去除光刻胶。剥膜后需进行水洗和干燥处理	将硅片表面的光刻胶去除（正胶开凹，负胶留凸）

在涂胶之前要完成硅片加工、硅片清洗烘干和涂底，还要根据原图制备掩膜版。此外，显影液是专用的，有正胶液和负胶液之分。硬烘方法有恒温烘箱和红外灯照射两种。去胶分为湿法去胶和干法去胶两种。

（4）**光刻与蚀刻的区别**　狭义上，两者都是半导体工艺中的重要步骤，光刻主要是指通过曝光使部分光刻胶变质而易于腐蚀。蚀刻是在曝光后，先用腐蚀液将变质的那部分光刻胶腐蚀掉（正胶），硅片表面就显出半导体器件及其连接的图样，后用另一种腐蚀液对硅片腐蚀，形成半导体器件及其电路。对关键层来说，光刻工艺之后才是蚀刻工艺。如果是非关键层，光刻后就是离子注入了。广义上，蚀刻是光刻工艺中的一步。光刻是通过光化学反应将掩膜版上的图样转移到光刻胶上；蚀刻是从硅片表面去除不需要的材料，将光刻胶上图样完整地转移到硅片上。

（5）**光刻的应用**　用光刻机制造的零件有：刻线尺、微电动机转子、电路印制板、细孔金属网板和摄像管的帘栅网等。光学光刻在微纳加工中的主要应用有：用于大规模集成电路芯片的制作；用于大批量生产微机械或微机电系统器件，尤其是信息 MEMS 和生物 MEMS；用于微光机电系统制作，即在芯片上同时集成微光学、微机械和微电子。

13.2.2　光刻机

（1）**发展**　光刻机号称世界上最精密、最复杂的仪器，被业界誉为集成电路产业皇冠上的明珠。光刻是芯片生产中最关键的加工技术。1958 年，光刻在半导体器件制造中首次得到应用，推动了集成电路的发明和飞速发展。制造一片集成电路，要经过 200 ~ 300 多道工序，其中要经过多次光刻，占用总加工时间的 40% ~ 50%。1978 年，全球第一台 G 线光刻机由美国 GCA 公司制造。目前，能生产最先进的第六代 EUV 光刻机的厂商只有荷兰的 ASML（阿斯麦），它已占据市场 80% 的份额。一台 7nm 的 EUV 光刻机目前售价为 1.4 亿美元。

在芯片行业，企业的制造模式主要有三种：①集成设计与制造（Integrated Design and Manufacture，IDM），从设计、制造、封装测试到投向市场一条龙全包的企业，如英特尔、三星、中芯国际。2018 年 2 月，英特尔投资 50 亿美元扩建 10nm 制造工厂。②无晶圆厂（Fabless）设计公司，只做芯片设计，没有工厂，如超微半导体公司（Advanced Micro Devices，AMD）、高通、博通、海思等。2018 年，海思已经成功开发出 100 多款具有自主知识产权的芯片，共申请专利 500 多项。③代工厂（Foundry），只做代工，不做设计，如台积电、格罗方德等。2018 年 2 月，三星 7nm 晶圆厂正式动土，投资 14 亿美元，预定在 2019 年下半年实现量产。

美国国会规定，卖给中国的集成电路关键加工设备要比美国的水平低两代。2002 年 8 月 10 日，神州龙芯推出了首片龙芯 1 号（Longstanding），打破了中国无“芯”的历史。2015 年，美国限制向中国出口超级计算机技术产品。2015 年 3 月 31 日，中国发射首枚使用“龙芯”的北斗卫星。2017 年，全球 28nm 制程工艺芯片的代工销售额约 95 亿美元，其中台积电占 80% 以上。2017 年，台积电量产 10nm 制程工艺芯片。2018 年 8 月，中芯国际宣布 14nm 芯片已经量产。我国的芯片生产水平与世界顶尖水平之间的距离正在不断缩短，相信在不远的将来必定会迎头赶上！

（2）**组成**　图 13-29 所示为典型光刻机的结构图。它的组成包括：曝光系统（含照明系统和投影物镜系统）、工件台掩膜台系统、自动对准系统、调焦调平测量系统、掩膜传输系统、硅片传输系统、环境控制系统、整机框架及减振系统、整机控制系统和整机软件系统。

（3）**原理**　光刻机通过一系列的光源能量、形状控制手段，将光束透射过画着线路图的掩膜，经物镜补偿各种光学误差，将线路图成比例缩小后映射到硅片上，不同光刻机的成像比例不

同，有 5∶1 的，也有 4∶1 的。然后用化学方法显影，得到刻在硅片上的电路图（芯片）。

一般的光刻工艺要经过硅片表面清洗烘干、涂底、旋涂光刻胶、软烘、对准曝光、后烘、显影、硬烘、激光蚀刻等工序。经过一次光刻的芯片可以继续涂胶、曝光。越复杂的芯片，线路图的层数越多，越需要更精密的曝光控制过程。现在最先进的芯片有 30 多层。

图 13-30 所示为 ASML TWINSCAN 光刻机的工作原理简图。图中各设备的作用如下。

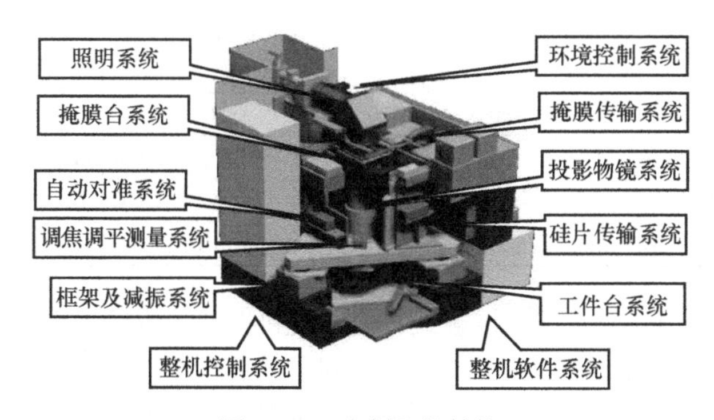

图 13-29　光刻机的结构

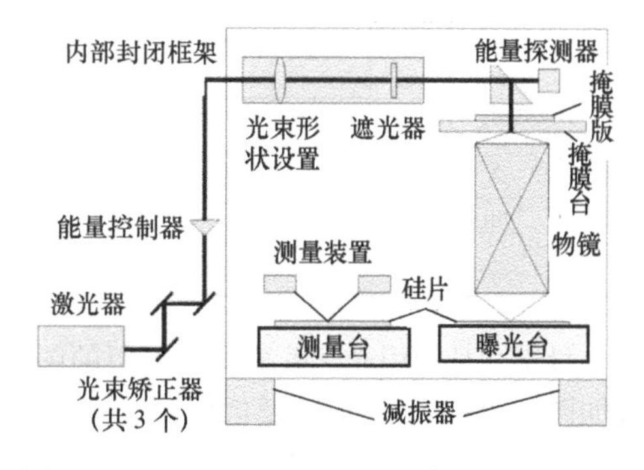

图 13-30　ASML TWINSCAN 光刻机的工作原理

1）**曝光系统**。

① 激光器。它是光刻机的核心设备之一。

② 光束矫正器。矫正光束入射方向，让激光束尽量平行。

③ 能量控制器。控制最终照射到硅片上的能量，曝光不足或过足都会严重影响成像质量。

④ 光束形状设置。设置光束为圆形、环形等不同形状，不同的光束状态有不同的光学特性。

⑤ 遮光器。在不需要曝光的时候，它能阻止光束照射到硅片。

⑥ 能量探测器。检测光束最终入射能量是否符合曝光要求，并反馈给能量控制器进行调整。

⑦ 物镜。物镜由 20 多块镜片组成，主要作用是把掩膜版上的电路图按比例缩小，再被激光映射到硅片上，并且物镜还要补偿各种光学误差。技术难度就在于物镜的部分。

2）**工件台掩膜台系统**。

① 工件台（测量台与曝光台）。承载硅片的两个工作台（ASML 有这种双工作台专利），实现测量与曝光同时进行。一般的光刻机需要先测量，再曝光，只需一个工作台。

② 掩膜版。一块在内部刻着线路设计图的玻璃板，贵的要数十万美元。

③ 掩膜台。承载掩膜版运动的设备，运动控制精度是纳米级的。

3）**整机框架及减振系统**。即内部封闭框架、减振器，将工作台与外部环境隔离，保持水平，减少外界振动干扰，并维持稳定的温度和压力。

（4）**类型**　光刻机的分类方法有：按曝光的原理；按操作的便利性；按品牌的价格。

1）**按曝光的原理**，可将光刻机分为两大类型，即光学光刻机（Optical Lithography Tool）和非光学光刻机（Non Optical Lithography Tool），见表 13-6。

光学光刻机的曝光有两种基本方式：阴影式（Shadow Printing）和投影式（Projection Printing）。阴影式曝光分为接触式（Contact Printing）和接近式（Proximity Printing）。接触式是掩膜版直接贴在硅片上曝光的，会造成较大的污染；接近式是掩膜版和硅片之间留空隙，约 5～30μm，掩膜寿命可提高 10 倍以上，图形缺陷少，但分辨率低，成像较差。

表 13-6 几种曝光方式的比较

类别	曝光方式		光源	波长 λ/nm	分辨率/nm	价格/万（美元）	制造商及应用
光学光刻	阴影式	接触式	高压汞灯（UV）	436/405/365	500 ~ 1000	10 ~ 20	德国 Suss；日本佳能 Cannon
		接近式	高压汞灯（UV）	436/405/365	1500 ~ 3000	10 ~ 20	应用最为广泛
	投影式	折射式	远紫外准分子激光器	248/193/157	110 ~ 80	100 ~ 500	荷兰 ASML；日本尼康 Nikon
		反射式	极紫外 EUV 准分子激光器	13.5	14 ~ 20	20000	荷兰 ASML
非光学光刻	X 射线		同步辐射源（200 MeV）	0.2 ~ 4	70 ~ 200	2700	美国 IBM；日本Cannon
	电子束		电子源	（0.01 μA）	10 ~ 100	100 ~ 900	美国 Vistec；日本Crestec
	离子束		离子源	（200 keV）	可达 20	—	目前仅用于掩膜版的修复

投影式是利用光学系统将掩膜版的图样投影在硅片上。接触式、接近式和投影式的曝光原理如图 13-31 所示。其主要区别在于掩膜版的位置不同。第一代光刻机是接触式和接近式，现在基本上不再使用。因为接触式曝光只适于分立元件和中、小规模集成电路的生产，非接触式曝光适于超大规模集成电路。激光投影式光刻机结构如图 13-32 所示。其曝光装置一般由四部分组成：光源和透镜系统、掩膜版、硅片以及对准台。

投影式曝光分为折射和反射两类。折射投影式又细分为三种：扫描投影式（Scanning Projection Printing）、步进重复投影式（Step-and-repeat Projection Printing）和步进扫描投影式（Step-and-scan Projection Printing），其原理如图 13-33 所示。

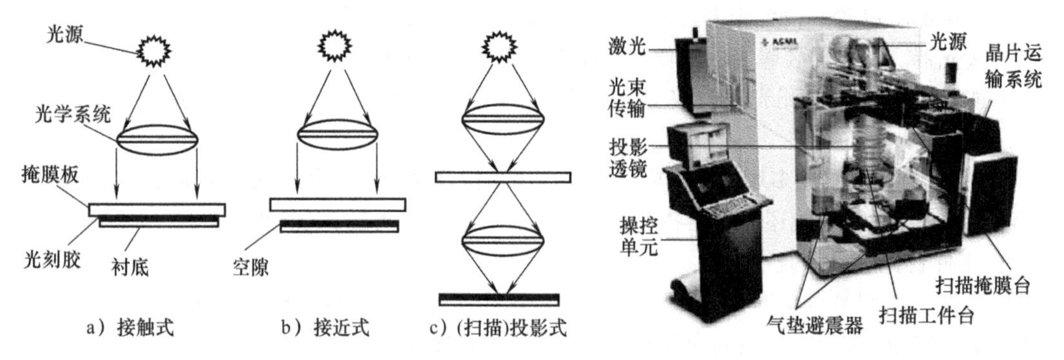

图 13-31 几种常见曝光方式

图 13-32 激光投影式光刻机结构

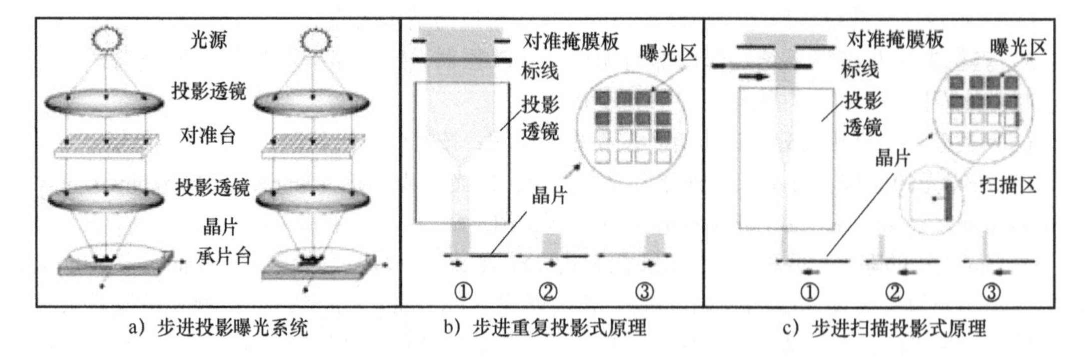

图 13-33 折射投影式光刻机原理

2）**按操作的便利性**，可将光刻机分为三类：①手动。通过手调旋钮来完成对准，对准精度不高。②半自动。对准可以通过电动轴根据 CCD（Charge-coupled Device，电荷耦合元件，也称为图样传感器）进行定位调谐。③自动。从基板的上载下载，曝光时长和循环都是通过程序控制，自动光刻机主要是满足工厂对于处理量的需要，恩科优公司的 NXQ8000 系列每小时可处理几百片晶片。

3）**按品牌的价格**，可将光刻机分为三类：高端光刻机、中端光刻机和低端光刻机（即分辨率通常在数微米以上的第一代光刻机）。图 13-34 所示为世界上最大的光刻机生产商——荷兰品牌 ASML（阿斯麦），其光学镜头来自德国，干涉测量系统来自美国。图 13-35 所示为国产光刻机品牌 SMEE。2012 年 4 月 8 日，继 ASML、Nikon 和 Canon 之后，中国 SMEE 成为全球第四家掌握高端光刻机技术的公司。目前 SMEE 已占据国内光刻机中低端市场 80% 的份额。

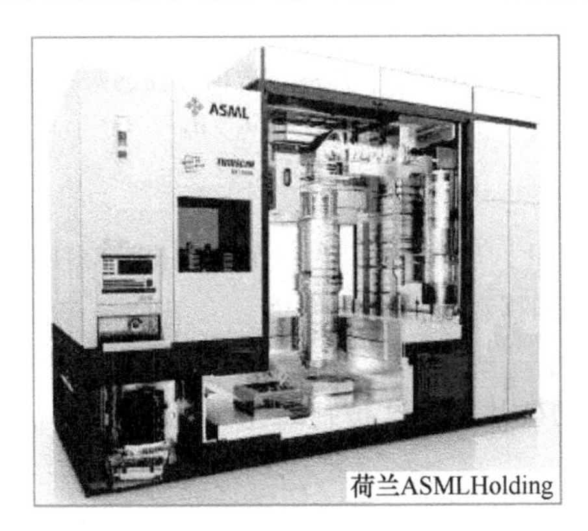

图 13-34 ASML 光刻机（2011）

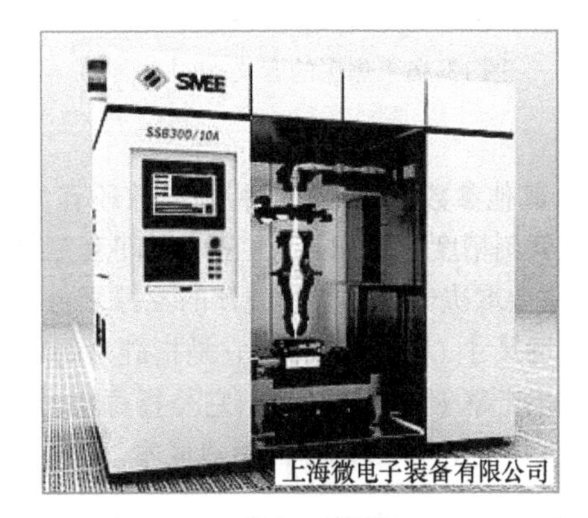

图 13-35 SMEE 光刻机（2013）

案例 13-3 光刻机双工作台。

（5）**参数** 光刻机的主要特性参数有：数值孔径、分辨率、焦深等。

1）**数值孔径**（Numerical Aperture）。它的定义是：物镜与被视物体之间介质的折射率（n）和孔径角（2α）半数的正弦之积。即

$$NA = n\sin\alpha \tag{13-1}$$

式中 n 是折射率；α 是折射角；NA 是一个无量纲的数，是判断物镜性能高低的重要参数，用来衡量物镜能够收集的光的角度范围。孔径角越大，进入物镜的光通量就越大，NA 与物镜的有效直径成正比，与焦点的距离成反比。

2）**分辨率**（Resolution）。它是物镜在被视物面上相邻两点所能分开的最小间距。它是衡量光刻机性能的另一个重要参数，反映物镜可以曝光出来的最小特征尺寸线宽（Critical Dimension Line Width），即光刻机所能分辨和加工的线宽。分辨率的计算公式为

$$R = k\lambda/NA \tag{13-2}$$

式中 k 是与光刻胶相关的常数；λ 是使用光源的波长；NA 是物镜的数值孔径。可见，R 值与 λ 成正比，与 NA 成反比。λ 越小，R 值越小，即 R 越高；NA 越大，R 越小。

3）**焦深**（Depth of Focus）。焦深是指焦点的有效曝光深度，即投影光学系统可清晰成像的尺度范围（见图 13-36）。焦深的计算公式为

$$DOF = k\lambda/NA^2 \tag{13-3}$$

焦深与分辨率、数值孔径的关系如图 13-37 所示。在光刻机对准系统中，焦深越大，越容易进行对准操作。

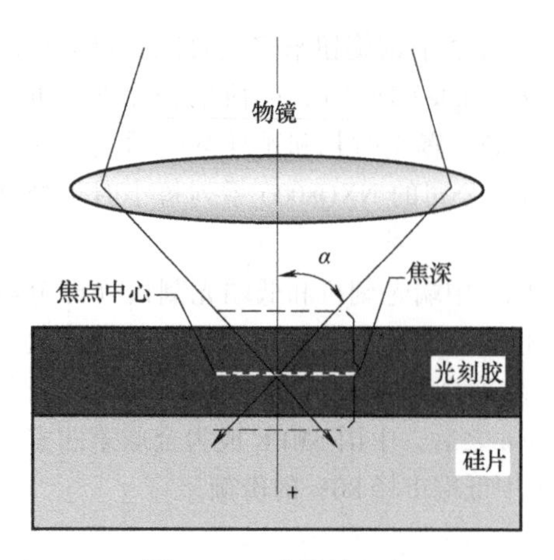

图 13-36 焦深的含义

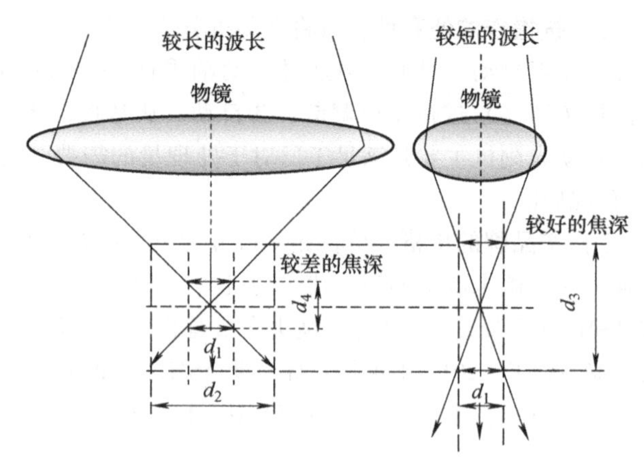

图 13-37 分辨率、焦深、数值孔径的关系

注：若 $d_1=d_2$，则 $d_3>d_4$

4）**其他参数**。光刻机的特性参数还有：

① **套刻精度**（Overlay）。它是层间套刻精度的度量，也是在多层曝光时层间图案的定位精度。它主要取决于掩膜版和硅片的支撑平台图样对准和移动控制精度性能。

② **场尺寸**（Field Size）。它是指硅片的曝光场尺寸。

③ **生产率**（Throughput）。它是指每小时可加工的硅片数。这是判断光刻机性能的一个重要指标，直接决定了 IC 芯片的制造成本。

13.2.3 LIGA 及准 LIGA

（1）**LIGA** 它是三项工艺的统称，即光刻、电铸和注塑（Lithographie Galvanoformung Abformung）三个德文单词的缩写，又称为 X-ray-LIGA。1986 年，德国卡尔斯鲁厄（Karlsruhe）原子核研究中心的埃尔费尔德（W. Ehrfeld）教授等人，首次成功开发了这种非硅基微细加工技术。LIGA 的目的是能够产生高深宽比的三维微结构。

LIGA 的工艺流程如图 13-38 所示。①光刻。在硅片上涂覆光刻胶（厚为 500μm），盖上已刻好图样的金属掩膜版（见图 13-38a）；采用深层同步辐射 X 射线使光刻胶层曝光和显影，将未曝光部分溶解掉，得到光刻胶微结构（见图 13-38b）。②电铸。将金属从电极上沉积在硅片的光刻胶图样的空隙里，将光刻胶图样转化为相反结构的金属图样（见图 13-38c）。此金属微结构可作为最终产品，也可以作为批量复制的微模具（见图 13-38d）。③注塑。将去掉硅片和光刻胶的金属模壳附上带有注入孔的金属板，从注入孔向型腔中注入塑料，冷却后去掉模壳，在金属板上留下塑料微结构（见图 13-38e）。总之，光刻是先制好掩膜版再得到光刻胶微结构；电铸是得到与光刻胶微结构相反的金属微结构；注塑是以金属微结构为模具来批量复制与光刻胶结构相同的塑料微结构。

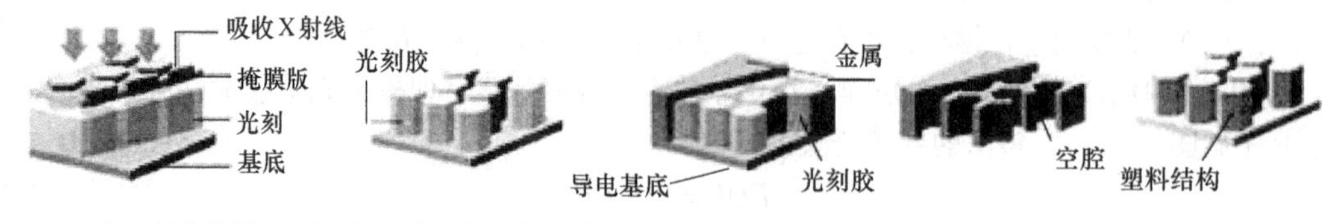

图 13-38 LIGA 的工艺流程

为什么 LIGA 应用如此广泛？LIGA 是目前加工高深宽比微结构最为精确的批量生产技术。最令人感兴趣的是它可以通过复制技术提供各种材料的微结构，尤其是金属和聚合物。同步辐射 X 光源有极高的平行性和辐射强度，并具有连续的光谱，使光刻的几何偏差极小，曝光效率较高，并可在选定的波谱范围内进行加工。这些特点使得同步辐射 X 射线光刻有能力刻划非常精密细微的图样和很厚的抗蚀剂，不仅能加工超大规模集成电路等平面微结构，也能制作具有复杂构造的三维立体结构和器件。普遍认为，同步辐射 X 射线光刻有希望代替光学光刻用于 0.25μm 以下图样的超精密加工。

LIGA 技术的优点、缺点和应用见表 13-7。LIGA 是制造 MEMS 的基本手段。

表 13-7 LIGA 技术的优点、缺点和应用

优点	①微结构的深宽比大，可以制作深宽比为 100、最大深度为 1000 μm 或最小宽度为 1 μm 的微器件。②精度高，沿深度方向有很高的垂直度、平行度和重复精度，加工精度可达 0.1 μm。③适用于多种材料，如金属、陶瓷、玻璃和聚合物等。④可重复复制，符合大量生产要求，可降低生产成本
缺点	①成本高，需使用昂贵的同步辐射 X 射线加速器（且占地面积大），还需特制的 X 射线掩膜版。②得到的形状是柱状，难以加工曲面和斜面的微器件。③不能生成口小肚大的腔体
应用	广泛应用于微型机械、微光学器件、光纤器件、微传感器、医学和生物工程之中

为什么在 LIGA 中 X 射线掩膜版是特制的？因为 X 射线掩膜是关键。由于对 X 射线的聚焦极其困难，X 射线光刻的曝光方式只能采用 1∶1 的投影方式。掩膜要求非常精密，制作起来困难。目前，制作 X 射线掩膜主要依靠电子束光刻机。在同步辐射 X 射线光刻中，由于曝光剂量大，曝光时间长，X 射线掩膜往往产生热变形，这使得掩膜的尺寸受到了限制。

（2）**准 LIGA** 昂贵的同步辐射 X 射线限制了 LIGA 技术的应用。于是出现了一类工艺性与 LIGA 相当，而应用成本更低的光刻光源和（或）掩膜制造工艺的新的加工技术，统称为准 LIGA 技术或 LIGA-like 技术，见表 13-8。

表 13-8 几种准 LIGA 技术的比较

名称	时间	发明者	特征
UV-LIGA	1990	HenryGuckel	用远紫外光的深度曝光来取代 LIGA 工艺中的同步 X 射线曝光。其曝光深度比 X 射线低得多，深宽比＜20。用于型腔深度小于 100μm 的模具制作
Laser-LIGA	1995	W. Ehrfeld	采用波长为 193 nm 的 ArF 准分子激光器直接消融曝光 PMMA 光刻胶来取代同步 X 射线曝光。其精度为微米级，加工准确度受聚焦光斑的影响。深宽比＜10
S-LIGA	1995	H. Guckel	硅面加工和常规 LIGA 相结合的一种牺牲层工艺。其牺牲层用于加工形成与硅片相连或脱离的金属部件。可用于制造活动的微器件
抗蚀剂回流 LIGA	1997	德国微技术研究所（IMT）	与常规 LIGA 的主要区别在于光刻胶显影后的第二次曝光和后续的热处理。用于光学通信、光学存储系统中的微透镜和微透镜阵列
DEM	1998	上海交通大学和北京大学	综合三项工艺：深层蚀刻、微电铸和微复制，用感应耦合等离子体（Inductively Coupled Plasma，ICP）来代替同步 X 射线，用深反应离子蚀刻（Deep Reactive Ion Etching，DRIE）工艺制作掩膜版。其深宽比＞20，一般深度不超过 300μm。成本低，加工周期短
M2-LIGA	1999	Osamu Tabata	用移动掩膜 X 射线深度光刻（Moving Mask Deep X-ray Lithography，M2DXL）代替了常规的静止掩膜 X 射线深度光刻。光刻胶的曝光量随掩膜的移动而变化，便于形成具有不同倾斜度的斜面、锯齿、圆锥或圆台等微结构

表中的准LIGA与LICA的基本工艺过程是类似的。由于准LIGA成本低廉、加工周期短，因而大大扩展了LIGA的应用范围。准LIGA对设备条件要求较低，具有更高的灵活性和实用性，并与集成电路有较好的兼容性。在制作高深宽比的微金属结构时，准LIGA工艺虽达不到LIGA工艺的质量，但也能满足微机械制造中的许多需要。准LIGA的深宽比、侧壁垂直度均不如LIGA好。因此，准LIGA适用于对垂直度和深度要求不太高的微结构加工。

13.2.4　电子束光刻

电子束光刻（Electron Beam Lithography，EBL），是利用电子束曝光机形成微纳结构的一种加工技术。20世纪60年代，该技术是由德国杜平根大学的斯派德尔与默伦施泰特提出的，是基于显微镜发展起来的。电子束光刻的原理是利用具有一定能量的电子与光刻胶碰撞，发生化学反应完成曝光。电子束的波长（3～10 nm）远远小于UV光源的波长，其电子能量（10～50 keV）远高于传统光源，所以电子束曝光的分辨率很高。目前电子束光刻机有两种类型：投影式和直写式。

（1）**投影式**（Electron Projection Lithography，EPL）　即投影电子束光刻。EPL是通过透镜系统将电子束通过掩膜图案平行地缩小投影到表面涂有光刻胶的硅片上，这种方法与光学光刻技术是相同的。图13-39所示为投影式电子束光刻的示意图。阴极是一个光电发射模，它是用碘化铯涂敷在以石英为硅片的铬掩膜上。在铬掩膜上必须先用其他方法制作掩膜图样。紫外光能透过石英而不能透过铬膜，所以当阴极受到紫外光照射时，没有受到铬膜掩蔽的材料碘化铯就发射电子。电子在加速电场和磁场的作用下打到硅片上，使整个硅片上的光刻胶一次同时曝光。用电子束投影曝光机可以复制掩膜和对硅片进行曝光，电子束投影曝光机的分辨率已达到亚微米级，只需几秒钟就能曝光一片直径为100mm的硅片。

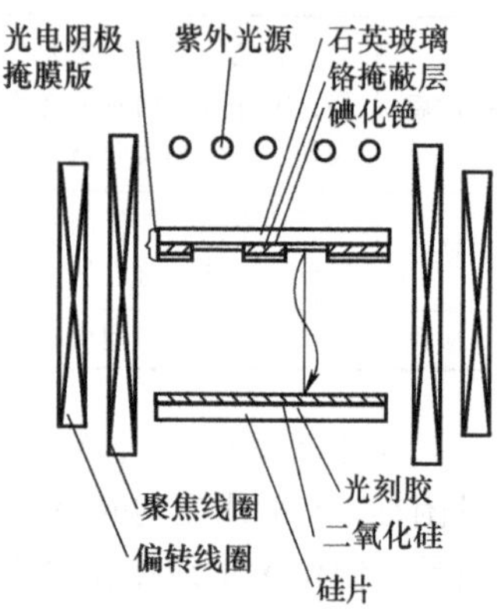

图13-39　投影式电子束光刻

（2）**直写式**（Electron Beam Direct Writing，EBDW）　即扫描式电子束光刻。EBDW是将聚集的电子束直接打在表面涂有光刻胶的硅片上绘制图样。电子束被电磁场聚焦变成微细束后，可以灵活地偏转扫描。所以电子束照到光刻胶上面，不需要掩膜而能够直接把图样写到硅片上。同时，可通过增加电子束辐射波能量来使其波长缩短，所以直写式电子束光刻的分辨率非常高。图13-40所示为直写式电子束光刻的示意图。电子枪采用钨丝或六硼化镧阴极，它发射的电子束在阳极附近形成一个最小截面。该最小截面经2～3级磁透镜缩小成像，便得到一束聚得很细的电子束，在靶面上的束斑直径范围为10～100nm。电子束的通断由静电偏转板控制。在静电偏转板的下面有一个光阑。当偏转板不加电压时，电子束就通过光阑中心的小孔打到靶面上，偏转板加上电压后电子束就偏离光阑中心的小孔而被切断。电子束的扫描由磁偏转和静电偏转系统控制。在计算机控制下，电子束可在单元扫描面积内制作任意图样。由于存在偏转像差，单元扫描面积增大时电子束的尺寸也会随之变大。因此，要保证作图的精度就必须对单元扫描面积加以限制。工件台的运动由激光干涉仪控制，有步进

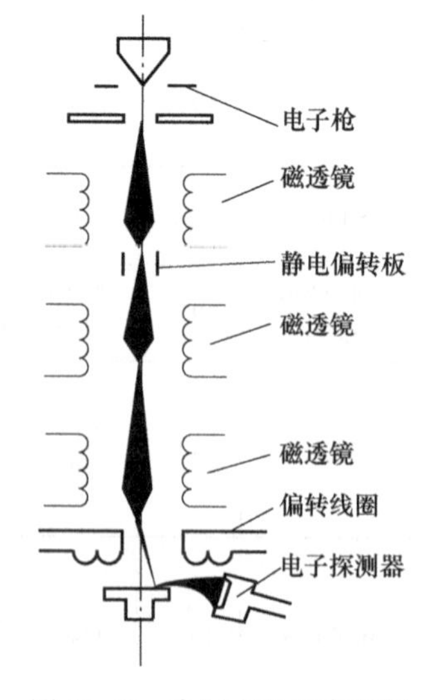

图13-40　直写式电子束光刻

或连续两种运动方式，能高精度地进行图样拼接，以扩大作图范围。

(3) **比较** 两者的区别是，投影式是区域曝光，而直写式是点线曝光。其特点与应用见表13-9。EPL非常适用于制作光学投影光刻模版、设计验证新光刻技术以及实验研究。

表13-9 电子束光刻的特点与应用

类型	投影式	直写式（扫描式）
优点	与光学光刻比，因电子束没有衍射效应而可以将图案做得很小，以提高集成度；分辨率较高，可达0.1μm	不需要昂贵的投影光学系统和费时的掩膜版制备过程，可直接制作各种复杂图样；分辨率很高，最小尺寸可达10nm
缺点	与光学光刻机比，电子束光刻机昂贵。与直写式比，需掩膜版；散射影响成像效果，难以实现高精度对准套刻	曝光时逐点扫描图样，在每个像素点上需停留一定的时间，这限制了曝光速度，生产率很低，难以适应大量生产
应用	用于亚微米图样加工。对于最细线条 < 2μm 的图样，电子束制版已成为制版主要方式；制版周期短	在微电子工业中一般只作为一种辅助技术而存在，主要用于掩膜制备、原型化、小量纳米器件的制备和研发
实例	美国麻省理工学院开发了新的投影式电子束加工设备，用新开发的光刻胶，并把它更薄地涂覆在硅片上，从而减少了电子束散射所带来的邻近效应，大大加快了生产速度	我国台湾第一大集成电路代工厂台积电，开发了一种直写式电子束加工设备，它用几千个电子束形成扫描阵列，大大加快了扫描速度

在超大规模集成电路生产中，为了实现大量生产，可以将光学光刻与EPL相结合，即精度要求比较高的部分用EPL来制作，精度要求不太高的部分用光学投影来制作，以兼顾到经济与高效。EPL的发展方向是尽可能提高曝光速度，以适应大量生产，如采用限角散射电子束投影、成形光斑和单元投影等技术，或者把电子束改成多电子束或者变形电子束，或者采用高灵敏度的光刻胶、高发射度的阴极等。

(4) **多种微电子加工技术的比较** 对于微结构，并非加工精度越高越好，还要考虑价格、周期等因素。能满足微结构要求、价格低、周期短、寿命长的加工方法才是最好的方法。几种微电子加工技术的比较见表13-10。从加工精度和表面质量方面来考虑，LIGA技术最好（加工精度最高，可达到的深宽比最大，模具型腔尺寸最小），其余光刻技术较差。

表13-10 几种微电子加工技术的比较

技术类型	加工方法	深宽比	尺寸精度	表面粗糙度	工艺流程	加工周期	加工成本	适用材料	微结构形状
腐蚀技术	蚀刻	5	较好	一般	复杂	较短	较低	金属、半导体	沟槽线条
光制作技术	LIGA	100	很好	很好	复杂	较长	很高	金属、陶瓷、塑胶	柱状微结构
	UV-LIGA	10	较好	较好	复杂	较长	中等	金属、陶瓷、塑胶	柱状微结构
	电子光刻	10	较好	较好	复杂	较长	较高	金属、陶瓷、塑胶	柱状微结构

13.3 计算机典型部件制造

13.3.1 印制电路板制造

印制电路板（PCB）几乎会出现在每一种电子设备当中，小到电子手表、手机、笔记本式计算机，大到超级计算机、军用武器系统，只要有IC等电子元器件，就要用到PCB。它提供电子元器件固定装配的机械支撑，实现各种电子元器件之间的布线和电气连接或电绝缘，提供所要求的电气特性，为自动锡焊提供阻焊图形，为元器件插装、检查、维修提供识别字符和图形。

（1）**PCB的分类**　其四种分类方法见表13-11。下面只说明减成法和加成法。

1）**减成法**。减成法可细分为以下两类。

表13-11　PCB的分类

分　法	类　别	说　明
按PCB导电结构分	单面PCB	一面集中零件，另一面集中导线（见图13-41a、b），只用于早期的电路
	双面PCB	两面都有布线，两面间通过适当的电路连接（见图13-41c、d），适用于更复杂电路
	多面PCB	通过定位系统及绝缘粘结材料交替在一起，且导电图形按设计要求把多片印制电路互连而成
按PCB导电图形制作方法分	减成法PCB	减成法是指在覆铜箔层压板表面上，有选择性除去部分铜箔来获得导电图形的方法
	加成法PCB	加成法是指在绝缘基材表面上选择性地沉积导电金属形成导电图形的方法
按PCB基材分	有机PCB	常规PCB，主要由树脂、增强材料和铜箔三种材料构成
	无机PCB	通常说的厚薄膜电路，由陶瓷、金属铝等材料构成，广泛用于高频电子仪器
按PCB基材的强度分	刚性PCB	用刚性基材制成
	柔性PCB	用柔性基材制成（见图13-42）
	刚柔性PCB	利用柔性基材，并在不同区域与刚性基材结合制成

a）单面PCB表面

b）单面PCB底面

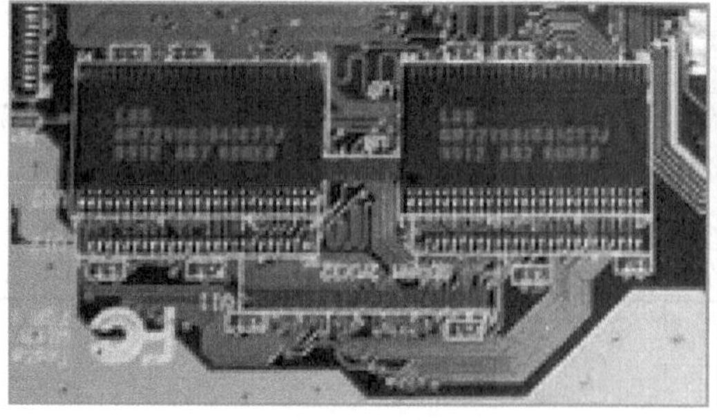

c）双面PCB表面

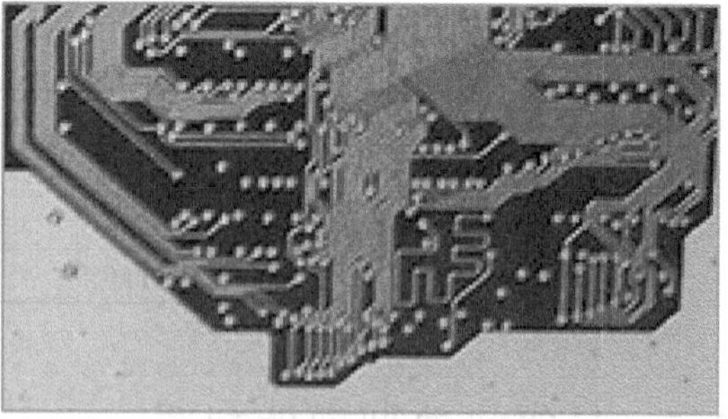

d）双面PCB底面

图13-41　单面PCB与双面PCB

① **非孔化印制板**（Non Plating Through Hole Board）。不采用孔金属化工艺制作。此类印制板可采用丝网印制，然后蚀刻出印制板的方法生产，也可采用光化学法生产。非孔化印制板主要是

单面板，也有少量双面板，主要用于电视机、收音机。

② **孔化印制板**（Plating Through Hole Board）。采用孔金属化工艺制作。又称为穿孔镀印制电路板。孔金属化是指各层印制导线在孔中用化学镀和电镀方法使绝缘的孔壁上镀上一层导电金属使之互相可靠连通的工艺。孔化印制板主要用于计算机、程控交换机、手机等。

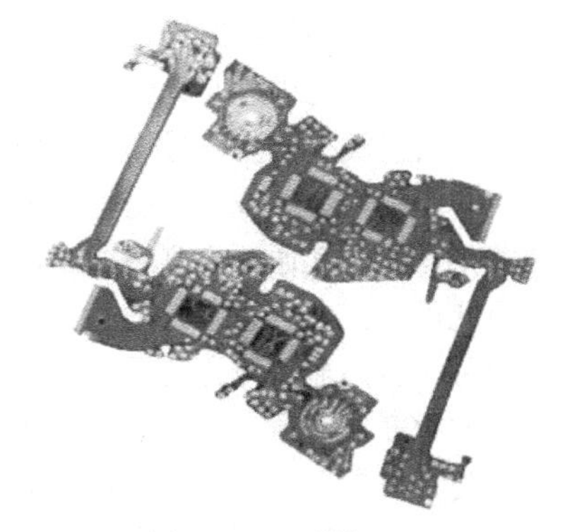

图 13-42　柔性 PCB

2）**加成法**。加成法可细分为以下三类。

① **全加成法**。它是指仅用化学沉铜方法形成导电图形的方法。该工艺采用催化性层压板作基材。工艺流程是：钻孔→成像→增黏处理→化学镀铜→去除抗蚀剂。

② **半加成法**。它是指在绝缘基材表面上，用化学沉积金属，结合电镀、蚀刻或三者并用形成导电图形的方法。该工艺的基材是普通层压板。工艺流程是：钻孔→催化处理和增黏处理→化学镀铜→成像→图形电镀铜→去除抗蚀剂→差分蚀刻。

③ **部分加成法**。它是指在催化性覆铜层压板上，采用加成法制造 PCB。工艺流程是：成像→蚀刻铜→去除抗蚀层→全板涂覆电镀抗蚀剂→钻孔→孔内化学镀铜→去除电镀抗蚀剂。

（2）**PCB 的制造工艺**　图 13-43 所示为 PCB 的生产流水线。PCB 的生产过程较为复杂，它涉及的工艺范围较广，从简单的机械加工到复杂的机械加工，既有普通的化学反应，又有光化学、电化学、热化学等工艺，CAD 等多方面的知识。其生产过程是一种非连续的流水线形式，任何一个环节出问题都会造成全线停产或产品大量报废的后果。下面分别给出单面 PCB、双面 PCB 和普通多层板的工艺流程。

图 13-43　PCB 生产流水线

1）**单面 PCB 刚性印制的工艺流程**。单面覆铜板→下料→（刷洗、干燥）→钻孔或冲孔→网印线路抗蚀刻图形或使用干膜→固化检查修板→蚀刻铜→去抗蚀印料、干燥→刷洗、干燥→网印阻焊图形（常用绿油）、UV 固化→网印字符标记图形、UV 固化→预热、冲孔及外形加工→电气开、短路测试→刷洗、干燥→预涂助焊防氧化剂（干燥）或喷锡热风整平→检验包装→成品出厂。

2）**双面 PCB 刚性印制的工艺流程**。双面覆铜板→下料→叠板→数控钻导通孔→检验、去毛刺、刷洗→化学镀（导通孔金属化）→（全板电镀薄铜）→检验刷洗→网印负性电路图形、固化（干膜或湿膜、曝光、显影）→检验、修板→线路图形电镀→电镀锡（抗蚀镍/金）→去印料（感光膜）→蚀刻铜→（退锡）→清洁刷洗→网印阻焊图形常用热固化绿油（贴感光干膜或湿膜、曝光、显影、热固化，常用感光热固化绿油）→清洗、干燥→网印标记字符图形、固化→（喷锡或有机保焊膜）→外形加工→清洗、干燥→电气通断检测→检验包装→成品出厂。

3）**贯通孔金属化法制造多层板 PCB 的工艺流程**。内层覆铜板双面开料→刷洗→钻定位孔→贴光致抗蚀干膜或涂覆光致抗蚀剂→曝光→显影→蚀刻与去膜→内层粗化、去氧化→内层检查→外层单面覆铜板线路制作→B 阶粘结片制作→板材粘结片检查→钻定位孔→层压→数控制钻孔→孔检查→孔前处理与化学镀铜→全板镀薄铜→镀层检查→贴光致耐电镀干膜或涂覆光致耐电镀剂→面层底板曝光→显影、修板→线路图形电镀→电镀锡铅合金或镍/金镀→去膜与蚀刻→检查→网印阻焊图形或光致阻焊图形→印制字符图形→热风整平或有机保焊膜→数控铣外形→清洗并干燥→电气通断检测→检验包装→成品出厂。

由此可见，多层板工艺是从双面孔金属化法基础上发展来的。它除了继承双面工艺外，还有几个独特内容：金属化孔内层互连、钻孔与去环氧沾污、定位系统、层压、专用材料。

（3）**PCB 的装配**　我们常见的电脑板基本上是玻璃布基双面 PCB，其中有一面是插装元件，另一面为元件脚焊接面，这些焊点的元件脚分立焊接面称为焊盘。在 PCB 上，除了需要锡焊的焊盘等部分外，其余部分的表面都覆盖有一层耐波峰焊的阻焊膜。其作用是防止波峰焊时产生桥接现象，提高焊接质量和节约焊料等。因表面阻焊膜多数为绿色，有少数采用黄色、黑色、蓝色等，所以通常把阻焊膜称为绿油。它也是 PCB 的永久性保护层，能起到防潮、防腐蚀、防霉和防机械擦伤等作用。绿色阻焊膜的表面光滑明亮，不但外观比较好看，而且其焊盘精确度较高，从而提高了焊点的可靠性。

PCB 元件的安装方式有如下两种：

1）**插入式安装技术**（Through Hole Technology，THT）。它是将电子元件安置在板子的一面，并将接脚焊在另一面上的安装技术。安装好的零件称为 THT 零件（见图 13-44）。安装时，需将元件插入 PCB 的导通孔里。

图 13-44　THT 零件（焊接在底部）

双面 PCB 的导通孔有四种：①单纯的元件插装孔。②元件插装与双面互连导通孔。③单纯的双面导通孔。④基板安装与定位孔。

THT 零件通常都用波峰焊接（Wave Soldering）方式来焊接，这可以让所有零件一次焊接上 PCB。首先将接脚切割到靠近板子，并且稍微弯曲以让零件能够固定。接着将 PCB 移到助溶剂的水波上，让底部接触到助溶剂，这样可以除去底部金属上的氧化物。在加热 PCB 后，将其移到熔化的焊料上，再与底部接触后焊接就完成了。

2）**表面粘贴式安装技术**（Surface Mounted Technology，SMT）。使用 SMT 安装的零件称为 SMT 零件（见图 13-45）。其接脚焊在与零件的同一面（见图 13-46）。这种技术不需要为了焊接每个接脚而都在 PCB 上钻孔。因为焊点和零件的接脚非常小，要用人工焊接实在非常难，所以组装都是用全自动设备完成的。

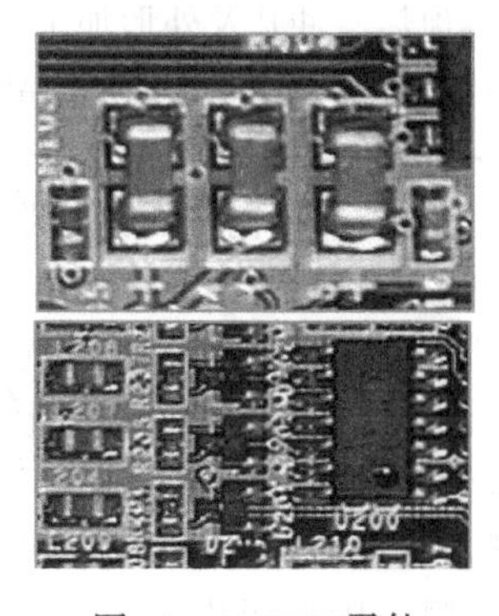

图 13-45　SMT 零件

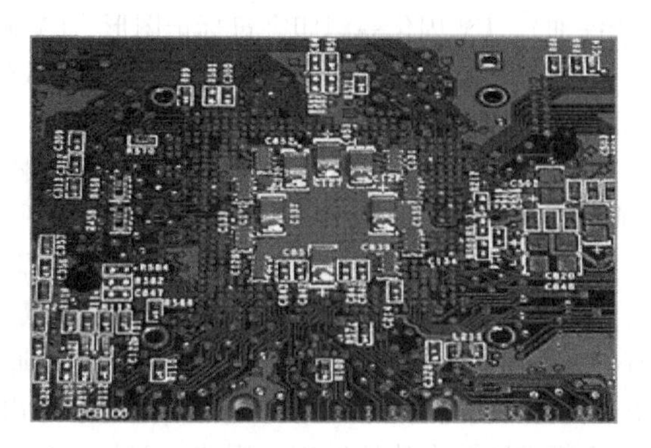

图 13-46　SMT 零件焊在 PCB 上的同一面

自动焊接SMT零件的方式称为再流回焊接（Over Reflow Soldering）。用含有助溶剂与焊料的糊状焊接物焊接，在零件安装在PCB上后先处理一次，经过PCB加热后再处理一次，待PCB冷却之后焊接就完成了。

SMT的一个分支是芯片直接安装方式。它是将芯片直接粘在印制板上，再利用线焊法或载带法、倒装法、梁式引线法等封装技术互联到印制板上，其焊接面就在元件面上。

3）**SMT与THT的比较**。SMT的优点是：①由于PCB大量消除了导通孔或埋孔互联技术，提高了PCB上的布线密度，减小了PCB面积（一般为THT安装的1/3），减轻了重量，提高了抗振性能。②采用胶状焊料及焊接新技术，提高了产品质量和可靠性。③由于布线密度提高和引线长度缩短，减少了寄生电容和寄生电感，更有利于提高PCB的电参数。④更易实现安装自动化，提高了效率，降低了成本。

THT是传统安装方式。与SMT零件相比，THT零件的优点是：与PCB连接的构造较好；缺点是：①THT零件需为每只接脚钻一个孔。②它们的接脚实际占用了两面的空间。③焊点也较大。总之，SMT的安装效率和质量更高，成本更低。

13.3.2　CPU制造

下面将介绍中央处理器（CPU）从一堆沙子到一个功能强大的IC芯片的全过程。

1. CPU的原料

CPU的主要原料是硅，除硅之外，制造CPU还需要金属材料铝或铜。在CPU工作电压下，铝的电迁移特性一般要明显好于铜。所谓电迁移，就是指当大量电子流过一段导体时，导体物质原子受电子撞击而离开原有位置，留下空位，空位过多则会导致导体连线断开，而离开原位的原子停留在其他位置，会造成其他地方的短路从而影响芯片的逻辑功能，进而导致芯片无法使用。但是，从另一方面讲，应用铜互连技术可以减小芯片面积，同时由于铜导体的电阻更低，其上电流通过的速度也更快。除了这两种材料之外，芯片还需要一些种类的化学原料。

2. CPU原料准备

原材料中的一部分需要进行一些预处理工作。而作为最主要的原料，硅的处理工作至关重要。硅预处理的工作步骤如下。

（1）**提纯硅锭**　首先，硅原料要进行化学提纯，这一步是先熔化硅原料，再将液态硅注入大型高温石英熔炉而完成熔化。为了达到高性能处理器的要求，整块硅原料必须高度纯净，即单晶硅。然后，采用旋转拉伸的方式将硅原料从高温容器中取出，得到一个圆柱体硅锭。

（2）**切割晶圆**　在制成硅锭并被整型成一个完美的圆柱体之后，用机器将硅锭切成事先确定规格的片状（称为晶圆）。再将其划分成多个细小的区域，每个区域都将成为一个芯片的内核（Die）。一般来说，切片越薄，用料越省，自然可以生产的处理器芯片就越多。切片还要镜面精加工的处理来确保表面绝对光滑，之后检查是否有扭曲或其他问题。

（3）**掺杂与刻划**　新的切片中要掺入一些物质而使之成为真正的半导体材料，而后在其上刻划代表着各种逻辑功能的晶体管电路。掺入的物质原子进入硅原子之间的空隙，彼此之间发生原子力的作用，从而使硅原料具有半导体的特性。

（4）**生成二氧化硅层**　在掺入化学物质的工作完成之后，标准的切片就完成了。然后将每一个切片放入高温炉中加热，通过控制加温时间使切片表面生成一层二氧化硅膜。通过密切监测温度、空气成分和加温时间，可控制该二氧化硅层的厚度。在90nm制程工艺中，二氧化硅膜的厚度为5个原子的厚度。

（5）**覆盖感光层**　准备工作的最后工序是在二氧化硅层上覆盖一个感光层，这层物质是为在二氧化硅层上进行光刻而准备的。这层物质在干燥时具有很好的感光效果，而且在光刻过程结束之后，能够通过化学方法将其溶解并除去。

3. CPU的制造过程

（1）**光刻** 这是目前CPU制造过程中工艺非常复杂的一步，通过使用一定波长的光在感光层中刻出相应的刻痕，由此改变该处材料的化学特性。这项技术对于所用光的波长要求极为严格，需要使用短波长的紫外线和大曲率的透镜。光刻过程还会受到晶圆上的污点的影响。每一步光刻都是一个复杂而精细的过程，设计每一步过程所需要的数据量都可以用10GB的单位来计量，而且制造每块处理器所需要的光刻步骤都超过20步（每一步进行一层光刻）。光刻工作全部完成之后，晶圆被翻转过来。短波长光线透过石英模板上镂空的刻痕照射到晶圆的感光层上，然后撤掉光线和模板。通过化学方法除去暴露在外边的感光层物质，而二氧化硅马上在镂空位置的下方生成。

（2）**掺杂** 在残留的感光层物质被去除之后，剩下的就是充满沟壑的二氧化硅层以及暴露出来的在该层下方的硅层。在这一步后，另一个二氧化硅层制作完成。接着，加入另一个带有感光层的多晶硅层（多晶硅是门电路的另一种类型）。由于此处用到了金属原料（因此称为金属氧化物半导体），多晶硅允许在晶体管队列端口电压起作用之前建立门电路。感光层同时还要被短波长光线透过掩膜蚀刻。再经过一步光刻，所需的全部门电路就基本成形了。然后，要对暴露在外的硅层通过化学方式进行离子轰击，其目的是生成N沟道或P沟道。这个掺杂过程创建了全部的晶体管及彼此间的电路连接，每个晶体管都有输入端和输出端，两端之间称为端口。

（3）**重复加层与光刻** 从这一步起，将持续添加层级，加入一个二氧化硅层，然后光刻一次。重复这些步骤，之后就出现了一个多层立体架构（见图13-47），这种含多晶硅和硅氧化物的沟槽结构，就是目前使用的处理器芯片的萌芽状态了。在每层之间都要采用金属涂膜技术进行层间的导电连接。Pentium 4处理器采用了七层金属连接，而Athlon64采用了九层，所用层数取决于最初的版图设计，并不直接代表着最终产品的性能差异。而CPU版图设计的层数主要考虑芯片的晶体管布局、晶体管规模和通过的电流大小。

（4）**测试** 接下来的几个星期就需要对晶圆进行一关接一关的测试（见图13-48），包括检测晶圆的电学特性，看是否有逻辑错误，如果有，检查是在哪一层出现的等。而后，晶圆上每一个出现问题的芯片单元将被单独测试来确定该芯片是否有特殊加工需要。随后，整片的晶圆被切割成一个个独立的处理器芯片单元。

图13-47 多层立体架构

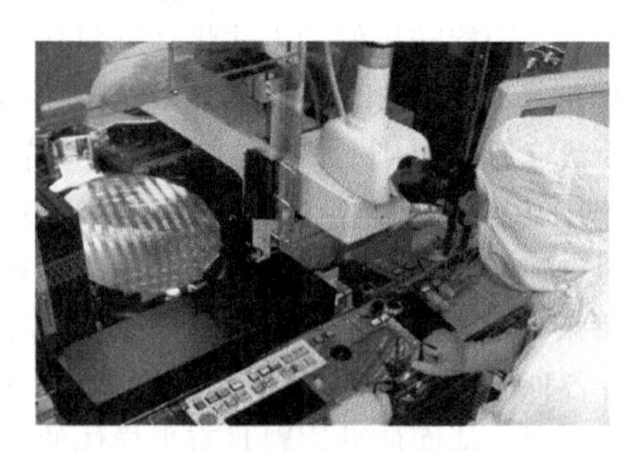

图13-48 晶圆检测

在最初测试中，那些检测不合格的单元将被遗弃。这些被切割下来的芯片单元将被采用某种方式进行封装，这样它就可以顺利地插入某种接口规格的主板了。大多数Intel和AMD公司的处理器都会被覆盖一个散热层。

在处理器成品完成之后，还要进行全方位的芯片功能检测。这一步会产生不同等级的产品，

一些芯片的运行频率相对较高，于是打上高频率产品的名称和编号，而那些运行频率相对较低的芯片则加以改造，打上其他的低频率型号。这就是不同市场定位的处理器。而还有一些处理器可能在芯片功能上有一些不足之处。比如它在缓存功能上有缺陷（这种缺陷足以导致绝大多数的 CPU 瘫痪），那么它们就会被屏蔽掉一些缓存容量，降低了性能，当然也就降低了产品的售价。

（5）**封装**　晶圆还不能直接被用户使用，必须将它封入一个陶瓷的或塑料的封壳中，这样它就可以很容易地装在一块电路板上了。封装结构各有不同，但越高级的芯片封装也越复杂，新的封装技术往往能带来芯片电气性能和稳定性的提升，并能间接地为主频的提升提供坚实可靠的基础。在 CPU 的包装过程完成之后，许多产品还要再进行一次测试来确保先前的制程无一疏漏，且产品完全遵照规格所述，没有偏差。

13.3.3　硬盘制造

硬盘（Hard Disk，HD），即硬驱动器，或硬盘存储器。它是集精密机械、微电子电路、电磁转换为一体的计算机存储设备，主要用于保存计算机的系统资源和运行时需要的数据及运算结果。这些因素使硬盘在计算机中成为最为重要的一个硬件设备。

（1）**硬盘的分类**

1）**按工作原理分**。硬盘有三种：①机械硬盘（Hard Disk Drive，HDD 或 Mechanical Hard Disk），全名为温彻斯特式硬盘，是传统硬盘。它采用磁性盘片来存储。②固态硬盘（Solid State Disk，SSD），是新式硬盘。它采用闪存颗粒来存储。③混合硬盘（Hybrid Hard Disk，HHD），是基于传统硬盘把磁性盘片和闪存集成到一起的一种硬盘。它是介于 HDD 和 SSD 中间的一种解决方案。

2）**按外形尺寸分**。目前硬盘有三种：①3.5in（1in = 25.4mm）台式机硬盘。②2.5in 笔记本硬盘。③1.8in 超薄笔记本硬盘。此外，以前的硬盘尺寸还有 5.25in，1.3in，1.0in 和 0.85 in。

（2）**硬盘的制造过程**　因为硬盘中磁头同盘片之间的距离很小，一般来说只有万分之一毫米，这个距离比灰尘来得更小，因此生产硬盘必须在超尘的情况下进行（见图 13-49）。并且安装硬盘时的气压有个绝对值要求，如果不在这个条件下安装，硬盘的可靠性就得不到保障。

图 13-49　硬盘的自动装配生产线

硬盘的生产工艺流程是：制作硬盘底座和线路板→安装盘片电动机→安装软盘→装配磁头→上盖密封→对线路板覆盖屏蔽层→上硬盘底盖→质检。

案例 13-4　Seagate 公司酷鱼 IV 硬盘的生产过程。

复习思考题

1. 芯片制造的主要工艺流程分为哪几步？
2. 光刻的定义和目的是什么？对光刻工艺的基本要求是什么？
3. 光刻的三要素是什么？
4. 正胶和负胶的差异是什么？
5. 光刻的基本步骤是什么？每一步的目的是什么？
6. 光刻机的指标是什么？试找出与硅片质量相关性最高的两项指标。

7. 提高光刻分辨率的途径有哪些？
8. LIGA 的工艺原理是什么？
9. 为什么准 LIGA 达不到 LIGA 的质量？开发准 LIGA 新工艺的目的是什么？
10. 两种电子束光刻技术的优缺点各是什么？
11. 印制电路板是如何分类的？
12. 说明制造印制电路板的基本工艺流程。
13. 印制电路板有哪些装配方法？试比较各种方法的优缺点。
14. 简述计算机硬盘的制造过程？
15. CPU 制造过程中的主要工作内容是什么？
16. 简述硬盘的类型和硬盘的生产过程。
17. 阅读下面材料，结合本章内容给出你的看法。

智能手机 iPhone 使用的 A4 芯片由英国 ARM（Advanced RISC Machine）提供芯片核心知识产权，然后由苹果公司的工程师开发出适合苹果产品的芯片，最后在韩国三星公司的半导体工厂里代工。iPhone 使用安卓（android）开发的基于 Linux 开放性内核心的操作系统。各种精密的零部件从世界各地的工厂运往中国：韩国 LG 公司生产着 iPhone 上最贵的显示屏，日本村田制作所生产着 iPhone 上的传感器，德国英飞凌公司生产着 iPhone 的数字基带、射频收发器和电源管理器件，中国台湾的 TPK 公司和胜华公司生产着 iPhone 的触摸屏……这些零部件最后汇集到中国深圳，在那里的富士康巨型代工厂里组装成 iPhone 成品。包装一新的 iPhone 坐上联邦快递的飞机，飞往世界各地的 iPhone 卖场。

第 5 篇

前沿技术

篇首导语

先进制造技术是当前世界各国研究和发展的主题，是我国经济获得成功的关键因素。先进制造模式表现为先进制造系统的集成管理技术，而先进制造技术表现为制造系统的单元技术和新一代信息通信技术。先进制造技术是多技术融合的技术，其内涵就是“制造技术” + “信息技术” + “管理科学”，再加上其他相关的前沿技术融合而形成的交叉技术。从功能上来看，先进制造技术包括基础技术群、主体技术群和前沿技术群。

本篇将主要介绍先进制造技术的前沿技术群的四类技术和强国制造战略这四类技术为：微纳制造技术、增材制造技术、生物制造技术、新一代信息通信技术。

本篇分为以下 5 章：

第 14 章　微纳制造，这是材料科学、纳米技术与制造技术相融合的先进技术。主要包括微纳制造的发展与原理、纳米加工技术和纳米压印技术。

第 15 章　增材制造，这是计算机、激光、材料、精密机械等多学科相融合的先进技术，被称为实现第三次工业革命的“战略级技术”。主要包括快速成形、3D 打印技术。

第 16 章　生物制造，这是生物技术与制造技术相融合的先进技术。主要包括生物体和类生物体制造，生物医学器件和装备制造，以生物系统为执行载体的制造，仿生材料、结构和器件制造，生物 3D 打印技术。

第 17 章　制造信息通信技术，这是信息技术与制造技术相融合的先进技术。主要包括物联网、云制造、大数据和赛博物理系统。

第 18 章　基于互联网的制造业，包括美国工业互联网，德国工业 4.0，强国制造战略对比，共享制造。这些内容以先进制造技术为基础，与新一代信息通信技术有密切联系，也是先进制造系统的前沿内容。

第14章 微纳制造

微纳制造（Micro Nano Manufacturing，MNM），是研究“微纳系统”的设计和制造的新学科。微纳制造与超精密加工密切相关，超精密加工技术是微纳制造的基础。超精密加工的重点是实现高精度制造（High Precision Manufacturing）；微纳制造的重点是实现微尺度制造（Microscale Manufacturing）。微纳制造是现代高技术竞争的前沿技术。

21世纪新产业革命的主导技术将是纳米技术。纳米技术是指与纳米级的材料、设计、加工、测量、控制和产品相关的技术。1959年，著名物理学家、诺贝尔奖获得者理查德·费曼预言，人类可以用小的机器制作更小的机器，最后将变成根据人类意愿，逐个地排列原子，制造“产品”，这是关于纳米技术最早的梦想。

随着制造能力提高与研究对象拓展，微纳制造已成为引领工程应用领域发展的新技术。微纳制造也是先进制造工艺技术之一。其研究对象是微纳系统，应用重点是微纳加工技术。微纳制造的零件通常需要用显微镜来观察。微米加工（Micro Machining）是指对小型（结构尺寸在1mm以下）工件进行的加工。纳米加工（Nano Machining）是指对纳米级（结构尺寸在0.1～100nm内）工件进行的加工，它代表了当前制造技术的最高精度水平。

本书已在第12章介绍了机械领域微米级的微细加工技术，已在第13章介绍了微电子领域微米级的光刻加工技术。本章将进一步介绍微纳制造的基本原理，汇总多种类型的纳米加工工艺（平面工艺、探针工艺、模型工艺），重点介绍纳米压印技术。

14.1 微纳制造概述

案例14-1 纳米电机与微机器人。

14.1.1 微纳系统的概念

1）**定义**。微纳系统（Micro Nano Systems），是指集成了微电子和微机械（或光学、化学、生物等微元件）的系统。它利用批量化的微电子技术和三维加工技术来完成信息获取、处理及执行等功能。

微纳系统的名称并不统一。在欧洲，它被称为微系统（Micro-Systems）；在日本，被称为微机械（Micromachine）；在美国，则被称为微机电系统（Micro Electro-Mechanical Systems，MEMS）。

2）**类型**。按特征尺寸（Critical Dimension，CD），可将微纳系统分为三类：1～10mm的微小系统，1～1000μm的微米系统，1～1000nm的纳米系统。

3）**特点**。微纳系统的特点是：①体积小（特征尺寸范围为：1nm～10mm）、重量轻、耗能低、性能稳定。②有利于大量生产，降低生产成本。③惯性小、谐振频率高、响应时间短。④集约高技术成果，附加值高。

4）**目的**。微纳系统的目的，不仅在于缩小尺寸和体积，而且在于通过微型化、集成化来搜索新原理、新功能的元件和系统，形成批量化新产业。

14.1.2 微纳制造的体系

（1）**微纳制造的概念** 微纳制造（Micro Nano Manufacturing，MNM），是研究特征尺度在微米、纳米范围的功能结构、器件与系统设计和制造的一门交叉学科。

如图14-1所示，微纳制造将机械、电子、光学等有机地交织在一起，发展出微/纳机电系统（Micro/Nano Electro Mechanical System，MEMS/NEMS）、微/纳光机电系统（Micro/Nano Optic Electro Mechanical System，MOEMS/NOEMS）。由于一个完整的电子系统总有机械部分，所以在微电子基础上发展了微机电系统（MEMS）；相应地在纳米电子学的基础上要发展纳米机电系统（NEMS）。近年来，微纳制造的研究尺度范围不断延伸，纳米结构的维度从一维纳米尺度逐渐向二维、三维纳米尺度方向拓展，被加工的材料也由传统的金属、无机材料向有机材料、复合材料发展。

（2）**微纳制造的学科体系** 微纳制造包括微米制造和纳米制造。它涉及材料、设计、加工、封装和测试等方面的问题，形成了如图14-2所示的学科体系。其变化特征如下：

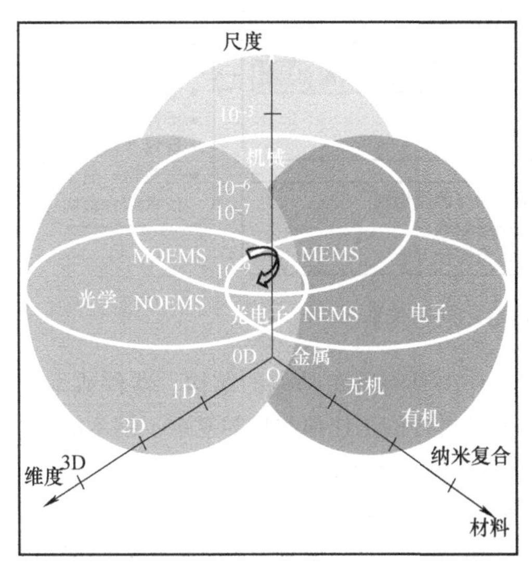

图14-1 微纳制造与主要相关学科的关系

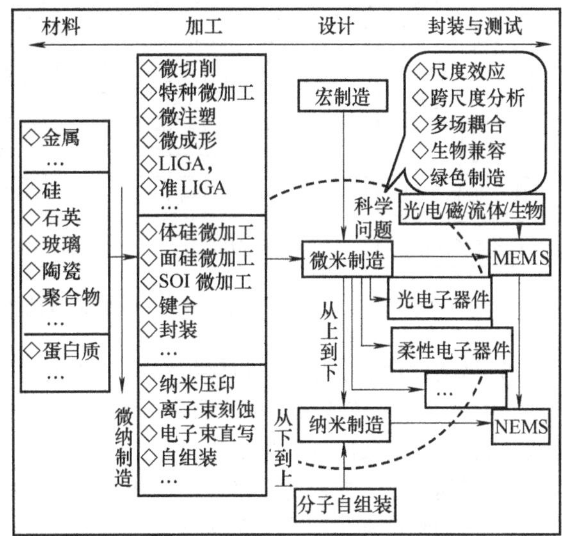

图14-2 微纳制造的学科体系结构

1）**加工对象**。从硅基材料发展到金属、石英、玻璃、陶瓷、聚合物、功能材料等，并向生物细胞、基因、蛋白质方面的应用发展，产生了多种加工和操作方法。

2）**加工方法**。由微米尺度发展到纳米尺度，出现了“从上到下”（Top-down）的微米加工、“从下到上”（BottoM-up）的纳米加工，以及两者相结合的微/纳复合加工等方法。“从上到下”是指在一个表面刻出纳米结构或向该表面加入大团分子，即从大到小：固体→微米颗粒→纳米颗粒；“从下到上”是指利用自组装将原子或分子组装成纳米结构，即从小到大：原子→团簇→纳米颗粒。目前主要采用两种方法：一是人工实现单原子操纵和分子手术；二是各种体系的分子自组装技术。微纳加工技术是一项涵盖门类广泛并且仍在不断发展的技术，前文介绍的微机械加工和微电子加工都是较为成熟的微纳加工技术。曾有人总结出多达60种的微纳加工方法。

3）**主要问题**。由于结构/器件的尺度从微米延伸到纳米，纳米效应（表面效应、小尺度效应、量子尺度效应、宏观量子隧道效应）起主导作用，以及机械、电磁、热、流体等多场的耦合作用，带来了尺度效应、跨尺度分析、多场耦合、生物兼容等新问题，使微纳设计、操作、封装、测试与表征方面的技术内涵发生了相应的变化，需要新的思维方式。

① 微米制造微米制造。主要指微机械加工和微电子加工的制造过程。微机械加工技术用于具有毫米级微结构的零件加工，加工精度在100nm以下；微电子加工主要用于具有微米级微结构的零件加工，加工精度达10nm以下。从加工对象来看，微机械加工材料不受限制，可加工真三维曲面。微电子加工材料以硅、金属和塑料等材料的二维或者准三维加工为主，其特点是以微电子及其相关技术为核心技术，批量制造，易于与电子电路集成。

② 纳米制造纳米制造。是构建适用于跨尺度（宏观、介观和微观）集成的，可提供具有特定功能的产品和服务的纳米尺度维度（一维、二维和三维）的结构、特征、器件和系统的制造过程。它包括纳米压印、离子束直写刻蚀、电子束直写刻蚀和自组装等制造技术。

14.1.3　微纳制造的过程

（1）**微纳制造的过程与装备**　从制造过程看，微纳制造技术主要包括五个方面：微纳设计，微纳加工，微纳测试和表征，微纳操作、装配和封装，微纳制造装备，如图14-3所示。

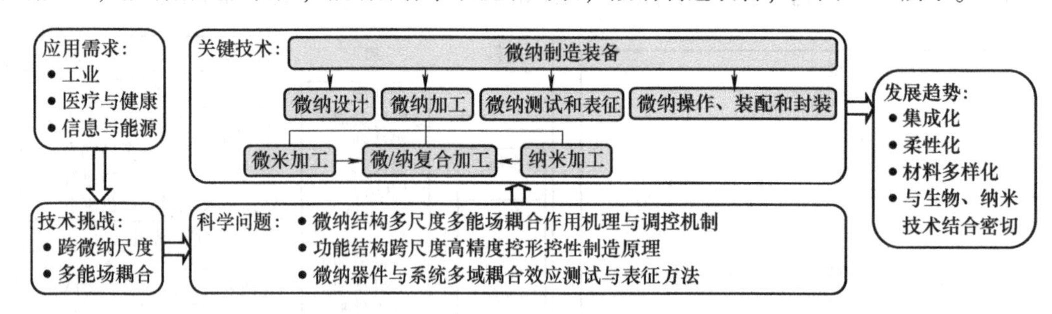

图14-3　微纳制造技术内容之间的关系

1）**微纳设计**。它主要是以微纳结构为研究对象设计出具有特定功能的结构、器件或系统。机械、电磁、热、流体等多场的综合工作模式，导致微纳构件的工作荷载更为复杂。纳米的尺度效应、表面/界面效应以及量子效应等，已成为影响构件性能的主要因素。

2）**微纳加工**。它起源于半导体制造工艺，已成为实现微纳系统不可缺少的关键技术。

3）**微纳测试和表征**。它是在纳米及亚纳米精度下揭示尺度效应、表面/界面效应以及微纳构件功能的测量理论与方法，也是微纳构件系统制造质量水平控制的支撑手段。

4）**微纳操作、装配和封装**。它是指通过施加外部能场实现对微纳米尺度构件的推/拉、拾取/释放、定位、定向等操纵、装配与封装等作业，以及对细胞、基因、蛋白质等生物粒子的操纵。

5）**微纳制造装备**。它是制造微纳结构与系统的重要手段，实现对微纳构件的加工、操作、装配与封装以及测试等。微纳制造装备包括微纳加工、操作、封装、测试等微纳制造过程的装备。

（2）**微纳加工技术的分类**　其分类方法有以下几种。

1）**按技术属性可分为两类**：①微机械加工。如微细车削、微细冲压等。②微电子加工。如刻蚀技术、光刻技术等。

2）**按特征尺寸分为四类**：①微米加工（Micro Machining）。它是指微米尺度的加工技术。其加工对象一般为特征尺寸在1mm以下的小型工件，如传统半导体加工。②亚微米加工（Micro Machining）。它是指尺度介于微米与纳米之间的加工技术。其加工对象一般为特征尺寸在0.1～1μm的纳米器件。③纳米加工（Nano Machining）。它是指纳米尺度的加工技术。其加工对象一般为特征尺寸在0.1～100nm的纳米器件。④微/纳复合加工。它是把不同尺度的结构、器件和系统加工集成于一体的加工技术。微/纳复合加工包括两种工艺：一是纳米加工与微米加工结合；二是纳米材料与微米加工结合。

3）**按加工原理可分为四类**：①分离加工。将材料的某一部分分离出去的加工方式，如分解、蒸发、溅射、切削、破碎等。②接合加工。同种或不同材料的附和加工或相互结合加工方式，如蒸镀、淀积、生长等。③变形加工。使材料形状发生改变的加工方式，如塑性变形加工、流体变形加工等。④改性加工。材料处理或改性和热处理或表面改性等。

（3）**键合技术**（Bonding technique） 它是一种把两个固体部件在一定的温度与电压下直接键合在一起的封装技术。其间不用任何粘结剂，在键合过程中始终处于固相状态。它主要通过加电、加热或加压的方法，将硅片与硅片、硅片与玻璃或其他材料融合到一起。硅片键合往往与表面硅加工、体硅加工相结合，用在微纳系统的加工工艺中。通常先进行硅片加工，装配好各个微结构后实施键合工艺，以造出三维结构，它适合批量生产。常见的键合方法有三种：金-硅共熔键合、硅-玻璃静电键合、硅-硅直接键合。

14.2 纳米加工技术*

制造业一直归属于工程学领域，而纳米加工却超越了这一范畴。原子间的距离为0.1～0.3μm，纳米加工欲得到1nm的加工精度，其物理实质是要切断原子间的结合，实现原子或分子的去除。切断原子间的结合所需的能量密度是很大的。一旦控制精度到纳米、原子程度，就必须正确了解和运用相关的物理和化学基础。纳米加工就是通过大规模平行过程和自组装方式，集成具有从纳米到微米尺度的功能器件和系统，实现对功能性纳米产品的可控生产。一般纳米加工形成的部件或结构本身的尺寸都在微米或纳米量级。除了扫描微探针加工技术之外，大多数纳米加工技术是在微米加工技术基础上发展起来的。因此微米加工与纳米加工是不可分割的。

按工艺特征不同，将纳米加工分为四大类：平面工艺、探针工艺、模型工艺和复合工艺。

14.2.1 平面工艺*

平面工艺（Planar Process），是最早（20世纪60年代）开发的，目前应用最广泛的，基于传统半导体加工的微纳加工技术。

（1）**分类** 集成电路（IC）制造的平面工艺可分为四类：

1）**薄膜沉积**。薄膜包括各种氧化膜、多晶硅膜、金属膜等。金属连线、晶体管栅极、掺杂掩膜、绝缘层、隔离层、钝化层等，这些都是IC的基本组成部分。材料沉积技术包括热蒸发沉积、化学气相沉积或电铸沉积。

2）**图样化**。它是在硅片和沉积的薄膜上形成各种电路图样。它包括光刻和刻蚀。IC的结构是通过图样化实现的。图样化是平面工艺的核心。

3）**掺杂**。晶体管的载流子区通过掺杂形成。掺杂包括热扩散掺杂和离子注入掺杂。

4）**热处理**。离子注入后通过热处理可以恢复由离子轰击造成的晶格错位。热处理也可以使沉积的金属膜与硅片合金化，形成稳固的导电层。

（2）**过程**　平面工艺的基本过程如图14-4所示，涂胶→曝光→显影→蚀刻。首先将一层光敏物质感光，通过显影使感光层受到辐射的部分或未受到辐射的部分留在硅片材料表面，它代表了设计的图案。然后通过材料蚀刻或沉积将感光层的图案转移到硅片材料表面。通过多层曝光、蚀刻或沉积，复杂的微纳米结构可以从硅片材料上构筑起来。

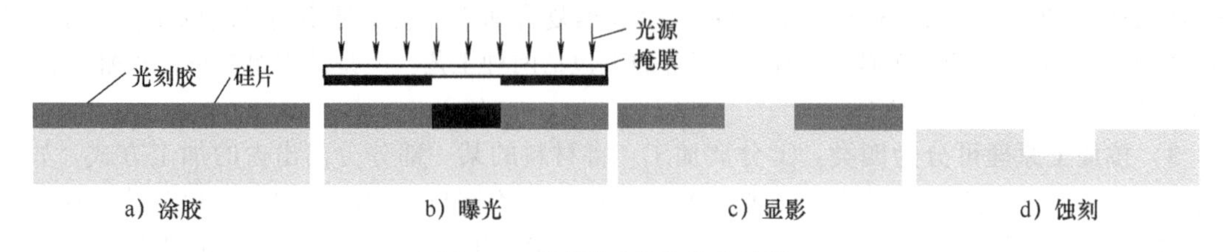

图14-4　平面工艺的基本过程

（3）**特点**　平面工艺不同于传统机械加工。其特点是：①加工结构尺寸受成像系统分辨率的约束。曝光方法替代了加工工具。②平面工艺不是形成真正的三维结构，而是通过多层二维结构叠加而成的准三维结构。③平面工艺形成的是整个系统，而不是单个部件。所以无法按传统的途径进行（先加工分立部件然后装配成系统）。采用平面工艺加工的IC如图14-5所示。

（4）**应用**　平面工艺主要应用于IC制造，近年来也大量应用于制作各种机械、微流体和微光机电器件等。例如，图14-6所示为美国SANDIA国家实验室通过平面工艺制作的齿轮传动系统。其每个齿轮的直径不超过1mm，即使当今最先进的精密机械加工技术也无法制作这样小的齿轮。它是通过多层多晶硅沉积与蚀刻形成的，而且各个齿轮以及它们的传动配合关系是通过巧妙的设计与硅平面工艺的结合一次做成的。

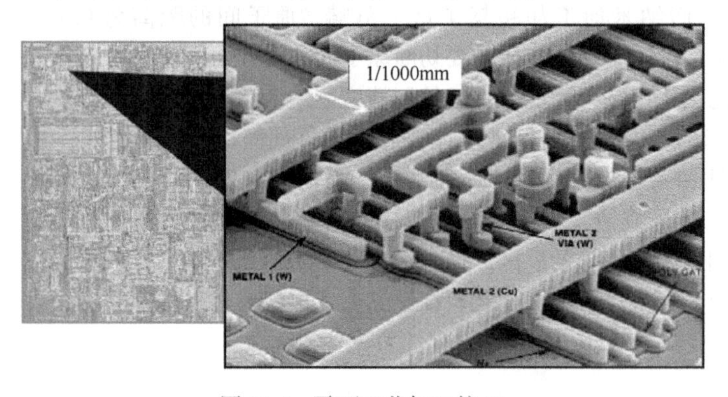

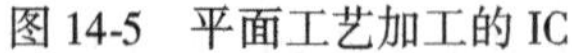
图14-5　平面工艺加工的IC

图14-6　平面工艺加工的齿轮传动

14.2.2　探针工艺

探针工艺（Probe Process），是传统机械加工的延伸，这里各种微纳尺寸的探针取代了传统的机械切削工具。探针分为如下两类：

（1）**固态探针**　以固体形式存在的探针，即扫描探针显微镜（Scanning Probe Microscope，SPM）。它是20世纪80年代以后出现的扫描隧道显微镜（Scanning Tunneling Microscope，STM），以及在STM的基础上发展起来的一系列新型探针显微镜的统称，如原子力显微镜（Atomic Force Microscope，AFM）、磁力显微镜（Magnetic Force Microscope，MFM）、激光力显微镜（Laser Force

Microscope，LFM）等的统称。这些固体探针既可以直接操纵原子的排列，又可以直接在硅片材料表面形成纳米级氧化层结构或产生电子曝光作用，还可以通过液体输运方法将高分子材料传递到固体表面，形成纳米级单分子层点阵或图样。

基于 SPM 的纳米加工技术，其原理是通过显微镜的探针与样品表面原子相互作用来操纵试件表面的单个原子。实现单个原子和分子的搬迁、去除、增添和原子排列重组，也就是实现原子级的精加工。通常有两种单分子操纵方式：一是利用 AFM 针尖与吸附在材料表面的分子间吸引或排斥作用，使吸附分子在材料表面发生横向移动，具体包括牵引、滑动、推动三种方式；二是通过某些外界作用将吸附分子转移到针尖上。然后移动到新位置，再将分子沉积在材料表面。

由于 SPM 的针尖曲率半径小，且与样品之间的距离很近（<1nm），在针尖与样品之间可以产生一个高度局域化的场，包括力、电、磁、光等。该场会在针尖所对应的样品表面微小区域产生结构性缺陷、相变、化学反应、吸附移位等干扰，并诱导化学沉积和腐蚀，这正是利用 SPM 进行纳米加工的客观依据。

下面介绍 STM 和 AFM 的工作原理。

1）**扫描隧道显微镜**（STM）。它是根据量子力学中的隧道效应原理，通过探测固体表面原子中电子的隧道电流来分辨固体表面形貌的一种显微装置。如图 14-7 所示，一根携带小小的电荷的探针慢慢地通过材料，一股电流从探针流出，通过整个材料，到底层表面。当探针通过单个的原子，流过探针的电流量波动，就可以直接得到三维的样品表面形貌图。

a) 探针

b) 隧道电流

c) 扫描成像图

图 14-7　STM 的原理

用探针把单个原子从表面提起而脱离表面束缚，横向移动到预定位置，再把原子从探针重新释放到表面上，可以获得原子级别的图案，如图 14-8 所示。

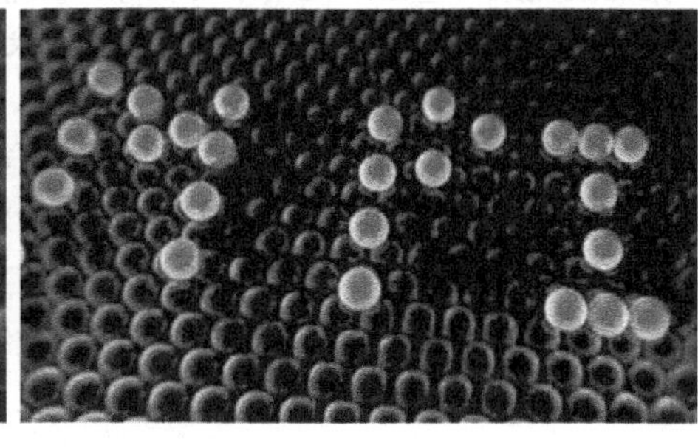

图 14-8　STM 移动原子作图

2）**原子力显微镜**（AFM）。它是一种可用来研究包括绝缘体在内的固体材料表面结构的定量显微分析仪器。其目的是可观测非导体。它是目前不可替代的一种纳米技术，也称为分子装配技术。其原理是：当原子间距离减小到一定程度以后，原子间的作用力将迅速上升。因此，由探针受力的大小就可以直接换算出样品表面的高度，从而获得样品表面形貌的信息。AFM测量的是探针顶端原子与样品的范德华力（原子间相互作用力），即当两个原子离得很近使电子云发生重叠时产生的泡利（Pauli）排斥力。AFM的核心部件是原子力传感器，它包括微悬臂和固定其一端的针尖。微悬臂一端固定，另一端的针尖接近样品，则针尖尖端原子与样品表面原子间有弱作用力，微悬臂对微弱力极其敏感。工作时计算机控制探针在样品表面进行扫描，根据探针与样品表面原子间的作用力强弱而成像，如图14-9所示。

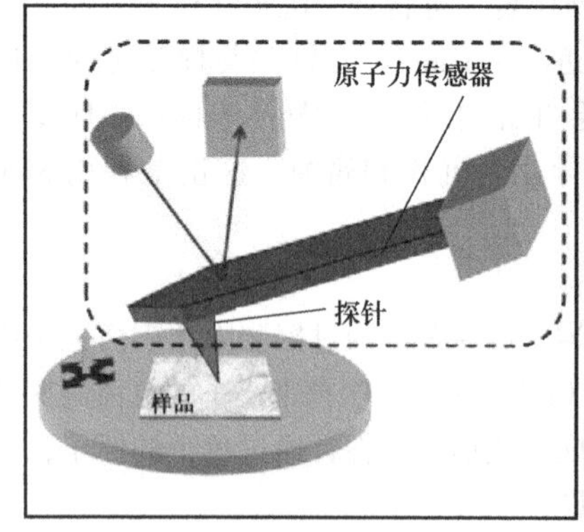

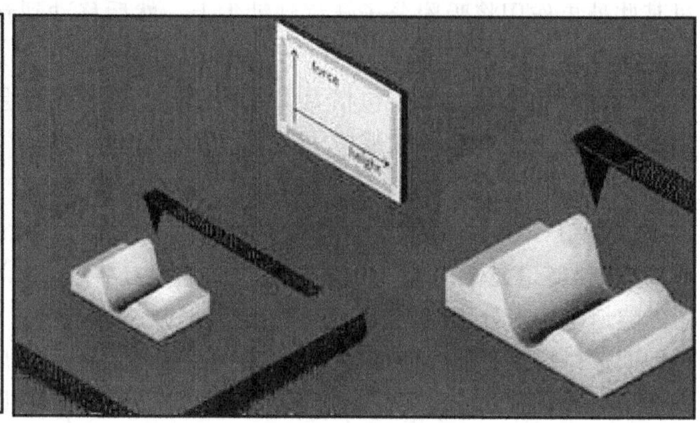

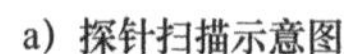
a）探针扫描示意图　　b）针尖与表面原子相互作用

图14-9　AFM的原理

AFM与STM最大的差别在于：STM是利用探针与导电样品间施加电场力、磁场力等产生的电子隧穿效应进行表面测量或纳米图样加工；而AFM是利用探针与样品间的机械力（范德华力）进行表面测量或纳米图样加工，其机械力源于原子接触、原子键合和卡西米尔效应（在真空中两平行金属板之间存在吸引力的现象）。

（2）**非固态探针**　非固态探针是以非固体形式存在的探针，包括聚焦离子束、激光束、原子束和火花放电微探针等。

1）**聚焦离子束**。它可以通过聚焦得到小于10nm的束直径，由聚焦离子束溅射刻蚀或化学气体辅助沉积，可以直接在各种材料表面形成微纳结构。例如，利用聚焦离子束的微加工能力可以制造尖端小于10μm的高速钢铣刀。这种微型铣刀可以加工小于100μm的沟槽或台阶结构。

2）**聚焦激光束**。它已广泛用于传统加工工业，作为切割或焊接工具。高度聚焦的激光束也可直接剥蚀形成微纳结构，如飞秒激光加工技术。利用激光对某些有机化合物的光固化作用也可以直接形成三维微纳结构。

3）聚焦离子束-电子束。这种双束纳米加工系统是用高强度聚焦离子束对材料进行纳米加工和扫描电子显微镜实时观察，它开辟了从大块材料制造纳米器件，进行纳米加工的新途径。

探针工艺与平面工艺的最大区别是：探针工艺是直接加工材料；而平面工艺是通过曝光光刻胶间接加工。探针工艺只能以顺序方式加工微纳结构，而平面工艺是以平行方式加工，即大量微结构同时形成。因此平面工艺是一种适合于大量生产的工艺。

14.2.3　模型工艺

模型工艺（Model Process）是利用微纳尺寸的模具复制出相应的微纳结构，又称为纳米复制加工技术。模型工艺包括纳米压印技术、塑料模压技术和模铸技术。

（1）**纳米压印**　纳米压印是利用含有纳米图样的图章压印到软化的有机聚合物层上。纳米图章可以用其他微纳米加工技术制作。虽然平面工艺中的曝光技术也可以制作此类纳米图样，但纳米压印技术可以低成本大量复制纳米图样。纳米压印有多种派生技术。

（2）**模压技术**　模压技术是指传统的塑料模压成型技术，模压的结构尺寸在微米以上，多用于微流体与生物芯片的制作。模压技术也是一种低成本微细加工技术。

（3）**模铸技术**　模铸技术包括塑料模铸和金属模铸。无论模压还是模铸都是传统加工技术向微纳米领域的延伸。模压与模铸的成型速度快，因此也适用于大量生产的工艺。

14.3　纳米压印技术

14.3.1　纳米压印概述

（1）**发展**　纳米压印光刻（Nano Imprint Lithography，NIL），是由美国普林斯顿大学纳米结构实验室史蒂芬·周郁（Stephen Y. Chou）教授于 1995 年提出的首个专利申请（US5772905A）。他的相关专利现有 60 余项。目前全球针对 NIL 拓展研究的专利已达 2000 余项。NIL 通过物理接触方式进行图样转印和加工，是一种高质量、高效率、低成本的光刻技术，被美国麻省理工科技周刊评为“将改变世界的十大新兴技术之一”。NIL 的优势在于放到模板上的东西就是所要得到的东西，但是这意味着要尽可能使模板无缺陷。直写技术和检测技术可以保障模板的完美制作。目前 NIL 能实现分辨率达 5 nm 以下的水平，结构特征尺度趋向 10nm 及以下，结构形状趋向大深宽比；成形材料也从有机化合物发展为金属和无机化合物；形状转移精度要求越来越高。NIL 待突破的关键技术是复杂的任意图样的转移。

（2）**过程**　NIL 是将纳米结构的图案制在模板上，然后将模板压入压印材料（光刻胶），将变形后的光刻胶图样化，再利用刻蚀工艺将图样转移至硅片。压印之前，进行模板制备，可用电子束光刻把坚硬的压模毛坯加工成一个模板。图 14-10 所示为纳米压印过程。它包括四步：①硅片涂层。在硅片上旋涂一薄层光刻胶。②压印固化。模板下压，使光刻胶固化。③脱模。模板与光刻胶脱离。④蚀刻。在硅片上形成了凸起的图样。

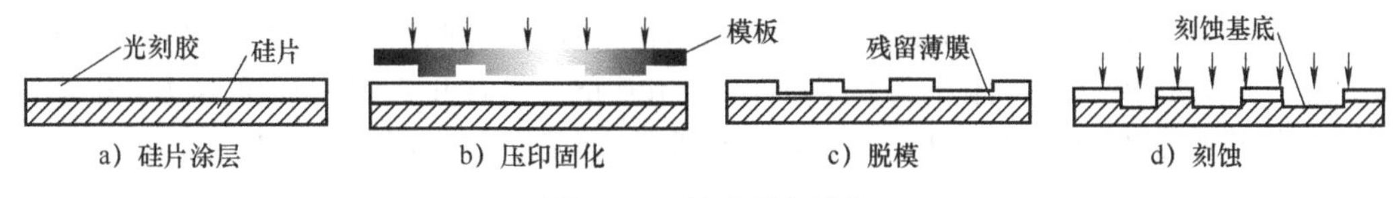

图 14-10　纳米压印过程

（3）**类型**　表 14-1 所列为压印工艺的分类。在模板选取上，软模板和硬模板都可以在热压印和常温压印中被选用。考虑到既要提高压印面积，又要保证模板与光刻胶的高平行度、压印过程的密贴度、施力的均一性及脱模的粘连问题，一般优先考虑软模板。

表 14-1　压印工艺的分类

分类	按压印过程对温度的要求		按压印过程中压印面积		按模板的选取		按压印过程中的施力大小	
类型	热压印	常温压印	步进压印	整片压印	硬模板压印	软模板压印	有力压印	微接触压印
模板	整块，硬质：Si，Ni，金刚石等	硬质：石英 软质：PDMS	小块，硬质：石英，透紫外线	整块，软质：PDMS	硬质：石英	整块，软质：PDMS	硬质：石英 软质：PDMS	整块，软质：PDMS

注：PDMS 是一种杨氏模数小的弹性体，用来制作高分辨率的软模板。

14.3.2 纳米压印的原理*

纳米压印按模板特性可分为三类工艺：热压印、常温压印和软压印。

（1）**热压印光刻**（Hot Embossing Lithography，HEL）　它是在高温（约200℃）条件下将具有纳米尺度图案的模板（即印章）等比例复制到硅片上，实现图样转移，图14-11所示为热压印光刻原理示意图。一般采用一次性对准的整片压印工艺，但对准精度和产能较低。

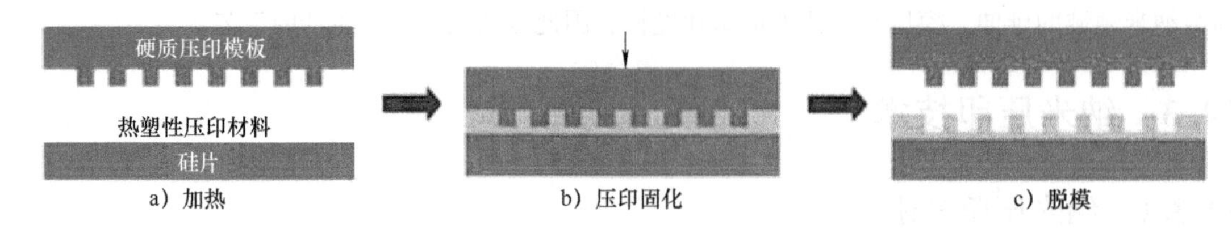

图14-11　热压印光刻原理示意图

（2）**常温压印光刻**（Room Temperature Imprint Lithography，RTIL）　它是在常温条件下通过模板实现图样转移的一类工艺。常用的常温压印工艺有如下两种。

1）**紫外压印光刻**（UV-NIL）。它是将单体涂覆的硅片和透明的石英模板装载到对准机中，在真空环境下被固定在各自的卡盘上。当硅片和模板的光学对准完成后，以很低的压力开始接触压印。透过模板的紫外曝光促使压印区域的液态压印材料发生聚合和固化成形。图14-12所示为紫外压印光刻原理示意图。

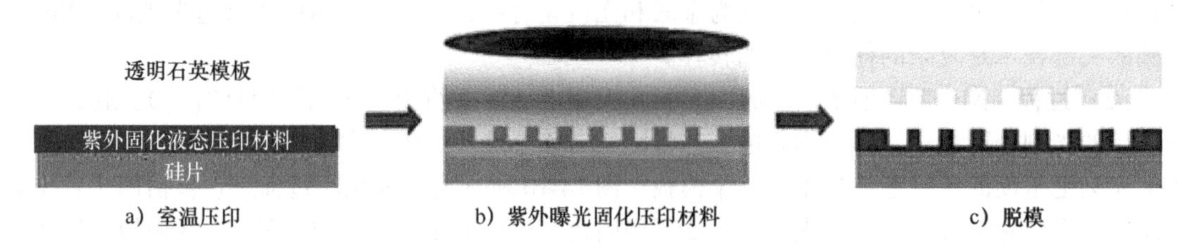

图14-12　紫外压印光刻原理示意图

UV-NIL可在室温下压印分辨率低于10nm的结构。与HEL相比，UV-NIL对环境要求更低，无须加热，只需要紫外曝光固化，提高了对准精度和产能。然而由于使用很低的压力，很难在大面积硅片上实现均匀接触（见图14-13），产能和机器成本都无法实现大量生产。

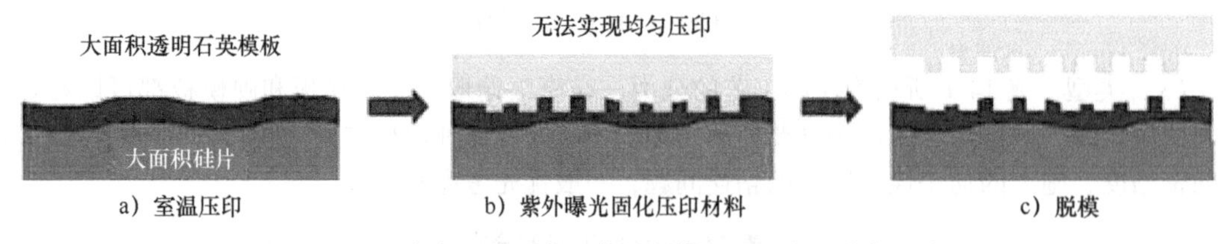

图14-13　在大面积基底上使用硬模板无法实现均匀压印

由于在紫外压印模板制作工艺上要求使用能被紫外线穿过的材料，所以往UV-NIL中的模板常用PDMS制作软模板以实现高分辨率。然而在压印试验过程中发现PDMS在外界低压力下很容易发生形变。

2）**步进快闪压印光刻**（Step & Flash Imprint Lithography，SFIL）。它是在整体式紫外压印光刻工艺基础上，由美国人格兰特·威尔逊（Grant Wiison）于1996年提出的。SFIL与UV-NIL工

作原理基本相同，区别在于整体式 UV-NIL 是指模板对应于硅片的大小，一次性压印成型，而 SFIL 采用小模板，要求很高的 *X-Y* 运动来控制精度。两者性能对比详见表 14-2。SFIL 的模板材料通常采用石英玻璃（也可用 PDMS 软模板），光学对准也用石英玻璃。

表 14-2　整体式压印与步进式压印的比较

性能	层数	光刻胶	图样质量	模板	加工的灵活性	分辨率	对准精度	生产率/(片/h)	主要应用
整体式	常用单层	厚胶	一般	大模板	较差	60nm	1μm	60～100	光栅、微机电系统
步进式	适合多层	薄胶	较好	小模板	灵活	50nm	250nm	60	IC、纳米电子器件

SFIL 工艺过程分为两种：一种是点滴 SFIL 工艺，其工艺过程如图 14-14 所示，可归纳为以下五步：①对准。②涂胶。③模压、曝光、固化。④脱模、步进。⑤刻蚀、有机层剥离。最后在硅片上得到所需的纳米图样结构。

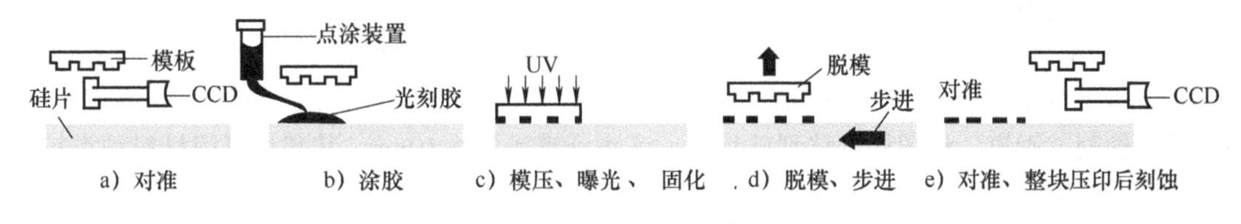

图 14-14　点滴 SFIL 工艺过程

另一种是毛细 SFIL 工艺，其工艺过程如图 14-15 所示，模板与图样转移层相互接触并留有一定缝隙，在缝隙间注入一种光敏有机硅溶剂。通过毛细作用，有机硅液体充满模板上所有缝隙。然后模压、曝光、固化，脱模、步进，再对抗蚀层下面的转移层进行反应离子刻蚀，就得到了具有一定高宽比的复制图样。

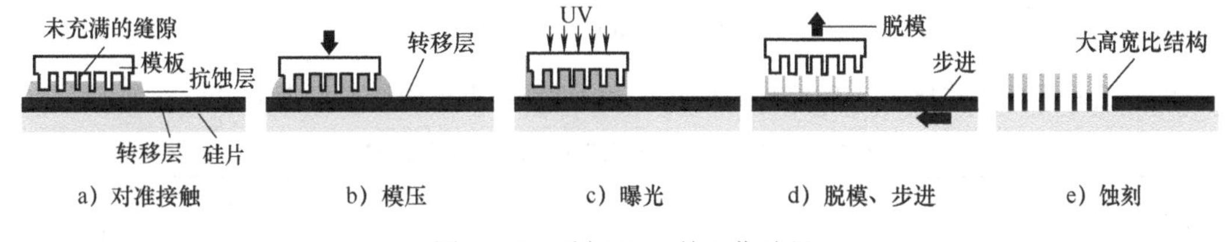

图 14-15　毛细 SFIL 的工艺过程

（3）**软压印**（Soft imprint lithography，SII）　如图 14-16 所示，使用软质聚合物模板，可在很大面积上配合硅片的不平整表面实现均匀接触，从而在很低的压力下使得大面积一次压印成功。软压印工艺又分为两种：微接触印制法和毛细管微模制法。

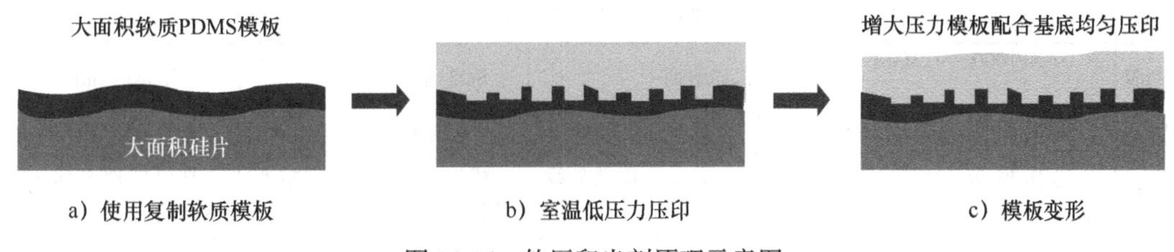

图 14-16　软压印光刻原理示意图

1）**微接触印制法**（Micro Contact Print，MCP/μCP）。它是由美国人怀特赛兹（Whitesides G. M.）于 1993 年提出的，其基本思想是用弹性模板和分子自组装技术，在硅片表面形成印刷图样结构。这是一种高质量、低成本的微结构制作方法，可以直接用于制作大面积的简单图案，分辨率可达35nm。工艺过程如图14-17所示。浇注有纳米图案的PDMS弹性模板，用浸润法来涂上烷基硫醇“墨水”。将上墨后的模板轻压在硅片的金属膜表面上，停留10～20s后移开，硫醇与金属膜表面起反应，形成自组装单分子层。模板上的图案以自组装单分子层的形式存在于硅片表面。接着蚀刻这个单分子层的掩膜图案，再用该掩膜来刻蚀硅片。

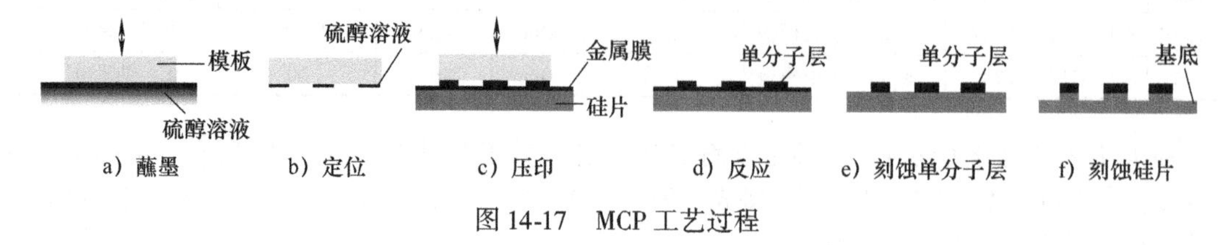

图14-17　MCP工艺过程

2）**毛细管微模制法**（Micro Molding in Capillaries，MMIC）。它是由MCP发展而来的。其工艺过程如图14-18所示，首先浇注出PDMS模板；然后将PDMS模板置于基片上，通过毛细管作用原理，将聚甲基丙烯酸液吸入模板空腔，待聚合物充满模腔后，使聚合物凝结形成所需的图案；最后蚀刻、剥离，将图样转移到硅片上。该法分辨率可达10nm。其基片可用材料种类较多，如无机和有机盐类、陶瓷、金属等。

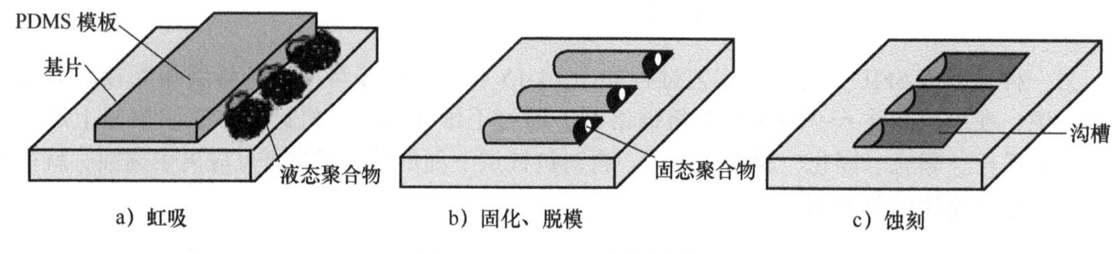

图14-18　MMIC工艺过程

（4）**几种压印工艺比较**　对于上述不同工艺的性能特点比较结果见表14-3。

表14-3　各种纳米压印工艺性能和特点比较

工艺	热压印	分步式模压曝光	软压印	
			微接触印制法	毛细管微模制法
原理	用硅或镍硬模板加热压印	步进硬模板压印紫外光曝光	用蘸有烷基硫醇的印章盖印	毛细管吸入模腔固化成形
压强	4～10 MPa	1～2 kPa	1～10 Pa	常压
基片	敷有金属底膜的硅片	硅片	金属膜，银、铜，硅片	无机和有机盐类、陶瓷、金属
层数	一般用于单层，可做多层	适用于多层	单层	单层
光刻胶	3NXP1000，4PMMA 和SU8等	有机硅溶剂	烷基硫醇	聚甲基丙烯酸
优点	分辨率较高，可大面积压印	生产率高，模板误差较小	工艺简单，分辨率高	工艺简单，分辨率最高
缺点	易伤模板，无法大量生产	对准要求高，需紫外线光源	模板易变形，图样精度较低	难以实现大面积的微结构
应用	适用于光栅、透镜、光盘和微机电系统；不适用于集成电路	适用于集成电路、数据存储器、纳米电子器件	生物芯片和微流体器件；微电路芯片；微机械元件	用于亚波长光学器件、光纤网、生物和数据存储等

14.3.3 硅片完整压印光刻

（1）**软压印的局限性** 软模压印中模板的“软”也带来了一些局限性，比如软模板结构在压印材料中的变形会影响结构分辨率，整个模板在压力作用下会产生横向拉伸，从而影响压印中的叠加和对准精度，还有软模板在大面积的直接接触过程中也需要一定压力去产生形变来配合硅片的不平整表面，均匀接触与压力下模板变形成为一种不可调和的矛盾。因此，如何实现大面积的均匀接触是实现硅片完整压印的关键。然而，平行的模板和硅片直接接触无法在大面积上实现纳米级别的紧密接触。

基于软压印技术，2010 年德国苏斯光刻机有限公司与飞利浦的研发部联合开发出硅片完整压印光刻（Substrate Conformal Imprint Lithography，SCIL）技术，提供了高效可行的压印新方案，实现了压印工艺中的“软”与“硬”相结合，解决了纳米压印光刻中的矛盾。

（2）**SCIL 模板** SCIL 技术通过独特的软硬结合的模板设计，同时具备硬质石英模板高分辨率与软质聚合物模板可实现大面积压印的双重优点。

1）**SCIL 的工作模板（Working Stamp）结构**。它包括三层材料，如图 14-19a 所示。上层为玻璃基座，保证实现大面积模板和硅片的均匀接触；中层为 PDMS 弹性层，具有软模压印的优点，可限制因颗粒状污染物所造成的缺陷面积；下层为硬 PDMS 结构层，比普通 PDMS 硬度高四倍，既保证了 SCIL 的高分辨率（结构在压印中不产生形变），又保证了模板的长寿命（不会因污染物造成永久性损伤）。

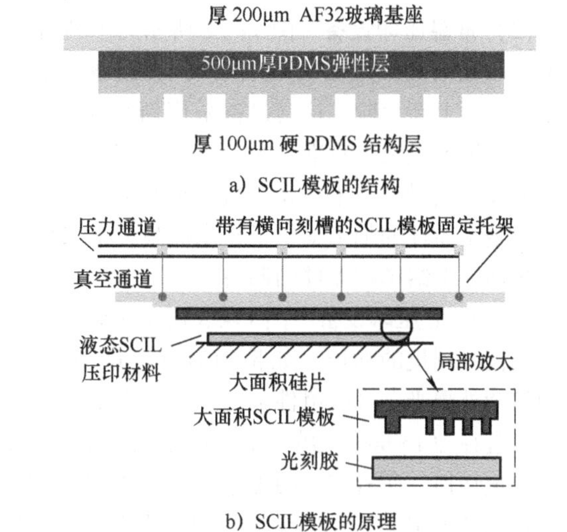

a）SCIL模板的结构

b）SCIL模板的原理

图 14-19 SCIL 模板的结构与原理

2）**SCIL 的母模板（Master）**。它通常是使用电子束光刻和刻蚀等技术制造的具有微小结构的硅或石英晶圆。多层的工作模板可使用与 SCIL 配套的模板复制模具由母模板复制而得。因此，SCIL 的工作模板是从母模板上面复制下来的子模板。

3）**SCIL 的工作模板原理**。SCIL 采用特殊的连续接触方式，保证了模板与整个硅片的紧密接触，实现了大面积硅片完整压印。SCIL 模板压印的原理如图 14-19b 所示，多层 SCIL 工作模板被真空固定在 SCIL 模板固定模具上，在固定模具上有横向刻槽托架，每一根刻槽都可以单独在真空和压力状态之间转换。液态的 SCIL 压印材料被旋涂在硅片表面，硅片与 SCIL 压印模板之间可以根据需要选择压印距离，一般在 40 ~ 120 μm 之间。

4）**SCIL 模板与普通软模板的区别**。如图 14-20所示，普通的软压印通常是将 PDMS

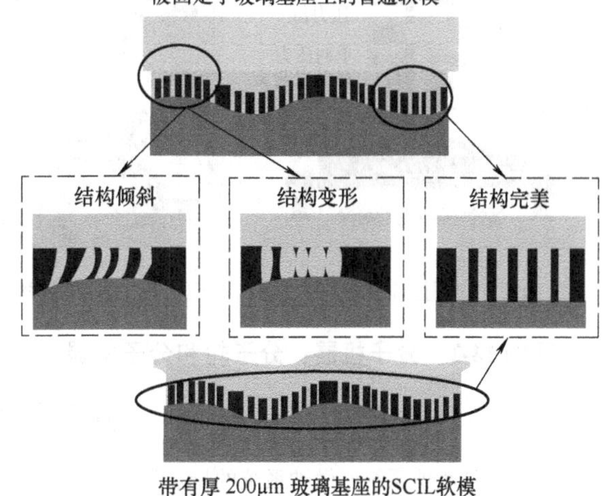

图 14-20 SCIL 多层模板与普通软模压印模板的区别

模板固定在一块厚的石英基座上进行压印，软模配合大面积硅片的不平整度只有通过PDMS模板不同的变形程度来实现，这也导致了局部压力的不均匀分布：某些变形程度大的区域具有较大的压力，会引起结构的倾斜与变形，只有在某些变形程度小的地方才可能获得完美的压印结构。而SCIL模板的薄玻璃基座可以在纵向产生弯曲，无须PDMS层变形即可配合大面积硅片表面，从而实现了均匀的压力分布，进而实现硅片完整均匀压印。

14.3.4　纳米压印的设备

（1）**热压印设备**　图14-21所示为热压印系统结构图。热压印工艺除需要均匀加热及受力外，为了满足大面积压印过程中聚合物对模具凹槽填充的充分性和一致性，系统结构还需要一个真空腔体。整个压印过程必须在真空状态下完成，工作状态下的真空度为10Pa，由分子泵实现，时间约3min。热压印过程中对找平机构的要求也非常高，这一环节主要体现在承片台的调节设计和对准监测环节上。诸多因素决定了热压印工艺的应用对象为图样单一、特征尺寸较大、产品批量要求低的制造领域。

（2）**常温压印设备**　图14-22所示为中科院光电技术研究所于2016年研制出一种新型紫外纳米压印光刻机，其成本仅为国外同类设备的1/3，将有力推进我国芯片加工等微纳级结构器件制造水平迈上新台阶。这套设备采用新型纳米对准技术，将原光刻设备的对准精度由亚微米量级提升至纳米量级。对准是光刻机三大核心指标之一，是实现功能化器件加工的关键。基于莫尔条纹的高精度对准技术在光刻机中的成功应用，突破了现有纳米尺度结构加工的瓶颈问题，为高精度纳米器件的加工提供了技术保障，未来可广泛应用于微纳流控芯片加工、微纳光学元件、微纳光栅等微纳结构器件的制备。

（3）**SCIL压印设备**　图14-23所示为装有SCIL压印模具的SUSS-MA6光刻机。SCIL工艺有利于规范光刻机的功能，如精确对准，自动WEC（Wedge Error Compensation，楔形误差补偿）和均匀紫外曝光。升级组件包括：模板支架，用于模板支架的适配器，基板卡盘，气动控制器和软件。直径为150mm或特定形式的基板可由工装处理。其软件允许传统的光刻工艺与该工艺之间的快速切换。所有相关的工艺参数，如WEC类型、工艺间隙、序列步进时间、曝光时间等都可以在软件上定义，SCIL工艺可以实现全自动或半自动。

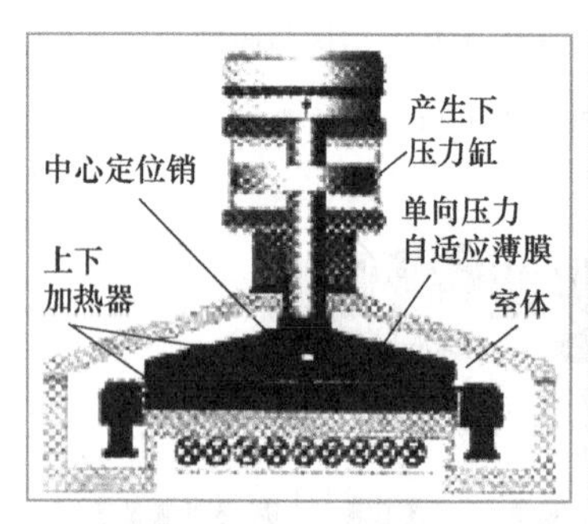

图14-21　热压印系统的结构

图14-22　国产紫外纳米压印光刻机

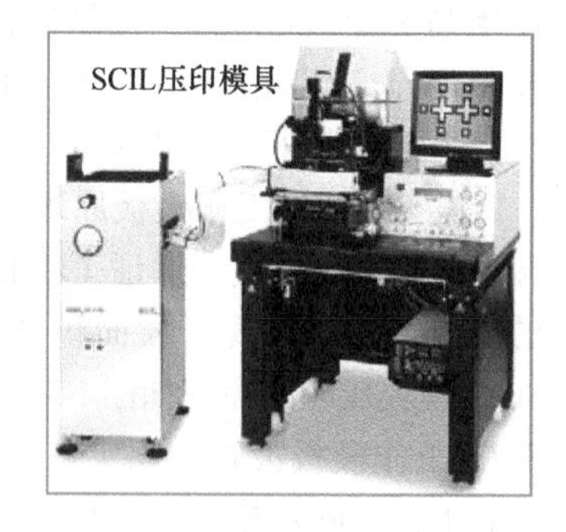

图14-23　SUSS-MA6光刻机

案例14-2　分子机器：分子轮和分子机器人。

复习思考题

1. 什么是微纳系统？微纳系统的特点是什么？
2. 微纳制造与微纳加工的内涵各是什么？

3. 微纳加工的方法如何分类？
4. 什么是键合技术？它有哪些类型？
5. 纳米加工技术有哪几类？试概述每一类技术的基本原理。
6. 固态探针 AFM 与 STM 的差别是什么？
7. 集成电路制造的平面工艺的基本过程是什么？它的特点是什么？
8. 什么是纳米压印？热压印与常温压印的区别何在？各有哪些优点和缺点？
9. 什么是软模板和硬模板？软压印的局限性是什么？
10. 硅片完整压印光刻（SCIL）的主要原理是什么？它与一般软压印光刻的区别是什么？
11. 根据制造系统的概念，试说明微纳制造是一种新的制造系统。
12. 根据制造模式的概念，试说明微纳制造是一种新的制造模式。

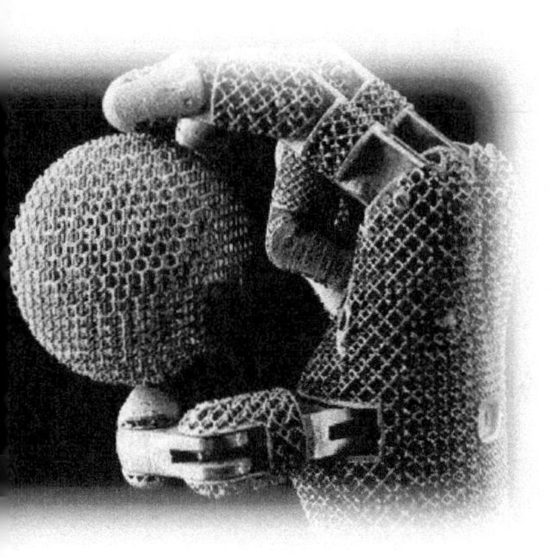

第 15 章 增 材 制 造

增材制造（Additive Manufacturing，AM），俗称 3D 打印，是指依据三维 CAD 设计数据，由计算机控制将材料逐层累加制造实体零件的技术。其工艺思想是，先将零件的电子模型（如 CAD 模型）软件离散化，成为“层状”的离散的面、线和点，再采用多种手段将这些离散的面、线和点按层堆积形成零件的整体形状。增材制造与等材制造和减材制造三足鼎立、互为补充。增材制造只需减材制造法的 30% ~50% 的工时和 20% ~35% 的成本。

增材制造在商业上获得真正意义的发展是从 20 世纪 80 年代末开始的，此间也涌现过几波增材制造的技术浪潮。增材制造技术的名称经历过三个阶段的变化：1990 年前后，快速原型（Rapid Prototyping，RP），材料累加制造（Material Increase Manufacturing，MIM），分层制造（Layered Manufacturing）；2000 年前后，快速成形制造（Rapid Prototyping Manufacturing，RPM），实体自由成形制造（Solid Free-form Fabrication），自由成形制造（Free Form Manufacturing）；2010 年前后：增材制造，3D 打印。媒体上近年来常用“3D 打印”来表示增材制造技术。增材制造、快速成形制造、3D 打印三者的关系是：快速成形制造是当前增材制造技术的主要应用方向，但增材制造技术应用范围不限于快速成形制造；3D 打印是基于增材制造原理的新技术，也是快速成形制造技术的延续。

增材制造的内容涵盖了产品生命周期前端的快速原型和全生产周期的快速成形制造相关的所有工艺、设备的应用，以及服务业全领域的 3D 打印技术。增材制造技术是 CAD 建模、测量、接口软件、数控、精密机械、激光、材料等多学科的集成。增材制造在产品创意、工业造型、工艺美术、科学教育等领域有着广泛的应用前景和巨大的商业价值。增材制造的发展方向是提高精度、降低成本、发展高性能材料。本章增材制造包含快速成形、3D 打印技术。

15.1 增材制造的发展

15.1.1 国外增材制造的发展

（1）增材制造技术的发展　增材制造技术的发展过程分为三个阶段：

1）快速原型阶段（1976—1992）。快速原型起源于 1976 年美国人 Pual L. DiMatteo 以层积法制造型腔模的专利（#3932923）；1988 年，3D 希特姆斯（3D Systems）公司售出了世界首台 SLA 商用机；截至 1992 年，斯特塔西（Stratasys）公司售出了世界首台 FDM 商用机。如今，3D Systems、Stratasys 这两家公司已成为增材制造行业的“双巨头”。

2）快速成形阶段（1992—2008）。早期快速成形机是工业型设备，主要以塑料为成形材料。

1996年，3D Systems、Stratasys各自推出了新一代的快速成形设备Actua 2100和Genisys。1997年，Z Corp公司推出了3D打印机Z402。2000年，Objet公司推出名为Quadra的首台光固化3D打印机，其成形精度高，每层厚度最小可达0.02mm。桌面型设备始于2002年Stratasys公司推出的Dimension系列桌面型3D打印机。2005年，英国巴恩大学机械工程系的Adrian Bowyer博士发起了名为Reprap的3DP开源项目，它的含义是“实现自我复制的打印”。2007年，3DP服务创业公司Shapeways正式成立，它建立了一个规模庞大的3DP设计在线交易平台，为用户提供个性化的3DP服务。

3）3D打印阶段（2008至今）。2008年，Objet公司推出Connex500，让“多材料”3DP成为可能。同年，开源3D打印机“RepRap”第一版发布“Darwin”，从此，小巧低价的3D打印机揭开了神秘的面纱。Makerbot不断对RepRap的硬件结构进行改进设计，发展至今经历了几代的升级：达尔文（Darwin）、孟德尔（Mendel）、孟德尔二代（Prusa Mendel）、赫胥黎（Huxley）、奥默罗德（Ormerod）、奥默罗德二代（Ormerod 2）。3DP在欧美已掀起广泛应用的新浪潮。2012年是3D打印开始吸引主流媒体关注的元年：英国《经济学人》认为，3D打印将“与其他数字化生产模式一起推动实现第三次工业革命”；美国《时代》周刊将3D打印列为“美国十大增长最快的工业”；《科学美国人》将“3D打印技术步入实用阶段”列为2012年十大科学新闻。美国、英国、德国、日本等发达国家已把增材制造作为重振制造业的“战略级技术”。

上述三阶段的划分未必准确，主要考虑了增材制造名称变化的特征和引发公众想象力的三波浪潮。目前在全球增材制造工艺技术中，已实现商业化的有7类，共27种；研发中的有2类，共6种。

（2）**增材制造的工艺类型** 增材制造技术的工艺创新见表15-1。按是否利用激光分为两大类：①基于激光技术的成形方法，其原理是选择性粘合，包括LOM、SLA、SLS等；②非激光技术的成形方法，其原理是选择性沉积，包括FDM、3DP、Polyjet等。

表15-1 增材制造技术的工艺创新

工艺名称	发明时间	专利US	发明人
光固化快速成形（Stereo Lithography Apparatus，SLA）	1984—1986	4575330	美国查尔斯·赫尔（Charles W. Hull）
选择性激光烧结（Selective Laser Sintering，SLS）	1986—1989	4863538	美国卡尔·德卡德（Carl R. Deckard）
片材实体制造（Laminated Object Manufacturing，LOM）	1986—1988	4752352	美国迈克尔·费金（Michael Feygin）
熔化沉积成形（Fused Deposition Molding，FDM）	1989—1992	5121329	美国斯科特·克伦普（S. Scott Crump）
三维打印（Three Dimensional Printing，3DP）	1989—1993	5204055	美国伊曼纽尔·萨克斯（Emanual M. Sachs）
聚合物喷射（Ploymer Jetting，Ployjet）	2000	—	以色列Objet公司专利，2012年被Stratasys公司收购

（3）**增材制造的商业模式** 3D Systems和Stratasys两家公司的发展都遵循了发明家→技术→专利→企业→商业化的路径。目前SLA与FDM两专利在法律上均已到期失效，且均未在我国部署同族专利。但其后期申请的一些同族专利仍对增材制造行业产生影响。

增材制造技术的产业链，包括上游的打印材料提供商、中游的打印设备制造商和下游的打印服务商。据此，将企业分为三类：设备制造商、材料提供商和打印服务商（见表15-2）。目前增材制造成本较高，主要原因是设备成本高、材料成本较高。以金属为例，设备成本、材料成本、后期处理成本和其他成本分别占总生产成本的75%、11%、7%和7%。

表15-2　增材制造的主要商业模式

商业模式	代表企业	最终产品和服务
多元化解决方案供应商	美国3D Systems、美国Stratasys	设备、材料、工艺包，提供制品生产服务
专注于某类设备和材料供应商	德国EOS、德国Concept Laser	设备、材料、工艺包
材料供应商	传统材料巨头、小型专业厂家	材料
终端产品和服务供应商	各具特色的3DP产品和服务提供商	针对不同细分市场，提供制品生产服务
传统制造企业内设部门	Morris（2013年被GE公司收购）	根据母公司需求提供
平台商	荷兰Shapeways、比利时Materialise	支持设计程序、产品交易，提供生产服务

15.1.2　国内增材制造的发展

我国从1991年开始研究增材制造技术，不断跟踪开发国际上比较成熟的快速原型工艺：SLA、SLS、LOM、FDM等。由于做出来的只是原型，而不是可以使用的产品，而且当时国内对产品开发也不重视，所以快速原型技术在我国工业领域普及得很慢。

2000年，我国已初步实现增材制造设备产业化接近国外产品水平，全国建立了20多个服务中心。之后，我国增材制造工艺从实验室研究逐步向工程化和产品化转化。我国在大型金属结构件直接制造方面领先于全球。2011年，华中滨湖设备为欧洲空客公司制作卫星、飞机、航空发动机用大型复杂钛合金零部件的铸造蜡模，其1.4m×1.4m的工作面是全球该类装备的最大工作面。2012年，北航王华明教授的研究团队研发的“飞机钛合金大型复杂整体构件激光成形技术”获得“国家技术发明一等奖”，打印出C919机头的四个主风挡窗框，实现了全球最大整体结构件制造。2014年，北京太尔时代的桌面3D打印机升级版UP! Plus 2在美国《MAKE》杂志评选中荣登榜首。2014年3月26日，由南京航空航天大学和西安交通大学等83家高校、院所、企业参加的“全国增材制造产业技术创新战略联盟”在南京成立。目前，全世界从事增材制造的企业大约有100家，我国有30多家。

当前增材制造领域的市场需求处于井喷式发展期。我国的自然禀赋并不占优势，人均资源占有量在很多方面都低于世界平均水平，增材制造的理念非常符合我国的需求。相比国外，我国的增材制造研究起步并不晚，技术并不落后，甚至某些方面还处于领先地位。但过去30年产业进程缓慢，企业规模不足。增材制造是制造业协调共享的核心，也展现了全民创新的通途。

15.1.3　增材制造的发展趋势

目前，增材制造已成为先进制造技术的一个重要发展方向，增材制造不会取代传统的制造技术，而是对其补充，特别是在复杂产品或个性化制造上，具有极大的优势，并将带来设计理念的革新。经研究发现，增材制造技术的实质是实现三个“控制”，即控制物体的形状、控制物体的构成以及控制物体的行为，实现物体在结构、材料以及活性上的有机统一。因此，增材制造的发展趋势总体上将表现为以下三个方面（也是三大步）。

（1）**控制物体的形状**　增材制造技术实现对物体形状的控制，其设备发展方向是（见图15-1）：①**工业型大设备**。制造工业品的成形机，用于制造高精度、高性能零件。②**桌面型小设备**。制造消费品的3D打印机，主要用于制造原型物件。今天的增材制造设备几乎可以制造任何物品：从尼龙到玻璃，从巧克力到钛金，从水泥到活细胞，而且可以制造任何形状和色彩的物体。这种能力改变了许多领域，不仅是工程设计，还包括从太空到人体、从生物到考古、从科技到艺术、从教育到厨艺的各个行业。未来，每个人都会设计和制造复杂产品，增材制造将缓解与传统制造业并存的资源和技能障碍，使创新大众化，持续释放人类创造力。

a）世界上最大的 3D 打印机 Voxeljet 4000

b）世界上最小的 3D 打印机

图 15-1　增材制造设备向两个方向发展

（2）**控制物体的性能**　增材制造技术实现对物体性能的控制，有两个发展方向：①从控形到控形控性。将深入研究逐点瞬态热历程及其历史效应。增材制造设备正在开始控制物质的构成，不仅仅是塑造外部几何形状，而是以前所未有的逼真度塑造出新的内部结构，从而控制物质的性能。目前增材制造的研究重点是开发性能优越的成形材料，国外的许多大学里进行增材制造研究的科技人员多数来自材料和化工专业。当增材制造设备可以通过新方式将原材料加以混合，新材料就会出现。材料制造过程将会摆脱传统的先制造单个零部件后组装的弊端。有了混合材料打印，多元结构的部件将会被同时制造、同时组装出来。②从宏观结构到微观结构。实现从微观组织到宏观结构的可控制造。例如，在制造复合材料时，将复合材料组织设计制造与外形结构设计制造同步完成，在微观到宏观尺度的上实现同步制造，实现结构体的"设计—材料—制造"一体化。未来，人们将会以纳米级的精度将多种材料嵌入和编排到复杂的微观结构中，支撑生物组织制造和复合材料等复杂零件的制造。

（3）**控制物体的行为**　增材制造技术实现对物体行为的控制，有三个发展方向：

1）**从硬件设备到软件智能化**。把控形控性研究的优化工艺固化在软件中。目前增材制造设备在软件功能和后处理方面还有许多问题需要优化。例如，成形过程中需要加支撑，软件智能化和自动化需要进一步提高；在制造过程中，工艺参数与材料的匹配性需要智能化；加工完成后的粉料或支撑需要去除等问题。

2）**从物体制造到生物制造**。组织支架制造及细胞打印正在成为人体器官再创的主要途径。为了实现控行制造，制造科学与生物科学、信息科学、纳米科学和管理科学相结合而组成增材制造的集成系统。

3）**从原型制造到直接零件制造**。采用激光或电子束直接熔化金属粉，可直接制造复杂结构金属功能零件，使其达到锻件力学性能指标。人们可预先从增材制造设备中观察物体的形状，通过编写程序来选用材料，使物体具备所需的功能。这不仅要控制物体的机械功能，更要控制信息和能源的处理过程。人们不再打印被动的零部件和材料，而是打印能够感知、反应、计算和行动的综合的主动系统。

结构控制依靠计算机科学和信息技术，性能控制依靠材料科学等，行为控制主要依靠控制科学、管理科学等。因此，三者的有机统一，需要实现不同学科的交汇融合。如果人类能够制造出由他组织和自组织的两种子结构组成的灵活系统，那么将开启通往新的设计空间和新的工程范式的大门。到那时增材制造将走向五个"任何"：可以在任何领域、任何场所，用任何材料，打印出任何形状、任何数量的产品。

15.2 增材制造的原理*

15.2.1 增材制造的概念

（1）**增材制造的定义** 它有多个别称：快速原型、快速制造、快速成形、三维打印、3D 打印、叠加制造、添加制造或增量制造等。

增材制造，前些年常被称为快速成形，目前国内传媒界习惯使用3D 打印，显得比较生动形象。但事实上，3D 打印与快速成形是有区别的：①从快速成形技术的概念来看，3D 打印只是快速成形的一个分支，只能代表部分快速工艺。快速成形有狭义和广义之分，狭义的快速成形是基于激光粉末烧结的快速成形技术；而广义的快速成形可以包括“快速模具”技术和 CNC 数控加工技术。②从 3D 打印技术的概念来看，快速成形技术主要是指 3D 打印技术的形状和打印功能，即“制造模型”，这也是目前 3D 打印技术应用得最多的领域。而 3D 打印技术的概念却不止于此，3D 打印的概念涵盖了制造产品的全过程。因此，3D 打印与快速成形的总称是增材制造。

2009 年美国材料与试验协会（American Society for Testing and Materials，ASTM）的国际标准组织 F42 增材制造技术委员会（ASTM International Technical Committee F42 on Additive Manufacturing Technologies），将增材制造定义为：增材制造是一种通过逐层连接材料，直接制作与 3D 模型数据完全一致的物体，与减材制造方法截然相反的工艺过程。

本书的定义：增材制造是一种运用离散堆积成形思想，由物体三维数据驱动，通过逐层连接材料而直接制作物体的技术。

（2）**增材制造的过程** 下面说明增材制造的工艺过程和服务过程。

1）**增材制造的工艺过程**。如图 15-2 所示，它包括 3D 建模、前处理、模型制作和后处理。打印过程好比盖房子：3D 建模如同图样设计，成形材料就像砖，粘结剂等同于水泥。

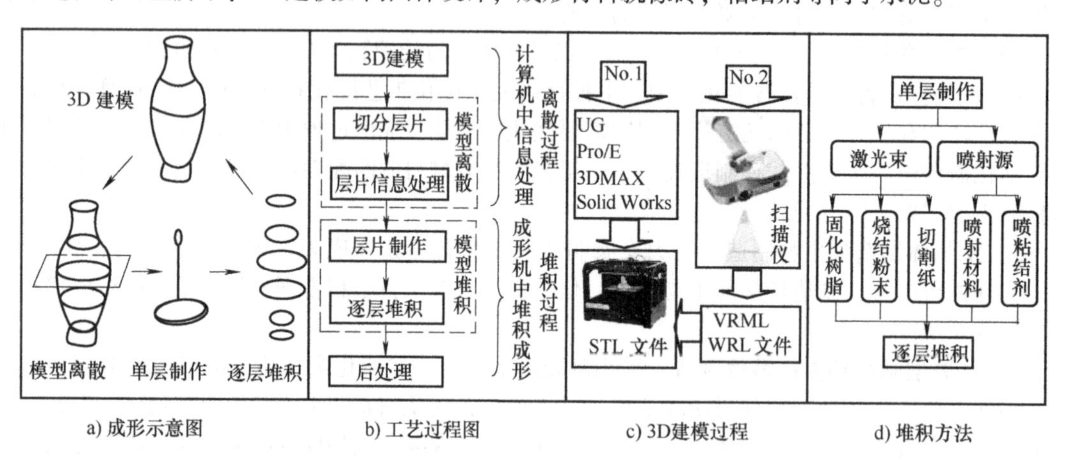

a) 成形示意图　b) 工艺过程图　c) 3D建模过程　d) 堆积方法

图 15-2 增材制造的工艺过程

① **3D 建模**。将所需物体通过计算机 CAD 软件建立 3D 模型。增材制造常用的建模方法有两类。第一类是正向建模法，用三维设计软件直接构建，比如用 UG、SolidWorks、I-DEAS、Pro/E 等。第二类是逆向建模法，首先用激光或者 CT 断层扫描已有的三维实体，获取三维点云数据，再用具有逆向工程功能的软件，构造出三维数据模型。

一种为快速原型制造技术服务的三维图形的文件格式为 STL（Stereolithography，光固化立体

造型术)。该格式是由3D Systems于1987年制定的一个接口协议。STL文件由多个三角形小面片的定义组成，每个小面片的定义包括三角形各个定点的三维坐标及三角形的法矢量。STL模型是以三角形集合来逼近原实体外轮廓形状的几何模型。

2010年5月，标准机构正式通过AMF(Additive Manufacturing Format，增材制造格式)标准，这是基于XML(Extensible Markup Language，可扩展标记语言)开发的新标准。AMF文件格式可以处理不同颜色、不同类型的材料，创建格子结构以及处理其他详细的内部结构，与STL相比，用曲面三角形可以更准确、更简洁地描述曲面。

② **前处理**。即模型离散，此步分为两小步：a. 切分层片。根据工艺要求，选择适宜的成形方向，沿着成形高度的方向，用分层软件将3D模型在Z轴方向离散，从而得到一系列有序的二维层片轮廓信息；b. 处理层片信息。根据每层轮廓信息，进行工艺规划，选择加工参数，自动生成加工路径；对加工过程进行仿真，确认数控代码的正确性。层高与成形精度、成形时间、成形效率等有直接关系。

③ **模型制作**。即模型堆积。此步又分为两小步：a. 制作层片。在计算机的控制下，可以采用不同的方法(选择性地固化液态光敏树脂，或烧结粉末材料，或切割一层层的纸材等)。b. 逐层堆积。按照各层截面的轮廓信息，进行二维扫面运动，将所有层片顺序叠加和粘结形成三维实体。

④ **后处理**。其工艺包括修补、打磨、后固化、剥离、抛光及涂刮等。其目的是提高产品强度、降低产品表面粗糙度值等。

2) **增材制造的服务过程**。如图15-3所示，设计师将不必在工厂工作，在家中就可以把设计好的数字化文件发送到网络上，客户通过文件下载，利用3D打印机制造出符合需求的产品。这将实现生产模式的根本变革，从传统制造业的批量化、规模化、标准化制造转变为定制化、个性化、分布式制造。

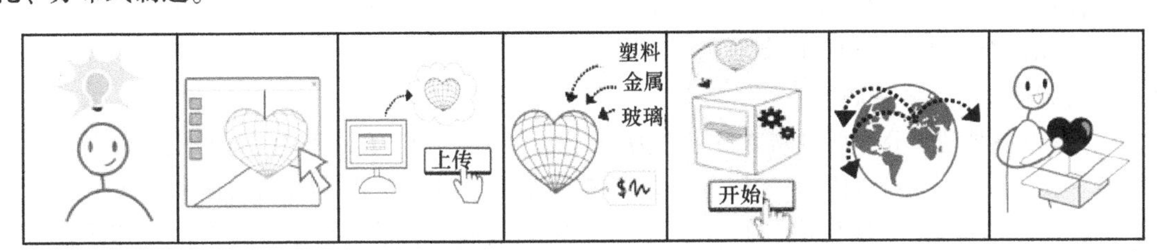

a) 创意的火花 b) 进行设计 c) 上传到网络 d) 选材获得报价 e) 打印创意产品 f) 邮寄到客户 g) 创意变成现实

图15-3 增材制造的服务流程

(3) **增材制造的特征** 增材制造将一个物体的复杂的三维加工离散成一系列层片的加工，这种成形过程的难度与待成形物的结构复杂程度无关。

1) **增材制造的技术特征**。在原理上，增材制造具有数字化制造(Digital Manufacturing，DF)、直接制造(Direct Manufacturing，DM)、快速制造(Rapid Manufacturing，RM)、分层制造(Layered Manufacturing，LM)、堆积制造(Cumulate Manufacturing，CM)等技术特征，见表15-3。

表15-3 增材制造的技术特征

特征	说明
数字化制造	增材制造借助CAD等软件建立产品的数字模型，并直接驱动材料的制造过程。由于所有材料都是在计算机数据的控制下一点点堆积起来的，所以增材制造具有直观性和易改性，可异地实现网络化制造
直接制造	直接制造是指把材料的制配过程和成形过程一体化。增材制造把材料制备和加工成形过程复合在一起，解决了任何难加工材料重新组装拼接制造的问题

（续）

特　征	说　明
快速制造	增材制造工艺流程短，可实现全自动的现场快速制造。与传统制造相比，增材制造省掉了准备原材料和毛坯、准备加工机床等工序。前者耗时数月，而后者慢则几天，快则几小时就完成了
分层制造	即降维制造，增材制造是一种将复杂的三维加工先分解成一系列二维层片的加工，再以层片作为最小制造单位逐层累加形成三维物体。这种降维原理既可制造任何复杂结构，又使制造过程更柔性
堆积制造	在信息处理过程模型离散化的前提下，增材制造将材料单元采用“从下而上”的方式堆积成形。这种成形物理过程的材料堆积性，对于实现非均质材料、功能梯度的器件更有优势

2）**增材制造与传统制造的比较**。如图15-4所示，其主要区别在于成形过程的控制、性能和手段的不同：①在成形过程控制方面，需对多个坐标进行精确的动态控制。②样品或原型是通过堆积不断增大的，其力学性能不但取决于成形材料本身，而且与成形中所施加的能量大小及施加方式有密切关系。③增材制造不是使用一般模具或刀具，而是利用光、热、电等物理手段实现材料的转移与堆积。

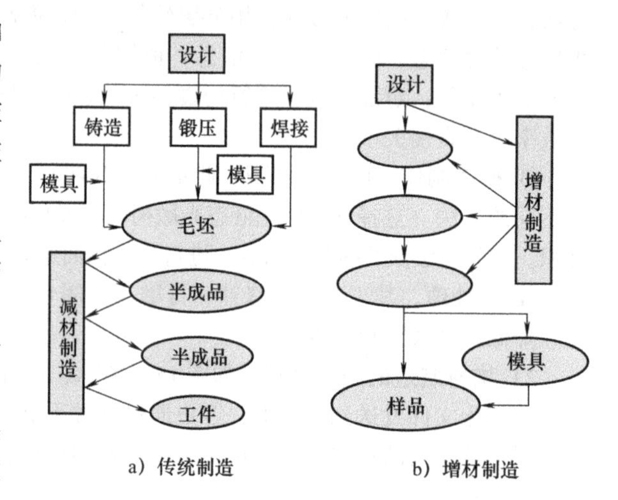

图15-4　增材制造与传统制造比较

（4）**增材制造的类型**　增材制造技术是机械技术、CAD技术、材料技术、激光技术、数控技术、逆向工程技术等多种技术的综合。因此，增材制造呈现出技术群的特征。增材制造的分类方法如下：

1）**按设备原理划分**。增材制造技术分为两大类：一是基于SLA原理的打印机，包括容器内光聚合、粉末床熔化和定向能量沉积等工艺。该类方法的两种变体技术光固化和激光烧结得到了广泛应用；二是基于FDM原理的打印机，包括粘结剂喷射、材料喷射、材料挤出和薄片层压等工艺。该方法的核心技术是液滴喷射。FDM与SLA两类技术也在互相扩散。

目前，美国3D Systems是唯一可以使用“SLA”或“SLS“标签的成形机或3D打印机制造商，而Stratasys是唯一可以使用“FDM”标签的3D打印机制造商，因为各自拥有其商标专用权。因此，其他公司就给出SLA、SLS、FDM等很多别称。以FDM为例，FDM即“熔化沉积成形”，也等同于“熔丝沉积成形”“熔丝建模”“熔丝制造”“塑料喷印”“热塑挤压”等。2012年6月，ASTM宣布FDM的标准通用名称就是“材料挤出”。其实，它们的基本原理相同，除了商标专用权的局限外，增材制造工艺的别称也有些细微区别，比如，“材料挤出”是指将半流体材料从打印喷头中挤出的技术，而“热塑挤压”是指所有使用热塑性塑料作为材料的技术。

2）**按是否使用激光划分**。增材制造分为激光加工和非激光加工两大类。前者如SLA、SLS、LOM，后者如FDM、3DP、Polyjet等。LOM因大多使用纸材而面向教育领域；SLA使用光敏树脂材料；SLS支持多种粉末状材料成形，如尼龙、蜡、陶瓷，甚至是金属。SLS技术的发明使增材制造生产走向多元化。FDM所用材料一般是热塑性材料，如蜡、ABS、尼龙等；3DP与SLS的区别在于：SLS的粉末材料是通过烧结连接起来的，3DP的粉末材料是通过喷头用粘结剂（如硅胶）把金属、陶瓷等粉末粘合成形；Polyjet与3DP的区别在于：3DP喷射的是粘结剂，而Polyjet

喷射的是（聚合物）光敏树脂材料，直接成形。

3）**按材料处理方法划分**。依照 ASTM 的分类统计，增材制造技术群的专利技术主要包括七类（见图 15-5）：粉末床熔化、定向能量沉积、材料喷射、粘结剂喷射、材料挤出、容器内光聚合、薄片层压，各类细分工艺，见表 15-4。增材制造现已出现 30 余种工艺。

其中备受关注的工艺是粉末床熔化和定向能量沉积。

表 15-4 增材制造工艺技术的分类（ASTM）

分 类	工艺描述	细分工艺
粉末床熔化（Powder Bed Fusion，PBF）	通过热能和沉降粉末层来实现粉末床中材料的选择性熔化与叠加，最终形成三维结构	①选择性激光烧结（Selective Laser Sintering，SLS）；②直接金属激光烧结（Direct Metal Laser Sintering，DMLS）；③选择性激光熔化（Selective Laser Melting，SLM）；④电子束熔炼（Electron Beam Melting，EBM）；⑤选择性激光打印（Selective Laser Printing，SLP）
定向能量沉积（Directed Energy Deposition，DED）	通过聚焦热能在材料从喷头输出时同步熔化材料，逐层凝固叠加，最终形成三维结构	①直接金属沉积（Direct Metal Deposition，DMD）；②激光工程化净成形（Laser Engineered Net Shaping，LENS）；③激光熔凝（Laser Consolidation，LC）；④激光沉积（Laser Deposition，LD）；⑤电子束直接熔炼（Electron Beam Direct Melting，EBDM）
材料喷射（Material Jetting，MJ）	通过喷头将液滴成形材料选择性地喷出，逐层堆积形成三维结构	①聚合物喷射（Polyjet）；②专业级喷射（Projet）；③喷墨（Ink-jetting）；④专业级热喷射（Thermojet/Projet）；⑤T 式桌面级（T-Benchtop）
粘结剂喷射（Binder Jetting，BJ）	利用喷头选择性地在粉末表层喷射粘结剂，逐层粘接形成三维结构	①M 式打印/M 式实验室（M-Print/M-Lab）；②三维打印（Three Dimensional Printing，3DP）；③S 式打印（S-Print）
材料挤出（Material Extrusion，ME）	将丝状材料通过加热喷头熔化，逐层堆积形成三维结构	熔化沉积成形（Fused Deposition Modeling，FDM）
容器内光聚合（Vat Photopolymerisation，VP）	利用某种光源选择性地扫描预置于容器中的液态光敏树脂，并使之快速固化形成三维结构	①光固化（Stereolithography，SL）；②数字光处理（Digital Light Processing，DLP）；③光固化成形/数字光处理（SLA/DLP）；④陶瓷加工车间（CeraFab）；⑤陶瓷向导（CeramPilot）
薄片层压（Sheet Lamination，SL）	通过热压或其他形式层层粘接，叠加形成三维结构	①分层实体制造（Laminated Objet Manufacture，LOM）；②超声波固结（Ultrasonic Consolidation，UC）

4）按工艺原理和应用场合划分。增材制造分为三类：基本型、工业型、消费型。下面将按照这一分法介绍它们的工艺原理和应用场合。

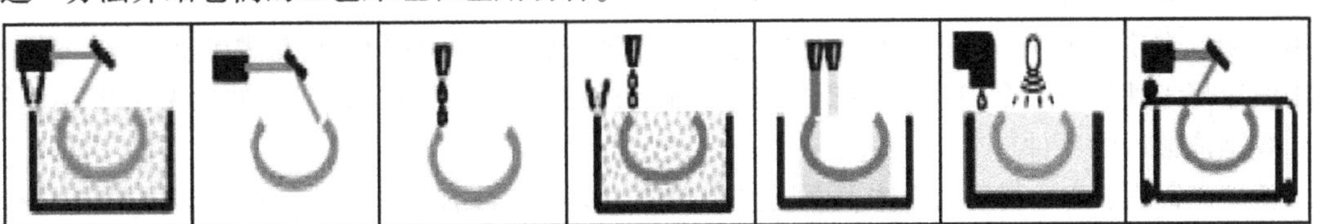

a）粉末床熔化 b）定向能量沉积 c）材料喷射 d）粘结剂喷射 e）材料挤出 f）容器内光聚合 g）薄片层压

图 15-5 增材制造的工艺类型

15.2.2 基本型工艺原理

基本型增材制造的工艺是指广泛应用的早期快速成形的四种方法：SLA、SLS、LOM、FDM。

（1）**光固化**（SLA） SLA是基于液态光敏树脂的光聚合原理进行工作的。这种液态材料在一定波长和强度的紫外激光（如 $\lambda=325nm$）的照射下能迅速发生光聚合反应，分子量急剧增大，材料也就从液态转变成固态。其工艺原理如图15-6所示。容器中盛满液态光敏树脂，紫外激光束在偏转镜作用下，能在液面上扫描，扫描的轨迹及光线的有无均由计算机控制，光点打到的地方，液体就固化。成形开始时，平台上首先附上一定厚度（0.05～0.3mm）的液态树脂，聚焦后的光斑在液面上按计算机的指令逐点扫描，即逐点固化。当一层扫描完成后，未被照射的地方仍是液态树脂。然后升降台带动平台下降一层高度，已成形的层面上又布满一层新的液态树脂，导轨带动刮平器刮平树脂液面，光源再进行横纵向的扫描。新固化的一层牢固地粘在前一层上，如此重复直到整个工件制造完毕。此时，升降台上升至液面以上，从升降台上取下成形工件，用溶剂清洗粘附的聚合物。激光固化后，工件树脂的固化程度约有95%，为了使工件完全凝固，需对工件进行后固化处理，将工件放在紫外灯中用紫外线泛光，一般后固化时间不少于30min。再对工件进行打磨、着色等处理，最终得到成形制品。

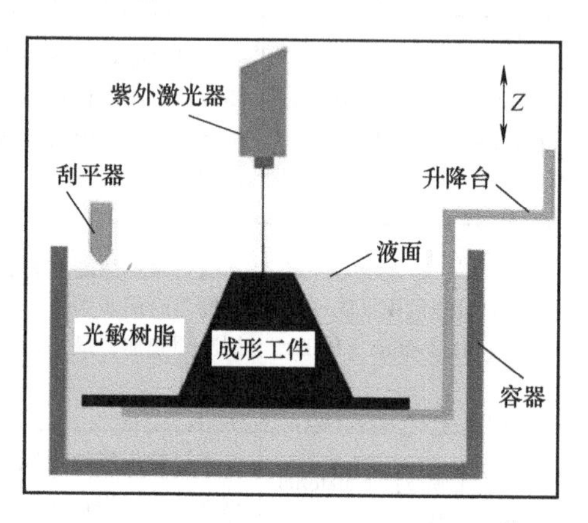

图15-6 SLA的工艺原理

（2）**选择性激光烧结**（SLS） 烧结是一个加热外部粉末颗粒使其熔化在一起的过程。SLS的工艺原理如图15-7所示。它是采用激光有选择地分层烧结金属粉末，并将烧结成形后的固化层叠加，生成预先设计好的零件的形状。整个工艺原理包括建立制件三维模型、处理数据、铺粉烧结以及必要的后处理过程。在激光烧结过程中，首先由供粉缸活塞上升一定的高度，提供预先设定好的粉末量，然后由铺粉辊将粉末均匀地沿着粉末床铺展很薄的（100～200μm）一层。激光器会根据计算机预先设计的工件切片模型，在成形缸活塞的上方进行二维扫描，选择性地对粉末层进行烧结，以形成工件的一个层面。当完成一层烧结之后，成形缸活塞会下降一定的层厚。当进行下一层烧结时，同样由供粉缸供粉，铺粉辊会以已烧结好的粉末层作为基底，再次均匀地将粉末铺展开来，激光会根据设定好工件的下一个切片进行扫描，这样前后两层便会粘结在一起。如此往复，层层叠加，直到烧结成最后的工件。

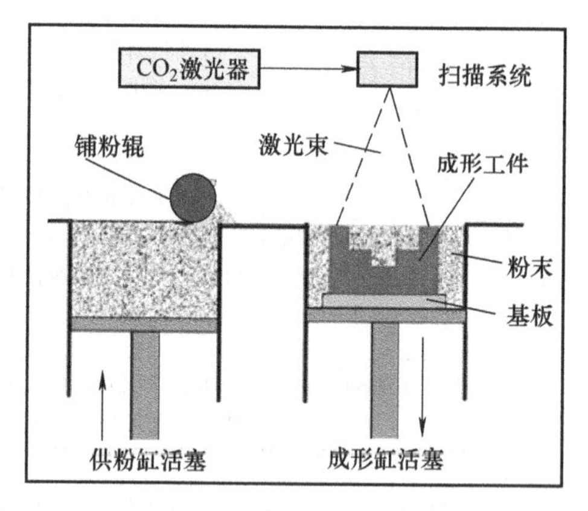

图15-7 SLS的工艺原理

就缺点而言，SLS制造的物体表面往往不光滑、多孔。目前SLS成形机还不能同时使用不同类型的粉末，不适合家庭或办公室使用。由于某些粉末一旦处理不当便会引发爆炸，所以SLS成形机必须使用氮气填充密封腔。SLS成形是高温过程，大件不能立刻从机器中取出，可能需要一天的冷却时间。

（3）**分层实体制造**（LOM）　LOM 的工艺原理如图 15-8 所示。LOM 工艺采用薄片材料，如纸、PVC 薄膜等。片材表面事先涂覆上一层热熔胶。加工时，热压辊热压片材，使之与下面已成形的工件粘结；用 CO_2 激光器在刚粘接的新层上切割出工件截面轮廓和工件外框，并在截面轮廓与外框之间多余的区域内切割出上下对齐的网格；激光切割完成后，升降台带动已成形的工件下降，与带状片材分离；供料机构转动收料卷和供料卷，带动料带移动，使新层移到加工区域；升降台上升到加工平面；热压辊热压，工件的层数增加一层，高度增加一个料厚；再在新层上切割截面轮廓。如此反复直至最后形成由许多废料小块包围的工件。然后取出，将多余的废料小块剔除，最终获得三维实体产品。

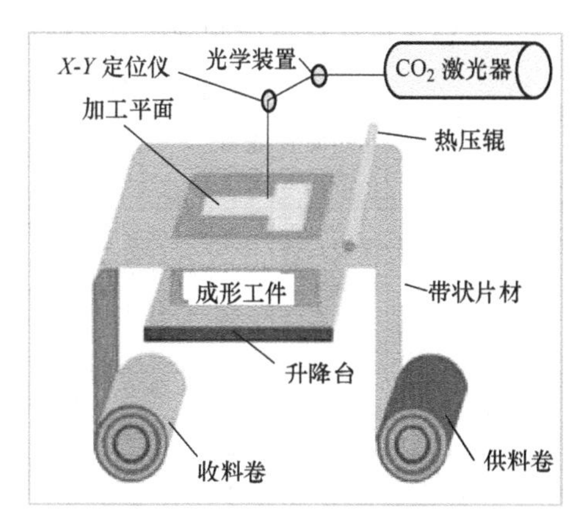

图 15-8　LOM 的工艺原理

（4）**熔化沉积成形**（FDM）　这是一种不用激光作为成形能源、用加热喷头熔化丝材而堆积成形的方法。FDM 的工艺原理如图 15-9 所示。加热喷头在计算机的控制下，根据产品工件的截面轮廓信息，做 *X-Y* 平面运动，热塑性丝材（直径在 1.5mm 以上）由供丝机构送至热喷头，并在喷头中利用电阻丝式加热器将丝材加热至（200～250℃）略高于熔化温度（约比熔点高 1℃），然后挤出，有选择性地涂覆在升降台上，快速冷却后形成一层大约 0.127mm 厚的薄片轮廓。一层截面成形完成后升降台下降一定高度，再进行下一层的熔覆，好像一层层“画出”截面轮廓，如此循环，最终形成三维产品工件。

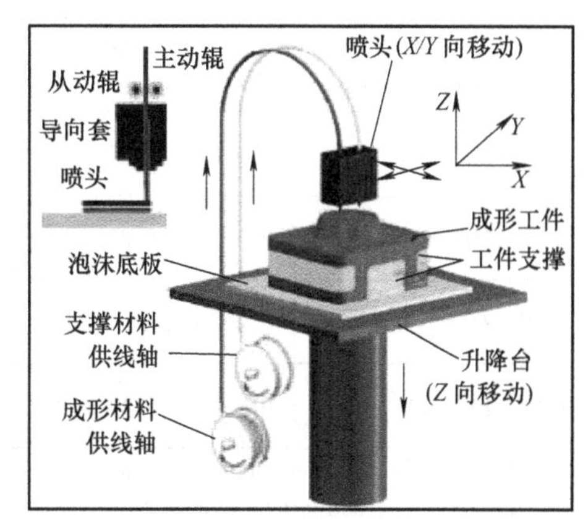

图 15-9　FDM 的工艺原理

FDM 常使用热塑性塑料，如蜡、尼龙（聚酰胺纤维）、聚乳酸。热塑性塑料像奶酪一样加热熔化，因其内部结构并不改变而可反复熔化使用。这类材料不同于热固性塑料（可用于 3D 打印建筑模型）。热固性塑料像鸡蛋一样，加热后固化，因其内部结构发生改变而只能使用一次，如酚醛树脂。FDM 是唯一使用工业级热塑材料作为成形材料的积层制造方法，被用于制造概念模型、功能模型，甚至直接制造零部件和生产工具。FDM 与 SLA、SLS、LOM 的区别在于 FDM 的能量传递和物料传递降低了系统成本。

（5）**基本型增材制造工艺的比较**　采用上述四种不同工艺制作的成品如图 15-10 所示。

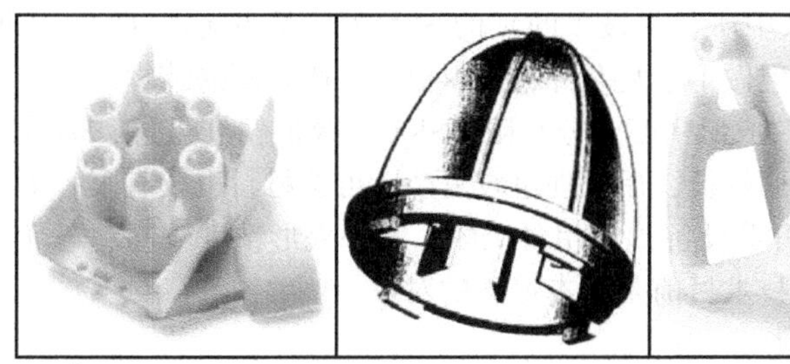
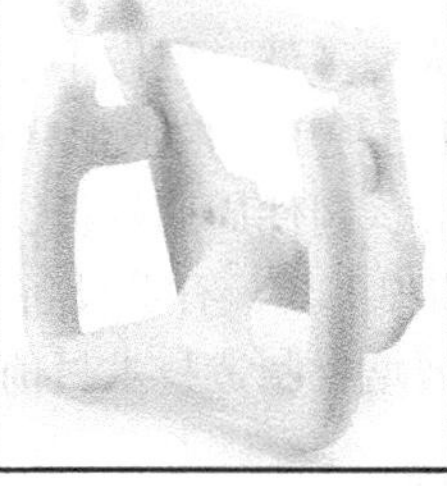
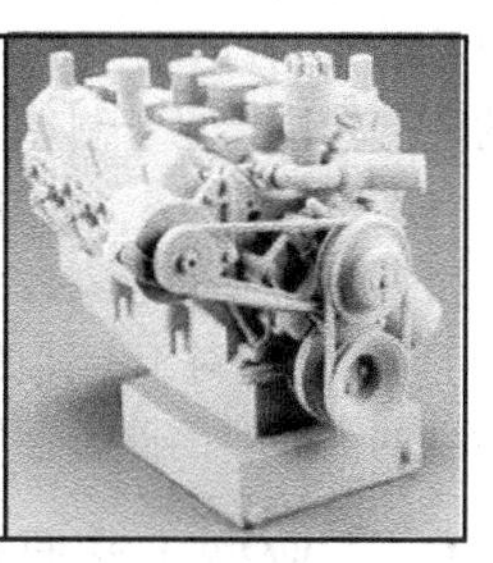

a) SLA产品　　b) SLS产品　　c) LOM产品　　d) FDM产品

图 15-10　增材制造基本工艺制作的产品

表15-5和表15-6分别列出了四种基本型工艺的材料、设备、工件、质量、适用场合等。

表15-5 增材制造的四种基本工艺比较（材料与设备）

工艺	轮廓成形方式	材料成形方式	选材种类	常用材料	材料价格	材料利用率	结构支撑	后期处理	复杂程度	环境污染	设备安全性	设备价格
SLA	激光扫描	激光扫描	少	液态：光敏树脂、热固性塑料	较高	近100%	需要支撑	复杂	中	较高	无人值守	高
SLS	激光扫描	激光照射	多	粉末：塑料、金属、陶瓷	较高	近100%	无须支撑	复杂	复杂	高	专人值守	较高
LOM	激光切割	热辊热压	较少	薄片：纸、金属箔、塑料薄膜	低	很低	无须支撑	较简	简单	低	专人值守	较低
FDM	喷头挤丝	喷头挤出	较多	丝状：ABS、聚乳酸、聚碳酸酯	较低	近100%	需要支撑	简单	中	较低	无人值守	低

表15-6 增材制造的四种基本工艺比较（工件与质量）

工艺	成形尺寸/mm×mm×mm	工件大小	尺寸精度/mm	成形精度	表面质量	层厚/mm	扫描速度/(mm/s)	制造周期	制造成本	生产效率	适用场合
SLA	250×250×250	中小件	±0.05	高	好	0.05~0.15	0.2~2	长	高	较低	专门实验室，塑料的精细小件
SLS	250×250×320①	中小件	±0.03	较低	较差	0.02~0.08	0~2000	较长	较低	中等	专门实验室，直接得到金属件
LOM	815×550×500②	中大件	±0.1③	较低	中	0.1~0.2	0~500mm/s④	短	低	高	专门实验室，实体大件或木模
FDM	125×125×125⑤	小中件	±0.13	低	较差	0.2~0.5	0~500	长	较低	较高	办公室，塑料小件、蜡模、医用

① 还有中件：630mm×400mm×500mm；

② 还有小件：256×169×150mm³；

③ 在X方向和Y方向的精度是0.1~0.2mm，在Z方向的精度是0.2~0.3mm；

④ 此值为切割速度；

⑤ 2012年Stratasys公司的Fortus 900mc：成形尺寸为914mm×610mm×914mm，成形精度（打印误差值）为每毫米增加0.0015~0.089mm，层厚为0.05~0.76mm，扫描速度为0.178mm/s。

对比几种方法的优劣：目前FDM和SLS较为主流。FDM的技术和设备已经非常成熟，而其材料则掌握在一两家工业级设备商手中；使用、维护简单，成本较低；但FDM工件成形精度和表面质量都低于SLA。SLS支持多种材料，对更多应用行业充满吸引力；可以直接制造金属零件，不像SLA那样需要支撑结构，因为未烧结的粉末起到了支撑的作用；但SLS成形时间较长，后处理较麻烦；较高的材料成本和商用定位目前是SLS的瓶颈。SLA，成形精度较高，已经有所应用；但运行成本太高，可用材料的种类有限，光敏树脂有一定的毒性；有实力（在技术上是最为成熟的），有话题（是目前RP领域中研究得最多的）的SLA还不是主流。LOM，成形厚壁零件的速度较快，易于制造大型零件，但做不了复杂件，用料浪费，废料不易清理。

总之，LOM、SLS、FDM三种工艺的成形精度十分有限；SLA的成形精度虽好，但设备价格十分昂贵，对环境的污染较高，制件周期较长，后处理也较复杂，可选材料也较有限。下文介绍的3D打印工艺相对于上述四种工艺，有着设备价格相对低廉、制件成形精度较高、对环境几乎没有污染的优势。因此，金属增材制造技术目前是资本追逐的对象。

15.2.3 工业型工艺原理

这里的工业型增材制造主要讨论金属增材制造。在增材制造技术中金属材料的增材制造技

术是难度最大的，由于金属的熔点较高、金属液体固液相变、表面扩散以及热传导等多种物理过程中复杂的变量，还要考虑生成的晶体组织是否良好，整个试件是否均匀、内部杂质和孔隙的大小等因素。直接制造金属零件是制造业对增材制造技术提出的终极目标。

目前，真正能够制造精密金属零件的增材制造技术，主要有：选择性激光熔化成形（Selective Laser Melting，SLM）、激光工程化净成形（Laser Engineered Net Shaping，LENS）。

（1）**选择性激光熔化**（SLM） SLM是在SLS基础上发展起来的。SLM是利用金属粉末在激光的高能量密度作用下完全熔化，经冷却凝固而成形的一种工艺。它由德国人于1995年首次提出，第一台SLM设备由德国MCP-HEK公司于2003年年底推出。目前国内只有华中科技大学从事SLM装备的研发。

SLM的工艺原理如图15-11所示。根据CAD得出工件3D模型的分层切片信息，扫描系统控制激光束作用于待成形区域内的粉末。激光束开始扫描前，先在工作平面装上用于金属零件生长所需的底板，将底板调整到与工作台面水平的位置后，供粉缸先上升到高于铺粉辊底面一定高度，铺粉辊滚动将粉末带到工作平面的底板上，形成一个均匀平整的粉层。然后扫描系统将激光束按当前层的二维轮廓数据选择性地熔化底板上的粉末，当该层轮廓熔化扫描完毕后，工作缸下降一个切片层厚的距离。供粉缸再上升一定高度，铺粉辊滚动将粉末送到已经熔化的金属层上部，形成一层均匀粉层。计算机调入下一层的二维轮廓信息，并进行加工。如此层层加工，直到整个工件加工完成。最后，活塞上推，取出工件。

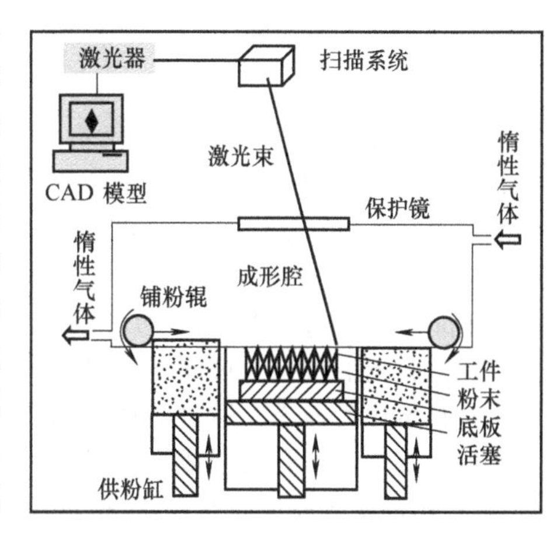

图15-11 SLM的工艺原理

SLM与SLS的不同之处在于：SLS成形时，粉末半固态液相烧结，颗粒表层熔化并保留其固相核心；SLM成形时，金属粉末完全熔化，产生冶金结合。SLS多采用50W激光器，光斑尺寸为0.1~0.4mm，由于功率密度不高，SLS是利用低熔点金属或有机粘结材料包覆在金属粉末表面，形成的三维实体为类似粉末冶金烧结的坯件，实体材料的致密度达不到100%，力学性能也较差，需经过高温重熔或渗金属填补孔隙等后处理才能使用。SLS使用金属塑料混合粉末，不能用于生产工程应用的最终产品（如发动机部件）中。SLM使用的是高功率密度激光器，能量密度超过10^6W/cm^2，光斑尺寸为30μm。SLM克服了SLS制造金属件工艺过程复杂的困扰，能直接成形接近完全致密度（100%）的金属零件。

（2）**激光工程化净成形**（LENS） 也译为“激光近净成形”，或者“激光近形制造”。它将SLS和激光熔覆成形（Laser Cladding Forming，LCF）两种工艺相结合，快速获得致密度和强度均较高的金属零件。LENS既保持了SLS和LCF两种技术成形零件的优点，又克服了SLS成形零件密度低、性能差的缺点。

1）**LCF**。简称激光熔覆，又称为激光包覆、激光涂覆、激光熔敷。它是材料表面改性技术的一种重要方法。LCF是利用大功率激光器将具有不同成分、性能的合金与基材表面快速熔化，通过工作台或喷嘴移动，获得堆积的熔覆实体，如图15-12所示。

LCF可以通过两种方法完成：①预置式。预先放置疏松粉末涂层，然后用激光重熔。②同步式。在激光处理时，采用气动喷注法把粉末注进熔池中。LCF的本质是利用高功率激光将金属粉末直接加热至熔化，从而形成材料间的冶金结合。此技术所用激光器的光斑约为1mm，所得的

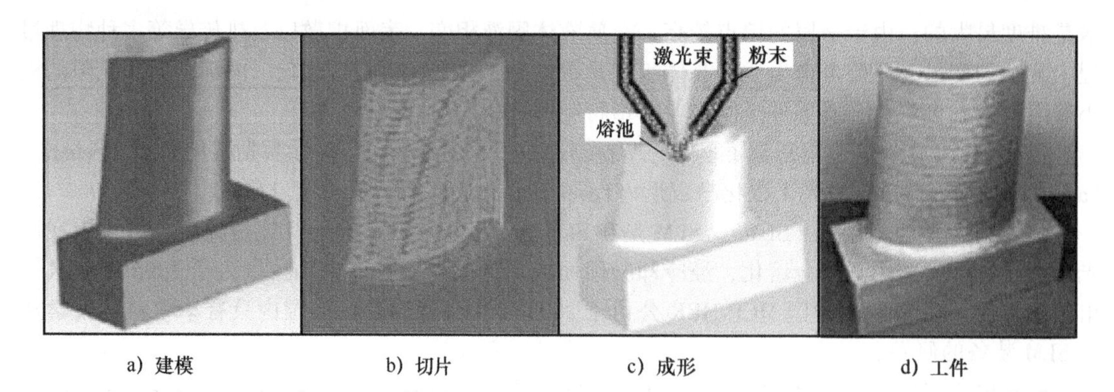

a）建模　b）切片　c）成形　d）工件

图15-12　LCF的工艺原理

工件的尺寸精度和表面质量都较差，只能制作毛坯。LCF与SLS的区别在于，金属制件的致密度较高，其强度达到甚至超过常规的铸件或锻件。

2）**LENS**。它是由美国人David Keicher发明的，并由Optomec Design公司于1997年推出商用机。它利用高能量激光束将与光束同轴喷射或侧向喷射的金属粉末直接熔化为液态，通过运动控制将熔化后液态金属按照预定轨迹堆积凝固成形，获得“近形”金属制件。LENS的工艺原理如图15-13所示。

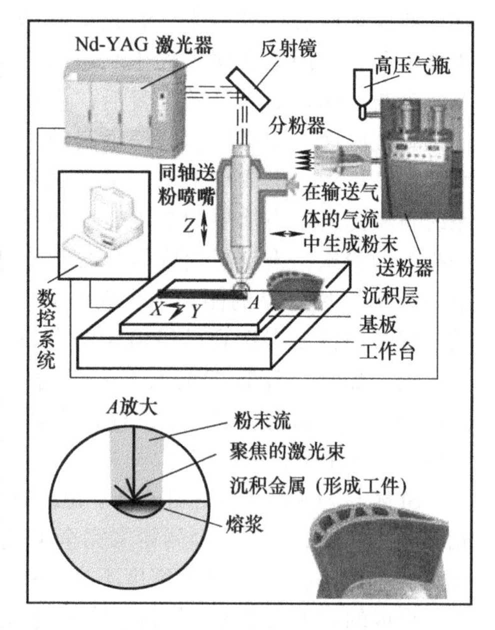

图15-13　LENS的工艺原理

LENS工艺将Nd-YAG激光束聚焦于由金属粉末注射形成的熔池表面，而整个装置处于惰性气体保护之下。通过激光束的扫描运动，使金属粉末材料逐层堆积，最终形成复杂形状的零件或模具。工作时，系统将材料粉末吹入精心引导的高功率激光束。错过光束的粉末会落在一边，遇到激光焦点的粉末会立即融化，并融合到增长部分的表面形成“熔浆”。因此，当激光的焦点扫描过工件的轮廓，喷嘴吹出更多的粉末时，部件就会一层一层地增长。由于多个喷嘴可同时向激光束吹粉末，可以同时使用多种基础金属按不同的比率“打印”合金（混合金属），该比率甚至可根据喷嘴的位置调节，生成各种级别的合金。

LENS工艺选用的金属粉末有三种形式：①单一金属。②金属加低熔点金属粘结剂。③金属加有机粘结剂。LENS最大的优点在于可制造高强度的金属工件，见表15-7。

表15-7　LENS的优点、缺点及应用

优点	①工件微观组织致密度达100%，具有快速熔凝特征，其疲劳强度高于常规铸件和锻件；②可适应多种金属材料的成形，具有加工异质材料（功能梯度材料、复合材料）的优势，易于实现工件不同部位具有不同成分和性能，不需反复成形和中间热处理；③不用模具，使制造成本降低15%～30%，生产周期缩短45%～70%
缺点	①设备昂贵，需用高功率激光器；②工件堆积速率较慢；③工件成形时热应力较大，精度不高，表面质量较差，一般需后处理，不适用于悬臂零件；④需惰性气体保护；⑤金属粉末材料利用率偏低，成本较高
应用	适用于航天、航空、造船、国防等高端制造领域的零部件制造，可用于制造成形金属注射模、修复模具和大型金属零件、制造大尺寸薄壁外形的构件，也可用于加工活性金属如钛、镍、钽、钨、铼及其他特殊金属

LENS工艺有三个关键问题：①粉末输送。主要指标是粉末利用率。②温度控制。需要调节成形件的微观结构、组织以及性能，控制内应力分布。③过程控制。因为随着体积累积的增加，工件误差也层层累积，所以设备过程监测调节系是必需的。

（3）**LENS与SLM的比较** 作为金属零件快速制造的方法，两者的共同特点：首先，所加工的材料均为金属粉末；其次，在加工过程中金属粉末完全熔化，熔化的粉末快速凝固之后成为致密度为100%的金属模型或者零件。两者的区别在于：SLM是基于粉末床的铺粉方法，而LENS是基于LCF的局域送粉方法。根据粉末的输送方式的不同，可以将激光快速成形技术分为送粉式和铺粉式。LENS和LCF都采用同轴送粉的方式，适合于大型构件整体制造。而SLM和SLS都采用铺粉的方式，能实现几乎任意复杂精密构件的整体成形。

增材制造通常都属于“热加工”范畴。金属增材制造技术实际上是一个以高性能材料制备、内部质量控制为核心的“控形控性”一体化制造技术，其关键问题是突破“内应力”控制及“变形开裂”预防、“内部质量控制”及检测评价等。金属增材制造技术因其逐点堆积的过程，可以通过对“点”的精确控制，从而实现对金属件的“控形控性”的要求。在合适的工艺基础上，金属增材制造技术可完成钛合金、高温合金、不锈钢等零件的高品质、快速制造。

案例15-1 采用工业型工艺成形的两种金属零件。

15.2.4 消费型工艺原理

当今消费型的增材制造设备主要是三维打印（3DP）技术。目前消费型三维打印机主要有两种：一种是“粘结剂喷射”（Binder Jetting，BJ）；另一种是“材料喷射”（Material Jetting，MJ）。增材制造技术依据“逐层打印，层层叠加”的概念来制备具有特殊外形或复杂内部结构和成分组成的元件。BJ和MJ两种工艺的共同特征是采用喷头而非激光来逐层成形，其实质都是采用液滴喷射成形，单层打印成形类似于喷墨打印过程。

（1）**粘结剂喷射（BJ）** 美国麻省理工学院的伊曼纽尔·萨克斯（Emanual M. Sachs）等人于1993年发明了增材制造，1995年有六家不同领域的公司从麻省理工学院申请并获得该技术的使用权。1997年Z Corp公司开发出首台商用机，其原理是采用惠普热喷墨喷头喷射粘结剂使粉末粘结成形，又称为粘结式3DP。

BJ的工艺原理就是最初的3DP，如图15-14所示。3DP是以粉末和粘结剂为原材料，由计算机控制喷头按照零件的二维截面轮廓喷射粘结剂，每个截面数据相当于医学上的一张CT相片，形成截面轮廓后，供粉缸活塞上升一个截面厚度的距离，成形缸活塞下降一个截面厚度的距离，铺粉辊将粉铺平，再进行下一层的打印，如此循环形成三维产品，整个制造类似于“积分”过程。

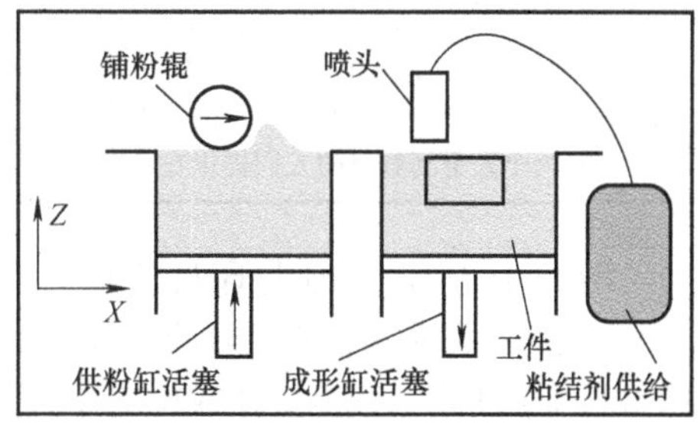

图15-14 BJ的工艺原理

BJ工艺与SLS工艺也有类似之处，采用的都是粉末材料，如陶瓷、金属、塑料，但与其不同的是：3DP使用的粉末并不是通过激光烧结粘合在一起的，而是通过喷头喷射粘结剂将工件的截面“粘结”出来的。

BJ的工艺系统一般由计算机终端、粉末处理、打印液处理及产品加工、后处理等部分组成。其工艺过程如图15-15所示。喷头在计算机的控制下，按照层片的信息，在铺好的一层粉末材料上，有选择性地喷射粘结剂，使部分粉末粘结，形成截面层。一层完成后，平台下降一个层厚，铺粉，喷粘结剂，再进行后一层粘结，逐层堆砌，形成三维工件。根据需要，粘结的工件可用胶水或蜡液在表面做进一步的固化，或打磨处理。

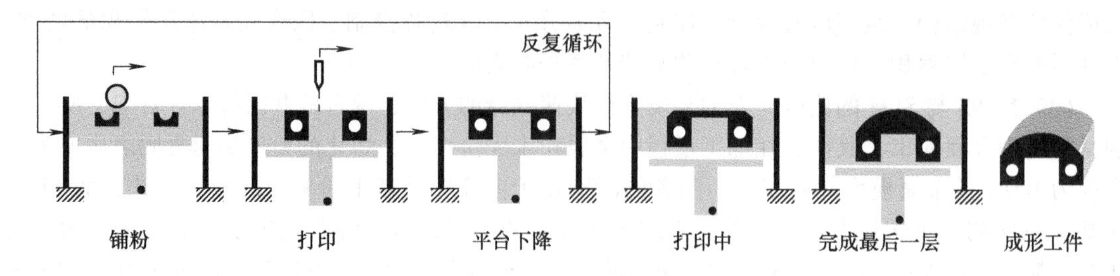

图 15-15 BJ 的工艺过程

基于 BJ 工艺原理的三维打印机主要应由以下几部分组成：喷头及其控制系统（包括喷头、喷头控制和粘结剂材料供给与控制）、粉末材料系统（包括粉料储存、喂料、铺料及回收）、三个方向的运动机构与控制（包括喷头在 X 轴和 Y 轴方向的运动，工作台在 Z 轴方向的运动）、成形室、控制硬件和软件。

Sachs 等人提出的 BJ（即粘结式 3DP）工艺在增材制造中处于最活跃和最前沿的位置，在功能性元件等的制造中处于主导地位，同时也是加工过程最灵活的增材制造技术。

与 SLA 和 FDM 相比，BJ 工艺的突出优势在于：能使用很多种的粉末材料和各种颜色的粘结剂，制作出彩色的原型制件。BJ 的优点、缺点及应用，见表 15-8。

表 15-8 BJ 的优点、缺点及应用、

优点	①凡是能造粒的材料（如金属、陶瓷、聚合物、水凝胶、有机和无机化合物等），都可以用作原材料。②操作简单，过程清洁，可以作为计算机的外围设备，在办公环境中使用。③不需要支撑结构，由于可以用多余粉末起支撑作用，且多余粉末的清理也很方便，因此适合制作复杂结构的原型件。④由于不同材料可以通过不同打印头喷涂（喷涂的物质可以是溶液、悬浮液、乳液及熔融物质等），并能使所喷涂物质准确定位，因此易于控制局部材料组成、微观结构及表面特性。⑤成形速度更快，约半小时就可以加工一个原型制件。因 3DP 的每件产品都是同样地逐层粘结而成，故可利用多喷嘴及料床来提高生产率。⑥生产成本低，不需要使用激光器，所以设备价格较低；更有优势的一点是，它可以只喷入物体表面几毫米深处，从而节省“墨水”的消耗，制作成本低
缺点	①工件精度较差，表面较粗糙，故不宜制作细节繁多的制件。②强度不高，易生成多孔结构，因为用喷射法，粘结剂的粘结力受限，仅用于制作概念模型。③原材料需是极小颗粒，价格较贵。④有时需用有毒的有机溶剂
应用	BJ 适用于制作非均匀质材料（如复合材料）；通常利用某种特殊复合聚合物来制作高分辨率的原型或模型，制模精度约为 ±0.5mm；也可用于金属、陶瓷和玻璃等材料；适用于制作艺术家所需的青铜或不锈钢珠宝；为个人定制餐具的人们提供在线陶瓷打印服务；其表面抛光包括镀金等工艺；制造玻璃雕塑及其他装饰品

图 15-16 所示为 BJ 打印机的基本结构分解图。它是由控制组件、机械组件、喷头（打印头）、耗材和介质等架构组成的，打印原理和传统打印机工作原理基本相同，只不过它喷射的打印材料不是墨水，而是液体或粉末等成形材料。

在控制组件中，步进电动机是将电脉冲信号转变为角位移或线位移的开环控制元件。它的工作原理是利用电子电路将直流电变成分时供电的多相时序控制电流，以驱动步进电机转动。通过控制脉冲个数来控制角位移量，从而达到准确定位的目的；并通过控制脉冲频率来控制电动机转动的速度和加速度，从而达到调速的目的。

BJ 打印与激光成形技术一样，采用分层加工、叠加成形来完成。每一层的打印过程分为两步，首先在需要成形的区域喷洒一层特殊胶水，胶水液滴本身很小，且不易扩散。然后是喷洒一层均匀

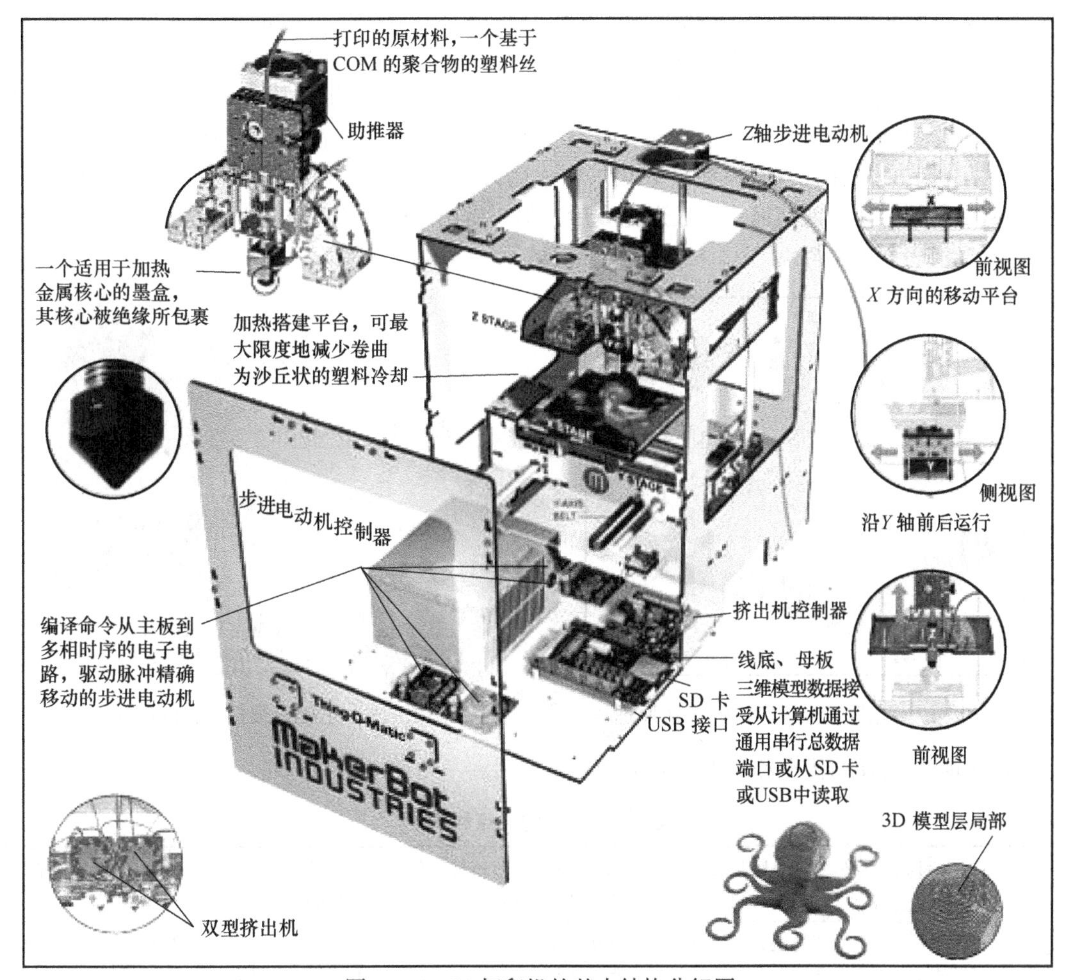

图 15-16 BJ 打印机的基本结构分解图

的粉末，粉末遇到胶水会迅速固化粘结，而没有胶水的区域仍保持松散状态。这样在一层胶水一层粉末的交替下，实体模型将会被“打印”成形。目前 BJ 打印机的成形尺寸为 508mm × 381mm × 229mm，最小层厚范围为 0.089 ~ 0.102mm，X 轴和 Y 轴的精度为 0.1mm，每小时可输出材料 15mm。

（2）**材料喷射**（MJ） 商用机 Ployjet 聚合物喷射的原理是逐层喷射光敏聚合物液滴，采用紫外光进行固化成形，又称为聚合物喷射（Polyjet），也称为光敏式 3DP。MJ 工艺的原理与 BJ 的区别是：MJ 喷射的不是粘结剂而是成形材料，即聚合物。

图 15-17 所示为光敏三维打印机的工作原理。它的喷头沿 X 轴方向来回运动，工作原理与喷墨打印机十分类似，所不同的是喷头喷射的不是墨水而是光敏聚合物。当光敏聚合材料被喷射到工作台上后，UV 紫外光灯将沿着喷头工作的方向发射出 UV 紫外光对光敏聚合材料进行固化。完成一层的喷射打印和固化后，设备内置的工作台会极其精准地下降一个成形层厚，喷头继续喷射光敏聚合材料进行下一层的打印和固化。就这样一层接一层，直到整个工件打印制作完成。

MJ 工艺至少要设置两个喷头，一个打印实体材料，另一个打印支撑材料。为了提高成形效率，MJ 可同时采用多个喷头，喷头上又有许多能同时喷射的喷嘴。图 15-18 表示了光敏三维打印机 EDEN250 型的喷头结构。这种打印机有四个喷头，每个喷头都有相应的供料器，供应成形材料（加热成黏度较低的光敏树脂流体，如全硬化 510-MTY 丙烯酸树脂流体）和支撑材料（如可加热成黏度较低的凝胶状聚合物），每个喷头上有384个喷嘴，成形分辨率为600×300×1600dpi，一次可喷射出65mm宽的微滴，不会由于个别喷嘴堵塞而影响成形的品质。工作时喷头沿着 X 轴前后滑动，在成形室里铺上一层超薄的光敏树脂，光敏树脂在固化单元中紫外光灯发出的紫外光照射下立即固化，每打印完一层，机器内部的成形托盘就会极为精确地下沉，而喷头继续一层一层地工作，直到原型件完成。构成的凝胶状支撑结构用来配合复杂的工件，如空腔、悬垂、底切、薄壁的截面，在成形完成后，很容易用水枪把这些支撑材料去除，而最后留下的是拥有光滑表面的工件。

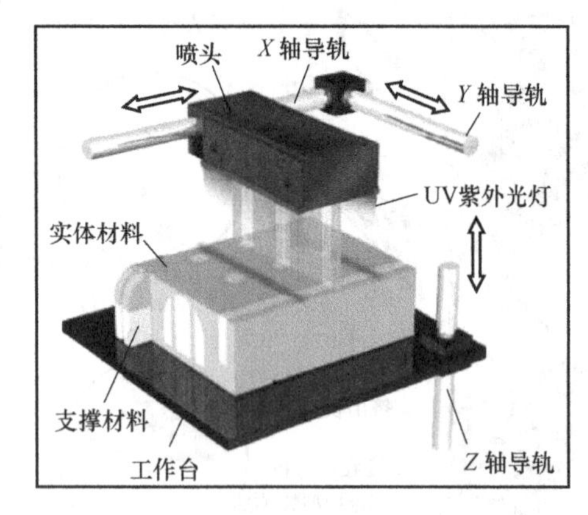

图 15-17　光敏三维打印机的工作原理

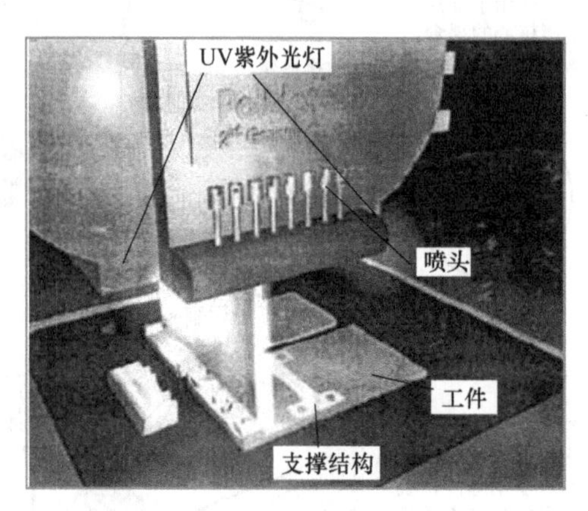

图 15-18　光敏三维打印机的喷头

与BJ相比，MJ的优点和缺点见表15-9。

表 15-9　MJ 的优点和缺点

优点	①工件精度很高，最薄层厚能达到16μm，可保证细节精细与薄壁；②清洁，适用于办公室环境，因其系统中没有粉末材料，结构和控制相对简单；③支持多色彩、多材料一次打印成形
缺点	①对于工件有悬臂的地方需要制作支撑结构；②耗材成本相对高，与SLA一样使用光敏树脂作为耗材，成本相对较高；③强度较低，由于材料是树脂，成形后强度、耐久度和SLA一样，都不是很高

与FDM相比，3DP（包括BJ和MJ）可以在常温下操作，后处理简单，工件精度较高。与SLA、SLS、LOM、SLM相比，3DP不需要激光器，成本低；成形过程无污染，适用于办公室环境。3DP成形速度快，所需时间是其他方法的1/10～1/5；3DP可选材料范围宽（包括有机和无机材料），其形态可以是溶液（水溶液、溶剂溶液）、胶体、悬浮液、浆料、熔融体等，并且可以由用户根据自身的需要配制原材料。3DP被认为是最有生命力的新技术之一。图15-19和图15-20分别展示了SLM与3DP的产品。

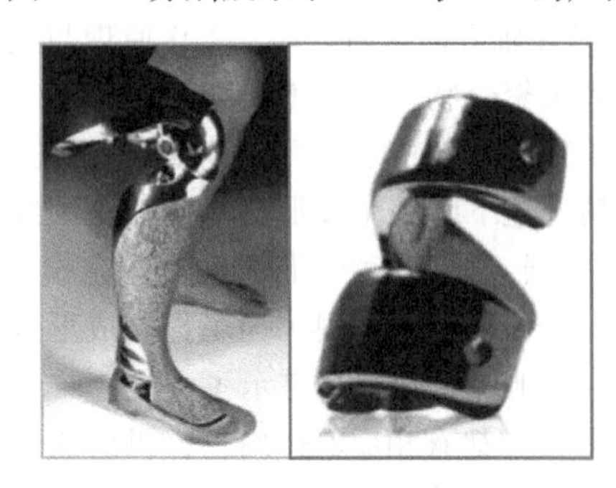

图 15-19　SLM 钴铬合金膝关节植入体

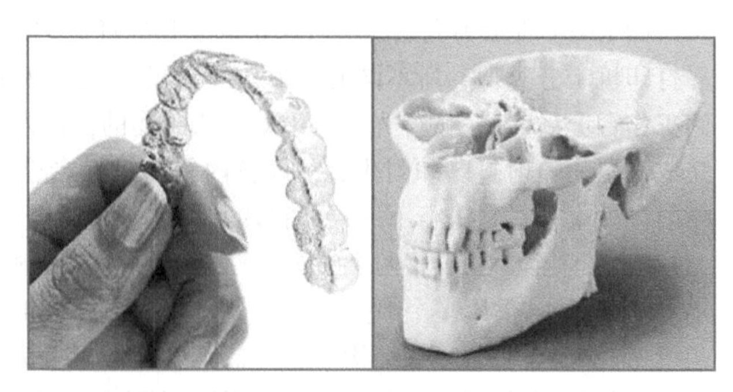

图 15-20　3DP 牙科隐形矫形器与颅颌面骨

15.3 增材制造的应用

15.3.1 增材制造的关键技术

增材制造技术的三要素见表15-10。未来增材制造需解决的关键技术包括下述几种。

表15-10 增材制造三要素的现状与未来

要素	目前现状	未来趋向
成形材料	可用原材料：①高分子材料，如塑料、尼龙、树脂；②陶瓷、混凝土、玻璃、纸、蜡；③金属粉末	①种类更多；②性能更好：更易成形、安全耐用、无毒环保等；③成本更低
设计程序	包括两部分：①建模软件：实体/曲面建模、光学扫描等；②打印机固件程序：STL或AMF语言	①实现对物体内部结构的控制；②实现对多元材料复合打印的控制；③完善固件语言，实现对复杂海量数据处理
成形工艺	常用的主流工艺：①选择性沉积；②选择性粘结；③分层超声波焊接（基于LOM）	①提高打印精度、速度；②支持多元材料同时打印；③降低打印设备的制造成本

（1）**增材制造设备智能化** 增材制造设备是高端制造装备的重点方向，在增材制造产业链中居于核心地位。增材制造设备制造包括制造工艺、核心元器件和技术标准及智能化系统集成。发展目标：实现增材制造设备的系统集成和智能化。

（2）**增材制造层厚稳定性** 增材制造的材料累积过程对构件成形质量有重要影响，主要体现在零件性能和几何精度上。为保证制造质量，需要不断研发面向增材制造的新材料体系。控制更小的层厚及其稳定性是提高制件质量的关键。发展目标：层厚由0.1mm达到1 μm。

（3）**增材制造设计新理念** 增材制造因其逐点堆积材料的降维原理，而带来了设计的新理念：突破了传统制造约束和传统均质材料的设计理念。发展目标：从结构自由成形向结构与性能可控成形方向发展，实现功能驱动的多材料、多色彩和多结构的一体化设计。

（4）**增材制造高效造大件** 增材制造在向大尺寸构件制造方向发展，如金属激光直接制造飞机上的钛合金框梁结构件，框梁结构件长度可达6 m，目前制作时间过长。发展目标：对于大尺寸金属零件，采用多激光束（4~6个激光源）同步加工，成形效率提高10倍。

15.3.2 增材制造的应用现状

（1）**工艺与材料** 表15-11列出了国际上已经出现的应用增材制造工艺及材料的分析结果。

表15-11 国际已商业化或接近市场应用的增材制造相关领域

分类	材料	航天			汽车		医疗					消费品			能源		防务			电子		其他		
		机架	动力系统	机舱	道路	竞技	整形外科	假体/矫正	口腔种植	手术导航	助听器	珠宝	玩具和游戏	家装用品	生成	储存	武器	个人防护品	后勤和援助	包装	传感	创意工艺品	原型件	模具和铸件
粉末床熔化	金属	√	√	√	√	√	√		√			√			√	√	√	√	√		√	√	√	√
	高分子			√	√	√	√	√		√	√	√	√	√		√		√	√	√	√	√	√	√
	陶瓷		√				√		√							√		√			√	√	√	√
定向能量沉积	金属粉末	√	√		√	√		√							√			√	√				√	√
	金属丝材	√													√			√	√				√	√

（续）

分类	材料	航天			汽车		医疗					消费品			能源		防务			电子		其他		
		机架	动力系统	机舱	道路	竞技	整形外科	假体/矫正	口腔种植	手术导航	助听器	珠宝	玩具和游戏	家装用品	生成	储存	武器	个人防护品	后勤和援助	包装	传感	创意工艺品	原型件	模具和铸件
材料喷射	光敏树脂					√		√			√	√		√		√		√		√	√		√	√
	蜡																						√	√
粘结剂喷射	金属				√	√			√			√				√					√	√	√	√
	高分子			√	√		√	√								√				√		√	√	
	陶瓷		√			√	√		√				√			√					√	√	√	√
材料挤出（FDM）	高分子			√	√		√	√		√									√	√	√	√	√	√
光固化（SLA）	光敏树脂							√		√	√	√		√						√	√	√	√	√
片层压（LOM）	混合材料	√	√	√		√		√			√					√		√		√	√		√	
	金属基	√	√	√		√									√	√	√			√			√	√
	陶瓷基		√				√		√							√							√	√

注：√——已应用；空白——尚未应用。光固化，又称为容器内光聚合。

由此可见，每一种工艺都各有所长，所适用的应用领域也有所不同。在选用不同工艺时，主要的考虑因素包括：工艺的生产速度、可用的材料种类、产品的尺寸限制、产品的表面粗糙度和精密度、产品的机械性能、机器及材料的成本、操作的方便性和安全性等。比如，粉末床熔化工艺的应用最为广泛。定向能量沉积工艺可生产高性能的金属部件，在航空航天等高端工程领域的应用比较广泛。粘结剂喷射工艺和材料挤出工艺则可以生产保真度很高的组件，主要用于样品原型制造和工艺品生产，但由于产品的机械性能较差，不适合高端工程领域。

增材制造设备，包括3D打印机和快速成形机。3D打印机和快速成形机的区别：3D打印机是快速成形机的简版，成本更低一些。快速成形机已在航天和汽车产业使用多年。3D打印机比快速成形机要小巧。以成形零件尺寸的边长为例，3D打印机不足200mm，而快速成形机至少得250mm。

案例15-2　增材制造与减材制造相结合的混合磨床。

（2）**应用市场**　从市场来看，增材制造可以实现样品原型制造、模具原型制造、直接生产零件、零件维修等功能。图15-21显示了增材制造主要应用市场的分布。2014年直接生产零件，在增材制造应用市场中的占比已上升到第一位（19.2%）。表15-12列出了增材制造的三大类工件类型：样品原型、模具原型和产品零件。

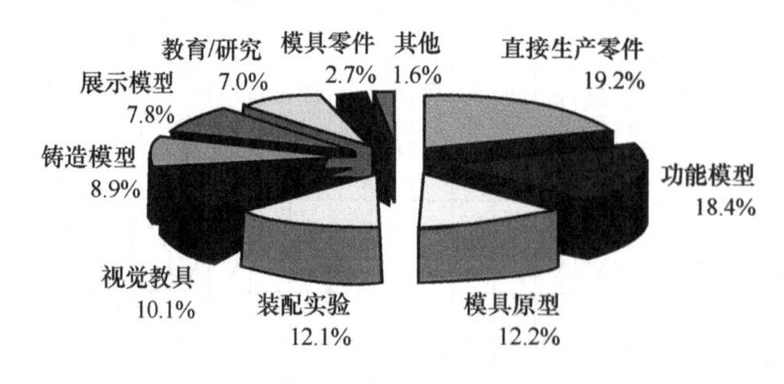

图15-21　增材制造的应用市场分布

表 15-12 增材制造技术应用的常见工件类型

工件类型	说　明	分　类	说　明
样品原型	构思或设计的原来模型，一般为非金属模型	外观模型 概念模型	它是接近最终产品样式的物理模型，缺少最终产品所具有的功能和材料特性，供设计者与客户交流想法并评估模型。这是增材制造最早实现的功能，如用于工艺品制作
		功能原型	它是最终成品的一种实物模型。具有最终产品的功能特性，无须使用与成品相同的材料进行制作。设计者检测在样式、契合度和功能上是否达到产品预期，如用于产品创新
模具原型	用来成形物品的工具，一般为金属模型	五金模具	它是加工金属的模具，包括冲压模具、锻造模具、挤压模具、挤出模具、压铸模具。又分为金属模具、砂型模具、石蜡模具、真空模具等。已用于熔模铸造和砂型铸件
		粉末模具	它是粉末压制的工具，包括压制模、精整模、复压模、锻造模等
		塑料模具	它是塑料成形件的模具，一般分为注射成形模具、挤塑成形模具、气辅成形模具等
		橡胶模具	它是橡胶成形件的模具（硅胶模具），一般分为压制成形模具、压铸成形模具、注射成形模具、挤出成形模具
产品零件	用来装配成品或直接使用	金属件	直接生产零件，它是增材制造发展最快的一个领域，如航天、航空、机械、汽车、电子等
		非金属件	如高分子件、水晶件、纸质件、木质件、陶瓷件、水泥件等

增材制造的大部分工艺用于原型制造。样品原型制造，是增材制造最主要的应用领域（见图 15-22）。模具原型制造是零件正式实现生产制造之前的一个准备环节，其完成制造的时间长短直接关系整个制造流程的时间。增材制造可实现模具的快速制造，可制造出尺寸精确、内部结构复杂的模具。图 15-23 展示了 ExOne 公司采用增材制造技术制作的螺旋桨砂模剖面以及成品，其技术特色是可打印砂子或玻璃等材质。

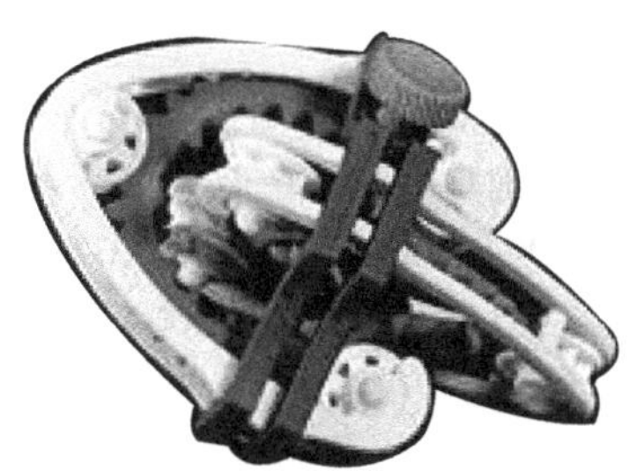
a）产品原型

b）建筑原型

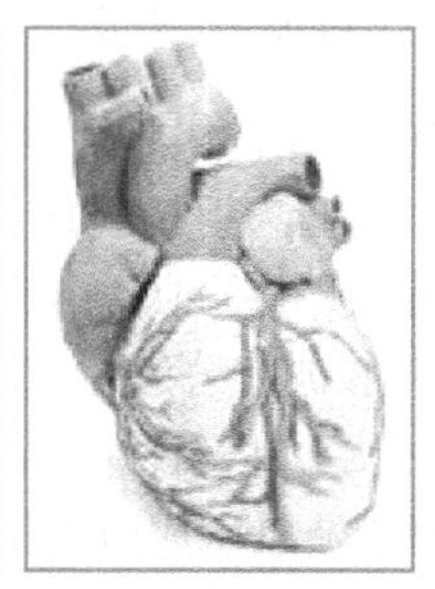
c）医学原型

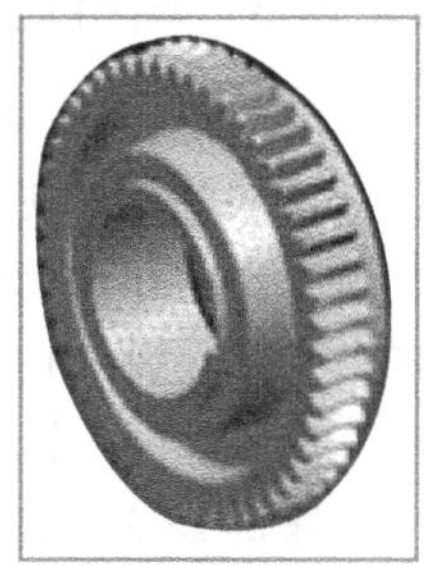
d）　功能原型

图 15-22 增材制造样品原型

增材制造不仅用于形体观测的样品，而且特别适合于制作由航空航天材料、生物医学材料、光电子材料等构成的真实功能构件。图 15-24 所示为 EADS 公司使用金属增材制造技术制作的飞机零件，由计算机程序设计并进行了优化，在保持原有强度和高性能的同时，减轻了重量。

对于直接零件生产、零件维修来说，需选用所对应的专用技术工艺。对于零件维修，增材制造可用来修复只有小部分损坏的大部件，由于其修复所产生的残余应力很小，非常适用于对热变形高度敏感的部件。增材制造特别适用于贵重零件的修理。

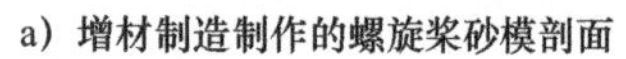

a）增材制造制作的螺旋桨砂模剖面　　b）铸造的螺旋桨成品

图15-23　增材制造螺旋桨

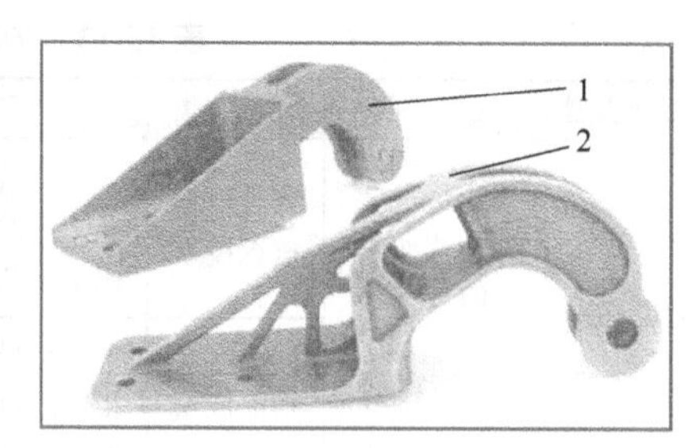

图15-24　增材制造飞机金属零件

1—优化前的旧版本　2—优化后的新版本

（3）**应用领域**　目前，从全球看，增材制造在下述领域应用发展最为快速：工商机器、消费电子、机动车辆、航空航天、医疗牙科、研究机构和国防工业等（见图15-25）。据报道，在增材制造应用方面，工商机器和消费电子领域占据了主导地位，其占比分别为17.5%和16.6%；占比较大的领域还有机动车辆、航空航天和医疗牙科，这三个领域几乎全部属于高端制造，合计占据44%的市场份额。

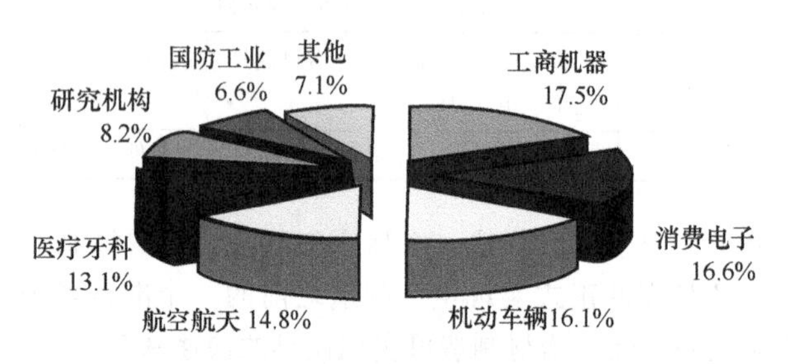

图15-25　增材制造的应用领域分布

15.3.3　增材制造的应用实例

下面将从航空航天、消费电子、创意产业和衣食住行等领域介绍增材制造的应用实例。

（1）**航空航天**　美国为保持其技术领先地位，最早尝试将增材制造技术应用于航空航天等领域。2002年美国将激光成形钛合金零件装上了战机。波音公司从1997年起就开始使用3D打印技术了。到2015年，波音公司在10个不同的飞机制造平台上已经3D打印了超过20000个飞机金属零部件。其中，32种部件用于波音787梦想客机中。

案例15-3　增材制造技术成为支持人类走向宇宙的重要工具。

（2）**消费电子**　增材制造技术主要用于设计原型制造及模具开发，如笔记本式计算机、变形金刚。

案例15-4　3D打印机造出了便携计算机、变形金刚。

（3）**创意产业**　一台3D打印机就是一个“指间工厂”。3D打印模糊了设计师、加工厂和用户之间的界限。除了3D打印人像模型、装饰品、工艺品以外，还拓展到更多的产品创作上。3D打印展现了万众创新的通途。3D打印机与互联网结合，带来了商业模式的创新。

案例15-5　增材制造技术用于创意产业。

（4）**衣食住行**　下面介绍增材制造用于服装加工、食品生产、建筑行业和代步工具的实例。

1）**衣**（服装加工）。增材制造可以加工传统工艺难以完成的复杂款式，极大地拓展了设计

师的想象空间。耐克公司和阿迪达斯公司均已经开始用 3D 打印机制造了一些运动鞋功能部件。

案例 15-6　时装设计师采用 3D 打印技术设计制作服装。

2）**食**（食品生产）。3D 打印机可打印食物，如砂糖、巧克力。

案例 15-7　砂糖和巧克力的 3D 打印。

3）**住**（建筑行业）。增材制造在建筑业的应用尚未形成规模。在现实生活中，增材制造主要应用于建筑装饰和建筑模型的制作，3D 打印建筑实体尚处于试验性阶段。

案例 15-8　打印的建筑物、建筑模型和建筑实体。

4）**行**（交通工具）。例如，3D 打印的自行车是可以骑的，3D 打印汽车的很多零部件及其模型。

案例 15-9　3D 打印的自行车和汽车零部件。

综上所述，增材制造技术在航空航天、消费电子、创意产业和衣食住行等领域获得了很多成功的应用。关于增材制造技术在生物制造的应用参见本书“生物制造”。

15.3.4　增材制造的未来

与所有新技术一样，增材制造技术有着自己的影响、突破、优势、限制、优点和缺点。

（1）**增材制造的影响**　增材制造与互联网结合起来，将使消费者直接参与到产品生命周期当中，从设计到生产再到维修，实现数字化文件的共享和交易。这大大规避了传统制造业和零售业的价值链，刺激了新的制造模式产生，使相关企业受益（见图 15-26）。

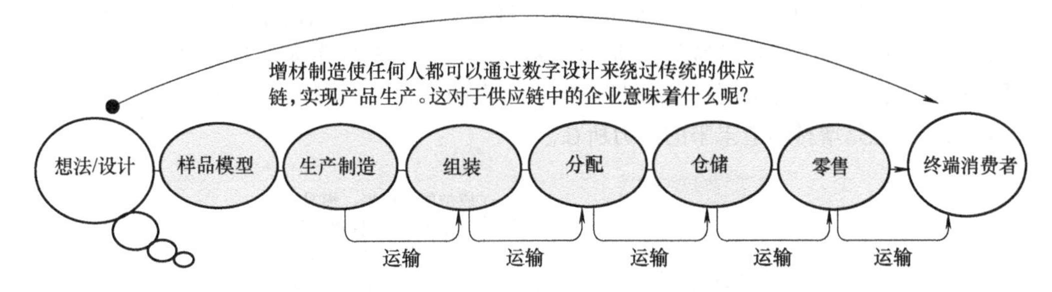

图 15-26　增材制造对传统供应链的冲击示意图

消费者的参与一方面将大幅度提升企业的创新能力与研发实力，使创新边界得以延伸，另一方面使产品更容易适应市场需求，降低业务风险。因此，增材制造可激发新型的产品设计模式、商业销售模式和供应链管理模式，将促使更加卓越的价值链体系形成。

增材制造不仅是一种先进的制造技术，而且将使制造和设计被整合为“精益设计”模式。这不但会影响制造业本身，还将改变经济发展模式和我们的生活方式。增材制造将使制造过程的复杂性降至最低，而通过精益设计提高制造的灵活度将成为产业发展趋势。

（2）**产业突破**　在产业上，增材制造突破了传统制造的限制，具体展现为以下六项突破。

1）**时间突破**。增材制造采用的成形头拥有多个喷嘴，具有快速的成形速度，提升了产品开发效率。增材制造的效率一般是传统制造的 3～4 倍，可使产品的研发周期缩短一半。

2）**空间突破**。增材制造生产过程适应性强，可以通过做加法而打印出各种形状复杂的产品。增材制造改善了传统制造技术受到原材料尺寸和空间制约的困境，可用于很多场所。

3）**种类突破**。增材制造突破了传统制造模式的行业限制。增材制造产品涉及高端和民生的各个领域。无论产品多么复杂，只要拥有三维模型数据和相应的原材料，增材制造就不会让人失望。

4）**材料突破**。以往的 3D 打印机受原材料限制，只能打印塑料或树脂产品。现在，3D 打印的产品已经扩展到战斗机的金属件，还有陶瓷、混凝土、玻璃、细胞和食品等。

5）**订单突破**。对于传统的订单生产模式，客户的需求越复杂，生产的周期就越长，甚至不能满足客户需求。增材制造只需要三维数据模型，就可生产出多样化的产品；增材制造不需要库存；增材制造可以提供上门服务，由客户监督整个打印流程，便于满足客户随时更改的需求。

6）**价格突破**。增材制造的设备简单、所需材料少、设备运行费用低、运输费用低，因此从多个环节降低了生产成本。增材制造将打破传统的定价模式，并改变计算制造成本的方式。

（3）**增材制造的优点和缺点**　综上，与传统制造相比，目前增材制造的优点和缺点见表15-13。

表15-13　增材制造的优点和缺点

优点	①快速：制造周期短；②人性：适用于小批量、定制化、个性化需求或结构复杂的零件制造；③低碳：材料利用率高，具有广阔的应用前景（尤其是在航空航天、生物医疗、产品研发、计算机外设和创新教育上）
缺点	①材料应用范围狭窄，使用成本高；②制造精度和制造效率不高；③工艺与装备研发尚不充分，高强度产品难以达到要求。

应用实践表明，增材制造技术可以使新产品研制的成本下降为传统方式的1/5～1/3，周期缩短为1/10～1/5。增材制造产品结构稳固性和连接强度要远远高于传统方法。未来制造业必须走低碳环保之路。增材制造的原材料使用仅为传统生产方式的1/10；个性化定制以后也不会产生产品库存，在减排前提下可保持更高的生产效率。

（4）**增材制造的未来畅想**　根据麦肯锡全球研究院的研究表明，到2025年，增材制造每年对全球经济的影响将达到2300亿～5500亿美元。随着打印材料价格的下降，打印尺寸和速度的提升，增材制造技术在各应用领域的渗透也将逐步加深。图15-27展示了增材制造未来发展对各应用领域的影响，我们所能看到的往往只是整个冰山的一角，而海面下隐藏的巨大冰山才是尚未开发的领域，也是增材制造未来的潜力所在。

图15-27　增材制造未来发展对各应用领域的影响

重大发明所能带来的影响，在当时那个年代都是难以预测的。1750年的蒸汽机如此，1900年的电动机如此，1950年的晶体管也是如此。我们仍然无法预测3D打印机在漫长的时光里将如何改变世界。

案例15-10　从汽车、计算机到3D打印机的售价变化。

复习思考题

1. 何谓增材制造？严格来说，它与快速原型、快速成形和3D打印有何联系区别？
2. 为什说增材制造技术的实质是实现三个控制？

3. 增材制造的工艺过程和服务过程是什么？有哪些区别？
4. 增材制造的特点是什么？
5. 增材制造的发展趋势是什么？
6. 与传统制造相比，增材制造有何不同？有何优点和缺点？
7. 按材料处理方法，增材制造是如何分类的？
8. SLA的工艺原理及特点是什么？与SLA有共同点的方法有哪几种？
9. FDM的工艺原理及特点是什么？与FDM有共同点的方法有哪几种？
10. 增材制造需解决的关键技术包括哪些？
11. 举例说明增材制造技术在某一领域的应用，并分析其优势和存在的问题。
12. 选择一种你认为对某一领域最适合的工艺方法，并说明理由。
13. 根据制造系统的概念，试说明增材制造是一种新的制造系统。
14. 根据制造模式的概念，试说明增材制造是一种新的制造模式。

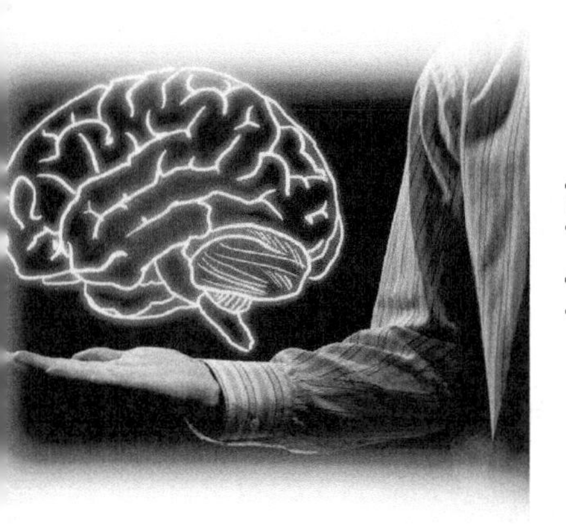

第16章 生物制造

生物制造（Biological Manufacturing，BM），是指将生物技术融入制造过程的工程技术，其目标是为生物组织提供细胞和生物材料的结构载体；开发个性化人体器官组织及其替代物，为人类健康服务。它包括两大分支：一是仿生制造（Bionic Manufacturing），即利用生物体的功能形成机制来设计和制造可再现生物体的组织、器官和功能的人造物，如假肢、人造骨骼，人造耳蜗，人造心脏；二是生物成形（Biological Forming），即以生物体为工艺的执行主体，通过对生物体微观行为的精确调控来实现产品制造，如微机械零件的生物加工：生物去除成形、生物约束成形。仿生制造和生物成形制造的本质都是利用生物体的功能形成机制。

生物制造是以制造生物体为目标或采用生物形式实现制造的一类制造方法。生物制造遵循师法自然的原理，利用自然生物单元的成形成性方法和机制，为高性能装备和产品的制造提供了创新方法，也为人类的康复医学提供了很好的技术手段。生物制造对于我国加快经济结构转型升级，建立绿色与可持续的产业经济体系具有重大战略意义。

生物制造起源于人工植入物和人工器官的研究。最早的尝试可以追溯到5000多年前，那时古埃及人就已学会用棉花纤维或马鬃等来缝合伤口。4000多年前，我们的祖先就使用了假牙、假鼻等。制造技术在真正意义上介入生物技术范畴是在20世纪下半叶。

生物制造的创新性，体现了强大的魅力和生命力。例如，仿生表面技术将制成高效光伏电池、LED；又如，具有显著减阻功能的仿生表面结构产品，将在低阻低噪的飞行器、舰船表面等国防和工业装备中得到更广泛地应用。

16.1　生物制造的原理

16.1.1　生物制造的概念

生物制造的概念是逐渐形成和明确的。1995年清华大学的颜永年教授最早提出了生物成形的概念。1998年美国“21世纪制造业挑战展望委员会”主席J. Bollinger博士提出了生物制造的概念。2000年西安交通大学的卢秉恒教授等人撰文建议“优先使用生物制造的提法”。如今，生物制造包括仿生制造。

（1）**定义**　生物制造有广义和狭义之分，即可以从两个角度来定义。

广义定义：生物制造是指涉及生物学和医学的制造科学和技术的总称。它包括仿生制造、生物质和生物体制造。

狭义定义：生物制造主要是指生物体制造，是运用现代制造科学和生命科学的原理与方法，

通过单个细胞或细胞团簇的直接和间接受控组装，完成具有新陈代谢特征的生命体成形和制造，经培养和训练，用以修复或替代人体病损组织和器官。

（2）**解释** 生物体制造（Organism Manufacturing，OM）不是制造生命，它并不涉及生命起源的问题，而是用有活性的单元和有生命的单元去“组装”成具有实用功能的组织、器官和仿生产品。由生命的机械观：“生命完全只是物理化学的产物”，可以得出生物制造的哲学理念：任何复杂的生命现象都可以用物理、化学的理论和方法在人工条件下再现，组织和器官是可以由人工制造的。

生物制造和生物工程两个领域有明显重叠。生物制造的核心是细胞组装技术。生物工程包括五大工程，即基因工程（遗传工程）、细胞工程、发酵工程、酶工程（生化工程）和生物反应器工程，其中基因工程为核心技术。20世纪80年代后期，细胞工程和材料技术相结合形成了组织工程（Tissue Engineering）。由此看来，生物制造是组织工程的拓展和延伸。

生命系统与制造系统有许多相似之处，生命系统与制造系统都有自组织性、自适应性、协调性、应变性、智能和柔性。机械学科和生命学科的深度融合，将产生新产品，开发新工艺，建立新模式和开辟新产业，为制造过程和生命过程中的一系列难题提供新的解决方法。因此，生物制造将打破生命体与非生命体的界限，实现生物体与机械结构的融合应用；打破传统物理化学方式制造的界限，实现自然物质制造产品能力的顶层扩充。

（3）**特点** 与传统制造相比，生物制造的特点见表16-1。

表16-1 生物制造的特点

特点	说　明
数字化	搭建数字化平台是生物制造的前提。其输入端是由生物建模且经分层数据处理得到的制造信息，输出端是具有复杂三维结构和功能的组织或器官。重点是建立基于CT断层数据和CAD矢量环境的数字人体模型
活性化	这是生物制造的产品标志。生物制造使制造对象的材料、结构、功能等具有类生物特征。生物零件不仅要有结构和力学性能，能够完成“组装”功能，而且要有生物活性，能完成特定生理功能
个性化	这是生物制造的生产特点。生物零件是人体的器官和组织，每个零件不仅要满足外形尺寸的个体化，而且组织细胞也要个体化，因此，生物制造往往采用定制生产
柔性化	这是生物制造的需求特点。生物零件的需求往往有两个特点：一是不确定的，事先无法预知；二是紧迫的，须在允许时间内生产出来。人工器官制造的基本要求是快速成形，因而要求生物制造系统有柔性

16.1.2 生物制造的技术体系

美国《2020年制造业挑战的展望》中将涉及生物医学技术的制造产业都归纳为生物制造。其内容包含三个层次：①以生物医学设备（及制剂）为产品的加工制备；②模仿或利用生物结构及作用过程进行的工程零件产品制造；③以生物材料、生命组织单元或生命物质作为材料，使用工程技术方法制造人工器官或组织。

生物制造工程的体系结构如图16-1所示。生物制造的基础包括制造科学、材料科学、生命科学、医学和信息技术。生物制造的原理包括生长型制造原理、自组织生长原理、分布式制造原理、分形理论等。生物制造直接以生物的手段，利用生物的生理特征、形体特征、材质特征、成形特征、组织特征、遗传特征等，实现像物理方式、化学方式一样的复制加工、约束成形、去除成形、生长成形等生物方式制造。按工艺原理，生物制造的技术分为仿生制造和生物成形制造。前者是将生物技术融入制造过程，制造出可再现生物组织材料、结构特性及功能的人工装置；后者是将生物系统作为制造的执行载体，通过对生物制造过程的微观行为进行主动利用和调控，制造出生物系统在自律状态下不能产生的产品。

生物制造工程的支持技术如图16-2所示，从图中可以看出：生物制造的基础技术是根据CT医学图像的数据进行三维生物模型的重建。

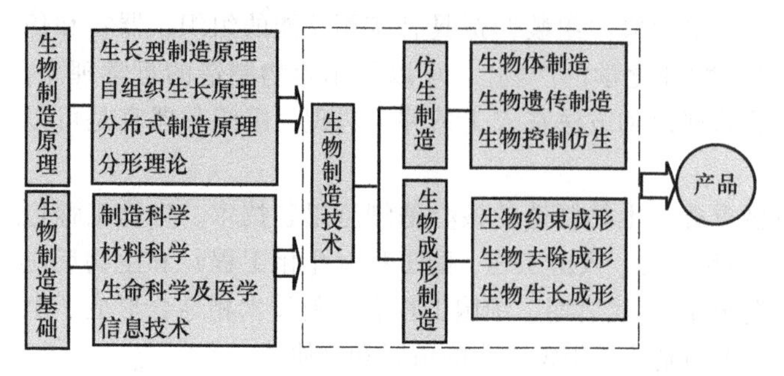

图16-1　生物制造工程的体系结构

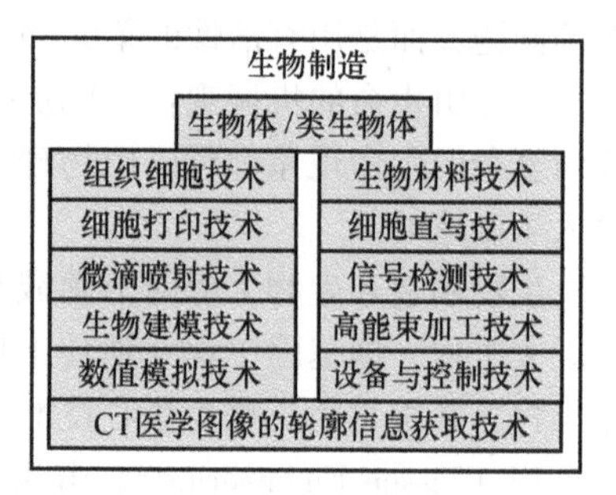

图16-2　生物制造工程的支持技术

生物制造工程将其支持技术集成起来，就是生物制造系统，如图16-3所示。由图可见，生物制造系统的目的是通过组装活的单元来制造活的组织和器官。它的核心是细胞的直接和间接受控组装，即通过不同尺度的组装技术，分别得到生物材料与生物因子、组织与器官“零件”和组织工程支架，然后通过后续的细胞、组织培养，得到活的组织器官。

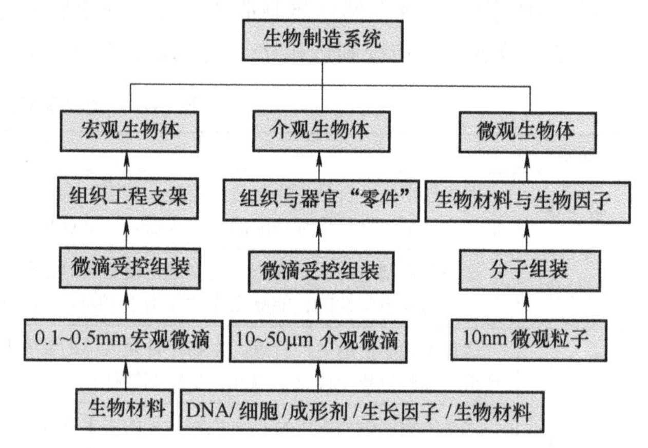

图16-3　生物制造系统

（1）**仿生制造**　它是指模仿生物的组织结构和运行模式的制造过程。其原理是：通过研究和模仿生物体的功能形成机理，设计和制造与生物模本具有类似特性的材料、结构、器件和装备。其对象是：生物模本的运动执行系统、感知系统、致动系统、能量转换系统和特殊功能结构等。其任务是：实现生物模本的功能复制。按应用对象的不同，仿生制造分为：生物体制造、生物遗传制造和生物控制仿生三个方面。

1）**生物体制造**。即生物组织和结构的仿生，主要是指人工生物组织、器官及其功能替代物制造。它是选用一种与生物相容并可以降解的材料，制造出一个器官的框架，在这个框架内加入可以生长的物质，使其在器官框架内生长，实现人工器官的工程化过程，如图16-4所示。由图可见，生物体制造是以曲面建模和微细结构CAD仿生建模为基础，以3D打印技术为手段，利用生物生长及基因调控等生物技术来实现器官替代品的制造。

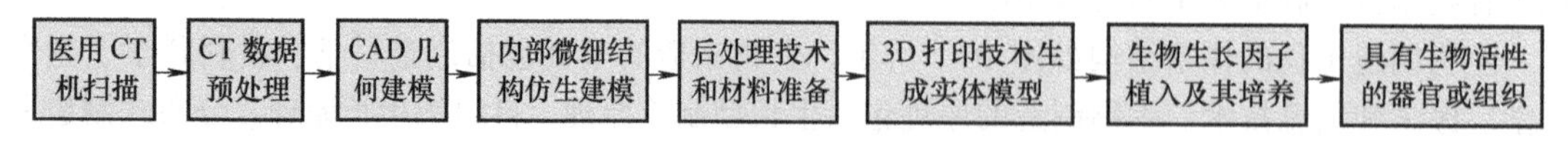

图16-4　生物体制造的流程

生物体制造包括两个方面：一是活体组织的制造；二是类生物体的制造。活体组织，如人工骨、人工器官（心、肝和肾）。类生物体，即生物组织的功能替代装置，如假肢、人工耳蜗、人工肌肉（利用可以通过控制含水量来控制伸缩的高分子材料来制成）、生物计算机（通过生物分

子的生物化学作用来制造类人脑的芯片，即生物存储体和逻辑装置）。此外，类生物体的制造还应包含仿生材料、结构和器件的制造。

2）**生物遗传制造**。生物的DNA分子能够自我复制，生物的骨骼、器官、肢体，以及生物材料结构的机器零部件等可通过生物遗传来实现。它主要利用这些产品几何形状不同、位置不同，其生成物的物理力学性能和各种特征也就不同，它采用人工控制内部单元体的遗传信息，使生物材料和非生物材料有机结合，直接生长出任何人类所需要的产品，如人的骨骼、器官、肢体，以及生物材料结构的零部件等。

3）**生物控制仿生**。它是由于生物具有的功能比任何人工制造的机械都优越得多，生物体的结构与功能在机械设计、控制等方面给了人类很大的启发，于是应用生物控制原理来计算、分析和控制制造过程，得到各种计算、设计、制造方法。例如，人工神经网络、遗传算法、仿生测量研究、面向生物工程的微操作系统原理、设计与制造基础。

（2）**生物成形制造**。生物成形制造即以生物系统为执行载体的制造。它是指采用生物的方法进行零件加工、细胞移植和重组。其原理是以自然生物系统为制造工艺的执行主体，通过对生物制造系统的微观行为及其机电和理化作用过程进行主动利用和调控，从而实现产品制造。目前已发现的微生物有10万种左右，尺度绝大部分为微/纳米级，具有不同的标准几何外形与亚结构、生理机能及遗传特性。按成形原理的不同，生物成形制造分为生物约束成形、生物去除成形和生物生长成形。

1）**生物约束成形**。它是通过对具有不同标准几何外形和取向差不大的亚晶粒的菌体的再排序或微操作而实现成形。用常规机械加工方法很难加工出很小的形状。但微生物中大部分细菌直径只有1μm左右，且菌体有各种各样的标准几何外形。把这些菌体金属化就可以生成微管道、微电极、微导线；把这些菌体按一定规律排序和固定，就可以构造具有微孔的蜂窝结构；去除蜂窝结构表面，就可以构造微孔的过滤膜以及光学衍射孔等。

2）**生物去除成形**。它是通过某类生物材料的菌种来去除工程材料而实现成形。例如，利用氧化亚铁硫杆菌T-9菌株可以去除纯铜、纯铁和铜镍合金等材料。其原理如图16-5所示。图16-5a表示通过光刻工艺得到所需图形保护膜的金属试件。图16-5b表示用细菌培养液对金属试件实现生物加工。氧化亚铁硫杆菌T-9菌株是具有中温、好氧、嗜酸特性的一种铁细菌，其主要生物特性是将亚铁离子氧化成高铁离子，以及将其他低价无机硫化物氧化成硫酸和硫酸盐。加工时，可掩膜控制去除区域，利用细菌来嗜去相应区域的材料达到成形的目的。

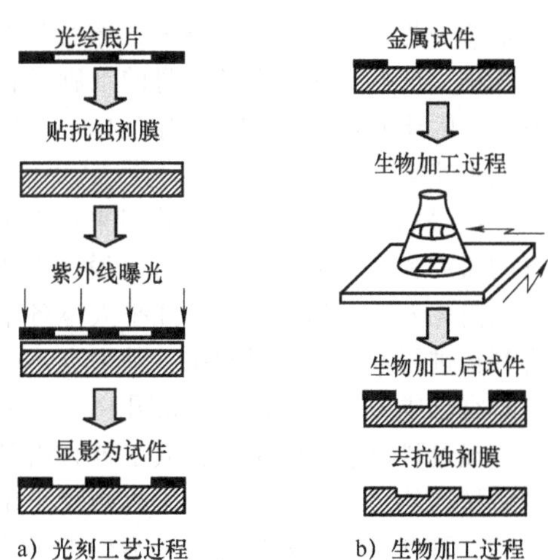

图16-5　生物去除成形实验过程

3）**生物生长成形**。它是通过控制基因的遗传形状特征和遗传生理特征，以生长出所需的外形和生理功能而实现成形。与无生命的物质相比，生物体和生物分子能够繁殖、代谢、生长、遗传、重组。推进人类对基因组计划的实施，将实现人工控制细胞团的生长外形和生理功能的生物生长成形技术。未来可以利用生物生长技术控制基因的遗传形状特征和遗传生理特征，生长出所需外形和生理功能的人工器官，用于延长人类生命或构造生物型微机电系统。

总之，生物制造始于生物结构的仿生。生物制造的焦点是生物组织的仿生。生物制造的核心是生物体和类生物体的制造。仿生制造与生物成形的本质是相同的，都是运用生物系统的功能形成机理、制造再现技术和精确调控方法。

案例16-1 生物隐身技术将实现国防重大应用。

16.2 生物制造的应用*

生物制造技术已广泛应用于工业、农牧业、医药、环保等众多领域，产生了巨大的经济和社会效益，将在国防、民生、资源等方面影响国家未来战略优势。生物制造的应用主要体现在医学工程和制造工程两大领域。前者包括生物体和类生物体制造，生物医学器件和装备制造。后者包括以生物系统为执行载体的制造，仿生材料、结构和器件制造。

16.2.1 在医学工程中的应用

（1）**生物体和类生物体制造** 它是实现个性化人工器官的基础。据统计，每年有数以千万的人由于他们的各种组织、器官的功能坏死或障碍而死亡。他们虽然想进行器官移植，但因等不到相应的器官，或者移植的器官与自身的基因不合而难以成活。个性化人工器官的构想是希望采用生物制造技术培养出人体需要的正常组织和器官。医院可以根据患者的器官缺失情况，需要什么培育什么，需要多少加工多少。一方面对患者原有器官的大小和形状进行测量，根据他原来的形状和大小培育，另一方面利用他自身细胞或局部组织，再利用外来的一些高分子材料来制造，然后装上发挥作用。这些器官是由其自身的细胞发育而成的，因此患者不会产生排斥反应。下面介绍人工器官。

1）**发展**。20世纪80年代以来，人工器官的研究和应用迅速发展，可以说，人体除大脑尚无人工大脑替代外，几乎人体各个器官都在进行人工模拟研制中，其中有不少人工器官已成功地用于临床，如图16-6所示。

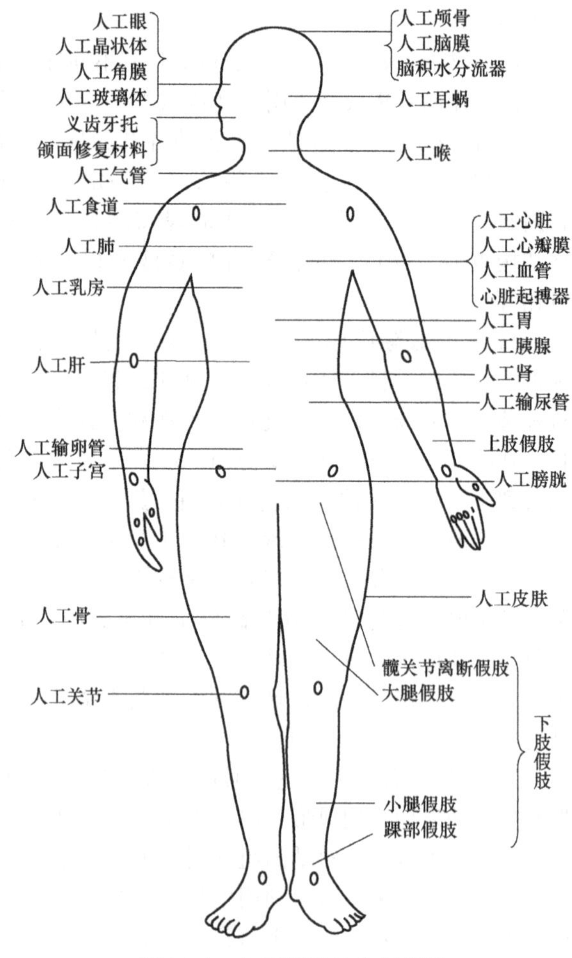

图16-6 人工器官的应用范围

经过科学家们的努力，人工器官由最早的机械性的，演变到后来的半机械性半生物性的，再发展到今天制造完全类似于天然器官的全生物型人造组织器官。据统计，目前已有超过50个品种的人工器官可用于临床功能替代产品。除了脑及部分内分泌器官以外，人体的大部分组织器官都有了人工的功能替代装置。迄今为止，绝大部分人造复杂器官为机械式装置，其功能仅限于再现天然器官的宏观机械力学特性和部分理化特性，生物相容性差，只能用于过渡性替代治疗。

2）**定义**。人工器官是生物医学工程专业中一门新的学科。它主要研究模拟人体器官的结构和功能，用人工材料和电子技术制成部分或全部替代人体自然器官功能的机械装置和电子装置。当人体器官病损而用常规方法不能医治时，有可能给病人使用人工器官来取代或部分取代病损的自然器官，补偿、修复或辅助其功能。

3）**分类**。人工器官的分类见表16-2。

表16-2 人工器官的分类

划分方法	类型
按功能分	①支持运动功能，如人工关节、人工脊椎、人工骨、人工肌腱、肌电控制假肢等。②血液循环功能，如人工心脏及其辅助循环装置、人工心脏瓣膜、人工血管、血管支架、人工血液等。③呼吸功能，如人工肺（人工心肺机）、人工气管、人工喉等。④血液净化功能，如人工肾（血液透析机）、人工肺等。⑤消化功能，如人工食管、人工胆管、人工肠等。⑥排尿功能，如人工膀胱、人工输尿管、人工尿道等。⑦内分泌功能，如人工胰、人工胰岛细胞。⑧生殖功能，如人工子宫、人工输卵管、人工睾丸等。⑨神经传导功能，如心脏起搏器、膈起搏器等。⑩感觉功能，如人工视觉、人工晶体、人工角膜、人工听觉（人工耳蜗）、人工听骨、人工鼻等。⑪其他类，如人工硬脊膜、人工皮肤等
按原理分	①机械式装置，如人工心脏瓣膜、人工气管、人工晶体等。②电子式装置，如人工耳蜗、人工胰腺、人工肾、心脏起搏器等
按使用方式分	①植入式，如人工关节、人工心脏瓣膜、心脏起搏器。②体外式，如人工肾、人工肺、人工胰腺。这些体外式人工器官实际上都是由电子控制的精密机械装置

案例16-2 人工心脏。

（2）**生物医学器件和装备制造** 它是生物功能结构的材料、结构、机械和理化特性的一体化仿生及其实现。它的制造对象都具有良好生物力学特性和生物相容性，如植入式医疗器械、手术机器人与手术导航装备、医学影像装备、相控聚焦超声装备、激光粒子束放射治疗装备、生机电系统等，其共同特点是可直接与生物体进行功能交互或集成，对生物系统的微观行为进行检测和调控，改变生物系统的功能。

随着纳米生物技术的发展，单分子传感器、分子马达、微流控生物芯片和纳米颗粒载药血管支架等新技术不断涌现，为生物医学器件和装备制造注入了新的内涵。微创手术机器人及末端器械的设计与制造技术不断发展，增长数倍，包括手术机器人的信息感知、力觉和触觉的能力；管道的仿生减阻技术可以带来更大的经济效益。

生机电系统的典型代表有两大类，一是机器生物；二是假肢。

1）**机器生物**。它是由生物体的运动执行系统和人工控制装置构成的，如国内外研究机构研制的机器鼠、机器猴、机器蜜蜂等。日本研制的机器鼠可以接受电子背包发送的控制信号完成走迷宫等任务，我国也完成了类似的实验。

功能性电刺激（Functional Electrical Stimulation，FES），是利用一定强度的低频脉冲电流，通过预先设定的程序来刺激一组或多组肌肉，诱发肌肉运动或模拟正常的自主运动，以达到改善或恢复被刺激肌肉或肌群功能的目的。FES是目前已经进入前期应用阶段并具有机器生物部分特征的生机电系统。应用功能性电刺激的例子有：心脏起搏器、助呼吸器、尿失禁控制器、治疗脊术侧弯、缓解疼痛的神经电子刺激器、助视器、助听器、下肢助行器和上肢的助动器。目前，采用FES技术进行人体的节律运动控制（如行走、蹬自行车等）已应用到神经康复工程领域中，为了增强FES的功能，需研究FES与脑机接口的集成技术，这是国际前沿技术。

2）**假肢**。它是最具代表性的生机电系统之一。假肢是用工程技术的手段和方法，为弥补截肢者或肢体不完全缺损的肢体而专门制造的人工假体，又称“义肢”。制作假肢的材料主要是铝板、木材、皮革、塑料和金属机械部件。假肢的类型见表16-3。

表16-3 假肢的类型

分类		特征
上肢假肢	美容手	又称为装饰性上肢假肢，主要作用是弥补上肢外观和维持肢体的平衡
	工具手	由臂筒、工具或用具组成；但工具手没有人的正常肢体外形，使用范围也很受限制
	机动假手	又称为机械假手，构造简单，性能可靠，便于掌握，使用方便，价格较低，国内普遍使用
	电动假肢	又称为电动手，由蓄电池和直流电动机驱动。驱动省力，控制灵活，但易受电池寿命影响
	声控假肢	由语言作为控制信号。它产生的动作较多，但容易受到他人语言的干扰
	肌电假肢	可操作性较强，成本较低，性价比很高。神经信号则需要手术操作，目前实现较难
下肢假肢	髋关节离断假肢	适合于髋离断截肢患者或大腿残肢过短的患者
	大腿假肢	泡沫装饰外套，外形逼真，全接触式接受腔，先进的关节设计，步态完美
	小腿假肢	由接受腔、悬吊、小腿连接部、假脚和踝四个部分组成，适用于膝下8cm至内踝上7cm
	足踝部假肢	适用于足踝部截肢患者

肌电假肢是一种由大脑神经直接支配的外动力型假肢，又称为智能假肢。20世纪40年代世界上首个肌电控制假肢在德国问世。它利用神经信号作为人机交互的信息载体，使肢残患者能以自然方式控制假肢的操作。通过肌电信号控制肌电手的技术已经实现，其原理就是肌肉的收缩与舒张反应在体表，通过电极转化为电信号从而实现假手的抓握功能。它是假肢的发展方向。

3）**生机接口**。生机电系统的重要单元，其主要功能是实现生物体与机电装置的交互与集成。常用的生机接口包括脑机接口、神经控制接口、肌电控制接口。

① 在脑机接口（Brain-computer Interface，BCI）方面，人类可以利用脑电信号，通过某种人造“接口”对外部装置或环境进行控制，实现人脑与外部装置的功能集成。

② 在神经信号控制接口方面，实验表明，通过在受试人体的神经纤维组织上植入100通道微电极阵列，并利用神经接口对神经信号进行实时处理和解码，已经实现了对电动轮椅和仿人灵巧手的无线操作控制以及人与人之间通过神经接口完成的交互感知。以假肢为例，医学研究的证据表明，肢残者可以拥有与健康人完全相同的神经电信号功能。研究神经电信号的处理和解码技术，有望提高假肢的接口性能。此外，神经信号控制接口在植入式人工听觉系统、人工视觉系统、功能电刺激系统等生机一体化医疗装置中也有十分重要的应用价值。

③ 肌电控制接口是最早进入医学应用的生机接口，是生机电一体化假肢的核心功能单元。最近的10余年，在假肢技术发展的推动下，肌电接口的“解码”性能得到了迅速提高。

案例16-3 可使盲人复明的“眼睛芯片”。

16.2.2 在制造工程中的应用

（1）**以生物系统为执行载体的制造** 制造是广泛存在于生物系统中的一种自然行为。以生物系统为载体的制造技术应用十分广泛，其产品是生物系统在自律状态下所不能产生的。典型代表包括微机械零件的生物成形、生物加工和生物制药等。

案例16-4 生物加工的铜齿轮与沟槽。

（2）**仿生材料、结构和器件制造** 仿生器件是模仿生物的形态、结构和控制原理而设计制造的功能更集中、效率更高并具有生物特征的器件。仿生制造的本质是将生物系统的卓越性能“复制”到人工装备中。例如，机电装备的感知、控制、传动和执行等功能单元在生物体中都存在相应的模本。

1）**触觉仿生**。生物感知器包括生物视觉、听觉、嗅觉、触觉系统等，其卓越的信息感知功能是目前最先进的人造传感器也无法比拟的。在触觉和力觉方面，人手的机械刺激感知阵列包含大约16000个感知单元，触觉感知能力很强。日本人研制了由624个单元组成的仿生触觉传感器阵列，应用于机器人多指灵巧手。触觉传感器按功能分为以下四类：接触觉传感器、力/力矩觉传感器、压觉传感器和滑觉传感器。

① 接触觉传感器。用以判断机器人（主要指四肢）是否接触到外界物体或测量被接触物体的特征的传感器。接触觉传感器有微动开关、导电橡胶、含碳海绵、碳素纤维、气动复位式装置等类型。

② 力/力矩觉传感器。它是用于测量机器人自身或与外界相互作用而产生的力或力矩的传感器。它通常装在机器人各关节处。

③ 压觉传感器。测量接触外界物体时所受压力和压力分布的传感器。它有助于机器人对接触对象的几何形状和硬度的识别。

④ 滑觉传感器。用于判断和测量机器人抓握或搬运物体时物体所产生的滑移。它实际上是一种位移传感器，按有无滑动方向检测功能可分为无方向性、单方向性和全方向性三类。

案例16-5 机器人五指灵巧手DLR/HIT-Ⅱ的结构

2）**视觉仿生**。“电子蛙眼”“电子鱼眼”“电子蝇眼”和“电子鹰眼”都是备受国内外关注的前沿技术（见表16-4）。生物模本的实例之眼如图16-7所示。

表16-4 视觉仿生实例

序号	生物模本	产品应用
1	蛙眼：青蛙对静止的物体往往视而不见，但对于从眼前掠过的飞虫，却能够准确识别和捕捉。蛙眼有四种神经细胞，分别具有反差检测器、运动凸边检测器、边缘检测器和变暗检测器的功能。它同时辨认这些检测特征，并传送到大脑，经过综合看到原来的完整图像	电子蛙眼：装入雷达系统后雷达抗干扰能力大大提高，这种雷达系统能快速而准确地识别飞机、舰船和导弹；可用于机场监视飞机的起降，以预防飞机相撞；也可用于路面交通监控车辆的行驶；基于电子蛙眼的人造卫星自反差跟踪系统，能跟踪天上的卫星
2	蝇眼：苍蝇具有“眼观六路”的功能，其一只复眼（由许多小的单眼组成）包含4000多个可独立成像的单眼，这些小眼睛组成一个蜂窝一样的形状堆积在苍蝇的头两边，能看清几乎360°范围内的物体。复眼能察觉日光灯的闪烁60次/s	电子蝇眼：美国人发明了蝇眼航空照相机，可一次拍摄1000多张高清照片；德国人发明了厚度为0.4mm的成像薄膜系统，可随处贴附。一片薄膜由几百个单眼组成，每个单眼有一套透镜和成像系统，按自己的视角拍摄物体，之后再通过计算机合成整张宽画面的图片
3	鸽眼：鸽子的视觉特别灵敏，被人们称为“神目”。它的视网膜主要由外层的视锥体、中层的双极细胞以及视顶盖构成。实验发现：鸽子只能看见自上而下飞行的物体，而对飞向空中的物体，它完全“视而不见”	电子鸽眼：可用来测定在一定方向上飞行的物体。用于预警雷达系统，可提高雷达的探测能力；用于计算机，可帮助计算机在运算的过程中，自动地消去一些不必要的数据
4	鹰眼：有两个中央凹，一正一侧，其中正中央凹能接收鹰头前面的物体像。中央的光感受器视锥细胞密度高达100万个/mm^2，比人眼的密度要高677倍。它是用高分辨率、窄视野的部分仔细观察已发现的目标，而用低分辨率、宽视野的部分搜索目标。此外它还有称为梳状突起的特殊结构，能降低视觉细胞接收的强光。所以在强光下鹰眼不用缩小瞳孔，仍有很高的视觉灵敏度，这是人眼和普通雷达都望尘莫及的	电子鹰眼：配备有装上望远镜的电视摄像机和电视屏，飞行员在高空中只要盯住电视屏，就可以在飞机上看到宽阔的视野中的所有物体；电子鹰眼还可以用来控制远程激光制导武器攻击目标。“鹰眼导弹”能像鹰一样在空中迅速准确地发现和识别打击目标，并能判断出目标的运动方向和速度大小，从而自动跟踪目标直到攻击成功为止

（续）

序号	生物模本	产品应用
5	鱼眼：是一对突出的球形晶体，能够让鱼儿看见前、后、左、右和上、下的物体，在水里不用转弯就能发现周围的一切	电子鱼眼：一般高性能相机上装有鱼眼镜头，让相机能从高空大面积拍照，而且图像非常清晰
6	四眼鱼：它的眼角膜被皮质纵线分为上、下两半部分。眼睛上半部分的构造，很像人的眼睛，能够把空中、陆上的景物尽收眼底；而下半部分的构造是典型的鱼眼，能够细察水中世界	四眼鱼眼镜头：有神奇的水陆两用眼，主要装在船上，船员们可以通过这个鱼眼看到水上和水下的物体
7	猫眼：它的视网膜上具有特殊的圆柱细胞，能感受夜间的光觉。猫的瞳孔还能根据光线强弱自动调节，白天光线很强，瞳孔变成一条细缝；黑夜光线很弱，猫的瞳孔就变成圆形	微光夜视仪：能在黑暗中看清东西。除了军用之外，还能进行石油勘探、森林防火、土地规划，以及帮助潜水员铺设海底电缆等
8	蜜蜂：一共有五只眼睛，它的头两边有两只大的复眼，而头甲上有三只小的单眼。复眼通过感受太阳的偏振光来定向，而单眼是用来感受太阳光的强度的，以决定早出晚归的时间	偏光天文罗盘：是由科学家模仿蜜蜂偏振光定向本领研制出来的，并将其应用于飞机、舰船

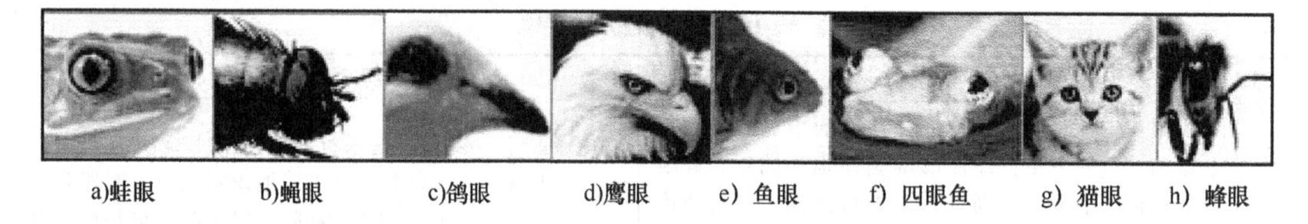

a)蛙眼 b)蝇眼 c)鸽眼 d)鹰眼 e）鱼眼 f）四眼鱼 g）猫眼 h）蜂眼

图16-7 生物模本的眼睛

仿生视觉主要用于医学、军事、航空航天等领域。美国人依据仿生原理研制了一种微小人工视网膜，它有16个电极，植入后可附着在天然视网膜上，其工作原理是用电信号刺激患者还未完全丧失功能的视网膜细胞，将视觉信息通过视神经传递给大脑，从而部分恢复视力，该研究给盲人带来了重见光明的希望。仿生视觉在航天和军事中也有重要应用，模拟人眼的人造眼，可以安装在无人驾驶的太空探测器上，帮助探测器在其他星球着陆时选择合适的地点；还可以探测和跟踪导弹，或者对付激光制导的武器。

案例16-6 听觉仿生和嗅觉仿生的实例。

3）**结构仿生**。构件结构功能仿生的实例见表16-5。

表16-5 构件结构功能仿生的实例

仿生功能	生物模本	产品应用
消除颤振	蜻蜓：翅膀前缘的翅痣	飞机平衡重锤：机翼前缘远端有一个加厚区
保持平衡	苍蝇：在翅膀下边的一对平衡棒，学名为楫翅，是苍蝇的天然导航仪	飞行器导航仪：振动陀螺仪用来测量飞机姿态角；装在火箭上可避免危险的“翻滚”飞行
变换飞姿	蜂鸟：靠扇动双翼飞行，其振速达50～70次/s，可前飞、倒飞、侧飞，垂直升落，悬停空中，有时还能很快地变换飞行姿势	扑翼飞机：又称为振翼机，由加拿大人和美国人共同研究，它能像蜂鸟一样平稳地从盘旋转为水平飞行，纳米蜂鸟飞行器重19g

4）**移动仿生**。不同环境移动仿生的实例见表16-6。

表16-6 不同环境移动仿生的实例

仿生功能	生物模本	产品应用
墙壁行走	壁虎：脚趾上密集排列的刚毛，可“粘附”在任何物体表面	碳纳米管：是仿壁虎脚皮的材料，具有强吸附和易脱离性，其胶带可将300kg的物体粘在墙上
雪地飞跑	企鹅：企鹅肚子贴地，两脚当作滑雪杖，尽力蹬雪，跑速达30km/h	无轮汽车：底部贴在雪面上，只靠轮勺推动着前进，大大解决了极地运输的难题
野外行驶	尺蠖：尺蠖爬行采取一曲一伸的方式，先弯曲身子，等到尾部往前挪动以后，头再向前伸	坦克：底盘上设计了两对特殊的大滚子，滚子成对地排列在两个大梁的末端，大梁折叠时，后滚子前进，然后，后滚子不动，大梁伸展，前滚子运动
野外弹跳	袋鼠：袋鼠有四条强有力的腿，是草原上有名的跳跃冠军，跳速为60km/h	跳跃机：没有轮子，靠四条腿有节奏地起落来前进，适合在坑洼不平的原野上行走
拟人弹跳	人腿：会弹跳，人有生物关节和肌肉功能，无须复杂的控制系统	机器人腿：用弹簧和微型发动机制成，长为540mm，宽为80mm，膝盖一弯曲，可跳310mm
安全止步	猫爪：猫在跳跃着地时，前肢爪垫会展很宽，将惯性冲力传到地面	轮胎：德国人设计出一种AMC垫型轮胎，刹车时轮胎与地面的摩擦力加大，以缩短刹车距离

5）**材料仿生**。新型材料功能仿生的实例见表16-7。

表16-7 新型材料功能仿生的实例

仿生功能	生物模本	产品应用
表面减阻	海豚：皮肤外面的表皮薄而富有弹性，里面的真皮像海绵一样有小坑	航行物外壳：用富有弹性的有机材料制成一种“水罩”外壳，应用于潜艇、导弹、航空器
表面减阻	鲨鱼：皮肤表面呈鳞片和齿槽结构，齿槽方向与游动方向平行	泳装：运动员的连体“鲨鱼装”，衣料有一些粗糙的凸起，有效地引导水流，使人游得更快
表面自洁	荷叶：显微镜下的叶面上有许多非常微小的绒毛和蜡质凸起物，雨水落在上面，铺不开、渗不进，只化作水珠滚落下来，并带走灰尘	自洁涂料：超疏水表面，与水的接触角>150°，滚动角>10°。超疏水材料的微纳粗糙结构似茶叶，用于生产服装面料、厨具面板和建筑涂料等耐脏产品；上海生产的自洁纳米涂料；美国人正在研究的免洗车
表面变色	变色龙：皮肤一共有四层，最外层有红色和黄色的细胞，中间两层是透明的，能反射蓝光和白光，最里层有黑色的细胞，当光线和温度不同时，其肤色各异	变色材料：根据变色龙的变色原理，研制成各种变色材料。它可使战士避免受到核闪光和激光的侵害；也可以作为光学仪器上的滤光片；还能制成特殊的薄膜贴，用在飞机等装备表面，使飞机的颜色与天空的背景相一致
实体隐形	植物：以墨绿色模拟草地丛林色，浅绿色模拟经光照的叶子的颜色，褐色则模拟树干色，黑色模拟阴影	迷彩服：是利用颜色色块使士兵形体融会于背景色的伪装性军服。它由不同色块构成，也用于各种军用车辆、大炮、飞机等军用器材装备上的涂色
高吸水性	西瓜瓤：是一种多汁疏松的细胞组织。一个西瓜一般由三个心皮构成，其中心是三个心皮联合的地方，很少有维管束。西瓜瓤是西瓜的胎盘，用来承接种子	高吸水树脂：可吸收自重的几百至几千倍的水分，吸水速度可在数秒内生成凝胶，保水能力强，并可反复使用。它用于制作纸尿布、纸巾；蔬菜、水果的保鲜材料；在奶制品生产中可提高固体含量；油水分离以回收废油；旱区林业

案例16-7 仿生机器人。

16.3 生物3DP技术

3DP原是快速成形技术的一种，现是增材制造技术的一种。它是一种以数字模型文件为基础，按照“分层制造，逐层叠加”的原理，利用特殊材料来制造三维物体的技术。

生物3DP技术，是利用生物材料或生物单元（细胞、蛋白质等），通过逐层打印的方式来制造一个具有活性的生物体或类生物体结构的成形方法。生物3DP技术是3DP技术在生物制造中的应用。生物3DP技术有别于一般3DP技术。

（1）**特点** 采用生物3DP技术生产的组织或器官有两个特点：

1）**生长性**。产品具有一定的生物学功能，可为细胞和组织的进一步生长提供条件。在细胞或组织培养过程中，不同的细胞随时间推移表达不同的基因，微结构的组成和功能也会随时间推移而变化。

2）**个性化**。产品不仅具有物理、化学特性，还具有个性化制造特性。该技术能够提供个性化的医疗和理想化的服务，可帮助患者获得个性化定制的器官。或许有一天，我们给自己配备新的身体部件，就像去裁缝店制作新衣服那样简单。

以3DP技术制作器官的过程非常复杂。首先要找到可用于构成器官的细胞材料，然后让它们在体外融合生长。最困难的一点是，不能直接将3DP器官植入人体内，因为真正的人体器官构造非常复杂，就算那些打印细胞材料完美地融合在了一起，也并不意味着它们能像真正的人体器官一样工作。此外，打印血管也非常困难。器官需要静脉、动脉和毛细血管来运输血液、提供营养，但是要打印出又长又瘦的血管是一件极其困难的事。2015年，康奈尔大学生物工程学家Hod Lipson表示，世界上还没有一个软件能够制作非常细致的器官样本，供研究人员参考。

（2）**发展** 生物3DP技术是工程、材料、信息、生命及医学等几大学科的大交叉，其发展潜力巨大。发展生物3DP的原因有两个：一是生物医学领域的市场规模巨大；二是生物3DP在医学领域的应用前景巨大。该技术成功后，有望解决全球面临的移植组织或器官不足的难题。

1）**国外**。目前，生物3DP技术在国外发展迅速，得到了生物、制造等领域科研人员的重点关注。自2008年以来，美国大力加强生物3DP技术的研发，如细胞打印应用于创面修复的研究（美国国防部项目）；基于细胞组装的集成微肝脏模拟装置的研究（美国国家宇航局项目）；美国NSF研究和创新前沿生命与工程系统界面计划等项目。2015年，美国德雷塞尔大学（Drexel）、麻省理工学院（MIT）等研究机构在细胞3D打印、器官打印等领域做了很多工作。部分医疗研究机构已经成功打印出心肌组织、肺脏、动静脉血管等人体器官。哈佛大学科学家Jennifer Lewis正致力于研究为3DP器官提供血液和营养的方法。康奈尔大学生物工程学家用活细胞和可注射凝胶打印出了人造耳朵。

2）**国内**。中国器官移植的患者和供体的数量比是150：1，当3DP与医学影像建模等技术结合之后，能够在人工假体、植入体、人工组织器官的制造方面产生巨大的推动效应。国内生物3DP技术的发展已接近国际先进水平。

2000年，清华大学开发了“基于水及溶液的凝固堆积快速成形方法及其装置”。2004年提出了低温沉积制造（Low-temperature Deposition Manufacture，LDM）工艺，其本质在于根据组织或器官的解剖学CAD模型，在计算机控制下，将材料的浆料在低温环境中进行喷射沉积，同时结合冻干技术，得到组织和器官的再生支架。此工艺可同时完成任意复杂三维大孔结构（$>100\mu m$）和理想微孔结构（$<100\mu m$）的成形，得到的支架孔隙分级结构非常适用于组织工程应用。在3D细胞直接组装方面，清华大学生物制造研究所开展了在酒精性肝损伤模型中的应

用研究，现已开发出II型细胞组装机，用于复杂梯度结构的支架组装。清华大学和中国肿瘤医学研究所联合开展的基于细胞精确受控组装外仿生模型构建的基础研究已取得成果。

2013年8月，杭州电子科技大学自主研发出国内首台生物3D打印机（图16-8），可直接打印人体活细胞。生物3DP技术在国内发展迅速，现阶段已形成细胞及器官打印、医疗植入体打印制造、假肢制造和手术器械制造等多个应用发展方向。

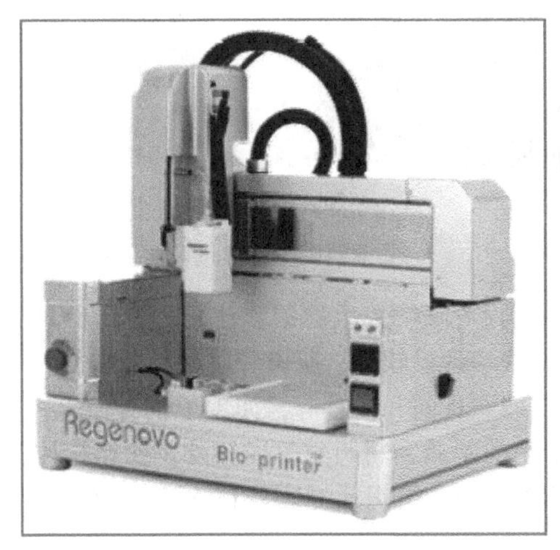

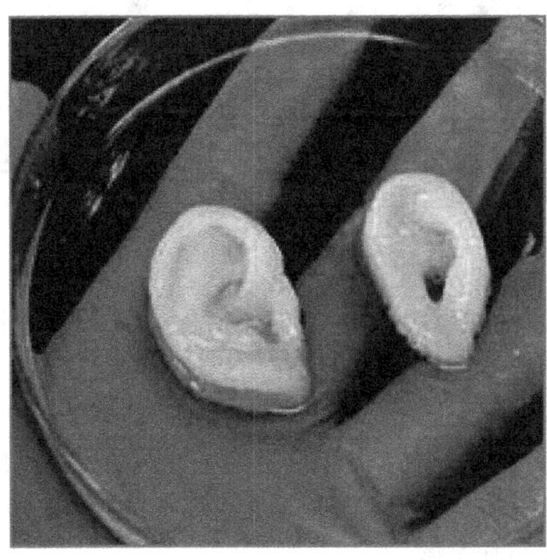

图16-8　国产生物3D打印机及其打印的耳朵

案例16-8　3DP的假肢（腿部、臂部和手指）。

（3）**生物3DP技术的应用**　按打印材料生物学性能的不同，生物3DP技术的应用可分为四个层次，见表16-8。

表16-8　生物3DP技术的应用

层次	材料性能	应用实例
1	材料没有生物相容性，不用放在体内，没有特殊的生物学需求	连体骨骼模型
2	材料有很好的生物相容性，可以放在体内，但不降解	脊椎手术导航模板，用于整形修复、关节置换
3	材料有很好的生物相容性，可以放在体内，还可以降解，被身体消化后可排出体外，作用是帮助组织再生	骨骼的修复，3DP可实现软骨和硬骨之间的构筑带
4	材料完全是有生命的、活性的	细胞打印；器官打印；研究癌细胞的病变

由表16-8可知，从第一层次到第四层次，技术重点正逐渐从对外形结构的研究转向对细胞自身行为的研究。离人体越近，应用难度越大。

1）**第一层次**。可制造个性化体外器官模型和体外医疗器械，如用于手术规划（图16-9）的连体骨骼模型。此类制品不放于体内，也不要求得到国家审批。目前不降解非生物相容的生物医学模型已进入临床应用阶段，例如，中国北京时代天使生物技术公司的牙隐形校正器现在已经开始大规模生产与应用。

2）**第二层次**。离人体更近一步，可制造一些医疗辅助工具，如人工假肢、植入器件（图16-10）、人造软骨外耳、颅骨的修复等。目前植入人体内的生物相容性良好、非降解支架和假体的个性化制造已是比较成熟的技术。例如，金属（或非金属）假肢以及它们与活体的界面进一步活性化的应用正在逐渐推广。

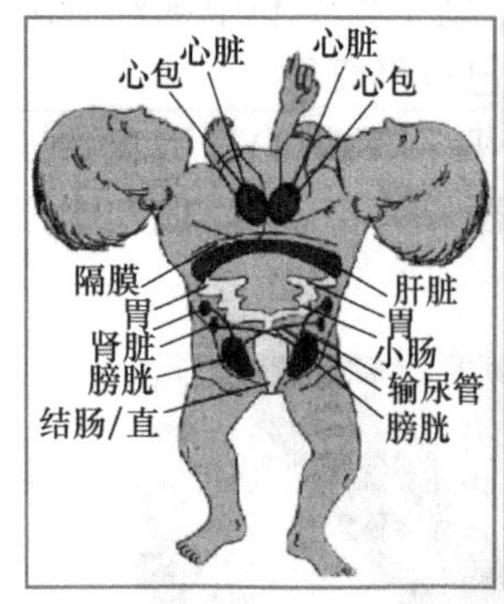

a）连体婴儿生理结构图

b）3D打印连体骨骼模型

图16-9　打印连体婴儿骨骼模型

a）脊椎生理结构图　b）3D打印脊椎模型

图16-10　打印脊椎手术导航模板

3）**第三层次**。需要有更高的技术含量，采用生物可降解、生物相容性好的生物材料的组织工程支架的研究和制造正在广泛地开展。目前，皮肤、骨、软骨、肌肉和肌腱等结构性组织的构建已取得很大进展。用来制作植入人体内的组织支架、骨骼和器官等，如3DP的骨骼。

4）**第四层次**。是以活性细胞、蛋白或其他细胞的基质为材料来打印体外生物结构体，在接近人体内的三维环境里生长，用于病理研究、药物筛选、组织或器官胚体人工构建等，如3DP的人体心脏瓣膜。

例如，把细胞和细胞外的金属材料混合再堆积成模型，我国正在进行实验研究，这需要对模型的构形和成分进行温度变化的控制。成形以后，模型有着丰富的空洞结构，里面每一种材料挤出来的丝的直径不超过600μm，因为营养的渗透距离不超过300μm，否则细胞就无法存活了。所以，丝的直径控制在600μm以内，堆积起来成为多孔结构。

在三维材料里面实现的细胞生长环境，与体内是很相似的。例如，3DP的肝脏细胞在体内堆积并培养了30天以后，还能非常好地存活，同时具有肝功能，这就是一种能使器官存活的材料。

又如，清华大学在世界上首次构建出Hela细胞（一种子宫颈癌细胞）的体外三维肿瘤模型。把基因转到细胞的打印过程里去，在基因尺度上对细胞的生长进行了调控。为研究癌细胞的病变，需要在体外构建一个精确的三维细胞模型。在一个直径为23μm的玻璃试管内提取出的细胞的每一个脉冲喷出来，只喷一个液滴，再把液滴堆积起来构成新的体外细胞模型。

案例16-9　打印骨骼

（4）**生物医疗**　3DP在生物医疗中的应用如图16-11所示。已成功应用3DP制作的产品包括牙冠、体外模型、颅骨植入物、髋关节置换物等。全球已有超过20种植入物获得美国FDA认证；超过10万个个性化髋臼，其中50%已成功植入人体。美国一家医院甚至用3DP的头骨替换了患者高达75%的受损骨骼。全球使用3DP的矫正骨骼植入物的患者已经超过3万人，欧洲使用3DP的钛合金骨骼的患者已经超过3万例，仅瑞典Arcam公司就制作了2万多个经过FDA批准、CE认证的植入物。目前，3DP技术在助听器材制造、牙齿矫正与修复、假肢制造等领域已经得到了成功应用且已经比较成熟。西门子等公司使用3D技术生产的助听器也成为产品主流。

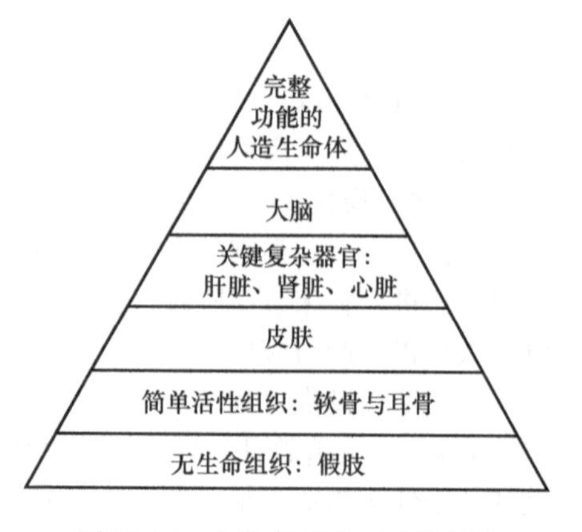

图16-11　生物制造的“金字塔”

3DP将在未来实现“活体”打印，催生生物医疗行业发生变革。目前全球器官移植需求量巨大，仅美国就有11.4万人正在等待合适的器官配对。设计和制造人体器官已经成为生命科学前沿研究中的重点方向，其发展和应用正在催生一个新的学科——再生医学。未来20年内，再生医学的年产值将突破5000亿美元，替代常规生物材料成为生物医用材料产业的主体。

案例16-10　打印人体心脏瓣膜。

复习思考题

1. 什么是生物制造？生物制造、仿生制造、生物工程、生命系统的差异是什么？
2. 生物制造的特点是什么？
3. 生物制造的内涵是什么？生物制造的技术体系是什么？
4. 生物制造的原理是什么？有何应用？
5. 仿生制造的内涵是什么？
6. 生物成形制造的内涵是什么？
7. 人工器官的概念是什么？有哪些类型？
8. 生机电系统的内涵是什么？
9. 机器生物是什么？
10. 假肢的类型有哪些？现代假肢的发展方向是什么？
11. 常用的生机接口有哪些？
12. 眼睛芯片的原理是什么？
13. 什么是生物成形？
14. 触觉传感器按功能可分为哪些类型？
15. 机器人五指灵巧手的原理是什么？其关键技术是什么？
16. 分别举例说明视觉仿生、听觉仿生、嗅觉仿生的实用技术？
17. 分别举例说明结构仿生、移动仿生、材料仿生的实用技术？
18. 根据制造系统的概念，试说明生物制造是一种新的制造系统。
19. 根据制造模式的概念，试说明生物制造是一种新的制造模式。
20. 生物3D打印技术的特点是什么？

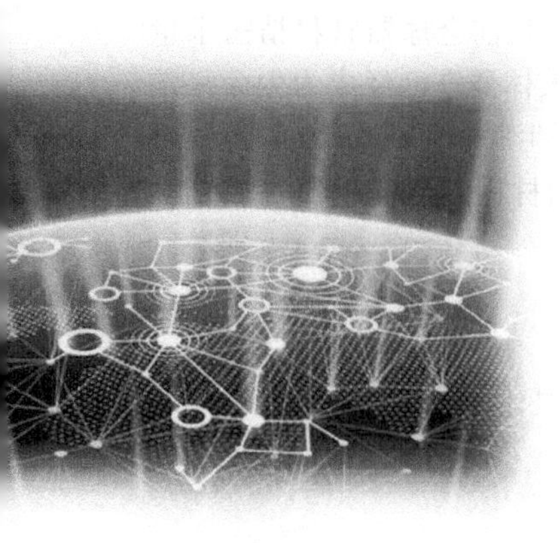

第 17 章 制造信息通信技术

信息通信技术（Information Communication Technology，ICT），是信息技术与通信技术相融合而形成的一个新的概念和新的技术领域，也被简称为信息技术。信息技术（Information Technology，IT），广义上是指所有能扩展人的信息功能的技术，主要包括传感技术、计算机技术和通信技术；狭义上是指对信息进行获取、传输、存储、处理、表达和使用的各种技术之和。通信技术（Communication Technology，CT），关注通信过程中的信息传输和信号处理的原理与应用。信号处理包括过滤、编码和解码等。

按技术的功能层次不同，可将信息通信技术体系分为基础层（如新材料技术、新能源技术），支撑层（如机械技术、电子技术、激光技术、生物技术、空间技术等），主体层（如感测技术、通信技术、计算机技术、控制技术），应用层（如文化教育、商业贸易、工农业生产、社会管理中用以提高效率和效益的各种应用软件与设备）。

IT 企业与 CT 企业均属于信息产业，产业特点相近，产业链有多处节点重合，相辅相成。但是，两者在资本结构、提供内容、产品生命周期和用工特点等方面是不同的。CT 是资金密集型领域，提供的是功能型的产品服务，CT 产品生命周期长，用工制度固定，员工队伍比较稳定；IT 是智力密集型领域，IT 是由人来提供解决方案的服务，IT 产品生命周期短，用工制度灵活，员工流动性较大。

2000 年八国集团发表的《全球信息社会冲绳宪章》认为："信息通信技术是 21 世纪社会发展的最强有力动力之一，并将迅速成为世界经济增长的重要动力。"当前软件技术已成为信息通信技术的核心技术。软件技术已从以计算机为中心向以互联网为中心转变。三网融合和宽带化是网络技术发展的大方向。信息通信技术不仅是信息的传递和共享，而且还是一种通用的智能工具。目前更多地把信息通信技术作为一种向客户提供的服务。

目前信息通信技术是支撑我国制造业转型升级的重要技术。这些技术包括：信息技术、嵌入式系统、移动技术、Web 技术、物联网及务联网、云计算、大数据、人工智能。

信息通信技术是先进制造系统的关键技术。本章将介绍与制造技术相融合的新一代信息通信技术的单元技术：物联网、云制造、大数据、预测制造、赛博物理系统。

17.1 物联网

物联网（Internet of Things，IOT）的思想出现于 20 世纪 90 年代末。2005 年 11 月 17 日，国际电信联盟（ITU）提出了物联网的概念，宣告物联网时代来临。从信息产业演变来看，目前信息通信技术产业正迈向云计算时代，物联网应用成为关注焦点。

IOT发展的终极目标是泛在网。IOT将趋向于接入泛在化、信息海量化、设备微型化、能量自取化、网络自治化、物物协同化、信息安全化等。我国未来IOT发展的三大趋势是：技术与标准国产化、运营与管理体系化、产业草根化。

案例17-1 比尔·盖茨的物联网豪宅。

17.1.1 物联网的原理

（1）**概念** 顾名思义，IOT是物物相连的互联网，是互联网+传感器，或者说是互联网的延伸。维基百科的定义：IOT是一个基于互联网、传统电信网等信息承载体，让所有能被独立寻址的普通物理实体实现互联互通的网络。

1）**定义**。物联网（IOT），是指通过各种信息传感技术和各种通信手段，按照约定的协议，把任何物品与互联网相连接，进行信息交换和通信，以实现智能化的获取、传输、处理和执行的一种网络。

其中，信息传感技术包括射频识别（RFID）装置、二维码识读设备、红外感应器、北斗系统、GPS、激光扫描器、传感器、摄像机等。通信手段包括有线、无线、长距、短距等。获取包含识别、定位，传输包含跟踪、监控，执行包含运营和管理。

2）**含义**。IOT有两层意思：一是在互联网基础之上延伸的网络；二是扩展到连接任何物品并使之进行信息交换和通信。因此，IOT有狭义和广义之分。

① 狭义IOT。它是物品之间通过传感器连接起来的局域网，也称为传感网。狭义IOT的目的是实现物品的智能化识别和管理。不论接入互联网与否，它都属于IOT的范畴，这个网络可以不接入互联网，但如果有需要的时候，随时能够接入互联网。

② 广义IOT。它是通过传感器与互联网实现信息空间与物理空间融合的网络。广义IOT是一个未来发展的愿景，等同于“未来的互联网”，或是“泛在网”，在物与物、人与物（环境）、人与人之间实现高效信息交互方式，是信息化在人类社会综合应用达到的更高境界。

（2）**模型** IOT的模型有两种形式：结构模型与功能模型。

1）**结构模型**。IOT的结构可简化为三部分：物品、网络和应用，如图17-1和表17-1所示。

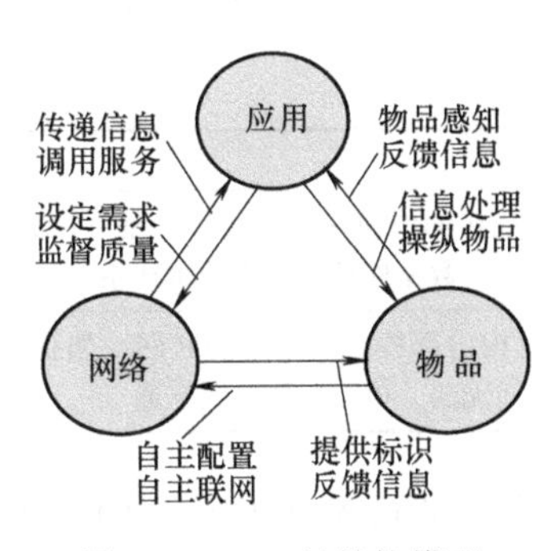

图17-1 IOT的结构模型

表17-1 IOT结构的组分

组分	组分的作用
物品	传感网络，用于感知现实世界。这是IOT的终端，担负着数据采集、初步处理、加密、传送等多种功能
网络	传送网络，用于传送“物”所感知的信息。它是自主网络。需要连接多种物品，至少需要具有自配置，自保护功能
应用	应用网络，用于处理“物”所感知的信息。它与行业需求相结合，实现数据的自动采集和控制，实现智能应用系统

2）**功能模型**。为了更清晰地描述IOT的关键环节，按照信息科学的观点，围绕信息的流动过程，抽象出IOT的信息功能模型，如图17-2和表17-2所示。

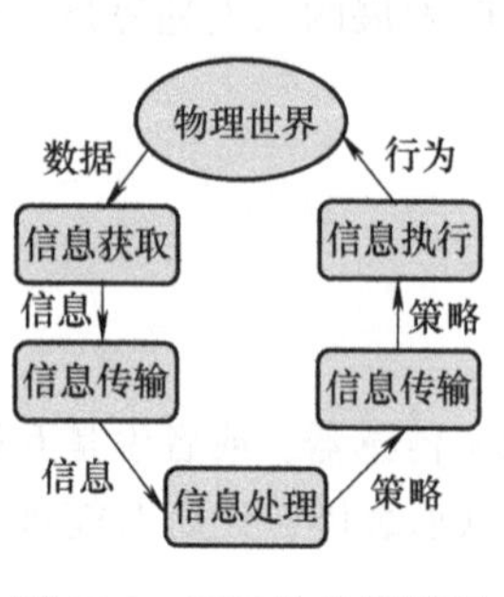

图 17-2　IOT 的功能模型

表 17-2　IOT 的功能

功　能	功 能 说 明
信息获取	包括信息感知和信息识别。对于对象事物状态及其变化方式来说，感知是感觉和知觉，识别是表示出来
信息传输	包括信息发送、传输和接收等环节，最终把事物状态及其变化方式从时空上的一点送到另一点，即通信
信息处理	指对信息的加工过程，其目的是获取知识，实现对事物的认知以及利用已有的信息产生新的信息，即决策
信息执行	指信息最终发挥效用的过程，关键在于通过调节事物状态及其变换方式，使对象事物处于预期的运动状态

（3）**特点**　IOT 的价值在于让物体也拥有了“智慧”，IOT 的特点在于感知、互联和智能的叠加。从通信角度来看，IOT 的特点可概括为三个：物品感知、传输网络和智能处理，如图 17-3 和表 17-3 所示。

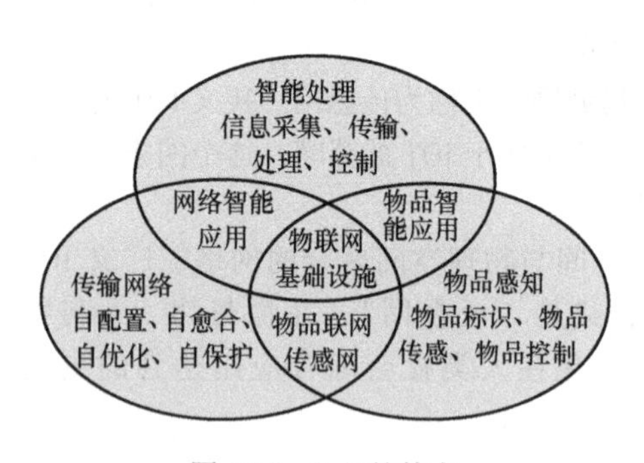

图 17-3　IOT 的特点

表 17-3　IOT 的特点

特　点	特 点 体 现
物品感知	IOT 通过射频识别等信息传感设备与技术，随时随地对可标识物品进行信息采集、获取、测量和识别
传输网络	IOT 通过现有的互联网、无线传感网、移动通信网等实现数据的传送和共享，异构网络通过“网关”互通互联
智能处理	IOT 利用云计算、数据挖掘、机器学习、模式识别、神经网络、中间件等技术，实现对物品的智能处理

（4）**类型**　IOT 分为两类：公用物联网与专用物联网（见表 17-4）。专用物联网的发展必然领先于公用物联网。只有公用物联网作为社会的基础设施，才能发挥互联互通的作用。

表 17-4　IOT 的类型

类　型	类 型 说 明
公共物联网	它是可连接所有物品、覆盖某行政区域的、与公共互联网连接的作为社会公共信息基础设施的物联网，如智慧城市。它需标准体系支撑，如物品标识、信息传递、数据处理的标准技术体系等
专用物联网	它是连接某些特定物品、覆盖某些特定区域的、作为此机构内部特定用途的物联网。如智能电网、智能校园、智能医院、智能商场、智能仓库等。这些系统之间无法、也不需要互联互通

（5）**体系架构**　体系架构是指导具体系统设计的首要前提。它的设计决定了 IOT 的技术细节、应用模式和发展趋势。目前，关于 IOT 的体系架构，有不同的观点。

IOT 通常被分为感知层、网络层和应用层三个层次，如图 17-4 所示。感知层主要完成信息的采集、转换和收集；网络层主要完成信息传递和处理；应用层主要完成数据的管理和数据的处理，并将这些数据与各行业的应用结合。如果把 IOT 和人体做比较，感知层就像皮肤和五官，用

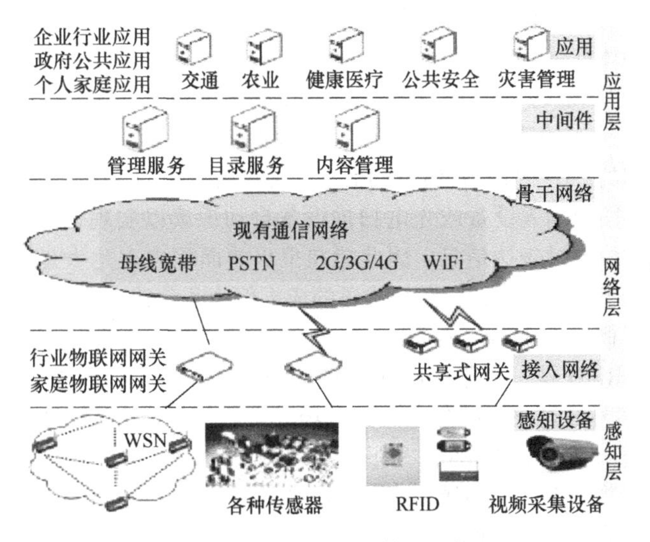

图 17-4　IOT 的三层体系架构

PSTN—公共交换电话网　WSN—无线传感器网络

来识别物品，采集信息；网络层好比神经系统，将信息传递到大脑进行处理；应用层类似人们从事的各种复杂的事情，完成各种不同的应用。网络层的关键技术既包含了现有的长距和短距通信技术，如移动通信、有线宽带、WiFi 等，也包含了终端技术，如实现传感网与通信网结合的网桥设备、为各种行业终端提供通信能力的通信模块等。

17.1.2　物联网的应用

（1）**技术体系**　IOT 本身并不是全新的技术，而是在原有基础上的提升、汇总和融合发展的技术。IOT 的技术体系一般包括信息感知、传输、处理以及共性技术。

1）**在信息感知领域**，掌握超高频和微波 RFID 芯片设计、封装以及读写器相关技术，攻克智能化、小型化、高灵敏度等传感器技术，提升地理位置感知核心芯片的整体技术水平等。

2）**在信息传输领域**，研究新型的近距离无线通信技术，开发能够适应产业发展需要的传感器节点及传感网组网与管理技术，研发传感网、移动通信网与互联网等异构网络技术等。

3）**在信息处理领域**，掌握与物联网紧密相关的海量信息存储和处理、数据库的核心技术，强化图像视频智能分析、数据挖掘等技术的成熟度和兼容性等。

4）**在共性技术领域**，提高基础芯片的设计能力，提升信息安全技术水平，开展微能源技术研究等。

（2）**关键技术**　IOT 是基于互联网技术的延伸和扩展的一种网络技术，其基础仍然是互联网技术。目前在 IOT 应用中有四项关键技术：通信技术、传感技术、二维码技术和 RFID 技术。

1）**通信技术**。主要包括广域网通信和近距离通信两个方面。在广域网方面主要包括 IP 互联网、2G/3G/4G 移动通信、卫星通信、IPv6 等技术；在近距离方面，其支持技术包括蓝牙、ZigBee、超频波段（UWB）、IrDA、HomeRF 等。由于 ZigBee 具有安全性高、速率低、功耗低、成本低、网络容量大、时延短等技术特点，已成为全球公认的最后 100 米的最佳技术解决方案，已被用于数字家庭、工业控制、智能交通等领域。

2）**传感技术**。信息采集是 IOT 的基础，而目前的信息采集主要是通过传感器、传感节点和电子标签等方式完成的。传感器作为摄取信息的关键器件，应当满足两点要求：一是其感受信息的能力，二是传感器自身的智能化和网络化。泛在传感网有三个基本特征：①每个物体都是可以找得到的。②每个物体都是可以通信的。③每个物体都是可以控制的。

3）**二维码技术**。二维码（2-Dimensional Bar Code）是用某种特定的几何图形按一定规律在平面（二维方向上）分布的黑白相间的图形记录数据符号信息。在代码编制上巧妙地利用构成计算机内部逻辑基础的“0”“1”比特流的概念，使用若干个与二进制相对应的几何形体来表示文字数值信息，通过图像输入设备或光电扫描设备自动识读以实现信息自动处理。二维码能够在横向和纵向两个方位同时表达信息，因此能在很小的面积内表达大量的信息。与RFID相比，二维码最大的优势在于成本较低，一条二维码的成本仅为几分钱。二维码作为IOT的一个核心应用，终于使IOT从“概念”走向“实质”。

4）**RFID技术**。RFID是一种非接触式的自动识别（Identification）技术。它利用无线射频（Radio Frequency）信号通过空间耦合（交变磁场或电磁场），实现对静态或运动物品的自动识别，并获取相关数据，用于控制、检测和跟踪物品。

（3）**应用模式** 根据IOT的实质用途可以归结为三种基本应用模式：

1）**对象的智能标签**。通过近距离无线通信（Near Field Communication，NFC）、二维码、RFID等技术标识特定的对象，用于区分对象个体，如在生活中常用的各种智能卡、条码标签的基本用途就是获得对象的识别信息。此外通过智能标签还可以用于获得对象物品所包含的扩展信息，如智能卡上的金额余额，二维码中所包含的网址和名称等。

2）**环境监控和对象跟踪**。利用多种类型的传感器和分布广泛的传感网，可以实现对某个对象的实时状态的获取和特定对象行为的监控，如使用分布在市区的各个噪声探头监测噪声污染，通过二氧化碳传感器监控大气中二氧化碳的浓度，通过GPS标签跟踪车辆位置，通过交通路口的摄像头捕捉实时交通流程等。

3）**对象的智能控制**。IOT基于云计算平台和智能网络，可以依据传感网用获取的数据进行决策，改变对象的行为，进行控制和反馈。例如，根据光线的强弱调整路灯的亮度，根据车辆的流量自动调整红绿灯间隔等。

（4）**商业模式** IOT是互联网的应用拓展，应用创新是IOT发展的核心。有人把IOT称为“重新发明轮子”的时代。从第一次工业革命到现在，很多东西已经走到尽头了，再怎么发明也不可能把轮子从圆的变成方的，但利用IOT技术，可以把轮子也变成智能的。无论是做空调、冰箱还是做手机、计算机，都有着丰富的硬件经验。更大的机会存在于传统制造业中。欧洲专家总结了IOT四大商业模式应用场景：①平台即服务（PaaS）；②信息服务提供商；③客户参与的传统产业转型服务。④实时商务分析与市场决策。

案例17-2 实用IOT商业模式的几家公司。

17.2 云制造*

云制造是一种以服务支撑制造发展的先进制造新模式，它集成云计算、物联网等新型信息网络技术，实现制造资源的广域互联和按需共享，为制造企业提供虚拟化、云端化的资源和能力服务，促进制造企业向专业化和服务化转型，增强产业核心竞争力。虚拟化就是通过物联网技术，实现物理制造资源（硬件和软件）的全面互联、感知与反馈控制，并将物理制造资源转化为逻辑制造资源，解除物理制造资源与制造应用之间的紧耦合依赖关系，以支持资源高敏捷、高可靠、高安全、高可利用率的制造服务环境。云端化就是利用制造资源虚拟化技术构建规模巨大的虚拟制造资源池。

17.2.1　云制造的发展

网络经济和经济全球化使得制造环境发生了根本性的变化，制造业面临全球性的市场、资源、技术和人员的竞争，需要构建面向企业特定需求的网络化制造系统，快速响应动态和不可预测的市场；制造业的形态也从传统的生产型制造向服务型制造转型。物联网、云计算等新兴信息技术的快速发展为探索新型制造模式，解决制造业发展中面临的瓶颈问题提供了新思路。

（1）**网络化制造的瓶颈问题**　尽管经过10多年的发展，网络化制造在资源服务化建模与封装、资源配置与调度、协同设计、工作流管理等领域取得了一定成果，但要深化应用，在模式上和技术上还存在着制约网络化制造发展的一些瓶颈问题：①网络化制造没有良好的运营模式。②没有实现制造资源的动态共享与智能分配。③没有有效的安全技术和手段。

（2）**云计算的发展**　2006年8月9日，谷歌首席执行官埃里克·施密特（Eric Schmidt）在搜索引擎大会（SES San Jose 2006）上首次提出“云计算”（Cloud Computing）的概念。它是一种基于互联网的计算新模式。

（3）**云制造的发展**　云制造是从云计算发展而来的。可以设想，若将“制造资源”代以“计算资源”，云计算的计算模式和运营模式将可以为制造业信息化走向服务化、高效低耗提供一种可行的新思路。

17.2.2　云制造的原理

云制造（Cloud Manufacturing，CM）是一种面向服务的网络化制造新模式。它是先进的信息技术、制造技术和物联网技术等交叉融合的产物。云制造的概念源于云计算。

（1）**定义**　云制造是一种基于云计算，将各类制造资源虚拟化，为制造全生命周期过程提供按需、计费、弹性、安全、廉价服务的制造模式。

云计算是云制造的主要技术基础，密切相关的技术基础还包括互联网、物联网、高效能计算、智能科技和网络化制造与服务等技术。其服务的目的是实现云服务消费者、云服务提供者和云资源提供者三方共赢；手段是资源共享，将各类制造资源虚拟化、绿色化和智能化，构建透明、开放、动态的协同工作支持环境。

上述定义的出发点在于云制造模式的实施。其中的制造资源包括各类制造设备（硬件）和制造能力（软件）。**制造设备**的例子包括机床、加工中心、仿真设备、试验设备和物流货物等；**制造能力**的例子包括人与组织、知识、软件、模型、数据、业绩和信誉等。**制造全生命周期过程**包括制造的前阶段（如论证、设计、加工、销售）、中阶段（如使用、管理、维护）和后阶段（如拆解、报废、回收）。

（2）**运行原理**　云制造系统主要由制造资源、制造云、制造全生命周期应用三大部分组成。如图17-5所示，云制造的运行包括一个核心支持（知识）、两个过程（输入、输出）和三方参与：云资源提供者（Cloud Recourse Provider，CRP，即制造资源提供者或提供方），制造云运营者（Cloud Service Provider，CSP，即云服务提供者或服务方），云服务消费者（Cloud Service Consumer，CSC，即制造资源使用者或请求方）。

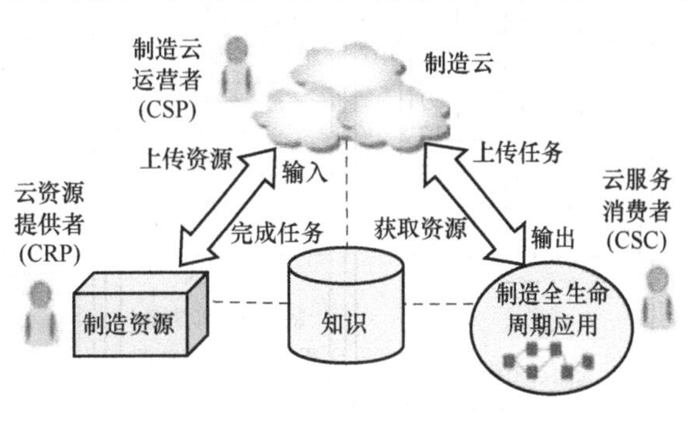

图17-5　云制造的运行原理

云制造运行时，需要将各种制造资源封

装为云服务，这一过程可称为制造资源的“接入”。根据不同的制造需求，云服务能够聚集形成“制造云”。制造云是网络上各类制造资源，是云服务的主要载体；面向制造全生命周期应用提供各种服务，这一过程称为“接出”。在云制造的整个运行过程中，知识起到了核心支撑的作用。在制造资源的接入过程中，知识能够支持智能化嵌入和虚拟化封装；在制造云管理过程中，知识能够支持云服务的智能查找等功能；在制造全生命周期应用中，知识能够支持云服务的智能协作。系统运行时，请求方将对制造资源的个性化需求发布到服务平台，由服务方组织快速高效的资源智能搜索与匹配，并由提供方快速实现制造资源的动态重组和利用。

（3）**特点** 云制造的特点见表17-5。

表17-5 云制造的特点

特点	特点体现
物联化	云制造融合了物联网、云计算等新技术，要实现软硬制造资源全系统、全生命周期、全方位透彻地接入和感知。制造资源在存在形式、管理方式、共享方式、使用途径、交易方式等方面具有不同于计算资源的特点
虚拟化	云制造对物理资源的静态属性、动态属性、行为属性及部署配置信息进行描述，实现从物理资源到云资源的抽象和映射，形成虚拟资源网络服务。但其服务调用的位置、注册和使用都是透明的
协同化	云制造致力于构建一个制造企业、客户、中间方等可以充分沟通的协同制造环境。云制造客户的身份不具备唯一性，即一个客户兼具云服务的消费者、提供者或开发者，体现的是支持异地分布、多客户参与
服务化	云制造采用需求驱动、客户主导、按需付费的方式，客户和制造资源提供者是一种即用即联、即用即付、用完即释放的关系。能随时随地为制造企业提供高效低耗的服务，支持制造企业向“产品+服务”转型
智能化	云制造实现全系统、全生命周期和全方位深入的智能化。其智能科技为两个维度的“全生命周期”提供支持，一是制造系统全生命周期活动，二是制造资源服务全生命周期。当企业资源闲置时可主动智能寻租

云制造是一种体现了物联化、虚拟化、协同化、服务化和智能化的主动制造模式。在数字化和虚拟化的基础上，云制造继承了网络化制造的敏捷化、分散化、动态化、协同化和集成化的特点，也继承了云计算的超大规模、柔性服务和公共服务的特点。

（4）**体系架构** 云制造的体系架构如图17-6所示，分为三层：物理资源层、服务平台层和

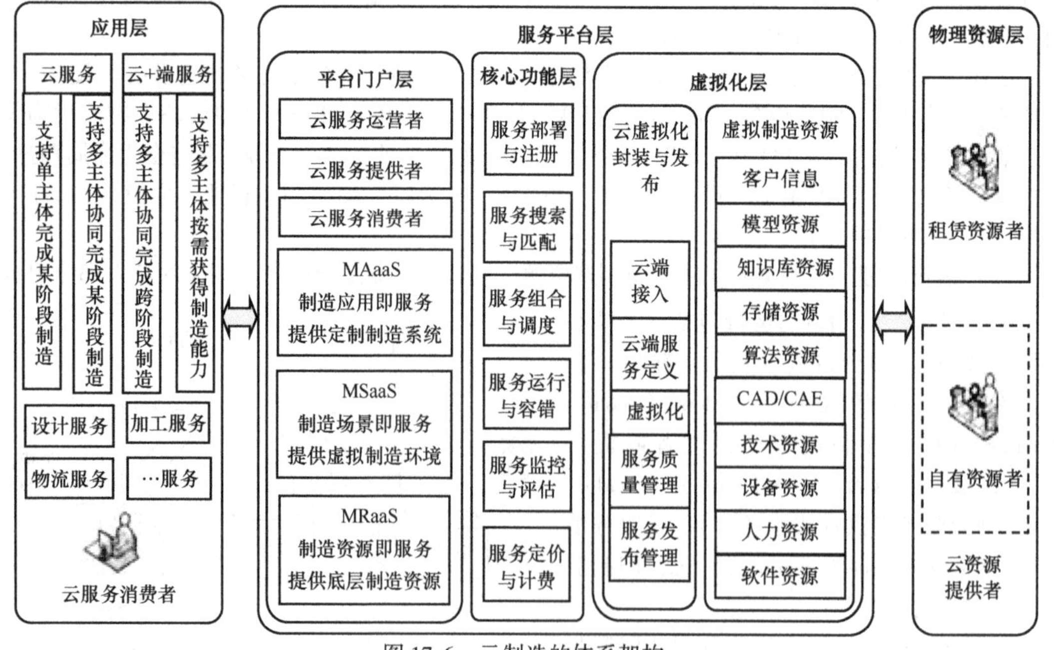

图17-6 云制造的体系架构

应用层。服务平台层由虚拟化层、核心功能层和平台门户层组成。在服务平台层，平台门户层提供制造资源即服务（Manufacturing Resource as a Service，MRaaS）、制造场景即服务（Manufacturing Scene as a Service，MSaaS）、制造应用即服务（Manufacturing Application as a Service，MAaaS）三种服务。

（5）**云制造与其他概念的比较**　云制造提供了制造业向服务业转换的一种有效途径。云计算未解决企业各类制造资源的服务化。敏捷制造的资源不够丰富，动态适应性差。协同制造未能满足不同的制造服务请求，难以实现各类制造资源信息的统一管理和智能匹配。网络化制造的应用方式是“一对一”，而云制造更强调“多对多”，兼有“多对一”和“一对多”的方式。云制造提高了资源的提供方式和使用方式，也提高了服务种类、服务模式和使能技术。

17.2.3　云制造的应用

（1）**云制造的关键技术**　主要包括：云制造的标准、规范与总体技术；制造资源的云端化、虚拟化和服务化技术；制造云的服务环境构建、运行、评估与管理技术；云制造的资源调度与管理技术；云制造环境下的供应链优化技术。

（2）**云制造的服务平台**　它分为两种：私有云制造服务平台和公有云制造服务平台。

1）**私有云制造服务平台**。其实例是面向集团企业的云制造应用。私有云基于企业网构成，其构建与运行者、资源提供者和使用者是集团和下属相关厂所、研究单位和企业等，目的是强调企业内或集团内制造资源的整合与服务，优化企业或集团资源使用率，减少重复资源的重复建设，降低成本，提高竞争力。

2）**公有云制造服务平台**。其实例是面向中小企业的云制造应用。公有云基于互联网构成，强调企业间制造资源整合，提高全社会制造资源的使用率，实现制造资源交易。面向中小企业的公有云制造服务模式的重点在于：支持广域范围内制造资源的自由交易，支持中小企业自主发布资源需求和供应信息，并实现基于企业标准的制造资源的自由交易以及多主体间开发、加工和服务等业务协同。

案例 17-3　面向中小企业的云制造应用。

（3）**云制造应用存在的问题**　云制造目前尚未进入实施阶段。它的主要问题有：

1）**制度问题**。云制造推广的首要障碍是制度、规范、监控、法律层面的问题。针对制造资源共享的问题，需要探索政府、企业、中介等参与应用模式、商业模式以及推动的工程机制。云制造能否顺利实现，一个很重要的问题就是游戏规则是否能尽快完善。否则，这些制造资源虽然能获取，但却未必好用。

2）**诚信问题**。在网络环境下，人的可信度是非常差的。CRP 企业怀疑 CSP 能否保守自己的商业秘密。例如，双方需要交换特殊加工工艺的云制造应用，将会存在因为诚信问题而带来的损失。因此，如何有效监控制约服务商的非诚信行为，可能是云制造应用推广的一个重大难题。

3）**物流问题**。云制造的最大困难在于如何去组织。云制造源于云计算，超越云计算。云计算对计算资源进行汇集，并提供社会化服务。云制造与云计算本质的区别之一是云制造制造资源流动性差，需要解决物流问题。物流成本会增加云制造应用的整体代价，因此，云制造的推广需要低成本的物流配送作为保障。

4）**技术问题**。为实现云制造的理念和完善商业模式，需要不断探索其中的平台构建、运行管理等实现技术。问题主要体现在底层设备的标准化、制造过程的信息化和共享系统的个性化三个方面。硬件标准化会牵扯到企业的投入、生产的调整、服务价格的设定、参与各方利益的分配等。制造资源如何进行整合，加工质量如何进行监控，制造过程如何控制等，这都需要信息化的支持。云制造归根结底是要求大家共享资源，而在共享系统的情况下要做到个性化就很难了。

案例17-4　模具云制造模式的工作过程。

17.3　大数据

数据（Data）一词在拉丁文里是“已知”的意思，也可以理解为“事实”。如今，数据代表着对某件事物的描述，数据可以记录、分析和重组。大数据（Big Data，BD）的直白理解是海量数据。大数据的“大”，不只是“数据多”的意思，而是含有大计算的意思。

案例17-5　手机数据的应用：下一波数据创新中心。

17.3.1　大数据的发展

1）**数据大小的表示**。在二进制数系统中，每个0或1就是一个位，即1bit（比特），1Byte（字节）=8 bit。字节是计算机文件大小的基本存储单位。1个英文字母占用1个字节，1个汉字占用2个字节。按照从小到大的顺序，数据单位分别为：Byte、KB、MB、GB、TB、PB、EB、ZB、YB、BB、NB、DB、CB。它们按照进率1024（即2^{10}）来计算。

2）**数据量剧增**。随着移动互联网、物联网的快速发展，信息采集成本不断降低，加速了物理世界向网络空间的量化。数字世界与现实世界的融合过程中产生并积累了大量的数据。大数据到底有多大？互联网一天产生的全部内容可以刻满1.68亿张DVD；2011年，只需两天就能产生出自文明起源至2003年所产生的数据总量5EB。这是个数据爆炸的时代。根据国际数据公司（IDC）发布的研究报告，全球所有信息数据中90%产生于近几年，数据总量正在以指数形式增长，从2003年的5 EB，到2013年4.4ZB，并将于2020年达到44 ZB，如图17-7所示。大数据是新一轮信息技术革命与人类经济社会活动交汇融合的必然产物，数据的关联和挖掘将创造新的价值，提升效率。然而，全球对新增数据的处理能力及其利用率的增长则不足5%。

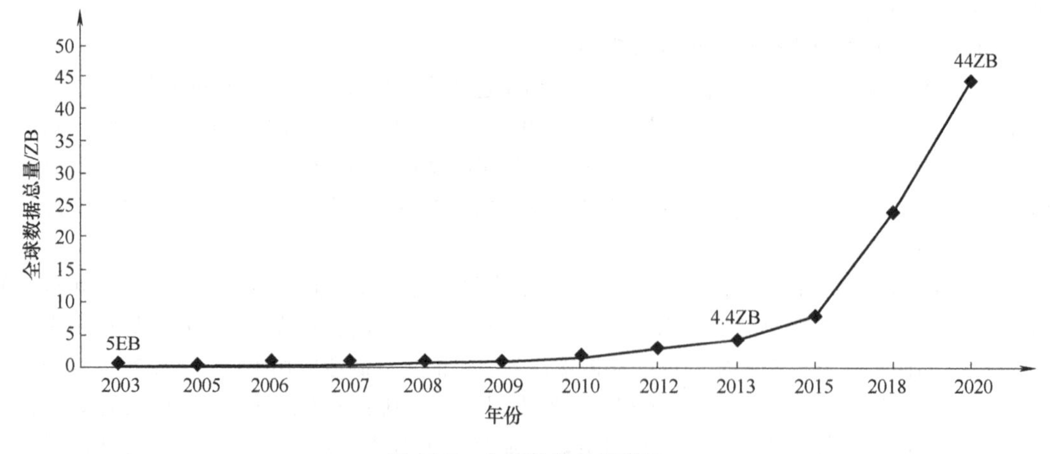

图17-7　全球数据量的增长

3）**大数据的提出**。大数据的名称最早来自于未来学家托夫勒所著的《第三次浪潮》。1980年，著名未来学家托夫勒在其所著的《第三次浪潮》中热情地将“大数据”称颂为“第三次浪潮的华彩乐章”。1997年，美国宇航局研究员迈克尔·考克斯和大卫·埃尔斯沃斯首次使用“大数据”这一术语来描述20世纪90年代的挑战：超级计算机生成大量的信息。当时模拟飞机周围

的气流是不能被处理和可视化的，其数据之大，超出了主存储器、本地磁盘，甚至远程磁盘的承载能力。他们称之为“大数据问题”。《自然》杂志在 2008 年 9 月推出了名为“大数据”的封面专栏。自 2009 年始，大数据成为互联网技术行业中的热门词汇。

4）**大数据的来源**。大数据来源于人类的生产和生活活动，它有以下四个来源：

① 传感器。人类社会对传感器的运用，2005 年只有 1.3 亿个，到 2010 年就达到 30 亿个，现在，大概有 45 亿个。任何可以监测、数据化、传输的工具，都是传感器，如手机、手环、大街上的探头等，都是传感器。

② 互联网。谷歌的主要大数据中心有八个（见图 17-8），每天要处理大约 24PB 的数据，百度每天大概新增 10TB 的数据。

③ 社交网络。像脸谱（Facebook）每天要处理 23TB 的数据，推特（Twitter）每天处理 7TB，腾讯每日新增加 200 ~ 300TB 的数据，中国电信大概每天也有 10TB 的话单，30 个 TB 的上网日制和 100TB 的信令数据。

④ 业务活动，如金融、零售、科研以及政府等部门的数据。譬如，每个交易周期，纽约证券交易所要捕获 1TB 的交易信息。淘宝每日订单超过 1000 万，阿里巴巴积累的数据量超过 100PB。

图 17-8 谷歌的大数据中心

案例 17-6 制造业大数据。

17.3.2 大数据的原理

1. 数据类型

1）**数据存储的类型**。在数据库里，数据类型一般分为三类，见表 17-6。传统的商务智能系统分析的数据主要是结构化数据。目前非结构化数据激增，企业数据的 80% 左右都是非结构化数据。非结构化数据没有统一的大小和格式，给分析和挖掘带来了更大的挑战。华为 OceanStor 9000 大数据存储系统，北京国信贝斯 IBase 数据库，均可用于非结构化数据。

表 17-6 数据存储的类型

数据类型	定义	结构特征	形成顺序	举例
结构化数据（Structured data）	是可作为普通数据库进行管理的数据。又称为完全结构化数据	二维逻辑表	先有结构、再有数据	SQL 数据，层次数据库、网状数据库和关系数据库的数据
半结构化数据（Semi structured data）	是字段可根据需要扩充的数据。它一般是自描述的	树、图；数据结构和内容混合	先有数据，再有结构	Exchange 存储的数据，HTML 文档，都是半结构化数据
非结构化数据（Unstructured data）	是不存储于普通数据库之中的数据。它无法用统一结构表示	无结构；字段常是可变的数据库	有数据，无结构	电子邮件、文本文件、图片、图像、视频、音频等数据

2）**制造业的数据类型**。制造业企业的数据有四种类型，如图 17-9 所示。

① 产品数据。设计、建模、工艺、加工、测试、维护数据、产品结构、零部件配置关系、变更记录等。

② 运营数据。组织结构、业务管理、生产设备、市场营销、质量控制、生产、采购、库存、

目标计划、电子商务等。

③ 价值链数据。客户、供应商、合作伙伴等。

④ 外部数据。经济运行数据、行业数据、市场数据、竞争对手数据等。由此可见，制造业大数据技术包含四大领域：研发设计过程的知识挖掘；制造过程优化与智能决策；客户服务需求预测与资源配置优化；行业发展动态、国家经济运行状态和国际形势。

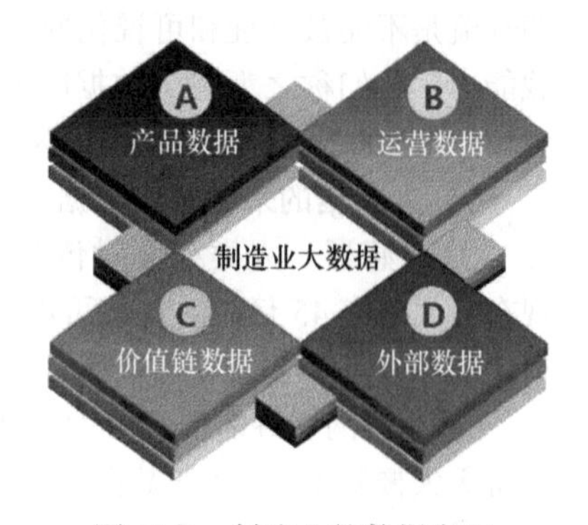

图 17-9　制造业的数据类型

2. 大数据的概念

2013 年 1 月，美国国家标准与技术研究院（National Institute of Standards and Technology，NIST）建立了大数据工作组（Big Data Working Group，NBD-WG），该组又分为六个工作小组（Subgroup）：定义和分类（Definition and Taxonomy）、参考架构（Reference Architecture）、技术路线图（Road Map）、安全和隐私（Security and Privacy）、用例及需求（Use case and Requirements）、大元数据（Big Metadata）。

1）**定义**。NIST 认为，大数据（Big Data，BD），是指数据量大、产生获取速度快、种类多样的数据，以至于当前系统的存储容量或分析能力难以支持。

大数据是很难用传统方式进行管理和分析的数据；目前为 TB 时代，是指具有 TB 级别（2^{40}）以上规模的数据，其非结构化数据约占全球总数据的 80%；2014 年百度每天的数据处理量为 10 ~ 100PB，数据消费者要求在可容忍时间内快速处理数据。数据技术的目的是获取新知识。

2）**特征**。一般认为，大数据具有 4 V 特征。目前认为大数据具有 6V 特征（见表 17-7）。

表 17-7　大数据的 6V 特征

特征	说　明
规模性 Volume	大数据的规模庞大。大数据的起始计量单位至少是 PB 或 EB。PB 级超出了目前任何单台计算机乃至大型机的处理能力。百度新首页导航每天需要提供的数据超过 1.5PB，打印出来将超过 5000 亿张 A4 纸
多样性 Variety	大数据的来源广泛，几乎包括所有的人、机、物；大数据的种类多样，形态混杂、异构，如文本、表格、图片、图像、视频、音频、网页、GPS 路线、地理位置、机器数据等，常以分布式存在
高速性 Velocity	大数据的处理速度快，时效性要求高。传统的数据，从测量到可用，用时成年累月，事后见效；而大数据要求随时可用，是在线或实时分析，而不是批量式分析，如对实时流数据的分析
价值性 Value	大数据的商业价值密度较低，一旦从海量数据中分析获得所需信息，其价值也会非常大。大数据中有大量不相关信息，如 1h 的视频在连续监控中的有用数据可能只有 2s。深度学习可挖掘大数据价值
真实性 Veracity	大数据的真实性强，可靠性高。传统数据常是目标导向；大数据是记录导向的，而不是为了解释事件。在大数据全生命周期内，要保证数据源可信，处理可信，存储受到保护，使用经过授权和访问控制，修改能够溯源
易受攻击 Vulnerable	大数据分析结果价值高，容易刺激攻击者的趋利本质，从而发动攻击；大数据在数据获取、存储、处理、管理等方面还有许多漏洞，易受攻击；攻击者可利用大数据技术发动大规模持续攻击，破坏性更大

作为任何组织的一种非常珍贵的资源，大数据还有 5R 特征：非竞争性、持续增长、可精炼、可再生和可变用途，见表 17-8。

表 17-8　大数据的 5R 特征

特　征	说　明
非竞争性 non-Rival	大数据可以被许多消费者同时使用和重复使用。这意味着向个人提供大数据的边际成本是零
持续增长 Rising	大数据呈指数级增长。1TB = 1024GB；1PB = 1024TB；1EB = 1024PB；1ZB = 1024EB
可精炼 Refinable	大数据被称为新石油，通过精炼提纯可以获得巨大价值的、更高质量的产品和服务
可再生 Renewable	大数据像风能一样，是可再生的，如由传感器获得机器运行工况的数据
可变用途 Repurposable	大数据是可延展和转变用途的。例如，对大数据的分析既可以为零售商制定精准的营销策略提供决策支持，又可以帮助制造商为消费者提供更加及时和个性化的服务

3）**分类**。在大数据分类方面，NIST 将大数据分为五部分：参与者（Actors）、角色（Roles）、活动（Activities）、组件（Components）、子组件（Sub-components）。其中，大数据参与者有：传感器、应用程序、软件代理、个人、组织、硬件资源、服务等；大数据角色包括六种：数据提供者（Data Provider，DP），数据消费者（Data Consumption，DC），大数据应用提供者（Big Data Application Provider，BDAP），大数据框架提供者（Big Data Framework Provider，BDFP），系统管理者（System Orchestrator，SO），以及大数据安全隐私相关人员。

3. 大数据的架构

大数据的架构不同于传统数据库（如 Oracle 数据库）技术架构。大数据是个系统的概念，是由大数据本身、大数据处理过程、大数据结果及运用组成的系统，缺一不可。如果不考虑大数据处理及结果运用，那么大数据仅仅是规模庞大的数据集合，也就无所谓“大数据”这一新技术了。下面先解析大数据处理系统（即分层架构），再给出大数据系统架构（即整体架构）。

1）**大数据处理系统**。从大数据的生命周期来看，大数据从数据源到用户最终获得价值需要经过五个环节，包括数据准备、数据存储与管理、计算处理、数据分析和知识展现，如图 17-10 所示。

2）**大数据系统架构**。从数据的计算过程来看，大数据系统的整体架构如图 17-11 所示。

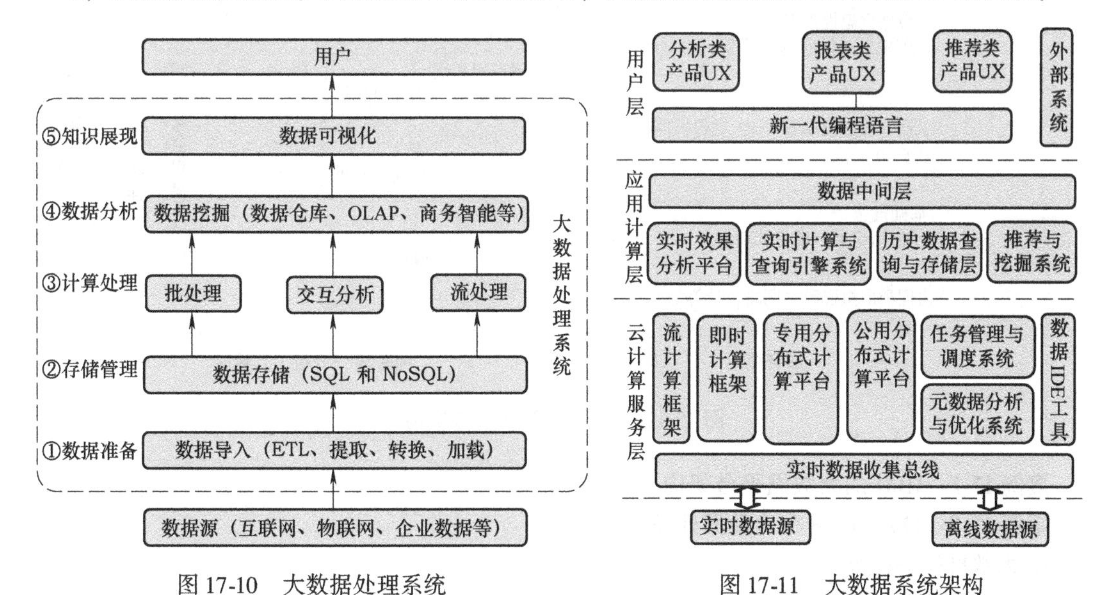

图 17-10　大数据处理系统

图 17-11　大数据系统架构

大数据技术架构可以分为三层。第一层是云计算服务层，提供一个高度自动化且可扩展、存储和管理的大数据服务平台，是由专门从事大型数据库管理系统的软件开发和性能优化的研究人员或软件工程师完成的基础架构；第二层是应用计算层，主要涉及大数据应用前所需的大数据分析，一般需要基于统计学的数据挖掘和机器学习算法，在该层做事的一般属于数据科学家，借助大数据分析平台可以事半功倍；第三层是用户层，主要涉及一些具体用户需求的大数据应用，比如帮助企业进行决策和为终端用户提供服务等，与大数据预测技术相关。

目前，不同领域或组织对大数据体系架构的设计有所不同。从解决问题的实质上来看，不同的体系架构之间都有以下共性：①工作流程主要围绕大数据生命周期进行设计。②工作方法主要依靠分布式存储和分布式并行处理来实现。③基础设施具有良好的扩展性。④大数据隐私和安全被广泛重视。

3）**大数据参考架构**。NIST 大数据工作组基于以下规则建立大数据参考架构：大数据参考架构是传统数据系统的超集，是一种厂商中立、技术无关的系统，同时也是一种由各种逻辑角色组成的功能架构，该架构最终能够应用到大量不同的商业模型中。图 17-12 展示了该参考架构，其中，数据提供者的职能有发掘数据、描述数据、接入数据以及执行数据操作代码；数据消费者的职能有发现应用服务、描述数据、数据可视化、数据呈现等；大数据应用提供商的职能包括身份管理和身份认证；大数据框架提供者的职能包括分析处理数据、转换数据、代码执行、存储或检索数据、提供计算基础设施以及提供网络基础设施等；系统管理者负责明确需求、管理和监控系统运行情况。

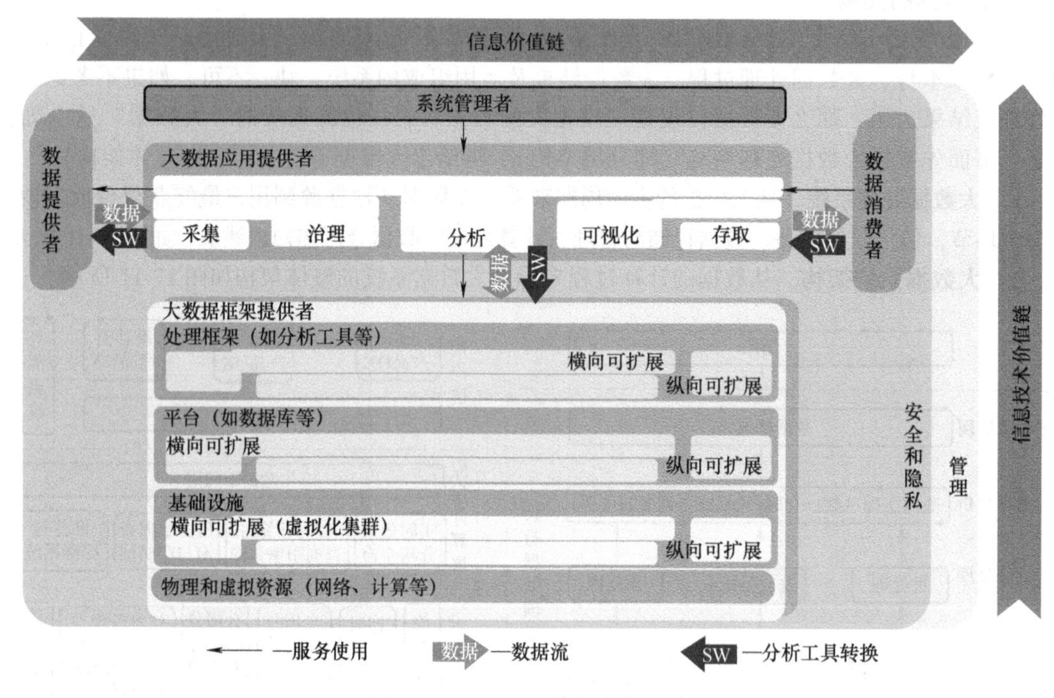

图 17-12 NIST 大数据参考架构

案例 17-7 IBM 的大数据平台架构。

案例 17-8 Hadoop 分布式数据处理系统。

4. 大数据的关键技术

从大数据处理流程来看，其关键技术主要包括以下六类：

1）**数据感知与获取技术**。大数据最主要的来源有三个方面：①人们在互联网活动中产生的数据。②各类计算机系统产生的数据。③各类数字设备（传感器、RFID、GPS 和北斗导航）记录的数据。这三个方面相对应的数据感知与获取技术分别有：网络爬虫或网络嗅探；日志搜集和

监测系统（Scribe、Flume、Chukwa）；数据流处理系统、模数转换器等。

2）**数据预处理技术**。为了保证数据发布的质量，必须遵守三项原则：①要有统一标准；②要有管理流程；③要有救助机制，如答疑或纠错。为提升大数据质量，需要对原始数据进行数据清理、数据集成、数据规约与数据转换等预处理工作（见表 17-9）。

表 17-9　大数据的预处理技术

类　别	说　明	常用技术
大数据清理	通过设置一些过滤器，对原始数据进行“去噪”和“去脏”处理	数据一致性检测技术、脏数据识别技术、数据过滤技术、噪声识别与平滑处理技术
大数据集成	把来自不同数据源、不同格式的数据通过技术处理进行集中，形成统一的数据集或数据库	数据源识别技术、中间件技术、数据仓库技术
大数据规约	在不影响数据准确性的前提下，运用压缩和分类分层的策略对数据进行集约式处理	维规约技术、数值规约技术、数据压缩技术、数据抽样技术
大数据转换	将数据从一种表示形式转换成另一种表示形式，目的是使数据形式趋于一致	基于规则或元数据的转换技术、基于模型和学习的转换技术

注：维规约是指数据特征维度数目减少，去掉不重要的维度特征，只用少量的关键特征来描述数据。

3）**数据存储与管理技术**。除了传统关系型数据库外，大数据存储和管理形式主要有三类：

① 分布式文件系统。常用的分布式文件系统有 Hadoop 的 HDFS、Google 的 GFS 等。

② 非关系型数据库。非关系型数据库一般分为四类：键值（Key-Value）存储数据库（如 Redis、Apache Cassandra）；列存储数据库（如 Sybase IQ、Infini DB）；文档型数据库（如 Mongo DB、Couch DB）；图形数据库（如 Google Pregel、Neo 4J）。

③ 数据仓库。它是通过 ETL（Extract-Transform-Load，用来描述将数据从来源端经过抽取、转换、加载至目的端的过程）等技术从已有数据库中抽取转换导出目标数据并进行存储。

数据库对数据是操作型处理，其数据组织面向事务处理任务；而数据仓库对数据是分析型处理，数据组织是面向主题设计的。数据仓库不参与具体业务数据操作主要是为决策分析提供历史数据，所涉及的操作主要是数据的查询。

4）**数据分析技术**。数据分析技术是最为关键的技术，也是大数据价值生成的核心所在。大数据分析的过程一般分为四步：

① 拿到数据使用权，进行属性归类。

② 在高性能计算系统中降维、降低容量。

③ 获取可分析数据。降维降容之后，就是结构化的数据。

④ 分析数据，从中发现模式。

从对数据信息的获知度上来看，大数据分析可以分为对已知数据信息的分析和对未知数据信息的分析。前者一般运用分布式统计分析技术来实现，后者一般通过数据挖掘（如聚类分析、分类分析、预测估计、相关分析等方法）技术来实现。

5）**数据可视化技术**。它是运用计算机图形学和图像处理技术将数据以图形或图像的方式展示出来，实现对大数据分析结果的形象解释，并能够实现对数据的人机交互处理。大数据可视化关键技术包括符号表达技术、数据渲染技术、数据交互技术、数据表达模型技术等。常用的工具有 Tableau Desktop、Qlik View、Datawatch、Platfora 等。

6）**数据安全与隐私保护技术**。数据的安全性是数据产业发展的命脉。保护大数据安全，主要是保证大数据的可用性、完整性、机密性。解决大数据可用性问题一般通过数据冗余设置，而大数据的完整性问题一般通过数据校验技术和审计策略来解决。对于大数据的机密性，由于数据规模大，传统的数据加密技术会极大地增加成本，因此一般利用访问控制和安全审计技术来保证大数据的安全。目前，隐私信息的保护，除了加强监管和完善立法外，大数据隐私保护技术，包括安全审计、大数据加密搜索、完全同态加密、个人数据溯源、基于公钥体制的隐私保护、可搜索加密等技术。

5. 工业大数据的特征和架构

1）**工业大数据的特征**。工业大数据除有4V特征外，还有时序性、强关联性、闭环性，见表17-10。

表17-10　工业大数据的其他特征

特　征	说　明
时序性 Sequence	具有较强的时序性，如订单、设备状态、维修情况、零部件补充采购等数据
强关联性 Strong-relevance	强关联性是指物理对象之间和过程的语义关联。它包括产品零件之间的关联关系，生产过程的数据关联，产品生命周期设计、生产、服务等不同环节数据之间的关联，以及在同一环节涉及的不同学科、不同专业的数据关联
闭环性 Closed-loop	它包括产品全生命周期横向（设计、生产、物流、销售、服务）各环节的数据链条的封闭和关联，以及制造系统纵向（设备、控制、车间、企业、协同）各层次的数据采集和处理过程中，需要支撑状态感知、分析、反馈、控制等闭环场景下的动态持续调整和优化

2）**工业大数据的架构**。工业大数据的技术架构按照技术生命周期划分为五个层次、两个技术支撑体系，如图17-13所示。五个层次包括数据采集层、数据存储与集成层、数据建模层、数据处理层、数据应用层。两个技术支撑体系包括数据传输技术体系和数据安全技术体系。层与层之间形成服务与依赖的关系，下层为上层提供服务，上层依赖于下层服务，两个技术支撑体系分别保证了层间及层内数据通信畅通和可靠的信息安全环境。

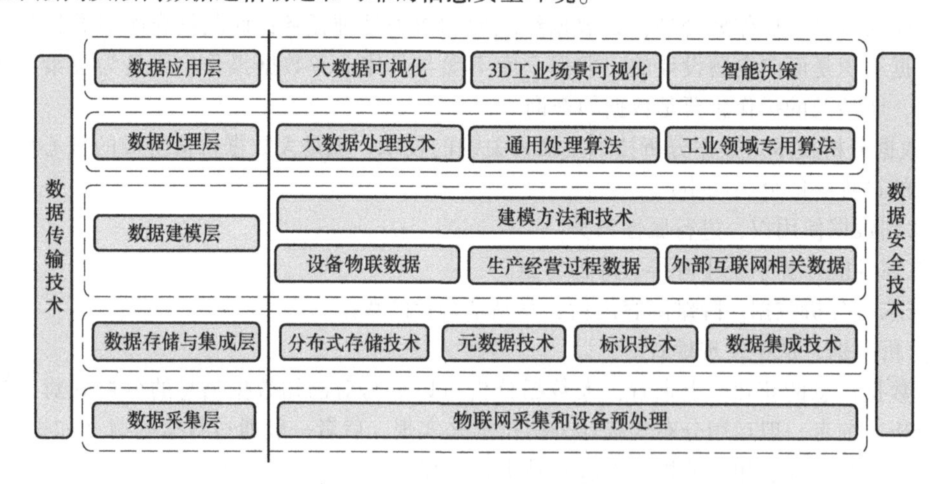

图17-13　工业大数据的技术架构

17.3.3　大数据的应用

案例17-9　基于大数据的北京通勤图。

1. 大数据应用的层次、过程和方式

1）**应用层次**。大数据在企业的应用分为五个层次，见表17-11。

表 17-11　大数据的应用层次

应用层次	层次说明
数据获取层	这是企业大数据的两个主要来源：①通过物联网采集或人工输入获取的原始数据，如物流数据、质量数据、模型数据和工艺数据；②通过各类信息系统生成的数据，如各种计划数据、统计数据
数据存储层	对于获取的海量数据，通过集群应用、网格技术或分布式文件系统等功能，将网络中大量不同类型的存储设备通过应用软件集合起来协同工作，共同对外提供数据存储和业务访问功能
计算分析平台层	包括两部分：①云计算平台，基于互联网将软硬件资源按需求提供给计算机设备；②大数据分析平台，通过可视化分析、预测性分析、语义引擎、数据质量等技术，挖掘数据潜在价值
应用平台层	这是一种基于工业互联网的交易服务平台，以生产者为用户，以生产活动为应用场景，通过互联网技术对企业各个环节进行改造，如研发设计、智能制造、物流交付、运营服务、增信融资等
客户层	包括产品设计单位、生产单位、运营单位、监管单位、操作者等与产品有关的利益方

2）**应用过程**。大数据的技术进步一般可划分为三个阶段，分别是大数据 1.0 版本、2.0 版本和 3.0 版本，见表 17-12。其中，大数据 1.0 版本强调数据的内部性；大数据 2.0 版本强调数据的外部性；大数据 3.0 版本将产生新的数据产品的“数据客户”，直接促进学术团体、政府和企业通过大量异质数据和数据产品产生科学、社会、经济等方面的新价值。

3）**应用方式**。目前，大数据在一些企业已经有了较为成功的应用。根据分析发现，互联网（电子商务）、电信、金融等由于其本身的业务数据特点，在大数据的应用方面已经成为领头羊，而政府、医疗、制造、流通等对大数据的关注与应用也要高于其他的行业。大数据的核心在于预测，可将大数据的应用方式分为六种，见表 17-13。

表 17-12　大数据的应用过程

应用过程	过程说明
大数据 1.0 版本	是指企业自身的产品和服务产生了大量的数据，通过对这些数据进行深入的挖掘分析，改进自身业务，并以此吸引更多用户或客户，产生数量更大的数据，形成正向循环
大数据 2.0 版本	是指企业用自身业务产生的数据，去解决主营业务以外的其他问题，从而获得重大价值，或引入非企业自身业务的外部数据，来解决企业遇到的问题。目前对于大数据的应用基本处于 2.0 版本时代
大数据 3.0 版本	是指尚在探索中的商业形态，它首先要求政府和行业，对数据质量、价值、权益、隐私、安全等形成充分认识，出台量化与保障措施。同时，数据运营商出现，并形成了加工粗数据和已有数据产品

表 17-13　大数据的应用方式

应用方式	方式实例
快速预测市场趋势和客户需求	2010 年，淘宝推出了数据魔方和淘词功能，让卖家精准了解客户需求
对客户进行细分，为其提供量身定制的合适服务	海尔 SCRM（社交化客户关系管理）会员大数据平台，让营销人员可精准预测出个体消费者的需求
预测客户信用风险	阿里小贷事业部，利用淘宝和天猫电子商务平台积累的大量交易数据，自动分析判定是否给予企业贷款。阿里信用贷款坏账率为 0.3% 左右，大大低于商业银行
实时了解整个供应链中需求和供给的变化	沃尔玛的零售链平台提供的大数据工具，将每家店的卖货和库存情况大数据成果向各公司相关部门和每个供应商定期分享，供应商可实现提前自动补货
了解你的客户或潜在客户对你的看法	通过搜集客户在微博上的言论、在网站上的评论、在客服中心的抱怨与投诉，通过提取关键词进行分类，使企业可以快速地做出应对
优化生产流程和分析产生质量问题的原因	沃尔沃集团通过在其卡车上安装传感器和嵌入式 CPU，使卡车从刹车到中央门锁系统等各种使用信息传输到集团总部，其分析结果被用来优化生产流程

2. 大数据应用存在的问题

大数据需要解决的主要问题有：容量问题、延迟问题、安全问题、成本问题、数据积累、灵活性，见表17-14。其他问题还有数据拥有权和隐私保护等。

表17-14　大数据的应用问题

存在问题	问题说明
数据容量	海量数据存储系统要有大容量的扩展能力和庞大的文件数量。Scale-out架构可实现无缝平滑扩展，避免存储孤岛。基于对象的存储架构，可在多个地点部署并组成一个跨区域的大型存储基础架构
应用延迟	涉及网上交易或金融应用，存在实时性的问题。Scale－out架构的存储系统的每个节点都具处理和互联组件，在增加容量的同时处理能力也可同步增长
访问安全	金融数据、医疗信息和政府情报等特殊行业，都有自己的安全标准和保密性需求。大数据分析往往需要多类数据相互参考，会有数据混合访问的情况，因此大数据应用催生一些新的安全性问题
存储成本	对于正使用大数据环境的企业，成本控制是关键问题。提升存储效率的技术有：重复数据删除，自动精简配置、快照和克隆技术，减少后端存储的消耗，使用支持TB级大容量磁带的归档系统
数据积累	财务信息通常要求保存七年，而医疗信息通常要求几十年。为长期保存数据，要求存储厂商开发能持续进行数据一致性检测、直接在原位更新数据，以及其他保证长期高可用的功能
灵活性	使存储系统能够随着应用分析软件一起扩容及扩展。在大数据存储环境中，数据会同时保存在多个部署站点。在大型互联网服务商的专用服务器上，应用感知技术，以改进存储系统效率和性能

3. 大数据在制造业

它是指在制造业领域信息化应用中所产生的大数据。随着两化深度融合，信息技术渗透到了制造业企业产业链的各个环节，条形码、二维码、RFID、工业传感器、工业自动控制系统、工业物联网、ERP、CAD/CAM/CAE/CAI等技术在制造业企业中得到广泛应用，尤其是互联网、移动互联网、物联网等新一代信息技术在工业领域的应用，制造业企业所拥有的数据也日益丰富。制造业企业中的数据类型也多是非结构化数据，生产线的高速运转对数据的实时性要求也更高。因此，制造业大数据应用所面临的问题和挑战并不比互联网大数据应用少，某些情况下甚至更为复杂。

工业大数据和商务大数据的使用方法有着本质的区别，切忌将商务大数据的理念和方法，生搬硬套到工业大数据。要建立面向不同行业、不同环节的制造业大数据资源聚合和分析应用平台。研发面向不同行业、不同环节的大数据分析应用平台；研发面向服务业的大数据解决方案。目前最需要大数据服务的传统企业有：①对大量消费者提供产品或服务的企业（精准营销）；②做小而美模式的中长尾企业（服务转型）；③面临互联网企业竞争必须转型的传统企业（生存压力）。

制造业企业大数据技术的典型应用包括：①研发设计过程的知识挖掘；②产品故障诊断与预测；③企业供应链资源配置优化；④生产过程优化与智能决策；⑤客户服务需求预测与产品精准营销，大数据正在驱动制造业向服务业转型。

1）**大数据用于生产过程**。现代化生产线安装有很多传感器，来探测温度、压力、热能、振动和噪声。因为每隔几秒就收集一次数据，利用这些数据可以实现很多形式的分析，包括设备诊断、用电量分析、能耗分析、质量事故分析、设备故障分析等，如图17-14所示。例如，在生产工艺改进方面，在生产过程中使用这些大数据，就能分析整个生产流程，了解每个环节是如何执行的。一旦某个流程偏离了标准工艺，就会产生一个报警信号，能更快速地发现错误或者瓶颈所在，也就能更容易地解决问题。又如，在能耗分析方面，在设备生产过程中利用传感器集中监控所有的生产流程，能够发现能耗的异常或峰值情形，由此便可在生产过程中优化能源的消耗。对

所有流程进行分析将会大大降低能耗。

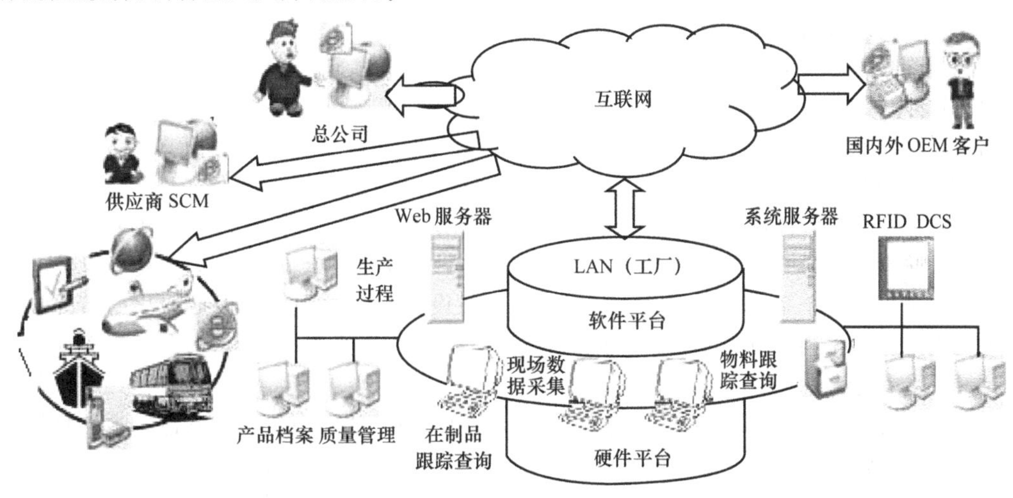

图 17-14　生产过程的大数据应用

案例 17-10　雷神生产——导弹生产的大数据分析

2）**大数据驱动制造业转型**。大数据应用正从零售、金融、电信、物流、医疗、交通等领域加速向制造业拓展。三一重工利用大数据技术为智能工程机械物联网提供决策支持，福特公司利用大数据技术探索最佳工艺指标优化生产流程。

目前，对于大多数制造业企业而言，大数据应用仍主要以内部数据为主，多数停留在扩大数据来源、增加数量的初级阶段，还未形成有效的应用模式。随着智能制造的应用推广，越来越多的制造业企业将重新审视大数据的价值，围绕产品研发创新、生产线监测与预警、设备故障诊断与维护、供应链优化管理、质量监测预测等方面开展集成应用。

大数据是制造业大浪淘沙的“定海之宝”。今后我国新的制造企业模型，将是专业公司 + 信息化改造 + 小制造。我国将出现“大数据”与“小制造”的局面。大数据在制造业大量定制中的应用包括数据采集、数据管理、订单管理、智能制造、定制平台等，核心是定制平台。定制数据达到一定的数量级，就可以实现大数据应用。通过对大数据的挖掘，实现市场预测、精准匹配、生产管理、社交应用、输送营销等应用，如图 17-15 所示。下面以产品使用为例说明大数据在制造业的应用。

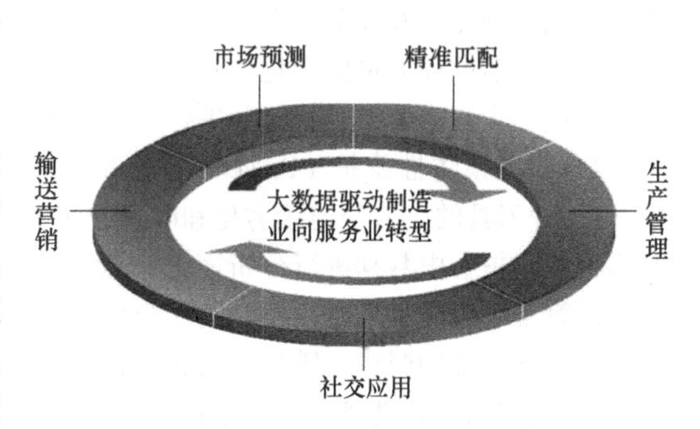

图 17-15　大数据在制造业的应用方式

案例 17-11　车辆行驶——用大数据来防止驾驶疲劳。

17.3.4　预测制造*

案例 17-12　智能电池的预测制造。

（1）**预测制造的概念**　预测制造是一个新概念，它是由智能预测专家李杰教授提出的。

自省性（Self-aware）是指具有对不可见异常的感知、分析、预测与处理的特性。满足自省性的制造系统称为预测性制造系统（Predictive Manufacturing System，PMS）。

1）**定义**。预测制造（Predictive Manufacturing，PM），是指利用数据分析，使设备的运行状况透明化，通过设备的自省能力来做适时的维修和恰当的生产。

预测制造的核心技术是智能运算（Smart Analytics）单元，它包含了对设备性能进行预测建模的智能软件。对设备性能的分析和失效时间的估计，能够降低设备性能这一内在不确定因素的影响，缓解或消除制造运行中产能或效率的损失。

2）**层次**。制造系统的运行状态可以分为三个层次：①价值制造。制造本身的价值化，不仅仅是做好一个产品，而且是把产品生产制造过程做到浪费最少、与设计者配合更好。②自省制造。制造过程中，根据加工产品的差异、加工状况的改变能够自动调整，达到具有所谓的“自省”能力，也就是整个系统，包括设备机器本身，在设计制造过程中能根据变化的情况实时调整。③无忧制造。在整个制造过程中追求零忧虑（零故障、零意外、零污染），至少要使制造过程达到最小忧虑化，这是制造系统的最高层次。

3）**特征**。预测制造的特征是具有自省能力，即独立思考的能力。预测制造追求的目标是实现无忧制造。达到这一境界，有赖于运用自动化和智能化手段，及时调整硬件设备。

例如，一条生产线上有很多传感器，如果传感器本身衰退了，只能在设备出了问题后才去处理。这种单纯的智能化，就是计算机加控制器的控制系统，即工业3.0时代的自控式智能化。而预测制造是一种自省式智能化，自省能力就能让员工知道哪个传感器不稳了，这样可提前更换，或是跳过这个传感器。工业4.0是要实现具有自省能力的智能化，CPS（赛博物理系统）能根据生产环境和设备状况随之做出调整。

（2）**预测制造的实现**　要实现预测性制造，首先要通过工厂物联网或工业互联网实时获取生产过程中的各种状态数据，然后通过分析和训练建立相应的预测模型，并实现对未来状态的预测。常见的分析模型包括：

1）**多变量统计过程控制**（Multivariate Statistical Process Control，MSPC）。对于串并联多工位制造系统，为提前发现制造过程异常，可以用MSPC方法，监控的变量包括产品的尺寸、缺陷数等关键质量特性以及设备、夹具、刀具的状态参数等关键控制特性，通过优化设计的多变量控制图，监控上述过程变量的变化，并基于统计规律，对过程偏移发出预警；通过模式识别等手段，还可以进一步辨识失控模式，并进行失控原因分析。

2）**设备预防性维护**（Preventive Maintenance，PM）。它包括对制造装备和刀具的维护或更换。设备/刀具的失效是连续劣化和随机冲击共同作用的结果，其失效模型可以通过对设备大量的运行与维护历史数据进行分析而近似建立，基于该可靠性模型，可以科学评估设备的实时状态，计算继续服役的风险，预测其剩余使用寿命，并通过面向经济性或可靠性的维修决策模型，实现对设备的维护时机、维护方式和维护程度的科学决策。

3）**生产系统性能预测**。如果将制造工厂视为一个黑箱系统，其输入为计划与订单，其输出为各种绩效数据，包括产出量、准时交付率、物流效率、设备综合效能等。显然，系统的输出受到系统输入、系统结构、系统当前状态等各种可控因素以及各种不可控因素（随机因素）的影响。较为准确地预测系统响应，对于生产计划制订、生产订单评价、生产动态调整等都具有重要意义。目前可用于预测分析的数学模型有：回归分析、神经网络、时间序列等。

（3）**预测制造的应用**　物联网、云制造和大数据将取代传统封闭性的制造系统，成为未来工业的基础。创造新价值的过程正在发生改变，产业链分工将被重组。美、德两国则以高端制造为主。中国制造现在是以中低端制造为主。我国直接从低端制造跨越到美、德所追求的目标，显然是跨度太大。实现数据采集是工业4.0前端基础部分，关键是把数据采集上来干什么用？区别于传统制造，现在要关注预测制造。

如何提升中国制造的价值？真正重要的是利用大数据创造价值的过程。我国要跳出传统的制造模式去思考，就要发展基于数据的分析。分析的目的是创造未来生活的价值，包括健康保障、产品可持续性等。在数据方面的机会，我国比美德两国要好很多，因为我国在高铁、风电、汽车等方面的数据要比德国多很多。如果不去发展大数据，我国的制造业永远赶超不了。工业大数据与制造的重要关联，就是价值创造。

有专家建议：①更深入了解制造过程，知道别人如何设计制造。②更关注效率提升。③减少工作中的意外，不出差错。④了解装备，然后从装备的角度去做差异化，达到价值化的目的。⑤思考如何提高产品价值、发现新的价值。⑥制造的产品要让客户用得称心如意。

案例 17-13　机床、汽车和飞机的预测制造。

17.4　赛博物理系统*

17.4.1　赛博物理系统的发展

案例 17-14　智能手机的两个世界。

赛博物理系统(CPS)，是嵌入式计算技术、无线通信技术、自动控制技术和无线传感器网络技术等多类技术深入发展的产物。

（1）**国外**　CPS 概念首先是由美国科学家 Helen Gill 于 2006 年在美国国家科学基金会（NSF）上提出的。CPS 的意义在于将物理设备连接到互联网上，使得物理设备具有计算、通信、控制、协同和自治五大功能。NSF 认为，CPS 将让整个世界互联起来。如同互联网改变了人与人的互动一样，CPS 将会改变人与物的互动方式。2006 年年底，NSF 宣布 CPS 为国家科研核心课题。2007 年 7 月，美国总统科学技术顾问委员会（PCAST）在题为《挑战下的领先——竞争世界中的信息技术研发》的报告中列出了八大关键信息技术，分别是 CPS，软件，数据、数据存储与数据流，网络，高端计算，网络与信息安全，人机界面，网络信息技术（NIT）与社会科学。其中 CPS 位列首位。2007 年 8 月，CPS 成为美国联邦政府研究投入最高的优先级课题。2008 年成立的美国 CPS 指导小组在《CPS 执行概要》中，把 CPS 应用放在交通、国防、能源、医疗、农业和大型建筑设施等方面。2009 年 5 月，来自美国加州伯克利分校、卡内基·梅隆大学等高校和波音、博世、丰田等企业的计算机领域研究人员，参加了以“CPS 研究中的产业-学术界新型伙伴关系”为主题的研讨会，会议最终发布了《产业与学术界在 CPS 研究中的协作》白皮书。在 2006—2010，美国 NSF 共批准 CPS 相关研究项目 130 项，投入了大量经费。此外，2008 年欧盟启动“嵌入智能与系统的先进研究与技术（Advanced Research and Technology for Embedded Intelligence and Systems，ARTEMIS）”等重大项目，将 CPS 作为智能系统的一个重要研究方向。到 2013 年，欧盟在 ARTEMIS 上投入了 54 亿欧元。

（2）**国内**　2009 年以来，CPS 逐渐引起国内有关部门、学者以及企业界的广泛关注和高度重视。2010 年，国家“863”计划信息技术领域办公室和专家组举办了 CPS 发展战略论坛。上海已在智能交通领域开展试点，通过车载信息终端，实时监视和收集汽车电子各个部件的信息，通过无线通信与后台信息服务系统相连，组成网络化的汽车远程信息服务系统。这既可以实现车况实时监测、运行状态控制、实时路况动态导航，又可以进行车辆故障的在线诊断、远程维护与控制等。随后，国内从事 CPS 研究的机构越来越多。

（3）**趋势**　CPS 不同于传统的数控机床控制系统，也不同于如今的基于嵌入式计算系统的工业控制系统。CPS 本质上是一个基于网络的控制系统。普遍认为，CPS 是计算机科学技术史上的下一次信息浪潮。它主要用于一些智能系统，如机器人、智能导航等。尽管CPS前景无限，但挑战也是巨大的：

1）从基础科学问题来看，通常控制领域是通过微分方程和连续的边界条件来处理问题，而计算则建立在离散数学的基础上；控制对时间和空间都十分敏感，而计算则只关心功能的实现。这种差异将给计算机科学和应用带来基础性的变革。

2）从产业角度看，CPS涵盖了小到智能家庭网络，大到工业控制系统乃至智能交通系统等国家级甚至世界级的应用。CPS的价值与物联网一样，具有广阔的应用领域。CPS不仅会催生新的工业，甚至会重新排列现有产业布局。

17.4.2　赛博物理系统的原理

（1）**概念**　目前CPS还没有一个统一的明确定义。本书给出CPS的如下定义：

赛博物理系统（Cyber Physical System，CPS），是利用计算、通信和控制技术的有机融合与深度协作，通过人机交互接口实现信息世界与物理世界融合的一个包含计算、网络和物理实体的复杂系统。

1）**名称释义**。cyber来源于希腊语，是cybernetics的字根，原意为掌舵术，包含了调节、操纵、管理、指挥、监督等多个含义。它最早用于科学术语是美国的控制论创始人维纳（Norbert Wiener）在1948年出版的《控制论》（Cybernetics）中提到的。维纳认为，cybernetics是控制与通信的结合体。在钱学森先生的《工程控制论》（英文版）中，将“cybernetics”明确定义为“机械和电机系统的控制和导航科学”。可见，cyber的含义接近于“控制”。既然美国人借用了希腊文，为了避免歧义，我们直接使用音译“赛博”。有人认为cyber具有“信息世界”和“控制”的双层含义，就将CPS译为信息物理系统。CPS的别称还有信息物理融合系统、网络实物系统、网络实体系统、人机物融合系统等。通俗地说，cyber是指与网络和计算机控制相关的虚拟世界，也可意译为虚拟网络。

2）**核心**。CPS通过计算进程和物理进程相互反馈信息的实时交互，实现虚拟网络世界与物理实体世界这两个世界的融合。这就是CPS的核心思想。即水中有泥，泥中有水。CPS不同于未联网的独立设备，也不同于没有物理输出输入的单纯网络。

3）**本质**。CPS是集成了可靠的计算、通信和控制功能的智能机器人系统，即“智能技术系统”。这就是CPS的本质。本来，“智能的”一词基本上只能用于有思想、有创造力的人类自身。所有的技术系统，包括那些最复杂的，都仅仅是人类智能的结果。它们能做的事都是人设计和发明出来的。由于各种技术系统的网络化，尤其是通过它们在无人介入的情况下自主执行某些功能的特性，常会令人产生它们已具备某些超人的智能感受。

（2）**特点**　在系统实现上，CPS以同时保证“实时性”和系统的“高性能”为主要目标。在实际应用中，CPS旨在提高人类生活质量，促进人和环境的和谐发展。相较于现有的各种智能系统，CPS在结构和性能方面的主要特点见表17-15。

表17-15　CPS的特点

特点	特点体现
实时性	有两层含义：一是数据到达服务器或者基站的时间要短，即延时小；二是系统要在限定的时间内对外来事件做出反应，当然这个限定时间的范围是根据实际需要确定的。在CPS中实时性尤为重要，如地震预警
异构性	CPS将实现无缝接入。传统的物理系统是通过微分方程和连续的边界条件来控制和处理问题，关注影响系统实现的要素；传统的信息系统则是建立在认知和离散数学等非结构化知识的基础上，对时间和空间的连续性不敏感，只关心系统功能的实现。而CPS需克服物理组件和信息组件两者差异，以实现两者融合

（续）

特点	特 点 体 现
自治性	CPS 具有业务不确定性、环境信息感知性、系统节点入网自组织、接入设备海量运算等特点。大规模 CPS 的出现，将会超出人的操控能力。因此，CPS 应具有自主动态地操控每个设备的能力
稳健性	CPS 应满足实时稳健控制，具有安全性、可靠性和抗毁性。CPS 需保证用户的通信信息和隐私，网络应对终端设备和应用服务进行认证和授权，实现 CPS 系统在不确定复杂环境下的端到端的全程实时管控
可重组	现在的大型嵌入式系统在重组方面还有很大困难。例如，在制造飞机时为避免发生资源重组情况，一般采用同一企业的同一生产线，生产所有（含未来 30～50 年）的器件。而在 CPS 中可按需重组资源

（3）**架构** 系统架构的优劣将从根本上影响系统的最终性能、所能满足的功能需求和系统的兼容性与灵活性。下面从抽象结构和实现架构两个方面说明 CPS 的架构。

1）**CPS 的抽象结构**。CPS 中的“Cyber”和“Physical”可以被视为两个具有节点交互的网络：Physical 层包含了多个相互联系的物理实体，Cyber 层由多个智能监控节点（包含了人、服务器、信息站点或者各种移动设备等）和它们之间的通信联系构成。在 Physical 层和 Cyber 层相互作用下，系统融集成计算、通信和控制（Computing，Communication，Control，3C）为一体，实现信息交互和决策，如图 17-16 所示。

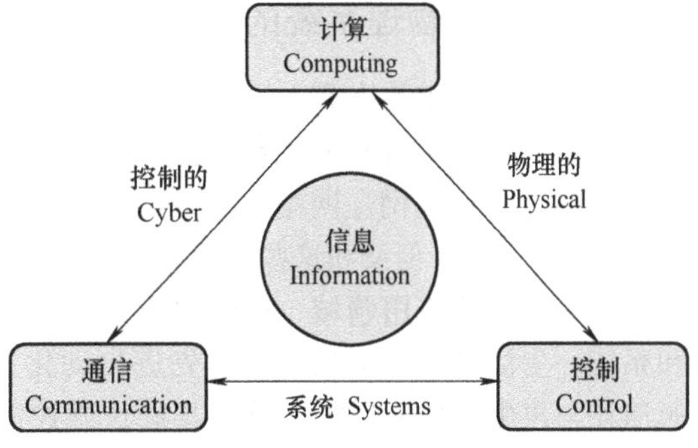

图 17-16 CPS 的抽象结构

CPS 中所有研究的对象都统一看作设备终端，让设备终端具有智能化，通过泛在相连实现终端间的信息交换。CPS 通过传感器节点、执行器节点、传感器与执行器组合节点分布在物理世界，实现对物理世界的全面感知，并通过操控物理世界的对象正确地控制物理世界。CPS 的计算系统完成各种计算任务，提供各种服务；控制系统使用感知信息和计算系统提供的信息与服务，确定对物理世界的控制策略，协调各个执行器对物理世界对象的操作，实施对物理世界的协同控制，有机地实现物理世界和信息世界的融合。CPS 通信网络可以逻辑地视为传感器网络、执行器网络、计算机网络和基础网络构成的无处不在的通信网络。

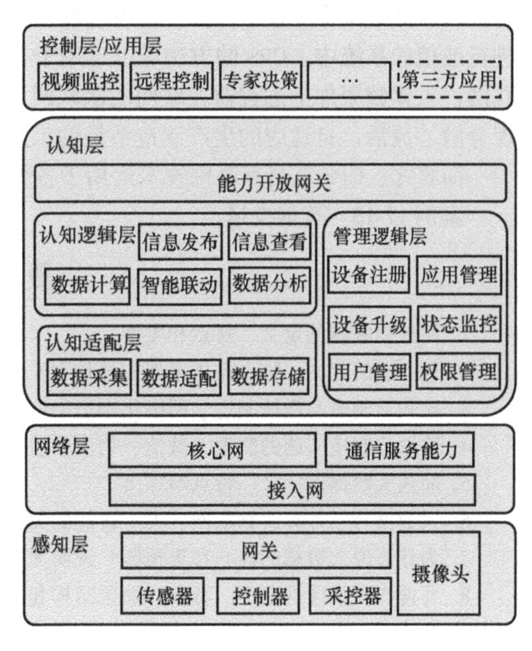

图 17-17 CPS 的实现架构

2）**CPS 的实现架构**。CPS 深度融合嵌入式实时系统，集传感、控制、计算及网络技术于一体，通过网络将信息系统与物理系统连接在一起，构成一种大型的、异构的分布式实时系统。CPS 的实现架构如图 17-17 所示。CPS 架构的各层功能见表 17-16。

表 17-16 CPS 架构的各层功能

层级	功 能
感知层	由传感器、控制器和采控器等组成，负责感知用户感兴趣的物理世界的某些物理属性，如远程医疗中病人的血压、脉搏等生命参数，实现多感知器协同感知物理世界状态
网络层	也称为传输层。连接信息世界与物理世界的各种对象，实现数据交换，支持协同感知和协同控制的CPS，为系统提供实时网络服务．保证网络分组的实时传输
认知层	通过感知数据的认知计算、分析和推理，正确和深入地认识物理世界。该层分为认知逻辑层、管理逻辑层和认知适配层3个子层
控制层	它根据认知层的认知结果，确定控制策略，发布控制指令，远程指挥各个物理设备终端，协同控制物理世界，形成反馈控制系统。当物理世界的被控制量偏离规定值时，CPS自动产生控制作用消除偏差

17.4.3 赛博物理系统的应用

（1）**CPS 的相关技术** 依据 CPS 的概念及特性描述，可以认为 CPS 技术结合了计算机系统、嵌入式系统、工业控制系统、无线传感网络、物联网、网络控制系统和混杂系统等技术的特点，如图 17-18 所示，但又和这些系统有着本质不同。

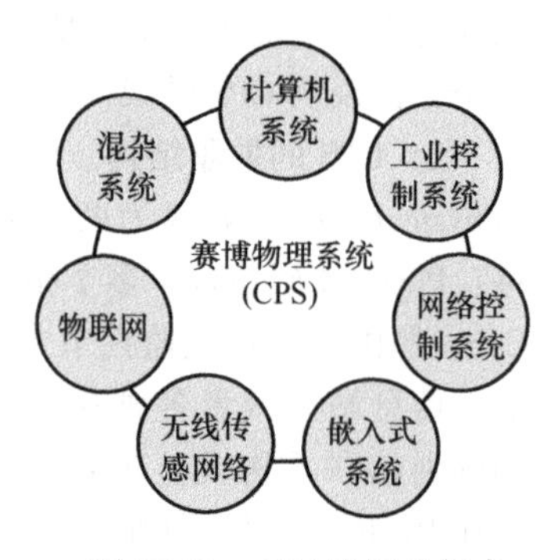

图 17-18 CPS 的相关技术

（2）**CPS 的应用领域** CPS 的应用极为广泛，包括医疗器件和系统、生活助理、交通控制、先进自动化系统、过程控制、能源消耗与再生、环境保护、重要基础设施控制（如电力资源、通信系统、水资源等）、智能机器人、医疗设施、航空航天、信息安全和国防系统等。

CPS 协调和管理数字计算、物理过程和资源之间的相互关系，整合于全球和公共互联网网络进行通信的系统中。CPS 的方法可以运用于各行各业，如交通车辆驾驶与交通系统互相联网的车联网；人体健康加上远程监控联网的医联网；分布式能源发配电系统的智能电网；运用互联网实现分散、灵活、自适应的生产制造系统的工业互联网或工业 4.0 战略。

简言之，CPS 就是互联网技术运用于各行各业的代名词（等同于互联网+）。

案例 17-15 智能交通。

复习思考题

1. 简述物联网的定义、特点和类型。
2. 云制造的定义、特点与体系架构是什么？
3. 比较云制造与敏捷制造、网络化制造的区别与联系。
4. 选取云制造实施的制度、诚信、物流和技术等某一问题，试给出解决方案。
5. 简述大数据的定义、特点与思维。
6. 大数据与云计算、物联网、人工智能的关系是什么？
7. 为什么说大数据的核心在于预测？说明大数据与预测制造的关系。
8. 赛博物理系统的定义、特点、抽象结构和实现架构是什么？

第 18 章 基于互联网的制造业

制造业是国民经济的主体，是立国之本、兴国之器、强国之基。18 世纪中叶开启工业文明以来，世界强国的兴衰史和中华民族的奋斗史一再证明，没有强大的制造业，就没有国家和民族的强盛。全球制造业格局面临重大调整。美国政府 2010 年推出“制造业促进法案”，2011 年推出“美国制造业创新网络计划”，2012 年推出“美国制造业复兴计划”。2012 年美国通用电气（GE）公司《工业互联网》报告的发布，开启了美国制造战略实施的序幕。2011 年德国政府发布《德国 2020 高技术战略》，2013 年正式推出“德国工业 4.0 战略”，其目的是为了提高德国工业的竞争力，在新一轮工业革命中占领先机。2015 年 5 月国务院颁布《中国制造 2025》，这是我国政府实施制造强国战略第一个十年的行动纲领。强国制造战略的技术基础是赛博物理系统、物联网和工业大数据。

有企业家推断，没有互联网的制造业是没有希望的，是会崩溃的；当然，没有制造业的互联网，也是空中楼阁。制造业必须要学会拥抱互联网，未来将不会存在 Made in China、Made in USA，未来的制造业是 Made in Internet。未来的制造业将全在互联网上制造，而且未来的制造业，本质上是一个服务业。无论是阿里、腾讯，还是 Facebook、亚马逊，它们是真正的现代服务制造业，其背后有强大的制造能力、设计能力，以及把服务当成产品的能力。本章将主要介绍美国工业互联网、德国工业 4.0、强国制造战略和共享制造。

18.1 工业互联网*

案例 18-1 美国通用电气公司的炫工厂（Brilliant Factory）

18.1.1 工业互联网的提出

2011 年，GE 公司在硅谷建立了全球软件研发中心，启动了“工业互联网”的开发，包括平台、应用以及数据分析。其董事长伊斯梅尔认为，如果把互联网和工业结合在一起可以带来新的产业革命，即工业互联网革命。

工业互联网适时地契合了美国“先进制造业”战略。2012 年 2 月，美国国家科技委员会发布了《先进制造业国家战略计划》报告，将促进先进制造业发展提高到了国家战略层面。次月，美国总统奥巴马提出创建“国家制造业创新网络（NNMI）”，以帮助消除本土研发活动和制造技术创新发展之间的割裂，重振美国制造业竞争力。

2012 年 11 月，GE 发布《工业互联网：冲破思维与机器的边界》（Industrial internet：pushing the boundaries of minds and machines）报告，对工业互联网项目要开展的工作进行了细化。2014

年3月，GE与IBM、AT&T、思科、英特尔和华为共同发起成立了工业互联网联盟（Industrial Internet Consortium，IIC）。IIC的宗旨就是要领导和协调美国整个工业界、学术界和政府关于工业互联网的努力。这是一个很重要的标准化组织，其目标首先是定义架构和标准，然后开发一些最佳实践，同时要做一些案例的研究。

18.1.2　工业互联网的内涵

（1）**定义**　工业互联网（Industrial Internet），是指互联网和新一代信息技术与全球工业系统全方位深度融合所形成的综合信息基础设施。

该定义包含三层含义：①在终端层面。工业互联网是网络，实现机器、物品、控制系统、信息系统和人（智能）之间的泛在连接。②在网络层面。工业互联网是平台，通过工业云和工业大数据实现海量工业数据集成、处理和分析。③在应用层面，工业互联网是新模式新业态，实现智能化生产、网络化协同、个性化定制和服务化延伸。

工业互联网的目标是升级那些关键的工业领域。工业互联网的内涵已经超越制造业本身，跨越产品生命周期的整个价值链，涵盖航空、能源、交通、医疗等更多工业领域。

（2）**特征**　在GE公司的未来构想中，工业互联网将通过智能机器、先进分析方法和人的连接，深度融合数字世界与机器世界，深刻改变全球工业。工业互联网的精髓就是机器、数据和人这三个要素的融合。换一种表达方式：GE公司认为，工业互联网是工业化以来的第三次革命，它将整合工业革命和互联网革命两大革命性转变的优势。第一次是工业革命，机器和工厂占据主角；第二次是互联网革命，计算能力和分布式信息网络占据主角；第三次是工业互联网革命（Industrial Internet Revolution），基于机器的分析方法所体现的智能占据主角，以智能设备、智能系统、智能决策这三大数字元素为特征，如图18-1所示。

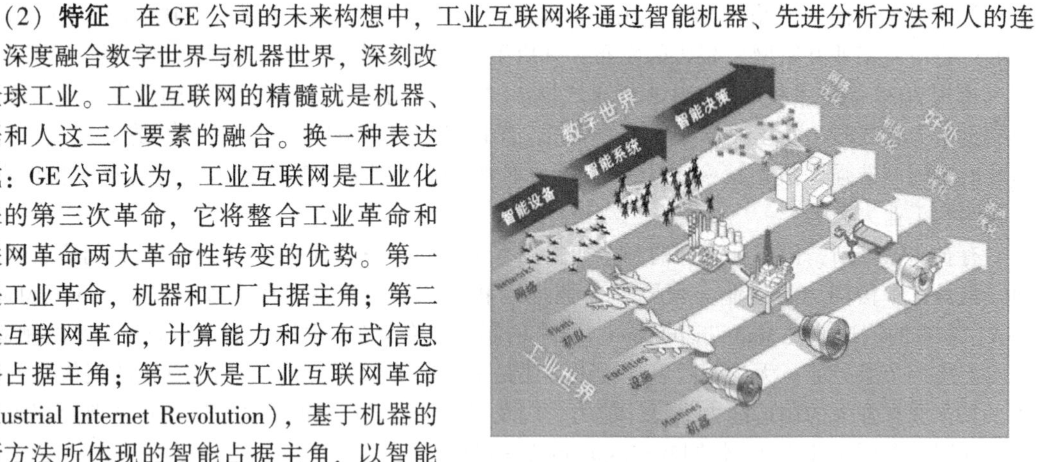

图18-1　工业互联网的特征

1）**智能设备**。即智能机器之要素，它包括利用先进传感器、控制器和软件程序连接现实世界中的机器（机床）、设施、机队（车船）和网络。为机器提供数字仪器是工业互联网兴起的一个必要条件。每个仪器设备都将产生大量数据，通过工业互联网进行远程传输，以供机床和用户分析或存储。工业互联网实施中的重要一环就是确定什么数据留在设备中，留在本地的数据规模是确保网络安全的关键之一，新技术可以允许敏感数据保留在设备上。

2）**智能系统**。即先进分析之要素，它是利用物理分析、预测算法、自动化和材料科学、电子工程及其相关学科的专业知识来理解机器和大系统的运作方式。它包括许多传统的网络化系统，也包括在机队和网络间广泛部署且内置软件的机械装置的组合，随着加入工业互联网的机床和设备不断增加，便可以实现机械装置在机队和网络间的协同效应。智能系统有如下几种不同的形式：①**网络优化**。智能系统中的互连机床进行路线优化，找到最高效的系统级解决方案，可以协同运行。②**维修优化**。智能系统与网络学习和主动分析相结合，实施预测性维修程序，可以促进机队中进行最优的低成本机器维修。③**系统恢复**。智能系统建立系统范围的智能信息库，可以在遭受冲击（自如然灾害）后快速和高效地辅助系统恢复。④**网络学习**。每台机器的运行经验可以集

合到单个信息系统中，提高各台机器学习的效率。数据挖掘结论可用于让整个系统变得更智能。

3）**智能决策**。即知识员工之要素，工业互联网实时联系在工业设施、办公室、医院或移动中的工作人员，以支持更加智能的设计、运作、维修以及更高质量的服务与安全性。其威力将在智能决策中展现。做出智能决策时，足够的信息从智能设备和系统中收集并促进以数据驱动的学习，使得部分机器和网络级运行职能由操作人员转移到可靠的数字系统。智能决策是工业互联网的长期愿景，它是工业互联网的设备元素组合中所收集知识的顶点。

上述三个数字元素有递进的意思，智能信息是贯穿三者的一条主线。智能设备产生并交互智能信息，智能系统通过智能信息实现系统间智能设备的协同，具备知识学习功能的智能决策处理智能信息并实现整个智能系统的全方位优化。

（3）**架构**　工业互联网体系架构是对工业互联网的顶层设计，是对重大需求、核心功能、关键要素的明晰和界定，是对工业互联网自上而下进行的前瞻性、系统性、战略性谋划，决定着工业互联网全球治理格局、技术路径选择和产业布局方向。

1）**参考架构**（四个视角）。美国工业互联网联盟 2015 年 6 月发布了工业互联网参考架构，如图 18-2 所示。它包括商业视角、使用视角、功能视角和实现视角四个层级。

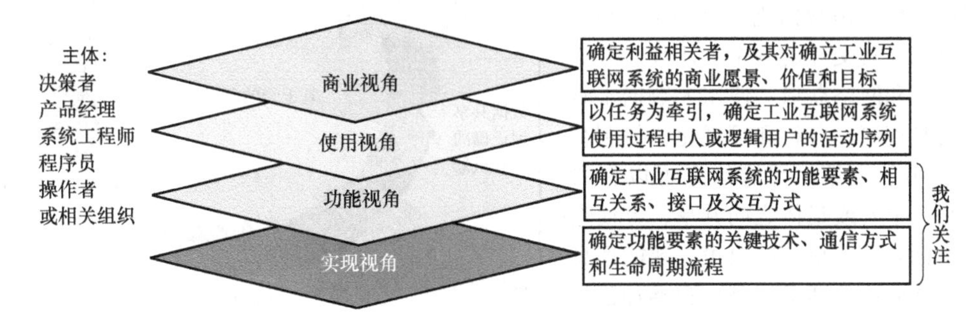

图 18-2　美国工业互联网参考架构

工业互联网参考架构的构建思路是，从工业互联网系统要实现的商业目标出发，明确工业互联网系统运行和操作的主要任务，进而确定工业互联网的核心功能、关键系统模块及相互关系。其中，功能视角确定了商业、运营、信息、应用和控制五大功能领域；实现视角主要关注功能部件之间通信方案与生命周期所需要的技术问题，这些功能部件通过活动来实现协调并支持系统能力。因此，后两个视角对系统组件工程师、开发商、集成商和系统运营商有强大的吸引力。

2）**总体架构**（两个视角）。工业互联网的总体架构如图 18-3 所示。我们可以重点从数据、网络和安全三个方面来理解工业互联网的架构：①数据是核心。它是在工业全周期中智能应用的关键，

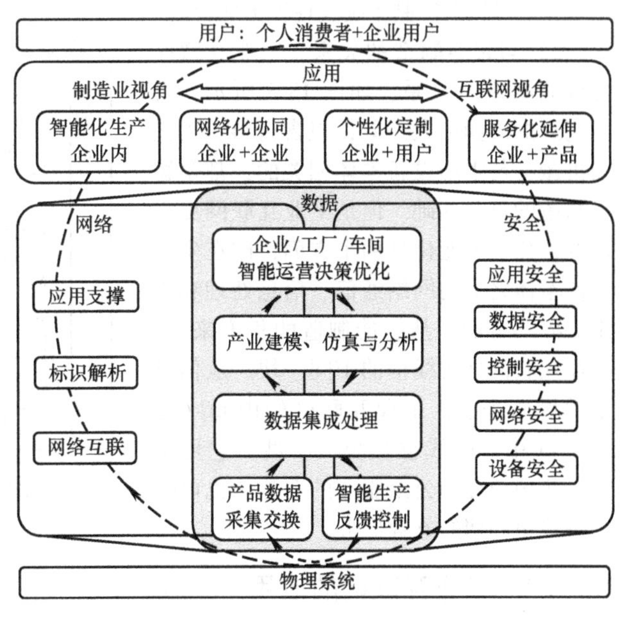

图 18-3　工业互联网的总体架构

包括“采集交换→集成处理→建模分析→决策与控制”，形成优化闭环，驱动工厂物理系统的智能化。②网络是基础。通过互联网、移动互联网和物联网，促进工业数据的充分流动和无缝集成。它包括网络互联、标识解析和应用支撑三大体系。③安全是保障。通过构建涵盖工业全系统的安全防护体系，保障工业智能化的实现。它包括设备安全、网络安全、控制安全、数据安全和应用安全。

图18-3表明，数据、网络和安全用来支持个性化的各种应用。实际上这是一个二维的图，数据在网络、安全之上，以体现网络和安全起一个基础和保障的作用。此外，在工业互联网中，有三个闭环：①智能生产反馈控制。它是生产现场底层形成的闭环。②智能运营决策优化。它是工厂层面形成的闭环。③消费需求与生产制造精确对接。它是整个产业链上形成一个很大的闭环。

（4）**本质** 工业互联网的目的是实现制造资源的优化配置。工业互联网要解决的问题是如何提高资源配置效率。工业互联网的本质是数据 + 模型 = 服务。

1）**数据大闭环**。工业互联网的实质是在全面互联的基础上，要有数据的流动与分析。工业互联网的关键是理解智能设备产生的海量数据。图18-4所示为把工业互联网想象成是数据流、软件流、硬件流和信息流及其交互的一个大闭环。数据从智能设备和网络获取，使用大数据工具与分析工具存储、分析和可视化，得到智能信息，用于决策。智能信息可以在机床、网络、个人或集体之间共享，方便进行智能协同并做出更好的决策。智能信息还可以反馈回原始机床，其中包括加强机床、机队和大型系统运行或维修的扩展数据，这个信息反馈回路可以使机床“学习”经验，通过机上控制系统表现得更加智能。

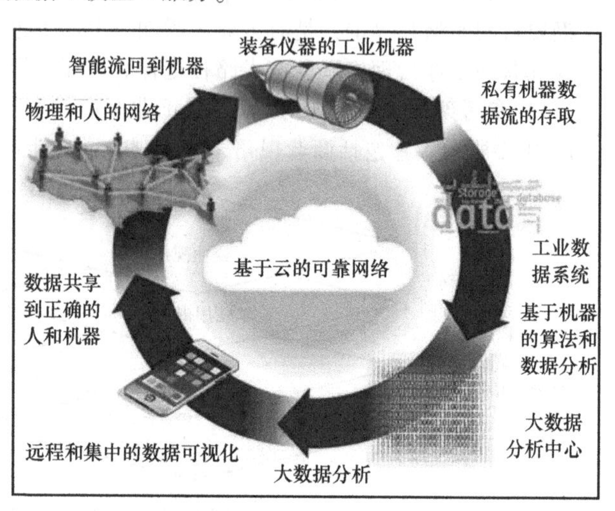

图18-4 工业互联网大闭环

2）**与智能制造的关系**。工业互联网与智能制造的关系，如图18-5所示。智能制造的内涵更大一些，包含材料、工艺和机械，与生产设备本体相关的，都是智能制造的重要基础。但是工业互联网更强调网络化、智能化这两个方面，即在生产设备本体之上的网络通信、信息处理和应用支撑等方面。从智能制造的角度来看，工业互联网是实线框的中间一块。从信息基础设施来看，工业互联网的内涵（见图18-5中点画线框）更大一些，它可支撑一些消费性的公众服务的业务，也可提供一些更高档的支撑服务。

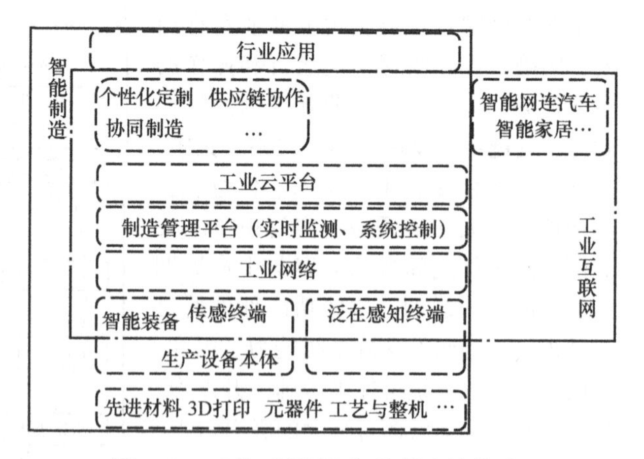

图18-5 工业互联网与智能制造的关系

18.1.3 工业互联网的应用

（1）**工厂内外**（两大视角） 从整体来看，实际上产业对工业互联网有不同的理解。如图18-6

所示，从制造业角度来看，工业互联网表现为从生产系统到商业系统的智能化，这是从内到外的发展；而从互联网角度来看，工业互联网表现为从商业系统到生产系统的智能化，这是从外到内的发展，双方同时作用来推动工业互联网整体的发展。生产系统处于深色区，商业系统处于浅色区。制造业视角侧重的是工厂内部，互联网视角侧重的是工厂外部。

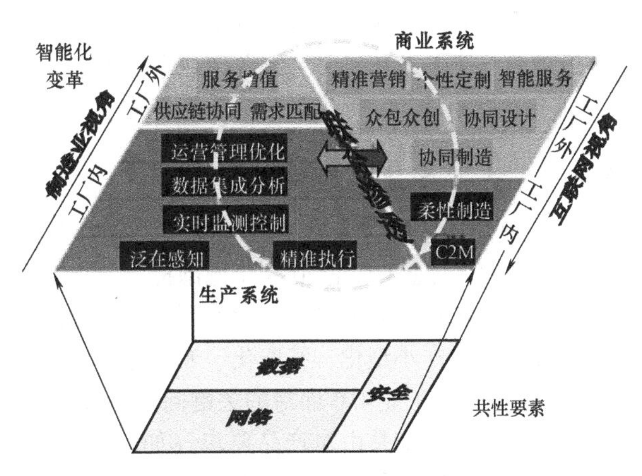

图 18-6　工业互联网的两个视角

（2）**应用领域**　工业互联网是数据流、硬件、软件和智能方法的交互。工业互联网的特征决定了其在许多行业领域有着广泛的应用前景，见表 18-1。

专家分析，贵重的旋转设备是工业互联网的精准定位。

专家分析，贵重的旋转设备是工业互联网应用的精准定位。必须指出，工业互联网不可能像消费互联网那样快速发展。工业的基本物理属性决定了其自身需要渐进，需要稳行。工业互联网中的工业技术软件化需要深厚的工业知识积累，是一个长期沉淀打磨的过程。工业也不可能在“+互联网”之后就能超越最基本的物理定律。因此，工业互联网的发展需要积累，技术不易跨界，工业成长要稳健，切勿期待爆款。

表 18-1　工业互联网在部分行业的应用情况

应用行业	应用情况
钢铁行业	工业互联网实现了智能生产管理和设备生命周期管理，改进了生产流程和系统可靠性，同时数据管理带来了更好的产品质量分析，节省了人力成本和提高了生产效率
水处理领域	工业互联网提供了远程监控和诊断系统，在节省人力成本的同时，实现对耗水和化学剂量的控制
医疗行业	可以提升设备安全，促进高效运营，提高利用率，并扩大基层医疗服务覆盖面，为更多患者服务
石油天然气行业	通过软件监控汽轮机、压缩机、泵、风扇、热交换机等机器的振动、温度、流程、性能、排放等，提前发现机器可能出现的故障，及时做出维护响应
交通运输业	工业互联网的数据分析能力，可以帮助铁路运输更好地解决速度、可靠性和运能等难题
航空行业	航空公司利用软件主动分析诊断工具，来锁定妨碍飞机正常运行的问题。通过工业互联网可以收集发动机运转的实时信息，对于出现的故障信息提供预警，帮助航空公司更高效地运营和维护

案例 18-2　传感器+大数据，GE 打造工业互联网。

18.2　工业 4.0

案例 18-3　智能工厂的示范项目。

18.2.1　工业 4.0 的提出

2011 年在汉诺威工业博览会（Hanover Fair）开幕式致辞中，德国人工智能研究中心负责人和执行总裁沃尔夫冈·瓦尔斯特尔首次提出“工业 4.0”的概念。

工业 4.0 集中体现了德国人的领先意识。在新工业革命中，德国人有危机感，也看到了新机遇，有强烈的自信，并试图在工业领域继续保持全球领先的地位，其基本途径就是在向工业化4.0迈进的过程中先发制人，抢占产业发展的制高点。德国人在努力实现五个领先：理念领先、技术领先、产业领先、标准领先和市场领先。

18.2.2　工业4.0的内涵

（1）**概念**　德国推出工业4.0这个项目的目的是研究德国的制造业将何去何从。

1）**定义**。工业4.0是2013年德国提出的提升全球竞争力的国家战略，是以智能制造为主导的第四次工业革命，它通过CPS将传统制造技术与互联网技术相融合，建立智能化的产品与服务制造模式，生产小型化、智能化、专业化将成为产业组织新特征。

2）**复杂性**。工业4.0面对的关键问题是在产品、过程及组织方面飞速增长的复杂性。从产品来看，复杂性增加是由对产品要求（如新功能）的增加而引起的（如机械学、电气工程、电子学等）；从过程来看，导致复杂性增加的因素包括产品的个性化和地域化，产品生命周期的缩短，增值和合作网络中的过程（如入库、加工、质量、检验等）在全球的扩张等；从组织来看，与复杂性相关的因素是利益相关方的增值领域（如企业、角色等）和组织能力的成长速度。

3）**过程**。从工业1.0到工业4.0。工业4.0对制造业的历史演进进行了总结与展望，认为目前正处于第三次工业革命向第四次工业革命过渡的时期，如图18-7所示。前三次革命分别起源于机械化、电气化和数控化革命，如今，将物联网和服务互联网引入制造业，正迎来智能化革命。例如，轨道交通机车历经蒸汽机车（工业1.0）、内燃机车（工业1.5）、电力机车（工业2.0）到数字化电力机车即电动车组（工业3.0）的进化，目前正向智能化电力机车（工业4.0）方向发展。工业4.0是基于工业互联网的最先进的制造模式。

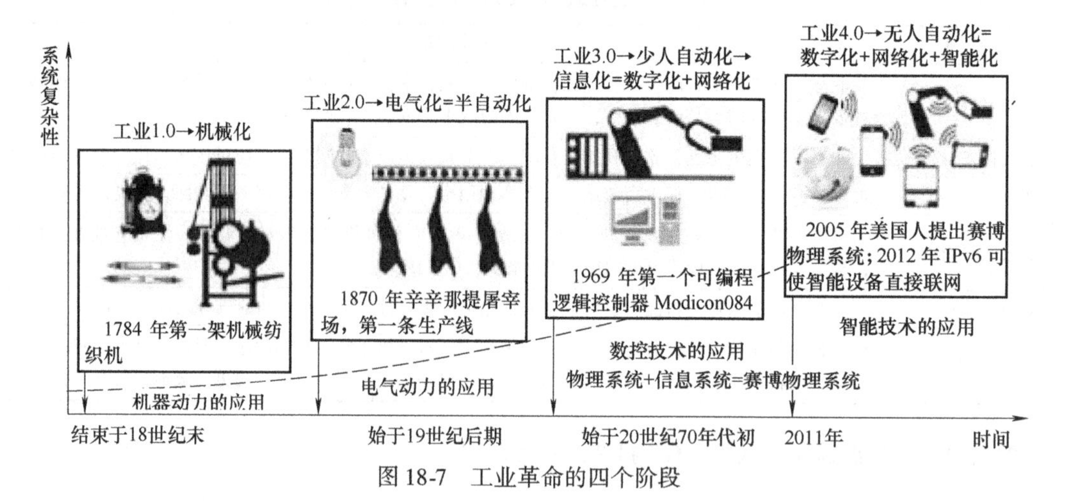

图18-7　工业革命的四个阶段

由图18-7可见，工业2.0是电气化，或半自动化（用硬件控制），此间出现了数控技术；工业3.0是信息化，少人自动化（由硬件和软件结合控制），即机器设备的数字化+网络化，图示为一个机器人从货架上抓到一个货物；到工业4.0仍然使用这个机器人，只不过在货架、机器人、手机等终端上都增加了小弧线，这表明它们之间可以通过无线、宽带、移动、泛在网联系起来。这就表明，将来智能化的设备、产品之间，通过有线无线的通信方式能够连接在一起，也就是物联网或者工业互联网的概念。用简单的公式说明：工业4.0=数字化+网络化+智能化（人工智能）。无人机、无人车是工业4.0的应用实例。

4）**双领先策略**。工业4.0不只是一次工业革命，而是德国为了提高自身竞争力的一种战略。

工业 4.0 战略的根本目标是“确保德国制造业的未来”，为实现这一根本目标，德国人还制订了“双领先策略”，如图 18-8 所示。

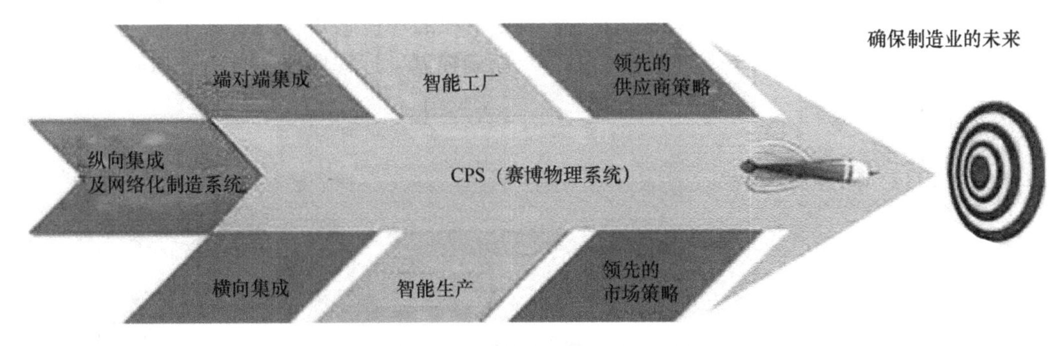

图 18-8　德国的“双领先策略”

① **领先的供应商策略**。它是从设备供应商行业的视角专注于工业 4.0。德国的设备供应商为制造业提供世界领先的技术解决方案，借此成为工业 4.0 软硬件产品全球领先的开发商、生产商和供应商。以实现“系统的系统”的解决方案，形成事实上的全球标准，将竞争对手变为方案倾销市场。

② **领先的市场策略**。工业 4.0 强调将德国国内制造业作为主导市场加以培育，率先在德国国内制造企业实施 CPS，进一步壮大德国制造业。即用工业 4.0 的理念、技术手段等将德国企业武装起来，确保提升市场竞争力，占据主动地位。

工业 4.0 重视系统配套。工业 4.0 与其他国家的制造业战略相比，一个很大的不同是它对整个制造业体系的发展进行了总体思考，强调系统、强调集成、强调社会资源的再配置，而不仅仅把它作为一个技术开发的问题。在战略选择上，更是强调了主导市场的培育，商业模式的再造，强调如何让中小企业能够运用工业 4.0 的成果，从而解决产、学、研、用互相结合、互相促进的问题。

总之，工业 4.0 是一个动态的概念，站在不同的角度会有不同的理解：是智能工厂，是智能制造，是企业行为，也是国家战略。

（2）**特点**　工业 4.0 的特点见表 18-2。

表 18-2　工业 4.0 的特点

特　点	说　明
互联	工业 4.0 的核心是连接，要把设备、生产线、工厂、供应商、产品和客户紧密地联系在一起
数据	由连接获取数据：产品数据、设备数据、研发数据、供应商数据、运营数据、销售数据、用户数据
集成	通过 CPS 形成一个智能网络，使物、事、人之间能够互联，从而实现横向、纵向和端到端的高度集成
创新	其实施过程是制造业创新发展的过程，在制造技术、产品、模式、业态、组织等方面不断创新
转型	其目标是构建一个高度柔性化、个性化和数字化的智能制造模式。使生产由集中向分散转变；产品由趋同向个性转变；用户由部分参与向全程参与转变；从 3.0 的工厂转型到 4.0 的工厂

（3）**要点**　工业 4.0 最重要的特征是，将来制造业大部分的创新来自于 ICT 技术的驱动。关于德国工业 4.0 战略的要点，可以概括为：建设一个网络、研究两大主题、实现三个集成、实施八项计划。

1）**一个网络**。工业 4.0 的愿景是 CPS 网络，即实体物理世界和虚拟网络世界的融合，如图 18-9 所示。在 CPS 网络中，包含了物联网、服务互联网和人员互联网，人、物和系统相融合。工业 4.0 的愿景被描述为：未来企业将以智能工厂的形式建立全球网络，把智能机器、仓储系统和生产设施融入CPS中，使它们能够独立运行、触发动作和相互控制，从根本上改进工业过程，包括工程、制造、材料使用、供应链管理和生命周期管理。我们不能简单地把CPS理解为信息化系统与工业设备的简单相加。CPS是一个包含无处不在的环境感知、嵌入式计算、网络通信和网络控制等科学在内的系统，它具有计算、通信、精确控制、远程协作和自治等功能，是智能制造的核心与基础。

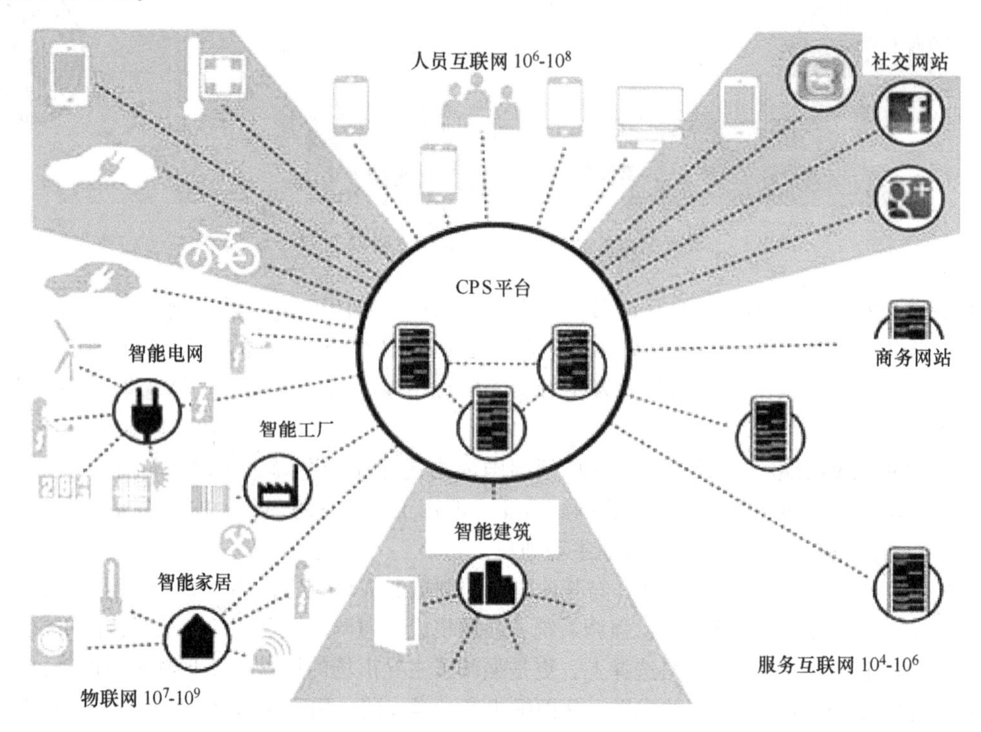

图18-9 工业4.0建设的CPS网络

工业4.0的关键是融入虚拟制造和智能制造，实现产品生命周期管理与生产生命周期管理的对接和信息共享，旨在把产品、机器、资源和人有机联系在一起，并实时感知、采集、监控生产过程中产生的大量数据，达到生产系统的智能分析和决策优化。

2）**两大主题**。工业4.0研究的两大主题是：智能工厂和智能生产。

① **智能工厂**。重点研究智能化生产系统及过程，以及网络化分布式生产设施的实现。“智能化生产系统及过程”是指除了包括智能化的机床、机器人等生产设施以外，还包括对生产过程的智能化管控系统，若用信息化术语，在车间层面就是智能化的MES。“网络分布式生产设施的实现”是指将生产所用的生产设施（如机床、机器人、AGV、热处理设备、测量测试等各种数字化设备），进行互联互通、智能化的管理，实现信息技术与物理设施的深度融合，这是CPS系统在制造企业中的具体应用，是整个智能工厂的基础。

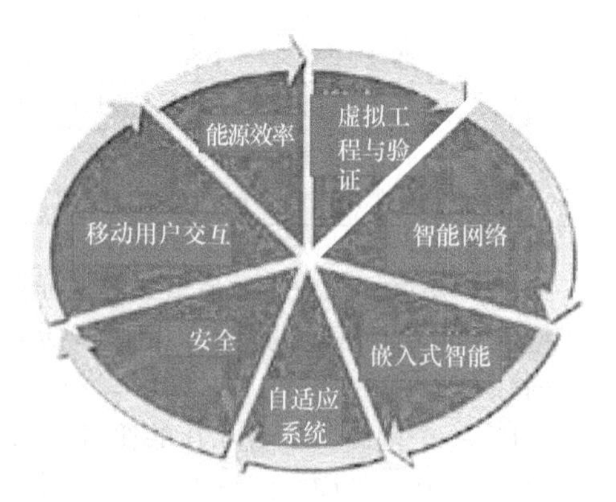

图18-10 未来的智能工厂

智能工厂的特征是：过程可视化、监管全方位、制造人性化等。图18-10表示未来的智能工厂。德国

的创新网络、大企业、中小企业、科研机构围绕工业 4.0 定义的众多项目组合在一起开展研发工作。其中有一个关键项目，称之为赛博物理生产系统（Cyber Physics Production System，CPPS）。它的大量自主控制的嵌入式系统（芯片）互联互通，实现机器与机器的对话，从而产生相当的“智能”，完成以往需要由人控制的生产活动。

CPPS 的框架结构如图 18-11 所示。由图可见，对应于进行生产的物理系统有一个虚拟的信息系统，它是物理系统的“灵魂”，管控物理系统的运维。物理系统与信息系统通过物联网协同交互。这样的工厂未必是在围墙里的一个实体车间。它可借助网络利用分散在各地的社会闲置设备，无须关心设备的所在地，只要关心设备可用与否，它是“全球本地化”的工厂。如同网上购物，并不必知道实体商店位置，下了订单，货物就会快递到家。

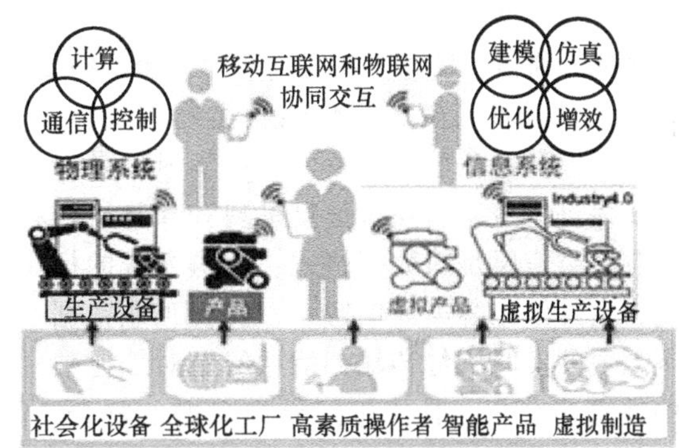

图 18-11　CPPS 的框架结构

② **智能生产**。智能生产重点研究整个企业的人机交互、智能设备、生产的智能物流管理和网络化产业链。智能生产的核心是动态配置的生产方式。动态配置的生产方式是指从事作业的机器人（工作站）能够通过网络实时访问所有有关信息，并根据信息内容，自主切换生产方式以及更换生产材料，从而调整成为最佳匹配模式的生产作业。动态配置的生产方式能够为每个客户实现定制服务，为每个产品进行不同的设计、零部件构成、产品订单、生产计划、生产制造、物流配送，杜绝整个链条中的浪费环节。

智能生产的特征是：自组织和超柔性、自适应、自维护和可视化。在智能生产中，固定的生产线概念消失了，采取了可以动态、有机地重新构成的模块化生产方式。例如，生产模块可以视为一个 CPS，正在进行装配的汽车能够自律在生产模块间穿梭，接受所需的装配作业。其中，如果生产、零件供给环节出现瓶颈，能够及时调度其他车型的生产资源或者零部件，继续进行生产。也就是为每个车型自律性选择适合的生产模块，进行动态的装配作业。这种动态配置的生产方式，可以发挥出 MES 原本的综合管理功能，能够动态管理设计、装配、测试等整个生产流程，既保证了生产设备的运转效率，又可以使生产种类实现多样化。

此外，还有人将工业 4.0 解读为四大主题：智能工厂、智能生产、智能物流和智能服务。

智能物流是指通过互联网、物联网、务联网，整合物流资源，充分发挥现有物流资源供应方的效率，而需求方则能够快速获得服务匹配，得到物流支持。

智能服务是指以用户为中心，采用“即插即用”的方式，实现所有的机器、系统、工厂均可易于与互联网数字平台集成，用户在任何位置均可访问现场数据，服务商能够自动辨识用户的显性和隐性需求，并且主动、高效、安全、绿色地满足其需求的服务。

3）**三个集成**。工业 4.0 将实现价值网络的横向集成、端到端集成和纵向集成。

4）**八项计划**。为了规范实施过程，2012 年 10 月，工业 4.0 工作组制订了八项优先行动计划：标准体系、系统管理、工业网络、安全保障、工作设计、职业培训、规章制度和资源效率。

（4）**工业 4.0 的架构**　2015 年 4 月德国工业 4.0 平台发布了《工业 4.0 实施战略》，其中提出了工业 4.0 参考架构（Reference Architecture Model Industry 4.0，RAMI 4.0）。工业 4.0 的总体架构包含三个维度：功能维、价值链维和工业系统维，如图 18-12 所示。其构建思路是，从工业角度出发，结合已有工业标准，将以 CPPS 为核心的智能化功能映射到产品全生命周期价值链和全层级工业系统，突出以数据为驱动的工业智能化图景。

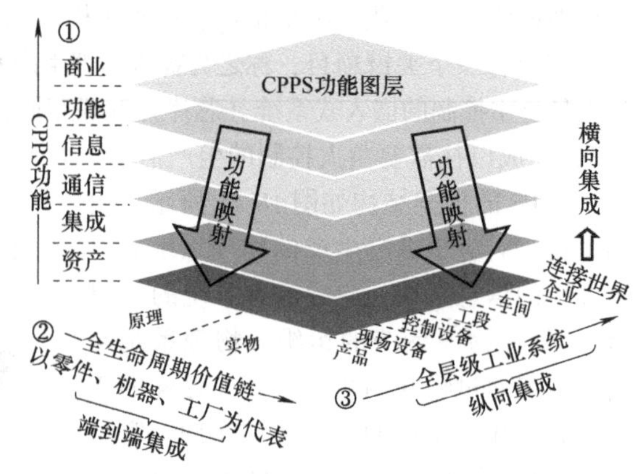

图 18-12　工业 4.0 参考架构

1）**功能维**。它是工业 4.0 参考架构的关键，也是对 CPPS 能力的诠释。功能维包括资产、集成、通信、信息、功能、商业六个层级。其中各层的功能：资产层代表各类物理实体，包括机器、设备、零部件及人等；集成层是对物理实体进行数字转换、信息呈现和计算机辅助控制；通信层是对数据格式、通信方式的标准化，主要依托各类通信协议，实现工业数据由下至上的实时无缝传输；信息层是对工业数据的处理与分析，具体包括异构数据的整合、结构化、建模等，是整个工业系统智能化的核心驱动；功能层是对企业运营管理（如 MES、ERP 等）的优化，其核心是构建各项活动的横向集成化平台，为信息层数据分析处理搭建运行环境，将优化决策应用到企业运营管理中；商业层是对企业上下游业务活动的整合，以及对企业内制订商业计划等。总之，从资产的物理设备到商业的价值实现，功能维提炼了一些共性的功能。

2）**价值链维**。基于 IEC62890《工业过程测量控制和自动化系统及产品生命周期管理》，描述零部件、机器、工厂等单元，从原型到实物的价值生成全过程。实际上从设计到最后的产品服务环节，整个生命周期都离不开 ICT 的支持，所以信息系统会把功能维度的 6 层功能在生命周期价值链维上有不同阶段的映射。

3）**工业系统维**。基于 IEC62264《企业控制系统集成》，将工业层级分为“现场设备、控制设备、工段、车间、企业”，在此基础上拓展到“产品”和“世界”，构建完整工业系统。或者说，工业系统维有不同层级，包括现场的一些设备和控制，还有再往上的一些工厂的信息系统，所以它的相关功能对工业系统维也有各个层次的映射和对接。

由图 18-12 可见，工业 4.0 的关键是将 CPPS 功能维映射到生命周期价值链维和工业系统维中，实现三个集成：功能维的横向集成（从智能生产过程到实现商业价值，企业外部），价值链维的端到端集成（产品 + 服务），工业系统维的纵向集成（工厂内部）。

工业 4.0 参考架构的一项重要功能是指导智能制造的标准化工作。目前工业 4.0 参考架构已覆盖有关工业网络通信、信息数据、价值链、企业分层等领域的标准。对现有标准的采用将有助于提升参考架构的通用性，从而指导企业实践。

18.2.3　工业 4.0 的实施

（1）**工业 4.0 的关键技术**　实施工业 4.0 计划将面临三大挑战：标准化、工作组织和产品的可获得性。在工业 4.0 解决方案里，包括软件和硬件。软件有：工业物联网、云计算平台、工业大数据、知识工作自动化、工业网络安全、虚拟现实、人工智能和 MES 系统等。硬件有：工业机器人（包括高端的零部件）、3D 打印、传感器、RFID、机器视觉、智能物流（如 AGV）、PLC、数据采集器和工业交换机等）。

有学者从中找出了九大技术支柱：工业物联网、云计算平台、工业大数据、知识工作自动化、工业网络安全、虚拟现实、人工智能、工业机器人和增材制造。

什么是知识工作自动化？在过去，我们讲究生产流程的标准化、生产设备的自动化。其实，

未来社会是一个知识工作者联合作战的时代，知识工作者的工作会变得更加自动化。工业时代的管理模式、管理理论在互联网时代大部分都将不复存在，针对互联网的管理模式尚未形成。知识工作者的形态、标准还未形成。过去工业 3.0 时代所形成的工业生产流程、价值链将被摧毁，新的管理模式、价值链尚未形成。由共享经济可见，组织雇佣的界线正在模糊，很多人成为自由工作者，不再被雇佣于一家企业，会因为某个项目而集合，项目结束就分开，这可能是未来整个企业变革的一个重大方向。

如何使知识工作自动化呢？知识工作自动化首先要将知识标准化：这就像安卓系统上要做 App Store 一样。这些 App 必须具有一定的“自治”性，自己知道什么时候启动自己；这些 App 还要“守规矩”，不要互相打架，要符合系统的要求；当然，系统不仅要定规矩，还要“监察”，要剔除那些可能产生问题的知识；特别地，要在知识运行之前剔除，尽量避免在运行过程中出现问题。当然，事先避免是比较难的，故而需要对知识的运行过程加以监控、评价。如果运行中一旦出现问题，要交给人类专家进行“仲裁”。

（2）**工业 4.0 的实施路线**　工业 4.0 的应用也像互联网早期的应用一样，从初步应用到形成强大生态体演进。现在是局部做试点，而且有些企业在德国做全工厂的整体试点，如图 18-13 所示。比如，宝马现在通过智能机器人的操作，大概 10 年后会有标准解决方案的应用。

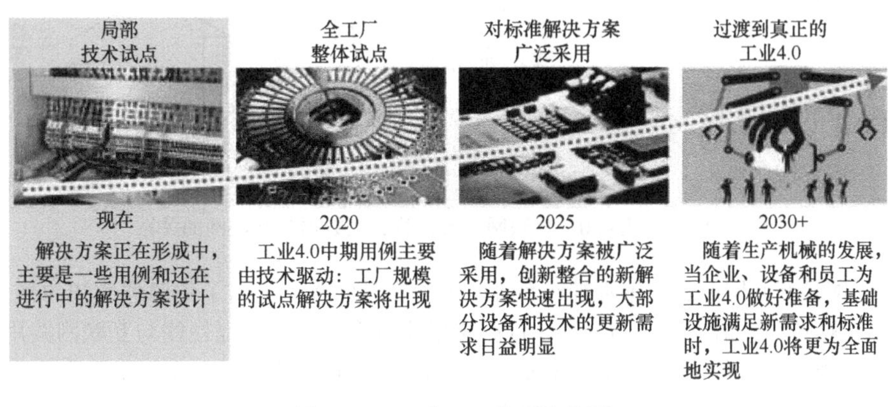

图 18-13　工业 4.0 发展路线图

案例 18-4　德国西门子的工业 4.0 示范。

18.3　制造战略对比

18.3.1　几个新概念的关系

工业 4.0 与物联网、云计算、大数据等新概念间到底是什么关系？

德国学术界和产业界认为，工业 4.0 是以智能制造为主导的第四次工业革命，或革命性的生产方法。该战略旨在通过充分利用 ICT 和 CPS 相结合的方法，将制造业向智能化转型。

工业 4.0 没有明确指出它与互联网有什么关系，但实质上它依然是互联网进化过程中的一个组成部分，通俗地说，就是无数个行业被互联网浪潮冲击后，互联网开始改造制造业了。

据《互联网进化论》一书，互联网将向着与人类大脑高度相似的方向进化，它将具备自己的视觉、听觉、触觉、运动神经系统，也会拥有自己的记忆神经系统、中枢神经系统、自主神经系统，即互联网正在形成一个“互联网大脑”，其结构图如图 18-14 所示。图中表明了工业 4.0、物联网、云计算、大数据与互联网的关系。

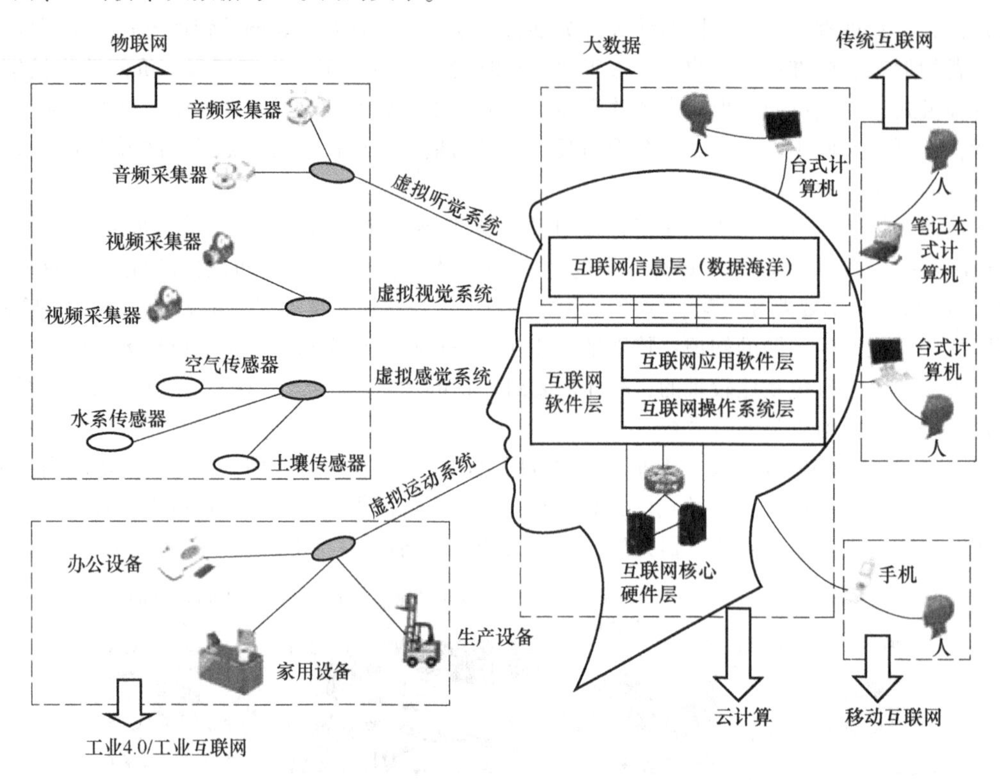

图18-14 工业4.0、物联网、云计算、大数据与互联网的关系

1）**物联网**是互联网大脑的感觉神经系统。因为物联网重点突出了传感器感知的概念，同时它具备网络线路传输、信息存储和处理、行业应用接口等功能。它也往往与互联网共用服务器、网络线路和应用接口，使人与人（Human to Human，H2H），人与物（Human to Thing，H2T）、物与物（Thing to Thing，T2T）之间的交流成为可能，最终将使人-机-物（人类社会、信息空间和物理世界）融为一体。物联网本质上是一个智联网。没有智能的物联网就像一个植物人，失去发展意义。例如，电表早就把电都连起来了，但是没有智能电表，电表只能收费而已。

2）**云计算**是互联网大脑的中枢神经系统。该系统将互联网的核心硬件层、核心软件层和互联网信息层统一起来，为互联网各虚拟神经系统提供支持和服务。在理想状态下，物联网的传感器和互联网的使用者通过终端与云计算进行交互，向云计算提供数据，接受云计算提供的服务。

3）**大数据**是互联网智能和意识产生的基础。随着互联网大脑的日臻成熟，虚拟现实技术开始进入一个全新的时期，与传统虚拟现实不同，它不再是虚拟图像与现实场景的叠加（AR），也不是看到眼前巨幕展现出来的三维立体画面（VR）。它以大数据为基础，让人工智能服务于虚拟现实技术，使人在其中获得真实感和交互感，让人的大脑产生错觉，将视觉、听觉、嗅觉、运动等神经感觉与互联网梦境系统相互作用，在清醒的状态下产生梦境感。

4）**工业4.0与工业互联网**本质上是互联网运动神经系统的萌芽，云计算中的软件系统控制工业企业的生产设备，家庭的家用设备，办公室的办公设备，通过智能化、3D打印、无线传感等技术使机械设备成为互联网大脑改造世界的工具。同时这些智能制造和智能设备也源源不断向互联网大脑反馈大数据，供互联网中枢神经系统云计算决策使用。

纵观近年ICT在我国的发展，2009～2010年的物联网，2011～2012年的云计算，2013～

2014 年的大数据，2015 ~ 2016 年的“互联网 +”，每隔 1 ~ 2 年就流行一个新概念，足见我们正处于 ICT 快速发展时期。马云认为，智能世界基于三大要素，其中互联网是生产关系，大数据是生产资料，云计算是生产力。总之，无论是物联网、云计算、大数据，还是工业 4.0 或工业互联网，依然是互联网未来发展的一部分，它们各自起到不同的作用。

18.3.2　美德制造战略比较

美国的工业互联网与德国的工业 4.0，这两个概念的基本理念一致，都是将虚拟网络与实体连接，建设 CPS，形成更有效率的生产系统。CPS 的作用，就是利用传感器、数据、模型和算法把这些属性统一在一起。制造战略的核心要义都是制造业基于数据分析的转型。

（1）**美国的工业互联网**　美国制造战略有两个特点：①**政府战略推动创新**。从政策层面来讲，美国政府在金融危机后将发展先进制造业上升为国家战略，希望以新的革命性的生产方式重塑制造业。专家认为，在政府和私营部门的大力推动下，美国很有可能出现以无线网络技术全覆盖、云计算大量运用和智能制造大规模发展为标志的新一轮技术创新浪潮。②**行业联盟打通技术壁垒**。从行业层面上看，美国行业组织工业互联网联盟的组建，宣告了企业界进军工业 4.0 时代的号角吹响。与德国强调的“硬”制造不同，软件和互联网经济发达的美国更侧重于在“软”服务方面推动新一轮工业革命，希望用互联网激活传统工业，保持制造业的长期竞争力。

（2）**德国的工业 4.0**　与美国流行的第三次工业革命的说法不同，德国学术界和产业界认为，未来 10 年，基于 CPS 的智能化，将使人类步入以智能制造为主导的工业 4.0 的进化历程。工业 4.0 有 3 个特点：①工业 4.0 的宗旨是基于 CPS 实现智能工厂。②工业 4.0 的目的是构建动态配置的生产方式，即构建高度柔性化、个性化和数字化的智能制造模式。柔性化是指生产变得分散；个性化是指产品可完全依个人意愿来生产；数字化是指有条件让用户全程参与，用户不仅出现在生产流程的两端，而且广泛、实时参与价值创造的全过程。③工业 4.0 的首要目标是工厂标准化。这不同于我国以往实施的“产品的标准化”。

（3）**工业互联网与工业 4.0 的比较**　美国人向往自由，德国人注重严谨。在新一轮工业革命的道路上，美德两国的实施路径不同。工业互联网与工业 4.0 的不同点，见表 18-3。

表 18-3　工业互联网与工业 4.0 的不同点

不同点	工业互联网	工业 4.0
网络范畴不同	更广阔。将人、数据和机器连接起来，形成开放而全球化的工业网络	建立 CPS 网络，将实体物理世界和虚拟网络世界融合
强调重点不同	更加注重软件、互联网、大数据等对于工业领域的颠覆。所以美国注重的是“软”，这种柔中带刚的“软性”实力，恰恰是工业互联网这条食物链的最上端，却也是美国最为擅长的	德国强调的是“硬”，关注生产过程智能化。工业 4.0 将产生大量数据。这些数据所有权究竟归工厂（德国），还是归软件制造商（美国）？一旦数据被他人掌控，就会丧失竞争力。德国意识到了 CPS 的危机
战略基础不同	美国提出了工业互联网标准，希望在关注设备互联、数据分析以及数据基础上对业务洞察，他们对传统工业互联网互联互通，其关注点在大数据和云计算	工业 4.0 的本质是全球新工业革命的工业标准之争，物联网和服务互联网是德国制造战略的基础。智能工厂与智能电网、智能交通、智能物流、智能社区等共同构成智慧城市，再上一层是全球互联网
扩张顺序不同	美国是自上而下的扩张。对两国而言，一方在进攻，一方在反攻，很难说谁是真正的入侵者	德国是自下而上的扩张。这种扩张关系的本质是一种科技扩张，当科技发展到一定程度，必然会向外部领域扩张，谁的科技领先，谁就能扩张成功

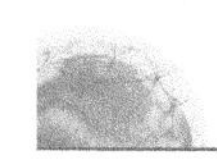

虽然美德两国的路径和逻辑相反，但是目标一致。美国是以GE、IBM这些公司为支持，侧重于从软件出发打通硬件；德国是以西门子、库卡、SAP这些公司为主导，希望可以从硬件打通到软件。无论从软到硬，还是从硬到软，两者的目标是一致的，就是实现智能制造，实现移动互联网和工业的融合。

18.3.3　中美德制造战略比较

（1）**相同点**　我国与美国、德国的制造战略，在战略的前提和核心两方面是相同的。

1）**前提相同**。目前的大国制造战略主要基于三个前提：①互联网。互联网包括移动互联网，核心是解决了制造业的信息不对称问题，造成生态上的变革。②物联网。物联网解决了信息、资源、人、物的互联互通。③大数据。大数据解决了精准性问题。

2）**核心相同**。美国工业互联网、德国工业4.0、中国制造2025，这三者的本质内容是一致的，就是“互联网+制造业”，都指向一个核心，就是智能制造。

（2）**不同点**　我国与美国、德国的国情不同，各自的战略也是不同的，见表18-4。

1）**优势**。美国的优势在于社会创新、高科技研发、集全球资源与精英。德国的优势在于工业基础雄厚、质量过硬、工艺严谨。我国有三大优势：①有比较完整的工业体系，尤其在ICT产业中已经局部领先，如华为已是全球领先的ICT基础设施和智能终端供应商，2017年底，其专利累计达74307件；②内需市场巨大，发展前景广阔。2012年我国制造业增加值在全球占比为22.4%，居全球第一位。③人力资源丰富，我国是世界第一人口大国，2018年高等教育的毛人学率达到48.1%。

2）**劣势**。发展互联网+制造业，我国的劣势也很明显。主要体现在国内企业工业自动化从软件到硬件发展系统性滞后的局面没有显著改变。软件方面，我国的工业软件开发，特别是数控机床、机器人等工业级系统软件开发的能力较弱，与国际先进水平相比差距较大。硬件方面，我国工业自动化的关键零部件仍然严重依赖进口，开发能力较弱，技术积累不足。软件和硬件成为制约我国高端制造业发展的两个重要瓶颈。

表18-4　美国工业互联网、德国工业4.0、中国制造2025的比较

战略	美国工业互联网	德国工业4.0	中国制造2025
发起者	GE（2011）	西门子、德国政府（2013）	中国政府（2015）
内涵	①机器、设施和系统网络，与互联网带来的智能设备、智能网络和智能决策间的融合；②数据流、硬件、软件和智能的交互	①将CPS一体化用于制造业和物流业；②在工业生产过程中使用物联网和服务网	①将工业化（制造技术）与信息化（信息技术）深度融合；②将智能制造作为今后主攻方向
效益	①实现系统、设施、设备和资产的效益。②提升运营效率，降低成本	①保持本国制造业竞争力；②提升资源与能源利用率	①制造业转型升级；②推动我国制造业从大国向强国转变
方针	①智能设备；②智能网络；③智能决策；④要素整合	①智能设备产品、程序和过程；②智能工厂；③价值网络的三个集成	①创新驱动；②质量为先；③绿色发展；④结构优化；⑤人才为本
要点	①鼓励技术创新；②基础设施建设；③网络安全管理；④培养专业人才	①建设一个网络；②研究两大主题；③实现三个集成；④实施八项计划（标准化、基础设施等）	①四大转变；②五大工程；③九项任务；④十个重点（新一代信息技术产业、高档数控机床等）

中国制造 2025 与德国工业 4.0 比较接近，更多的是以政策为导向，而美国工业互联网是以行业为导向，政府在这里面没有任何的参与。我国目前需要在工业 2.0、3.0 方面补课，即质量优先、开发机器人和高档数控机床。企业的资源是有限的，要用工业互联网把全国的、全社会的，乃至全球的人才、资源都集中起来，突破围墙，让知识充分流动起来，补足我国制造业开发能力弱的短板，达到优化整合，这就是智能制造的真谛，也是最大的效益所在。若德国是从工业 3.0 串联到工业 4.0，则我国是工业 2.0、3.0 一起并联到 4.0。德国智库对“中国制造 2025”战略的评价：中国推出“中国制造 2025”就是有目的、有计划地挤进生产的数字化时代。“中国制造 2025”战略的核心是工业的数字化（Digitization）。

3）**措施**。实施中国制造战略的措施见表 18-5。无论是工业互联网，还是工业 4.0，都是推动智能化，能够让社会运转得更好。我们应该看到信息技术不断突破与工业技术日益融合将是工业发展的必然趋势。我国互联网企业和 ICT 企业是产业转型的先遣队，已经占领了前方阵地的制高点，要引导、指挥、掩护后续大部队（传统制造业）跟上。无论是工业 4.0，还是数字化生产，工控软件技术才是国内厂商最为迫切寻求突破的技术环节。因此，我国把两化深度融合作为主要着力点。

表 18-5　实施中国制造战略的措施

措　施	说　明
凝聚行业共识	智能制造是大国制造战略背后的最大公约数。把智能制造作为我国两化深度融合的主攻方向
整合产业资源	以增强智能装备和产品自主发展能力为智能制造突破口。实现重大智能装备和产品的自主可控
突出试点示范	以推广普及智能工厂为智能制造切入点。行业层面推广智能工厂，区域层面推广智能制造系统
创新体制机制	以培育新业态、新机制、新模式为智能制造核心任务。培育社群化制造模式，推进服务型制造
坚持标准先行	以智能制造标准化为智能制造优先领域。加快制定智能制造标准化路线图，推进两化融合
夯实产业基础	以构建自主的信息技术产业体系和工业基础能力为建设智能制造的重要支撑。解决“缺芯”问题
强化保障能力	构建面向制造的人才培养、信息安全和组织创新的体系，并形成新的运行机制

强化保障能力，创新型人才是当代最稀缺的资源，应面向智能制造建立一套新的教育理念、学科体系和培养模式；提高智能制造系统中信息安全隐患的可发现能力、可防范能力和可恢复能力；重组国家、企业、院所、中介在交叉融合领域的组织体系和运行机制。

我国“十三五”规划纲要中首次提出，促进制造业向高端、智能、绿色、服务四个方向发展。目前，为解决我国制造业大而不强的问题，从战略上看，就要从先进制造发展到“高端制造”。高端体现在技术构成上，技术指标、技术经济、产业链的核心部位。预测制造是高端制造的突破点之一。在推进我国制造业转型升级的进程中，要实现从价值链的低端向高端迈进，智能制造是主攻方向，绿色制造是必要之路，服务型制造和共享制造是有效途径。制造业转型升级的重点有两个：一个是提高劳动效率：手段是智能化、自动化和发展第三产业；另一个是提高质量。这两个重点也是工业工程的核心所在。

18.4　共享经济与共享制造

案例 18-5　共享雨伞与共享 Wifi。

18.4.1　共享经济

在资源有限的情况下，怎样才能最大限度地提高公众的生活品质呢？要么节约，要么共享，而节约会压抑欲望，共享似乎是最令人愉悦且消耗最少的方法。例如，出行者不必人人都要买车。

共享经济是互联网信息技术高速发展的产物，陌生人之间“点对点”的信息低成本共享已经实现。专家预测，未来10年典型的颠覆性技术主要来自四大方面：人工智能、新材料、基因工程和共享经济。之所以称之为颠覆性技术，是因为现在的生活方式和理念都有可能被这些技术极大地改变甚至颠覆。

（1）**共享经济的概念**　下面说明共享经济的定义、特征及其与分享经济的区别。

1）**定义**。共享经济（Sharing Economy），是指利用现代信息通信技术建立的互联网平台，对国内外分散资源进行分享、利用和优化配置，以提高资源利用效率的一种商业模式。

由定义可知，①共享的标的物（是指经济合同双方权利义务指向的对象）是“分散资源”，实际上是闲置资源。②实现共享的方式是通过互联网平台形成规模与协同，使存在物品使用权暂时转移，以更低成本和更高效率实现经济剩余资源智能化的供需匹配。③共享经济的目的是提高资源利用效率，把闲置资源提供给真正需要的人，获得一定收入。④共享经济的本质是新型信息消费，即整合线下的闲散物品或服务者，让他们以较低的价格提供产品或服务。传统互联网实现了“信息共享”，而移动互联网实现了“经济共享”。

共享经济是一种新的经济现象，如图18-15所示，它正在加快驱动资产权属、生产组织、服务供给、就业模式和消费方式的变革。发展共享经济的关键在于如何实现优化配置，实现零边际成本，主要需要解决技术和制度问题。

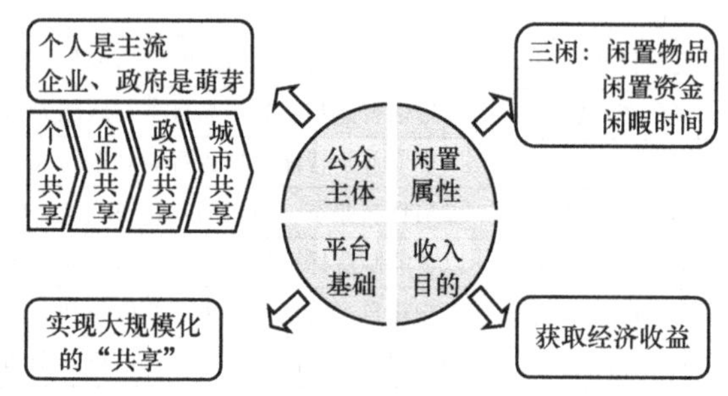

图18-15　共享经济的现象

共享经济也是一个新的商业模式。传统经济模式是“生产者—企业—消费者”，共享经济模式是“生产者—共享平台—消费者”。按照这种模式发展，我国所有的商业逻辑都将被推倒重建。传统经济，生产决定消费，生产者生产什么，消费者就选择买什么；共享经济，消费决定生产，消费者需要什么，生产者就生产什么。你会惊讶地发现：未来，企业将会消失，只剩下拥有不同资源和需求的个体，以及不同的共享平台。未来企业做大的秘密只有一个，就是平台化。平台化的本质就是商业从“竞争”时代跨入“大协作”时代。从创意到产品的过程，互联网帮我们解决了信息和渠道的问题，这必将引起一场个性的解放或个人价值的实现。

2）**特征**。共享经济具有如下三个特征：

① 只求所用，不求所有。即占有不重要、享用更重要。共享经济的消费理念是“使用而不占有”（Access over Ownership）。因为“人们需要的是产品的使用价值，而非产品本身”，所以，它也被称为协同消费。它是所有权和使用权分离的一种经济形态，强调使用权优于所有权。它是一种“你中有我，我中有你”的生活模式，强调资源集约利用和信用约束，倡导协同生产和按需使用的理念。

② 从有到租，租而非买。即消费不重要，物尽其用更重要。共享经济环保理念是“不使用即浪费”（Value Unused is Waste）。即闲置就是浪费。它的核心是鼓励人们互相租用彼此的东西，也就是使资源利用效率最大化，是绿色发展的最佳体现。它使人们在消费的同时也制作和分享自己的产品，强调供给侧与需求侧的弹性匹配，实现动态及时、精准高效的供需对接。

③ 众人共建，众人共享。目前共享经济的商业模式主要是点对点交易（Peer to Peer Trading），或个人对个人（P2P）交易。通过公共信息平台，人人都可以随时随地参与其中，灵活性强，极

大满足客户需求，供需之间的潜能得到释放，使人们共享资源变得更为便捷。共享经济强调消费与生产的深度融合，形成众人共建、众人共享的发展模式。共享经济以共享为起点，尊重为支点、创造为终点。

3）**构成**。共享经济体系包括三个要素：①交易主体。它包括出租者和租借者。②交易对象。交易标的物是具有使用权（或使用价值）的闲置资源（物品或服务）。③共享网站。网站的所有者通过发布信息帮助物主租出物品或服务，帮助租客租到物品或服务。网站是连接交易主体双方的中介枢纽，是由第三方创建的市场平台。这个第三方可以是商业机构、组织或政府。借助这些平台，个体分享自己的知识、经验，或者向企业、某个创新项目筹集资金。共享经济以平台为中介，建立的信任机制为公平交易提供了信用保障，避免了款项当面交易的繁杂性，简化了流通过程，降低了交易成本。

4）**辨义**。就文献而言，若把“共享”理解为“共同分享”，则可以对分享与共享不加区别，唯此分享经济才被视为共享经济。通常，分享是指将资源与别人分着享用。共享是指资源的共同享用。两词的区别在于：分享强调共用，而非共有；共享包含共用和共有。

严格说来，分享经济不等于共享经济，两者是两种完全不同的商业模式。由于英语中“Sharing”一词有“分享”和“共享”两层含义，所以许多学者把“Sharing Economy”翻译为“共享经济”或“分享经济”，认为两者没有什么特别区别。因为两者都具有“所有权与使用权分离”的特征。分享经济也被译为“Share Economy”，即“股份经济”。把分享经济与共享经济严格区分开来，不仅是理论上的必要，而且具有十分重要的现实意义和政策指导意义。共享经济与分享经济的比较见表 18-6。

表 18-6　共享经济与分享经济的比较

特　征	分享经济	共享经济
产权	所有权和使用权都具有排他性，不同经济主体不能同时拥有	使用权不具有排他性，不同经济主体可同时拥有使用权
盈利模式	消费者有偿获得使用权或服务，供给主体通过出让财产的使用权或提供服务获得报酬	消费者可以无偿地直接获得使用权或服务，供给主体大多通过其他方式获得收入
制约因素	难以彻底摆脱时空和其他的因素	彻底摆脱了时空等许多因素的制约
主要贡献	提高社会闲置资源的使用效率	提高所有社会资源的利用效率
实质	租赁经济	平台经济
进入市场	技术水平和进入门槛较低	技术水平和进入门槛较高
政策指导	加强引导和规范，防止出现恶性竞争	大力支持和扶植，整合资源打造国际领先的平台
实例	自行车、房屋、设备等租赁行业；传统银行业	苹果 App Store；淘宝网、BDS（北斗导航系统）

由表 18-6 可知，凡是可用于租借的产品和服务都具有分享的性质。但不是所有可用于租借的产品和服务都适合采用共享经济模式。共享经济可以最大限度地实现全球资源的分享、利用和整合。共享经济代表了未来经济社会发展的方向，对实现经济转型升级具有重要意义。

摩拜公司拥有单车的所有权，用户获得使用权。这种所有权和使用权都不能由不同经济主体同时拥有，也就不能实现真正意义上的共享，因而共享单车不属于真正意义上的共享经济及其产品。传统银行是通过有偿借用储户资金的使用权，再将使用权让渡给借款者，从中赚取存贷利差的经济行为，并使社会闲置资金得到充分利用。

乔布斯在苹果公司打造的应用商店（App Store）可以算是出现比较早的共享经济及其盈利模式。苹果 App Store 里有大量应用软件供用户下载，有免费的也有付费的，但它们都没有排他性，任何用户都可以同时下载和使用。淘宝网、BDS（北斗导航系统）、GPS等互联网平台则是目前共享经济的典型形式。这种商业模式和盈利模式的创新，更多的是不提供产品，只提供服务，而且对消费者完全免费，其收入来源于其他消费者或渠道，对产业链内外的行业将产生巨大的挤出效应甚至颠覆效应。例如，免费共享的杀毒软件彻底改变了整个计算机杀毒收费市场的格局。网购共享平台的出现，颠覆了传统零售业态，使大量传统实体店举步维艰，甚至倒闭。

优步（Uber）、滴滴打车提供交通车辆，实现共享出行；爱彼迎（Airbnb）提供民宿租赁预订服务的平台，实现共享空间，但它们具体提供的出租车和私家车、民宿则是分享经济产品或服务。因此，共享经济包含分享经济。

（2）**共享经济的类型**　下面介绍两种划分方法。

1）**按共享内容本质属性的不同**，可将共享经济分为四大类，见表18-7，并在供需匹配的实际过程中，衍生出众多细分领域，全方位覆盖消费需求。在共享消费中，又细分为多个子类，涉及交通共享、旅行住宿共享、物流共享、服务共享、闲置用品共享等。

表18-7　共享经济的主要类别

类别	子类	公司网站举例	主要特色
共享消费	交通出行	Ube，Zipcar，滴滴出行	拼车服务，网上租车，分享闲车
	房屋短租	VaShare，游天下、小猪短租、途家网	旅行房源共享，分享住宿空间
	场地共享	DogVacay，WeWork，StoreFront	宠物短期寄养平台，办公场所租赁，寻找短期的零售空间
	美食共享	Eatwith，爱大厨，觅食，我有饭	私厨美食，厨师上门烹饪，手工美食，专注饭局
	物流快递	达达物流，人人快递	由兼职配送员实现同城众包快递，顺路捎带的众包快递模式
	生活服务	TaskRabbit，河狸家，58到家，Steam	打短工，美业服务，上门服务，共享游戏平台
	二手交易	赶集网、58同城	分类信息网
共享生产	协作设计	猪八戒网	共同设计产品或服务，服务众包平台，将创意、智慧、技能转化为价值
	协作制作	OpenStreetMap（OSM）	可编辑世界地图，与外单位合作产品或项目
	生产能力	阿里淘工厂，易科学	链接卖家与工厂，科研仪器分享
	协作销售	淘宝网，Ebay，小红书	个人对个人销售，海外网上直销，海外购物分享
共享学习	开源课程	网易公开课，Coursera，TED	免费开放的网络课程，免费在线公开课，专家讲演视频和讲座
	知识众包	在行，百度百科、知乎网、Wikipedia（维基百科）、做到！网	可与行家约谈，众包及翻译
	教育培训	豆瓣网，时间财富网，K68	书籍、电影、音乐；智慧、知识、能力；商业威客
	技能共享	技能银行（Skillbank），功夫熊	技能交换分享的社交平台，上门推拿平台
共享金融	资金众筹	天使汇、众筹网、点名时间、京东众筹、淘宝众筹	为项目筹集资金
	P2P借贷	陆金所（上海）、红岭创投（深圳）、宜信（北京）、Prosper（美国）	借贷网站
	补充货币	Economy of Hours	小时经济，共同使用一种非传统货币作为交易媒介
	联保	Bought by Many（买了很多）	英国互联网保险公司，人们互绑形成自己的保险池

2）共享经济的商业范式。基于供方和需方的分享主体类型，共享经济可以分为四种基本的商业范式，如图18-16所示。

① C2C模式。自由市场的回归。共享经济的典型为C2C的模式，每个人既可以是生产者，

也可以是消费者，商业不再由中介垄断，而是个体作为供需方直接对接。

② C2B 模式。众包和众筹成为潮流。企业借助于社会化力量运作，通过众包满足临时性的劳动力需求，企业虚拟化运营发展。通过股权众筹便捷获取社会化资金运转。

③ B2C 模式。“以租代售”的战略转型。企业以“以租代售”的战略，颠覆传统面向消费者的卖新和卖多行为，从销售产品向提供租赁服务转型。

④ B2B 模式。从消费到生产的共享。企业与企业之间共享其闲置资产，从有形的闲置资产共享到无形的产能共享，帮助企业更好地通过协作实现双赢。

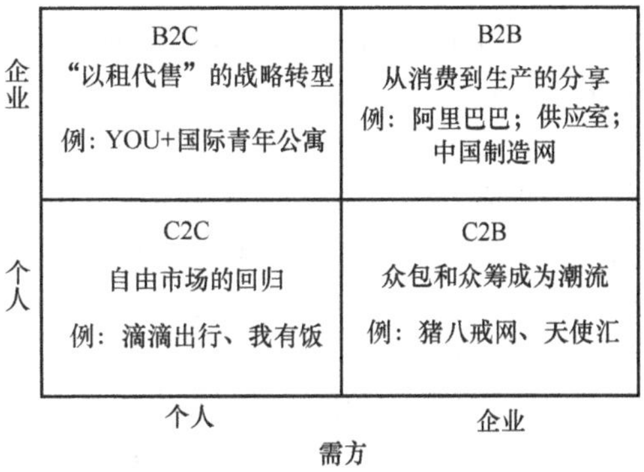

供方＼需方	个人	企业
企业	B2C “以租代售”的战略转型 例：YOU+国际青年公寓	B2B 从消费到生产的分享 例：阿里巴巴；供应室；中国制造网
个人	C2C 自由市场的回归 例：滴滴出行、我有饭	C2B 众包和众筹成为潮流 例：猪八戒网、天使汇

图 18-16　共享经济的四种商业范式

案例 18-6　“淘工厂”让服装供应链在线化。

18.4.2　共享制造*

案例 18-7　沈阳机床厂的共享机床。

制造业将是共享经济的主战场。制造业是国民经济的主体，制造业是“互联网＋经济”的主战场。我国是制造业大国，也是互联网大国。2016 年 5 月 20 日国务院发布的《关于深化制造业与互联网深度融合的指导意见》指出，要推动中小企业制造资源和生产能力，要与互联网平台全面对接，实现制造能力的在线发布、协同和交易。如果能够把两个优势叠加起来，将“形成叠加效应、聚合效应和倍增效应”。所以“互联网＋”，它不是简单加法，而是乘法效应。共享经济是互联网发展的重要方向。共享经济的春天，将是从提高交易效率到提高生产的效率，如图 18-17 所示。

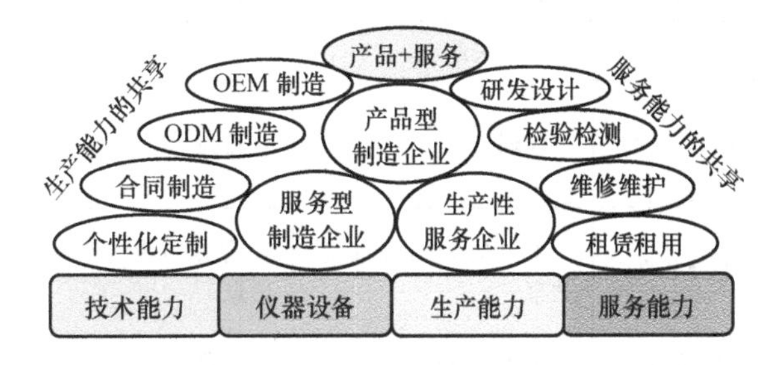

图 18-17　从基于供应链的服务到基于互联网的共享服务

（1）**定义**　共享制造（Sharing Manufacturing，SM），是指在制造业借助互联网或移动互联网平台，将不同企业的制造资源整合，通过以租代买实现产品的需求方和生产的供应方有效对接的新型制造模式。

共享制造的实质是定制和外包，是生产能力的分享。其供需原则是公平、透明和平等。

（2）**类型**　按需求方身份的不同，共享制造分为业务协作与众包生产，见表 18-8。

表 18-8　共享制造的类型

类型	业务协作	众包生产
含义	生产型企业将自己生产线中的某些业务（如产品配件、外包装、图形设计等）外包出去	由产品的需求方提出产品要求，将产品的全部生产众包出去，需求方通常是直接的产品销售商
主导	通常由生产型企业主导，协同生产以提高自身运作效率、节约时间和成本	一般由销售型企业为主导，以实现个性化的定制为目的，同时实现创新生产、节约成本
特征	生产型企业与产品销售商的对接是一对一的	交易对象不是一对一，而是多对多的生态产业圈

众包生产的模式如图18-18所示。在此运行模式中需要注意，需求方可能会下单给多家生产者分别生产不同的配件，而供应方在其生产能力范围内可能会同时接下多个订单。这就是共享经济模式下众包的特征，而不是与特定厂商合作的外包业务。

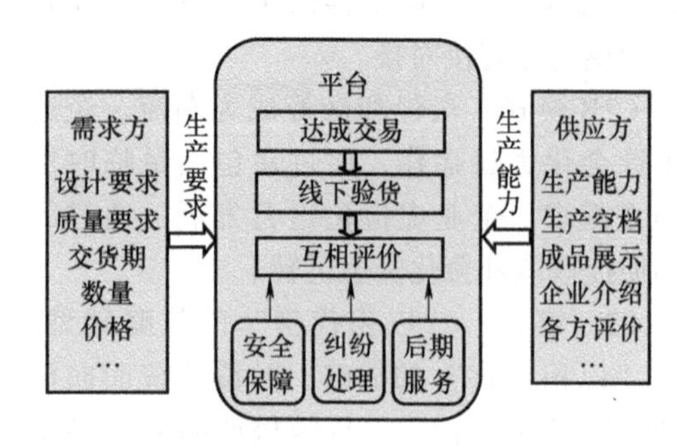

图18-18　众包生产的模式

（3）**对比**　表18-9列出了共享制造与敏捷制造、网络化制造和云制造的对比。

表18-9　共享制造与已有先进制造模式对比

对比项目	敏捷制造/虚拟企业	网络化制造	云　制　造	共 享 制 造
提出时间	1991年	2000年	2010年	2016年
资源类型	技术、人员和组织等所有可用资源	企业信息化应用软件资源	分布式制造资源	社会化服务资源、闲置资源
业务范围	知识、技术等资源的共享	资源共享与协同工作	提供各种制造外包服务	提供工序和零部件的制造外包服务
参与企业	有限企业参与	企业可多可少	海量企业	海量企业
企业关系	协作关系	协作关系	外包服务关系	外包服务与租赁关系
动态适应性	较弱	较强	较强，适应多种制造任务	较强，适应多种制造服务
平台共享	平台企业内部的信息共享	合作方共享知识和信息	共享各种制造信息	共享外包服务全过程的信息
平台开放性	基本不开放	开放程度较高	开放程度高	开放程度高
平台扩展性	限制较多，扩展性一般	扩展性好	扩展性好	扩展性好，可与物联传感网集成
安全信任机制	参与企业共担风险	参与企业共享利益，共担风险	平台运营商承担较高的信誉风险	安全性高，多级安全机制屏蔽风险
应用情况	理论成熟，应用较多	有较大范围应用	有一定的推广应用	有一些实证案例
其他说明	不宜用于当前制造环境	应用虽广，但不够深入	Saleforce，Cloud ERP，是中国在线制造	与社群化制造相似，是“细分”的云制造模式

（4）**变革**　随着制造业与互联网的深度融合发展，制造能力共享平台将不断涌现，闲置的制造资源也难逃被再行配置的“命运”，制造业将成为共享经济的下一片“蓝海”。这将改变传统依靠投资和扩张带动制造业增长的思路，过剩产能变成廉价的原材料，稀缺资源也会变得相对“充裕”。共享制造相对传统制造的变革，将主要体现在三个方面，见表18-10。

表 18-10　共享制造变革的主要体现

体现	变革内容	变革特征	举例
共享创新资源	制造资源在线聚集为资源池、专利池、标准池，形成网络众包、用户参与云设计、协同设计等新型设计模式	开发任务向外部资源和大众力量开放，客户能获得量体裁衣的产品，身怀绝技的“草根科学家”有用武之地	海尔通过 HOPE 开放式创新平台开发出无压缩机酒柜等产品
共享生产能力	企业利用互联网平台，对闲置的生产能力，通过以租代买、按时付费等方式，形成设备租赁、厂房共享等新型生产制造模式	中小企业无须投入高昂的成本购买设备，工厂的空闲档期也能得到有效利用，从而实现生产要素与生产条件的最优组合	沈阳机床厂打造“i 平台”，实现了从买机床向买机床加工能力的转变
共享链上库存	企业改变“大而全”的经营模式，与供应商合作，构建信息共享、数据协同的柔性供应链和智慧供应链体系	供应链“链主”的库存转化为供应商的库存或精准配送的能力，也提升了供应链的整体效率和效益	供应链管理新模式：零库存（如丰田、戴尔）、无工厂（如小米）

（5）**应用**　共享制造解决生产的供需方信息不对称的问题，让企业不再独立生产，而是以闲置生产能力的共享实现协作生产，如图 18-19 所示。生产能力的整合不仅降低了生产成本、提高了生产效率，也让按客户需求的定制化服务变得更容易。就产品需求方而言，信息的充分对接、工厂柔性化生产等减少了企业搜索成本、生产成本和管理成本，实现个性化定制、降低风险。就产能供应方而言，档期的灵活安排能降低风险和接单成本、充分利用产能以提升收益，同时有利于推动生产创新、加快企业转型。

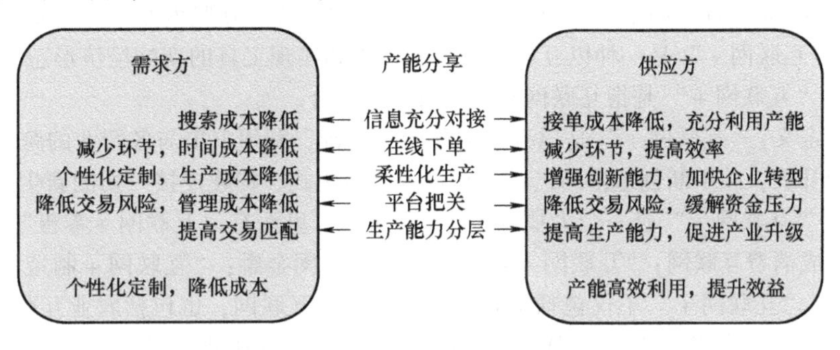

图 18-19　产能分享成效分析

共享制造提升了产业价值链核心竞争力。共享制造下，研发、生产、营销等产业价值链各环节均发生了变革性的转变，开放、融合、共赢成为各方关注的核心。

1）**探索研发新路径**。共享制造在研发创新环节的具体应用之一就是研发众包、众创。在研发众包、众创过程中，企业、行业等不同层级中的研发资源、要素被有效调动起来，共同参与到技术、产品研发创新工作中。各资源、要素通过有机协作和高效运转实现了价值的最大化。企业也不再囿于自身条件限制，而能够积极寻求外部协助，研发成本大幅降低，研发效率显著提升，研发创新路径大幅拓宽。同时，对于全行业来讲，研发众包、众创过程更是一次资源、知识、技术的碰撞与交流过程，是全行业实现共同成长的有效助推器。如 InnoCentive 平台在建立初期，仅仅服务于企业提升自身创新与研发实力的需要。但在发展过程中，平台功能不断丰富，重要性越加凸显，目前已发展成为化学和生物领域的重要研发供求网络平台。

2）**打造制造新模式**。与研发过程类似，共享制造环境下，生产这一环节的“外包化”现象也正在变得普遍起来。借助大数据技术，共享平台将成员工厂依据生产能力、闲置时间、产品特征等因素进行多维度分层，帮助供需双方进行精准匹配，促进“生产外包”的顺利实现。例如，沈阳机床厂成功开发出世界首台具有网络智能功能的“i5智能化数控系统”，通过这一系统，各成员工厂可采用即时付费的方式，实现机床闲置时间的共享，打造“社会化工厂”模式。

3）**践行营销新理念**。共享制造环境下，平台企业成为海量分散用户信息的集散地。要实现用户的成功截留，实现平台的可持续发展，企业一是要构建起覆盖线上线下的全场景模式，留住用户；二是要通过平台间的合作，实现双方用户群的共享，快速扩大用户规模，跨界营销理念因此逐渐兴起。例如，在杭州、成都、广州三地，Uber与淘宝合作，共同打造线下场景“移动试衣间”，向用户提供一对一专业换装指导和全新造型设计。这次跨界营销将双方的线上平台与线下营销结合起来，打造从线上到线下的O2O全场景体验，吸引客户参与，共享客户资源。

共享经济模式为制造业提供了转型新方向，我国正在加速共享制造的布局。目前，在我国共享制造的实践探索中，涌现出一批具有较大影响力的B2B（企业与企业之间通过互联网进行产品、服务及信息的交换）共享平台。例如，沈阳机床厂的“i平台”，科通芯城的“硬蛋”平台（以电子制造为主），青岛七十六信息科技有限公司的“寻机”平台（以机械制造为主），上海名匠的共享工厂等。

案例18-8　共享制造的5个实例。

18.4.3　互联网+制造业

案例18-9　“互联网+汽车”——特拉斯。

（1）**“互联网+”概念**　互联网的特征是开放、公众参与（Crowdsourcing）、共创、普惠、平等、脱媒（Disintermediation，交易非中介化）、平台型整合。互联网是技术、经济、社会相互促进的结果。“互联网+”是一种以互联网为基础设施和实现工具的新的经济形态。

1）**定义**。“互联网+”是指互联网与传统行业的融合。

更详细的定义：“互联网+”是以互联网平台为基础，利用ICT与各行业的跨界融合，推动传统产业转型升级，并不断创造出新产品、新业务与新模式，构建连接一切的新生态。

2）**内涵**。“互联网+”是一个大概念，“互联网+”里面有“互联网+零售”，称为互联网电子商务，形成消费互联网；“互联网+金融”称为互联网金融；“互联网+制造”类似于美国的工业互联网。“互联网+”不仅包括消费互联网、工业互联网，也包括农业互联网，“互联网+”是将互联网作为当前信息化发展的核心特征提出来，与制造业、服务业等产业的全面融合。这种融合并不是简单的两者相加，而是利用ICT和互联网平台，让互联网与传统行业进行深度融合，创造新的发展生态。

（2）**实施**　它包括一个愿景、三种改变、四个要素、六个层次。

1）**愿景**。“互联网+”的愿景是借助信息交换实现一个效率更高的世界。互联网及信息要素本质上贯穿整个产业生态，将世界变平坦。由此来看，“互联网+”的内涵，是以信息为载体，将万物互联。“互联网+”的外延，是用实时信息的无间断交换来减少实体经济的冗余，做到所有要素的恰到好处的最佳利用。

2）**改变**。“互联网+”对传统产业有三种改变方式，见表18-11。

表18-11　“互联网+”对传统产业的改变方式

方式	说　明	举　例
融合	这是“互联网+”跨界传统行业的初级阶段，信息要素融入传统行业各个环节中，通过不同环节的信息实时交换，达到整体效率的提升	“互联网+教育”通过在线视频的传播，拓展优质教育资源的供给。只需达到演进过程中的移动互联、数据交换两层，就可实现供需双方的合理匹配

（续）

方式	说　明	举　例
改造	这是“互联网＋”对传统产业改变的递进。在递进到动态优化、效率提升后，它对传统行业的改造升级呈现出有破有立的特点	餐饮通过 O2O（Online To Offline）模式，弥补客流随着时间呈现明显的不均匀分布特性带来的效率损失，可提前了解到用户的特定需求，达到实体经济资源的最佳利用
创新	这是“互联网＋”对传统产业改变的终极模式。它对传统行业的终极跨界是创新：创新的高效方式替代原有资源配置的低效方式，成为产品或服务的主要供应者，这是共享经济的新模式	创新资源整合模式已涵盖了生活的方方面面，包括搭车，交换闲置物品，共享自己的知识、经验，或者向某个企业、某个创新项目筹集资金。例如，“滴滴”提高了闲车的利用率

对于创新方式，“互联网＋传统产业”的演进过程触及了多个行业多个环节，实现社会整体效率的提高，从这个意义上说，“共享经济”实质上经历了“互联网＋”的演进全程。

3）**要素**。“互联网＋”有四个要素：①技术基础。即构建在 ICT 上的互联网平台。②实现路径。即互联网平台与传统产业的各种跨界融合。③表现形式。即各种跨界融合的结果呈现为产品、业务、模式的不断迭代出新。④最终形态。即一个由产品、业务、模式构成的，动态的、自我进化的、连接一切的新生态。这些要素形成一种递进关系：在技术基础之上，依照跨界融合的实现路径，融入互联网基因的新产品、业务、模式不断演进，最终达到“互联网＋”在微观上连接一切、在中观上产业变革、在宏观上经济转型的动态平衡。

4）**层次**。40 多年来“互联网＋”在潜移默化中改变了人们基本的活动模式，形成了改变整体经济生态的不竭动力。“互联网＋”的演进过程可分为六个层次，见表 18-12。

表 18-12　“互联网＋”的层次

特　点	说　明
终端互联	“互联网＋”实现的物质基础是联网终端，将人与人、人与物、物与物实时连接。到 2020 年，联网设备将达到 250 亿部，联网设备与人口比例为 3∶1。随着可穿戴设备的普及，未来可实现 24 小时联网
数据交换	通过终端互联这一足够大的连接平台，网络内的人和物将所在场景属性数字化，实时交互。据 IBM 公司估计，2013 年全球每天产生 250 亿亿字节的数据，数据交换的背后是网民庞大的需求
动态优化	远端的云依照不断更新的数据对联网场景的动态进行实时的分析解读，并给出解决方案。云计算和大数据技术的叠加，将解决数据转变为生产力的问题
效率提升	造成浪费的低效重复运动被降至最低，体系单位的效率提升。优化的解决方案从数字变成现实，通过改变生产组织形式、资源配置方式，“互联网＋”落地为实实在在的生产效率、生活便利
产业变革	动态优化结果对企业产生深刻影响，引领产业变革。云计算和大数据技术不再局限于某个生产性环节或某个产业，而是跨产业链的多产业链多环节网状动态协同，从而纠正了产业内外的无效或低效
社会转型	产业变革的综合结果最终体现为经济持续增长。“互联网＋”不再局限于生产层面，而是从社会管理、日常消费、生活场景等方面协同，减少多部门资源匹配的不合理，推动全方位的社会转型和发展

六个层次是四个要素的具象化。终端互联、数据交换是技术基础；动态优化、效率提升是实现路径的详解；产业变革是“互联网＋”表现形式的外在；社会转型是“互联网＋”的理想，也是这一理想可能呈现出的最终形态。

（3）**“互联网＋制造业”**　这是以互联网为代表的新一代信息技术在制造业广泛普及和应用，不断提高智能化水平，从这个过程形成新的产品形态、生产模式和组织体系以及资源配置方式。“互联网＋制造业”实际上是我国制造业的升级，也是两化深度融合的具体体现。“互联网＋”的

关键是创新。只有创新才能让这个“+”真正有价值。“+”不仅是技术上的“+”，也是思维上、模式上的“+”。

1）**“互联网+制造业”的作用**。消费互联网满足了客户与商品在不同时空的交流，符合现代营销与技术的转变，其价值是在流通供应层面解决消费效率的问题。然而，制造才是价值创造的源头。“互联网+制造业”的美好之处在于它将赋予设备“智能”，实现设备与设备的对话。所有的生产资料和产品在工厂中都有独特的“身份证”，记录着各种信息以确保其能在正确的时间到达正确的地点发挥正确的作用。同时这一切的生产信息都是透明可见的，管理者和决策者能准确地了解自身工厂的各种情况并制订相应的对策。这其中MES和WMS（仓库管理系统）等软件系统就成了关键，MES可以实现对上层ERP对接支持并通过ERP提供BOM、订单和计划来安排生产工作，实现工厂整体流程的智能化。

2）**“互联网+制造业”与人工智能**。“互联网+”与人工智能的关系，直接反映了互联网连接“大脑”。互联网打破时空界限，使ICT能力如同自来水一样唾手可得，随时随地按需索取。互联网可以使无数个孤立的“人工大脑”实时连接起来，实现协同化思考。“互联网+制造业”为人工智能的发展提供了新的广阔的机遇。“互联网+”将向人工智能方向发展。未来人工智能的演进有两个方向：①光电的方向。机器软硬件与互联网服务的结合会出现智能机器人。②生物技术（Biotech）方向。

3）**“互联网+制造业”不同于“制造业+互联网”**。从国家层面的协同创新看，美国的制造模式偏重“互联网+制造业”，出发点在消费端；德国则偏重“制造业+互联网”，出发点在生产端。美国的工业互联网与德国的工业4.0在理念上有两点不同：①推动主角不同。美国是互联网的联盟，GE公司包括一些比较强大的互联网内容提供商（Internet Content Provider，ICP）；德国是政府推动的色彩浓一些。②驱动力量不同。美国是希望在各种工业环境下建立互联性，充分利用它强大的互联网的能力，美国更多地想利用互联网的优势，在这个基础上更好地把工业互联网化，即强调IT的驱动；德国更多地强调在工业数字化领域，沿着技术路线完全地纵向综合，即强调智能生产。其实，谁加谁不重要，不影响结果。关键是制造业与互联网如何加（融合）。

4）**“互联网+制造业”进程的多维推进**。基于我国的现实条件，2015年我国政府发展制造业的战略是两者并举，软硬结合。一个是实施“中国制造2025”规划，把高端装备、信息网络、集成电路、新能源、新材料等一批新兴产业培育成主导产业；另一个是实施“互联网+”行动计划，推动移动互联网、云计算、大数据、物联网等与现代制造业结合。前者被外界解读为中国版的工业4.0，后者强调利用互联网的力量推动传统产业转型升级。我国在推进互联网与制造业结合方面，路径有三条，维度有四维，见表18-13。

表18-13　“互联网+制造业”的路径与维度

路径	制造业自动化向云端的自然延伸，适合于从工业3.0到工业4.0硬件强的国家或大企业
	从移动互联网或物联网向制造业信息化延伸，适合于从工业3.0到工业4.0软件强的国家或大企业
	从加号两端同时推进互联网与制造业的结合，适合于补齐3.0时代短板的国家或中小企业
维度	从制造到质造，追求极致的生活品质和精致产品，完成生活美学的体验升级
	从制造到自造，通过3D打印技术满足私人定制，实现社群化生产，根据模型数据按需打造
	从制造到智造，智能硬件通过一些内置的传感器，根据智能算法完成逻辑推导，自动完成相应服务
	从制造到创造，利用知识产权IP（Internet Protocol）和专利筑起自己的护城河，加强协同创新

案例18-10　美国的新硬件时代。

复习思考题

1. 工业互联网的定义、要素、特征和构架是什么？
2. 工业 4.0 的定义、要点和构架有哪些？三个集成有何关系？
3. 结合智能工厂和智能生产来说明工业 4.0 如何实施工厂标准化？
4. 为什么工业 4.0 是德国首先提出的？其战略意图和领先策略是什么？
5. 什么是共享经济和共享制造？根据特征说明它们的联系与区别。
6. 比较中美德三国的制造战略的相同点与不同点，说明你的观点。
7. 从技术层面说明“互联网 + 制造业”与“制造业 + 互联网”。
8. 工业 4.0 与物联网、云计算、大数据等概念间的关系是什么？
9. “Made in china”将变为“Made in world”或“Made in internet”，为什么？
10. 有人认为，“19 世纪是英国的，20 世纪是美国的，21 世纪是中国的。”你怎么看？

附　录

附录A　缩略语英汉对照表

附录B　数控加工编程代码及实例

1. 准备功能指令

准备功能指令即G代码指令，常用的为G00～G99，见附表B-1，现已扩大到G150。

附表B-1　常用G代码的定义

代码	功　能	代码	功　能	代码	功　能	代码	功　能
G00	快速点定位	G04	暂停	G19	*YZ*平面选择	G41/2	左/右偏刀具半径补偿
G01	直线插补	G17	*XY*平面选择	G33	螺纹切削，等螺距	G90	绝对尺寸
G02/3	顺/逆时针方向圆弧插补	G18	*ZX*平面选择	G40	刀具半径补偿撤销	G91	增量尺寸

准备功能的作用是指定机床的运动方式，为数控系统的插补运算做准备，故G指令一般位于程序段中坐标尺寸字的前面。G代码分为模态代码和非模态代码。模态代码表示一经在一个程序中应用便保持有效，直到以后的程序段中出现同组的另一代码时才失效。非模态代码也称一次性代码，其功能仅在所出现的程序段内有效。

2. 辅助功能指令

辅助功能指令即M代码指令，用于控制机床的辅助功能动作，如冷却泵的开、关。它由字母M和两位数字组成，从M00～M99共100种，见附表B-2。

附表B-2　辅助功能M代码

代码	功　能	功能开始时间		功能保持到被注销或被适当程序指令代替	功能仅在所出现的程序段内起作用
		与程序段指令运行同时开始	在程序段指令运行完成后开始		
M00	程序停止，使机床暂停运行		◇		◇
M01	计划停止，须先按“任选停止”按钮		◇		◇
M02	程序结束，使机床全部停止		◇		◇
M03	主轴顺时针方向	◇		◇	
M04	主轴逆时针方向	◇		◇	
M05	主轴停止		◇	◇	
M06	换刀	△	△		◇
M07	2号切削液开	◇		◇	

（续）

代码	功 能	功能开始时间		功能保持到被注销或被适当程序指令代替	功能仅在所出现的程序段内起作用
		与程序段指令运行同时开始	在程序段指令运行完成后开始		
M08	1 号切削液开	◇		◇	
M09	切削液关		◇	◇	
M10	夹紧	△	△	◇	
M11	松开	△	△	◇	
M12	不指定	△	△	△	△
M13	主轴顺时针方向，切削液开	◇		◇	
M14	主轴逆时针方向，切削液开	◇		◇	
M15	正运动	◇			◇
M16	负运动	◇			◇
M17、M18	不指定	△	△	△	△
M19	主轴定向停止		◇	◇	
M20 ~ M29	永不指定	△	△	△	△
M30	纸带结束	△	△		◇
M31	互锁旁路	◇	◇		◇
M32 ~ 35	不指定	△	△	△	△
M36	进给范围 1	◇		△	
M37	进给范围 2	◇		△	
M38	主轴速度范围 1	◇		△	
M39	主轴速度范围 2	◇		△	
M40 ~ M45	如有需要作为齿轮换挡，此处不指定	△	△	△	△
M46、M47	不指定	△	△	△	△
M48	注销 M49		◇	◇	
M49	进给率修正旁路	◇		△	
M50	3 号切削液开	◇		△	
M51	4 号切削液开	◇		△	
M52 ~ M54	不指定	△	△	△	△
M55	刀具直线位移，位置 1	◇		△	
M56	刀具直线位移，位置 2	◇		△	
M57 ~ M59	不指定	△	△	△	△
M60	更换工件		◇		◇
M61	工件直线位移，位置 1	◇			
M62	工件直线位移，位置 2	◇		◇	
M63 ~ M70	不指定	△	△	△	△
M71	工件角度位移，位置 1	◇		◇	
M72	工件角度位移，位置 2	◇		◇	
M73 ~ M89	不指定	△	△	△	△
M90 ~ M99	永不指定	△	△	△	△

注：1. “△”表示如选作特殊用途，须在程序中说明；“◇”表示功能仅在所出现的程序段有效。

2. M90 ~ M99 可指定为特殊用途。

3. “不指定”代码是指在将来修订标准时可能对它规定功能；“永不指定”代码是指在本标准内将来也不指定。

3. 数控车削零件编程

被加工零件的尺寸及要求如附图 B-1 所示（毛坯带有 ϕ20mm 通孔），生产类型为小量生产。该零件形状比较复杂，若采用普通车床对 R10mm 外圆面进行加工，则对工人技术水平要求较高，且难以保证加工一致性和形状尺寸要求。因此宜采用数控车床，不仅可有效节省调整、加工和检验时间，而且因其完成加工后能自动停止，从而可实现人机分离或一人多机。

加工时，以工件左端面及 ϕ96mm 外圆为装夹基准，并用试切法以工件右端面及工件回转中心为工件坐标系零点。其工艺路线为：①倒角→粗车 M50 × 2 螺纹实际外圆→ϕ56mm 端面→锥面→ϕ76mm 外圆→R10mm 圆弧面；②精车 M50 × 2 螺纹实际外圆→ϕ56mm 端面→锥面→ϕ76mm 外圆→R10mm 圆弧面；③车削 M50 × 2 螺纹左侧 ϕ46mm 空刀槽；④车削 M50 × 2 螺纹。

根据加工要求，选择外圆粗车刀、外圆精车刀、3mm 切槽刀及 60°螺纹车刀、内孔车刀各一把，相应刀具编号分别为 01、02、03、04 和 05（刀具补偿号与刀具编号对应，如 T0101）。所采用的数控车床如附图 B-2 所示。附表 B-3 所列为加工程序清单及说明。

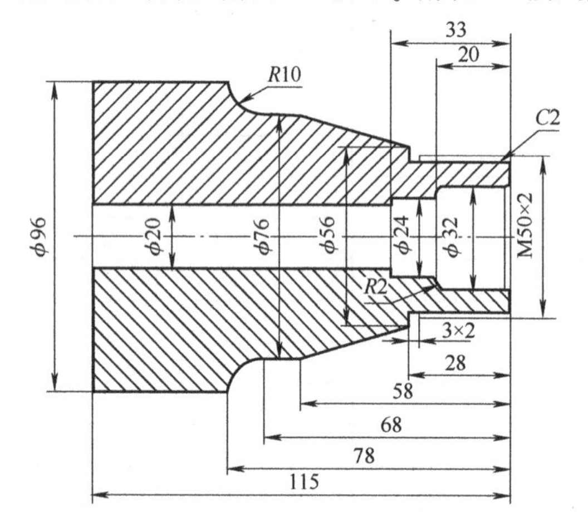

附图 B-1　被加工零件的尺寸及要求

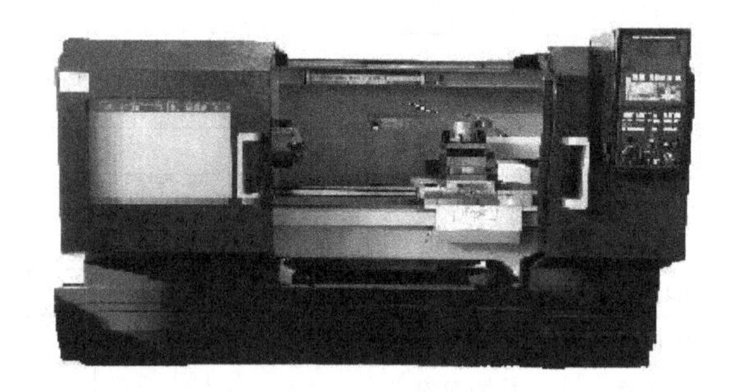

附图 B-2　零件加工所采用的数控车床

附表 B-3　加工程序清单及说明

程　序	说　明
G99	每转进给量设定
T0101	换外圆粗车刀，同时指定刀具补偿号
M3 S600	设定主轴正转，转速为 600r/min
G0 X100 Z1	快速定位于工件外部，同时作为加工循环起点
M08	切削液开启
G94 X18 Z0 F0.1	径向切削循环（用于车端面）
G71 U2 R1 F0.3	轴向粗车固定循环，指定切削深度、退刀量和进给量
G71 P01 Q02 U1 W0	指定工件轮廓路线起始和终止程序段及精加工余量
N1 G0 X44	快速定位于倒角延长线
G1 X49.7 Z－2	倒角
Z－28	车外圆
X56	车端面
X76 Z－58	车锥面
Z－68	车外圆

（续）

程　序	说　明
G2 X96 Z -78 R10	车圆弧
G1 X98	离开工件
N2 G0 X100	退刀
G0 Z100	退刀并留出换刀空间
T0202	换外圆精车刀，同时指定刀具补偿号
M3 S1000	设定主轴正转，转速为 1000r/min
G0 X100 Z1	快速定位于工件外部，同时作为加工循环起点
G70 P1 Q2 F0.1	精车固定循环
G0 Z100	退刀并留出换刀空间
T0303	换切槽刀
M3 S500	指定主轴正转，转速为 500r/min
G0 X54 Z1	快速定位于工件外部
Z -28	定位于槽所在位置
G1 X46 F0.1	切槽
G0 X100	退刀
Z100	退刀并留出换刀空间
T0404	换螺纹车刀
M3 S600	指定主轴正转，转速为 600r/min
G0 X54 Z5	快速定位于工件外部并留出螺纹导入量
G76 P010160 Q100 R0.05	螺纹循环，指定精加工次数、倒角量、角度、最小切削量和精加工余量
G76 X47.4 Z -27 P1299 Q500 F2	指定螺纹终点尺寸、牙高、首刀切削量及导程
G0 Z100	退刀并留出换刀空间
T0505	换内孔车刀
M3 S500	指定主轴正转，转速为 500r/min
G0 X18 Z1	快速定位于端面以外、孔内径以里
G71 U1 R0.5 F0.2	轴向粗车固定循环，指定切削深度、退刀量和进给量
G71 P03 Q04 U -0.6 W0	指定工件轮廓路线起始和终止程序段及精加工余量
N3 G0 X36	快速定位于倒角延长线
G1 X32 Z -1	倒角
Z -18	车内圆
G3 X28 Z -20 R2	车圆弧
G1 X24	车端面
Z -33	车内圆
X20	车端面
N4 G0 X18	退刀
M3 S1200	指定精加工转速 1200r/min
G70 P3 Q4 F0.1	精加工循环
G0 Z100	退刀
M09	冷却停
M05	主轴停
M30	程序结束

参考文献

[1] 戴庆辉. 先进制造系统 [M]. 北京: 机械工业出版社, 2007.
[2] 王细洋. 现代制造技术 [M]. 北京: 国防工业出版社, 2010.
[3] 谭建荣, 李涛, 戴若夷. 支持大批量定制的产品配置设计系统的研究 [J]. 计算机辅助设计与图形学学报, 2003, 15 (8): 931-937.
[4] 顾嘉胤, 谭建荣, 高瞻, 等. 基于并行工程的 DFX [J]. 机电工程, 2000, 17 (4): 14-16.
[5] 李廉水. 中国制造业发展研究报告 2011 [M]. 北京: 科学出版社, 2012.
[6] 中国工程院"中国制造业可持续发展战略研究"咨询研究项目组. 中国制造业可持续发展战略研究 [M]. 北京: 机械工业出版社, 2010.
[7] 中国机械工程学会. 中国机械工程技术路线图 [M]. 北京: 中国科学技术出版社, 2011.
[8] 国家自然科学基金委员会工程与材料科学部. 机械工程学科发展战略报告 (2011—2020) [M]. 北京: 科学出版社, 2010.
[9] 国家自然科学基金委员会, 中国科学院. 未来 10 年中国学科发展战略: 工程科学 [M]. 北京: 科学出版社, 2012.
[10] 佘再玲. 中国装备制造企业服务型制造模式研究 [D]. 武汉: 武汉理工大学, 2011.
[11] 郭少豪, 吕振. 3D 打印: 改变世界的新机遇新浪潮 [M]. 北京: 清华大学出版社, 2013.
[12] 于灏, 黄瑶. 为什么要发展增材制造 (上) [J]. 新材料产业, 2014 (4): 28-31.
[13] 于灏, 黄瑶. 为什么要发展增材制造 (下) [J]. 新材料产业, 2014 (5): 22-29.
[14] 克里斯多夫. 3D 打印: 正在到来的工业革命 [M]. 韩颖, 赵俐, 译. 北京: 人民邮电出版社, 2014.
[15] 利普森, 库曼. 3D 打印: 从想象到现实 [M]. 赛迪研究院专家组, 译. 北京: 中信出版社, 2013.
[16] 王运赣, 王宣. 3D 打印技术 [M]. 武汉: 华中科技大学出版社, 2013.
[17] 赵剑峰, 马智勇, 谢德巧, 等. 金属增材制造技术 [J]. 南京航空航天大学学报, 2014, 46 (5): 675-683.
[18] 王忠宏, 李扬帆, 张曼茵. 中国 3D 打印产业的现状及发展思路 [J]. 经济纵横, 2013 (1): 91-93.
[19] 李涤尘, 刘佳煜, 王延杰, 等. 4D 打印—智能材料的增材制造技术 [J]. 机电工程技术, 2014, 43 (5): 1-9.
[20] 周伟民, 闵国全, 李小丽. 3D 打印在中国挑战与机遇并存 [J]. 数码印刷, 2014 (2): 30-32.
[21] 卢秉恒, 李涤尘. 增材制造 (3D 打印) 技术发展 [J]. 机械制造与自动化, 2013, 42 (4): 1-4.
[22] 杜玉湘, 陆启建, 刘明灯. 五轴联动数控机床的结构和应用 [J]. 机械制造与研究, 2008, 37 (3): 14-16.
[23] 黄获. 五轴联动加工中心的最新进展 [J]. 机械工程师, 2010 (12): 5-12.
[24] 高天国. 并联机床加工中心的研制与应用 [J]. 航空制造技术, 2009 (5): 50-53.
[25] 李桥梁, 吴洪涛, 朱剑英. Stewart 机床发展大事记 [J]. 机械设计与制造工程, 1999 (4): 6.
[26] 姚明明, 吴波, 智能加工设备的研究综述 [J]. 机械制造, 2006, 44 (12): 60-62.
[27] 孙名佳. 数控机床智能化技术研究 [J]. 世界制造技术与装备市场, 2012 (4): 74-81.
[28] 杨占玺, 韩秋实. 智能数控系统发展现状及其关键技术 [J]. 制造技术与机床, 2008 (12): 63-66.
[29] 骆敏舟, 方健, 赵江海. 工业机器人的技术发展及其应用 [J]. 机械制造与自动化, 2015 (1): 1-4.
[30] 刘伊威, 金明河, 樊绍巍, 等. 五指仿人机器人灵巧手 DLR/HIT Hand Ⅱ [J]. 机械工程学报, 2009, 45 (11): 10-17.

[31] 张辰贝西，黄志球．自动导航车（AGV）发展综述［J］．中国制造业信息化，2010，39（1）：53-56.
[32] 宁志民．AGV 技术发展综述［J］．导航与控制，2014，13（5）：58-63.
[33] 高毅华．工厂 AGV 实践及运用［J］．航空精密制造技术，2015，51（5）：59-62.
[34] 宾鸿赞．先进制造技术［M］．武汉：华中科技大学出版社，2010.
[35] 汪炜，翟洪军，安鲁陵，等．可重构的电火花线切割加工 CAD/CAM 系统［J］．中国机械工程，2003（13）：1115-1117.
[36] 钟书华．物联网演义（一）——物联网概念的起源和演进［J］．物联网技术，2012（5）：87-89.
[37] 钟书华．物联网演义（二）——ITU 互联网报告 2005：物联网［J］．物联网技术，2012（6）：87-89.
[38] 李伯虎，张霖，任磊，等．再论云制造［J］．计算机集成制造系统，2011，17（3）：449-457.
[39] 李强，秦波，包柏峰．基于云制造的模具协同制造模式探讨［J］．锻压技术，2011，36（3）：140-143.
[40] 李伯虎，张霖，柴旭东．云制造概论［J］．中兴通讯技术，2010，16（4）：5-8.
[41] 马国强．云制造理论对协同制造模式发展趋势的影响［J］．学理论，2012（20）：131-132.
[42] 迈尔-舍恩伯格，库克耶．大数据时代［M］．盛杨燕，周涛，译．杭州：浙江人民出版社，2013.
[43] 周恒星，赵奕，伏昕，等．徘徊在大数据门前［J］．中国企业家，2013（7）：92-104.
[44] 曾妮丽．大数据在制造企业的应用探索［J］．电脑编程技巧与维护，2014（20）：67-69.
[45] 涂子沛．大数据［M］．桂林：广西师范大学出版社，2012.
[46] 咸由根，蔡承秉．掘金大数据：数据驱动商业变革［M］．朱小兰，译．北京：北京时代华文书局有限公司，2013.
[47] 韩晶，王健全．大数据标准化现状及展望［J］．信息通信技术，2014（6）：38-42.
[48] 张曙．工业 4.0 和智能制造［J］．机械设计与制造工程，2014，43（8）：1-5.
[49] 张曙．智能制造与未来制造［J］．现代制造，2014（1）：24-25.
[50] 李伯宇，高飞，朱建平，等．信息物理系统研究与应用综述［J］．成都信息工程学院学报，2014，29（4）：388-393.
[51] 罗俊海，肖志辉，仲昌平．信息物理系统的发展趋势分析［J］．电信科学，2012，28（2）：127-132.
[52] 张若庚，高宇．信息物理系统概述［J］．数字通信，2011，38（4）：51-53.
[53] 王中杰，谢璐璐．信息物理融合系统研究综述［J］．自动化学报，2011，37（10）：1157-1165.
[54] 姜宏．信息物理融合系统研究综述［J］．电脑知识与技术，2011，7（35）：9266-9267.
[55] 刘锋．互联网进化论［M］．北京：清华大学出版社，2012.
[56] 安筱鹏．德国工业 4.0 的四个基本问题［J］．信息化建设，2015（1）：11-14.
[57] 孙谦．工业 4.0 的全球探索与实践案例［J］．信息化建设，2015（1）：15-17.
[58] 王健．智慧工厂 1.0 是基于中国制造现实提出的转型理念［J］．世界科学，2014（6）：15-18.
[59] 约翰·斯达克．产品生命周期管理——21 世纪企业制胜之道［M］．杨海清，俞娜，李仁旺，译．北京：机械工业出版社，2008.
[60] 郑培磊．产品生命周期管理系统在风电企业中的应用［J］．风能，2013（6）：54-58.
[61] 张世华，杨晓光．一种新的模块化设计方法及其应用［J］．组合机床与自动化加工技术，2009（4）：36-38.
[62] 王文涛，刘燕华．3D 打印制造技术发展趋势及对我国结构转型的影响［J］．科技管理研究，2014，34（6）：22-25.
[63] 祝林．生物制造技术及前景展望［J］．四川职业技术学院学报，2014，24（6）：148-150.
[64] 连芩，刘亚雄，贺健康，等．生物制造技术及发展［J］．中国工程科学，2013（1）：45-50.
[65] 杨叔子，史铁林．以人为本——树立制造业发展的新观念［J］．机械工程学报，2008，44（7）：1-5.
[66] 杨叔子，史铁林．和谐制造：制造走向制造与服务一体化［J］．江苏大学学报（自然科学版），2009（3）：217-223.
[67] 杨叔子，史铁林．走向“制造服务”一体化的和谐制造［J］．机械制造与自动化，2009（1）：1-5.

[68] 杨叔子. 机械制造学科的地位、现状与发展趋势 [J]. 湖北汽车工业学院学报, 2014 (3) : 1-10.
[69] 全国绿色制造技术标准化委员会. 再制造　术语: GB/T 28619—2012 [S]. 北京: 中国标准出版社, 2012.
[70] 全国绿色制造技术标准化委员会. 机械产品再制造通用技术要求: GB/T 28618—2012 [S]. 北京: 中国标准出版社, 2012.
[71] 徐滨士, 朱胜, 史佩京. 绿色再制造技术的创新发展 [J]. 焊接技术, 2016, 45 (5) : 11-14.
[72] 金春华, 陈玉保, 葛新权. 低碳制造的概念、特征及系统分析 [J]. 生态经济, 2013 (10): 138-140.
[73] 曹华军, 李洪丞, 杜彦斌, 等. 低碳制造研究现状、发展趋势及挑战 [J]. 航空制造技术, 2012 (9): 26-31.
[74] 国家信息中心分享经济发展报告课题组. 中国分享经济发展报告: 现状、问题与挑战、发展趋势 [J]. 电子政务, 2016 (4): 11-27.
[75] 安筱鹏. 制造业将会成为分享经济的主战场 [J]. 智慧工厂, 2016 (6): 27-28.
[76] 乌利齐, 埃平格. 产品设计与开发 [M]. 杨青, 吕佳芮, 詹舒琳, 译. 北京: 机械工业出版, 2015.
[77] TURNER, MIZE, CASE, et al. Introduction to Industrial and Systems Engineering [M]. 3rd ed. 北京: 清华大学出版社, 2002.
[78] 宋庭新. 先进制造技术 (双语版) [M]. 北京: 中国水利水电出版社, 2014.
[79] 唐一平. 先进制造技术 [M]. 3 版. 北京: 科学出版社, 2015.
[80] 郑力, 莫莉. 解码世界先进制造管理: 方法, 案例与趋势 [M]. 北京: 清华大学出版社, 2014.
[81] 张洁, 秦威, 鲍劲松. 制造业大数据 [M]. 上海: 上海科学技术出版社, 2016.
[82] 李杰. 工业大数据: 工业 4.0 时代的革命性变革与价值创造 [M]. 邱伯华, 等译. 北京: 机械工业出版社, 2015.
[83] 卡尔帕, 等. 制造工程与技术: 机加工 [M]. 王先逵, 改编. 北京: 机械工业出版社, 2012.
[84] 卡尔帕, 等. 制造工程与技术: 热加工 [M]. 王先逵, 改编. 北京: 机械工业出版社, 2012.
[85] 莱特. 21 世纪制造 [M]. 冯常学, 等译. 北京: 清华大学出版社, 2002.
[86] 纳罕姆斯. 生产与运作分析 [M]. 高杰, 贺竹磬, 孙林岩, 译. 北京: 清华大学出版社, 2009.
[87] GROUVER. 自动化、生产系统与计算机集成制造 [M]. 4 版. 北京: 清华大学出版社, 2016.
[88] 国家制造强国建设战略咨询委员会中国工程院战略咨询中心. 服务型制造 [M]. 北京: 电子工业出版社, 2016.
[89] 国家制造强国建设战略咨询委员会中国工程院战略咨询中心. 绿色制造 [M]. 北京: 电子工业出版社, 2016.
[90] 国家制造强国建设战略咨询委员会中国工程院战略咨询中心. 智能制造 [M]. 北京: 电子工业出版社, 2016.
[91] 国家制造强国建设战略咨询委员会, 中国工程院战略咨询中心. 工业强基 [M]. 北京: 电子工业出版社, 2016.
[92] 中华人民共和国国家统计局工业统计司. 中国工业经济统计年鉴 2016 [M]. 北京: 中国统计出版社, 2016.
[93] 中华人民共和国国家统计局. 中国统计年鉴 2016 [M]. 北京: 中国统计出版社, 2016.
[94] 周济, 李培根, 周艳红, 等. 走向新一代智能制造 [J]. Engineering, 2018, 4 (1): 1-10.